聊聊摄影

李绍杰 著

【上】

人民邮电出版社

北京

图书在版编目（CIP）数据

聊聊摄影 / 李绍杰著. -- 北京 : 人民邮电出版社,
2024.9
ISBN 978-7-115-61833-7

Ⅰ. ①聊… Ⅱ. ①李… Ⅲ. ①摄影技术 Ⅳ. ①TB8

中国国家版本馆CIP数据核字(2023)第121183号

内 容 提 要

本书是作者李绍杰对其几十年来摄影理解和拍摄经验的总结，包含了摄影基础、摄影技术、摄影专题三大方面的内容。全书详细介绍了数码摄影理论基础、焦距理论、特殊镜头、白平衡、感光度、光学基础、摄影用光、色彩与数码摄影、景深原理、曝光控制、曝光补偿、摄影构图、线条与影调、多重曝光、HDR创作、反光体拍摄、透光体拍摄、闪光灯、翻拍技术、后期制作、黑白摄影、风光摄影、静物摄影与广告摄影、人像摄影、旅游摄影、微距摄影、花卉摄影、美食摄影、光赋摄影、摄影创新等内容，能够帮助读者搭建完整、系统的摄影理论与知识体系。

本书内容全面，知识体系完整、系统，可以满足不同层次、不同水平读者的摄影学习需求，帮助摄影爱好者透彻理解和掌握摄影理论与实拍技法。

◆ 著　　　　李绍杰
　　责任编辑　胡　岩
　　责任印制　周昇亮

◆ 人民邮电出版社出版发行　　北京市丰台区成寿寺路 11 号
　　邮编　100164　　电子邮件　315@ptpress.com.cn
　　网址　https://www.ptpress.com.cn
　　北京九天鸿程印刷有限责任公司印刷

◆ 开本：690×970　1/16
　　印张：60.25　　　　　　　　2024 年 9 月第 1 版
　　字数：964 千字　　　　　　 2024 年 9 月北京第 1 次印刷

定价：299.00 元（全 2 册）

读者服务热线：(010)81055296　印装质量热线：(010)81055316
反盗版热线：(010)81055315
广告经营许可证：京东市监广登字 20170147 号

闲聊

"50后"的我，插过八年队，又当了十年的工人。7000多个跌宕起伏的日日夜夜……错过了最关键的学习阶段。返京后，为了夺回失去的时间，学绘画、搞设计、钻摄影，最终定位"教书先生"为终身职业。为了做好教学工作，我到电影学院进修，到中央美院读研，广泛涉足各类摄影专题及相关理论。多年的累积，夯实了摄影基础，丰富了教学内容，为今后的教学工作带来了诸多好处。

1. 研究生的两年苦读，我掌握了科学的研究方法，促使摄影理论及业务技能迅速提高，拓宽了摄影教学的途径。

2. 为了搞好教学工作，保证授课质量，我紧紧把握摄影科技动向，尽可能多地涉足各种摄影专题，积累摄影实践经验，丰富教学内容。

3. 迎合多元化的时代需求，在大浪淘沙中，我稳稳站住了脚跟。

时间会验证，一位成功的教师，必须做到多方位全面发展（艺术院校的教师更要如此），这是时代摆在每一个教师面前的硬指标。

人活一生，要有自己做人的准则，信守自己所选择的工作和生活方式，不管他人如何评论，坚定走下去。"……回首往事，他不会因为虚度年华而悔恨，也不因过去的碌碌无为而羞愧……"保尔这句格言鞭策了我的一生。"事能知足心常乐，人到无求品自高。"此话是古人鞭策自己做人的警句，也是我父亲在我插队前和我交心的话。他精准把握住了我的处事方向与心态，压制住我生性好强的性格。我感谢他老人家的忠告。回想起来，他的一生，踏踏实实工作、默默无闻做事，为我树立了很好的样板。几十年匆匆而过，说容易也容易，平平淡淡、简简单单；说复杂也复杂，忙忙碌碌、紧紧张张、错综复杂……

人这辈子不要把自己不当回事，吃饱了混天黑，没有任何追求，活着像条虫；也不能把自己太当回事，有一点儿成绩，就沾沾自喜，一味追求名利与仕途，那只会使自己活得更累。切记："木秀于林，风必摧之！行高于人，众必非之！"

人生有两件事情必须要当回事。

1. "身体"。常言道"身体是革命的本钱"，身体要出了问题，一切全完。

2. "事业"。人活着，要做到有所为，有所不为。立足本职，和光同尘，不做临终悔恨之事。

人到暮年，总要有个交代，搞了大半辈子摄影，当了半辈子教书先生，谢世之前总应该做点儿什么。我深知"草根摄影"这条路的困惑与艰辛，毕竟我也在这条路上彷徨过，深知广大摄影爱好者的心思。由于自己拍摄和讲课的时间较长，多少积累了一些经验，还是把它写出来和大家交流交流。经过深思熟虑后，决定采用聊天的方式展开，这才有了《聊聊摄影》这个书名。把几十年对摄影的理解和经验尽量写出来，奉献给广大摄影爱好者，希望能对大家有点儿启发和帮助。实现我源于草根，回馈草根的愿望。

　　人这辈子，就像一根火柴，从激情爆发到平稳燃烧，直至灰飞烟灭。在整个社会发展史上，"人"也就是一根火柴的亮儿。在火灭烟散之时，能留下一点灰痕，这辈子就没白来。

　　在此，我还要感谢佳能公司对我教学工作的支持。

李绍杰

李绍杰

籍贯：北京

单位：北京工业大学艺术设计学院

职务：摄影教师

毕业院校：

北京电影学院摄影系

中央美术学院与澳大利亚格理菲斯大学昆士兰艺术学院联合举办的视觉艺术（摄影）硕士研究生班

现系：

中国摄影家协会	会员
中国华侨摄影学会	高级会士
美国纽约摄影学会	高级会士
摄影高级技师	国家一级

目录 CONTENTS

第一章 数码基础——数码摄影理论基础

第二章 摄影基础——焦距理论

第三章 摄影基础——特殊镜头

第四章 摄影基础——白平衡

第五章　摄影基础——感光度

第六章　摄影基础——光学基础

第七章 摄影基础——摄影用光

第八章 摄影基础——色彩与数码摄影

第九章 摄影基础——景深原理

第十章 摄影基础——曝光控制

第十一章 摄影基础——曝光补偿

第十二章 摄影基础——摄影构图

第十三章 摄影基础——线条与影调

第十四章 摄影技术——多重曝光

第十五章 摄影技术——HDR 创作

第十六章 摄影技术——反光体拍摄

第十七章 摄影技术——透光体拍摄

第十八章 摄影技术——闪光灯

第二十三章 摄影专题——静物摄影与广告摄影

第二十四章 摄影专题——人像摄影

第二十五章　摄影专题——旅游摄影

第二十六章　摄影专题——微距摄影

第二十七章　摄影专题——花卉摄影

第二十八章 摄影专题——美食摄影

第二十九章 摄影专题——光赋

第三十章 摄影专题——形形色色

第三十一章 摄影专题——作品的命名

第三十二章 摄影专题——摄影创新

第一章 数码基础
数码摄影理论基础

1.1 数码基础

　　20 世纪 70 年代，柯达公司的一位年轻技术人员萨森（Steve Sasson）研发出第一台以 CCD 为感光元件的相机（只能记录黑白影像），从而掀起了对传统摄影的挑战风暴。进入 21 世纪，挑战变成了直接宣战。这场寂静斯文的战争结果，以传统胶片被数字影像彻底取代而终结。本应该由柯达公司发起的数字革命，却因高层决策者过于保守，缺少前瞻性，担心数码影像技术的研发成功，会给"如日中天"的胶片事业带来灾难性的冲击。因此，压制了萨森革命性的数字技术，导致柯达公司的胶片市场渐渐失去了霸主地位，最终惨遭淘汰的命运。

　　相比之下，日本富士公司与柯达公司形成了鲜明的对比，同样是以胶片为主产业的知名公司，同样是高层的战略决策，富士却把大量的科研经费转移至数字影像的研发，最终完成了从胶片时代向数字时代的顺利转型，巩固了在摄影市场的地位。

　　数码摄影的成功发展，我们应该记住两个人的名字。

　　第一位：**史蒂文.萨森**，数码相机的发明人。他在 1975 年宣布发明了第一台数码相机，虽然像素很低，影像质量很粗糙，却首次敲开了数字影像的大门，从而掀起了数字影像革命的浪潮。

　　第二位：**拜尔先生**。他在 1976 年研发出用在感光元件上的彩色滤镜。从此，数码相机就可以成功记录彩色影像。直至今日，数码相机拍摄出来的数字影像，无论在解像力、色彩还原、动态范围（宽容度）等方面都远远超过了传统胶片。

　　从此，"摄影术"被分为"传统胶片"与"数字影像"两个时代。数字影像的多元化、实用性、普及性，均打破了传

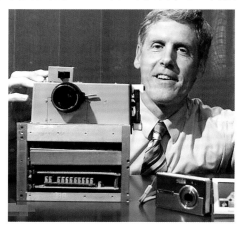

△ 柯达员工萨森研发了世界第一台以 CCD 为感光元件的数码相机，它的体积很大，只能记录黑白影像

统摄影的构架，相机也从单一的胶片机身，发展到功能丰富、品种多样的数码相机体系（包括手机）。它的迅猛发展，促使生产成本大幅降低，市场价格不断下降，再加上方便、快捷、立拍立现的实用功能，从而刮起了全民搞摄影的狂潮，并且越刮越猛。就连幼小的孩童、年迈的老叟都能拿起相机拍照。如今，胶片摄影的神坛已被彻底摧毁，完全失去了神秘之感。数码摄影以最亲民的艺术形式，"海啸"一般狂卷入平民百姓的日常生活中。至今为止，还没有任何一种艺术形式能和摄影一样，如此广泛快速地深入百姓生活，做到家喻户晓、老少皆宜。

△ 布莱斯·拜尔是现代数码摄影矩阵式彩色滤镜发明人，人称"数字彩色影像之父"。他的研发成果被命名"拜尔滤色器"。目前数码相机几乎都采用这一技术

1.2 相机的分类

摄影从胶片时代到今天的数码时代，已走过了 180 多年的历史。而数码摄影仅用了四十几年的时间，就将传统胶片摧枯拉朽般地淘汰出局，显示出高科技发展的力量。数字影像的成功介入，使相机的种类、结构、功能达到了颠覆性的改变，其变革的核心，就是感光材料的革命。在这次变革中，作为专业机型，虽然也遭到冲击，但是基本状态没有变，还是以大型机、中型机、小型机为主要分类。而业余机型，在这次变革中，却做到了史无前例的巨变，除保留了部分 135 单反机型以外，更增添了丰富多彩的机型，如造型各异的卡片机、微单、微电、水下专用机、专用飞行用机、平板电脑、手机等。每个生产厂家都充分发挥各自的创造能力，巧妙利用现代数码高科技的灵活性与可变性，生产出大量娱乐型机种，使摄影技艺更加简便易行，充满了无穷的变数，从而吸纳了更多的摄影爱好者。

数字影像发展到了 21 世纪的今天，数码相机再一次进入了新的变革时期，135 数码单反相机也面临停产的威胁，各个生产厂家都宣布停止生产单反相机，转产至

体积更小、使用更方便、功能更先进的无反光镜的微单数码相机。看来，今后数码相机的发展趋势一定会向微单相机转型。面对复杂多变的相机市场，使用者早已眼花缭乱，不知从何下手。有的摄影爱好者在不知不觉中，家里已添置了几台甚至几十台大小不等的数码相机，可见数码摄影之魅力、摄影爱好者之狂热，真是今非昔比。

数码摄影发展到今天，完全打破了胶片时代图片摄影与摄像格格不入的状态。已经将这两个影像行业自然而然地结合到了一起，用一台机器就可以做到静态与动态的有机结合，现已进入 8K 时代。这既是数码摄影的强项，也是科技进步的象征。

1.3 专业机型

专业机型的主要消费对象是职业摄影师及高级发烧友。由于高科技的介入，现代的专业机型，不但达到了使用者对高画质的要求，也为使用者提供了更方便、更轻巧的操控便利。这种机型主要用于专业人士的摄影创作、广告摄影以及商业宣传等。

大型机

大型机是指大画幅相机，又称大型座机，这种机型在胶片时代就是商业摄影的旗舰，它可以拍摄巨型散页胶片，也可以通过更换后背拍摄 120 中画幅、135 小画幅的胶片。进入数码时代，这种机型仍然发挥着它的作用，通过更

△ 胶片时代体积庞大的大型相机

换数字接环，就可以加装数码后背进行数码摄影。现在的数码后背已全部使用 CMOS 影像传感器，像素已经超过一亿。大型机具有灵活的可操控性，可做全方

△ 可更换的数码后背

位的技术调整，例如：利用沙姆原理调整相机的前后组，进行超大范围的景深调控；通过对相机前后组的多角度移轴，进行横向与纵向的透视校正；通过相机的技术调整，可以做中、小型相机无法做到的特殊创意摄影……大型机属于技术类相机，它的调控范围是所有中型相机与小型相机无法实现的，目前仍然是创意摄影、商业广告摄影的首选。

胶片时代的大型相机体积大，重量沉，携带和操控都不方便，这种机型无法普及。进入数码时代，由于数码后背没有胶片面积大，因此机体明显缩小，结构更紧凑，使用更灵活，操控性能远远好于胶片时代的大型机。

△ 数码时代机体精巧的大型相机

中型机

中型机在胶片时代又称 120 型相机，它可以通过更换后背，拍摄不同画幅的120胶片和135胶片。进入数码时代，通过更换数码后背，它就是一台专业的数码相机。随着数码时代的发展，生产厂家干脆直接生产中画幅数码一体机（数码后背是固定的，不用更换），使用起来更加方便快捷。

由于中画幅数码相机芯片面积更大，像素数量更多（现代数码后背的像素数量已超过一亿），独立像素体积更大，影像质量非常优异。尤其在淘汰了 CCD 芯片，

△ 可更换后背的中画幅相机

换成 CMOS 芯片以后，其影像质量、功能设置都得到大幅度提升，关键问题是价格较贵，普及率相对较低。

△ 可更换后背的中画幅相机

△ 固定后背无反中画幅数码一体机

小型机

　　小型机又称 135 单镜头反光相机，由于机身小，镜头种类多，镜头与附件的互换性好，操控灵活，价格远低于大中型相机，因此深受专业人士及摄影爱好者的欢迎，使用率和普及率最高。数码时代的小型机，彻底改变了 135 相机的性能结构，因其丰富的功能设置、方便的操控能力，已成为数码摄影的核心力量。进入 21 世纪以后，135 相机的发展又有了新的变革，单反相机逐渐退出市场，从此进入了无反时代，推出了全画幅微单小型相机。由于它们没有机内反光镜，所以机身体积更小，重量更轻，成像质量也做到了更好，并且做到了 4K/6K/8K 摄像功能与图片摄影合二为一。将高科技功能集于一身，更受摄影专业人员和摄影爱好者的欢迎。

△ 新型专业 135 全画幅单镜头无反相机

△ 小巧方便灵活的专业全画幅微单相机

航拍用相机

随着数码摄影热潮的不断膨胀，人们对站在陆地上进行创作已经不能满足，于是开发了从空中向下拍摄的领域。

过去，要想从天上向下拍摄，必须借助直升机或热气球，普通摄影爱好者要想做到这一点基本不可能。如今，小型飞行器的出现，使这一梦想成为现实，为摄影爱好者增加了全新的拍摄视角。

△ 这种小型飞行器非常适合航拍爱好者

摄影与摄像合二为一

传统胶片时代，图片摄影和摄像是完全分开的。图片摄影以记录单张照片的形式进行工作，而摄像是用摄像机进行动态影像记录的形式进行工作。这是两种不同的工作形式。随着数字影像的不断发展，已将图片摄影与摄像完全整合在一起，一台相机就可以完成全部工作，而且越来越平民化。到目前为止，新闻报道、电视剧的拍摄甚至电影，都可以使用 135 相机进行拍摄。由于 135 相机丰富的镜头群以及高质量的画面表现，可使拍摄质量更好，画面效果更丰富多彩。

到目前为止，这两种表现形式已完全整合一体，而且普及到了普通百姓的日常生活中。将来的发展趋势一定会进一步拉近二者的距离，普及率更高。

1.4 业余机型

业余机型主要面对以娱乐为主的广大摄影爱好者，使用者可根据自己的生活水平与兴趣爱好，任意选择。机型有数码单反相机、微单、微电、卡片机、

△ 业余数码单反相机

△ 微单相机　　　　　　　　△ 智能手机　　　　　　　　△ 卡片机

手机、平板电脑等。机型品种五花八门，可根据个人喜好，各取所需。

随着数字科技不断的提高，手机摄影的不断进步，已经威胁到数码单反相机的发展，所有专业相机生产厂家已宣布退出单反相机的生产，进入无反光镜的微单相机的时代。这是摄影发展史上的又一个新阶段。

1.5 影像传感器（芯片）

影像传感器，俗称数字芯片，是一种替代传统胶片记录拍摄景物的新型电子感光元件。它是数码相机记录影像的核心，被永久固定在相机的聚焦平面上（传统胶片的位置），不能更换。它与胶片不同的是，胶片通过卤化银进行物理感光，而芯片则依靠像素进行电子感光，它对光的敏感性远远高于胶片，二者在影像处理方面存在着根本的区别。摄影发展至今，其变革的核心，就是感光材料的革命。

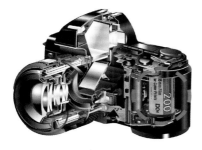

△ 胶片在相机中的位置　　　　　　　△ 数码芯片在相机中的位置

1.6 芯片的种类

　　芯片有 CCD 和 CMOS 两种类型，属于不同性质的两种感光元件。在记录图像方面，采用两种不同的处理方式。生产芯片的厂家各有各的技术标准，导致数码相机在功能使用和技术性能上比较混乱，无法形成国际统一标准化，给相机的使用者带来诸多不便。建议摄影爱好者，认真学习数码基础知识，这对购买器材和使用器材有很大好处，可以避免花冤枉钱。

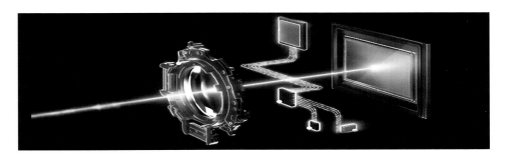

CCD 芯片

　　CCD 是第一代数字影像传感器，科技含量高，技术成熟，但是受制作工艺比较复杂的局限，在生产大尺寸芯片时，成品率低，销售价格比较昂贵（比如专业数码后背，价格都要在十万元以上），不易普及。在芯片集成化方面，CCD 很难在外围电路上形成集成电路，限制了数码相机在功能上的扩展，逐渐被 CMOS 芯片替代。

△ CCD 芯片

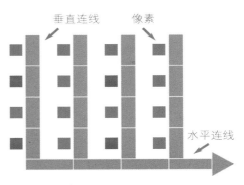

△ CCD 结构图

CMOS 芯片

CMOS，金属氧化物半导体（Complementary Metal Oxide Semiconductor），于 20 世纪 80 年代由日本佳能公司研发。它的结构和 CCD 不同，是独立的感光单元，每一个像素由一个光电二极管、一个转换区和一个放大器组成。每一个感光单元都能独立工作，并可以相互连接。工作时，可以全部、部分，甚至通过单独像素读取信息。在传输信息方面比 CCD 灵活快捷得多，可以多通道读取并传递信息。这对快速解读影像信息十分有利。这种工作原理，使芯片体积减小，能耗大大降低，尤其在使用大型芯片时，其能耗与使用小型芯片几乎相同。读取信息速度极快，在实现高速记录影像方面十分有利。

△ CMOS 芯片

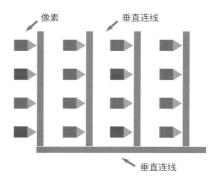

△ CMOS 结构图

CMOS 属于第二代数字影像传感器，由于可以多通道读取数据信息，在实现快速拍摄和高速连拍方面轻而易举就可以做到，尤其在摄像方面的贡献更大。CMOS 的耗电很低，大芯片与小芯片的耗电量几乎一样。CMOS 芯片整体面积小，而且薄，很容易在芯片上做集成化处理，丰富了数码相机功能上的设置。加工工艺比 CCD 简单，生产大尺寸芯片时，成品率高，使技术成本大幅度降低，使销售价格大大低于 CCD 芯片，对普及摄影非常有利，是数码相机发展的主流产品。

1.7 CCD 与 CMOS 读取速度的比较

通过试验，将面积一样大、像素数量一样多的两种芯片进行测试时发现，由于 CCD 采用的是逐行扫描方式传递影像，最多只能左右两通道同时读取影像数据，记录速度较慢。而 CMOS 可以多通道读取，读取速度极快。在实践中，使用 CMOS 芯片的相机，在快门速度和高速连拍的功能上，以及在录像设备上使用时，都显示出超强威力，已成为数码相机与摄像机的核心部件。

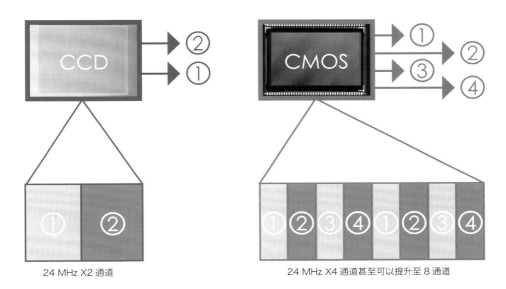

24 MHz X2 通道　　　　　　　　　　　　　24 MHz X4 通道甚至可以提升至 8 通道

△ CCD 只能两通道读取，而 CMOS 可以多通道读取

1.8 芯片的新标准 (全像素双核 CMOS)

传统芯片无论是 CCD 还是 CMOS，每个像素中只有一个光电二极管捕捉光影信息（简称单核），在实时取景和拍摄短片时，对焦速度相对较慢，拍摄过程也不连贯。主要原因是，当相机处在拍摄状态时，反光镜会抬起，取景器内一片黑暗，因此无法利用相位差检测自动对焦，只能依靠对比度（反差）的方式进行对焦。由于对比度自动对焦，是通过镜头前后移动搜寻对焦位置，所以对焦速度较慢。为解决这一问题，日本佳能公司对 CMOS 芯片进行了大胆的革新，于 2013 年推出全像素双核 CMOS 自动对焦，彻底解决了这个问题。

将每个独立像素内升级为两个光电二极管（简称双核），这种革新既保证了原有的画质，又彻底解决了实时取景对焦速度慢、夜景对焦困难的弊端。另外，拍摄短片时，自动对焦的追踪速度也明显提高，实现了搜寻对焦物体平滑自然的对焦表现。这种全像素双核 CMOS，是数码芯片发展的新标准，一定是数码感光元件发展的新趋势。

△ 改良前，每个像素内只有一个光电二极管

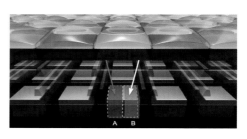

△ 改良后，每个像素内有两个光电二极管

1.9 传统胶片与数码芯片的成像比较

用数码相机和胶片相机拍摄同一画面，经过同样倍数的局部放大后，比较它们的影像效果不难发现，由于胶片采用化学原料卤化银记录影像，因此，当图像放大到极限时，影像呈现出不规则的银盐颗粒状，这种状态是胶片影像的基本元素结构。在统计颗粒数量方面，化学试剂中的卤化银，无法人工统计数字，只能用"颗粒细"和"颗粒极细"来说明。并且，卤化银对影像再开发的可能性几乎为零，没有继续研发的可能。而数码芯片是人工研发制造的，依靠像素记录影像，而像素的结构大多数采用方形结构，当图像放大到极限时，会呈现出有规律的马赛克状，这种状态是数码影像的基本元素结构。由于芯片是人工制造的，因此可以精确统计出像素的数量，持续开发的可能性大，有很大的发展前景。

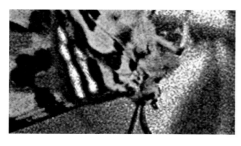

△ 胶片影像的基本元素为银盐颗粒状态

△ 数码影像的基本元素为马赛克状态

1.10 像素的概念

　　像素是记录影像的基本单位，是组成数码芯片的核心元素，它与胶片中的卤化银一样，具备记录影像的功能。芯片中的像素数量多少，是评价数码相机解像力好坏的标准，而不是决定整体摄影特性质量好坏的因素。很多人错误地认为，像素数量越多越好。其实不然，正确理解应该是：芯片面积越大越好，当芯片面积确定下来以后，再去比较像素数量。

　　对135相机来说，用全画幅芯片（24mm×36mm）制造的相机质量是最好的。在全画幅芯片的前提下，再去选择像素数量，这才是最正确的。如果盲目追求像素数量，不去考虑芯片面积，反而会因像素体积太小，造成每个像素所收纳的光影信息数量减少，导致数码相机摄影特性的衰减，不能保证影像效果的最佳表现。原因是，芯片面积固定下来以后，像素数量越多，像素的排列越密集，每个像素的体积必然会压缩变小。因此，不是像素数量越多越好，而是，在全画幅芯片的前提下，能保证影像质量获得全面提升后，再去提高像素数量。我们希望，随着科技水平与生产技术的不断提高，像素数量增加，像素体积变小，可画面质量仍然可以得到最佳的表现，这个问题对所有相机厂商来说都是个难解问题。

　　目前市场上全画幅135数码单反相机的最高像素数量已超过5000万。实践证明，这已经成为影响画面质量的"坎儿"，要在获得像素数量稳步提高的同时，还要保证画面质量达到最好，这的确是个难以跨越的障碍。

[小提示]

　　（1）不盲目追求像素数量，不然会适得其反。要想获得高像素数量，必须在确保高画质的前提下，再去追求像素数量，这才是正确的做法。

　　（2）摄影特性，是指数码影像的整体艺术标准，其中包括：感光度调节范围越宽越好，动态范围（宽容度）越大越好，分辨率越高越好，信噪比越高越好，景深控制范围越大越好，等等。

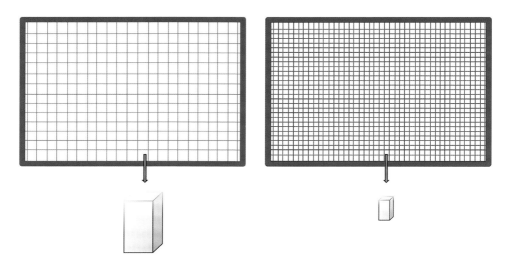

△ 在芯片面积一样大的情况下，盲目追求像素数量，会因独立像素体积压缩变小，造成收纳光影信息的数量减少，导致摄影特性的衰减，画面质量下降。可以看出，小像素与大像素的容量相差好几倍。这种容量上的差异，会严重影响数码相机的摄影特性

1.11 增加像素数量的首要问题

为了提高相机的分辨率，能适应 8K 时代的需要，数码相机的像素数量必须增加。增加像素数量对生产厂家来说并不困难，但是，像素数量增加了，首先遇到的问题就是像素的体积变小，画面的艺术表现力会下降，这个问题比增加像素数量难解决得多。在同等面积大小的芯片中，当像素数量增加到一定数量时，像素之间的空间已经饱和，如果继续增加像素数量，只能采取压缩每个像素的间距，同时缩小每个像素的体积，挤出空间后，才能进一步增加像素数量。像素数量的增加，会导致像素体积变小，收集光影信息的数量减少，直接衰减相机的摄影特性，使作品的艺术表现力下降。要想生产一台像素数量又高，画面质量又精湛的专业数码相机，每个生产厂商都会感到非常棘手。日本佳能公司的研究人员经过多年的潜心研究，更换了对光更加敏感的光电二极管，同时改变像素的基本结构，才实现了既提高像素数量，又基本保证画面质量这一目标（请注意是基本保证）。

举例

（1）佳能 EOS 5DS 和 5DSR 就是采用更换灵敏度更高的光电二极管，并加宽了每个像素的开口率，同时掺入了其他高科技手段，使像素数量达到了 5060 万。基本实现了低噪点、高画质、高动态范围的影像品质。这款相机很适合高级摄影发烧友使用。但是由于这款相机的像素只有 4 纳米，比 5D3 的 6 纳米像素小了 1/3，所以在摄影特性的整体表现上还是存在一定的不足。

（2）佳能 EOS R3 是一款最新上市的无反光镜 135 相机，是专为体育记者、新闻记者设计的最新机型，拍摄效果非常优秀。它采用了新开发的低噪点全画幅 CMOS 图像感应器，具备了超强的图像表现功能（在此不做介绍）。要说明的是，为了确保精致的画面质量，保证高速连拍的数量以及高感光度噪点抑制的最佳效果，芯片的有效像素控制在 2410 万，这个像素数量并不高，却保证了每个像素具有绝对大的体积，这对新闻摄影和体育摄影来说足够用了。也说明在芯片面积确定下来后，像素数量的多少是直接影响摄影特性的重要一环。这是所有相机厂商都要面对的实际问题。通过与佳能公司技术主管的交流了解到，从开发 EOS 5DS 和 5DSR 的时代就已开始触及这个问题，既要保证像素数量多，又要确保摄影特性的完美，这的确是一个非常难解的物理特性。这就如同要解决在 100 平方米的房间里住 10 个人和住 100 个人的实际问题，人多与人少的活动空间受限制的程度是完全不同的，这与芯片像素大小的物理特性十分接近。这个比喻虽然有些牵强，但道理是一样的。

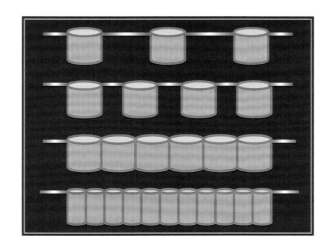

◁ 这幅示意图说明，在芯片面积不变时，像素数量的不断增加，会导致像素之间的间距拉近，体积缩小，使每个像素可收纳光影信息的物理空间变少

1.12 迎接 8K 时代

随着科技的发展，相机的像素数量不断在增加，这就要求处理图像的显示器也必须做到能清晰分辨图像，二者必须相辅相成。毫无疑问，4K 时代到来以后，8K 时代也随之而来。简单说，4K、8K 就是显示器的显示标准。它包括电脑显示器、电视机、电影显示效果等。4K 的显示标准为 4096×2160，属于超高清分辨率。它是电影院 2K 标准 2048×1080 的 4 倍，为解读高像素的图像品质提供了保证。

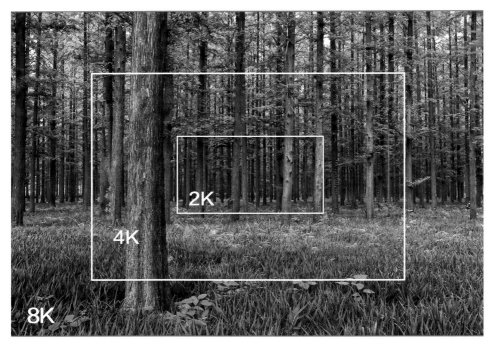

△ 2K、4K、8K 画幅比例图 （画面比例图仅为示意图）

8K 时代对数码相机的像素数量和质量要求更高，既要有高像素数量，又要保证图像的稳定质量。因此，今后不但要对数码相机提出更严格的标准，同时对处理图像的监视器也提出了更高的要求。两者必须并驾齐驱。目前 8K 也逐步投入实际应用，它的技术指标要求分辨率能达到 7680×4320，是 4K 标准的 4 倍。

△ 高像素数码相机拍摄的图像　　　　　△ 经过局部剪裁后的效果仍然非常清晰

1.13 像素数量越多对拍摄要求越严格

　　不要简单地认为像素数量越多越好，实际上，像素数量的增加，对图像的解像力是个福音，可对拍摄者的操控技术会提出更严格的要求。因为，芯片面积确定了，其像素数量越高，每个像素的体积越小、排列越密集，操作稍有不慎，图像很容易虚化。如果拍摄者的拍摄习惯不稳定，按动快门时的抖动、相机反光镜的震动以及其他物理性震动的干扰，对图像清晰度的影响更大。原因很明显，由于芯片面积的大小没有变化，可像素数量增加了，这就造成每个独立像素的体积变小了，矩阵排列更密集，平时拍摄习惯的抖动幅度，就会牵扯到更多像素，会直接导致画面模糊。在高像素时代，要求使用者必须加强基本功的训练，避免因操作相机的不稳定性而造成图像的模糊，这已经给很多摄影爱好者造成了不小的烦恼。

　　这个问题是由主观和客观两方面原因造成的。客观原因是相机的工作原理造成的，它包括：（1）相机反光镜的震动；（2）快门的震动；（3）三脚架支撑时，因镜头的配重不均衡导致的晃动，等等。主观原因是由相机使用者造成的，它包括：（1）持机动作不正确；（2）拍摄动作不标准；（3）没使用三脚架；（4）使用三脚架没关闭镜头防抖装置，等等。

客观问题由厂家经过改进设计加以解决，日本佳能公司采用（1）改变反光镜的缓冲部件，尽量减少反光镜造成的震动；（2）改变快门马达的设计，尽量减少马达开合造成的震动；（3）增加相机底盘的厚度，加强机身的刚性设计，缓解使用三脚架时产生的柔性晃动，等等，这是客观原因的解决方法。

主观原因的解决只能依靠拍摄者加强基本功练习，办法只有一个，那就是刻意加强练习。拍摄时多注意持机的稳定性，尽量保持正确的拍摄习惯，屏住呼吸，减少晃动，或者随身携带三脚架，没有三脚架时，要尽量寻找可靠的依托物加以稳定。

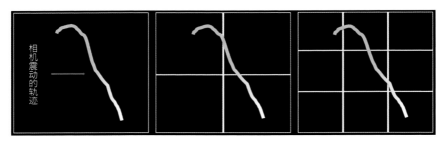

△ 同样的震动幅度，对像素数量多少有直接影响。像素数量越少，像素的体积越大，对图像清晰度的影响越小；像素数量越多，像素的体积越小，排列越密，同样幅度的震动会影响到更多的像素，对图像清晰度影响越大，因此，对使用者持机稳定性的要求会更高

[结论]

像素数量越多，手持拍摄时越容易产生图像模糊，对操控相机的技术要求越严格。

1.14 像素数量与成像效果

像素数量多少只是衡量数码相机质量的标准之一，但不是决定因素。正确的理解应当是，在芯片面积一样大时，比较像素数量多少；在像素数量一样多时，比较芯片面积大小。总之，决定数码相机档次与质量的关键因素是芯片面积的大小，其次才是像素数量。

拍摄实例

（1）用芯片面积一样大、像素数量不同的两台相机拍摄蟾蜍。在同样位置截取局部图像放大，对比两者的画质。像素数量越高，画面分辨率越好，同等比例放大后，清晰度越好。反之，像素数量越低，则分辨率越低，同等比例放大后，清晰度越差，画面容易出现马赛克现象。

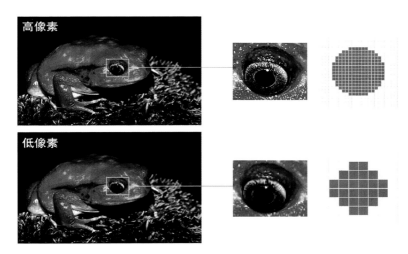

（2）用芯片面积一样大、像素数量不同的两台相机拍摄渐变灰条。经过放大，对比两者的画质。像素数量越高，分辨率越好，渐变灰条的过渡表现越均匀细腻。像素数量越低，分辨率越差，渐变灰条的过渡表现则呈现出阶梯状态。

△ 高像素过渡均匀

△ 低像素形成色阶

（3）像素数量越多，分辨率越好，对后期剪裁越有利。用5000万像素的佳能EOS 5DSR全画幅数码单反相机拍摄，经剪裁后画面效果依然细腻清晰。

△ 以 5000 万像素拍摄的作品，经后期剪裁，画面效果依然很好

1.15 什么是总像素

　　总像素是指芯片上所有像素的总数量。比如 5700×3800＝21660000 像素。5700 代表长边像素数量，3800 代表短边像素数量，两者的乘积就是这部数码相机的总像素数。总像素数量是指芯片中的所有像素数量的总和，并不说明这些像素都能成功记录影像。在生产过程中，因受加工工艺的影响，边缘部分的像素会损坏，无法正常记录影像，经仪器测试后必须排除。结论是，总像素数并不代表能记录优质图像的有效像素数量，只能说明是这个芯片的所有像素数量的总和。

1.16 什么是有效像素

　　有效像素是指每个芯片中，除去影像较差的边缘部分外，画质优异的中心部分的像素。芯片在生产过程中，边缘部分的像素受到加工工艺的影响，无法成像，这一点类似镜头成像的像场划分。镜头像场的划分可分为总像场和有效像场。总像场是这支镜头在测试时，裸镜拍摄的全部成像效果，（下方左图最外部的红色虚线部分），它的边缘部分画质很差。经仪器测量，画质最好的中间部分（下方右图红色实线部分），是这支镜头实际成像的有效像场。数码芯片也是如此，为了保证高质量的影像，经仪器测试后，无法成像的边缘部分必须排除掉，芯片中部的影像质量最好，最稳定，这部分的像素数值，就称为有效像素。

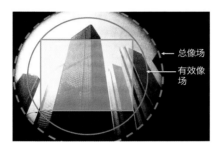
△ 镜头涵盖率示意图

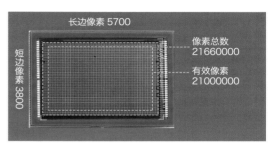
△ 芯片有效像素数值示意图

[小提示]

　　在选择数码相机时，不要看总像素数值，应该看有效像素数值。有效像素才是相机成像的实际像素数值。

1.17 像素的结构与排列方式

　　从像素的结构上看，绝大多数采用方形结构，只有日本富士公司使用的是八边形结构。

△ 正方形结构像素

△ Super CCD 八边形结构像素

从排列方式上看，绝大多数芯片采用矩阵式平行排列法。只有适马公司使用美国 Foveon 公司的 X3 CMOS 的纵向排列法。它的最大特点是，采用类似胶片的三层彩色纵向排列法，它可以获得不同深度的 RGB 三原色光，色彩还原很好。但是，这种芯片科技含量很高，技术不够完善，噪点抑制不够理想，使用低感光度拍摄时，噪点抑制很好，但是用高感光度拍摄时，噪点抑制较差。而且生产成本高，不容易普及。

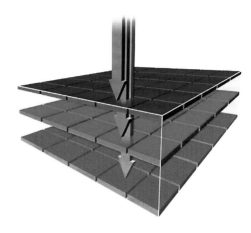

△ 适马公司使用的美国 Foveon 公司的 X3 CMOS 芯片

1.18 像素的摄影状态

每一个像素都是收纳光影信息的"陷阱"，负责收集从镜头射到芯片上的所有光影信息。如果把它的摄影状态加以表述，可以归纳为三种情况：曝光过度、曝光不足、曝光正常。

曝光过度

每个像素能承载的光影信息量有限，如果曝光过度，像素容纳不下过多的光影信息，会导致高光信息首先溢出。溢出后的高光信息（实际上是丢失），后期无法恢复成影像。如同一杯已盛满水的杯子，如果继续向内注水，多余的水必然会溢出，而且洒到地上的水也无法回收。曝光过度的影像，暗部细节表现好，亮部细节因溢出而损失严重，并且无法恢复成影像。因此建议数码摄影在曝光时，在正

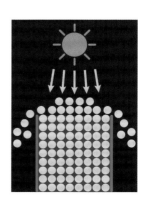

确曝光基础上，尽量保护亮部细节。换句话说，就是尽量以亮部为标准曝光，避免高光部分的细节丢失（高调作品和特殊要求除外）。现代数码相机在功能设置中，大部分都带有高光保护功能，就是这个原因所致。

△ 曝光过度的图像，暗部信息表现好，亮部信息会损失很多，而且电脑后期无法恢复

曝光不足

在曝光不足的情况下，像素所收集的光影信息不饱和，像素中会留有多余空间，造成画面明度过低。此时，画面表现出亮部细节表现好，暗部细节会因曝光不足而受到损失。

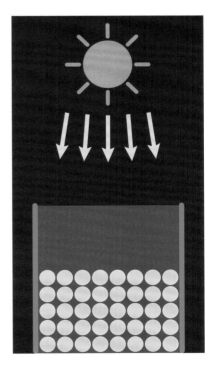

△ 数码影像如果曝光不足，则亮部细节表现好，暗部细节损失严重

曝光准确

像素在曝光准确的情况下，光影信息达到最佳的饱和状态，亮部与暗部所有细节都能得到较好的记录，影像质量最好。如果选择 RAW 格式存储与 Adobe RGB 色彩空间拍摄，获取的光影信息与色域空间会更好。在后期处理图像时，影像细节可以得到丰富的表现。但是，由于像素的动态范围毕竟有限，对于明暗反差过大的画面，仍然做不到 100% 的保存，因此建议：在正确曝光的基础上，尽量保护亮部细节，以高光部分为准进行曝光，尽可能地保护亮部细节少丢失，给电脑后期处理提供最大的工作余地。

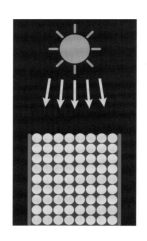

△ 在曝光正常的基础上，以亮部为准曝光，经后期调整，亮部与暗部的细节都能获得最佳表现

[小提示]

数码摄影的曝光，应尽量保护亮部细节，以亮部为准测光（特殊效果除外），确保高光部分的细节不丢失。暗部细节经电脑后期增益处理，就可以获得所需要的全部影像细节。采用这种曝光方法的条件是，被摄景物的暗部，必须具有光的入射与反射条件，如果不具备光的入射与反射条件，此方法无效。

[小练习]

选择纯手动（M）曝光模式，拍摄光比较大的同一场景，要求曝光正常、曝光不足、曝光过度各拍摄一张，通过后期调整后，对比三幅画面的细节表现。

1.19 芯片面积的比较

摄影在胶片时代就存在着胶片面积越大影像表现力越好，胶片面积越小影像表现力越差的原理。135 单反相机（画幅为 1 寸）与大型座机比较（画幅为 5~10 寸），由于 135 胶片面积小，影像效果远不如大型相机的表现力，不能用于商业摄影和画面质量要求极高的摄影创作。

现在，数码相机同样存在芯片面积

△ 这是一台 2007 年由瑞士生产的超大芯片的数码相机，它的芯片面积达到了 6cm×17cm

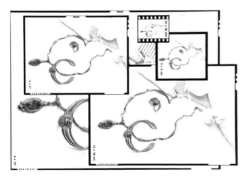

△ 不同规格大小胶片比较

单位：毫米（mm）

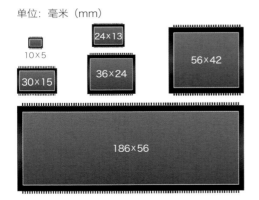

△ 不同面积大小的芯片比较

大小不同，影像效果也不同的实际问题。目前每个厂家生产的芯片尺寸都有所不同，无法用国际标准化统一，给使用者的选择带来相当大的盲目性。建议大家，在选择数码相机时，还是要以选择芯片面积大的为最佳标准。（135 相机要选择全画幅为最好）

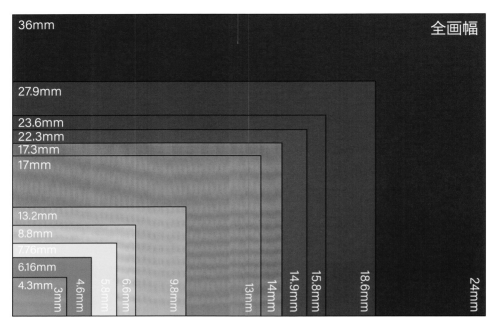

△ 目前市场上流行的数码相机的各种芯片尺寸

　　芯片的面积大小，决定着相机档次的高低和影像质量的好坏，全画幅是 135 数码单反相机的顶级标准，它可以保证单反相机的所有技术要求和艺术表现能力。而芯片面积小于全画幅的相机，其画面质量和摄影特性都会下降。芯片面积越小，只能保证画面清晰度好，其他摄影特性（如动态范围、噪点抑制、感光度调节范围、景深控制、放大倍率等）都无法保证。

[结论]

　　芯片面积越小，独立像素的体积越小，能收纳的光影信息越少，画面的整体质量越下降。

1.20 APS-C 芯片尺寸的来历

APS-C 是数码芯片的一种面积标准。它比全画幅芯片（24mm 36mm）小。为什么把这种芯片叫 APS-C 型呢？这一称谓源于 1996 年，当时由佳能、尼康、富士、美能达、柯达五大公司联合研发出一种新型摄影系统及配套胶片，起名为 APS（Advanced Photo System）即先进照片系统。

△ APS 相机

△ APS 胶卷与传统 135 胶卷尺寸对比图

它在 135 胶片的基础上缩小了尺寸，加进了高科技成分，将相机、感光材料、后期设备以及电脑配套设备进行了全面整合，既能记录影像又能记录声音。而且胶片冲洗后不用裁切，全部收进暗盒保存。

APS 摄影体系的重大变革，在当时引起了极大震动。但是，数码摄影的迅速发展，使 APS 摄影体系在不到一年的时间，如同失败的宫廷政变一样迅速平息。但是，APS 系统的画幅尺寸却被数码相机利用起来，为昙花一现的 APS 摄影系统树立起一座纪念碑。让大家永远记住昙花一现的 APS 摄影系统。

△ APS 相机装胶卷的位置

1.21 芯片面积大小与像素的关系

数码相机的芯片面积与像素的体积大小，决定着数码相机的质量。当像素数量确定下来以后，芯片面积越大，像素的体积就越大，芯片面积越小，像素的体积就越小。这个问题直接影响相机的档次与成像质量。

比如，两台 2000 万像素的数码相机。一台是全画幅数码单反相机，另一台是小型芯片相机，由于两台机器的芯片面积相差很大，因此，芯片上每个独立像素的体积就会相差好多倍。大像素收集的光影信息多，小像素收集的光影信息少，在画面质量上就会产生很大差异。更准确一点说，在摄影特性上会产生巨大的影响，比如解像力、灵敏度（ISO）、动态范围（宽容度）、信噪比、景深大小、色域深度等。

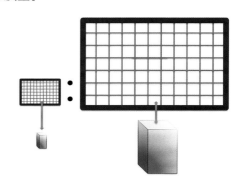

△ 芯片面积与像素大小对比图。在像素数量一样多的情况下，大型芯片的独立像素体积大，小芯片的独立像素体积小，这一变化会直接导致影像质量的好坏差异

[结论]
（1）当像素一样多时，芯片面积大比芯片面积小好。
（2）全画幅相机优于 APS-C 型相机，更优于芯片面积更小的数码相机（包括手机）。

1.22 芯片面积大小与镜头转换系数的概念

画面视角的大小，取决于相机镜头的焦距。镜头焦距越长视角越窄，镜头焦距越短视角越宽。这是镜头焦距的光学特性所决定的，是永恒不变的。进入数码时代，数码相机出现了多种尺寸不等的芯片，这种芯片大小不统一的混乱现象，对镜头成像的视角产生了很大影响。很多摄影爱好者对这种现象不了解，甚至不以为然，误认为所有相机使用的镜头拍出来的画面都一样。事实上，数码芯片大小不统一，对所拍摄的画面质量影响非常大，视角的变化就是重要的问题之一。

[**我们举个例子说明这个问题**]

　　(1)如果用 28mm 镜头在全画幅相机上拍摄，所获得的正常视角为 75°。

　　(2)如果用 2/3 英寸小芯片的相机也想获得 75°的视角，就要使用 7mm 镜头才行，因为 2/3 英寸芯片的镜头转换系数是 4，用 7mm × 4mm = 28mm，这个 28mm 镜头只是 2/3 英寸小芯片相机的等效焦距值。这是因为 2/3 英寸芯片的面积非常小，实际拍摄的画幅大小相当于截取了全画幅芯片中心的一小部分，要想获得 75°的画面视角，只能借用 7mm 这个超广角镜头的宽视角，才能弥补视角太窄的缺陷，获得 28mm 镜头的实际画面视角，也就是这台 2/3 英寸芯片相机的等效焦距值。

　　为了弄明白这个问题，首先要弄清楚 2/3 英寸芯片的镜头焦距的转换系数。求得转换系数的方法很简单，用 135 全画幅芯片的对角线系数，除以小芯片对角线系数，所得的"商"就是 2/3 英寸芯片相机镜头焦距的转换系数。全画幅芯片的对角线尺寸约等于 43mm，2/3 英寸芯片的对角线尺寸约等于 11mm，用 43 mm 除以 11 mm 约等于 4，这个 4 就是这款 2/3 英寸芯片相机镜头的转换系数，以此类推。

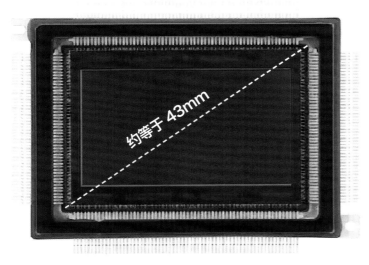

△ 全画幅芯片对角线尺寸与 2/3 英寸芯片对角线尺寸的对比示意图

1.23 什么是等效焦距

有了转换系数，在实际应用时，就可以计算出小于全画幅芯片相机的等效焦距值。为了了解等效焦距，必须谈到镜头的焦距。焦距是镜头的重要性能指标，是控制摄影作品艺术效果的重要依据。镜头焦距的长短决定着画面视角的宽窄，景深的大小、空间的压缩率以及画面透视变形的问题。无论是大画幅芯片还是小画幅芯片，都要以这个焦距值来选择镜头进行实际创作。由于数码相机的芯片面积大小十分混乱，除了全画幅（24mm 36mm）芯片，其他小于全画幅芯片的相机，必须先求得这台相机的镜头转换系数，再用这个转换系数乘以这台相机使用的实际镜头焦距值，所求得的"积"数就是这台相机的等效焦距值。有了这个等效焦距值，就可以知道小芯片相机所使用镜头的实际视角范围。

举例

以 APS-C 相机为例，比如 APS-C 芯片的转换系数为 1.6 左右，如果这台 APS-C 相机使用的是 50mm 镜头拍摄，用 50mm 乘以 1.6 等于 80mm，这个 80mm 就是这款 APS-C 相机的等效焦距值。根据镜头焦距的光学特性，80mm 镜头比 50mm 镜头的成像视角窄，50mm 镜头视角为 46°，80mm 镜头视角为 30°。由此可见，用 APS-C 相机加上 50 mm 镜头拍摄的画面视角，相当于

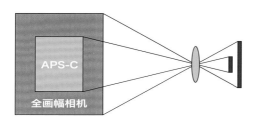

△ 全画幅芯片与 APS-C 芯片大小比例和最终成像效果的示意图

△ 芯片面积越小转换系数越大，等效焦距值越大，所拍摄的画面视角越窄，相当于截取了全画幅中心画面的一部分（画面比例图仅为示意图）

全画幅相机加 80mm 镜头拍摄的实际效果。我们也可以反过来计算，如果想让这台 APS-C 芯片相机获得 50 mm 的视角范围，就要用 50mm÷1.6 ≈ 30mm，这个 30mm 就是这台 APS-C 芯片相机应该选用的实际焦距值。也就是说，要想让 APS-C 相机获得 50mm 镜头 46° 的拍摄视角，就必须使用 30mm 焦距的镜头拍摄，才能获得 50mm 焦距的实际视角。

凡是芯片小于全画幅的数码相机，在实际应用时，都要用镜头的实际焦距值乘以相关的转换系数，最终得到的等效焦距都比实际焦距值大。必须提醒大家注意，现在市场上出售的小型相机所标注的镜头焦距值，都是乘以转换系数后的等效焦距值。

[结论]

　　芯片面积越小，转换系数越大，所获得的等效焦距值也越大。芯片面积越大，转换系数越小，所获得的等效焦距值也越小。它们是反比例关系。

实验A

　　机位固定后，用全画幅相机加 100mm 镜头拍摄小狗，得到图①。机位不变，机身换成 APS-C 型芯片的相机，仍然使用 100mm 镜头拍摄小狗，得到图②。通过这两张画面可以看出，全画幅芯片可以正常表现 100mm 镜头的视角范围约 24°。而 APS-C 芯片小于全画幅，乘以 1.6 的系数以后，它的等效焦距值为 100×1.6=160mm 视角范围约 15°。实际拍摄效果比全画幅窄，相当于截取了全画幅图像的中间部分，等同于用全画幅相机加 160mm 镜头拍出的视角效果。

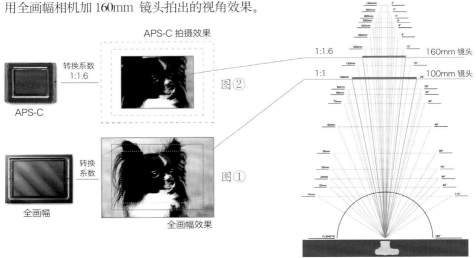

△ APS-C 型芯片与全画幅芯片相机，用同一焦距镜头拍摄的效果示意图

实验B

　　用全画幅和 APS-C 两款相机，同时使用 14mm 超广角镜头拍摄同一景观。全画幅相机拍摄的效果，可以表现 14mm 镜头的正常视角（114°）。而用 APS-C 相机加

14mm 镜头拍摄，由于 14mm 超广角镜头乘以 1.6 系数以后，相当于 22mm 镜头的视角（88°），拍摄的效果相当于截取了全画幅图像的中间部分，不能展现 14mm 真正的视角效果，画面四周损失很多。要想弥补这个不足，必须选择 9mm 的镜头，乘以 1.6 的系数以后，就能获得相当于 14mm 镜头的视角。

◁ 这幅作品用 11mm 超广角镜头拍摄，完整的画面是全画幅相机拍摄的。红线区域内的画面为 APS-C 芯片相机拍摄，用 11mm×1.6=17.6mm 约等于 18mm，这个 18mm 就是 APS-C 型相机镜头的等效焦距。由于 18mm 镜头的视角，比 11mm 镜头的视角窄，所以画面的周边环境损失较大，而且无法弥补

实验C

用全画幅与 APS-C 两款相机同时使用佳能 8~15mm 鱼眼镜头拍摄，全画幅相机完全展现出 8~15mm 鱼眼镜头的艺术效果。用 APS-C 画幅相机拍摄，根本表现不出圆周鱼眼镜头的效果。原因是：芯片面积小，导致转换系数大，用镜头的实际焦距数值乘以 1.6 的转换系数，使 APS-C 画幅相机的等效焦距值加大，根据镜头焦距与视角的关系，焦距越长视角越窄，焦距越短视角越宽的原理，APS-C 画幅相机所拍摄的画幅视角要比全画幅相机拍摄的视角窄。当使用 8mm×1.6 以后，相当于 13mm 广角镜头的拍摄效果，失去了圆周鱼眼镜头成像的魅力。要想让 APS-C 画幅相机也获得圆周鱼眼的拍摄效果，需要使用 4mm 镜头焦距设

△ 这幅作品使用 8mm 圆周鱼眼镜头拍摄，圆形以内的画面是用全画幅相机拍摄的效果，白线范围内是 APS-C 相机拍摄的效果

计鱼眼镜头才行。目前日本适马公司专门为 APS-C 相机生产出 4.5mm 圆周鱼眼镜头，可以为 APS-C 画幅相机实现圆周鱼眼的效果。

△ 15mm 对角线鱼眼镜头用全画幅与 APS-C 画幅相机拍摄效果比较，完整画面由全画幅相机拍摄，白线区域内为 APS-C 相机拍摄的效果

用 15mm 乘以 1.6 以后，相当于 24mm 普通广角镜头的拍摄效果。要想让 APS-C 画幅相机也获得对角线鱼眼镜头的拍摄效果，需要使用 9mm 焦距设计的鱼眼镜头才行。

（9mm 乘以 1.6 约 等于 15mm）

[结论]

　　小芯片相机不能正常表现镜头焦距的实际视角，如果将短焦距镜头用在小芯片相机上，所拍摄的画面效果四周丢失很严重，芯片面积越小四周的画面丢失的越多，而且无法补救。

[练习]

　　利用全画幅相机和 APS-C 型相机拍摄带有丰富景深效果的同一场景，要求用同一焦距的镜头，焦点对准同一位置拍摄。观察两张画面的视角之差。

1.24 芯片的色彩生成

　　数码摄影的色彩生成与胶片的色彩生成十分相似，胶片和芯片都是感光材料，两者的原始状态都是色盲，只能记录黑白影像。为了能记录色彩，必须对其进行特殊的色彩干预才能记录自然界的正常色彩。胶片是通过在乳剂层中添加大量的蓝色、绿色、红色的染料，并分层涂覆在片基上，强迫其记录彩色。拍摄完成的彩色胶片，摄影师是无法更改的。而数码相机的芯片，采取的是在每个像素前分别加装红、绿、蓝彩色滤光镜，强迫其记录色彩。拍摄完成的数码影像是可以通过电脑后期人为控制的，并且可以随心所欲地调整，它比传统胶片的色彩可塑性宽泛得多。传统胶片对色彩的控制完全由生产厂家决定，使用者无法改变色彩的变化。而数码摄影的色彩完全控制在使用者手中，通过前期设置和电脑后期修正，就可以任意调整或改变色彩的变化。

△ 左图是通过数码相机拍摄的电子影像，通过电脑后期很方便地就将深秋改为盛夏（右图），这对数码摄影来说易如反掌，可对胶片来说是难上加难。唯一的办法只有将胶片通过电分或扫描，将其转换为电子文件后，再经过电脑进行后期处理，调整的宽容度也会受到局限

数码摄影不但质感细腻，色彩也十分鲜艳，后期对色彩的处理也是随心所欲。实际上，数码芯片中的像素本身并不能识别色彩，它只能记录黑白影像，为了让像素识别并能记录色彩，就要在每个像素前单独安装彩色滤光镜，强迫它记录颜色。

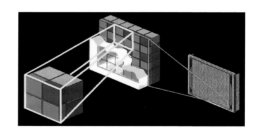

△ 像素的排列方式："红绿蓝绿"四个像素为一组记录色彩

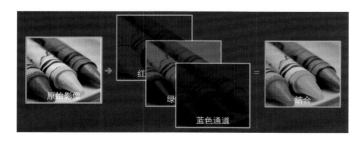

◁ 安装了彩色滤镜的像素，分别记录并还原各自的色彩，再经过相机中的微处理器进行合成，即可获得和拍摄景物完全一致的色彩

这种记录色彩的方式和胶片记录色彩的原理十分相似，也是利用光的三原色（红、绿、蓝）合成获得色彩。其做法是，将红绿蓝三原色的滤光片，分别安装在每个独立像素的前面，强迫其记录一种颜色。由于像素的排列方式为矩阵式排列，因此，排列结果为"红 R、绿 G、蓝 B、绿 G"四个像素为一组，经拍摄合成后，所生成的颜色与拍摄景物一致。

△ 没有添加彩色滤镜的像素，只能获得黑白影像

△ 添加了彩色滤镜的像素，可以获得与原景物完全一致的彩色影像

传统摄影使用的胶片，采用卤化银进行感光。由于卤化银是色盲，只能记录黑白影像，因此必须在卤化银与明胶的混合体中分别添加大量的蓝、绿、红三种染料。将添加了染料的明胶，分层涂覆在片基上，得到感蓝层、感绿层、感红层，强迫其记录色彩，通过后期暗房对胶卷的冲洗，最终获得彩色影像。

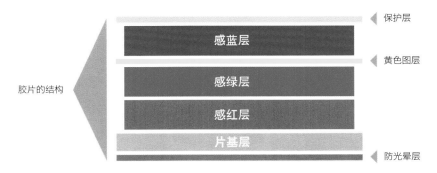

彩色胶片拍摄完成后，经过冲洗得到彩色负片或反转片。在这一过程中，摄影师无法改变色彩。要想改变画面中的色彩关系，必须把胶片进行电分或者扫描，将胶片的影像转换成电子文件后，才可以通过电脑进行修正。这一过程受客观因素的影响很大。

（1）扫描仪的质量好坏，直接影响扫描图像的质量，而且差异很大；

（2）每张胶片的扫描费用较高，一般都是按每一兆多少钱计价；

（3）扫描过程耗费的时间较长；

（4）在外面扫描时，文件容易流失；

（5）如果扫描时胶片清洁不干净，画面上的污物会给后期修图带来很大麻烦；

（6）扫描时，文件的保存格式与文件大小要选择大一些的，如果为了节省费用而使扫描文件太小，实际上就没有多大实用价值了。

而数码摄影不存在以上问题，它可以直接获得电子文件，随时可以通过电脑对色彩进行处理，如同家常便饭。色彩深度与动态范围都远远超过胶片，对色彩的处理可以做到随心所欲，完全可以达到甚至超过预期效果。

△ 这幅作品是用 RAW 存储格式拍摄的原始文件，画面偏灰

△ 经过电脑对色彩进行调整后，色彩还原非常理想，完全展现出前门的历史风貌

1.25 数码摄影的色彩管理

数码相机的色彩空间设置有 sRGB 和 Adobe RGB 两种。sRGB 色彩空间是由美国惠普公司和微软公司于 1997 年共同开发的标准色彩空间。由于它开发得早，惠普和微软公司又是享誉世界的大公司，因此很快就形成了强大的用户群体，全线支持 sRGB 的色彩标准。很多软件、硬件的开发商均采用 sRGB 色彩管理系统。比如电脑、数码相机、摄像机、打印机、扫描仪等，已经形成完整的色彩管理体系，在不同设备互换阅读时，可以获得统一的色彩关系，它的弱点是色彩空间范围较窄。为了改变这一现象，又开发出 sRGB64 系统，加大了 sRGB 的色彩范围。对于数码相机来说，为了用户使用上的方便，相机生产厂家把 sRGB 色彩管理系统设置为出厂默认模式，便于摄影爱好者使用。

△ 数码相机菜单中，色彩空间的选择界面

　　Adobe RGB 是美国 Adobe 公司 1998 年推出的色彩空间标准，具有更宽泛的色彩空间和更丰富的色阶层次。它还具有一个 sRGB 色彩管理系统没有的特点：就是 Adobe RGB 包含了 CMYK 色彩空间，使 Adobe RGB 色彩空间在印刷领域里显示出明显的优势。在图像编辑处理方面具有宽泛的调试空间。更适合专业摄影师和专业设计人员使用。

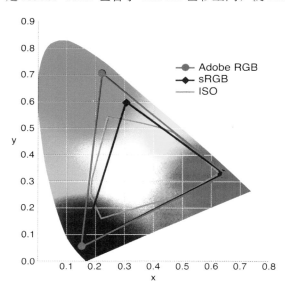

◁ 通过色彩空间对比图可以看出，Adobe RGB 涵盖的色彩空间最大（红线三角区域内），已超出 ISO 国际标准区域（橙色三角区域内）。而 sRGB 色彩空间的涵盖率最小（蓝色三角区域内），不能涵盖全部 ISO 国际标准色彩空间，色彩损失较多

　　在实际应用方面，越是专业数码相机和高级发烧级数码相机，一定安排 sRGB 和 Adobe RGB 两种设置，供使用者选择。而普通消费级数码相机一般只安排 sRGB 一种设置。

　　由于 Adobe RGB 具有巨大的色彩空间深度，在实际拍摄后，色彩显示方面会受超大文件和显示器的显示范围限制，其视觉效果反而偏灰，需要经过电脑后期调整，才能得到拍摄者所需要的理想色彩。还有一点需要提及的是，若想保持 Adobe RGB 色彩空间的理想色彩还原，最好配合使用具有 Adobe RGB 色彩管理系统的相关后期设备，如专业校色仪、专业级电脑和显示器、专业输出设备以及专业耗材。通过专业校色仪器，将电脑和后期的输出设备以及专业打印耗材统一校正为 Adobe RGB 色彩管理模式，才能真正获得最理想的色彩和相关细节。（建议配合使用 RAW 无损压缩存储格式拍摄。）对于不熟悉图像处理软件者，不建议使用。

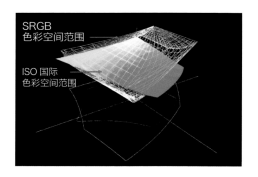

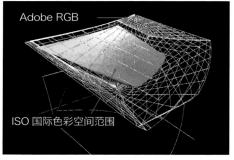

△ 这是 sRGB 色彩空间的三维图，从图中可以看出，sRGB 的色彩空间不能涵盖全部 ISO 国际色彩标准，色彩损失较多

△ 这是 Adobe RGB 色彩空间的三维图，从图中可以看出，Adobe RGB 的色彩空间远远超出 ISO 国际色彩标准，所涵盖的色彩空间范围相当大

[建议]
　　如果只是普通摄影爱好者，选择 sRGB 管理系统拍摄就可以了，因为 sRGB 管理系统使用方便，互通性强，适合家用电脑、打印机等输出设备使用。如果用于专业摄影创作、广告设计、印刷制版等用途，应该选择 Adobe RGB 色彩管理系统，这对于严格的色彩管理和丰富色彩的细节变化以及档案保存都是最佳的选择方案。

拍摄实例

△ 用 Adobe RGB 色彩空间表现的色彩关系，还原准确、丰富细腻

△ 用 Adobe RGB 色彩空间拍摄光赋作品，更容易体现丰富的色彩关系

1.26 低通滤镜的概念

低通滤镜是数码相机安装在芯片上的特殊滤镜，用途是消除画面中的摩尔纹，防止伪色出现。什么是摩尔纹？它产生的原因又是什么呢？

通俗一点儿讲，摩尔纹是数码相机成像后产生的有害纹理现象，是一种严重破坏画面效果的视觉现象。这种纹理产生的主要原因，是数码芯片中像素重复排列造成的。当被摄物的线条结构与芯片中的像素排列发生重叠后，摩尔纹现象就出现了。越是编排整齐有序的纹理，摩尔纹越容易出现。

△ 摩尔纹现象的黑白效果

△ 摩尔纹现象的彩色效果

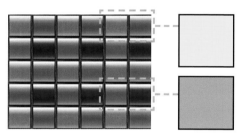

△ 有规律的像素排列会导致摩尔纹现象的出现。被摄物的线条结构与像素的排列形式发生横向重叠时，就会造成红绿相加＝黄色、蓝绿相加＝青色的现象

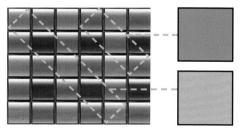

△ 被摄物的线条结构与像素的排列形式发生斜线重叠时，就会造成绿绿相加＝绿色、红蓝相加＝品红色的现象

从示意图中可以看出，当被摄物中的线条结构与像素中的横竖线和斜线发生重叠时，便会出现伪色现象。这种伪色现象在画面中呈现出有规律的条纹干扰，这种干扰就称为摩尔纹现象。它对摄影作品是一种无法回避的破坏。设计人员通过细心研讨发现，在传统摄影时代，用胶片拍摄的画面，从未出现过摩尔纹现象。究其原因是胶片使用的是化学原料"卤化银"，它的排列完全是无序的，无法通过人工加以编排。长期以来，胶片在拍摄过程中，从没出现过摩

尔纹现象。在胶片的启发下，设计人员得出一个结论，摩尔纹的出现，与芯片中像素的有序排列相关。要想彻底解决这个问题，最好的办法就是打乱像素的排列方式，让被摄物的线条与像素的排列无法重合，摩尔纹现象自然就消失了。可想要做到这一点确实很难。每个生产厂家都想出了各种解决的办法去消除摩尔纹。

采用增加低通滤镜的方法就是没有办法的办法。因为，打乱像素的排列方式，毕竟不是一件容易的事。采用增加低通滤镜，以模糊计算的方法消除摩尔纹就简单多了，可加了低通滤镜，就如同正常人为了美观，在正常视力的眼睛前戴上平光镜一样，这种装饰效果，反而对视力产生影响。对摄影来说，增加了低通滤镜，对解像力会产生一些影响。在对影像质量要求越来越苛刻的今天，去掉低通滤镜是大势所趋。

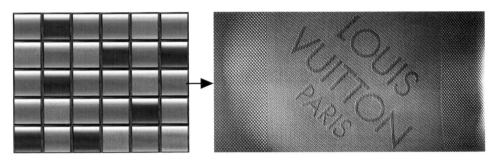

△ 打乱像素排列方式后，摩尔纹现象消失

摩尔纹现象的出现，破坏了数字影像的效果，必须加以控制。消除摩尔纹的方法有多种，每个厂家都有各自的解决方法，在此不做介绍。随着科技水平的不断进步，数码相机的总体设计趋势，一定会以消除低通滤镜或者采用可变式低通滤镜设计为终极目标。

1.27 什么是灵敏度——感光度 ISO

灵敏度又称感光度，指感光材料对光的敏感程度。现代数码相机，依靠芯片中的像素进行电子感光，在实际拍摄中，感光度可以直接参与曝光控制，随着感光度（ISO）的调节变化，不但曝光组合发生变化，画面的艺术效果也会产生变化。感光度的直接参与，使曝光控制的范围扩大了，同时也拓宽了摄影艺术创作的领域。

这是数码相机与传统胶片相机的重要区别之一。

　　传统胶片相机，控制曝光的装置只有光圈和快门。感光度只是标明胶片的感光特性而已，是提示摄影师使用某款胶片时，控制曝光的依据，一旦搞错会使创作前功尽弃。摄影师只能根据胶片提供的感光度进行控制曝光。若想改变胶片感光度进行创作，只能在拍摄前，强行改变感光度设置。经过强制曝光的胶片，还要在后期冲卷时，通过强迫显影来补偿因强迫曝光给胶片带来的曝光损失。经过强迫冲洗后的胶片，反差、颗粒、解像力都会严重受损，使用这种方法纯粹是无奈之举。而且改变感光度必须整卷胶片统一改变，不能中途随意改变，否则后期无法统一时间冲洗。这种强迫曝光的方法，只能用于新闻摄影或特殊要求下的艺术创作，正常情况下绝不提倡使用。对于数码摄影来说，就不存在这些问题，感光度可以随着创作的需要和现场光线的变化，随时改变感光度进行拍摄。

　　对数码相机来说，芯片面积的大小，会直接影响感光度的调节范围。当数码相机的像素数量一样多时，芯片面积越大，每个独立像素的体积也越大，可容纳光影信息的量越多，感光度调节范围也越宽，对摄影创作越有利。反之，芯片面积越小，每个独立像素的体积也越小，可容纳光影信息的量越少，感光度调节范围越窄，对摄影创作极为不利。

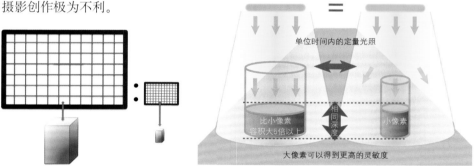

△ 像素数量一样多，芯片面积大小不同，直接影响独立像素的体积大小。像素体积越大，收纳光影信息的数量越多，感光度调节范围越宽。像素体积越小，收纳光影信息的数量越少，感光度调节范围越窄

　　现在新型135全画幅数码单反相机的最高感光度已经达到 ISO 50 ~ ISO 500000 以上，噪点的抑制情况也非常理想。宽泛的灵敏度调节范围，扩大了可记录景物明暗区域的影像细节，丰富了摄影创作的效果，使摄影师在复杂环境中的创作更加自如。相比之下，传统胶片的感光度调节范围，最高也只有 ISO 6400 左右。而且感光

度越高，画面的颗粒越粗，反差也越弱，色彩饱和度越低，而且后期无法修正。虽然经过研发，生产出多重感光胶片，感光度可以在 ISO 100 ~ ISO 1000 随意调整使用，可通过实践证明，除 ISO 100 影像效果较好外，其他感光度下的拍摄效果都非常粗糙，只适用于新闻摄影。

△ 这是多重感光胶片，可以在 ISO 100 ~ ISO 1000 随意调整使用，可统一冲洗，但是画面效果很不理想，只能用于新闻摄影，销售价格也很高

拍摄实例

数码相机的感光度可以根据创作需要自由调节，拓宽了影视创作的范围，使摄影创作在复杂光线下也能获得理想的艺术效果。这在胶片时代想都不敢想。

△ 石窟内部的明暗反差非常大，为保证画面的清晰，采用 ISO 400 高感光度拍摄，曝光以亮部为准，在确保亮部细节不受损失的情况下，左图暗部虽然曝光不足，但是通过后期处理，得到的右图画面效果非常令人满意。这足以说明全画幅相机的感光度调节适应范围非常宽，并且效果更让人满意

△ 田径场内照度有限，为了保证运动人物的清晰，必须利用提高感光度来弥补快门速度的不足。将感光度提高到 ISO 1600，快门速度可以达到 1/2000 秒左右，用全画幅数码单反相机拍摄，画面质量非常好

△ 博物馆里灯光昏暗，在不使用闪光灯和三脚架的情况下，用全画幅数码单反相机拍摄，将感光度设定为 ISO 6400，照片质感细腻，明暗过渡自然，画面层次丰富，几乎看不到噪点

△ 手持拍摄日落时的剪影，为了保证画面的稳定，更是为了测试全画幅相机用高感光度拍摄的效果，将感光度调至 ISO 6400。画面不仅剪影效果表现很好，而且没有任何噪点，这一点完全证明全画幅相机的优势，可以让使用者更加放心地使用高感光度进行创作

[结论]

　　芯片面积越大，灵敏度调节范围越宽；芯片面积越小，灵敏度调节范围越窄。

[练习]

　　在光线昏暗的条件下，利用全画幅相机和任意一款小画幅相机拍摄同一景物，要求手持拍摄。感光度从 ISO 100、ISO 1600、ISO 6400、ISO 25600 逐级拍摄，对比用低感光度用高感光度拍摄的画质差别。

1.28 什么是动态范围——宽容度

　　动态范围是指，感光材料记录被摄景物明暗范围多少的能力。在像素数量一样多的情况下，芯片面积越大，每个独立像素的体积就越大。因此，承载光影信息的数量越多，其动态范围也就越宽。在实际创作中，大芯片记录景物亮部和暗部的细节越丰富，对明暗反差大的景物拍摄越有利。反之，小芯片相机的动态范围窄，对明暗反差大的景物表现明显不如全画幅相机。建议配合使用 RAW 无损压缩存储格式拍摄。

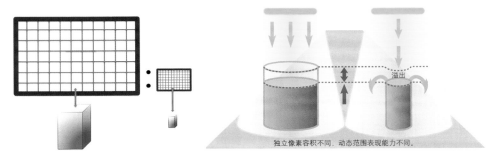

△ 从效果图中不难看出，大芯片的像素体积比小芯片像素体积大很多。像素的体积大，承载的光影信息就多。从右图中可以看出，大像素的光影信息还没盛满时，小像素已经溢出。结果是大像素动态范围宽，小像素动态范围窄

　　通过图解可以清楚看到，在同一条件下曝光，大像素内的光影信息还没装满时，小像素内的光影信息已经溢出。这充分说明大芯片可以承载更多的光影信息，可以获得更宽泛的动态范围，对明暗反差大的景观拍摄极为有利，通过电脑后期对暗部的增益，可获得更丰富的暗部细节。而小芯片的像素体积小，动态范围很窄，对明暗反差大的景物表现极为不利。

△ 农家库房内部照明条件很差，昏暗的室内与窗外自然光相比，反差巨大。用全画幅数码单反相机拍摄，曝光的重点要控制在窗户的亮部位置，暗部明显曝光不足。但是，经后期处理，亮部细节得到了很好的保护，暗部细节也得到了完美的再现

△ 云冈石窟里面明暗反差很大，又不让使用闪光灯。由于全画幅数码相机动态范围大，测光以亮部为准，保证亮部质感不失真，再经后期对暗部进行增益处理，画面的亮部与暗部细节都表现得无懈可击

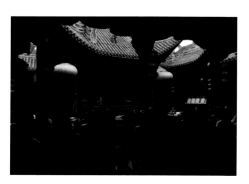 

△ 为了确保房顶屋瓦的密度，测光要以屋顶为准，使屋顶的质感得到了保护，但是，人物与地面环境的曝光明显不足。由于使用的是全画幅单反相机，动态范围很宽，经过电脑后期处理，画面的整体细节都得到了非常好的表现

[结论]

  在像素数量一样多的情况下，芯片面积越大，动态范围越宽，对画面的整体细节表现越有利。芯片面积越小，动态范围越窄，对画面的整体细节表现越不利。

[练习]

  用全画幅单反相机和小芯片相机共同拍摄光比较大的景物，曝光都以亮部为准，保护亮部质感。经过后期处理，对比两台相机动态范围的大小。

1.29 什么是信噪比

信噪比是数码相机的重要技术指标之一，是衡量数码相机记录正常光影信息与噪点的比值。在相机的选择上，用像素数量一样多、芯片面积大小不同的两台相机进行比较。如右图所示，在同一个拍摄条件下，大芯片的独立像素体积大，收集的光影信息多，正常的光影信息是噪点的 2 倍，信噪比就是 2:1。而小芯片的独立像素体积小，收集的光影信息少，噪点反而是正常光影信息的 2 倍，信噪比为 1:2。试用结果，大芯片相机拍摄的图像效果，噪点抑制情况远远好于小芯片相机。

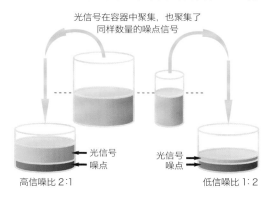

△ 信噪比效果图

[小实验]

在生活中，我们将一个小水杯和一个体积比它大 5 倍以上的水杯都盛满水，同时向两个水杯中各添加一勺同等量的盐，均匀搅拌后用嘴品尝。你会发现，小容器中的水口感咸，而大容器的水口感清淡。通过这一试验，面积大小不同的芯片，对噪点抑制情况就更好理解了。

△ 不等量的水，加入等量的盐，其饱和度完全不同。这与芯片大小对噪点的影响是同一个道理

拍摄实例

用两台像素数量一样、芯片面积大小不同的数码相机，在同样条件下进行提高感光度拍摄，在局部放大后不难发现，小型芯片感光度提高到 ISO 800 以上出现噪点，而全画幅大型芯片感光度提高到 ISO 3200 时仍未出现明显噪点。越是新型数码相机差别越大。

△ 用小芯片卡片机将感光度提高到 ISO 800 拍摄，噪点明显

△ 用全画幅单反机将感光度提高到 ISO 3200 拍摄，几乎没有噪点

△ 用全画幅数码单反相机在明暗反差极大的夜晚拍摄，为了保证手持拍摄的稳定，将感光度提高到 ISO 3200，噪点抑制良好，现场气氛真实，色彩还原准确

△ 拍摄现场光线很暗，为了保证手持相机拍摄的稳定，将感光度提高到 ISO 3200 拍摄，全画幅相机的噪点几乎没有，画面的视觉效果非常好

[结论]

　　芯片面积越大，信噪比越高，画质越好；芯片面积越小，信噪比越低，画质越差。

[练习]

　　用全画幅单反相机和小芯片相机在光线较暗的环境中拍摄，要求使用两台相机最低感光度与高感光度各拍摄一张，放大后观察两者的信噪比情况。

1.30 景深的比较

景深控制，是摄影创作重要的表现手段。景深控制得好，作品主题鲜明，空间层次丰富。景深控制不好，就会破坏主题效果，达不到创作目的。数码相机如果芯片面积大小不一致，这对景深的影响会十分明显。经设计人员测试，小像素承载不了大光圈过多的通光量，在曝光过程中，会造成高光信息首先溢出的现象。就像我们在生活中，用喝水的小杯在水龙头下盛水一样，由于容器太小，水龙头就不敢开大，只能用较小的流量慢慢将水杯装满。一旦将水龙头开大，在大水流量的瞬间冲击下，会造成大部分水瞬间被砸出，这与小像素承受不了大光圈瞬间曝光是一样的道理。因此，小芯片相机在设计过程中，为控制小像素在曝光中光影信息不会瞬间溢出，只能选择较小的光圈作为这台相机的最大有效孔径。这样一来，就触犯了景深控制的原则之一："光圈大——景深小、光圈小——景深大"的原理。较小的光圈，景深必然大，并且无法补救。

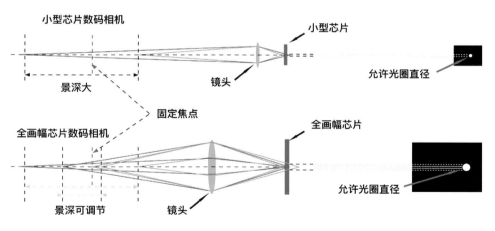

△ 芯片面积大小与景深控制的对比图

又因为芯片面积越小，镜头焦距的转换系数就越大，要想得到理想的拍摄视角，必须选择更短的镜头焦距，乘以这个转换系数才行。比如：一个转换系数为 4 的芯片，要想得到 28mm 镜头视角的拍摄效果，必须选用 7mm 镜头，用 7mm 乘以 4 以后，才能获得 28mm 的等效焦距值。换而言之，如果市场上出售的小型数码相机号称本机为 28mm 的镜头，那么它所使用的镜头实际焦距一定是小于 28mm 焦距的镜头，因为只有比 28 mm 镜头更短的镜头视角，才能获得小芯片相机所需要的画幅视角。这样一来就触犯了景深控制的原则之二："镜头的焦距越长，景深越小；镜头的焦距越短，景深越大"的原理。7mm 超短焦距的表现，进一步遏制了景深的变化。

由此看来，使用小芯片数码相机拍摄出来的画面，由于实际光圈小、镜头焦距短，导致景深一定很大，并且无法改变。综合以上两点，芯片越小的相机，景深都会很大，而且此题无解。

相对而言，全画幅单反相机，由于芯片面积大，每个独立像素的体积就大，可以承载更多的光影信息量，在实际工作中，可以接受所有镜头最大光圈的通光量。因此，全画幅相机可以使用所有 135 单反相机的专用镜头，景深也可以随着光圈大小的变化，获得理想的景深调控。

△ 全画幅相机控制景深的效果最好（左图），APS-C 画幅相机控制景深的效果适中（中图），更小芯片相机控制景深的效果最差，画面前后景深全部清晰，而且无法调整（右图）

在拍摄条件一致，对焦点一致的情况下，使用芯片面积大小不同的相机拍摄，结果可以明显看出景深的变化。全画幅相机景深控制最好。随着芯片面积变小，景深也不断延伸。到卡片机时，景深清晰范围已涵盖到全画面，而且无法调整。通过实际对比说明，芯片面积越大景深控制越好，虚实对比越强烈；芯片面积越小，景深越大而且无法调整。

1.31 控制景深的五大原则

（1）镜头光圈越大，景深越小；镜头光圈越小，景深越大。（反比例关系）

（2）镜头焦距越长，景深越小；镜头焦距越短，景深越大。（反比例关系）

（3）拍摄距离越近，景深越小；拍摄距离越远，景深越大。（正比例关系）

（4）芯片面积越大，景深大小可随意调整；芯片面积越小，景深越大，而且无法调整。

（5）后景深大于前景深。

拍摄实例

△ 用全画幅数码单反相机拍摄，焦点对准前景的汉白玉栏杆上，利用镜头的最大光圈值，配合200 mm的长焦镜头拍摄，可以达到最理想的景深效果（俗称突出主体虚化背景）。由于选择了侧逆光拍摄，背景建筑结构层次丰富，色彩饱和。大光圈与长焦距促成的虚实关系，使画面得到了最佳的空间变化

△ 全画幅数码相机可以随意控制景深，开大光圈，就可以获得最小景深。这张照片采用200mm镜头、f/2.8的大光圈拍摄，画面景深很小，只有残荷清晰，其环境背景全部虚化，显示出全画幅数码相机控制景深的魅力

[结论]

芯片面积越大，景深自由调节的范围越大。芯片面积越小，景深自由调节的范围越小，甚至无法调节。大芯片优于小芯片。

[练习]

利用数码全画幅单反相机、APS-C单反相机和卡片机（可以用手机代替）共同拍摄带有丰富景深内容的画面。要求画面构图大小一致，镜头的焦距段相同，都选择最大光圈值，聚焦点都放在前景某个主体上拍摄。对比画面的景深效果有哪些不同。

△ 全画幅数码相机可以随意控制景深，收小光圈，就可以获得最大景深。这幅作品是全画幅相机适当收小光圈后拍摄的，画面的前后景深非常大

1.32 正确选择文件存储格式

　　数码摄影与传统胶片的记录方式有本质的区别，传统相机以胶片作为载体，以卤化银作为介质记录影像，在记录影像信息与色彩方面，摄影师没有选择的余地。而数码摄影则不同，它依靠芯片作为载体，以像素作为介质记录影像。使用者可根据需要，自行决定表现形式、色彩空间设置、文件大小、存储格式等，并且随时可以进行更改和调整。

　　数码摄影方便、快捷、立拍立现以及后期调整的可塑性非常大，几乎没有它做不到的。但其中有一点拍摄者必须提前安排好，一旦搞错，电脑后期可就无能为力了。这就是"存储格式"的选择。它决定着记录文件的大小与影像的质量，一旦选错，后期则无法更改。这就像在银行存钱，你存了一百就是一百，你存了一万就是一万，当你用钱时，只能在你存钱的数额内取款，不可能超出存款范围。对于摄影创作来说，为了保证影像质量，最好选择较大的文件格式拍摄，尤其拍摄高质量或者创作类型的作品时，建议你最好选择"RAW"文件存储格式，这种存储格式可以获得最大的而且是最好的文件质量，通过后期还可以任意压缩为不同大小的文件使用。可是，如果把重要的拍摄工作选择了"JPEG"小文件存储格式，那么后期想使用较大文件时，可一点办法都没有了，有些画面连重拍的机会都没有。

　　用同一台相机拍摄，以不同文件格式保存，影像文件的压缩率也不同。RAW存储格式属于无损压缩格式，通过镜头捕捉到的所有光影信息，相机处理器不进行任何压缩干扰，全部记录在案。用这种格式存储，文件大、细节丰富、画面质量有保证，便于电脑后期处理。而"JPEG"存储格式是压缩文件格式，影像信息损失较多，画面质量相对较低，适合一般性摄影。如果进行重要的、创作性拍摄，建议使用 RAW 存储格式，以确保优异的画质与丰富的影像细节。使用者不要因为图像大、下载麻烦，就

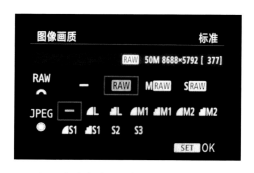

△ 这是佳能相机菜单中文件格式的选择界面。在拍摄前，一定要养成正确选择存储格式的习惯，一旦搞错，后悔莫及。其他品牌的数码相机，也都有文件存储的选择界面

不使用 RAW 格式，这种惰性要不得。初学者更要练习使用这种格式，一旦掌握了使用方法，你会获得更细腻的画质和最大的文件量。如果只拍摄小图，就无法生成大图使用；但手里有了大图，可随时压缩成小图后使用。俗话说"手中有粮，心中不慌。"

JPEG 存储格式，属于有损压缩格式，是经过压缩的文件，画面细节会有损失。在实际工作中，对画质要求不高、注重时效的拍摄工作可以选择使用。

RAW 存储格式，属于无损压缩存储格式，又称原始数据存储格式。可将镜头收集的所有原始信息全部记录在案，便于在后期制作过程中，获取最完整的影像细节。该存储格式是专业摄影人的首选，在实际应用中，可以随时转存为其他文件格式使用。

[提示]
  下载 RAW 图像进行解码，最好使用原厂相机提供的软件进行解码，这种解码效果对图像没有任何损失。如果使用通用软件解码，会因兼容性问题使图像受到一定的损失。

小贴士

（1）为了今后能更好地学习摄影，进入正确的创作状态，初学者应当掌握 RAW 文件存储方法，养成高标准、高要求的学习态度。根据工作要求，随时可以将 RAW 文件压缩成 JPEG 文件格式使用。

（2）对影像质量要求高的创作内容，建议使用 RAW 文件格式。对影像质量要求不严格，而且对工作时效有要求的工作内容，可以选择 JPEG 文件格式。比如新闻摄影、体育摄影、自娱自乐……

（3）由于 RAW 文件的特殊性与不兼容性，在选择软件解码 RAW 文件时，尽量使用相机原厂软件，以确保解码运算过程中的精准对位和全部细节的保存。使用通用软件虽然可以解码，但是会受兼容性的影响，画面细节会有一定的损失。

（4）为了使工作更加顺利快捷（尤其是教师工作），可以使用 RAW + JPEG 这种存储格式，拍摄时，相机会以两种文件格式记录：RAW 文件，用作重要的原始文件保存；JPEG 附加文件，可供快速预览所拍摄的图像内容，非常适合后期快速选图和教学工作。这种记录方式由于同时记录了两个文件，文件占用的存储空间较大，拍摄前最好使用较大的存储卡。

△ 有些数码相机可以根据使用情况，在附加格式中选择文件大小（L、M、S）。L 文件最大，M 文件适中，S 文件最小。各种品牌的相机都有这种存储格式的选择

[结论]

现代数码相机的文件存储格式有多种，RAW 原始数据存储格式（无损压缩存储格式）是当前最好的文件存储格式，其他文件格式（L、M、S）无法与之媲美。

1.33 小结

（1）购买数码相机要根据使用要求进行选择。如果用于家庭生活和娱乐拍照，业余型相机甚至手机就可以了，因为这种机型体积小，便于携带，最适合旅游外出使用。如果是为了学习摄影，追求画面质量，强调艺术效果，在经济条件允许的情况下，可以一步到位，添置全画幅数码相机。

（2）购买数码相机时，先要比较哪款相机的芯片面积大。在芯片面积一样大时，再去比较谁的像素数量多。反之，像素数量一样多时，对比谁的芯片面积大。这是正确的选择方法。数码相机不同于传统胶片相机，胶片拍摄完以后可以更换，而芯片是不可更换的，必须谨慎选择，避免重复投资。

（3）在经济条件允许的情况下，建议购买专业镜头，因为专业镜头不但成像好，而且贬值空间小。在相机升级时，镜头还能继续使用，避免重复投资。建议买专业镜头要选择最新款，因为现代镜头的改良和更新速度比较快，成像质量会相差很大。

（4）不要放弃摄影理论的学习，很多传统摄影理论同样适用于现代数码摄影。因为数码相机的研发成功，源于传统相机，数码摄影的技术理论立足于传统摄影的技术理论，两者是传承关系。放弃理论的学习，是要吃亏的，等于停滞不前。

（5）尽早掌握用电脑进行后期处理的手段，因为数码摄影的真正魅力是后期，是

摄影艺术再创作的最后一关。只会拍摄不会后期处理，等于只完成数码摄影的前期工作，把最重要的再创作过程放弃了，这一点是十分错误的。要发扬"一竿子扎到底"的精神，熟练掌握"前期拍摄→后期处理→打印出片"这一系列工作程序的人，才能真正体会到摄影创作的乐趣。这更是时代对摄影人的要求。

△ 数码摄影创作全过程示意图

前期拍摄

打印出片

后期修片

但是，很多性能操作还需要使用者自己调整才能达到理想的拍摄效果。建议大家，为了能创作出更好的摄影作品，还是需要仔细学习一下数码摄影基础知识，这对摄影创作大有好处，常言道"知己知彼，百战不殆"。

数码相机发展到今天，几乎到了完美的程度。随着科学技术日新月异的飞速发展，以及 8K 和 5G 的到来，对数字技术一定会产生巨大影响，未来的科技成果将无法预料。摄影术发明家达盖尔做梦也不会想到，摄影会以数字的方式颠覆了他的发明。 我国"摄影之父"邹伯奇也会惊得目瞪口呆。

（6）还没有接受数码摄影和还没有掌握电脑操作的影友，要尽快掌握数字影像技术，不要被大浪淘沙似的时代洪流所淘汰，"破旧立新"是历史的规律。

（7）掌握好数码图片摄影，对今后的摄像工作也有好处，因为这两种拍摄工作都属于视觉艺术，它们的瞬间抓取、画面构图以及所有视觉艺术表现都是相通的。

数码相机属于高科技产品，在实用性上给摄影爱好者提供了极大的方便。

△ 中国摄影之父——邹伯奇

焦距理论

2.1 揭开镜头焦距的面纱

　　镜头焦距问题，对很多摄影爱好者来说，只是选择使用或决定购买时的标称。至于在它的摄影特性方面，以及艺术表现力方面了解多少就很难说清楚了。有些影友在这方面知道一些，可又有点儿模模糊糊。这种似是而非、模棱两可的心态，会直接影响创作效果，应该迅速掀去镜头焦距这层面纱，显露其真实的面目。

2.2 什么是焦距

　　"焦距"是摄影镜头的光学物理特性，是区分镜头功能特点与种类的重要标识。它与镜头的成像视角、影像的放大倍率、画面景深的虚实变化、影像的空间压缩率以及透视的畸变大小有直接关系，最终会影响到作品的艺术表现力。这绝不是一句空谈，更不是无所谓的事。如果在镜头焦距问题上含糊不清，他的摄影创作过程，一定会处于盲目的混沌状态。

　　焦距可以简单理解为从透镜的中心到聚焦平面（画面）之间的距离。在日常生活中，我们用一面放大镜，将太阳光聚焦在一张纸上时，会产生一个十分明亮的光点，这个光点会在很短的时间

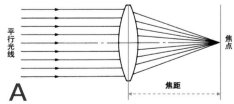

△ 用放大镜求得焦距值的示意图

内将纸张点燃。这个具体的光点，就是焦点。从透镜的中心位置（透镜的纵切面）到焦点之间的这段距离就是焦距（图A）。说得更专业一点，当镜头的焦点对准无限远时，透镜的第二主节点到聚焦平面之间的垂直距离就是焦距（图B）。

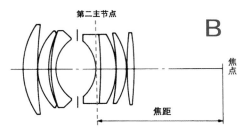

△ 用摄影镜头求得焦距值的示意图

2.3 镜头焦距的标称

镜头焦距的标称用 f 表示（也可以不标注 f 符号），单位是毫米。在镜头的镜筒上有明显标注，比如 f=85mm、85mm 或直接标 85，表示该镜头的标称焦距。

在实际应用中，定焦镜头的标注法是：50mm、100mm、400mm…… 变焦镜头的标注法是：11−24mm、16−35mm、100−400mm……数值越大，镜头焦距越长；数值越小，镜头焦距越短。焦距是每支镜头的物理特性，是固定不变的。它就像人的名字一样，不能搞错，如果在外出创作时把焦距搞错了或者忘记带某焦距段的镜头，会导致某种创作的效果无法实现。

△ 镜头焦距标明位置

小贴士

社会上有这样一种说法，"定焦镜头比变焦镜头画质好，建议少用甚至不用变焦镜头"。在这个问题上，还有些影友和我产生过激烈的争论。在平时上课时，也有些学员问这个问题。笔者认为这一论点早已过时，现代的新型变焦镜头已是今非昔比。由于新型光学材料的使用，以及高科技手段的介入，使变焦镜头的重量减轻、尺寸缩短，成像质量完全可以和定焦镜头媲美。如果还死抱着"定焦镜头好，变焦镜头不好"的谬误选择镜头，等于犯了"费钱、费力、费时"的三费错误。

（1）费钱：比如一支 70～200mm 的镜头，如果换成定焦头，最少需要买 70mm 和 200mm 两支镜头，如果还需要中间焦距段，那就很难说还需要买几支镜头了。购买这些镜头需要花的费用问题你计算过吗？

（2）费力：使用定焦镜头外出创作，你要多带好几支镜头（从广角到长焦），无形之中增加了极大的负重。

（3）费时：当你外出创作时，如果频繁更换镜头，会丢失多少精彩瞬间，你考虑过吗？而且频繁更换镜头，机身内部和芯片表面很容易被污染，这会缩短芯片和相机的使用寿命。

如今，由于生活节奏的加快，人们肖像权意识的加强，布列松先生使用标准镜头"一支镜头走天下"的时代早已过去。在那个时代根本没有保护"肖像权"的法律一说，再说那个时代也没有变焦镜头，如果有变焦镜头，我相信布列松先生也一定会使用。总之只要你业务熟练，任何镜头都可以派上用场。但是，在如何快速抓取"决定性瞬间"的问题上，定焦镜头一定会败下阵来。实践证明只有变焦距镜头才能做到迅速构图，快速抓取决定性瞬间。

2.4 等效焦距的概念

现在数码相机芯片的面积大小十分混乱，对成像效果影响很大。尤其对画幅比例大小的影响尤为突出。当用同一支镜头，在芯片大小不同的相机上使用时，就出现了画幅大小不同比例的问题。芯片面积越大所拍摄的画幅越大、越完整。芯片面积越小所拍摄的画幅越小，周边的画面丢失越多。要想知道小芯片相机拍摄的画幅与全画幅的视角存在多大差距，就必须寻找一种换算方法来获得，这就引出了"等效焦距值"的问题。

什么是等效焦距呢？　由于小型芯片相机的芯片面积比全画幅相机的芯片面积小，如果小芯片相机使用正常焦距的镜头拍摄，所拍摄的画面要比全画幅相机拍摄的画幅面积小。要想得到与全画幅相机同样面积的画幅比例，就必须借用更短焦距的镜头，利用"焦距长视角窄，焦距短视角宽"的理论，去换取与全画幅相机同等大小的画幅比例。计算方法是，用短焦距镜头的焦距数值乘以小型芯片的镜头转换系数，所获得的数值，就是这个小型相机的等效焦距值。这个"等效"是指，小芯片相机利用短焦距镜头拍出的画面，与全画幅相机拍出的画幅大小基本相等，简称为"等效"。从更深层次解释，这种"等效"只是画幅面积大小的"等效"，并不包括其他摄影特性。对其他摄影特性来说，由于芯片面积小，造成其他摄影特性质量的下降是不可避免的，比如景深控制、信噪比、动态范围、透视关系等。芯片面积越小，这些摄影特性下降得越严重。

等效焦距值是为了解决因芯片面积大小不同导致的画幅比例的问题。要想解决小芯片相机的成像视角与全画幅成像视角的差距，必须用小芯片相机所使用的镜头焦距值，乘以它的转换系数所得的数值，就是这台相机的等效焦距值。比如：APS-C 相机使用 100mm 镜头拍摄，它的镜头转换系数是 1.6，用 100mm×1.6=160mm，这个 160mm 就是这台 APS-C 相机的等效焦距值。说明 APS-C 相机用 100mm 镜头拍摄时，获得的画幅大小相当于全画幅相机使用 160mm 镜头拍摄的画幅大小。

为了获取等效焦距值，还要解决"镜头转换系数"的问题。镜头的转换系数是求得等效焦距值的重要"因数"。获得转换系数的计算方法很简单，以 135 全画幅芯片的对角线系数为基准，除以小芯片的对角线系数，所得的"商"就是这台小芯片相机的镜头转换系数。由于芯片大小不同，其转换系数也不同，芯片面积越小，转换系数越大；芯片面积越大，转换系数越小。两者是反比例关系。

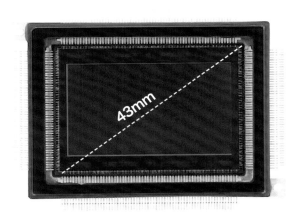

△ 如图所示，用全画幅芯片的对角线系数43mm，除以 APS-C 芯片的对角线系数 27mm 约等于 1.6。这个 1.6 就是这台 APS-C 芯片相机的镜头转换系数，以此类推就可以获得所有小芯片相机的镜头转换系数

全画幅芯片的转换系数是"1"，佳能 APS-C 相机的转换系数是"1.6"，尼康 APS-C 相机的转换系数是"1.5"，3/4 芯片的相机转换系数是"2"，芯片面

积越小其转换系数越大。

有了"转换系数"就可以求得所有小芯片相机使用镜头的"等效焦距值"。以 APS-C 相机为例，APS-C 芯片的转换系数为 1.6 左右，如果 APS-C 相机使用的是 50mm 镜头拍摄，用 50mm 乘以 1.6 等于 80mm，这个 80mm 就是这款 APS-C 相机 的等效焦距。根据镜头焦距的光学特性，80mm 镜头比 50mm 镜头成像视角窄，50mm 镜头视角为 46°，80mm 镜头视角为 30°，由此可见，在 APS-C 相机上使用 50mm 镜头拍摄，所获得的实际画幅只相当于全画幅相机用 80mm 镜头拍摄的画幅视角。

我们也可以反过来推算，如果想在 APS-C 相机上获得 50mm 等效焦距 46° 的 视角，就用 50mm 除以 1.6 约等于 30mm，这个 30mm 就是这台 APS-C 相机应该 选择使用的实际焦距值。用 30mm 镜头拍摄出来的画面视角，就相当于全画幅相机 用 50mm 镜头拍摄 46° 的画面效果。以此类推。

▷ 这是全画幅相机与某些 小芯片相机在拍摄时所产 生的画幅比例关系示意图。 完整的画面是全画幅相机 拍摄的效果，黄线内的影像 是一些小芯片相机拍摄的 画面。通过这张简易的比 例图，说明芯片面积大小， 直接影响所拍摄的画幅大 小。因此，要想让小芯片相 机获得全画幅的画幅比例， 就必须通过更短焦距镜头 的宽视角，换取全画幅芯片所拍摄的画面效果，但这种方法对影像质量的影响也很大。 所以说，对于要求严格的创作类摄影题材，就不能选择小芯片相机

2.5 镜头焦距的划分

镜头的焦距，是以标准镜头为基准划分的。我们首先要弄清楚标准镜头是怎么 来的。不同画幅的相机都有各自的标准镜头，有些人错误地认为 50mm 就是所有相 机的标准镜头，这完全是错误的。标准镜头的所谓"标准"，取决于胶片画幅的大小， 更准确点儿说，取决于画幅对角线的长短。最接近对角线尺寸的整数焦距段，即是

这类相机的标准镜头。例如：135 全画幅相机的对角线长度为 43mm 左右，经圆整后，国际标准化协会决定将 50mm 定为 135 相机的标准镜头（这里的圆整并不是四舍五入）。小于 50mm 的镜头为短焦距镜头（又称广角镜头），大于 50mm 的镜头为中焦距镜头、长焦距镜头和超长焦距镜头。

　　不同画幅的相机，标准镜头的焦距值也不同，在胶片时代，画幅越大，对角线越长，标准镜头的焦距值越大。画幅越小，对角线越短，标准镜头的焦距值越小。比如 120 中画幅相机 60mm×60mm 画幅的对角线尺寸为 75mm 左右，标准镜头的焦距值就是 80mm；4 英寸 ×5 英寸的大画幅相机，其对角线长度为 154mm 左右，标准镜头的焦距值就定为 150mm；　APS–C 数码相机画幅的对角线长度为 27mm 左右，标准镜头的焦距数值应定为 30mm。以此类推。

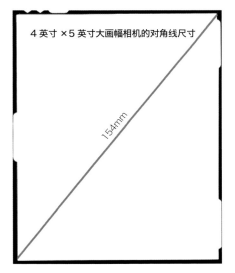

△ 4 英寸 ×5 英寸胶片对角线尺寸　　　△ 120 胶片对角线尺寸　　　△ 135 胶片对角线尺寸

鱼眼镜头	超广角镜头	广角镜头	标准镜头	中焦距镜头	长焦距镜头	超长焦距镜头
15mm以下	24mm以下	35mm以下	50mm	70mm以上	150mm以上	300mm以上

△ 135 相机镜头焦距划分参考表

2.6 镜头焦距与视角的关系（135 单反相机）

用同一台相机，使用不同焦距的镜头拍摄，决定所拍摄画面视角的大小。所谓视角，是指人眼能观察到清晰的物体空间范围。对摄影镜头而言，是指镜头能清晰记录被摄景物的空间视角范围。从测验结果来看，随着镜头焦距不断延长，被摄景物在画面中的视角范围也不断变窄；随着摄影镜头的焦距不断缩短，被摄景物在画面中的视角范围也不断加宽，两者之间成反比例关系。

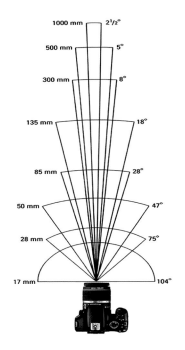

[结论]

镜头焦距越长——视角越窄；

镜头焦距越短——视角越宽，

两者成反比例关系。

△ 镜头焦距与画面视角大小关系示意图

△ 在同一机位拍摄，16mm 广角镜头视角宽，所拍摄画面涵盖的景物非常丰富（左图）；400mm 长焦镜头视角窄，所拍摄画面涵盖的景物很小，很具体（右图）

[提示]

现代数码相机，因感光元件（芯片）的面积大小不同，所拍摄的画面大小也会受到影响。对全画幅数码相机来说，由于全画幅芯片与 135 胶片的面积（24mm×36mm）一致，因此使用任何一款镜头，画面视角也不会受到任何影响。

而 APS-C 型数码相机，因芯片面积小于全画幅，在实际应用时，每支镜头都要乘以相对应的转换系数后，才是这支镜头用在 APS-C 型数码相机上的等效焦距，经实际拍摄后所得的画面才是这支镜头应有的实际视角范围。实践证明：数码相机的芯片面积越小，其转换系数越大，画面视角越窄。每个相机生产厂家的芯片面积都有所不同，其转换系数也不同，拍摄出的作品质量也会受到影响。

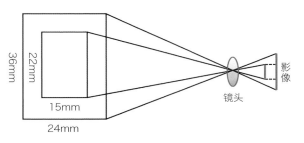

△ 全画幅芯片与 APS-C 芯片的画幅成像比较

△ 这幅作品的完整画面由全画幅相机拍摄，黄线部分由 APS-C 相机拍摄，等于截取了全画幅的中心部分

拍摄实例

△ 短焦距镜头，视角开阔，适合表现大场面的摄影作品

△ 短焦距镜头有超宽的视角，拍摄出的画面像看宽银幕电影一样壮观。这幅作品用不锈钢雕塑为前景，用晚霞气氛烘托画面主题，显示出短焦镜头的创作魅力

△ 长焦距镜头视角很窄，可将远处的被摄对象拉近放大后拍摄，通过这幅作品就可以看出，由于镜头焦距长、景深小、视角窄、空间压缩的特点，使画面中的人物非常醒目突出

2.7 镜头焦距与影像放大倍率的关系（135单反相机）

用同一台相机，使用不同焦距的镜头拍摄，决定每支镜头成像倍率的大小。在拍摄同一景物时，随着镜头焦距由短到长不断增加，在镜头视角随之变窄的同时，远处的景物也会逐渐被拉近，放大倍率也随之加大，局部细节也越来越清晰。从实验结果来看，镜头的焦距越长，镜头视角也随之变窄，被摄景物在画面中的放大倍率越大；反之，镜头的焦距越短，镜头视角也随之加宽，被摄景物在画面中的放大倍率也随之缩小。

15mm 镜头

35mm 镜头

50mm 镜头

300mm 镜头

600mm 镜头

1200mm 镜头

△ 这组画面是由短焦距镜头和超长焦距镜头逐一拍摄的图片对比，非常清楚地表现出，镜头焦距的长短对画面放大倍率的影响

拍摄实例

用广角镜头和长焦距镜头拍摄同一场景，机位没变，只改变镜头焦距的拍摄效果。

◁ 通过实际拍摄可以看出，用 28mm 镜头拍摄的画面视角宽，放大倍率小，能表现出教堂的整体形象（左图）。用 200mm 镜头拍摄的画面视角窄，放大倍率大，只能拍摄到教堂顶部的局部特写（右图）

[提示]

  在实际应用中，用长焦距镜头拍摄，如果焦距不够长，可以先拍下来，通过后期剪裁也可以获得所需要的画面，只是损失一些像素。用短焦距镜头拍摄，如果镜头焦距不够短，视角不够宽的话，后期则无法获得想要的画幅宽度。实践经验告诉我们，绝不可忽视短焦距镜头在实战中的作用。从实战意义上讲，选购广角镜头时"宁短勿长"。随着科技的进步，很多相机生产厂家都生产出透视校正好、画质优秀的广角变焦镜头，比如新型 11-24mm 广角变焦，这种镜头成像质量非常优秀，可以放心购买使用。

◁△ 用长焦镜头拍摄，如果焦距长度不够，可以先拍摄下来，通过后期剪裁还可以补救。用这种方法处理，画面的像素会有一定的损失，但是，毕竟精彩的瞬间被捕捉到了，这叫"取长补短"

◁ 用广角镜头拍摄，如果镜头焦距不够短，视角就不够宽，后期则无法补救。如图所示，由于镜头焦距不够短，所拍摄的实际画面（彩色部分）就得不到理想中的画幅宽度（黑白部分），而且电脑后期也无法补救

由于数码相机芯片面积大小不同，会造成芯片面积越小，镜头转换系数越大，等效焦距值越大，会直接影响画面视角的问题。以 APS-C 相机为例，由于芯片面积小于全画幅，乘以镜头转换系数以后，等效焦距值增加，视角变窄。例如：将 200mm 镜头用在 APS-C 相机上，乘以 1.6 的系数后，镜头焦距值相当于 320mm。而短焦距镜头，因受转换系数的影响，无形之中广角镜头的等效焦距值加大，视角变窄，失去了广角镜头应该表现的宽视角效果。例如：将 20mm 镜头用在 APS-C 相机上，乘以 1.6 的系数后，镜头等效焦距值相当于 32mm，使镜头等效焦距延长，视角变窄。因此，失去了 20mm 广角镜头的实际拍摄视角，周边景物损失很多，对实际创作极为不利，尤其在小空间拍摄环境中，这种损失是无法弥补的。这种理论必须反复进行复习，在头脑里形成一种潜意识，这样才能在今后的创作中形成头脑中的无形助理，随时协助你工作。

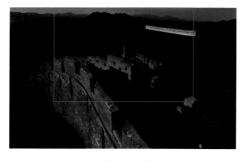

△ 16mm 镜头用全画幅相机与 APS-C 相机拍摄的效果对比示意。画面中的完整画面是全画幅拍摄的效果，红框内的画面是 APS-C 相机拍摄的效果，两者之间相差很大。而 APS-C 相机拍摄的画面损失是无法弥补的

△ 这是 16mm 镜头用在 APS-C 相机上拍摄的实际效果，相当于全画幅 24mm 镜头拍摄的视角，周边画面损失很大，而且无法弥补

[建议]

（1）在选择短焦距镜头时，宁短勿长，避免在创作时因焦距不够短，视角不够宽，而得不到理想的画面效果。

（2）使用 APS-C 相机时，不能忽略镜头转换系数的问题。要想得到理想的等效焦距值和画面宽度，必须用更短焦距的镜头才能得到所需要的画面视角宽度。这个问题在使用广角镜头时最显著。为了能让 APS-C 相机拍出广角效果，迫使生产厂家研发生产出 APS-C 相机专用广角镜头。

比如 4.5mm APS-C 相机专用鱼眼镜头，用这支镜头拍摄，即可获得圆周鱼眼镜头的画面效果。

10-22mm APS-C 相机专用超广角变焦镜头，等效焦距约为 16-35mm 超广角变焦镜头的视角，满足了 APS-C 相机用户的需求。

2.8 镜头焦距与景深的关系（135单反相机）

镜头焦距与画面景深的关系非常密切，是初学者必须掌握的基础理论知识。两者之间成反比例关系。具体表现为：镜头的焦距越长，景深越小；镜头的焦距越短，景深越大（反比例关系）。

△ 利用广角镜头和长焦距镜头拍摄故宫太和殿。机位不变，焦点一致，用短焦距镜头拍摄的画面视角宽、景深大，画面中的对焦点和背景都清晰。用长焦距镜头拍摄的画面景深小，画面中只有对焦点清晰，背景完全模糊

◁ 长焦距镜头拍出的画面，视角窄，景深小，空间压缩严重，焦点清晰而前景与背景虚化严重

△ 实践证明，超广角镜头拍出的效果景深很大，画面的前后景深都非常清晰

由于数码相机在芯片面积上的差异，会直接导致画面景深的变化。通过测试不难发现，用芯片面积不同的两台相机，使用同一支镜头拍摄时，全画幅相机景深表现最好，景深调节范围最宽。而芯片面积小的相机，要想获得与全画幅相机同样的画幅大小，只能采用以两种方法获得。

（1）固定机位法：用全画幅相机和 APS-C 相机拍摄同一个画面时，为了弥补画幅小的缺陷，在不改变机位的情况下，只能通过推算得出等效焦距后，更换更短焦距的镜头拍摄，以换取更宽的视角范围。这就触犯了控制景深的原则之一，"镜头焦距越长，景深越小；镜头焦距越短，景深越大"。根据这一原理拍摄的作品，虽然画面视角得到了保证，可画面景深却加大了。

▷ 固定机位法：APS-C 相机为了得到全画幅同样的视角，如果机位不变，必须通过推算获得等效焦距后，更换更短焦距的镜头，才能获得与全画幅相同的视角。比如，全画幅相机用 80mm 镜头拍摄一个画面，它的视角为 30°。如果用 APS-C 芯片相机拍摄同一个画面，也想获得 30° 的视角范围，就要使用 50mm 镜头拍摄，才能获得与全画幅相机基本一致的视角范围。根据"镜头焦距短景深大，镜头焦距长景深小"的原理，最终的画面效果是，虽保证了画面视角，却换来了更大的景深。

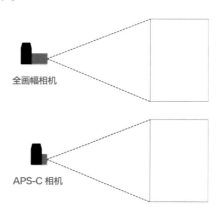

（2）移动机位法：用全画幅相机和 APS-C 相机拍摄同一个画面时，如果两台相机使用同一支镜头拍摄，为了弥补因 APS-C 相机画幅小的缺陷，在光圈值不变的情况下，只能采用将 APS-C 相机向后移动机位的办法，以换取更宽的视角范围。这就触犯了控制景深的另一原则，"拍摄距离越近，景深越小；拍摄距离越远，景深越大"。根据这一原理拍摄的作品，画面视角得到了保证，可画面景深却加大了。

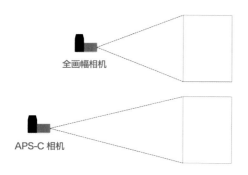

◁ 移动机位法：APS-C 相机为了获得全画幅的视角，如果使用同一支镜头拍摄，APS-C 相机必须向后移动机位，才能达到与全画幅相机表现一致的视角范围。根据"拍摄距离近景深小，拍摄距离远景深大"的原理，虽然视角得到了保证，可景深却加大了

拍摄实例

用全画幅相机、APS-C 画幅相机、小型卡片相机拍摄同一组画面。要求：焦点一致，被摄对象在画面中的构图比例一致。拍摄结果对比如下。

全画幅相机景深控制最好　　APS-C 画幅相机景深控制适中　　小芯片相机景深控制最差

△ 用全画幅11mm超广角镜头拍摄的建筑，画面景深非常大，从前景的地面砖到远处的建筑结构都十分清晰，这是全画幅相机与超广角镜头结合拍摄的效果

△ 用350mm长焦距镜头拍摄两位摄影爱好者，画面景深很小，主体人物清晰，前后景深虚化严重，这种表现手法对全画幅相机来说易如反掌

[结论]

芯片面积越大，景深控制越好，芯片面积越小，景深控制越差。

[练习]

利用全画幅相机和APS-C画幅相机，拍摄同一组具有丰富景深内容的景物。

(1) 固定机位法：要求画面构图比例相同，焦点一致，最大光圈一致，更换等效焦距镜头拍摄。调整好构图各拍摄一张，对比画面的景深变化。

(2) 移动机位法：利用同一支镜头拍摄，要求画面构图比例相同，焦点一致，最大光圈不变，移动机位调整构图各拍摄一张，对比画面的景深变化。

2.9 各种焦距镜头的实际应用

为了适应使用者的创作需要，相机生产厂商研发出品种丰富、性能齐全的摄影镜头群。从几毫米的鱼眼镜头到上千毫米的超长焦距镜头，多达上百种（135相机），在镜头的品种及功能互换性上，可算史无前例，普及率极高。在众多镜头面前，到底选择哪一种镜头，让摄影爱好者很为难。要解决这个难题，必须掌握所有镜头的功能特点并加以分析，根据个人的创作特点、工作需要和经济实力再作出选择。

6-15mm 用在APS-C上 10-24mm	11-21mm 用在APS-C上 22-34mm	21-35mm 用在APS-C上 34-56mm	40-60mm 用在APS-C上 64-90mm	60-135mm 用在APS-C上 96-216mm	135-300mm 用在APS-C上 216-480mm	300mm以上 用在APS-C上 480mm以上
鱼眼镜头	超广角镜头	普通广角镜头	标准镜头	中焦镜头	长焦镜头	超长焦镜头

△ 135 单反相机镜头焦距一览图（参考值）

鱼眼镜头

鱼眼镜头是利用仿生学，模仿鱼的眼睛而设计。它的视角可记录180°以上的物体空间。镜头的第一片透镜明显向前凸起，完全高出了镜筒的边缘，外形酷似鱼的眼睛，因此得名。

鱼眼镜头的焦距在 6 ～ 15mm，视角很大，可以达到 180°～ 230°。用在 APS-C 型相机上，镜头焦距相当于 10 ～ 24mm，镜头视角相当于 120°～ 153°。根据光学成像原理，镜头焦距越短，视角越大，产生的透视变形越强烈。因此，它的实用性不高，多用于特殊摄影创作和学术研究。

随着时代的进步，人们的艺术观念也在发生着变化。一些具有想象力、敢于挑战自我的摄影人，利用这一特点，进行个性化创作，收到了很好的效果。读者不妨也试试，一定会有奇效出现。

△ 8-15mm 鱼眼变焦镜头

△ 鱼眼镜头视角图

△ 用全画幅和 APS-C 型两种相机，都用鱼眼镜头拍摄，其效果相差很大。左图是用对角线鱼眼镜头（又称矩形鱼眼镜头）全画幅相机拍摄的效果，白框内是 APS-C 相机拍摄。右图是 APS-C 相机拍摄，可以明显看出它们在画幅比例上的差距

[小提示]

　　鱼眼镜头如果用在 APS-C 型相机上，由于 APS-C 型相机芯片面积小，镜头视角比全画幅相机窄，因此不能发挥正常鱼眼镜头应有的作用。有些镜头生产厂家，为了让 APS-C 型相机也能拍摄出圆周鱼眼镜头的效果，研发出专供 APS-C 相机使用的 4.5mm 圆周鱼眼镜头（适马公司），让这一效果得以实现。

鱼眼镜头有圆周鱼眼和对角线鱼眼两种类型。圆周鱼眼镜头的视角可达200°以上，由于它的最大像场小于全画幅相机（24mm×36mm）的芯片面积，所拍摄的画面呈圆形，四角会出现未经曝光的黑色区域，画面畸变十分严重（左下图）。对角线鱼眼镜头又称矩形鱼眼镜头，它的视角可以达到180°，拍摄

△ APS-C 型相机专用的 4.5mm 圆周鱼眼镜头

出来的画面没有黑色的死角，可以充满全画幅相机（24mm×36mm）的完整画面，呈现出完整的矩形（右下图），画面变形较大。使用者可以根据两种不同成像特点，安排理想的创作方案。

△ 圆周鱼眼镜头拍摄的效果

△ 对角线鱼眼镜头拍摄的效果

鱼眼镜头的特点

（1）鱼眼镜头的焦距最短，视角最宽，适合在非常狭窄的场地拍摄。

▷ 这是在电梯内拍摄的效果，放射状的结构给作品带来巨大的感染力，没有任何一款镜头能营造出这种效果

（2）鱼眼镜头的焦距最短，景深最大，可以获得从最近的几厘米到无限远的最大景深范围，适合超大景深效果的摄影创作（左下图）。

（3）鱼眼镜头透视变形严重，适合极端效果的摄影创作（右下图）。

△ 用鱼眼镜头拍摄室内空间是一个不错的选择，利用焦距短、景深大的特点，可获得最广的视角范围和最大的景深。虽然画面变形较大，却获得了很好的夸张效果

△ 利用被摄对象的造型结构，通过鱼眼镜头的夸张变形效果，塑造出一只大眼睛，象征人们对光阴的珍惜与争分夺秒的工作态度

（4）由于鱼眼镜头光学畸变非常严重，越靠边缘的线条变形越严重，靠近中心部分的线条，变形越小。根据这一现象，合理利用线条的变化，及时作出调整。

（5）鱼眼镜头第一片透镜远远高出镜筒的边缘，无法正常使用滤光镜，只能采用内置滤光镜进行拍摄。工作时必须加倍小心，避免触碰划伤镜片，要养成拍摄完毕随时盖好镜头盖的习惯。

△ 巧妙利用鱼眼镜头畸变严重的原理，可塑造出夸张的球形结构

△ 鱼眼镜头的第一组镜片向前突起，要特别注意防护，避免划伤

拍摄实例

　　发挥鱼眼镜头光学畸变严重、视觉效果夸张的特点，可以创作出极具感染力的摄影作品。在实践中，很多创作类型的摄影作品都适合使用这款镜头，只要运用合理，就能创作出既精彩又神奇的画面。只要充分发挥自己的想象力，大胆进行创作，摸索鱼眼镜头的成像规律，控制好按动快门的瞬间，成功的作品就会在瞬间出现。

△ 用对角线鱼眼镜头拍摄风光，可以获得很好的效果。这幅作品构图饱满、夸张，拍摄这幅作品要靠近被摄对象，采用低角度仰拍，夸张画面的气氛

△ 夸张变形，主题鲜明，正是圆周鱼眼镜头的特点，把它用作广告拍摄很不错

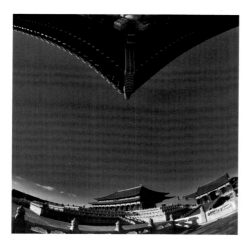

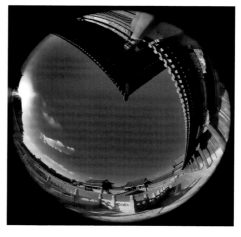

△ 用对角线鱼眼镜头拍摄建筑，效果夸张，充分表现出古建的结构特点。夸张的房檐与弯曲的地面，形成独特的呼应关系。超出常人的视觉习惯，以今绘古，令人称奇

△ 用圆周鱼眼镜头拍摄古建另有味道。这种镜头的视角超过了200°，周围所有的建筑都被拍入画中，视觉冲击力极强。虽然夸张，却引人入胜。与左图相比完全是两种视觉效果。因此，摄影镜头的合理选用，对创作影响甚大，必须慎重选择

鱼眼镜头的最大特点是：视角超宽，透视畸变严重，画面效果夸张。在现实创作中用的并不多。如果使用者能巧妙利用鱼眼镜头的特点，结合各种环境条件，充分发挥个人的艺术想象力，一定能创作出十分离奇的新作。

[练习]

利用鱼眼镜头拍摄各种创作题材时，要求畸变运用合理、内容夸张到位，主题明确、画面清晰、具有强烈的时代气息和另类的表现效果。

超广角镜头

超广角镜头的焦距段在 11 ～ 21mm，视场角度在 84°～ 126°。在 APS–C 型相机上使用，相当于 18 ～ 34mm，视场角度在 59°～ 102°。它的特点是：景深很大，视角很宽，透视变形相对严重。经过改良的新型超广角镜头的出现，透视变形得到了最好的修正，画面效果非常理想，应该是众多摄影题材的首选。

△ 14mm 超广角镜头

△ 11 ～ 24mm 超广角变焦镜头

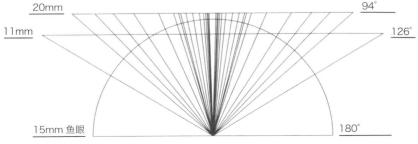

△ 镜头视角示意图

超广角镜头的特点

（1）超广角镜头的景深非常大、镜头视角很宽，被摄对象的透视变形比较严重。老式镜头还会出现鼓形畸变，这种鼓形畸变后期无法校正。新型超广角镜头的透视变形得到了最好的校正，鼓形畸变彻底被消除，正常的透视汇聚现象依然保留。透视汇聚现象的校正方法是，尽量使相机的焦平面与被摄对象的立面保持平行，二者角度越平行，透视现象校正得越好。

△ 用相机采用仰角拍摄，聚焦平面与被摄对象的垂直立面会形成较大的夹角，因此产生严重的垂直汇聚的透视现象，这种汇聚现象正是表现城市高楼林立的重要视觉元素

◁ 只要将相机的焦平面与建筑物的立面保持平行，物体的立面就可以得到很好的校正，而水平面的前后与左右的汇聚现象依然严重，保留这种透视畸变就能合理表现建筑物的立体造型

（2）超广角镜头的焦距短，视角宽，非常适合在狭小空间内拍摄。

△▷ 超广角镜头非常适合小空间内拍摄。需要注意的是，要把相机的聚焦平面与建筑物的垂直立面保持平行，这种处理手法可以校正建筑物的垂直透视汇聚现象。这两幅作品就采用了这种方式拍摄，画面垂直透视现象控制得非常好，而纵向透视变形依然合理存在

（3）超广角镜头的焦距短，景深大，可以获得最大的景深效果。

△ 超广角镜头的景深很大，非常适合拍摄气势宏大的风光作品。这两幅作品的视觉效果场面宏大，前后的景深范围也很大，总体视觉效果十分理想

（4）由于超广角镜头的视角太宽，因此很难回避光源的射入而形成炫光斑，但如果能合理利用这种光斑的出现，就可以为作品增色。

▷ 利用路灯遮挡部分太阳，刻意形成耀斑，为作品增色。曝光时一定要注意减少曝光量，保护天空与太阳的密度，为后期处理留有余地。经后期修整，这幅作品的视觉效果达到了创作要求

◁ 将太阳安置在画面上方，故意强化焦灼的烈日造型。曝光时必须减少曝光量，控制太阳与天空的密度。同时还要将光圈收到最小，利用光的衍射现象，促使太阳形成星芒效果。经后期适当处理，突出了古老墓冢的残留印象

（5）在选择超广角镜头时，要注意检查镜头是否存在四角发暗的缺陷。新型超广角镜头在这方面都校正得很好，四角发暗的现象均已解决。建议：购买超广角镜头时，一定要选择最新型号的镜头。

△▷ 用佳能 11-24mm 最新型超广角镜头拍摄，如此大的广角镜头四角发暗的现象彻底消除，并且没有出现一点儿鼓形畸变现象。这两幅作品就是使用这款镜头拍摄的，拍摄效果让使用者非常满意

△ 专为 APS-C 相机研发生产的 10-22mm 广角变焦镜头，乘以等效焦距值以后，相当于 16-35mm 的广角镜头

（6）使用 APS-C 型相机拍摄，必须选择专为 APS-C 型相机开发的超广角镜头。比如专门为 APS-C 型相机生产的 10-22mm 镜头，乘以相关系数后，这款镜头相当于 16-35mm 的镜头视角，几乎每个相机生产厂家都有这款镜头。

拍摄实例

超广角镜头在各种摄影题材中都得到了重用，以其特有的视角和夸张的透视关系，可将被摄景物表现得既宏大又夸张。为了适应现代高像素数码相机，新型广角镜头都采用新型材料和高科技手段，不但视角范围宽，透视畸变也校正得非常完美，镜头解像力的大幅度提升，也适应了 4K 和 8K 时代的需要。

△ 超广角镜头非常适合拍摄现代化城市。充分利用纵向透视的汇聚现象，准确描绘出现代城市建筑的风范。行动匆忙的人群，汇成时代的强音，彰显社会的进步

△ 用超广角镜头拍摄汽车，使汽车的造型更加霸气，画面虽夸张，但并不失真。反而更显汽车的高贵形象和精致的工艺水平，非常符合现代工业的设计理念

△ 古城虽已破败，用新型超广角镜头拍摄的画面可以给老城注入新的生命。夸张的角度，压抑的云层，更透出古城的老辣与敦厚，形象虽残破旧，但仍不失风雅

新型超广角镜头的应用范围越来越广泛。在高技术手段支持下，所有畸变都得到了完美的控制。这种变化，对摄影创作帮助极大，影友们可以放心大胆地使用。

[建议]
购买超广角镜头，一定要选择最新型的镜头，因为新型镜头无论是解像力、图像质量、畸变的控制以及色彩的还原都得到了最好的校正，远远好于传统广角镜头。

[练习]
用超广角镜头拍摄建筑题材、风光作品若干组，要求畸变运用合理、主题明确、画面清晰、具有强烈的视觉冲击力和时代感。

普通广角镜头

普通广角镜头的焦距段在21～35mm，视场角度在60°～90°。在APS-C型相机上使用时，镜头的等效焦距相当于33～55mm。这种镜头的特点是体积小、重量轻、景深大，具有超广角镜头的一切特性，但是没有超广角镜头那么夸张。镜头的影像畸变都得到了最好的校正，是专业摄影师及摄影爱好者最常用的镜头。

△ 24-70 mm 普通广角变焦镜头

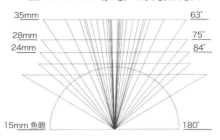

△ 镜头视角图

普通广角镜头的特点

（1）普通广角镜头拍摄视角较小，透视变形的抑制都好于超广角镜头。同样存在景深大、视角宽、有一定透视变形的现象，如果能让机身平面与被摄物平面保持平行，这种透视现象就可以得到最好的控制。

△ 24 mm 普通广角镜头低角度仰拍，画面略有透视感，但是，现代城市的规模体现得淋漓尽致

△ 机身的焦平面与物体立面保持平行，透视现象几乎完全消失。这幅作品表现清晨的朝霞，一天的开始

（2）普通广角镜头的焦距较短，景深较大，视角较宽，很适合手持相机拍摄家庭生活照、旅游照、单位会议照等，是摄影爱好者经常使用的镜头。

△ 普通广角镜头由于视角较宽，景深较大，很适合手持拍摄。这幅作品利用24mm广角镜头拍摄，画面没有变形，视觉效果非常好

△ 由于普通广角镜头焦距短，非常适合手持拍摄，在日常生活与纪实摄影中应用最为广泛。这幅作品利用24mm广角镜头手持拍摄，虽然光线较暗，但是画面清晰度的控制非常稳定

（3）普通广角镜头较大的视角与景深，适合各种摄影创作，在众多拍摄环境中，这种镜头都得到了很好的发挥。

△ 28mm广角镜头，由于景深较大，画面前景清晰透彻，远景山脉层次丰富，质感清晰，景物没有透视畸变。作品主题鲜明，色彩真实，立意深远，作品的整体效果非常完美

△ 35mm广角镜头，更接近标准镜头的效果，让观者倍感亲切。画面中，林间公路穿过秋意正浓的树林，视觉效果十分惬意，饱和的色彩，细腻的质感，自然的纵深效果，都体现出35mm镜头的优异素质

拍摄实例

　　普通广角镜头的使用范围十分广泛，在所有摄影创作中都能发挥重要的作用。它具有广角镜头宽视角、大景深的特点，透视畸变很小，是所有摄影专题都喜欢使用的焦距段。

△ 根据被摄景物的现场条件，选择35mm广角镜头拍摄最合适。绿草、树木、白云，画面显得十分干净，色彩鲜艳，质感清晰。这幅画面选择普通广角镜头拍摄非常合适

△ 蓝天白云映衬下的教堂，显得清纯秀雅。用24mm广角镜头拍摄，教堂虽然略有透视感，但掩盖不住它的简约与俊秀

△ 24mm广角镜头是拍摄古建筑的利器，略带夸张的局部门楼与青铜狮子，在蓝天的烘托下格外醒目，由于是低角度拍摄，狮子更显威猛，不愧为镇国之宝

△ 普通广角堪称抓拍能手。在生活中，精彩瞬间比比皆是，只要留心观察就能捕捉到。由于普通广角镜头焦距短、景深大、视角宽、稳定性好，适合手持拍摄。照片中，人物诙谐的瞬间转眼即逝，正好发挥普通广角镜头抓拍的特点

[练习]

　　根据普通广角镜头的特点，拍摄各种摄影题材若干组，要求主题明确、画面清晰、具有一定情节性，从使用中体会普通广角镜头的功能特点。

标准镜头

50mm 是 135 相机的标准镜头，视场角度在 46° 左右。用在 APS-C 型相机上，镜头的等效焦距为 80mm 左右。这种镜头的特点是，视角接近人眼的观察范围，景深较大，透视变形很小，很容易获得微距效果。标准镜头还可以轻易获得最大的有效孔径，最大光圈可以超过 1:1，实际应用十分广泛。

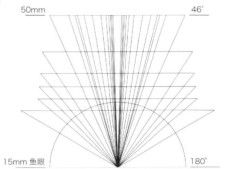

△ 50mm 标准镜头

△ 50mm 标准镜头的视角图

标准镜头的特点

（1）标准镜头的拍摄视角最接近人眼的视角范围，拍摄出来的作品效果十分亲切。由于焦距短、景深较大、透视变形很小，适合手持拍摄，在胶片时代就深受使用者的欢迎。

△ 50mm 标准镜头拍摄风光作品也很出色，在西北的山区，云雾缭绕，层次丰富，画面十分精彩。标头所展现的内容真实自然，非常生动，视觉效果合理。运用这种镜头拍摄，要根据创作的需要，更要分析景物现场环境的需求

△ 50mm 镜头接近人眼观察的视角，拍摄的瀑布视觉冲击力很强，画面效果非常震撼

△ 抓拍孩子翻跟斗的瞬间，标准镜头是一个很好的选择。由于镜头的体积小、操控灵活，捕捉这类题材更是得心应手，画面效果非常令人满意

△ 50mm 标准镜头非常适合手持拍摄，抓拍的人物肖像也非常精彩，老人在侧光的作用下，轮廓清晰，笑容可掬

（2）标准镜头容易实现最大的有效光孔（最大光圈），最大光圈可以做到 f/0.95mm。由于通光量大，曝光十分迅速，也被人们称为快镜头。

△ 佳能 50mmf/1:0.95 超大光圈标准镜头

（3）标准镜头很容易做到较好的微距效果，在微距摄影方面表现极佳。还能把镜头卸下来反装，可以获得将近 1：1 的放大效果。

倒装接环

△ 用倒装接环，把标准镜头反装在机身上，可以获得更具体的微距效果

△ 利用标准镜头拍摄的兰花花心

拍摄实例

在变焦镜头大量出现的今天，50mm 标准定焦镜头似乎被人遗忘了。好像有了变焦镜头，无论从方便角度还是实用角度，都使标准定焦镜头遭到冷遇。但是千万不要忽视 50mm 超大口径标准定焦头的成像效果，它拍摄出来的画面效果，是所有标准变焦镜头无法做到的。

△ 用 50mm 标准镜头拍摄的农村石板建筑，质感清晰，层次丰富，色彩还原准确，显示出标准镜头的优良素质

△ 用 50mm 标准镜头拍长城，视角得当，层次丰富，意境深远。层峦叠嶂中的长城时隐时现，胜似苍龙，犹如仙境

△ 标准镜头拍摄的敌楼内部十分惬意，画面光比十分到位，压抑的气氛紧紧抓住了观者的心情，使人感到冷兵器时代的残酷

△ 用标准镜头拍摄古代建筑效果非常完美，选择最好拍摄角度和光影关系是第一步。充分展示中国传统建筑的风格与特点，再现皇家建筑庄重与威严的历史面貌

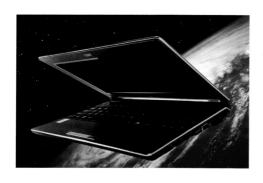

◁ 标准镜头也经常用于拍摄广告，由于标准镜头较短的焦距略带透视夸张，恰如其分地体现出电脑的细节，使这件产品更具时代气息。50mm 标准镜头的景深也比较大，使产品在清晰度方面和表现形式上都达到了客户要求

[练习]
　　利用标准镜头进行多种题材的摄影创作若干幅，要求有明确的主题内容、清晰的画面、丰富的层次，从使用中体会标准镜头的功能特点。

中焦镜头

　　中焦镜头的焦距段在 60 ~ 135mm，视场角度在 18° ~ 40°。用在 APS-C 型相机上使用时，镜头的等效焦距相当于 94 ~ 216mm。中焦镜头的特点是，光学性能稳定，透视变形几乎为零，是最佳的人像摄影镜头。这个焦距段几乎涉及所有摄影领域。

△ 85mm 中焦镜头

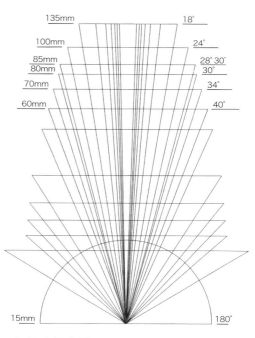

△ 镜头视角图

中焦镜头的特点

（1）中焦镜头体积适中，重量较轻，非常适合手持相机拍摄。能胜任各种题材的摄影创作，在生活与工作中是不可或缺的镜头焦距段。

◁ 中焦镜头携带方便，非常适合约定俗成的"扫街"拍照。在突发事件出现时，随手就可以获取精彩的瞬间。这幅作品就是扫街中拍摄的精彩一刻，记录了买家与卖家的心理较量。由于中焦镜头方便灵活，所以拍摄这类题材会得心应手

（2）中焦镜头光学稳定性好，镜头畸变几乎为零，因此，在人像摄影创作中，中焦镜头的表现是独一无二的。在各种摄影创作中都少不了它的身影。

◁ 拍摄人物是中焦镜头的专利，由于中焦镜头不存在光学畸变，因此人物造型比例正常，透视合理。这幅作品很好地表现出人物的精神面貌，人物年龄虽大，可帅气的神态与身段，显示出她的生活非常快乐，比年轻人活得更加精彩。作品充分说明中焦镜头在表现人像摄影方面的特长

△ 用中焦镜头拍摄静物也很常见。这幅作品采用中焦镜头拍摄，画面层次分明，质感清晰，没有透视变形的现象，体现出纸张轻盈柔软的材质特点。

（3）中焦镜头非常适合手持拍摄，对很多突发事件都能很好地完成拍摄。尤其是纪实摄影，中焦变焦镜头能使创作进行得更加顺利到位。

△ 这是一张社会底层的百姓生活照，使用105mm中焦段拍摄。从照片中可以看出，他们的生活并不富裕，可心态都非常平和。为了获得真实自然的视觉效果，需要做到眼到手到，迅速完成拍摄。变焦镜头在这方面发挥出色

▷ 用中焦镜头手持拍摄古建筑，能精确地反映出建筑物的结构和风貌。经过后期处理，所有细节与色调都如实地展现出来，如同一件真实的绘画艺术品

拍摄实例

中焦距镜头在摄影创作中用途最广泛，很多摄影题材都离不开它。在人像摄影方面，更是主打镜头。它没有透视变形，画面效果的表现真实自然，深受商业人像和影楼摄影师的欢迎。又因为它体积较小，重量较轻，在拍摄过程中操控灵活，更受广大摄影爱好者的偏爱。

△ 用中焦镜头拍摄生活中的人物更是得心应手，这幅作品就是很好的例证。节假日是人们外出旅游的最佳时刻，也是摄影爱好者拍摄家人的最好时机。在这张照片中，游客的孩子正在聚精会神玩儿着相机，好像在回看自己刚刚拍摄的作品，很像一位经验丰富的摄影大家

△ 用中焦镜头扫街既方便又灵活。画面中父女俩在街头专心拍照，女儿集中精力，父亲聚精会神。这样的人物写生，正是中焦镜头捕捉瞬间的强项，由于这种镜头体积不大，工作起来方便自如，完全可以做到眼到手到

△ 在商业人像摄影中，中焦镜头更是创作的利器。商业人像必须要求被摄人物造型准确、透视正常，不能有半点瑕疵，这正是中焦镜头的强项。作品中人物的表现无懈可击，显示出中焦镜头独特的造型魅力

△ 在风光摄影中这个焦距段也表现不俗。画面中，乌云衬托着古老的风车，表现出古朴沉稳的效果，对景物的描写真实可信。在摄影创作中，中焦镜头的确是一支不可或缺的工具

△ 用中焦镜头拍摄青铜狮，质感好，色彩逼真，透视正常，威武的狮子占满了大半个画面，背景在中焦镜头的作用下，略感模糊却又能分辨出古建筑的结构，准确交代了拍摄地点和所处的环境

[练习]

（1）利用中焦镜头适合拍摄人像的特点，拍摄人像作品若干幅，要求人物表情自然舒展，角度刁钻，人物质感细腻。

（2）发挥中焦镜头方便灵活的特点，通过扫街，练习抓拍带有情节性的人物作品。要求所拍摄的作品自然生动，情节真实，避免摆拍。

（3）发挥中焦镜头没有变形的特点，拍摄其他题材的作品若干幅，要求主题明确，构图饱满精练，画质细腻清晰。

长焦镜头

长焦距镜头的焦距段在 135 ~ 300mm，视场角度在 8°~ 18°。用在 APS-C 型相机上时，相当于 216 ~ 480mm。这种镜头的特点是体积大、质量重、视角窄、景深小、放大倍数大，空间压缩感强，适合拍摄距离较远的景物。数码时代的新式长焦距镜头，由于新技术与新型光学材料的介入，使镜头的体积缩小，重量减轻，镜头的解像力、色彩的还原、锐度与反差都远远好于胶片时代的镜头。而且新型长焦镜头都带有光学稳定器，这对手持拍摄非常有利。

△ 300mm 定焦镜头

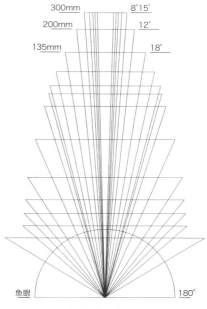

△ 长焦镜头视角图

长焦镜头的特点

（1）长焦距镜头适合拍摄较远距离的物体，由于镜头的体积较大，重量较沉，手持拍摄较困难，最好利用三脚架稳定相机。如果手持拍摄，建议：快门速度要大于镜头焦距值的倒数。比如200mm的镜头，拍摄时的快门速度最好设在1/200秒以上（越是新手越要注意这一点）。如果镜头上设有光学防抖装置（IS），手持拍摄时最好开启这个设置，对画面能起到很好的稳定作用。

◁ 看到祖孙三人亲昵悠闲的状态，促使要记录他们的愿望。由于中间相隔有障碍，必须发挥长焦镜头的作用，以最快的速度，清晰的记录下祖孙三人十分安逸的瞬间画面。长焦镜头带来的小景深，使被摄人物的形象也更加醒目突出

（2）长焦距镜头景深小，很容易使背景虚化，对突出被摄对象非常有利。

（3）长焦距镜头空间压缩严重，可以轻易营造主体与背景之间的空间压缩感。

△ 画面中的残荷与倒影形成对称式构图，在长焦距镜头作用下，虚幻的背景使残荷的主体形象更加明确。这种画面效果非常适合商业用途或者用于书籍封面

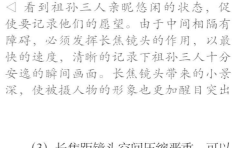

△ 在这幅作品中，人物与灯笼相隔较远，由于长焦距镜头会产生较严重的空间压缩感，使灯笼和人的视觉距离压缩得很近。如能巧妙利用这种效果，在摄影创作中可以发挥奇效

（4）长焦镜头体积大、重量沉、视角窄，在拍摄过程中，轻微的晃动都会造成画面虚化。因此，工作时要尽量控制好动作要领，有三脚架尽量用脚架，没有三脚架，

要开启光学稳定。要注意的是，如果使用三脚架，要关掉光学稳定装置。如果是手持拍摄，要尽量寻找稳定的依托物作为支撑体，做到"长焦拍摄，稳字当先"。

◁ 这幅作品使用长焦镜头拍摄，逆光下的海浪如翡翠一般碧绿，白色浪花托起冲浪者，画面效果十分刺激。为了凝固冲浪者的形象，将感光度提高到 ISO 400，快门速度达到了 1/3200 秒，手持拍摄会更加稳定

拍摄实例

长焦距镜头是摄影创作不可或缺的工具，它虽然体积较大，重量较沉，使用起来不太方便，但是，由于镜头焦距长，景深很短，背景很容易虚化，对强调主体形象的作品非常有帮助。为了不影响被摄人物的情绪，可以在较远的地方隐蔽快速抓拍。只要运用得当，长焦距镜头可以为你创作出理想的作品。需要注意的是，如果手持拍摄，建议将感光度适当提高，利用较高的快门速度拍摄。还要注意打开镜头的光学稳定器（IS），力保画面清晰。

△ 长焦距镜头可以将较远的人物拉近拍摄，在虚化的背景烘托下，主体人物十分突出。为了确保画面人物的清晰，在手持拍摄的情况下，将光圈开到最大，保证快门能达到较高的速度。拍摄人物最好的时机是什么？是在对方不知道的情况下拍摄，人物表情最自然

△ 长焦距镜头更适合拍摄舞台戏曲中的人物。利用长焦距镜头将人物拉近拍摄，画面效果非常理想。这是短焦距镜头无法做到的

△ 野生鸟类最惧怕人类，当人类超过与它们保持的安全距离时，它们就会被惊飞。借用长焦距镜头的威力，就可以拍摄它们起飞的瞬间。阴天的白色天空，正好反衬出白鹭千姿百态的飞行状态，地面的色彩衬托着漫天的飞鸟，画面十分壮观

[练习]

充分发挥长焦距镜头的特点，拍摄各类题材的作品若干幅，要求主题明确具体，背景虚化，主体突出，空间压缩感强，人物生动自然，画面质感清晰。

超长焦镜头

超长焦镜头的焦距段在 300mm 以上，视场角度在 2°～8°。用在 APS-C 型相机上时，相当于 480mm 以上。这种镜头的特点是，体积更大，重量更沉，视角更窄，空间压缩感更加严重，景深很小，放大倍率大，使用时画面位移现象非常严重，很难做到手持拍摄。为了适应数码时代的高清画面，经过改良后的新型超长焦距镜头，做到了体积缩短，重量减轻，画质更优秀的质量要求。

超长焦距镜头，延伸了摄影师的视觉观察力，可以拍到一般镜头拍不到的远距离物体，是体育摄影、野生动物摄影的利器，受到很多摄影爱好者的钟爱，在很多拍摄景点还会出现长焦"炮阵"的壮观景象。

△ 800mm 超长焦距镜头

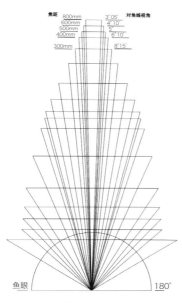

△ 超长焦镜头焦距图

超长焦镜头的特点

(1) 超长焦距镜头由于体积大、重量沉、放大倍率大、价格昂贵、不便于携带等原因，适用范围相对较窄，只适合拍摄无法接近的远距离物体，最适合拍摄野生动物、体育比赛等项目。为了保证画面的稳定，必须使用三脚架。

△ 体育摄影要求拍摄者必须站在竞技场外拍摄，不能干扰运动员的比赛，因此，超长焦距镜头就成了完成拍摄任务的重器。尤其田径比赛，场地很大，拍摄距离远，更需要超长焦距镜头的介入

△ 利用超长焦距镜头拍摄花絮是最好的方法。这个人正用手机畅聊，看得出来他十分亢奋

(2) 超长焦距镜头视角窄，可以将远处的被摄对象拉近拍摄，有利于拍摄更远距离的物体。同时隐蔽性强，被摄人物很难发现，这种做法可以避免很多不必要的麻烦，能获得更加生动自然的主体形象。

△ 自驾途中，远处的人正面向落日祈祷。为了不惊扰对方，只能使用超长焦镜头拍摄。落日的余晖勾勒出清晰的人物轮廓，画面倍显神圣

◁ 湖面上的残荷无法靠近，此时超长焦距镜头就可以发挥它的作用了，再配合大光圈的利用，既虚化了背景，又突出了残荷的主体，作品《秋痕》就此诞生。画面效果与色彩的表现都非常理想

拍摄实例

△ 超长焦距镜头可以营造出非常明确的主体形象。这幅作品就是利用超长焦距镜头，将牧羊人与头羊的形象清晰地烘托出来，体现出牧羊人与头羊的亲密关系和极高的警觉性

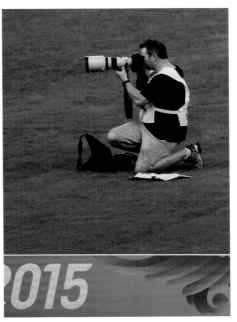

◁△ 在国际田径比赛中，由于场地巨大，拍摄距离又很远，要想获得具体的细节，必须发挥长焦距镜头的威力，将体育记者认真工作的状态拍摄下来，同时也捕捉到了他们利用比赛的空隙休息的画面

　　镜头焦距的作用，是学习摄影的重要一课。影友们必须把这个问题搞明白，不然在摄影创作中会走弯路。俗话说："工欲善其事，必先利其器"，这句话用在镜头的选择上非常合适。在实践中，如果在镜头焦距这个问题上模糊不清，会让你在创作中不知所措，这样说一点都不为过。

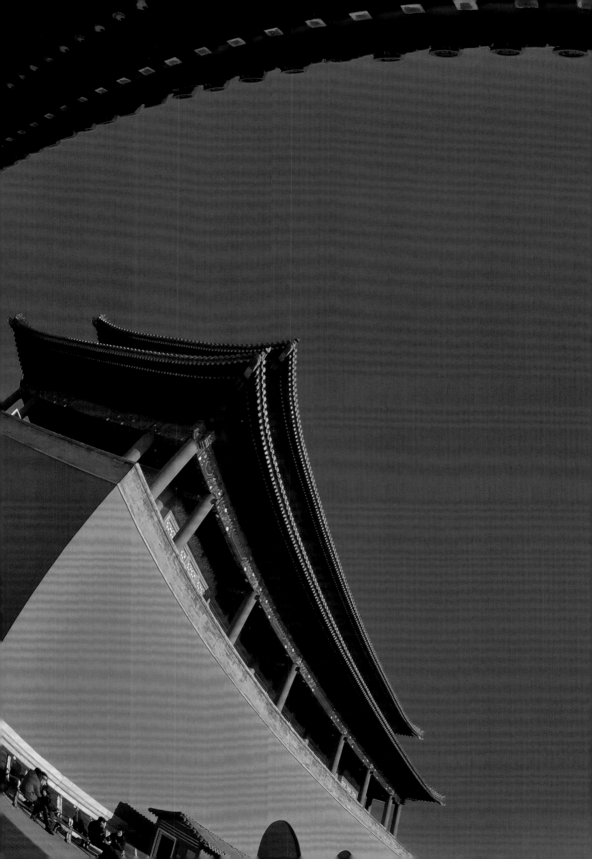

第三章　摄影基础

特殊镜头

3.1 特殊镜头的应用（以135单反相机为例）

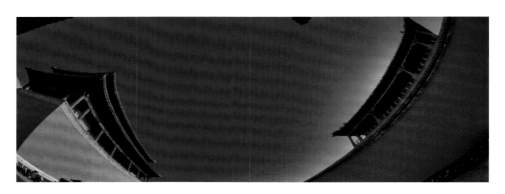

"镜头"是用来发现情况，捕捉瞬间的"眼睛"，是相机的重要组成部分。在摄影创作过程中，每一种镜头都是摄影工作者捕捉各种图像不可或缺的工具。为了适应每个摄影人的工作，生产相机的厂家设计出多达上百种的镜头群。如此之多的镜头群，大体可分为两大类，第一类是常规镜头，也是数量最多的，主要用来做常规性拍摄。第二类是特殊镜头，这类镜头数量不多，只占镜头群里的一小部分，目的是解决常规镜头无法完成的特殊画面效果的拍摄。其中包括：TS移轴镜头、微距镜头、鱼眼镜头、折返镜头等。

3.2 TS移轴镜头

TS镜头是模拟大型相机的移轴功能而设计的，具有平行移轴和曲面移轴两种功能。

（1）平行移轴：这种移轴方法是通过镜头前组与聚焦平面产生平行移动的效果，即为平行移轴，主要作用是校正透视关系和创作特殊艺术效果的拍摄。

（2）曲面移轴：这种移轴方法是通过镜头前组与聚焦平面发生弧形移动的效果，即为曲面移轴，主要作用是以沙姆佛里格定律为依据，用于控制景深变化以及特殊艺术效果的拍摄。

△ 大型座机的移轴效果

由于这种镜头的特殊性，所以要求镜头的影像涵盖率，必须大于常规镜头的影像涵盖率，才能保证镜头在移轴过程中，画面在涵盖范围内的任何位置，都能达到优良画质的要求。同时，TS 镜头也可以作为常规镜头使用，由于画面涵盖

△ TS 移轴镜头　　　　　△ 移轴形式效果图

率大，所以这种镜头的成像素质都很高，往往优于同样焦距段的常规镜头。

3.3 TS 镜头的影像涵盖率

镜头的涵盖率是指：镜头能拍摄到的最佳视角和清晰范围（画幅对角线长度）。对全画幅 135 相机来说，一般常规镜头的涵盖率，只要等于 24mm×36mm 的画幅视角范围就可以了，它的对角线长度约为 43mm（图 A、B 黄色部分）。而 TS 镜头的涵盖率必须大于 24mm×36mm 的视角范围（图 A、B 红线部分），以适应在移轴过

程中，确保图像的最佳画质要求。而蓝色虚线部分是裸视镜头拍摄的成像效果，被称为镜头的总视角，这部分的画质很差，不但发虚而且灰暗，必须被省略掉。

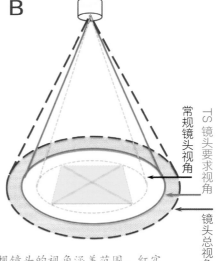

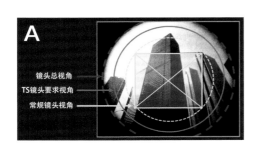

△ 裸视镜头测试涵盖率图解：黄色部分是常规镜头的视角涵盖范围。红实线部分是 TS 镜头需要做到的视角涵盖范围。蓝虚线部分是裸视镜头的总视角，因影像质量很差，所以必须省略掉

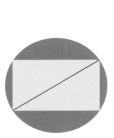 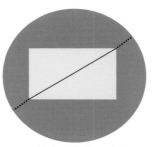 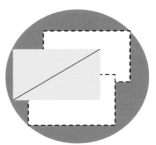

常规镜头的影像涵盖率
等于画面对角线长度

TS 镜头的影像涵盖率
大于画面对角线长度

超大的涵盖率，可以保证
移轴过程中画面的完整

△ 常规镜头与 TS 镜头涵盖率的比较与应用效果示意图。左图是常规镜头要求
的涵盖率，只要等于对角线长度即可。中图是 TS 镜头需要的涵盖率，必须大于
135 画幅对角线长度。右图是表示画面在移动中，要确保在涵盖范围内的所有位
置的图像都必须完美清晰

3.4 TS 镜头应用实例 —— 平行移轴

TS 镜头的平行移轴是指：镜头的前组能与相机的聚焦平面进行上下左右平行
移动，没有角度的变化，即为平行移轴。

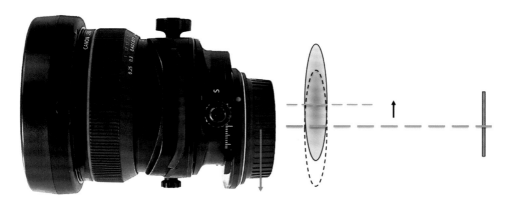

△ TS 镜头平行移轴效果图

平行透视的校正

当我们拍摄高大建筑物时，会产生横向与纵向的汇聚现象。这种现象是由近大
远小的透视原理造成的。TS 镜头的出现，使这一问题进一步得到解决。

校正垂直透视的步骤如下。

（1）找好机位，确认构图，预留出画面移轴的空间，用于移轴调整。

（2）确认镜头平面、聚焦平面、被摄物平面三者的平行。

（3）向上做平行移轴调整。当镜头移动时，画面中的物体会向相反的方向移动，通过取景器观察调整效果。

（4）再一次确定构图后拍摄完成。（为了表达清楚，下面用大型座机做示意图）

△ 常规镜头拍摄的效果，画面变形严重

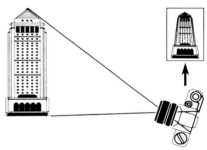

△ 近大远小的透视关系示意图

△ 经过校正后的拍摄效果

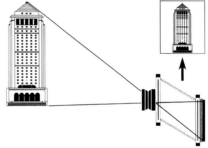

△ 经平行向上移轴校正后，透视恢复正常示意图

水平透视的校正

校正水平透视的步骤如下。

（1）找好机位角度，确认构图。预留出画面移轴的空间，用于移轴调整。

（2）确认被摄对象、镜头平面、聚焦平面三者的平行。

（3）做平行横向移轴调整，通过取景器观察调整效果。

（4）再一次确定构图，拍摄完成。（为了表达清楚，下面用大型机做示意图）

△ 常规镜头从正面拍摄楼房没有变形，却因没有侧面而缺乏立体感

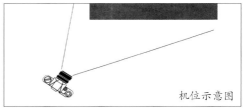

△ 常规镜头从侧面拍摄，楼房变形严重

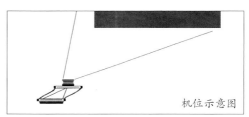

△ 用 TS 镜头经平面移轴后的拍摄效果，既立体又校正了横向的透视变形
提示：校正透视时不要校正得太正常，应适当留有余地。如果校正得太正常，根据
人的视觉习惯，反而会感到不舒服

拍摄实例

△ 常规镜头拍摄，为了保留琼岛的完整　　△ 在机位没变的情况下，经 TS 镜头校
形象，会因拍摄角度的问题使前景发生横　　正后，横向透视变形得到了比较理想的
向透视变形，该作品中前景的结构已变形　　校正

消除镜面中的相机

在镜子前面拍摄，为了获得正面效果，会导致相机在镜子里面出现。用 TS 镜头就可以轻而易举地将相机移出镜面。

拍摄步骤如下。

（1）选好机位，确认构图。

（2）做平行移轴调整，直到相机在镜面中消失。

（3）再一次确认构图并拍摄完成。（为了表达明确，下面用大型机做示意图）

 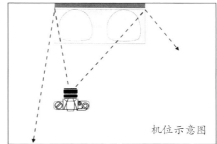

△ 用常规镜头正面拍摄，相机暴露在画面中

 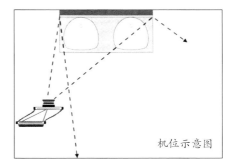

△ 用 TS 镜头正面拍摄，利用平行移轴校正，相机从镜面中消失

消除拍摄环境中的障碍物

当受条件限制，画面中的障碍物无法回避时，用 TS 镜头就可以轻而易举地将其去除。消除障碍物的拍摄步骤如下。

（1）选好机位，确认构图。

（2）做平行移轴调整，画面中的障碍物会向反方向移动，直到在画面中消失。

（3）确认构图，拍摄完成。（为了表达明确，下面用大型机做示意图）

△ 常规镜头正面拍摄，左边立柱阻挡画面无法回避

 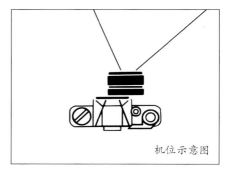

△ 用 TS 镜头将镜头向右平移校正后拍摄，画面中左边的障碍物消失

3.5 TS 镜头应用实例 —— 曲面移轴

　　TS 镜头的曲面移轴是指：镜头的前组能进行弧面移动，与相机的聚焦平面产生角度上的弧形变化，即为曲面移轴。这种移轴原理，来源于沙姆定律，这个定律由奥地利人西多尔·莎姆费里格（Scheimpflug，1865 ~ 1911）提出，简称沙姆定律。沙姆定律要求被摄对象的物平面、镜头的平面、图像的焦平面，这三个平面的延长线相交于一个公共点（线）上，即可获得画面整体的全面合焦。在实际操作中，135 单反相机和大型相机不同，其焦平面是固定的，只能做镜头的曲面移动，去找物平面和焦平面延长线的交界点。当这三条线基本交于一点时，就可以使整体画面全面合焦，或者说可以获得画面的最大景深。需要注意的是，TS 镜头的移轴角度会很小，一般只有 10°左右。

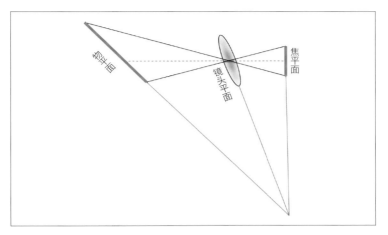

△ 沙姆定律要求被摄对象的物平面、镜头平面、图像焦平面的延长线相交于一点（线），即可获得画面整体的全面合焦

　　沙姆定律的应用，常规镜头是无法实现的。而 TS 镜头通过曲面移轴就可以基本做到这一点。还可以利用反沙姆定律做反向移轴，让被摄对象的物平面、镜头的平面、图像的焦平面不相交，让镜头平面远离交界点，就可以做到只有焦点清晰，焦点以外的景物完全虚化，达到一种特殊的景深需要。TS 镜头在现代摄影创作中是举足轻重的设备，在商业广告以及艺术摄影创作中，有不可替代的作用。

　　受 135 相机镜头涵盖率的局限，TS 镜头的移轴范围和角度会受到一定的限制，平面移轴不超过 12mm，曲面移轴不超过 10°。所以在利用沙姆定律做景深变化时，校正效果会受到一定量的限制，和大型座机相比相差很大。

△ 曲面移轴镜头

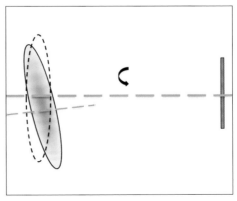

△ 镜头曲面移轴效果图

利用沙姆定律控制景深

曲面移轴是根据沙姆定律，模仿大型座机的移轴原理设计的，在景深控制方面发挥着重要作用。

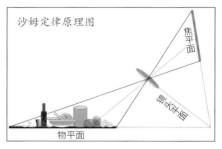

沙姆定律原理图

△ 利用沙姆定律，采用曲面移轴的方法拍摄，可以使画面全面合焦

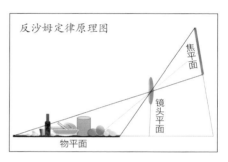

反沙姆定律原理图

△ 利用反沙姆定律，采用曲面反向移轴，可以做到只有焦点清晰，前后景深全部虚化

利用曲面移轴改变景深

△ 根据反沙姆定律，采用曲面反向移轴，做到只有虾球清晰，前后景深全部虚化的效果

◁ 根据沙姆定律，采用曲面移轴进行拍摄，可使画面全面合焦

利用平面移轴进行接片

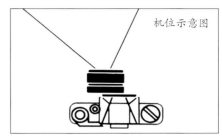

△ 在同一环境中拍摄，人物坐在左侧，镜头向左平移拍摄第一张

△ 拍完第一张后，机位不动，让人物站到右侧，镜头向右平移拍摄第二张。注意画面中间衔接部分要预留出重叠的空间，便于后期作品的合成需要

△ 将两张照片进行对接合成，就能获得同一人物在同一空间内出现两次的效果

[建议]
　　（1）拍摄这类作品时，必须使用三脚架。
　　（2）为确保后期接片时两张画面曝光统一，拍摄时必须使用纯手动挡曝光。

拍摄实例

△ 根据反沙姆定律，我们将镜头反向移轴，可获得焦点清晰，焦点前后全部模糊的效果。这种效果对突出画面主体非常有利

△ 拍摄静物更要注意前后景深的关系。由于拍摄距离很近，画面景深很小，为了保证被摄对象完整的清晰度，必须采用沙姆定律来控制景深。这幅作品就是利用 TS 镜头的曲面移轴，使被摄对象的前后景深都达到了全面合焦的清晰效果

△ 用反沙姆定律拍摄广告片是经常采用的方法。这种方法处理的画面，虚实关系明显，主题鲜明，视觉效果突出，用这种方法拍摄的作品都会得到客户的认可

△ 这幅作品利用反沙姆定律拍摄，主要突出 4S 店中的汽车，将其他环境全部虚化，使样品汽车更加醒目突出，同时又可以减弱拍摄现场多余的环境

　　TS 镜头属于特殊镜头，它可以完成常规镜头无法做到的画面效果，这对要求极为特殊的摄影作品帮助很大。在很多摄影工作中发挥着不可替代的作用。

3.6 微距专用镜头

微距镜头是微距摄影创作的得力助手。它必须具有高画质、高分辨率、高对比度、高饱和度、无畸变的影像效果。微距镜头用"Macro"或"M"表示，在镜头上都有明显标注。市面上出售的微距镜头有短焦微距、中焦微距和长焦微距之分，使用者要根据创作需要和经济情况进行选择。

△ 能 1:1 放大的佳能 100mm 微距头。这支镜头不但可以做微距镜头使用，更可以做常规镜头使用，而且成像效果非常好

摄影一般使用的常规镜头，它的成像要求是"物距长，像距短"（左图），而微距镜头的成像要求是"物距短，像距长"（右图）。为了能做到把微小物体放大到一定倍数后再拍摄，微距摄影镜头必须靠近被摄对象，才能拍摄到与原物同等大小或放大倍数更大的图像。

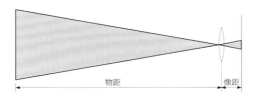

△ 常规镜头的成像要求是"物距长，像距短"

△ 微距镜头的成像要求是"物距短，像距长"，才能获得最大的放大倍数

3.7 微距镜头的放大倍率

微距镜头的放大倍率又称"绝对放大率"，是指在拍摄微小物体时，所拍的影像效果和实际物体之间的大小比值。

近摄放大率＝影像大小：实物大小

近摄放大率表示方法为：5:1、4:1、3:1、2:1、1:1、1:2、1:3、1:4、1:5 ……比值的前项大于后项，说明影像大于实物；比值的前项小于后项，说明影像小于实物。根据比值可以看出，比值前项数字越大，说明影像的放大倍数越大，镜头的放大能力越强。反之，比值后项数字越大，说明影像的放大倍数越小，镜头的放大能力越差。镜头放大比值为 1:1 是指，拍摄的影像大小与实物大小的比例一样大，即为 1:1。

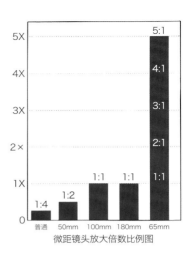

微距镜头放大倍数比例图

[提示]

　　微距镜头在 APS-C 型相机上使用时，由于芯片面积小，画面面积小，乘以镜头转换系数后，镜头的等效焦距值增加；由于画面面积小了，等同于截取了全画幅的中心部分，好像放大倍数增加了。由于芯片面积不同，如果用同一支微距镜头，分别安装在全画幅与 APS-C 画幅相机上拍摄同一物体时，所呈现出的放大效果是不一样的。其结果是，芯片面积越小，放大倍数越大。
简单解释：用同一支微距镜头拍摄，放大倍数会因芯片面积大小而发生改变。由于 APS－C 型芯片小，相当于截取了全画幅中间的一部分。不是放大倍数提高了，而是因为芯片面积小，画面的边缘部分被去掉了，实际内容只是截取了全画幅中心的一部分而已。视觉上的表现是放大倍数加大了，但实际上是因为只选取了全画幅中间的局部画面，所以显得放大倍数增加，是一种假象。

△ 这幅作品的完整画面是全画幅相机拍摄的效果，红线内的影像为 APS-C 画幅相机拍摄的区域

△ 这是 APS-C 芯片相机拍摄的实际效果。由于芯片面积小了，相当于截取了全画幅中间的一部分，全画幅所表现的边缘部分被去掉了，看上去好像是放大倍数加大了，其实不然

3.8 微距镜头的性能比较

微距镜头有长焦微距和短焦微距之分，焦距的长短与成像效果好坏关系密切，在购买时必须了解清楚再下结论，这对微距摄影创作影响极大。

△ 微距摄影镜头拍摄距离示意图

下面对佳能公司的三款微距镜头（50mm、100mm、180mm）加以比较。

50mm 短焦微距镜头

该镜头放大倍率为 0.5 倍。由于这款镜头体积小、重量轻、价格便宜，因此很容易普及。（这支镜头可作为常规镜头使用。）

△ 50mm 短焦微距镜头

使用特点

这种短焦微距镜头，因拍摄距离太近（仅23cm），在实际创作时很容易惊扰小昆虫，因此对拍摄小昆虫极为不利。由于拍摄距离过于近，对光线布控也会受到影响。这种镜头焦距短，景深大，视角宽，因此会造成以下几种不利状况。

（1）根据镜头焦距与视角的关系"焦距越长，视角越窄；焦距越短，视角越宽"，通过所拍摄的图像分析，在放大倍数一样的情况下，50mm 微距镜头所拍摄的画面视角宽，涵盖的背景内容较多，对突出主体不利。

△ 50mm 短焦微距镜头拍摄的画面，视角宽，景深大，涵盖内容多，对突出主体不利

（2）根据镜头焦距与景深的关系"焦距越长，景深越小；焦距越短，景深越大"，通过所拍摄的图像分析，在放大倍数一样的情况下，50mm 微距镜头拍摄的图像景深大，背景的清晰度较高，对突出主体不利。

100mm 中焦微距镜头

该镜头放大倍率为1:1。由于这款镜头体积适中、重量较轻、价格适中，因此普及率很高。（这支镜头可作为常规镜头使用。）

△ 100mm 中焦微距镜头

使用特点

这种中焦微距镜头拍摄距离相对较远(32cm)，光线布控相对好一些，不容易惊扰小昆虫，拍摄效果优于 50mm 微距镜头。

这种镜头景深与视角好于短焦微距镜头，它的成像效果如下

△ 用 100mm 中焦微距镜头拍摄，画面视角窄，景深小，对突出主体有利，拍摄效果优于 50mm 微距镜头

（1）根据镜头焦距与视角的关系"焦距越长，视角越窄；焦距越短，视角越宽"，通过所拍摄的图像分析，在放大倍数一样的情况下，100mm 微距镜头拍摄的画面视角较窄，涵盖的背景内容较少，对突出主体有利。

（2）根据镜头焦距与景深的关系"焦距越长，景深越小；焦距越短，景深越大"，通过所拍摄的图像分析，在放大倍数一样的情况下，100mm 微距镜头拍摄的图像景深较小，背景环境相对模糊，对突出主体有利。

180mm 长焦微距镜头

该镜头放大倍率为1:1，拍摄效果很好。由于这种镜头体积大、分量较重、价格贵，普及率相对较低。（这支镜头可作为常规镜头使用。）

使用特点

这种长焦微距镜头的拍摄距离远（48cm），对布光非常有利，在实际创作时，不易惊扰小昆虫。这种镜头景深小，视角窄，它的成像效果如下。

△ 180mm 长焦微距镜头

（1）根据镜头焦距与视角的关系"焦距越长，视角越窄；焦距越短，视角越宽"，通过所拍摄的图像分析，在放大倍数一样的情况下，180mm 微距镜头拍摄的画面视

角比 100mm 微距镜头更窄，涵盖的环境更少，对突出主体更有利。

（2）根据镜头焦距与景深的关系"焦距越长，景深越短；焦距越短，景深越长"，通过所拍摄的图像分析，在放大倍数一样的情况下，180mm 微距镜头拍摄的画面景深比 100mm 微距镜头更小，画面背景虚化程度更好，对突出主体极为有利。

综上所述，长焦距镜头，无论从拍摄视角、景深大小、拍摄距离以及最终表现效果上，都远远好于中焦和短焦微距镜头，使用者可根据自己的工作性质和经济情况，认真考虑后再决定是否购买。在微距摄影镜头的选择上，正符合"工欲善其事 必先利其器"的道理，绝不可小视。

△ 180mm 长焦微距镜头，涵盖内容少，视角更窄，景深更小，对突出主体极为有利，优于 50 mm 和 100 mm 微距镜头

3.9 推荐一款专用微距镜头

这是一款纯专业微距镜头，不能当常规镜头使用。它的放大倍数可达 1 ~ 5 倍，可以把 3mm 左右的物体充满画面，拍摄效果无懈可击。建议热衷于微距摄影的影友选择这款佳能 MP-E65 f/2.8 Macro 1-5x 镜头。使用这款镜头时，有些自动功能会消失，需要手动控制才能工作，操作要十分谨慎，但是对喜爱微距摄影的影友很值得拥有，拍摄效果非常精彩，值得一试。

△ 佳能 MP-E65 f/2.8 Macro 1-5x 微距镜头，镜头初始和展开后的效果对比图

拍摄实例

神秘的微观世界，人类无法用眼睛直接观察清楚。古人为了看到细小的东西，发明了凸透镜，用于观察较小的文字和更具体的物体。摄影术发明以后，要想把细小的影像记录下来，又研制出了微距摄影镜头。它的出现，使这一梦想成为现实。

一旦进入这一领域，从未见过的神奇世界便会展现在你的面前，一定会让你热血沸腾急于一试。

△ 65mm 微距镜头放大 4 倍后拍摄的火柴头

△ 通过微距镜头可以观察到蜜蜂的细节，这是人眼很难观察到的。这也是微距摄影带给观者的惊喜

△ 65mm 微距镜头放大 3 倍以后拍摄的火柴三部曲——"原型""燃烧""碳化"全过程

3.10 鱼眼镜头

　　鱼眼镜头是根据仿生学设计的，视角达到 $180°$ ～ $230°$ 。镜头的第一组镜片向前突起，很像鱼的眼睛，因而得名。鱼眼镜头属于短焦距镜头中的极端广角镜头，景深很大，从几厘米到无限远都可以做到细致清晰。鱼眼镜头拍出的效果变形非常严重，越接近中心部分的影像变形越小，越接近边缘部分的影像变形越严重。非常适合极具挑战性的摄影创作。

[提示]

　　如果在 APS-C 画幅相机上使用鱼眼镜头，因芯片面积小，画面视角会大大缩水。以 15mm 鱼眼镜头为例，APS-C 画幅相机乘以镜头转换系数以后，15mm 镜头焦距相当于 24 mm 左右的普通广角镜头，使所拍摄的画面达不到鱼眼镜头的效果。为了解决这个问题，适马公司专门生产出 APS-C 相机专用的 4.5 mm 圆周鱼眼镜头，让使用 APS-C 画幅相机的摄影爱好者，也可以获得圆周鱼眼镜头的创作效果。

△ 适马公司专为 APS-C 画幅相机生产的　　△ 佳能公司生产的 8-15mm 鱼眼变焦镜头
4.5mm 圆周鱼眼镜头

　　早期的鱼眼镜头只有圆周鱼眼镜头，由于这种镜头的视角超宽，图像涵盖率小于 24mm×36mm 画幅面积，因此拍摄出来的画面呈圆形，四周显示出未经曝光的黑色区域。镜头视角最多可达到 $230°$ ，画面桶形畸变极端严重。由于新技术的介入，现代鱼眼镜头又研发出可以完全充满画面的对角线鱼眼镜头，又称矩形鱼眼镜头。镜头视角达到 $180°$ ，用这种鱼眼镜头拍出的画面也会产生严重的透视畸变。

△ 用圆周鱼眼镜头拍摄的汽车桶形畸变严重（左图）。用对角线鱼眼镜头拍摄的同一辆汽车，影像效果可以完全充满画面，物体变形依然严重（右图）

拍摄实例

△ 左图是圆周鱼眼镜头拍摄的效果，画面视角超过200°。右图是对角线鱼眼镜头拍摄的效果，画面视角达到180°。两幅画面虽然都用鱼眼镜头拍摄，但是由于镜头设计与视角大小的不同，最终拍摄的画面效果也有很大的区别，在使用过程中一定要根据创作需要慎重选择

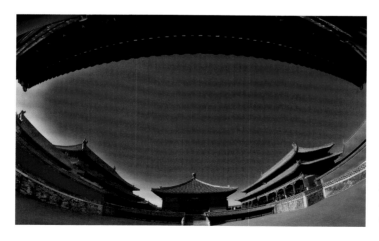

◁ 用现代手段描绘古建筑，是对角线鱼眼镜头的强项，其强烈的透视感，极具夸张的造型，使古老建筑焕发出新的生命力

△ 利用圆周鱼眼镜头拍摄列车车窗，同时放慢快门速度。变形的车窗与窗外的自然环境形成奇特的视觉奇观，动静结合，冷暖互衬，十分引人入胜

△ 用对角线鱼眼镜头拍摄的故宫，由于视角达到180°，因此将周边绝大部分的环境统统收入囊中，展示出鱼眼镜头因"贪婪"而扭曲变形的结果。这种奇异的效果能让观者感到从未见过的新颖和满足感，显示出当代艺术的超前与狂想

◁ 这幅作品利用对角线鱼眼镜头，采用大角度的合理调整，使作品在巨大的结构变化中获得了明显夸张。作品以 "体仁阁"的匾额为兴趣中心，以最醒目、最清晰的效果悬挂于作品的最上端，引导出远处太和殿的全貌

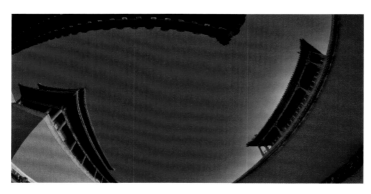

◁ 这幅作品采用对角线鱼眼镜头拍摄，体现了故宫紧密的结构关系与森严壁垒的保护措施。采用这种镜头结构能更好地展现中国古人高超的设计水平与精湛的建筑工艺

▷ 用对角线鱼眼镜头拍摄，使近景得到桶形畸变的效果，可远处的景物仍旧保持原有的结构。整幅作品的感觉既有变化，又没破坏原建筑的整体风格。这足以说明合理利用鱼眼镜头，完全可以达到摄影创作的初衷

鱼眼镜头在一般情况下很少使用，随着现代艺术表现形式的不断渗入，当代摄影人的创作理念也在不断提高，使这一现象迅速得到改变。充分发挥鱼眼镜头变形强烈的特性，促使前卫摄影人对此产生了极大的兴趣，大胆使用鱼眼镜头进行激进创作的尝试。把变形合理化，让不可能变为可能，将当代摄影创作推向全新的高度。也建议读者们，大胆尝试用各种特殊镜头进行创作的方法，充分利用"特殊"，发挥"特殊"，创造"特殊"，从中领悟创新的魅力，打开一个离奇超凡的影像新局面。

3.11 折返镜头

折返镜头属于超长焦距镜头，对拍摄的稳定性要求非常严格。由于它不是依靠光学系统成像，只是依靠两组反光镜片，经过两次折射最终形成图像，所以被称作

折返镜头。这种镜头的结构简单特殊，因此制造成本低，镜头重量轻，尺寸也很小，与同等焦距的常规镜头相比，价格相对较低。但是在使用方面会受到很大制约。比如光圈只有一挡，一般都在 f/8 或 f/11。所以，曝光时对相机的稳定性要求极高，必须使用三脚架。如果没有三脚架，则要求快门速度的设定最好高于镜头焦距值两倍以上（比如镜头焦距值为 500mm，快门速度就要设定在 1/1000 秒以上，甚至是 1/2000 秒），才能保证画面的清晰度。但是，它有一点很出彩的地方，在遇到高光时，所拍摄的画面会呈现出漂亮的环状效果。这是因为反光镜的圆形结构造成的反射效应。这种镜头实际应用价值并不高，所以在此不做过多介绍。

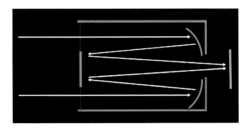

△ 这是折返镜头和它的原理图，镜头内部没有光学系统，全凭镜筒内部反光镜片的两次反射形成图像。折返镜头原理图中的蓝色部分代表反光镜，绿色部分代表相机的感光元件（芯片）

特殊镜头在摄影创作中的作用十分显著，能达到意想不到的效果。由于这些镜头可以达到常规镜头达不到的画面效果，能产生超乎寻常的艺术变异奇效，因此喜欢另辟蹊径、别开生面的拍摄者都会使用到它们，甚至离不开它。这种镜头在胶片时代用得很少，如今的思想解放，为艺术创作拓宽了新路。借助这些特殊的镜头，为自己的创作增添创新的内容，让自己的思路越来越大胆，创作之路会越走越宽阔。

△ 这是利用折返镜头的特点拍摄的作品，画面呈现出奇特的光环效果。这种效果是其他摄影镜头不可能出现的，主要原因是镜头结构造成的效果

第四章 摄影基础
白平衡

4.1 什么是白平衡

"白平衡"一词，最早用于电视摄像机校色的方法，是磁带摄像机色彩校正的重要功能。为保证所拍摄画面的色调还原准确，拍摄前，对纯白纸进行测量并加以平衡，当白色得到准确校正后，其他颜色也能得到相对准确的还原，这就是"白平衡"。它的工作方法是：在拍摄现场，通过对白色标版的测量与校对，使机内的显示色彩与拍摄现场的色调尽量达到正常标准，最终得到准确的色调平衡。现代的数码摄影，将白平衡的校正融入到数码相机的基本功能设置中，根据拍摄现场光源色温的变化，随时进行合理的校准。这已成为现代数码相机中重要的常规校准颜色的设置功能。

人眼在观察景物时，如果物体不变，只是光源发生变化，人眼都会认为此物体的颜色没有变化。比如，当我们看报纸时，在阳光下我们看到的报纸是白色的，晚上在钨丝灯下看，虽然报纸在钨丝灯低色温照射下，显示出橙红色的变化，但是我们仍然会认为报纸是白纸。这种现象是人类长年的生活经验导致的"色守恒"现象。这种变化对正常生活的人们没有任何影响。但是，对摄影而言，尤其是对彩色摄影来说却影响极大。由于相机的处理器没有人类大脑的分析能力，在不同性质的光源照射下，相机只会按照机内事先设定好的白平衡值去记录色调关系，往往会造成所拍摄画面的色调失真。这种现象的出现，都是"色温"在作怪。就是使用了自动白平衡（AWB），也只能在 3000K ～ 7000K 起作用，超过这个控制范围，自动白平衡将会失效。为了控制色温的干扰，相机设计人员将白平衡设置直接安置到数码相机的菜单中，相机使用者根据自己的实践经验或者利用色温表直接测量，将正确的色温值输入到相机中，就可以达到控制色温的目的。这个问题说起来简单，实际上没有多年的实践经验和理论支持是很难做到的。

◁ 农家朴实的厨房，色调的表现是冷一些好，还是暖一些好？这就需要拍摄者自己来决定。通过机内白平衡的调整，就可以完成色调的控制。再通过电脑后期进行更细致的微调，画面就能达到拍摄者想要的色调要求。这幅作品用暖色调再现农民厨房的色调，会显得更加惬意

△ 为了夸张夜晚灯光下的色彩，建议
把白平衡设置在日光状态，这种设置可
以保证各种色彩的正确再现。经过电脑
后期的再处理，让丰富的色彩关系更加
浓艳

△ 日落后，地面被天光高色温控制，显
出冷静的蓝色，只有日落方向还存留一线
绯红。为了准确表现这一效果，可将色温
值保持日光值，既保留西边天空的暖意，
又强化了地面的冷色。在后期的调整下，
日落时的微妙色彩变化即可得以实现

4.2 光谱与色温

公元 1666 年，英国科学家牛顿利用三棱镜将白光分解出七色光谱。公元 1807
年，英国人托马斯·杨格又将七色光谱归纳出"红绿蓝"三原色。这些研究成果，
影响着摄影的发展进程。早期人们用彩色胶片记录影像时发现，画面的色调与现场
实际效果有时相差很大，比如：油灯下会呈现出橙红色；阴雨天会呈现出冷灰色；
荧光灯下会呈现出蓝青色等。自古以来，人类对光与色的关系一直存有疑虑，并流
传着 "灯下不观色"的通俗民间道理。这说明人类对色彩的观察，早有独到的见解，
逐渐打破了光是无色的错误观念。总结出一整套"光与色"的关系学，这就是"色
温"的理论。研发者是英国物理学家开尔文（Kelvin），并形成了完整的科研体系，
这一体系对现代光学研究和数字影像产生了巨大的影响。为了纪念开尔文对光学研
究作出的贡献，就将色温的标称单位用"K"来表示。

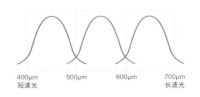

400μm　　 500μm　　 600μm　　 700μm
短波光　　　　　　　　　　　长波光

◁△ 牛顿用三棱镜将光分解成"红、橙、
黄、绿、青、蓝、紫"七色光谱，托马斯·杨
格又将七色光谱归纳成三原色

4.3 什么是色温

色温是表示光源中，光谱成分含量多少的物理量。是衡量光源颜色的国际标准，标称单位是"K"。它是借用了一个全辐射黑体，将这个黑体从绝对零度（－273℃）开始加温，随着温度的不断升高，黑体颜色会出现由黑开始发生红、橙、黄、白、蓝的色彩曲线变化。温度每升高1℃，色温值也相应增加1K。色温值越高，短波光越多，光源颜色会逐步趋向蓝色。色温值越低，长波光越多，光源颜色逐步趋向红色。这种黑体随温度变化而产生的颜色变化，和全辐射光的颜色变化基本一致。为了建立光源颜色的衡量标准，就将黑体加温后，随温度升降产生的颜色变化所对应的温度值，转嫁给了光源颜色的物理量值，并统一称为"色温"值。

色温的国际标称单位是"K"，色温值用阿拉伯数字表示，比如中午日光色温值为5500K，摄影专用钨丝灯色温值为3200K～3400K，等。（荧光灯、节能灯和其他充气灯，也包括闪光灯，均属于相关色温值，在本文后面另有解释。）

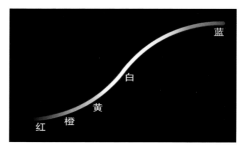

△ 色温曲线图

4.4 白平衡的运用

白平衡（WB）是数码相机调整机内色温的重要设置，起到控制色温值，修正色调偏差的作用。彩色摄影在拍摄过程中，经常出现画面效果偏色的现象，主要原因就是色温在作怪。还有一部分色差是色温无法控制的，它属于"相关色温"，需要通过白平衡偏移来处理，具体方法后面会谈到。传统胶片时代解决色温校正的办法，是靠选择日光型胶片和灯光型胶片来解决，或者通过更换色温转换镜和色温平衡镜来校正。对要求严格的商业摄影来说，还要通过色温表测量，再利用CC滤镜才能将色调的误差彻底解决。这种校准方法非常麻烦。现代数码相机校正色温的办法就方便多了，拍摄前，调整机内"白平衡"和"白平衡偏移"就能基本解决，再通过电脑后期进一步微调，就可以获得最理想的效果。

在实际创作中，作品是利用机内色温和现场色温的差值去营造主题气氛。比如日出与日落的火热气氛、冰天雪地的寒冷境界、温馨舒适的居住环境等，都是利用机内色温与现场色温的差值，去夸张或渲染主题气氛。这正是摄影爱好者学习色温知识、掌握白平衡校正方法的重要技术手段，更是职业摄影人必须掌握的基本常识。重要的是，要有意识地锻炼自己在日常生活中观察和积累这方面的经验，在实践中做出准确判断。

拍摄实例

△ 为强化日落的气氛，将机内色温值调到高于现场色温值，使天空的红色更加浓艳。合理利用色温的差值，为主题创作服务

△ 为了表现日出时的冷暖对比关系，采用把机内色温值设置到略低于现场色温值的做法，迫使画面中阴影部分的色调偏向冷色，强化严冬寒冷的视觉印象。再通过电脑后期加强画面的色差，最终达到了创作之目的

△ 傍晚是建筑摄影的最佳时机。室内和室外光线色温反差较大，我们选择一个色温的平衡点，高于室内色温值，保留室内的暖色调；低于室外色温值，强调室外的冷色调。为后期调整打下良好的基础

数码相机中的白平衡，类似胶片摄影使用的色温转换滤光镜和色温平衡滤光镜的作用。胶片摄影的色温调整是通过滤光镜完成的，操作很烦琐，需要通过更换滤光片，才能达到改变色温值的目的。每一片滤光镜只能校正一个固定的色温值，很难进行更精确的校正。要想进行精准校正，还要依靠色温表测量出准确数值和偏色

的具体参数，再用 CC 滤镜进行逐级修正。CC 滤镜是一套完整的彩色补偿滤光镜，专门为彩色胶片修正色彩之用，也用于印刷校色。它包括三原色红、绿、蓝和三补色黄、品、青六种色片。每种色片又按密度级差细分出非常多差值色片，经过色温仪精准测量后，再进一步添加色片补偿拍摄，非常麻烦。拍摄完毕，还要等胶片冲洗出来后才能看到拍摄结果，稍有疏忽就会出现差错。而数码摄影就简单多了，通过机内白平衡就可以直接进行校正。操作方便、快捷、精准、细致，即拍即看，调整过程做到了无极差限制。

△ 传统胶片校正色温用的滤光镜

△ 数码相机白平衡校正窗口

4.5 传统彩色光学滤光镜

色温转换滤光镜——雷登 80A、B、C（深蓝色）和雷登 85A、B、C（深琥珀色）。将滤镜片安装在镜头前即可达到转换色温之目的。

色温转换镜——雷登 80 蓝色系列 A、B、C　　色温转换镜——雷登 85 琥珀色系列 A、B、C

色温平衡滤光镜——雷登 82A、B、C（浅蓝色）和雷登 81 A、B、C（浅琥珀色）。通过在镜头前的更换，可以对日光或灯光色温值进行更细腻、精准的校正。

色温平衡镜——雷登 82 系列 A、B、C　　色温平衡镜——雷登 81 系列 A、B、C

传统光学滤光镜都是独立的光学镜片，使用时要根据现场色温的具体情况，分别安装在镜头前。每一片滤光镜只能校正一挡色温值，有时还要几片滤镜叠加起来使用。不但麻烦，携带也不方便。

数码相机白平衡的调控是在相机内部进行的，可以在 2500K ～ 10000K 做连续无极差的调整，自定义白平衡可做 2000K ～ 10000K 连续无极差的调整。设置简单、方便实用，还可以随拍随观察拍摄结果。

△ 数码相机无极差白平衡调整范围示意图

很多摄影爱好者，把实际拍摄的结果，错误理解为单纯的色温变化。认为色温越高，色调应该越偏蓝；色温越低，色调应该越偏红。听起来好像是对的，其实是犯了理解性的错误。在摄影实践中，白平衡的应用效果，是由拍摄现场的色温值与相机内部的白平衡差值决定的。使用结果如下。

（1）机内色温值的设置高于现场色温值，画面色调会偏红，而且差值越大越红；

（2）机内色温值的设置低于现场色温值，画面色调会偏蓝，而且差值越大越蓝；

现场色温	机内色温	画面效果
低	高	偏红
高	低	偏蓝
相等	相等	正常

△ 实用色温效果表

（3）机内色温值的设置等于现场色温值，两者差值越接近画面色调越正常。从其中的规律来看，画面的色调变化取决于机内色温与现场色温二者的差值大小。差值越大色调偏差越大，差值越小色调偏差越小，差值越接近零色调越正常。

4.6 白平衡差值的解释

很多影友提出这样的疑问：应该是色温越高色调越偏蓝，色温越低色调越偏红。按照前面"实用色温效果表"的说法，为什么机内色温设置越高，色调反而偏红；机内色温设置越低，色调反而偏蓝。实际上，这种疑问出于对色温的片面理解，也说明影友对色温基础理论知识的欠缺，更说明理论与实践的脱节。

如果单解释色温，就是色温越高，色调越偏蓝，色温越低，色调越偏红。但是，数码摄影不是单一的色温变化问题。它是由现场色温与机内色温这两项色温之差，来决定画面的表现结果。

我们可以把现场色温看作"不变量"（比如阳光，是无法改变的），把机内色温看作"可变量"（可根据需要随时调整）。在实际应用中，这两个物理量之比，所得出的差值，就是最终的拍摄结果。差值越大画面色调偏差越大，差值越小画面色调偏差越小。

不变量（环境色温值）－可变量（机内色温值）＝画面结果

例1：白天的中午色温为5000K（不变量），如果把机内色温设定为8000K（可变量），用5000K－8000K ＝ －3000K。计算结果为负差，证明机内色温值大大低于现场色温值，所拍摄的画面效果色温过低，一定偏红。而且差值越大，画面效果越红。计算结果证明，机内色温比现场色温低了3000K，用低于现场3000K的色温值拍摄，画面色彩一定偏红。

例2：白天的中午色温为5000K（不变量），如果把机内色温设定为3000K（可变量），用5000K－3000K ＝ 2000K。计算结果为正差，证明机内色温值高于现场色温值，所拍摄的画面效果由于色温过高一定偏蓝。而且差值越大，画面效果越蓝。计算结果证明，机内色温比现场色温高了2000K，用高于现场2000K的色温值拍摄，画面色彩一定偏蓝。

按公式计算出的差值才是真正要表现的实际效果，再用这个差值与现场色温比较；如果是负差，画面一定偏红；如果是正差，画面一定偏蓝。用这一方法反复练习，使其烂熟于心，形成一种创作的潜意识，久而久之一定会像老司机一样"驾轻就熟"。

◁ 这幅作品的拍摄时间是日落时分，现场实际色温为1000K左右，机内色温设定为5000K，用现场色温减去机内色温等于－4000 K，比现场色温还低了4000K，最终拍摄的画面色调一定严重偏红，经电脑后期适当修正以后，作品完全体现出日落的火红气氛

◁ 这幅作品中的天气为假阴天，天空处于薄云遮日的效果，光线在天光的影响下，色温在6000 K左右。为了体现雪景的寒冷效果，将机内色温设定到4800 K，略低于现场光，保留冷色情调。再经电脑后期调整，加强了前景干花的红色，进一步反衬出冬日雪景的冷清

△ 这幅作品的拍摄时间是日出时刻，由于日出的色温只有2000K左右，而阴影下受天光的影响，色温在10000K以上，为了强调作品的冷暖关系，将机内白平衡设置在5000K，既高于日光色温值（让日光色调保持红色），又低于阴影色温值（让阴影色调保持蓝色），做到两者兼顾。通过电脑后期修正，使受光面和背光面的色彩对比更强烈，达到了预期的目的

4.7 白平衡的设置

使用数码相机，一定要读懂说明书的白平衡设置状况，如果不仔细看清楚，就无法正常发挥它的作用。白平衡的应用一般有以下4种设置。

（1）AWB自动白平衡；

（2）图形设置白平衡；

（3）自定义白平衡；

（4）手动设置白平衡（K）。

这 4 种方法虽然都能调控色温，但是，调整方式却完全不同。实践证明，在摄影创作中，只有熟练掌握并明白了手动控制白平衡（K）的方法，才能真正掌握控制色温的基本方法，也是摄影创作的最佳方案。它可以在 2500K ～ 10000K 以百为单位自由增减，调整效果细腻精准，是另外 3 种设置无法做到的。手动设置白平衡是学习色温理论的最好助手与实践工具。坚决否定那种不管什么题材，前期拍摄都不管白平衡的调整，全凭电脑后期处理的坏习惯，这是非常不科学的办事态度，对摄影爱好者的学习极为不利。教师在教学中也应教会学员在学习阶段掌握色温控制理论，弄明白手动白平衡的控制方法。进入创作阶段以后，再根据创作题材的需要，明明白白地选择自动白平衡和其他控制白平衡的使用方法。这是从必然王国到自由王国的必经之路，也是学习色温控制的正确方法。

在拍摄前调整白平衡的习惯，是利用光线有选择性吸收和反射的正确做法。而拍摄前不管白平衡设置，全凭电脑后期处理的做法，是不科学的。电脑后期只能做整体统一的色调偏移，并不具备现场光线对物体有选择性吸收和反射的具体条件。因此，会损失一些真实的色彩关系。那种前期拍摄不管白平衡，完全依靠电脑后期处理的做法，对摄影创作，尤其对初学者学习和掌握色温知识极为不利，还助长了学员的惰性，养成对自动挡过于依赖的毛病。何况 AWB 自动白平衡还会受相机设计的影响，只能在 3000K ～ 7000K 以内发挥作用，低于 3000K 和超过 7000K 时 AWB 自动白平衡就会完全失效，导致画面色调严重失衡，到时候电脑后期校正都困难。这种全凭自动白平衡进行创作的方法，只适合新闻摄影，因为这种创作必须把注意力全部投入到事态发展过程中，集中精力抓取"决定性瞬间"。

[建议]

先通过学习，掌握了色温的基础理论知识，能利用手动白平衡自由控制色温以后，再根据拍摄题材理性地选择自动白平衡进行创作。比如："扫街"时，为了集中精力捕捉瞬间，可以使用自动白平衡（AWB）拍摄。又如：在翻拍画册和绘画作品时，尤其是在拍摄要求十分严格的广告摄影时，为确保色彩的正确还原，就不能使用自动白平衡，而必须选择手动白平衡或自定义白平衡。如果使用自动白平衡，在拍摄过程中，会受各种条件的影响。比如电压的不稳定，也会使白平衡产生微妙的变化，直接影响画面质量。这是商业摄影师在拍摄前为了保证拍摄效果，要用彩色标准板对颜色进行校对的原因。只有用手动白平衡才能控制住正常色温值，并且固定下来后，再对产品或作品逐一进行拍摄，以确保拍摄条件的稳定。

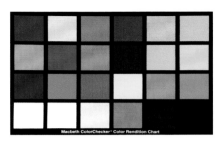 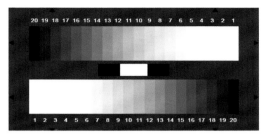

△ 摄影专用彩色标准板和灰级板，职业摄影师在创作时都离不开它

显示	模式	色温（约 K：开尔文）
AWB	自动	3000 ~ 7000
☀	日光	5200
⌂	阴影	7000
☁	阴天、黎明、黄昏	6000
☀	钨丝灯	3200
🗲	白色荧光灯	4000
⚡	使用闪光灯	6000
📷	用户自定义	2000 ~ 10000
K	色温	2500 ~ 10000

　　(1) AWB 自动白平衡：在这个设置中，色温完全由相机自行处理，人工无法控制。色温的控制范围在 3000K ~ 7000K，超过这个范围，自动白平衡将失去作用。因此，AWB 不是万能的，只能在自动色温可控制的范围内发挥作用。

[建议]

　　不要过分依赖自动白平衡，这对摄影创作以及学习色温理论极为不利。如果一直使用 AWB，你将永远弄不懂色温的原理与控制方法，也体会不到调整色温带来的创作灵感。因此，在创作类型和商业类型的摄影创作中绝不提倡使用，尤其对初学者，更不能过于依赖自动白平衡。一定要先从手动控制白平衡学起，完全弄懂了白平衡的原理以后，再根据需要选择自动白平衡进行创作。这是最正确的学习方法，也是专业院校必须进修的摄影基础理论课程。

AWB	自动	3000 ~ 7000 K

△ 自动白平衡值的工作范围

◁ 新闻、扫街、纪实抓拍类摄影题材，最适合使用自动白平衡，可以让你更专心捕捉决定性瞬间。但是在遇到极端色温条件下，还是要按照现场色温进行手动调整色温值，保证作品能达到应有的色调还原。比如在低色温的白炽灯光下拍摄，由

于生活用的白炽灯，色温都在 3000K 以下，超过了自动白平衡最低限制标准，使自动白平衡失效，所拍画面会严重偏红。因此必须利用手动白平衡加以调整

▷ 只要在正常的光线条件下，自动白平衡也能获得很好的拍摄效果。这幅以西红柿为创作主题的静物作品，就是在室内的自然光线下拍摄的。拍摄效果基本达到拍摄要求，再通过电脑进一步微调，画面效果完全达到了要求

  （2）图形设置白平衡：为了方便摄影爱好者的使用，丰富摄影的趣味，设计人员设计出了白平衡模式的图形选择法，使用者可以根据现场光照的实际情况，选择合适的模式进行拍摄。遗憾的是，每一种图形只能控制一级色温值，使用时，无法进行更细致的调整，创作局限性很大。这种设置只适用于一般娱乐性拍摄，不适合创作类的摄影题材使用。这种图形设置白平衡，只在业余机型上有设置，专业机型上没有这种图形设置。

☀	日光	5200 K
⌂	阴影	7000 K
☁	阴天、黎明、黄昏	6000 K
☀	钨丝灯	3200 K
⠿	白色荧光灯	4000 K
⚡	使用闪光灯	6000 K

△ 图形选择白平衡值的工作范围

△ 图形设置白平衡，需要在符合色温条件的光线下使用。在这种光线条件下，拍摄效果完全可以达到拍摄要求，再通过电脑后期做进一步处理，完全可以做到非常好的画面效果。这幅作品选择了日光白平衡模式拍摄，画面效果正常

△ 在正常光线下用图形设置白平衡拍摄，色调还原较好。作品是在阴影下拍摄的，选择了阴影白平衡模式拍摄，再经过电脑后期稍作处理，画面效果很好

　　（3）自定义白平衡 ⌐◢：这种设置可以在特殊的光源下，通过测量纯白纸或者测量18%的标准灰板，求得特殊光线下的正确色温值，使画面得到准确的色调还原。自定义白平衡的运用，适用于对色彩要求比较严格的拍摄工作，如文物的拍摄、产品广告的拍摄、重要会议的拍摄等。操作过程必须按相机说明书介绍的程序进行（每个厂家的操作程序可能会有所差别），通过测量白纸或测量标准灰板，就可以求得基本准确的白平衡参数。

[提示]

　　用白纸测量时，根据曝光补偿"白加黑减"的要求，拍摄前必须增加两级曝光补偿，不然自定义白平衡会失误。建议使用18%的标准灰板作为自定义白平衡的测试板，这种方法不用进行曝光补偿，即可完成自定义白平衡测试。

⌐◢	用户自定义（第71页）	2000 ~ 10000 K

△ 自定义白平衡值的工作范围

◁△ 商业广告和翻拍工作，都要在室内人造光源下进行，用自定义白平衡或手动白平衡校准，这样可以保证翻拍的整个过程做到色温值统一不变

（4）手动白平衡：这是学习掌握色温知识的重要途径，也是摄影创作控制色温的最佳手段。因为手动白平衡的 K 值修正，是以 100K 为单位增加或减少补偿值，色温校正十分精细。只有通过它，才能真正理解和掌握色温控制方法，也能根据创作的要求，更加细腻地控制色温差值，达到创作要求。更重要的是，可以为电脑后期修图打下良好的基础。

[建议]
　　根据前面提到的调整方法，强迫自己使用手动白平衡进行反复练习，摸索自然光和人造光的色温规律，从中积累经验。经常使用手动白平衡进行创作练习，对初学者来说有百利而无一害，时间久了自然就熟练了，从而逐渐进入自由选择白平衡设置的阶段。

K	色温（第72页）	2500～10000 K

△ 手动白平衡值的工作范围

△ 阳光下，为了体现火的暖色，要将色温值降低，强调阴影下人物的冷色，突出火焰的暖色，再经电脑后期强化这一效果

△ 日落前的色温比较低，为了强调黄昏火热的晚霞气氛，利用手动白平衡（K）将机内色温值提高到 5000K 以上，大大强化了日落前的火热气氛，而阴影下的汽车受天光的影响显示出明显的冷色。经电脑后期处理，故意强化了这一效果，使傍晚的气氛更加浓厚

4.8 手动白平衡应用实例

　　利用色温的差值控制画面色调，是数码摄影重要的创作手段。熟练掌握白平衡的调整方法，使作品更符合创作的需要，是所有数码摄影创作的重要一步。好作品来自严谨的工作态度，不要盲目拍摄。色温的控制并不复杂，只要细心观察，反复练习就能掌握其中的变化规律。自然光的色温有规律可循，人造光的色温虽然复杂一些，但也有规律可循。细心观察、摸索规律，必然能操控自如。我相信，任何一位成功的艺术大师，都有痛苦修行的一段经历。

4.9 专业灯具的色温控制

　　专业灯具是指摄影专用照明灯具。这种光源的色温都经过严格的检测，色温都很标准。对它的色温调控，要根据创作需要进行。有些专业灯具自带色温调整功能，可以直接对色温进行调整。有些灯具没有色温调整功能，需要利用色温纸或色温片，安装在灯头前改变色温值。也可以利用调整机内白平衡（色温）值，控制色温的变化。如拍摄美味面条时，如果采用正确的色温值拍摄，画面色彩虽然很准确，但是缺少食品的诱人色彩。将照明灯具的色温值适当降低，或者将机内色温值适当提高，让画面的色调更倾向于食品的暖色，会使这碗面条的视觉效果更加诱人。

△ 用标准色温值拍摄，画面色彩还原准确，但缺少食品的诱人味道

△ 经调整，使机内色温值略高于现场实际色温。如果灯具本身有色温调控功能，可使机内色温不变的条件下直接降低灯具的色温值，促使画面色调略偏暖色，让视觉效果更加诱人

△ 按正常色温标准拍摄，色彩还原准确，但缺少诱人的食品味道

◁ 经过调整，让机内色温略高于现场色温值，或者降低灯具的色温值，使画面整体色调偏暖，食品的视觉效果会更加诱人

4.10 生活中灯具的色温控制

　　日常生活中的光源品种很多而且很乱，在灯具的选择上，完全取决于使用者的偏爱与使用功能的需要，其色温变化也比较繁杂。很多新型灯具与色温无关，属于相关色温，在白平衡调控上比自然光复杂得多。有的偏色属于色温曲线以外的颜色。需要利用白平衡偏移来解决色差问题（白平衡偏移将在后面说明）。以白炽灯为例，室内的 100w 白炽灯色温值在 2400K 左右，而机内色温设置为 5500K。如果使用的是 AWB 自动白平衡，2400K 的色温已低于 3000K，因此，自动白平衡完全失去作用，使拍出来的实际效果严重偏红。必须通过白平衡调整，将机内色温值调到 2500K 或者选择白炽灯白平衡模式，使拍摄效果基本接近正常。

△ 未经调整的拍摄效果。由于机内色温值 5000K 高于现场色温值，所以画面严重偏红

△ 通过机内白平衡调整后，将机内色温值调整至 2500K，让机内色温与现场色温值基本一致，画面色调接近正常

△ 荧光灯照明条件下，由于它的颜色基准点在色温曲线以外，白平衡无法控制它，所以拍摄出的画面色调严重偏青

△ 拍摄前，利用白平衡偏移的办法校正，使画面色调的还原基本正常

4.11 自然光的色温控制

　　自然光的色温是有规律可循的，经过细心观察和总结，一定会摸索出一套控制它的方法。只要能熟练掌控它，对摄影创作和后期修图大有帮助。日落前拍摄的楼房，由于太阳被云层遮挡，建筑物完全受天空光高色温的控制，显示出冷灰色。此时机内色温设置为5500K，远远低于现场色温值，所以拍摄出的画面严重偏蓝。云层瞬间散开，露出太阳。此时，日落前的阳光色温值只有2000K左右，可机内色温仍然是5500K，远远高于现场色温值，所以拍摄出的画面效果偏红色。

△ 机内色温值低于现场色温值，画面偏蓝　　△ 机内色温值高于现场色温值，画面偏红

△ 用自动白平衡 (AWB)"扫街"，由于是阴天，画面色彩有些偏冷　　△ 用手动白平衡将色温设定为6000K左右，让拍摄效果偏暖，更符合创作要求。虽说用电脑也能处理，但是初学者还是尽量练习手动调整色温值，这对熟悉色温，掌握色温更有益处

4.12 人像摄影的色温控制

　　人像摄影，对皮肤颜色的要求十分严格，色温能在这方面起到重要的控制作用。下方左图用正常色温值拍摄，虽然皮肤颜色还原准确，但是没能充分展现出运动员的健美。适当提高机内色温值或降低灯光色温值拍摄，其结果更能体现运动员的干练与健康的肤色（下方右图）。

△ 机内色温值等于现场色温值，肌肤颜色正常，但视觉效果并不舒服

△ 让机内色温值略高于现场色温值，皮肤微红更能体现出运动员的健美

△ 机内色温值等于现场色温值，色温表现正常，但是视觉效果并不令人满意

△ 将机内色温值适当提高，画面色调偏暖，人物的视觉效果会更具亲和力

4.13 白平衡偏移（SHIFT）

　　在现实生活中，光源自身的发光性质，以及光源所处的复杂环境，都会干扰被摄对象的显色性。单靠调整色温往往不能达到准确的校正目的。尤其对一些显色性较差的特殊光源，如荧光灯、LED灯以及其他充气灯，这些灯所显示出的颜色都不在色温曲线上，色差较大，需要进一步利用白平衡偏移，来修正色调的偏差。

　　白平衡偏移，可以对超出色温调整范围的偏色，和经过白平衡修正后色调仍存在差异的画面做更精准的校正。这种校正方法适合对色彩要求严格的摄影题材使用，比如商业摄影、文物摄影等。

　　白平衡偏移(SHIFT)的菜单中，横坐标"A"表示琥珀色，"B"表示蓝色。纵坐标"G"表示绿色，"M"表示品红色。使用时，根据画面偏色情况，可做360°全方位的旋转调整，通过校正后的色调，可以得到比较满意的效果，也为电脑后期校色奠定了基础。

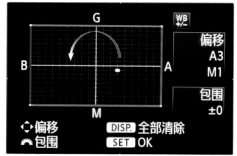

△ 白平衡偏移 (SHIFT) 可以做 360° 全方位校色

4.14 白平衡偏移校正方法

　　偏什么颜色，就用这个颜色的补色去校正 。比如画面色彩偏绿，就用绿的补色品红去校正绿色的偏差。但在实际生活中，色的偏差，是很复杂微妙的事情，不是偏某种颜色就用它的补色校正那么简单。自然界中的一切物体并不是孤立存在的，物体的固有色，在各种复杂条件的影响下，会产生微妙的混合效应。在校色过程中，必须仔细分析画面偏色的具体原因，再进行精准细致的校正。以样片为例，用正常色温拍摄，画面色调正常，但缺少温馨的情调。经过适当校正，不但增

△ 正常色温拍摄的效果，缺少亲切感

△ 经白平衡偏移校正，再经电脑后期适当调整，画面效果更显温馨

加了两级琥珀色，还增加了一级品红色，使画面略带暖意，从视觉上更具亲切感。这种前期修正，为电脑的后期处理提供了最好的色彩基础。

△ 正常色温拍摄的效果　　　　　　　　　△ 经白平衡偏移校正，再经电脑后期适当调整，画面效果更显明快真实

[建议]

　　多学习一些色彩学知识，进一步掌握色彩的相关理论，这对数码摄影的前期拍摄与后期校色大有帮助。

4.15 白平衡包围

　　白平衡包围，是将同一场景的画面，通过一次拍摄，即可获得同样曝光量、不同色调的 3 张照片。这种校正方法，是以操作者预先确定好的色调为基准，向补色两端进行补偿后各拍摄一张，最终获得不同色调的3张照片。这种做法是在极特殊的光线下，为确保获得最满意色调而采取的一种补救措施，其做法类似包围曝光的拍摄方式。具体做法是，通过设定白平衡包围，进行从蓝色到琥珀色或从品红色到绿色的包围拍摄。这种方法适用于任何摄影创作，对电脑后期制作可起到很好的挑选和辅助校色的作用。

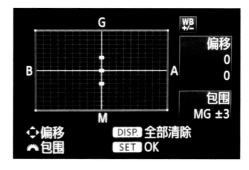

△ 白平衡包围界面（BKT）

4.16 白平衡包围调整的方法

　　通过菜单确定白平衡包围模式，同时设定好需要调整的色调范围内的 3 张照片。横向为"蓝色－设定色－琥珀色" 3 种色调的设定结果，纵向为"绿色－设定色－品红色" 3 种色调的设定结果（"设定色"是操作者自行确认的基准色）。当设置确定完毕后，即可拍摄 3 张不同色差的影像。以样片为例，分别为以拍摄者预先设定的色调、经过补偿校正后的偏绿色、经过补偿校正后的偏品红色。通过白平衡包围获得的这 3 幅作品便于后期修图时选择参考。这种校正方法适合用在比较复杂的环境中，是为确保万无一失而使用的一种补救措施，这种拍摄技法适合各种摄影创作。

△ 拍摄者预先设定好的基准色拍摄效果

△ 白平衡包围加绿色校正后的拍摄效果

　　白平衡偏移和白平衡包围一般用在校正相关色温时使用，因为自然界中的色彩变化非常复杂，不是简单地通过白平衡就可以全部解决的事，尤其在拍摄要求非常严格的商业广告片和重要的文件资料、历史文献等物品时，这种校正方法就显得非常重要。

△ 白平衡包围加品红色校正后拍摄效果

拍摄实例

▷ 日落前的色温很低，所有景物都处在温暖舒适的气氛中，人也显得格外懒散松弛。为了表现好这个时刻的情调，在调整白平衡时，采用了白平衡包围法，经过后期处理，保证了黄昏的温暖情调，让作品达到预想的创作目的

△ 夜间摄影是数码摄影的强项，白平衡在夜景摄影中同样重要。这两幅作品是同时同地拍摄的，只是在色温上做了调整。左图将色温降到最低2500K，画面显示出冷静的蓝色。右图将色温升到最高10000K，画面显示出热烈的红色。创作中，色温就像会变魔术一样，操纵着色调的变化

△ 晚间的混合光源下，室内白炽灯的色温很低，而室外受环境光的影响色温较高。为了把握好现场的冷暖关系，机内色温控制在5000K，这样既保证了室内的暖色调，又让室外的冷色得到正常的表现，使户外与室内形成鲜明的冷暖对比关系

△ 由于4S店内光线很复杂，为了保证拍摄效果，采用了白平衡包围法拍摄，再经后期调整，效果很好

△ 寺庙里光线昏暗，只有蜡烛光和昏暗的白炽灯光。此时。蜡烛光色温只有1500K 左右，小瓦数白炽灯的色温也只有 2000K 左右。为了强化现场气氛，将白平衡保持在 5000K，有意夸张红色，突出寺庙的神秘与畏惧感

△ 作品表现的是演出结束后，演员相互取乐的瞬间。姑娘们借助红色丝绸，假装新娘揭盖头的诙谐一刻。画面中欢快的互动场面十分真切。由于天气处于阴天，色温比较高，为了确保画面热烈的喜庆气氛，将色温值提高到6000 ～ 7000K，再经过电脑适当校正，画面效果完全符合主题要求

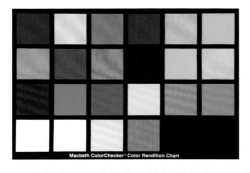

△ 拍摄产品，要求作品的色彩与产品一致，因此，机内色温值与现场光线的色温值必须平衡。利用标准色板校正色差，确认色温与色板表现一致以后才能拍摄，拍摄结果完全符合要求，再经后期进行微处理后，效果比实物更精彩。这是职业摄影人控制色温的重要手段

　　色温偏差不会影响人们的正常生活，但是，对摄影创作却影响极大。自从有了彩色摄影之日起，色温偏差就一直困扰着摄影人的创作。虽然胶片摄影用滤光镜基本可以解决校正的问题，但是谈不上精准，使用起来也很麻烦，一不小心还会搞错。进入数码摄影时代，这个问题得到了彻底解决，不用增加任何附件就可以得到色温的校正。 这是数字时代给予摄影人的"优厚待遇"。

在问题得到彻底解决的同时，又牵扯出摄影爱好者自身的问题，那就是你对色彩学知识掌握多少？如果使用者对色彩常识一点不了解，对白平衡的校正，会处于盲目调整的状态。而对色彩常识掌握较多，甚至很精通的人，在白平衡的调整上一定会得心应手、驾轻就熟。摄影所包含的信息非常广泛，同时也要求人们掌握的附加知识面更宽，尤其是相关知识与技能的把握更要超前，才能永葆艺术的青春，免遭被淘汰的命运。

4.17 什么是相关色温

什么叫相关色温？ 光源的基准色能准确落在色温曲线上的就是色温。如果某个光源的基准色没有准确落在色温曲线上，而是落在色温曲线以外的某一位置，即被称作"相关色温"。还要看这个基准色点最接近曲线上哪段色温值。越接近某段色温值的光，就会偏向该段色温的颜色。距离色温曲线越近的色点，色温显示效果越好，距离色温曲线越远的色点，色温显示效果越差。相关色温用显色指数来表示。

"色温标准"只适用于连续光源的全辐射光，比如太阳光、白炽灯光、蜡烛光等。对某些光源来说就不适用，比如荧光灯、闪光灯及各类充气灯。因为这些光源发光的颜色，是根据灯内填充的惰性气体种类来决定的，这种光源的发光性质不是连续光源，而是亮、暗、亮、暗间断性的，又称频闪光。

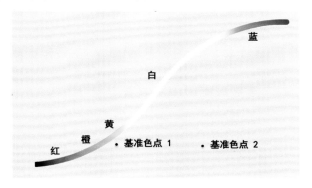

△ 色温曲线图
色温基准点 1：距离色温曲线近，说明显色性比较好；
色温基准点 2：距离色温曲线远，说明显色性差

它们的光源色基点，没有落在色温曲线上，而是落在色温曲线的周边，只能说与色温曲线的颜色近似。都带有超出标准色温颜色的其他颜色，比如品红色、绿色、青色等。这些灯主要有家庭用的荧光灯（多数偏青）、晚间马路上的照明灯（多数偏红）、新型 LED 灯（偏色复杂）等。对于这些光源的色差，白平衡的色温校正是行不通的，必须经过白平衡偏移做进一步校正。

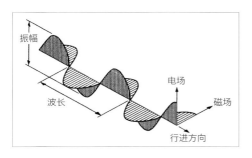

△ 全辐射光波是连续发光的，在色温控制范围以内

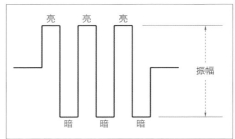

△ 充气灯的频闪光波是间断发光的，频率很快，人眼分辨不出，会误认为是连续光，只有在即将损坏的时候，才会出现明显的频闪效果（比如家用荧光灯快坏的时候会出现无规律的频闪）。这种光源的颜色很怪，色温无法控制，只能用白平衡偏移来修正偏色情况

4.18 显色性与显色指数

由于人造光源的种类和性质非常复杂，所发出的光源颜色也很混乱，无法用色温标准来统一衡量，因此，国际照

显 色 指 数	质 量 分 类
100~80	优
80~50	良
50 以下	差

△ 显色指数质量分类

明委员会决定，用"相关色温"作为名称，用"显色指数"作为标称值，用于衡量光源颜色的显色效果。国际照明委员会规定，用日光色温 5000K 作为参照标准，用数字 100 作为最佳显色指数的系数标准，显色指数越接近 100，显色性越好；显色指数越低于 100，显色性越差。对摄

影来说，显色指数越接近 100，越适合摄影用光。根据实际需要，我们将显色指数分成优、良、劣三类。

光源	显色指数
500W白炽灯	95~100
500W碘钨灯	95~100
500W溴钨灯	95~100
电子闪光灯	85~95
1000W镝灯	85~95
LED灯	85~95
40W荧光灯	40~50
400W外镇高压汞灯	30~45
450W内镇高压汞灯	30~45
400W高压钠灯	20~25

△ 光源显色指数划分参考表

从表中可以看出，最佳摄影用光，应该选择显色指数在 80 以上的灯光，显色指数低于 80 的灯光，要谨慎使用。摄影创作要求显色指数在 90 ~ 100 为最佳。

[练习]

（1）在自然光下，拍摄白色建筑物照片 3 张。要求：机位一致，构图一致，三幅作品都保持色温值 5000K 或用日光白平衡模式。在中午日光下、日落时、阴天时各拍摄一张，对比三幅作品的色调有哪些变化。

（2）在 100W 白炽灯下拍摄一组静物。要求：机位一致，构图一致，白平衡设置 3000K、5000K、10000K 各拍摄一张，对比三幅画面的色调差别。

（3）使用手动白平衡（K）在各种光线条件下，经过调整色温值拍摄不同题材作品若干幅。要求通过色温调整，画面色调尽量保持正常，锻炼自己对色温的判断力。

（4）使用白平衡偏移与白平衡包围，练习拍摄作品若干幅，逐渐熟悉控制方法。

白平衡是数码摄影校正色调的重要设置，绝不能忽略它的存在。在和影友的交流中得知，很多影友在这方面都存在"模棱两可"的状态。这对摄影创作极为不利，无论在创作过程还是在后期修图阶段，都会陷入混沌状态，在这种状态下是无法对事物做出准确判断的。如果我们总是用这种态度对待问题，一定会产生理论上的"夹生"，使需要解决的问题越积越多，最终造成矛盾激化，逐渐丧失了对摄影的兴趣而放弃相机。这种现象在摄影爱好者中占的比例可不少。摄影看起来好像很简单，玩到一定阶段就会感到越来越吃力，因此就有人得出"摄影太难了"的结论。做出这种结论的根本原因是 "摄影太简单了"，更准确点儿说，是摄影太容易入手了。这有点像学日语，因为日语里面有很多中文，有时还能蒙一蒙意思，可是再往下学就越来越难了，有人这样形容："学日语是笑着进去，哭着出来"，这真是一句大实话。摄影也一样，数码摄影的出现，为摄影爱好者提供了方便快捷的途径。尤其是手机的出现，让摄影更简单化了，就连小孩儿拿起手机来也能拍。可要提升到摄影创作的层次，就没那么简单了。为什么到现在为止，各大艺术院校还要保留摄影专业呢？看来，要想成为职业摄影人，要研究的东西可太多了。"白平衡"就是摄影基础理论的重要课程之一。

第五章 摄影基础

感光度

5.1 摄影创作与感光度

摄影是用相机将自然界中的光影信息准确记录在感光材料上，再通过后期处理，最后生成比被摄景物更精彩的图像的制作全过程。在这一过程中，感光材料起着核心作用。无论是胶片还是芯片，都要求感光材料必须具有最灵敏的感光特性、最宽泛的动态范围、最好的反差、最佳的解像能力、最饱和的色彩等摄影特性。在众多摄影特性中，只有感光度是控制曝光量、影响曝光组合的重要依据。

5.2 感光度是什么

感光度又称感光速度，是指感光材料对光的敏感程度。表示感光材料在接受光线瞬间照射时，感光速度"快"与"慢"的标准。感光度的国际标准单位是 ISO，感光度的数值用阿拉伯数字表示，比如 ISO 100、ISO 800、ISO 1600 等。数值越大，感光度越高，对光越敏感；数值越小，感光度越低，对光越迟钝。感光度每级之间是倍数关系，数值相差一倍，感光度也相差一级或称一个 EV 值（EV 值就是曝光量的值）。例如，ISO 100 与 ISO 200 之间相差一级曝光量，也相当于光圈相差一级或快门速度相差一级；ISO 100 与 ISO 400 之间相差二级曝光量，相当于光圈相差二级或快门速度相差二级，依此类推。每台数码相机的机身上，都明显标有感光度控制按钮，根据创作需要可以随时开启进行调控使用。

△ 感光度功能按钮位置会因机型不同而不同，需要使用者阅读说明书确认并详细了解使用方法后再开始使用

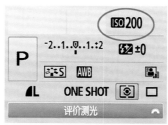

△ 这是一台业余级数码相机在显示屏中的感光度显示位置，这种感光度显示位置会因机型和生产厂家不同而不同，请注意观察

△ 相机取景器中的感光度显示位置

5.3 感光度的划分

感光度的基本值（红色数字）每级之间是倍数关系，每一个基本值之间又以对数关系分出 1/3 级（白色数字相互之间是 1.25 和 1.60 倍的对数关系）。比如 ISO100 与 ISO200 之间，通过计算可以分为 ISO100、125、160、200；ISO400 与 ISO800 之间，通过计算可以为 ISO400、500、640、800……感光度的每一级（包括 1/3 级）与快门速度和光圈大小都是相互对应的，三者是互易关系，在实践中随时可以相互替补和调整。

基本值	1/3级	2/3级	基本值	1/3级	2/3级
50	64	80	6400	8000	10000
100	125	160	12800	16000	20480
200	250	320	25600	31250	40960
400	500	640	51200	64000	81920
800	1000	1250	102400	128000	163840
1600	2000	2500	204800	256000	330000
3200	4000	5000	409600	512000	655360

△ 感光度的划分表

△ 光圈、快门、感光度三者的互易关系图

感光度越低，对光的敏感性越迟钝，适合在较亮的环境下拍摄。感光度越高，对光的敏感性越强，适合在较暗的环境下拍摄。数码相机中的感光度，具有灵活的可调节性。根据现场光线的强弱和创作的需要，可以通过调整直接参与曝光控制。

▷ 这幅作品是在昏暗的酒吧里拍摄的，为了保证手持相机拍摄的稳定性，需要将感光度提高到 ISO3200 拍摄

△ 在非常明亮的环境下拍摄，就可以采用较低的感光度

　　在传统胶片时代，参与曝光控制的装置只有光圈和快门速度这两个条件。进入数码时代，参与曝光控制的装置扩展到光圈、快门速度、感光度三个条件。等于扩大了控制曝光的范围，也延伸了摄影创作的途径。

　　胶片时代的感光度，只针对所使用胶卷的感光特性而设置，决定权在生产厂家，使用者无法更改。最高的感光度也只有 ISO6400 左右，而且颗粒粗糙，反差平淡，画质很差，给摄影师的拍摄工作带来很大的局限性。而数码相机的感光度，是由设计人员预先设置在相机的菜单中，可以按拍摄者的需要随时开启调整使用。目前的感光度已高达 ISO500000 以上，而且对噪点的抑制也很好。这种灵活可靠的实用性能，胶片时代的摄影师连想都不敢想。虽然胶片厂商，绞尽脑汁设计出多重感光胶片，可以从 ISO100 ～ ISO1000 随意调整使用，但是使用效果并不理想。除了 ISO100 和 ISO200 拍摄效果较好以外，其他感光度的胶片实际拍摄效果都很粗糙，只能用于新闻摄影，而且售价很高。

△ 胶片感光度的标称单位都标明在胶片外包装上。这个胶卷标明的是 ISO 200 的感光度

△ 数码相机的感光度都设置在每台相机的菜单中，应用时可以随时调出使用。这是一台业余型数码单反相机，在它的液晶显示屏上可以随时进行感光度的调整。各种品牌的相机显示方法都不一样，需要通过阅读说明书了解清楚再使用

△ 这是一卷多重感光胶片的感光度标注规格，明显标注在胶片的外包装上

△ 多重感光胶片的标称值从 ISO100 ～ ISO1000，可以在复杂条件下随意调整使用，但是效果并不理想，而且价格很贵

5.4 感光度对画面质量的影响

在数码摄影实践中，感光度的变化对画面质量有直接影响。虽然新型数码相机为提高画面质量做了很大的改进，但是，用高感光度拍摄的画面和用低感光度拍摄的画面还是有差异。使用者必须熟练掌握其中的变化规律和特点，在创作中更好地发挥感光度的作用。

5.5 感光度的摄影特性

很多摄影爱好者对感光度的变化，只有肤浅的认知。实际上，在你选择感光度值的一瞬间，不只是影响到曝光量，还直接影响到其他摄影特性。主要表现在以下几方面。

(1) 对噪点的影响；

(2) 对色彩饱和度的影响；

(3) 对反差的影响；

(4) 对锐度的影响等。

感光度性能对比	
高感光度	低感光度
噪点多	噪点少
色彩饱和度低	色彩饱和度高
反差弱	反差强
锐度低	锐度高

△ 感光度的摄影特性对照表

感光度对噪点的影响

噪点是指因电子信号的错误而产生的可见粗糙的点状物，表现在数码影像上就是分布在图像上的杂乱色点。数码相机在拍摄过程中，当通过影像处理器转换形成可视图像时，展现在画面上的粗糙点状物，即称为噪点。图像的噪点越多画质越差，噪点越少画质越好。影响噪点的原因之一，就是感光度。感光度设置得越高，噪点越多；感光度设置得越低，噪点越少。这种现象等同于胶片摄影中的颗粒，颗粒越粗，画质越差；颗粒越细，画质越好。影响胶片颗粒大小的直接原因也是感光度。感光度越高的胶片颗粒越粗，感光度越低的胶片颗粒越细。可以说数码摄影出现的"噪点"和胶片摄影出现的"颗粒"都是破坏影像质量的直接杀手。从这一点不难看出，感光度既帮助我们拓宽了创作之路，同时又是影响画面质量的推手。如何解决和利用这一矛盾呢？正确做法如下。

（1）熟练掌握感光度的摄影特性，正确发挥高感光度的作用，扬长避短。

（2）正确使用数码相机抑制噪点的功能设置，将噪点抑制到最低。

（3）根据创作的具体内容，正确选择感光度的高低。

（4）养成良好的拍摄习惯，拍摄时保证相机的稳定性。

（5）充分利用三脚架和独脚架，达到稳定相机之目的。

[提示]

新型数码相机，为了减少噪点，在相机菜单中都设有"高感光度降噪功能"和"长时间曝光降噪功能"（请查阅说明书）。开启这一功能，会进一步抑制噪点的出现。

△ 相机菜单中抑制噪点的功能设置

△ 用低感光度拍摄标准灰板，画面无噪点

△ 用低感光度拍摄的人物，画面细腻无噪点

△ 用高感光度拍摄标准灰板，画面有明显噪点

对画面质量要求高的摄影题材，要尽量选择低感光度拍摄，以确保画面的质感细腻、色彩饱和、反差硬朗。比如广告摄影、静物摄影、风光摄影、人像摄影等。充分利用感光度这个有力的功能设置，并配合电脑后期的处理手段，可以让自己的作品在细腻与粗糙的选择中，驾轻就熟，如有神助。

△ 用高感光度拍摄的画面，噪点十分显著

△ 广告作品画面质量要求很高，应该使用低感光度拍摄，得到的画面色彩饱和、质感细腻、反差大、清晰度高，完全符合印刷条件

△ 选择高感光度和电脑后期的配合，以粗颗粒的复古效果表现历史题材，这种作品非常适合宣传用配图。数码摄影的灵活性与随意性，传统胶片是无法比拟的

对于受拍摄条件限制和时效性要求高的摄影题材，为了保证快速使用的实用目的，就应该大胆选择高感光度拍摄。比如新闻摄影、体育摄影、扫街纪实等，这些题材都以真实、准确、快速为目的，需及时获取第一手资料。用一句话概括就是：宁可牺牲噪点，也要保证图像清晰和拍摄工作的"迅速与真实"。

△ 夜市的光线十分昏暗，手持相机拍摄这类题材，必须提高感光度确保画面的清晰。这幅作品采用 ISO1600 的感光度，虽然画面略有噪点，为了获取这一精彩的瞬间，选择高感光度拍摄，是非常正确的决定

△ 田径比赛的晚间赛场，照明条件有限，人物的运动速度飞快。为了保证画面的稳定清晰，将感光度提高到 ISO1600 以上。画面虽不如低感光度细腻，但为了确保画面清晰和快速传送，高感光度的选择是完成任务的保证

感光度对清晰度的影响

现代数码相机采用的是电子感光，对光非常敏感，远远高于胶片的卤化银物理感光特性。按动快门的稳定性，要比胶片相机的要求高很多（大多数摄影爱好者都忽略了这一点）。为了保证画面的清晰，建议摄影爱好者在手持相机拍摄时，感光度最好设置得高一些（就是在正常明亮的环境下也要这样做），比如 ISO200、ISO400 甚至 ISO800，不然画面很容易拍虚。大胆采用这种设置，快门速度会成倍地提高，对手持相机拍摄能起到最好的稳定作用。例如，在正常情况下如果采用 ISO100 的感光度拍摄，快门速度值可能是 1/125 秒，如果将感光度提高到 ISO400，快门速度会提高到 1/500 秒，这对手持相机拍摄能起到很好的稳定补偿作用。而且现代数码相机的噪点抑制都非常好，用 ISO400、ISO800 甚至 ISO1600 的感光度拍摄，所拍摄的画面质感都非常优秀。一定要大胆合理地利用感光度为摄影创作服务。

△ 拍摄陕北腰鼓，人物运动速度的变化既迅速又丰富。为了保证手持相机在行进中拍摄的效果清晰，将机内感光度设定为 ISO500，快门速度达到了 1/8000 秒，保证了手持拍摄的稳定，使高速运动中的人物获得清晰的质感。这是很重要的工作方法，对手持相机拍摄大有好处

△ 暴雨时刻光线很暗，将机内感光度保持在 ISO400，快门速度可达到 1/320 秒，对手持拍摄帮助很大，也保证了画面清晰和雨滴的质感

感光度对色彩的影响

色彩饱和度是保证画面色彩正常还原的关键。感光度的高低对色彩的影响很大，具体表现为：感光度越低，噪点越细，色彩饱和度越高；感光度越高，噪点越粗，色彩饱和度越低。

△ 用低感光度拍摄的红色标准板，色彩饱和度非常高

△ 用低感光度拍摄的风光作品，色彩饱和度很高

△ 用高感光度拍摄红色标准　△ 用高感光度拍摄的风光作品，色彩饱和度明显降低
板，色彩饱和度明显降低

拍摄实例

△ 拍摄风光作品，建议使用低感光度，画面色彩　△ 中国的宫廷建筑，结构复杂，
会更加饱和，为电脑后期修图奠定了最好的 基础　色彩艳丽。为了凸显精湛的建筑
细节，需要使用较低的感光度拍
摄，让建筑结构清晰准确，色彩
达到最饱和的状态，真正体现出
皇家建筑璀璨夺目的视觉效果

感光度对反差的影响

　　反差是指景物成像以后，画面对比度大小的差异。摄影作品中的反差大小，直接影响照片的质量。感光度越低，画面反差越大，锐度越高；感光度越高，画面反差越小，造成画面偏灰，景物锐度会明显下降。

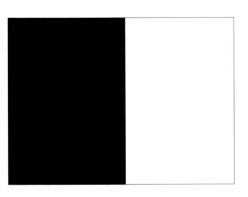

△ 用低感光度拍摄的样板，黑白反差很大，锐度极高

△ 用低感光度拍摄的画面效果反差很大，锐度很高

△ 用高感光度拍摄的样板，黑白反差明显减弱，锐度降低

△ 用高感光度拍摄的画面效果反差很弱，锐度下降

拍摄实例

△ 用低感光度拍摄的画面，为制作大反差的作品提供了方便，尤其是黑白作品反差明显加强

△ 用低感光度拍摄广告片，反差十分硬朗，对金属质感的刻画非常有利

感光度对单色摄影的影响

单色（黑白）摄影由于没有色彩的掩饰，只能依靠作品自身丰富的影调关系和细腻的质感表现自我。所以，对作品的质量要求会更高，在感光度的选择上应该更加谨慎，没有特殊需要，不要使用过高的感光度。细腻的画面质量是单色摄影质量的保证，因此，高质量的黑白艺术摄影作品，要尽量选择较低感光度拍摄。

△ 为了突出表现良好的单色画面质量，要尽量使用低感光度拍摄，可以更好地体现出物体的细腻质感与档次。这幅作品选择了低感光度加三脚架拍摄，细腻的画质非常出色

△ 为了刻画金属的质感，采用低感光度拍摄，整幅作品细腻清晰，体现出兽头的威猛与沧桑感，尽显黑白摄影单纯、细腻、质朴的魅力

△ 用低感光度拍单色作品，体现出中国古建筑的典型风格，这正是单色摄影作品最核心的问题。从画面各个部分的细节来看，充分说明了用低感光度表现单色作品的重要性

5.6 感光度的实际应用

根据感光度的摄影特性，建议使用者针对创作需要，合理选择感光度，千万不能设置到自动 ISO 后就放任不管了。要养成根据作品类型与创作的需要，观察感光度的设置，随时做出精准的调整。长期依赖自动感光度的习惯不利于摄影创作，因为自动感光度是相机根据现场光的强弱，计算出的一种机械判断结果。它不会根据使用者的创作意图，分析得出作者想要的感光度，这对摄影创作影响非常大。摄影

也是一种艺术创作，它和其他艺术种类一样，需要认真的创作态度和严谨的工作作风。没有这种指导思想的人，就不用谈什么创作了。

感光度对噪点的控制

对图片质量要求严格的拍摄题材，比如广告、静物、微距、风光、人像等，应尽量选择低感光度拍摄。因为感光度越低，噪点越少，色彩饱和度越高，反差越大，图像锐度越高，画面的总体质量越好，能符合图像创作的质感要求和广告宣传以及印刷质量的要求。

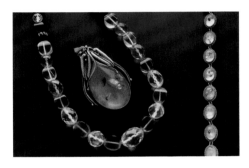

△ 对商业静物的拍摄，更要强调细节的表现，必须使用低感光度拍摄，体现出商品的质感与饱和的色彩。像首饰这一类商品，对图像效果的要求更加严格，必须体现出产品高雅贵重的形象特征

△ 拍摄商业人像，不但要抓住人物精彩的瞬间表情，更要表现人物细腻的肌肤与服饰的质感。为了准确再现这些特点，使用低感光度是最好的选择。这幅人像作品使用了低感光度，拍摄效果完全符合实用要求

△ 风光摄影对画面质量要求很高，因此，采用较低的感光度才能达到实用要求。这幅作品是在黄昏拍摄的，光线较暗，保持用低感光度拍摄，画面气氛与质感表现很好，残墙断壁的层次丰富，质感细腻

聊聊摄影 Talking about Photography

对画面质量要求不高，工作实效要求快捷的摄影工作，可以选择高感光度拍摄。比如新闻采访、纪实摄影、会议摄影、一般生活摄影等。这些拍摄工作，往往都是手持拍摄。为了保证画面清晰，选择高感光度拍摄比较好。由于高感光度所换来的高速快门，能保证手持拍摄的稳定性。此时画面可能略有噪点，但是，换来的却是清晰的图像，这是很值得一用的。

◁ 会议摄影是所有单位最常见的工作。在实践中，由于工作环境比较复杂，照明条件也不稳定，为了不破坏现场气氛，又能得到真实的现场效果，建议不使用闪光灯，选择提高感光度拍摄，效果会更真实。这张会议照片使用了 ISO1600 的感光度拍摄，人物表情真实自然，画面效果仍然完好

◁ 出于对文物的保护，所有博物馆内的照明效果都十分昏暗，又禁止使用闪光灯和三脚架，只能手持拍摄。为了保证画面的清晰，将感光度提高到 ISO6400 拍摄，画面效果依然完好

◁ 拍摄环境非常昏暗，又不允许使用闪光灯和三脚架，只能手持拍摄。这幅作品将感光度提高到 ISO3200，拍摄效果仍然很好。这说明现代数码相机对高感光度的噪点抑制非常成功，在摄影实践中可以大胆使用

[提示]

很多摄影爱好者不敢使用高感光度进行创作，主要原因是怕有噪点。这个问题要从两个方面去考虑。第一，在昏暗条件下如果用低感光度拍摄，画面虽然没有噪点，但是由于快门速度慢，很容易造成画面模糊，换来的结果往往是"废品"。第二，大胆使用高感光度拍摄，画面可能会产生一些噪点，但是，由于快门速度明显提高，保证了影像的清晰度，换来的结果是"作品"。以上两种结果摆在眼前，你是要废品？还是要作品？毫无疑问，当然要选择

后者——"清晰的影像结果"。结论很清楚，"宁可牺牲一些噪点，也要保证图像的清晰"（特殊要求除外）。

感光度对快门速度的影响

快门是控制光线到达感光材料上停留时间长短的光闸。它的作用如下。

（1）控制有效光线停留在感光材料上的时间长短。

（2）控制运动物体在画面中的虚实变化。由于感光度、快门速度、光圈三者是互易关系，因此，在同一个环境下拍摄，为了确保曝光量不变，在光圈不动的情况下，如果感光度发生变化，快门速度也要做出同等量的改变（一对一替换法）。其做法是：在光圈值不变的情况下，感光度提高，快门速度也要对应提高；感光度降低，快门速度也要对应降低。

[提示]

如果使用自动挡拍摄，感光度发生变化，快门速度会自动随机变化。如果使用手动 M 挡拍摄，当感光度发生变化时，快门速度是不会发生变化的，必须由拍摄者手动调整才能改变。

在昏暗的光线下拍摄运动体

光圈开到最大，可快门速度仍然达不到使用要求时，为保证运动物体的清晰，必须提高感光度来弥补快门速度不够的问题。感光度每提高一挡，快门速度也对应提高一级。要根据现场光线的强弱和运动物体速度的快慢，再决定感光度提高多少挡位。

△ 太阳落山后的光线较暗，人们跳起的瞬间速度很快，为了获得清晰的影像，将光圈开到最大，感光度提高到ISO2000，快门速度达到了 1/400 秒，画面稳定、人物清晰，作品效果非常好

△ 老虎在昏暗的光线下高速跳跃，为了捕捉到清晰的瞬间，将感光度提升到ISO3200，快门速度达到 1/1000 秒以上，拍摄效果令人满意

慢速快门追随拍摄

用这种方法拍摄，必须使用慢速快门，一般以1/30秒以下为最佳。如果在阳光下拍摄，为了达到这一要求，要先将光圈收到最小，如果快门速度仍然达不到理想的慢速度，就要进一步降低感光度，迫使快门速度降下来。如果快门速度仍然达不到要求，就要配合使用中灰密度镜，通过增加阻光率的办法，迫使快门速度下降。

◁ 追随拍摄法，需要在慢速快门下进行，以1/15秒的快门速度，跟踪这辆轿车拍摄，强化动感效果。在拍摄过程中，收小光圈是首先要做的，然后是降低感光度。需要注意的是，相机必须与车体保持同步速度，在行进中拍摄

表现虚实结合的动感效果

拍摄这类题材的快门速度一定要慢，快门速度越慢画面的动静对比效果越强烈。首先要收小光圈，然后将感光度降到最低，迫使快门速度降下来。也可以利用中灰密度镜（ND）加大阻光率，迫使快门速度降下来。

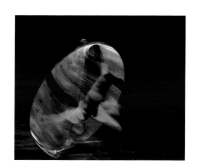

△ 在剧场表现运动物体的动感，需要采用较慢的快门速度和稳定的拍摄条件。首先要把高感光度降下来，再把光圈收小，迫使快门降到1/8秒。这种方法是获得这幅作品的最有效方案

△ 慢速快门固定相机拍摄法，需要将快门速度降低，造成环境清晰，被摄对象模糊的对比效果，强调了物体的动感。这幅作品首先将感光度降到最低，再把光圈收到最小，迫使快门速度降到1/6秒，画面效果完全达到了拍摄目的。本页这三幅作品的共同点是，都采用了慢速度拍摄。不同点是，上图采用移动相机追随拍摄法，下两图采用固定相机拍摄法。画面所表现的视觉效果截然不同。这三幅作品都会牵扯到感光度的调节

感光度对光圈的影响

光圈控制镜头通光量的多少，是用于控制画面景深的大小和调整快门速度的重要装置。由于感光度、光圈、快门速度三者是互易关系，如果在同一个环境下拍摄，为保证曝光量一致，在快门速度保持不变的情况下，如果感光度发生变化，光圈也会做出同等量值的变化。其结果是：在快门速度不变的情况下，感光度提高，光圈也会以同等比例收小，去弥补曝光过度的差值；感光度降低，光圈也会以同等比例开大，去弥补曝光不足的差值，两者是反比例关系。

在低照度下抓拍运动体

由于现场光线昏暗，照度有限，为了抓取到运动物体的精彩瞬间，必须用较高的快门速度拍摄，为了达到这一目的，首先要将光圈开到最大，如果快门速度达不到高速度，再将感光度提高来换取所需要的高速快门。

◁ 在舞台昏暗的光线下拍摄，为了凝固动态瞬间，要求快门速度尽量保持较高的速度。拍摄这幅作品要求快门速度必须达到1/1000秒以上，首先要将感光度提升到ISO1600以上，再将光圈开到最大换取高速度，在高速快门的控制下，飞散的纸张被瞬间凝固

在强烈日光下求得最小景深

想利用大光圈强化小景深的时候。如果现场光线过强，光圈开到最大后，快门速度却超过了极限，应该迅速降低感光度进行补偿。还可以借助加装中灰密度镜加大阻光率的做法，配合最大光圈工作，使画面达到最小的景深需要。

▷ 在强烈的阳光下拍摄人物，为了虚化背景，将光圈开到最大，换取最小的景深。由于光线太强，光圈开大后，快门速度超过了极限，必须降低感光度加以补偿，还可以利用加装中灰密度镜（ND）来解决

ISO 自动感光度的设置

　　自动感光度的设置，只适用于自动曝光模式。对纯手动曝光（M）模式，自动感光度将失去作用。因为设置手动曝光的本意，就是留给摄影师最大的创作空间，摄影师只能自行调整感光度控制曝光组合。此时相机的所有设置都处于待命状态，一切服从摄影师的操作指令后才能执行，真正做到了"一切行动听指挥"。如果在手动曝光（M）模式下，ISO自动感光度仍然有效，就会破坏摄影师的原创本意。比如，摄影师想利用曝光过度创作一种轻松明快的高调作品，曝光必须过度才能达到目的。可 ISO 自动感光度总给你做出机械性自动补偿，使曝光永远保持相对正确的状态，使作品的效果永远达不到摄影师的要求。因此，真正的原创摄影作品，还得由摄影师根据作品的主题需要，进行手动控制感光度，如果此时自动感光度还在发挥作用，这纯粹就是"瞎捣乱"！　这也是检验一名摄影师对相机的功能设置了解和掌握多少的检验标准。

[提示]

　　不同品牌的数码相机，自动感光度的菜单设置界面会有所不同，必须通过阅读说明书来确认。

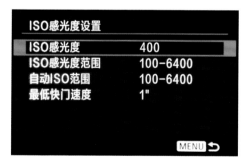

△ 数码相机自动感光度的菜单界面

　　使用 ISO 自动感光度时，要由摄影师自行设置 ISO 自动感光度的使用范围。

（1）选择自动感光度的最低下限。

（2）选择自动感光度的最高上限。相机只能在设置好的范围内正常工作，不会超出这个界限。相机的档次越高，自动感光度的使用范围越宽；相机的档次越低，自动感光度的使用范围越窄。在实际工作时，自动感光度会根据摄影师设置的曝光组合与拍摄现场的明暗条件，给出机械选择的感光度数值配合拍摄。有些新型数码相机，还可以根据摄影师使用的镜头焦距，给出准确的感光度，保证长焦距镜头获得稳定画面的曝光组合值。比如，摄影师使用的是 300mm 镜头，为保证画面清晰，自动感光度会选择合适的感光度，配合快门达到 1/300 秒以上的快门速度，确保手持相机拍摄的稳定性。

△ 自动感光度设置界限选择菜单

△ 用"扫街"的手段完成纪实摄影非常恰当，它可以捕捉社会中很多精彩或幽默的瞬间，及时把它记录下来，这就需要摄影师具有一种能发现各种突发事件，并且能及时捕捉的能力，这是对摄影师的要求。有一台得心应手的相机和方便可靠的功能设置，是完成拍摄任务的保证。自动感光度就是方便"扫街"工作可靠的功能设置之一

△ 自动感光度最适合"扫街"，由于这种创作的目的就是抓取最佳瞬间，在快速抓取决定瞬间上，自动感光度能很好地配合摄影师作出合理的配置。这幅作品所反映的是买卖之间因价钱谈不拢正发生着"激烈"的争执，摄影师必须抓住这一瞬间完成拍摄，此时，自动感光度做出了最佳选择

▷ 印尼的一所学校里，此时正是课间休息时间，也是拍摄瞬间的最佳时刻。在镜头面前学生们都表现的十分轻松，以不同的动作彰显各自的本能。这正是自动感光度发挥作用的时刻，你只管拍摄，其他设置都可以交给自动感光度去处理

ISO 自动感光度最适合新闻摄影、纪实摄影、会议摄影、旅游摄影等摄影题材。对要求很高的创作类摄影题材，比如商业广告、高质量的风光片、重要的翻拍工作、高质量的人像摄影等题材，不建议使用 ISO 自动感光度。如果使用了自动感光度，往往会适得其反，很可能得不到理想的曝光结果。

拍摄实例

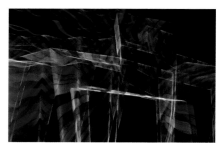

△ 带有个人创作性质的题材，不能使用 ISO 自动感光度，这会影响主题创作的发挥。这幅作品拍摄的是中午的故宫角楼，为了追求画意般的黄昏气氛，必须将曝光量减少到 5 级以上，才能将角楼处理成清晰的剪影效果。此时不能使用自动感光度，如果依赖自动感光度反而会坏事。建议：拍摄这类题材最好使用手动感光度进行拍摄，这种选择方法是强调作品主题，避免因自动感光度的自动补偿功能，破坏预先设计好的画面意境

△ "光赋" 这类题材，具有很强的主观意识，必须根据现场光的亮度和灯光种类，在全手动曝光条件下，选用手动感光度配合曝光组合进行拍摄。自动感光度具有自动补偿功能，在这里会破坏人工设置好的曝光组合，因此这种带有独立创作风格的作品不能使用自动感光度

◁ 纪实类题材适合使用自动感光度拍摄，因为这类题材客观条件复杂多变，为了集中精力捕捉人物的自然瞬间，没有时间考虑拍摄参数，这正是发挥自动感光度作用的最佳时刻

▷ 日本的结婚照充满了浓郁的日式风格，工作人员严谨细致的工作作风，与新娘快乐的笑容形成了鲜明的对比。由于是傍晚时刻，天气又阴沉，为了获得清晰的图像，必须用手动感光度设定到ISO3200，用200mm焦距的镜头拍摄，使快门速度达到稳定相机的理想值1/320秒，保证手持相机拍摄的稳定性

△ 日落是一天中最辉煌的时刻，为了表现好精彩的瞬间，必须控制好曝光组合。因为没有三脚架，又因为跑步赶到拍摄点时呼吸急促。为了保证相机的稳定，将感光度提高到ISO6400，故意减少两级曝光，让快门速度达到最高值，确保夕阳的精彩效果和建筑物的清晰剪影。再经过后期的调整，画面效果完全达到了预期的目的

△ 拍摄商业片要求画质细腻、色彩饱和，因此必须使用三脚架稳定相机。为了保证画面细腻的质感，将感光度稳定在ISO200，以1/4秒的快门速度完成拍摄。画面效果完全达到客户的要求

△ 戏剧舞台的照明条件是有限的，为了保证行走中的人物清晰，还要确保画面质感的细腻，因此先将光圈开到最大，再将感光度提高到 ISO800 左右，使快门速度达到 1/400 秒以上，才能保证剧中人物的清晰度和作品的整体气氛

△ 拍摄人像必须保证质感清晰、色彩还原准确。由于是阴天，又是手持相机抓拍，因此将感光度控制在 ISO200，使快门速度达到了 1/400 秒，既稳定住了相机，又保证了画面的清晰度

△ 剧场的光线照度有限，为了抓拍到高速运动中的人物，只能开大光圈，提高感光度，迫使快门速度提高，从而捕捉到清晰的人物形象

很多影友就没把感光度当回事，把它看得太简单了，没有上升到理论的高度，这对摄影创作影响较大。很多人在自己的作品中看到了不足，却又找不出问题所在，原因就出在没有扎实的理论支持。在摄影艺术创作中，如果没有理论的支持与实践经验的维护，就无法找到问题出现的原因与拍摄成功的钥匙，因为理论是指导实践的依据，感光度也一样。只有详细掌握了感光度的应用理论，并且合理地控制利用它，才能准确获得优秀的作品，体现出摄影师科学严谨的工作精神与专业细致的工作态度。这也是稳步提高、不断进取的必然条件。

△ 为了达到展览效果，使气氛更加真实，展馆内的照明比较昏暗。为了达到拍摄目的，利用三脚架，采用低感光度和较慢的快门速度拍摄，画面效果达到要求

[练习]

（1）在昏暗的光线下，手持相机拍摄风光片两组。

＊感光度设定为最低（配合快门速度）拍摄一张，观察拍摄结果。

＊将感光度提高到ISO6400（配合快门速度）拍摄一张，经放大后观察拍摄效果。对比两组照片在画质上的差别。

（2）在较暗的光线下拍摄运动物体（比如跳绳的人物），采用手持相机拍摄两组照片。

＊感光度设定为最低（合理搭配快门速度）拍摄一张。

＊将感光度提高到ISO6400以上（合理搭配快门速度）再拍摄一张。对比两张照片的差异。

（3）选择多种不同光线条件拍摄不同运动物体，有意识地改变感光度补偿拍摄，观察拍摄效果，逐渐掌握调整感光度的目的和方法。

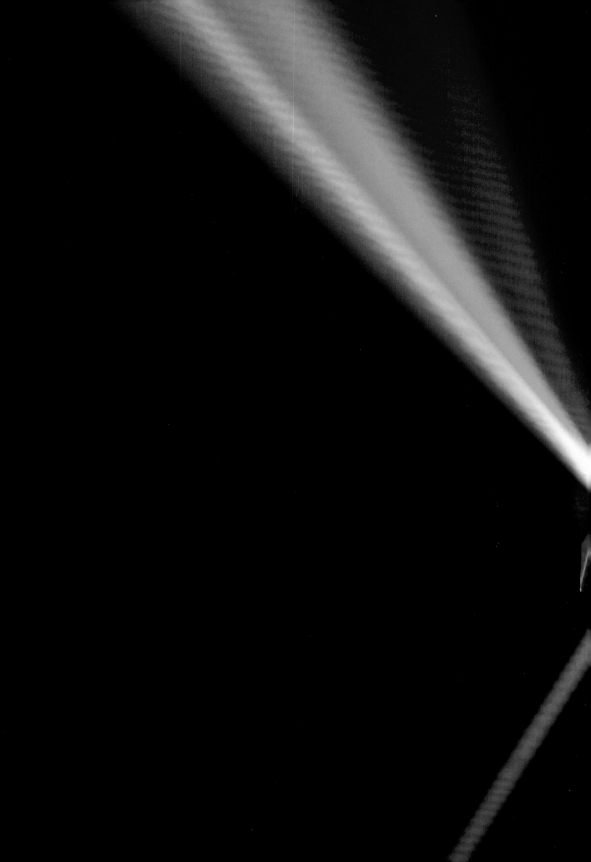

第六章 摄影基础

光学基础

6.1 光学基础

因为有了光的存在，地球上才充满了诱人景物，人们才能看到美丽的色彩，相机才能捕捉到精彩的影像。如果没有光，地球将处在寒冷与黑暗之中，摄影也就不复存在了。毫不夸张地说，"光是摄影的灵魂"。

对摄影人来说，对光学基础知识了解得越清楚，摄影创作越有把握。对光了解得越透彻，创作出来的作品就越有味道。光是摄影创作的基础，更是摄影爱好者必须掌握的基本课程。

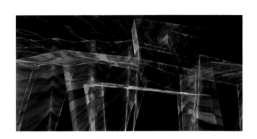

◁ 光营造出五彩放光的彩虹门，梦幻般的色彩让观者如痴如醉。敞开的大门，迎接着勤奋工作的影友们

6.2 可见光谱

从物理角度上讲，光是电磁波，它在真空中的传播速度约为每秒 30 万公里。电磁波包括的范围很广，大致可分为无线电波、红外线、人眼可见光、紫外线、X射线、伽马射线等。人眼可见光是电磁波谱中人眼可以感知的部分，它的波长约为400nm ~ 700nm，在整个电磁波中只占一小部分。

公元 1666 年，英国科学家牛顿第一个揭示了光谱颜色的秘密。他通过三棱镜实验得出结论，证明光线是由各种颜色的混合光组成，同时分解出红、橙、黄、绿、青、蓝、紫七色光谱。

▷ 人眼可见光在整个电磁波中只占400 nm ~ 700 nm 一小部分。这幅示意图说明了可见光在电磁波中的位置和大小比例。它为今天研究数码影像奠定了坚实的基础

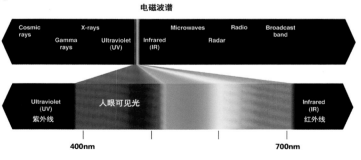

电磁波谱

Cosmic rays　　X-rays　　Microwaves　　Radio　　Broadcast band
Gamma rays　　Ultraviolet (UV)　　Infrared (IR)　　Radar

Ultraviolet (UV) 紫外线　　人眼可见光　　Infrared (IR) 红外线

400nm　　700nm

△ 牛顿通过三棱镜分解出的红、橙、黄、绿、青、蓝紫七色光谱

公元 1807 年，英国人托马斯·杨格又将七色光谱归纳成红、绿、蓝三原色。通过研究从中发现了三原色的一些重要特性。

（1）三原色中的两个相邻的颜色相加等于另一个原色的补色。红色与蓝色相加等于品红色、蓝色与绿色相加等于青色、红色与绿色相加等于黄色。

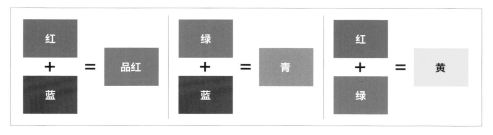

△ 红色加蓝色等于品红色　△ 绿色加蓝色等于青色　△ 红色加绿色等于黄色

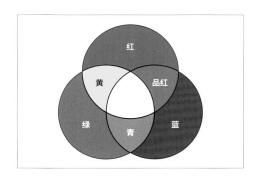

（2）三原色中的两个互为 180° 对应关系的颜色互为补色：红色与相对应的青色互为补色，蓝色与相对应的黄色互为补色，绿色与相对应的品红色互为补色。

◁ 将七色光归纳成光的三原色红、绿、蓝。与三原色互为 180° 的色光是三原色的补色青、品、黄

（3）两个互为补色的光相加等于白光：红光＋青光等于白光；蓝光＋黄光等于白光；绿光＋品红光等于白光。

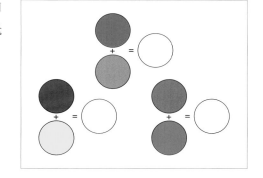

▷ 两个互为补色的光相加等于白光

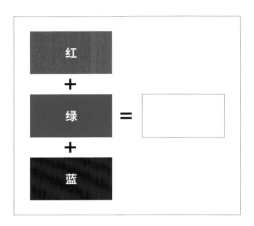

（4）三原色光相加等于白光：红色＋绿色＋蓝色等于白光。

◁ 三原色相加等于白光

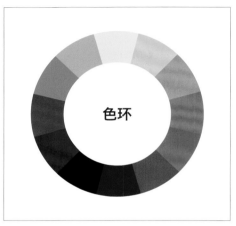

（5）色环上的某种色光和色环中的任何一种色光混合，可复制出另外一种颜色。

◁ 色环上的颜色都可以互相混合，复制出世界上的所有颜色

（6）以三原色为基础进行混合，就可以获得世界上的任何一种颜彩。

（7）当光照射到某一物体时，物体会出现吸收和反射的现象。如果被照射物体只吸收了红色，反射出来的一定是绿和蓝的混合色青色，此时人们所看到的一定是反射出来的颜色。例如：当光线照射到一朵红花，那么这朵红花一定是将三原色中的蓝色与绿色吸收掉，只反射出了红色，此时人们看到的一定是红花。

前面谈到光的这些特性，为研究色彩影像奠定了基础。摄影人在实践中离不开这些理论，这些知识掌握得越纯熟，作品效果表现得越精彩，尤其在电脑修图过程中体现得越明显。如果忽略了这些理论的存在，你的创作一定会陷入混沌状态。

6.3 光是什么

从物理角度上讲光是电磁波，在漫长的电磁波中人眼可见光只占一小部分，波长约为 400nm ~ 700nm，这是人类视觉的极限，也是摄影可利用的光。它的行进速度约为 30 万公里 / 秒，并以波浪状运动。人眼只能看到波长和振幅，不同的波长让我们看到了颜色，不同的振幅让我们感觉到了明暗。与光波前进方向成垂直角度震动的波长，是偏振光。

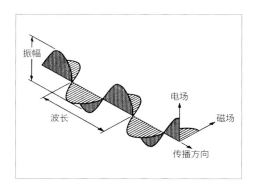

△ 全辐射光波是连续发光的，在色温控制范围以内

6.4 光的传播

光在自然环境中运行的方式与状态是固定不变的。

（1）光在真空和均匀透明的空气中以直线方式传播。

（2）光投射到物质表面时，会与物质表面发生反射、折射、透射、吸收等物理现象。摄影就是利用这些现象，将大自然中的所有奇妙景观记录下来。

6.5 光的直线运动

光的直线运动是指：光在均匀透明的介质中，不改变方向，直线传播的自然现象。在摄影实践中，小孔成像和大型座机的基本成像效果，都证明了这一理论的存在。

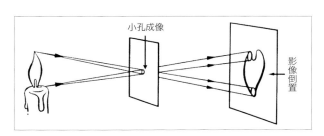

◁ 在暗房中点燃蜡烛，通过针孔投射在另一平面上，即成为倒影，证明光线直线传播的原理

135 单反相机通过取景器观察，可以看到正像。原因是机身内部安置了一个 45°反光镜，把头朝下的影像颠倒成正像。另外，在机顶上的取景器内，设计安装了一枚五棱镜，又将左右颠倒的影像颠倒回来。所以，使用 135 单反相机通过取景器观看的影像是正像。现代的 120 中画幅相机也采用了这一原理，使中画幅相机在取景器内观看的影像也是正像。如果相机没有安装反光镜和五棱镜，那么人们看到的一定是上下和左右的影像都是相反的。20 世纪生产的双镜头 120 相机就是这种情况。如果有机会能接触到这种相机，你可以仔细观察一下，这种相机由于机身内部安装了 45°反光镜，取景时我们看到的是正像，但是由于这种相机没有在机顶部安装五棱镜，所以取景时画面的左右影像是相反的，观察取景时会感到非常别扭。

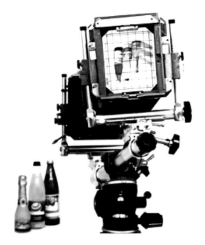

△ 大型座机取景时，被摄对象经过镜头投射到取景屏上的效果是倒像，这也证明了光是直线传播的道理

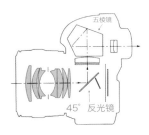

△ 135 相机的结构图。通过这幅图可以看到 45°反光镜和五棱镜的安装位置，光线通过这两个装置的处理，就可以把颠倒的影像改变成与被摄景物完全一样的正像

▷ 传统 120 双镜头相机。由于只安装了 45°反光镜，没有安装五棱镜取景器，所以取景器里看到的影像是正像，可左右的影像却是相反的，使用起来很不适应。大家可以到摄影器材城寻找一下，这种相机还有不少，借此机会可以体验一下取景器所显示的反向效果

6.6 光的反射

光的反射是指：光线照射到物体表面时，改变角度进入相反方向的一种现象。光照射到物体表面所产生的反射结果，会随物体表面的肌理不同，其反射效果也会发生变化。这种变化遵循光的反射定律行事。

光的反射定律是：**入射角等于反射角**。

定向反射

是指光照射到光滑的物体表面时（如水面或镜面），所产生的反射效果，完全符合"入射角等于反射角"的反射定律。

在生活中，定向反射的例子很常见，比如玻璃面的反光、水面的反光、光亮油漆表面的反光、电镀金属表面的反光等，都属于定向反射。在摄影实践中，这种反光一定要加以防范，如果忽略了它的存在，会给作品增添很多讨厌的反光耀斑，使作品中的形象与色彩受到破坏。如果能合理地利用定向反射条件，也可以协助你完成理想的作品效果。

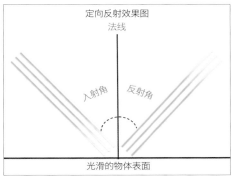

定向反射效果图

法线

入射角　反射角

光滑的物体表面

△ 这是水面的定向反射光，符合光的反射定律"入射角等于反射角"。实践中要留心这种反光的干扰，如能很好地利用这种反光，也可为摄影创作带来很好的视觉效果

△ 定向反射效果图

▷ 图中的可乐瓶，就是一个典型的利用定向反射条件拍摄的作品。光线准确地勾画出玻璃瓶的造型，体现出可口可乐瓶子特有的曲线效果，达到了真实表现物体造型的目的

择向反射

是指哑光、粗糙的物体表面，在光线照射下所产生的反射条件。由于物质表面粗糙，光线会针对物体表面的不同肌理结构，根据入射角等于反射角的原则，选择各自的反射角度进行反射，因而产生出一种漫散射效果，这种反射效果即为择向反射，也称光的"漫反射现象"。

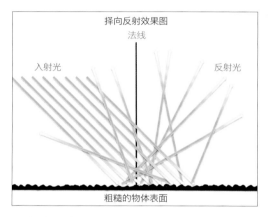

△ 择向反射效果图

▷ 古老建筑的墙面十分粗糙，具有择向反射条件。在阳光直射下，物体表面产生出柔和的漫散射反光，不但墙面结构被非常清晰地展现出来，而且粗糙墙面反射出来的散射光，还把周边的所有景物均匀地照亮

△ 旧门板表面斑驳，具有很好的择向反射条件，强烈的光照下，可形成柔和的漫反射状态，不会出现强烈的反光

▷ 这是室内摄影使用的反光伞，可形成典型的漫反射光。伞的内部均匀地涂有一层颗粒状银色涂层，当灯光照向伞的内部，可反射出非常柔和的漫反射光，这种附件是室内摄影最常用的照明设备

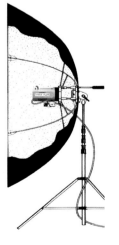

6.7 光的透射

光的透射是指，光通过透明或半透明介质时，全部通过或部分通过的一种现象。光的透射现象又分：全透射和半透射两部分。

全透射

全透射是指，光线照射到物体表面时全部通过的现象。全透射物体是指透明玻璃、透明塑料等透光性物体。由于透明玻璃具有透射和反射的双重性，因此在进行摄影创作时，一定要注意预防少量反光的危害。

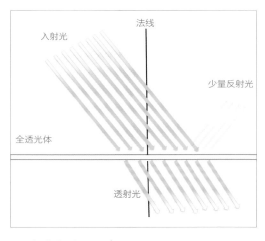

△ 全透光效果示意图

△ 商店的橱窗，由于玻璃具有透射和反射的双重性，当用相机拍摄时，橱窗可以透射出内部的展示物体，同时还会将对面的景物也反映在玻璃面上，使拍摄效果受到严重干扰，这幅画面的拍摄结果就反映出这种现象。在白天拍摄玻璃橱窗时，就非常明显地反射出对面的街景，使整幅画面显得十分凌乱

◁ 为了减轻这种反光现象，可以利用偏振镜（PL）将其消除。这幅作品就加用了偏振镜（PL）拍摄。拍摄结果也只能消除玻璃中绝大部分反光，仍旧有少部分反光存在。建议拍摄这类题材最好在晚上进行，由于天黑，橱窗内部的装饰灯会全部开启，此时拍摄就可以获得最佳效果，橱窗玻璃的反光也会基本消除

△ 这幅作品是在逆光下拍摄的一件全透光体，创作目的是强调产品的品牌与外形。通过白色背景的烘托，商标和外形被突出出来。这种拍摄效果一定要让拍摄环境保持全黑，而且被摄对象的正面不能用光，避免出现反光耀斑。测光时要以背景光为标准，适当增加一些曝光，让整幅作品处于高调状态

△ 这个香水瓶属于全透光体，也可以采用渐变色的背景拍摄，画面效果更显丰富。测光还是以背景为准，适当增加少量曝光，目的就是为了突出香水瓶的造型结构

半透射

半透射是指，光线不是直接照射物体，而是透过介质的干扰，间接照射被摄对象形成的漫散射效果，即为半透射。这种光线柔和，很少有阴影，无方向感，对表现物体的整体效果非常有利。自然光指的是阴天、雾天，雨雪天以及经过粗糙物体表面的反射而形成的光效等。人造光指的是灯光经过柔光箱、反光板、柔光板

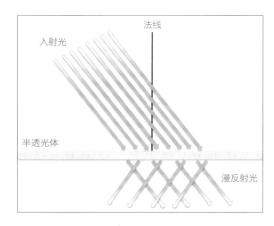

△ 半透光效果示意图

以及经过粗糙物体表面的反射而获得的光线效果。这种光效是室内摄影最常用的光。而对于被摄对象来说，是指半透明的物体，如磨砂玻璃、盛满浑浊液体的全透明体等。

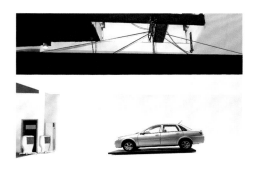

△ 这个室内摄影棚，在几倍于汽车的巨大柔光箱照射下，光线效果显得非常柔和，被摄汽车在这种光线照射下显得质量更加高端。这种巨大的柔光箱价格十分昂贵，只有拍摄大型产品的摄影棚才会添置

△ 阴天是最好的半透射光效果，自然界的一切景物都能得到完整的细节描述。隐藏在绿树丛中的古刹整体细节都展现的十分明确，并没有出现由于阴影造成的暗部细节损失

△ 在这幅作品中，葡萄是半透明体，酒瓶是经过处理的半透明体，经过局部用光，使其产生创意所需要的效果

△ 静物摄影多采用半透射光进行照明，由于半透射光可以将生硬的直射光性质，改变成柔和的漫散射效果，使被摄景物在柔和的光线照射下获得完美的整体造型。从画面中就可以看出，虽然桌面的物品种类繁多，但是在漫散射光照射下，并没有出现凌乱的阴影关系

6.8 光的折射

光的折射是指：光在传播过程中，由一种介质（如空气）进入另一种密度更大的介质时（如水或玻璃），光的传播方向会发生偏折的现象。其偏折角度会向法线方向偏转。这种偏折规律会直接影响到镜头的设计和摄影创作效果。

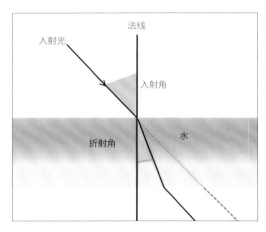

△ 当光线进入密度更大的介质时，就会发生偏折现象。当光线穿出这个介质时，依然会按照原有的照射角度行进

△ 通过这个小实验就可以看出光的折射效果，这种效果对拍摄水中的物体影响很大，利用的好也可以获得很好的视觉效果

◁ 白光通过三棱镜分解成七色光谱的现象，就是通过光的折射现象产生的。这是因为光线从空气中进入玻璃体时，由于玻璃的密度远远大于空气，当光穿过时就产生了折射现象，又因为各种色光的折射率不同，因此白光就被分解出七色光谱

6.9 光的衍射

　　光的衍射是指：光在传播过程中，穿过缝隙或边缘尖锐的障碍物时，会形成明显的光线轨迹偏移现象，又称"次光波"。这种次光波会延伸到阴影区域里，很像水穿过尖锐岩石边缘时飞溅起的浪花偏向另一侧的现象。

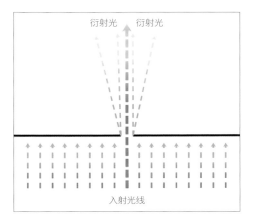

△ 光的衍射示意图 1　　　　　　　　　△ 光的衍射示意图 2

△ 当光线通过窄小缝隙时，就会出现明显的衍射现象。通过暗室实验，可以非常清晰地看到光的轨迹偏移现象。因此证明衍射现象的存在和次光波的出现

△ 光的衍射现象对摄影创作有直接的影响，从镜头光圈的大小就可以看到衍射现象的变化。从这幅作品中我们可以清楚看到，由于使用了最小的光圈，太阳的周边就出现了明显的星芒效果（次光波），这就是由衍射造成的。合理运用衍射现象就可以塑造出理想星芒效果。这种现象会随着光圈的开大，逐渐减弱直至消失。有些相机拍摄的画面，物体边缘会出现紫边现象，这也和光的衍射有直接关系

6.10 光的吸收

　　人类在大自然中生活，为什么能观察到五彩缤纷的世界呢？这里的一个重要原因就是光的吸收作用。光的吸收是指：光照射到物质表面时，光线中的色谱成分被减弱、消失或部分消失的现象。光的吸收与反射，使我们感觉到了明暗，看到了颜色，也丰富了自然界的可视性和可记录性。同时也增加了镜头设计与摄影曝光的复杂性。在摄影创作中，这种现象对记录景物起到了重要的作用。摄影滤光镜的使用就是运用了这个原理，经过滤光镜吸收光谱中的某种色彩，可以彻底改变画面中的色彩变化或者平衡色温关系。

　　成功的艺术家对这种现象早已烂熟于心，在艺术创作过程中，早已将其熟练地运用在每一幅作品中。摄影师对这种现象更要关注，因为摄影玩儿的就是光，就像一个魔术师，他可以将光随意变化，任意塑造，让被摄对象按照他的要求完成影调关系的塑造。又像一个雕刻家，把光随意雕琢，将色彩任意拿捏，让观者在莫名其妙中发出赞叹，所以人们才把摄影家称作"光与影的魔术师""光与影的雕刻家"。能熟练掌握这一原理并运用在摄影创作中的摄影师，他的作品总会让人感到精妙绝伦，叹为观止。

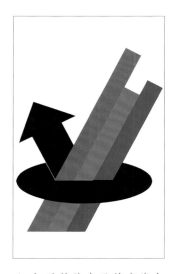

△ 如果物体表面将光线中的光谱成分全部吸收，没有任何光谱成分反射出来，人眼看到的一定是黑色

△ 这幅作品的背景将光线全部吸收，所以舞台背景十分黑暗，利用这种效果可以把主体人物明显地烘托出来

△ 如果物体表面将光线中的光谱成分全部反射出来，没有吸收的现象，人眼看到的一定是白色

△ 白色的雪景完全具备了光的全反射条件。当光照射到铺满白雪的地面时，白雪将光谱中的颜色全部反射回来，并没有发生吸收现象。此时，展现在人们面前的一定是白白茫茫的一片，这正是光线全反射的效果

△ 如果物体表面将光线中的光谱成分等比例地吸收一部分，又将剩余的光谱成分等比例地反射出来，人眼看到的一定是灰色。灰色的深浅变化，会随着物体等比例的吸收和反射光谱成分的多少而变化，吸收的少，反射的多，人眼看到的一定是浅灰色，反之就是深灰

△ 灰色是北京民宅的传统色调，显示出淳朴敦厚的北京民居色彩。由于建筑表面等比例地吸收了部分光谱成分，又将另一部分光谱成分等比例地反射出来，因此，人眼看到的就是灰色

△ 如果物体表面只吸收了光谱中的蓝色，反射出来红与绿的混合色，人眼看到的一定是黄色。从另一个角度讲，物体吸收了某种色光，反射出来的一定是被吸收颜色的补色。这幅作品中的物体吸收了蓝色光，反射出来的正是蓝色的补色——黄色

△ 这个建筑物的表面只吸收了蓝色，反射出红色与绿色的混合光，我们看到了明亮的黄色。这种黄色充满了高贵与神圣的感情色彩

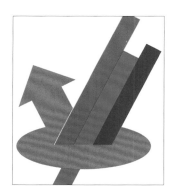

△ 如果物体表面只吸收了光谱中的绿色，反射出红与蓝的混合色，人眼看到的一定是品红色。从另一个角度来讲，物体吸收了某种色光，反射出来的一定是被吸收颜色的补色。这幅作品中的物体吸收了绿色光，反射出来的正是绿色的补色——品红

△ 当光线照射到这束野菊花时，花瓣吸收了绿色，反射出红色与蓝色的混合色，此时，反映到人眼中的颜色一定是品红色。而花心却将光谱中的蓝色吸收，反射出来的是红和绿的混合光——黄色，显示出野菊花朝气蓬勃的生命力

△ 物体表面只吸收了光谱中的红色，反射出蓝与绿的混合色，人眼看到的是青色。从另一个角度讲，物体吸收了某种色光，反射出来的一定是被吸收颜色的补色。这幅作品中的物体吸收了红色光，反射出来的正是红色的补色——青色

△ 在灯光的照射下，剧场的座椅只吸收了红色，反射出蓝与绿的混合色，人眼看到的是青色。这幅作品中的整个空间只吸收了红光，反射出来的一定是红色的补色——青色

　　光的吸收绝不像前面介绍的那么简单，这只是为了学习和理解对光的吸收而做出的纯理论性的介绍。实际上，这种吸收现象在大自然中会因复杂的环境干扰和各种颜色的混合以及每一个人对色彩的认知度不同，而形成极其复杂微妙的变化。在普通人眼中，这种变化没有人去注意，对日常生活也没有任何影响。人们对此可以不屑一顾，可对视觉艺术工作者来说，如果对光的吸收现象不加以重视，也采取不屑一顾的态度，那就大错特错了。它会像一块绊脚石，随时都会阻碍你的发展之路。因此，专业摄影学院都会把"光学基础"定为重要的课程来安排。这种学习对将来的工作实践能起到重要的帮助作用。

6.11 光的色温

　　色温问题是影视创作中影响色调变化的关键问题，处理不好会使作品产生严重的色调偏差，是学习摄影必须解决的基础理论问题。在数码相机的设置中被称为"白平衡"。（这个问题在白平衡一章中有详细介绍。）

色温到底是什么？"色温"是衡量全辐射光源中，光谱成分含量多少的物理量，标注单位是 K。是将一个全辐射黑体，从绝对零度开始加温，直到黑体的颜色开始发生变化。随着温度的逐渐升高，黑体颜色会发生"红色－橙色－黄色－白色－蓝色"的逐级变化。这种黑体随温度升高产生色彩变化的现象，与连续光源显示的颜色变化存在着相互对应的关系，因此就将黑体所对应的绝对温度值，转嫁给衡量全辐射光源颜色的物理量值，即色温值。这个色温值只是针对光源颜色的衡量值，并不是光源的物理温度。黑体温度每升高 1℃，色温值也对应增加 1K。色温值越高，短波光越多，光线偏向蓝色；色温值越低，长波光越多，光线偏向红色。

现实生活中，光源的种类很多，尤其是人造光源，比如荧光灯、闪光灯、LED灯以及各种充气灯，这些光源的颜色基准点并没有落在色温曲线上，而是落在色温曲线以外。颜色基准点距离色温曲线越远，光源的色差越大，距离色温曲线越近，光源的色差越小。我们把这种光源称作"相关色温"。在使用数码相机拍摄时，只凭借正常的色温去校正相关色温的色差是行不通的，必须依靠白平衡中的"白平衡偏移"才能修正（修正方法在白平衡一章中有具体论述）。

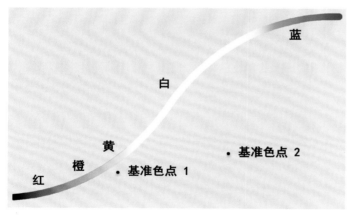

△ 色温曲线示意图。在色温曲线以外的两个色基准点就属于相关色温

6.12 校正色温的办法

传统胶片的色温校正，只能通过光学滤光镜来调整，它们包括色温转换镜、色温平衡镜以及 CC 滤镜。而在数码摄影中，可以直接通过机内的白平衡设置进行校正，非常方便。这正是数码摄影的特点。

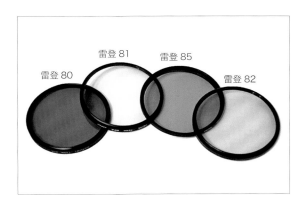

◁ 传统胶片摄影必须采用光学滤色镜校正色温。图中显示的雷登80和雷登85（深色系列）属于色温转换镜，作用是直接改变色温值。雷登82和雷登81（浅色系列）属于色温平衡镜，作用是平衡偏差不大的色温差值。滤光镜最大的缺点是，每片滤光镜只能校正一级色温，而且随身携带不方便，拍摄完毕不能直接看到效果

△ 数码相机校正色温可直接在相机内部进行，它采用的是以100为单位进行无极差修正，使用起来既方便又快捷。更重要的是可以做到随拍随看，不合适可以继续校正。这一点胶片相机做不到，只能望尘莫及

△ 这是某饭店的大堂，为了体现欧式大堂的豪华气氛，设计者采用了低色温照明，使欧式气氛更加浓重。为了准确表现设计者的设计理念，拍摄时，要将机内白平衡的色温值设置到日光色温，让机内色温值高于现场色温，利用这种色温差，准确再现设计者的设计风格

△ 这是冬天的乡村之晨，此时日出方向的色温只有不到1500K，而天光的色温值可以达到10000K以上。为了保持冬日清晨的冷暖对比效果，拍摄时，将机内白平衡的色温值设定在日光的5000K左右，既高于日出方向的低色温，又低于天光的高色温，保留日出方向较暖的色调与地面的冷色。用这种处理手法夸张冬日之晨的效果十分奏效，再通过电脑后期校正，视觉效果即可达到目的

◁ 这是一幅体现综合色温的画面，大堂中既有低色温的暖光源，又有青绿色的冷光源（荧光灯）。拍摄时，将白平衡的色温值设定在日光色温值，既保留了暖色调效果又得到了荧光灯的青绿色，再经过电脑后期进一步的调整，即可保留设计者所要表现的气氛

6.13 相关色温与显色指数

生活中的灯具是为了生活照明的，很多灯具是不能用作摄影专用的。由于它们的光源颜色很古怪，会给摄影作品的色彩增添很多不确定的偏色，而且给电脑后期的校色带来麻烦。这种偏色对人的日常生活没有什么影响，可是对摄影创作影响极大。为了解决这个问题，早在20世纪，国际照明委员会就做出决定：将日光色温值5000K作为标准，把5000K的显色效果设定为标准显色指数100，作为各种灯具的最佳显色标准，给生产灯具的厂家提出了严格的技术指标，摄影师选择灯具时也有了准确的技术参数。光源的显色指数越接近100，显色效果越好，越接近阳光的正常色温值，适用于摄影照明。光源的显色指数越小于100，显色性能越差，不适合用作摄影照明。选择灯具时，一定要观察灯具上标明的显色指数是多少。在实际使用前，还要再做一次测试，做到心中有数。建议：摄影工作室的普通工作用灯具，也应该选择显色指数接近90 ~ 100的灯具，这对视觉艺术工作室的正常工作也能起到很好的辅助作用。

显色指数	显色质量
100~80	优
80~50	良
50以下	劣

△ 相关色温显色指数优劣参考表。在实际工作中，可以参考这个标准去选择照明灯具，就是在日常生活中使用的灯具，也应该参照这个显色指数。它不但对摄影照明有帮助，在日常生活中，对人眼的养护也能起到很好的辅助作用

△ 从这张图中可以明显看出，办公区域采用的就是荧光灯照明，整体色调偏青。而汽车展位采用的是白炽灯照明，整体色调偏暖。这种颜色对工作影响不大，可对摄影的显色效果影响很大，而且这种现象很难校正，只能将错就错

△ 百货商店内，每家客户的照明都有所不同，店主会根据自己出售的商品和店主的个人喜好，选择非常个性化的照明效果，而且为了节能与安全，均采用 LED 灯进行照明。这种灯具如果不参照显色标准选择灯具，所发出的光源颜色会很复杂。从这幅画面就可以看出，有的店内发光颜色偏红，而有的店内却发出青蓝色的光，这些光源与正常色温无关,都属于相关色温，在这种环境下拍摄，无法力求统一

6.14 光的照度

光的照度是指：光线射向物体表面照明程度的量值。照度以照射在一个平方面积上的光通量为单位，称作平方米流明（Lm/m）或称勒克斯（Lx）。照度等于物体表面接受的光通量与被照射面积的比值：**E（照度）＝F（光通量）/S（面积）**。

这一公式表明，当物体表面积（S）固定不变时，光通量（F）越大，表面照度（E）越强。光通量（F）越小，表面照度（E）越弱。在光源照射下，被照射面上的照度与光源强度成正比，与光源到被照射面积之间的距离成反比。即距离越近，照射面积越小，而照度越强；距离越远，照射面积越大，而照度越弱。这就是光源照度第一定律"平方反比定律"。

在人造光源下拍摄，曝光控制必须参照这一定律。在摄影实践中，这个定律往往被人忽视，这对实际工作影响很大。所以要提示大家，在用人造光拍摄时，如果采用外用测光表测光，测光表的表头必须靠近被摄对象测光，这样才能确保测光参数的准确。如果离开被摄对象测光，距离越远测光越不精准，这一点非常重要。如果使用点测光表或使用机内测光表测光，就不存在这一问题，因为这种表属于亮度

表，测量的是被摄对象表面的反光。如果使用灰板法测光，要注意：灰板一定要靠近被摄对象测光，这样测出的曝光组合值才能准确。

在人造光源下进行摄影创作，光的照度第一定律是非常重要的，很多影友根本不注重这个问题，甚至不知道这个问题的存在。究其原因就是从一开始接触摄影就使用机内测光表测

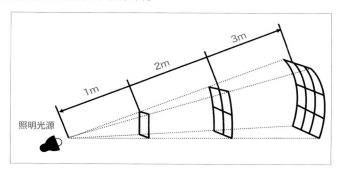

△ 照度第一定律"平方反比定律"示意图

光，机内测光表给用户带来了方便，同时也使用户忽略了基本理论的学习。这只能说高科技给生活和工作带来方便的同时，也使人们忽略了对应该掌握的基本常识的了解，使当代人越来越多地依赖手边现成的自动化工具。这一现象在摄影方面体现的最明显。这对正在学习摄影的爱好者或者想在摄影方面有所作为的人来说，是个极大的人为障碍。

光学基础知识是摄影专业人员必须掌握的理论。我们说，摄影就是在和光打交道，不懂光又怎么控制好光效。这就像一个"狙击手"，如果他不熟悉自己的枪械，不了解风向、风速与科学隐蔽自己的常识，他绝对成不了优秀的狙击手，甚至很快就会被对方狙击手杀伤。这个比喻虽然有些过激，但是其中的道理是一样的。

拍摄实例

摄影是光的艺术，摄影师对光的认知，如同画家对自己所使用的材料，必须熟悉，才能运用自如。光线对摄影师来说，就如同画家的笔墨颜料，通过常年的学习与勤奋的挥毫，就可以做到笔下生辉。摄影家如不对光仔细研究，就不能创作出流光溢彩绚烂夺目的摄影作品。这种积累，需要摄影理论的支持和长期实践的积累，方可做到如影随形、运用自如。摄影爱好者可以在理论学习的基础上，在日常的生活中，没有条件创造条件，利用所有物体进行拍摄练习，刻意追求理想中的光效，也可以临摹优秀作品的用光效果，久而久之必能收获满满。

△ 为了达到练习的目的，利用简单的道具拍摄，从中发现问题及时解决问题，更重要的是利用简单的道具对光线进行布控，从中找到制作光效的方法，不断积累经验，逐渐培养自己对摄影创作的兴趣，在失败中积累经验教训，总会找到摄影创作的真谛

△ 在日常生活中，一草一木、一砖一石都可以成为被摄对象。这幅作品就是利用书包和纱巾作为简单的道具拍摄，通过合理的布光，表现书包皮革的质感与纱巾柔软的肌理变化。更重要的是，通过拍摄对光的应用有了进一步的了解

△ 在生活中，要随时观察周边的光影关系，这对摄影爱好者是一种非常好的习惯，它可以培养出对光的敏感性。这种习惯的养成，对摄影人来说是很好的职业特征，在实际创作中会起到十分重要的辅助作用。这幅作品就是在平时的生活中，对很普通的老旧门板进行拍摄，主要表现它在光的作用下，产生出明显细腻的肌理变化

△ 外出旅游是每个家庭的业余生活，摄影爱好者在愉快的旅游生活中，还有一项重要的任务就是摄影创作，我们的创作应该是有目的的。比如这幅作品，主要抓住了日落前的最佳时机，表现逆光照射山峦的结构与低色温下的冷暖关系，长期有意识地观察和拍摄练习，非常有助于拍摄技术的进步

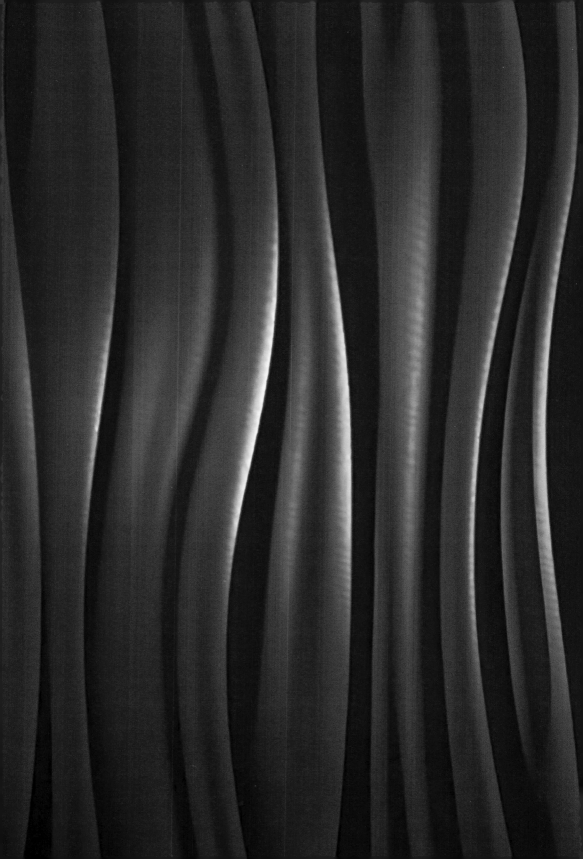

第七章 摄影基础

摄影用光

7.1 摄影用光

人眼可见光属于电磁波，是电磁波中人眼可以感知到的部分。电磁波的波长是按照从低到高的频率分类的，它包括无线电波、微波、红外线、人眼可见光、紫外光、X-射线、伽马射线等。人眼可见光在电磁波中只占有 400nm~700nm 的波长范围，也是摄影可利用的电磁波段。如果再拓宽一些，也可延伸至红外线和 X-射线。这两种电磁波必须利用特殊设备才能记录到它们，一般用于科研与医学研究。常规摄影可利用的波长只有 400nm~700nm。在这部分波长中，存在着诸多与摄影相关的特性，这些特性对摄影创作影响很大，如果不去研究和掌握它，对摄影创作的顺利进行极为不利。这部分知识在摄影教学中被称为"光学基础知识"和"摄影用光"，这是摄影正规学院必须进修的基础课程。

7.2 摄影用光的种类

摄影用光主要由两大类组成，第一类是自然光，它包括太阳光、月光、星光、闪电、火光等，而太阳光占其中的绝大部分。自然光是人为无法控制的光源，只能凭借摄影人的经验和判断力进行观察分析和控制利用。第二类是人造光，以摄影专用灯具为主，也包括一些日常生活灯。人造光的最大特点是，光源多、可调控、光效细腻，使用者可以根据作品主题需要，随意布置光线效果。

这两种光源虽然有很大差别，但是，在光的基本功能上存在着完全相同的共性，那就是照明。我们可以利用人造光的灵活性，练习并掌握各种光效的特点，从而熟悉光的性质、光的造型特点以及对光线效果的控制和利用。这对所有摄影创作能起到重要的指导作用，其根本原因就是所有摄影创作都离不开光的存在，更离不开光的造型作用。

自然光

自然光以太阳为主要光源，也包括自然环境下的其他自然发光体，自然光是摄影工作最主要的光源之一。这种光的特点是，光源单一，无法人为控制，摄影师只能围绕自然光为核心进行被动创作，也可以利用人造光在局部范围内进行小范围的补光处理。对摄影师来说，在自然光下进行拍摄纯属靠天吃饭，等待和机遇是共存的。

△ 中午的日光

△ 落日的阳光

△ 月光与星光

△ 火光

人造光

　　人造光也称人造光源，主要是指摄影专用闪光灯、镝灯、卤素灯、太阳灯、LED 灯等。人造光是室内摄影创作的主要光源。这种光源的特点是，多光源、易操控、光效可随意调整、可以人为进行细致的光效处理，是创意摄影、商业广告、艺术人像、静物摄影、室外补光等的主要光源。现在城市建筑用的装饰灯多为 LED 灯，由于它省电、装饰性强、光源变化丰富、安全性能又好，被广泛用于城市美化专用灯具。也是拍摄夜景变化最多的人造光源。

　　随着科技的不断进步，现代摄影专用人造光源，增加了很多新的成员，如 LED 灯、太阳灯等。这些灯的发光性质有些特殊，使用前一定要事先做好测试，掌握好这些灯的性能与特点之后，再正式投入使用。

 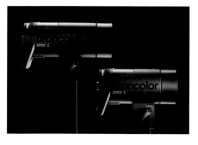 

△ 小型闪光灯　　△ 新型无线闪光灯　　　　△ 专用闪光灯组

　　值得一提的是，新型光源 LED 灯的出现。由于这种灯价格不高、携带方便、能耗低、安全性好、发光稳定，还可以将 LED 灯设计成各种形状，甚至可以做到卷曲状态使用，所以非常适合摄影用光，而且便于携带，可用于多种题材的拍摄。尤其是居家摄影适应能力更强。但是，由于 LED 灯是由众多发光二极管组成，因此很难形成聚光效果，在使用时必须严格控制其光效。

 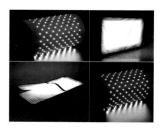

△ 方便、经济、实用的新型 LED 灯

如果从练习和娱乐的角度出发，就没必要购买高档专用灯具，平时家庭使用的灯具也可以作为拍摄练习。但是，需要测试一下灯的性能：（1）了解并测试灯具的色温是多少；（2）尽量选择不带频闪，能连续发光的灯具；（3）灯的功率要大一些；（4）随着拍摄工作的熟练和创作需要，逐步掌握一些必要的辅助工具和附件。建议：多数附件可以自己动手制作。国内外很多成功的摄影家，他们所使用的附件很多是自己制作或改造的，比买来的还好用。这是学习和提高布光效果最好的工作方法。

7.3 自然光的特性

　　自然光的主要光源是太阳光，在多数摄影创作中太阳光占绝大部分。由于人类对太阳光太熟悉了，因此，造成很多摄影爱好者对此不屑一顾，好像举起相机拍摄就行了，没什么可研究的，这就错了。在生活和工作中，由于对某种事物过于熟悉，造成因麻痹大意而出现失误的实例举不胜举。从摄影爱好者拍的片子就可以看出，很多毛病的出现就证明了这一点。在实际拍摄中。有些影友在漂亮的风景面前过于冲动，不顾一切地拍摄，根本不考虑光线效果和其他相关因素对画面效果的影响，造成在使用电脑回看时的遗憾，拍照时的兴奋和冲动荡然无存。分析其原因，滥用光线的随意性占很大的比例。

自然光和人造光一样，都存在着对物体造型以及对画面构图的影响。在自然光下拍摄，应该静下心来先分析一下光线的角度、光影的造型与机位的关系，甚至要问问自己为什么要拍这幅作品。这些问题需要在按动快门前的一瞬间作出判断。越是初学者越要强迫自己这样做，逐渐养成习惯。在实践中，拍一张照片很容易，只不过是分分秒秒的事。可是，要想拍出好作品就不那么简单了。能清楚自己所拍作品的目的是什么？就显得更重要了。这是一种非常好的职业习惯，养成这种创作习惯对自己的发展进步至关重要。我相信，每一位成了名的摄影家都有过这样的创作经历。你别只看大师们在拍照片时的快速动作，你应该了解一下他们在摄影的初期阶段所走过的弯路，所花费的时间和金钱，就知道他们的成功是多么来之不易。他们现在的快速与果断，都建立在长期的积累和磨炼之中。我还没见过哪一位摄影大师初次接触摄影就一举成名的个例。

自然光和人造光的差别是，人造光属于主动创作，能够灵活布控，可以人为制作各种光线效果，这是自然光做不到的。经常进行人造光的布光练习，可以提高对光效的认知度和对光的敏感性，这种练习对任何摄影创作都有益处。这在正规的摄影院校也属于重点基础课程训练，对学员今后的工作实践意义重大。而自然光是不能人为移动的，只能根据天气变化，靠天吃饭，属于被动性创作。更需要个人主观意识的发挥，这种主观能动性就建立在对光的理解掌握和长期的实践积累上。

自然光和人造光在使用方法上虽然有很大的区别，但是也存在很大共性。

（1）照亮被摄对象。这是所有光源的基本特征。

（2）塑造物体形象。

（3）利用光线表达作品的主题思想。

（4）都需要摄影师认真地设计和有目地观察和布控，按照创作要求去选择和制作光效，久而久之必然形成一种潜意识去指导快速反应的能力。

光的基本功能就是照亮，它不会为摄影师的创意自动服务到位。因此笔者认为，如果有条件的话，还是利用人造光的灵活性，花些时间进行人造光的布光练习（石膏像是很好的拍摄道具），在光线布控上多下点儿功夫，研究一下各种光效的表现效果。通过练习，去了解各种光效的制作方法和表现形式，这对认识自然光、利用自然光去表达作品内涵大有好处。这种练习，在摄影专业的教学大纲中都有编排。

7.4 自然光的效果

自然光的主要光源是太阳，它一年四季都是从东方升起，西方落下，年复一年，周而复始。这种严谨的、有规律的自然现象，为摄影创作提供了方便。天气说变脸就变脸的坏脾气，给摄影创作带来麻烦的同时，又给摄影创作提供了绝佳的创作机会。很多优秀作品，就来自变化无穷的恶劣天气之中。只要留心观察，自然光是有规律可遵循的。摸清规律，必能胸有成竹。

日出前、日落后的天光

在太阳升起之前和太阳落山之后，自然界受天光的照射，一切景物都处在极高的色温控制下，到处一片冷灰色，色彩纯度降低。景物在漫散射光的均匀照射下，缺少光影变化，景物关系平缓柔和，万籁俱寂。此时，也是摄影师比较忙的时刻。

△ 日出前的光影效果，阴冷单调，景物应有的各种光影关系统统消失，只有物体的形象仍然保留完好。这幅作品就出自太阳升起之前，画面非常平淡

△ 经过电脑后期调整，作品可以还原到比较理想的色彩关系

△ 日出前拍摄的画面整体平淡，色调偏冷灰色，但是画面中的景物结构层次仍然表现完好

△ 经电脑后期调整后，画面的色彩还原比较理想。荒废了几百年的明显陵，仍然保留着皇家的威严，体现出古代工匠精湛的建筑水平

△ 日落后，大地被柔和的散射光笼罩，人们利用短暂舒适的气候条件，享受着没有阳光灼烤的凉爽时刻

日出、日落时的天光

　　日出和日落时的阳光，是摄影创作最好的光线条件。此时的光线与地面成水平角度照射，而且色温很低，与地面的色温相差较大，适合表现反差大、色彩对比强烈的作品。这个时间段，是摄影师绝不会放过的创作时刻。需要提醒大家，在这个时间段里，千万不要放过对周边环境的观察，很多意想不到的精彩瞬间都出自这个时段。

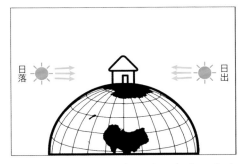

△ 日出和日落的阳光与地面成水平角度照射

◁ 日出时刻，阳光与地面成水平照射，使地面景物形成极大的明暗反差和色差，这一时间段是拍摄风光的最好时段。这幅作品就是在这一时刻拍摄的，表现了冬日清晨的寒冷寂静。拍摄时要注意保护亮部信息，曝光不能过度

◁ 日落时刻，晚霞会随着落日逐渐变得浓重，由于白天的喧闹，造成空气介质的增多，促使天空在漫散射光线中呈现出火红的晚霞现象。这种效果会随着太阳的消失而渐渐退去，必须抓紧这段时间拍摄。测光以亮部为准，防止曝光过度

◁ 日出、日落时的其他方向更是必须观察的位置。往往摄影人总是被日出日落的景色所迷惑，忽略了其他方向的观察，这就丧失了很多创作机会，很多优秀的作品就出现在其他方向。这幅作品就发生在日落的周边方向，整幅画面层次丰富，气氛强烈，显示出西北地区牧羊人放牧归来的热烈场面

△ 日落时刻，水平照射的光线效果，强化了被摄景物的明暗反差和色差。极低的拍摄机位与超广角镜头的运用，使作品中的太和殿在落日的映衬下，更显庄严辉煌

[提示]

　　这个时间段的光线效果变化非常迅速，拍摄前必须提前做好各项准备工作，创作时必须迅速果断、判断准确，稍有疏忽就会丧失机会。

上午、下午的天光

　　上下午的阳光与地球成斜线照射，这时的阳光照射条件非常稳定，是摄影创作最稳定的拍摄时段。不用考虑是上午还是下午（除了新闻和刑侦摄影必须说明拍摄时间），这两段时间的光线效果几乎一样，只是方向有所不同，画面效果在视觉上没什么区别。摄影师只需全力以赴进行创作。

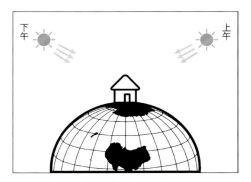

△ 上午和下午的光线最稳定，是摄影创作最稳定的时间段

△ 这是一个非常稳定的拍摄时段，摄影师可以从容淡定地进行创作。这一时间段也是游人最开心的娱乐时间，在阳光的沐浴下，佛香阁也显得鹤立鸡群、泰然自若

△ 利用超广角镜头在这个时间段拍摄古建筑，作品效果更加壮观奇特。夸张的视角、均衡的构图、对比强烈的色彩关系，强化了作品的视觉冲击力，使古老的建筑焕发出时代的气息

△ 上下午的时间是人们潇洒自如、尽情逛街购物的时刻，也是摄影师"搜寻猎物"的最佳时段。在人们热衷关注各自的购物行为时，摄影师也兴奋地捕获着自己眼中的"猎物"。用慢速快门以"动静结合"的拍摄技法表现市场的繁荣，效果十分得体。提示：由于快门速度慢，在没有三脚架的情况下，一定要寻找稳定的依托物控制画面的清晰度。拍摄这幅作品时以旁边的大树为依托，保证了1/8秒慢速快门的稳定性

◁ 在这个时间段拍摄，几乎分不清是上午还是下午，光影都在被摄景物的一侧，物体造型非常明确。摄影爱好者在拍摄时应尽量少用顺光拍摄，因为顺光对刻画景物的立体造型效果不利。这幅作品就是利用这一时间段拍摄，光影关系在人物的一侧，形成了很好的结构关系

正午的阳光

　　中午的阳光属于垂直向下照射的光线。画面会出现被摄对象的顶部被光线照亮，而垂直立面却处于阴影中。在这个时间段摄影师一般都停止创作，如果有特殊情况出现，利用这一特殊光线效果，也能创作出比较理想的作品。

△ 中午垂直照射的光线，会随季节的变化，发生角度上的偏移。表现为夏日的光线基本垂直，春秋季节的光线会向南偏斜，冬天的光线向南偏斜的角度更大

▷ 清楚地记得在 20 世纪五六十年代流行的一首歌《勤俭是咱们的传家宝》。歌中唱道"勤俭是咱们的传家宝，社会主义建设离不了、离不了……"我们的国家就是在"勤俭持家"的精神指导下，艰难走到今天的。希望现在的年轻人能保留一些传统精神，勤俭持家，俗话说："手中有粮，心中不慌"。这幅作品中的正午日光和"传家"二字激发了创作的灵感，摄影创作需要的就是与现实发生思想碰撞所产生出的联想

◁ 在中午阳光下，一般不适合创作，但是如果机会合适，也能创作出理想的作品。这幅作品是球迷俱乐部在中午拍摄合影的效果，可以明显看出，人物头顶被阳光照射，阴影出现在人物脚下和垂直的身体部分

△ 在中午阳光的直射下，人们躲避着炽热的太阳，喧闹的城市也暂时平静下来，高耸入云的高大建筑，在烈日的灼烤下，也不得不低头暂歇

△ 这是一张顶光效果的作品，人物脸部的阴影关系显示出顶光照射形成的结构关系。如果没有漂亮的民族服装作为衬托，这种光线表现出的人物造型会很不理想

阴天的散射天光

阳光被云层遮挡后形成的漫散射现象，即称散射光，也称软光。这种光线的特点是，光效柔和，没有明显的阴影，没有时间的概念，没有方向感，对表现景物的整体细节非常有利。缺点是，由于光效柔和，被摄景物缺少明暗关系，因此对表现景物的立体造型结构不利。

△ 阴天是很好的软光源，也是很好的摄影用光

△ 阴天的柔和光线是拍摄人像最好的光效，这种光可以把人物所有的细节关系交代得十分清楚，摄影师不用考虑光线与造型的问题，只管抓取人物的表情。画面中所有老人的形象都非常清晰，精神状态健康自然，时代气息十分强烈

◁ 阴天是群体摄影最
好的用光条件。由于没
有明暗反差，每个人
物的细节都可以交代
得非常清楚，不会出
现因阴影的遮挡影响
个人形象的问题。这
幅作品中的群体效果
在绿色环境的衬托下，
显得十分和谐融洽

△ 阴天淡雾是拍摄风景小品的最佳时刻，淡雾丰富了景物的层次，产生出明显的空
气透视效果。画面中的景物都处在微妙的朦胧气氛中

△ 柔和的散射光，把一切景物都控制在细节丰富的视线中。无论在什么样的环境下，
只要有适合拍摄的素材，都可以记录下来。在这幅作品中，气氛显得十分悠闲，体
现出和平环境下人与人之间的亲密关系。从另一个角度来说，不断提高自己的艺术
修养和审美意识，才是最最重要的创作核心

四季天光的角度变化

　　一年四季中，太阳的照射角度总是在不断变化的。夏季的照射角度几乎是垂直向下照射。而春、秋两季的照射角度则偏向南侧。到了冬季，太阳的照射角度会偏的更多。而且，各个地区、各个国家的照射角度都有所不同。这种变化对摄影的造型还是有一定影响的，我们必须掌握这种变化规律，关键时刻可以发挥作用。要想弄清这个问题，最简

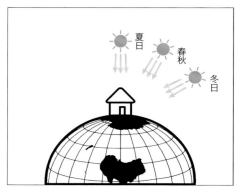

△ 一年四季阳光的角度变化示意图

单的办法就是观察景物与太阳的投影变化，通过观察你会发现一年四季景物的阴影位置是不断变化的。冬季物体的阴影最长。春、秋季节的阴影会缩短。夏季的投影位置最短，几乎是垂直的。通过这样的观察就可以看出太阳光的四季变化过程。

春

夏

秋

冬

7.5 光的性质

光的性质是指：光源发出光的软硬关系。这种软硬关系对摄影创作影响极大，初学摄影的人必须熟练掌握光的性质变化，因为它会影响到所有摄影创作的画面效果。

硬光（直射光）

光线没有受到任何干扰，直接照射到物体表面所形成的照明效果即为硬光。这种光的特点是：光效很硬，明暗反差大，投影明显，方向明确，具有良好的立体造型特点。缺点是，由于光比大，反差大，对被摄景物的整体细节描述不利。

自然光的硬光，是指太阳的直射光，这种光是典型的硬光。

人造光的硬光，是指在灯具前，不添加任何柔光介质，让灯光直接照射被摄对象所产生的光线效果。

△ 在直射的阳光照射下，城垣表现出明确的明暗反差，暗部细节损失较大，但是城垣的立体造型硬朗明确，结构分明，长城的形象更加雄伟壮观

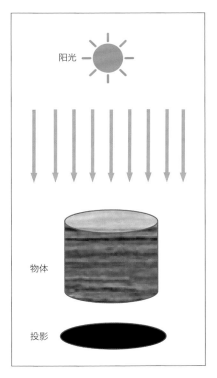

△ 硬光（直射光）直接照射被摄对象后，产生明显生硬的投影效果

△ 直射的阳光使景物产生非常明显的阴影关系，黑白分明的残破痕迹与城楼明显的阴影反差，都显示出因直射光照射而形成的物体复杂的结构关系。直射光效是形成景物立体造型最好的光线

软光（漫散射光）

光在行进过程中，受到其他介质的干扰，间接照射到物体表面，形成柔和的照明效果，即为软光。这种光的特点是：光效柔和，方向感不强，投影平缓，反差很弱。缺点是，由于光线过于柔和，缺少阴影关系，对塑造景物的立体造型不利。

自然光的软光效果是指：阴天、雪天、雨天和阴影下的光线，以及阳光照射到粗糙物体表面所形成的反射光。比如地面的反射光、墙面的反射光以及透过半透明物体形成的漫散射光线效果。

人造光的软光效果是指：通过在灯具前加装的柔光板、柔光箱、反光板、反光伞等附件所营造出来的软光效果。这是室内摄影主要的用光形式。

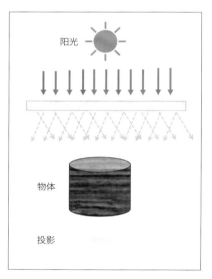

△ 光线透过介质干扰，间接照射到物体所形成的漫散射光，这种光线的投影非常柔和。在人造光线下，这种软光效果可以根据创作需要，通过人为控制随时进行调整

△ 阴天是最好的软光源，被摄景物都处在柔和的光线照射下，被摄对象的所有结构都清楚地展现在镜头前面。是风光摄影以及人像摄影较好的用光条件

△ 在人造光源前加装柔光板或柔光箱从而改变了光的性质，使被摄对象的所有结构关系都表现得十分完整，这种光效是静物摄影的最佳用光形式

△ 画面中的道具比较凌乱，柔和的漫散射光将杂乱的阴影关系基本消除，这种软光的运用，正是表达静物作品的最好的用光条件

△ 这是一张阴天拍摄的儿童肖像。在柔和的光线照射下，孩子胖胖的脸蛋儿十分可爱。孩子突然对相机产生出极大的兴趣，抓紧机会迅速按下快门，将可爱的脸蛋儿永远保存下来

聚光

是典型的人造光效果。利用聚光器，将光源汇聚成硬朗、具体、方向感明确的用光方式，这种光线即为聚光效果。它可以将光线汇聚成明显的光柱投射出去，照亮重要的景物。多用于室内摄影或舞台造型。

△ 各种款式的聚光灯

△ 节日的天坛大功率聚光灯

△ 舞台聚光灯

7.6 光影的透视关系

　　光与影是一个整体的两个部分，光和影是分不开的。当光源与被照射物体形成照明关系后，就会在相对应的平面上留下投影，这个投影会随灯光的大小、距离的远近、角度的变化、性质的不同而发生变化。这种变化是有规律的，在工作和生活中，要多注意观察，一旦掌握了这些规律，就可以在二维平面中塑造出三维空间，使摄影作品获得最精彩的视觉效果。这对摄影爱好者的创作能起到很大的帮助，也是摄影创作必不可少的理论依据。

△ 光与影是分不开的，日落前水平照射产生的强烈反差，将沙丘一分为二。漂亮的 S 形构图，使画面中的沙丘更加醒目突出

△ "形影不离"是形容人和影亲密无间的关系，世上也有形影分离的时刻，那一定是悬空的物体，"踢毽子的人"就说明了这个道理。人物腾空而起，此时的投影就完全脱离了人的形体而投向另一空间

△ "光影随行"是自然界的规律。有影既有形，影随形走，这一规律是颠扑不破的。掌握了这一规律，就可以创作出很多优秀的摄影作品。这幅作品表述的就是在复杂阴影环境中的老人形象

7.7 日光的平行透视

太阳光属于平行照射的光线。太阳的体积比地球大130万倍,距离地球1.5亿公里,发光强度巨大。地球与太阳相比就是沧海一粟。太阳的超强光线,照到地球表面已无变化可言,因此它的光照轨迹呈平行状态。地球上的所有景物产生出的投影也是平行的,没有深浅虚实的透视变化。这就相当于用一盏上万瓦的灯,照射一粒小米,在小米上放置一个极其微小的物体,再用显微摄影观察微小物体的投影效果,其光影效果一定是水平透视关系。这一实验虽然有些牵强,但是很说明问题。

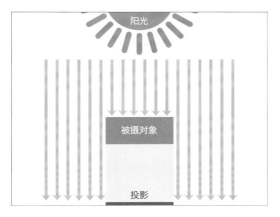

△ 太阳光平行照射的投影示意图

△ 日落前阳光与地面成水平照射,因此人物的投影效果被拉长,可是投影的深浅、虚实都没有发生变化

△ 阳光下这两幅作品的人物投影,没有虚实、深浅的变化,只有因照射角度不同而产生投影长短的变化。(右图)因阳光和人物几乎成水平角度照射,所以投影被拉长,但是投影没有发生虚实、深浅的透视变化。(左图)由于阳光和人物几乎成垂直照射,因此投影缩短,也没有发生虚实、深浅的透视变化

7.8 人造光的光影透视

人造光源的光影变化比自然光复杂得多。这些变化对摄影创作的影响很大。由于人造光源具有由中心向四周扩散的中心透视现象，所以灯位、被摄对象、投影位置（背景）这三者之间一旦发生变化，都会使被摄对象的投影产生大小、虚实、深浅关系的变化。如果摄影人能熟练掌握这些变化，并合理运用于摄影创作中，拍摄过程会顺利地展开，作品的立体造型和视觉关系会更加合理，从而直接影响到作品的最终结果。

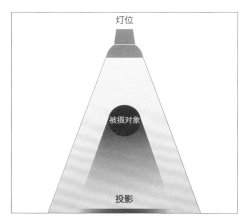

△ 灯位、被摄对象、投影位置三者位置关系示意

[提示]
(1) 灯位是指照明光源的位置，也就是光源的具体位置。
(2) 被摄对象是指被拍摄的主体物。
(3) 投影位置是指物体在灯光的照射下，产生投影的背景位置。

效果一

灯位、投影位置（背景）确定后，如果被摄对象离灯位越近，离投影位置（背景）越远，所产生的投影面积就越大，边缘越虚，阴影密度越淡化；如果被摄对象离灯位越远，离投影位置（背景）越近，所产生的投影面积就越小，越接近被摄对象的实际大小，而且边缘越实，阴影密度越大。

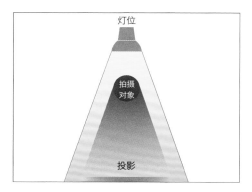

△ 被摄对象距离灯位近，距离投影位置远，其投影面积越大，边缘越虚，阴影密度越淡化，甚至消失

◁ 人物距离灯位近，距离背景远，实际拍摄效果是阴影明显淡化。这幅作品中的人物距离背景较远，又因为使用的是软光源，所以背后的投影基本消除了

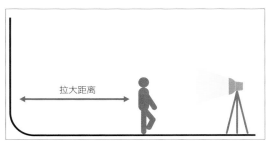

△ 灯位图，说明被摄人物离背景远，离灯光近，人物背后的投影基本消失

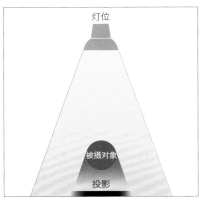

△ 被摄对象离灯位远，离投影位置近，其投影面积越小，越接近被摄对象的大小，边缘越实，阴影密度越大

△ 自行车的位置距离灯光远，紧靠投影位置，其效果是阴影生硬，影调浓重

▷ 自行车的照明效果图

在摄影实践中，如果需要强化投影效果，加强结构关系，就要让被摄对象远离灯位，尽量靠近投影位置（背景），阴影密度就会加重，边缘也会更实，起到衬托被摄对象的立体造型的作用。如果为了减弱甚至消除被摄对象在背景产生的阴影关系，就要让被摄对象离光源近一些，离投影位置（背景）远，其阴影就会明显减弱，甚至消失。所以，要想处理好被摄对象与背景的投影关系，要注意调整灯位、被摄对象、投影位置（背景）这三者的距离，使投影达到创作主题所需要的效果。

△ 为了追求被摄对象与背景的空间关系，做到既要突出被摄对象，又要强调被摄对象与背景的微妙空间变化，就不要让被摄对象紧靠背景，要让被摄对象与背景的距离适当拉开一些，让背景产生适当的阴影，又有一定的空间距离感，再利用大面积的柔光板制造软光效果，虚化阴影的边缘，使其达到设计要求。这幅作品就采用了这种做法，画面完全符合创作要求

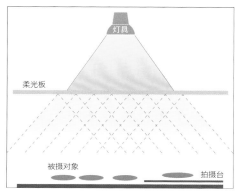

△ 首饰拍摄灯位示意图

效果二

灯位和投影位置（背景）不变时，如果被摄对象的水平角度发生倾斜，投影效果也会随之发生变化。被摄对象水平角度倾斜越大，投影面积越小，边缘的虚实与深浅变化越大。离投影位置越近的物体边缘，投影越实，阴影越重。离投影位置越远的物体边缘，投影越虚，阴影越淡。

根据这种原理，在实践中，调整被摄对象和光源的角度，可使投影发生变化，改变被摄对象在画面中的空间关系。这种视觉上的变化，对改变物体在画面中的空间位置能起到很好的作用。

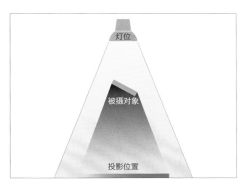

△ 图中的灯位、投影位置没变化，而被摄对象的角度发生了变化，阴影就会产生虚实、大小的变化

△ 从这幅作品中可以看出，投影位置、灯具和被摄对象形成角度上的变化，投影也随之发生长短、虚实、深浅的变化。接近背景的一边阴影实，色调重；远离背景的一边阴影虚，色调淡（学员作品）

效果三

灯位、被摄对象的位置不变，投影位置（背景）的水平角度发生倾斜变化，投影效果也会随之发生变化。投影位置的水平角度倾斜越大，投影变化越大、边缘越虚、影调深浅变化越大。投影位置距离被摄对象和灯位近的一边，投影边缘越实，阴影越重。投影位置距离被摄对象和灯位远的一边，投影边缘越虚，阴影越淡，体现出近实远虚的视觉现象。在实践中，利用这一理论，将投影位置（背景）的角度改变，使投影效果产生形状、虚实、深浅的变化，促使画面中的物体空间发生变化，从而改变三维空间的整体关系。

△ 画面中的窗板与窗格不在一个平面上，形成了角度上的变化，造成窗格投影发生宽窄、虚实、深浅的变化。接近窗格的一边，阴影实、色调重、投影窄；远离窗格的一边，阴影虚、色调浅、投影加宽

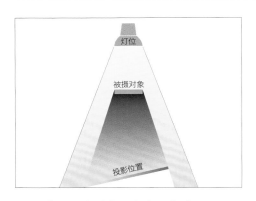

△ 改变投影位置水平角度示意图

效果四

　　用两盏功率一样，水平位置和照射角度相同的灯具，从两个方向照射同一个被摄对象时，就会产生两个投影区：重影区，重叠部分密度大；单影区，单影部分密度小。这种光效在实际生活中经常会出现，但是，这种效果并不会影响人们的生活，因此不会被大家注意到。但是摄影爱好者必须了解这种照明效果的利与弊，应用时要谨慎小心。运用不当，就会造成光影的紊乱，而且灯光用得越多，光影也就越乱。出现这种现象的原因是因为光在行进中，不会因光源复杂，相互干扰而自觉让路给对方，它仍然会按照光的直线行进方式运行，因此就造成了光影的紊乱现象，导致摄影作品的失败。

　　在摄影实践中，用两盏照度、角度、距离完全一致的灯光照射的情况极为少见，一般都以一盏灯作为主光，另一盏灯作为辅助光，主灯功率都大于辅助灯，还要注意调整两盏灯的距离和位置，同时用测光表测量两盏灯的光比，既要消除紊乱的光影关系，又要保证被摄对象的造型效果。简单的道理就是，摄影所制作的光线效果，都要尊重生活习惯，违背生活习惯的光线效果，都会使观者产生困惑（特殊创意除外）。

　　在实践中，用两盏功率一样，处于同一水平位置的布光情况也有。比如翻拍工作的布光，由于翻拍的物体都是平面的，不会出现阴影问题。为了保证被翻拍画面的照度均匀，不但要求灯的功率一样，还要做到位置一样，角度一致，距离一样，这才能保证翻拍作品的整体画面都能达到最均匀的照明条件。

△ 拍摄这尊佛像时，由于佛像由两盏灯从左右两侧同时照射，因此造成佛像背后产生了两个投影。说明两盏灯从两个方向照射同一个物体时，由于两盏灯的功率基本相同，就产生了两个投影区的实例

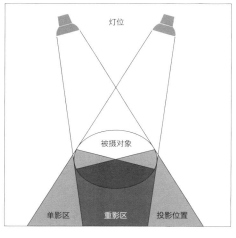

△ 用两盏功率一样，水平位置和照射角度相同的灯，在照射同一物体时所产生的重影效果示意图

△ 在生活中，这种现象很多，比如路灯、汽车灯、足球场上的灯光照明等，只是我们不太注意而已。这张照片就表明了这种现象的存在。由于两盏灯的角度、距离、照明强度基本一致，当灯光照射到物体时，就会出现重影区和单影区的现象。这种现象在日常生活中出现，不会对人们的正常生活有任何影响。如果出现在摄影创作现场，就会严重破坏作品的效果，必须引起重视

△ 用两盏功率一致的灯进行翻拍工作，必须保证灯位、角度、距离一致，才能保证翻拍工作的顺利进行

△ 翻拍绘画、照片、文件时，根据作品面积大小，一般都会使用功率、位置、角度一致的两盏或多盏灯具同时照射一幅画，还要做到光线照度均衡统一，翻拍效果才能做到最好。

效果五

在光源前添加柔光介质（如柔光板），使光线形成漫散射光，经过这样处理，可以减弱或消除被摄对象的阴影。若想改变投影效果，取决于灯光、柔光介质和被摄对象三者的距离。一般情况下，柔光介质离灯光越近，离被摄对象越远，阴影越重。柔光介质距离灯光越远，离被摄对象越近，阴影越淡，甚至消除。这种效果必须通

过反复练习和观察，才能最终获得作品所需要的阴影关系，通过实践得到的结论才是最有价值的实战经验。

在摄影实践中，这是减弱甚至消除阴影最常用的做法。通过调整柔光介质、光源、被摄对象三者之间的距离，你会发现被摄对象的阴影会发生极其微妙的变化。另外，加大柔光介质的面积，改变柔光介质的角度，也是改变和减弱投影的方法。这些变化需要综合起来使用，通过仔细观察，从中积累经验。如果粗心大意，往往会忽略这种细微的变化，这是很可惜的，也是职业摄影师不应该出现的工作作风。

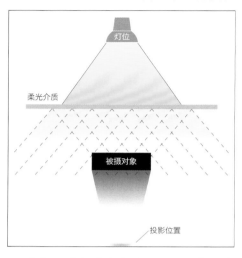

△ 在灯具前加柔光介质后，阴影会被减弱或被消除，需要注意的是，改变柔光介质、灯位、被摄对象三者之间的距离，阴影会有明显变化，需要不断练习，在实践中丰富自己的经验

△ 将大型柔光板远离灯具，尽量靠近被摄对象，使这幅作品中的投影几乎全部被消除

△ 在灯具前用大于被摄对象几倍甚至几十倍的大型柔光板，投影会被大大减弱，甚至消除。这幅作品就采用了大于被摄对象30倍的柔光板，被摄对象的阴影基本被消除，画面显得非常干净

效果六

灯位、被摄对象和投影位置（背景）不变时，光源功率和体积越大，被摄对象的受光面越大，投影面积越小。光源功率和体积越小，被摄对象的受光面越小，投影面积越大。

在摄影实践中，为了减弱投影，应尽量使用大功率的灯具和大口径的反光罩，或者加大柔光箱和柔光板的尺寸面积，以达到减弱投影的目的。建议使用比被摄对象大几倍甚至几十倍的柔光箱或柔光板的办法，削弱投影，效果十分显著。

光影透视这个问题，在影视工作中随时都存在，如果不注意观察它的变化，不合理利用它对画面的影响，会对影视作品的效果产生极大影响。若想获得好作品，必须熟练掌握光影透视这个看似无关紧要却又十分重要的技术问题。必须多实践、勤分析、多动手，实践是检验真理的唯一标准。勤奋是获取经验的唯一出路。

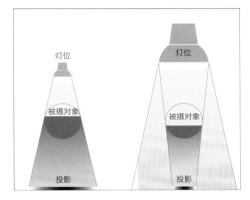

△ 灯具的大小不同，直接影响投影面积大小

△ 摄影棚内的柔光板、反光板，都几倍于汽车的面积，会大大改变被摄对象的阴影关系

7.9 光的位置

　　光的位置是指，在相机的机位与被摄对象的位置确定以后，光源所处的位置就是光位。对摄影来说，光的位置、相机的机位、被摄对象的位置是三位一体、缺一不可的。相机是用来记录的，被摄对象是具体的被拍摄的对象，二者是看得见摸得着的实物。而光是看得见摸不着的电磁波。它决定着一幅作品的立意、气氛以及主题思想的重要条件。一个优秀的摄影师，一定会把光位的选择作为重要的环节。更准确地说，光位的确定，必须根据摄影作品的创意，由摄影师亲自布置完成，绝不是随便摆放那么简单。就是在自然光下拍摄，也要根据光的性质、角度、天气条件来决定被摄对象和机位的关系，从而做出是否拍摄的决定。

在自然光下拍摄，有时也需要使用人造光进行补光，同时还要利用一些柔光板、反光板、吸光板协助完成光效的处理，使画面达到应有的效果，这是摄影创作、电影和电视剧拍

△ 自然光下拍摄只有两种选择，第一是等待，第二是巧遇。因为自然光无法控制，只能靠天吃饭，根据现场的具体条件，发挥摄影师的想象力和机遇的捕捉能力再做出拍摄的决定。如果运气好，赶上好的天气条件，作品可以信手拈来。如果运气不好，耐着性子等上几天也是常有的事。这幅作品就赶上了好机会，光线氛围十分难得，找好机位迅速拍摄。随着云层的变化，这一效果会逐渐消失，拍摄机会也随之消失，这就是变化无常的自然光

△ 室内人造光是充分发挥摄影师主观能动性的最好条件。好的创意，再加上摄影师资深的功底，就等于好的作品。这幅作品是根据客户的要求拍摄的，表现人物清纯的一面。有了想法，就可以准确布置出幻想之光。这就是人造光的特点，它不受天气条件的制约，可以随心所欲地进行布控。利用人造光进行创作，只有想不到，没有做不到的

摄时经常采用的办法。

自然光下的创作属于被动性的。由于太阳光无法控制，所以，摄影师就要根据太阳以及天气条件，来决定机位和被摄对象的位置是否符合创作要求，最后再决定拍还是不拍。

室内人造光下的创作属于主动性的。由于室内不受气候条件的影响，灯具可以根据主题要求灵活调动，表现形式也更多样化，这就要求摄影师必须熟练掌握各种光效的表现形式，根据作品的需要，精准做出光线效果的布控决定。有了人造光的布控经验和认知度，对自然光下的创作一定会更有把握。

7.10 光位的水平角度变化

光的水平角度是指：当机位与被摄对象的位置确定以后，灯光和被摄对象做180°的水平面旋转，就是水平角度。随着光位水平角度的变化，被摄对象会产生顺光、前侧光、侧光、侧逆光、逆光的光效变化。这些光效对被摄对象的造型和主题创作将产生巨大影响。

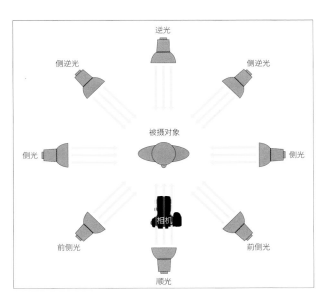

△ 光的水平角度全方位示意图

顺光

光源与相机镜头的光轴成同一方向的照明效果称顺光。这种光效会因角度太正，被摄对象的照明效果单调平淡，暗部和阴影都处于被摄对象的后面，而使视觉效果整体缺少层次，无法表现物体的立体结构。只能靠物体本身的转折面和色彩关系表达自我形象。这种顺光光效，在摄影实践中必须慎重对待。

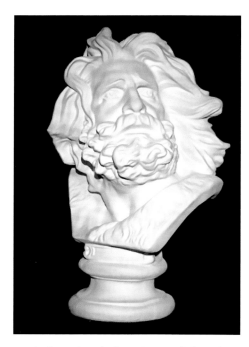

△ 顺光照明，光线平淡，石膏像只能凭借自身的造型，以及灰色转折面展现自我形象

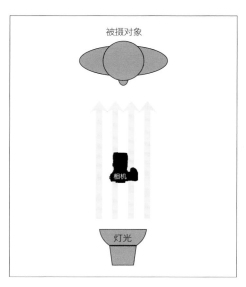

△ 顺光灯位示意图

△ 顺光拍摄下的荷花，只能借助自身强烈的对比色展示自我，物体本身的结构与层次很弱。顺光拍摄使画面失去了应有的质感变化，只能凭借色彩来表达主题

◁ 被摄对象在顺光照射下，只能凭借自身的色彩与造型结构变化展示自我形象，这幅作品就是凭借古建筑自身的色彩与结构变化展现自己的形象。试想，如果建筑物的色彩属于同类色彩，结构形式也基本一致，画面效果一定会混为一体，无法分清

前侧光

光源位于相机机位的一侧约 45°左右的位置，光效的特点是照亮被摄对象的前侧面，将暗部和投影置于相对称的另一侧面。这种光位能产生较好的造型关系，在物体表面可以形成比较丰富的结构层次，是比较好的用光角度。

△ 用前侧光拍摄，石膏像的立体结构比较明确，是较理想的造型光

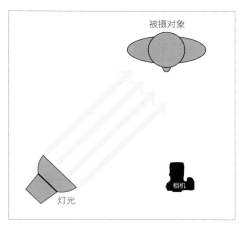

△ 前侧光灯位图

△ 典型的前侧光人物肖像，结构层次明确，立体感较强

△ 选择前侧光拍摄的风光，同样可以获得比较丰富的层次感和理想的造型效果

侧光

光源位于相机机位的正侧面 90°左右的位置。光效的特点是照亮被摄对象的侧面，将暗部和投影置于相对称的另一侧，侧光具有很好的造型作用，是刻画物体表面肌理效果的最好造型光。

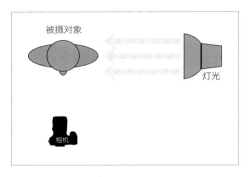

△ 侧光灯位示意图

△ 用侧光拍摄的石膏像立体感更强，俗称"阴阳脸"，人物性格的表现更显坚定

△ 用侧光拍摄的女拳手，体现出了其坚忍的性格与沉稳的作风

△ 日出时的水平照射形成的侧光，塑造出长城清晰的结构，远处的山峦也体现出丰富层次。这个时间段，是风光摄影最好的创作时刻

△ 在侧光照射下的物体表面肌理十分明确，质感清晰，节奏分明，展现出漂亮舒缓的波浪纹

侧逆光

　　光源位于相机机位的正侧面 135°左右的位置，光效的特点是照亮被摄对象的侧后方，将暗部和投影置于被摄景物的前侧面，这种光是最好的轮廓光，又称勾边光。可以营造出漂亮的勾边光效果，是勾勒被摄对象边缘轮廓的最佳造型光。

△ 在侧逆光的照射下，石膏像一侧的轮廓十分清晰，这是制造被摄对象勾边光最好的用光角度

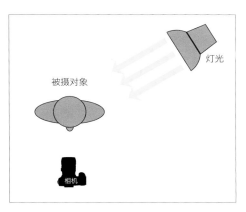

△ 侧逆光灯位示意图

△ 由于阳光属于平行光线，塑造出的轮廓光更加清晰完整，人物的造型与结构都非常清楚

△ 在风光作品中，侧逆光的运用，可以起到勾画景物轮廓的作用，强调自然界的结构层次与丰富的色彩关系

逆光

光源正对相机的镜头光轴，与相机成 180° 对顶角，处于被摄对象的正后方。光效的特点是照亮被摄对象的背面，将暗部和投影置于被摄对象的正前方，因此正面细节表现较差。是制造完整的轮廓光效果和剪影效果的最佳光位。

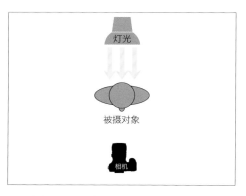

△ 逆光灯位示意图

△ 逆光照射下，石膏像整体轮廓明确，这是制造轮廓光与剪影效果最好的光位

△ 逆光是制作轮廓光最好的光源。拍摄时曝光要以亮度为准，为了更好地体现轮廓光的效果，可以适当增加一些曝光量。要尽量保护高光部分的质感效果。逆光也是各种植物最好的造型光，在逆光的作用下，植物的造型轮廓都表现得十分清晰靓丽，叶子的色彩会更显透明纯正

△ 迎着太阳拍摄，是典型的逆光效果。这幅作品拍摄的目的，是为了表现地面丰富层次与热烈的黄昏暖色调。测光一定要以太阳为测光标准，既要保护太阳的完整形象，又要照顾到地面芦苇的细节，突出地面的层次和质感是本作品的主要任务

◁ 日落是拍摄剪影最好的光线，为了获得反差分明的剪影画面，曝光一定要以亮部为准。如果用机内测光表测光，必须减少曝光的补偿，使主体景物因曝光不足而形成结构清晰的剪影。测光必须以太阳为参照点测光。再经电脑后期的修正，即可获得理想的剪影画面

[练习]

　　（1）根据水平角度的各种光位变化，拍摄每种光位角度的习作（建议练习拍摄石膏像），从中找到各种光效的表现效果。通过这种练习强化自己对水平角度光线变化的认知度，为后面组合光位的练习奠定基础。

　　（2）根据水平角度的各种光位变化，拍摄多种题材的作品。通过这种练习加深对光效的理解，巩固实战经验，为以后的创作打下基础。

7.11 光位的垂直角度变化

　　光的垂直角度是指：当机位、被摄对象的位置确定以后，灯光围绕机位和被摄对象做垂直的纵向旋转变化，即为垂直角度。随着光位垂直角度的变化，被摄对象会产生水平顺光、低位光、底光、低位逆光、水平逆光、高位逆光、顶光、高位光等不同光效。这种垂直角度的照明效果，是摄影最常用的光效。对摄影创作的影响是巨大的，如果把它

△ 垂直角度全方位示意图

与水平角度的灯位结合起来使用，就可以得到最完整的摄影用光效果，可以完成所有创意摄影的用光要求。

顶光

机位确定以后，照明光源在被摄对象的上方，与相机光轴成 90°左右的垂直角度，对被摄对象形成自上而下的照明效果，即为顶光。光线照亮物体的顶部，阴影留在物体的下方，形成上亮下暗的照明关系，而物体的垂直立面也处在阴影之中。

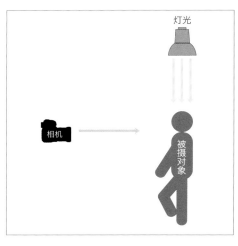

△ 顶光照明示意图

△ 顶光所展现的光效，使石膏像产生上亮下暗的关系，含有天国之光的色彩

△ 中午的顶光，勾勒出人物头顶的发丝光，投影停留在人物的脚下，身体的立面和面部细节处于阴影处，只能凭借天光和地面的反光加以描绘

△ 这幅作品是典型的顶光效果。画面中的楼阁顶部受光线的照射，非常醒目，在门洞的衬托下更显突出。相比之下，屋檐下部却处在阴影之中。用这种手法处理，虽然亭子在画面中的占比不大，却显得格外醒目

△ 中午炎热的阳光垂直射向地面。为了躲避酷热，人们都躲在树荫下行走。电车被勾勒出顶部的轮廓，树叶在顶光的照射下也透出翡翠般的绿色，这幅作品完全表现出顶光照射下的真实效果

正面高位光

机位确定以后，光源处在相机与被摄对象前上方约45°夹角位置，对被摄对象形成由前上方向下照射的效果，称高位光。这种光的用途十分广泛。在表现艺术人像时，被称作"蝴蝶光"，又称"派拉蒙光"，是早期美国好莱坞电影厂经常使用的一种特殊效果光，多用于拍摄美女明星。

△ 正面高位光，照亮石膏像上半部，是很实用的一种光位照明

△ 正面高位光示意图，在实际应用中，可根据实际需要进行随机调整

△ 这是采用蝴蝶光拍摄，充分体现出了模特美丽俊俏的面容

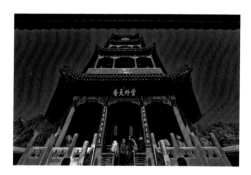

△ 正面高位光准确勾画出颐和园佛香阁的形象，清晰表现出佛香阁每一层的结构关系。在蓝天绿树的烘托下显得格外高大，体现出中国古建筑的雄姿

△ 高位光对景物的结构和色彩都能很好地表现出来，这时的机位和光线角度，正是天空偏振光较多的位置，可利用偏振镜加大蓝天的密度，强化作品的色彩饱和度与反差

水平顺光

　　机位确定以后，照明光线与相机的光轴成同一方向，这种光又称顺光。这种光效果平淡，对景物结构造型的表现极为不利，只能靠被拍摄景物自身的色彩和外形去展示自我。在应用时要谨慎。

△ 水平顺光的造型过于平淡，只能靠石　　△ 水平顺光示意图
膏像外形结构的转折灰面表现自己

△ 这幅作品色彩鲜艳、反差较大，打破了顺光造成的平淡和死板。蓝色的海水、万
绿丛中散落的红色植物与白色建筑，为作品增色不少

△ 用水平顺光拍摄风光，要选择景物多样、色彩对比强烈的被摄对象进行拍摄。这
幅作品景物丰富，色彩对比较强，地面的肌理变化十分明显，利用顺光拍摄也能很
好地表现出雪后的自然景观

◁ 用水平顺光表现人物，一定要选择特点明显，反差较大的环境去弥补平淡的光效。在这幅作品中，女孩儿虽然处于顺光照射下，但是在深色背景的烘托下，人物并不显平淡，反而更加醒目

正面低位光

　　机位确定以后，照明光线在相机前下方与被摄对象形成约45°夹角位置，对被摄对象形成由前下方向上照射的效果，称正面低位光。这种光属于特殊效果光，在实践中，可模拟地面反光、篝火光、反面人物用光等。合理运用这种光效拍摄，可使作品的主题效果更为显著。

△ 石膏人像在正面低位光的照射下，更体现出石膏人物的阴险、狡诈、恐怖的形象

△ 正面低位光示意图

◁ 利用工作台面反射形成的低位光，刻画出陶艺匠人认真工作的神态。深色的背景进一步衬托出陶艺匠人的工作状态，使作品中的人物更加鲜活

△ 静物摄影也经常采用正面低位光。这幅作品利用了逆光刻画酒瓶外包装的质感，又利用正面低位光作为装饰光，刻画商品的瓶贴和商标，这是非常重要的准备工作。在这幅作品里，精确的布光与测光是一项非常重要的工作

△ 利用地面反射形成的正面低位光照射，抓拍到生动自然的小贩形象。在日常生活中，注意观察是非常重要的准备工作。在优秀的纪实摄影作品中，观察是创作的首要任务，没有观察就没有发现，没有发现也就没有了创作。因此，观察与发现是摄影最重要的创作手段

底光

　　机位确定以后，照明光线在相机与被摄对象正下方约 90°度位置，对被摄对象形成由下向上照明的效果，称为底光。在实践中，这种光属于特殊效果光，在人像摄影中描写反面人物时用得最多，正常情况下，多用作辅助用光。

△ 用底光照明的石膏像，明显体现出下亮上暗的诡异效果

△ 底光灯位示意图

△ 这幅作品利用琉璃瓦形成的底光，将长廊屋檐下的暗部照射得非常清楚，独特的中式建筑结构与传统绘画细节都被清晰地展现出来

△ 地面反光形成的底光，刻画出小女孩儿羞涩的神态，越发显得天真可爱

△ 受桌面反光的影响，使作品中的人物形成了低位反光效果。这种光效使购物者挑选物品的认真态度更加鲜活，整幅作品在低光的作用下，买与卖的关系也表现得十分清楚

低位逆光

机位确定以后，照明光线在被摄对象后下方约135°的位置。对被摄对象形成由后下方向上照明的效果，称为低位逆光。这种光属于配合造型用光，多用于效果光及轮廓光处理。

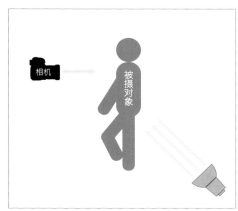

△ 低位逆光是很好的造型光，将石膏像的下部轮廓勾勒得十分清晰

△ 低位逆光灯位示意图

△ 为很好地描写人物沉思的状态，采用
低位逆光较好，更能体现人物的情绪

△ 这幅作品采用的低位逆光起到了烘托
产品的目的，使产品的造型更加醒目，
达到了强化主题气氛的作用

水平逆光

　　机位确定以后，照明光线在被摄对象正后方，和相机成180°左右的对顶角位置。对被摄对象形成由后向前照明的逆光效果，称水平逆光。这种光属于配合造型用光，多数用于轮廓光处理，也是拍摄剪影的主要光源。

▷ 水平逆光拍摄的石膏像，轮廓光效果
明显，这种光也是最好的剪影用光

△ 水平逆光是很好的剪影用光，作品利用琉璃瓦的反射逆光，使画面人物形成清晰的剪影效果。注意：曝光要以琉璃瓦的亮部为准，人物正面不加辅助光，剪影效果才能成立

△ 水平逆光灯位示意图

◁ 借用体育场内的亮度制造剪影，表现观众观看比赛的盛况，这种处理手法，画面简洁、主题明确。注意：曝光要以亮部为准，确保得到明暗反差分明的剪影效果

◁ 清晨的日出，也是一种很好的逆光。在朝霞的映衬下，每个楼房的形状都被完美地勾画出来。注意：曝光以天空的亮部为准

高位逆光

　　当机位确定以后，照明光线在被摄对象的后上方约 225° 左右的位置。对被摄对象形成由后上方向下照明的效果。这种光属于配合造型用光，多用作被摄对象的轮廓光和人物的发髻光。

△ 高位逆光下，石膏像被勾勒出明显的顶部轮廓光

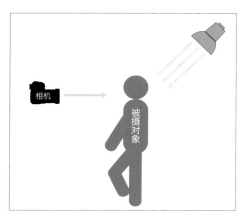

△ 高位逆光灯位示意图

△ 在高位逆光的作用下，龙船的造型更加清晰明确

△ 高位逆光照亮了人物的发髻，把人物与背景的空间关系清晰地分割出来

◁ 高位逆光勾画
出树木的轮廓关
系，画面层次丰富，
结构清晰分明，在
天空云层的烘托
下，突显了大自然
的灵性

[练习]
　　（1）根据垂直角度的各种光位变化，拍摄各种光位角度的练习（建议拍
摄石膏头像），从中找到各种光位效果的表现形式。通过这种练习强化自己
对垂直角度光线效果的认知度，为后面组合光位的练习奠定基础。
　　（2）根据垂直角度的光位，练习拍摄多种题材的作品，要求光效明确，
画面意境深刻，有一定的艺术效果。

7.12　组合光位

　　为了更明确地表述和理解，我们在前面把水平角度的光位变化和垂直角度的光位
变化分别加以论述。在实际创作中，这些光位都不是孤立的，更不是固定不变的。每
个光位都可以根据创作需要，改变角度和方向，形成作品所需要的光位组合。每种光位，
都具有各自的职能特征，在室内人造光的运用中，单独使用一个光位的情况并不多，
一般都会根据创作需要，将两个以上的光位整合起来表现一幅作品。能否组织好多个
光位准确表达一幅作品，是考验摄影师的技术与理论是否扎实的试金石。

　　为了让初学者对所有光位都能清楚地掌握、准确地应用，采用地球经纬线的表
达法来解释，会更简单明确地说明问题。将每一条经线、纬线的交叉点，看作一个
光位，可以加深初学者的记忆。学员通过这样的对照练习，强化记忆，加深理解，
在实践中坚决执行每个光位的照明任务，准确用在摄影创作中。坚决反对不负责任

的滥用光线，滥用光线实际上还是惰性在作怪，懒于动手动脑，能省事则省事，这种练习态度最后倒霉的还是自己。

　　摄影师能否熟练掌握所有光位，并将每一个光位运用到每一幅作品中，准确表达摄影作品的主题与情节内容，才是我们要达到的目的。无愧于"光与影的魔术师，光与影的雕刻家"之美称。

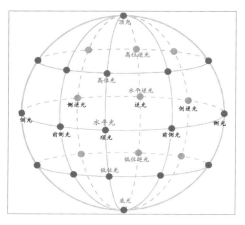

△ 按组合光位要求，准确布控恰当的全光位效果，完美再现石膏像的整体形象

△ 组合光位示意图

△ 这是一位老艺术家老教授李润生先生，为了表现好他谦逊的形象，采用组合光位进行布光，完美地表现出老教师的典型特征

△ 采用组合光位拍摄的商业人像作品。画面中的健身器械与人物形象都完美准确地体现出来，得到了客户的认可

[练习]

根据各种光位的要求，在室内练习拍摄白色石膏像。因为石膏像更能清楚地展露出光的各种效果，对初学者认识光、了解光的细微变化很有帮助。

（1）拍摄石膏像一张，要求光的角度位置表达准确，体现出每个光位的功能与特点。拍摄一张完整的组合光位的图像。

（2）拍摄真实人像作品一张，要求光位造型准确，人物表情自然舒展，层次清晰完整。

7.13 用光效果

要完成一幅摄影作品，精准细致的布光是最重要的。室内摄影一般都根据被摄对象的外形和创意要求，利用多盏灯照明，配合各种灯具附件完成布光任务。由于人造光可以随便移动，摄影师只要熟练掌握了各种光位的照明作用和效果，就可以布置好创意所需要的光效。如果在自然光下拍摄，由于阳光无法人为移动，所以机位的选择、调动被摄人物的方向、姿态、动作以及选择被摄人物与光的角度就显得非常重要。要认真分析机位、阳光与被摄对象之间的位置关系，考虑好选择的机位角度，是否符合作品所需要的光效要求。在必要情况下，还可以利用人造光、反光板、柔光板、吸光板进行补光，协助完成创作。

摄影用光是对所有光位综合利用的具体体现，工作时，留心观察每个光位对被摄对象造成的细微变化，熟记于心。就是在不拍照的情况下，也应该养成在社会活动中，随时观察不同光线下各种光效的复杂变化。比如在看电影、看电视甚至行走在大街上，都要养成分析不同场景、不同光线下产生的复杂光线效果并加以分析的习惯。实践出真知，熟才能生巧，逐渐做到运用光线"驾轻就熟"，制作光效"手到擒来"。

主光

是摄影创作中的主要造型光，是根据每一幅作品的创作需要，决定用哪种光位作为主光。每一幅作品的主光只有一个，不能出现两个以上的主光,那叫"喧宾夺主"。从某种意义上讲，每种光位都可以作为主光使用，只要符合作品的主题需要。比如：拍摄剪影题材，逆光一定是主光；表现阴险毒辣的反面人物，一般会采用底光作为主光。主光的确定，基本上奠定了作品的基调。其他光位都应该围绕主光进行布控，协助主光完成作品的造型任务。

△ 利用单一主光完成对石膏像的照明，塑像的影调与反差都很大

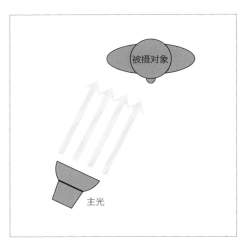

△ 主光灯位图

△ 利用阳光作为主光，不加任何辅助光，强调老人稳重端庄的神态

△ 照片中的这位老人虽然年岁已高，却精神矍铄。经过聊天获得老人的同意，在他的居所利用自然光作为主光，没做任何补光拍下了这张照片，这个例子是为了说明单一主光的拍摄效果

辅助光

　　协助主光完成主体造型任务的光源，它的亮度不能超过主光。它的作用是弥补主光造成的阴影部分反差过大的缺陷，缓和亮暗之间的反差，并通过调整辅助光的强弱，决定光比的大小。辅助光的布控要柔和自然，不能生硬，配合主光完成造型任务即可。辅助光的制作，可以使用灯具，也可以使用反光板，通过观察和测光，准确完成创作所需要的光比要求。注意：辅助光的测光一定要以主光为基准进行布控，光线强度绝不能超过主光。

△ 通过辅助光的协助，石膏像的反差效果明显好于单一主光

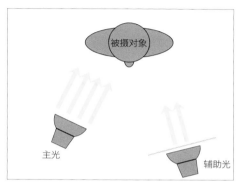

△ 利用灯光照明完成辅助光的补光任务示意图

△ 这幅人像作品利用高位逆光作主光为人物造型，以较弱的正面光作为辅助光为人物正面补光，人物形象非常得体

△ 这幅人像作品，采用低位光作为主光，用反光板作为辅助光完成拍摄。表现出年轻姑娘青春靓丽的形象。作品的曝光要以低位光作为测光标准

轮廓光

也称勾边光，用于勾勒被摄对象的外形轮廓，强调被摄对象的外形结构，明确被摄对象与背景之间的空间关系。这是非常重要的物体造型光。尤其是深色主体在深色背景前的拍摄，轮廓光的运用更加重要。轮廓光多选择逆光和侧逆光，并以硬光为主，因为硬光可以更清晰地勾勒出被摄对象的外轮廓线。同时轮廓光的强度一定要高于主光亮度 1 ～ 2 级的曝光量，才能表现出漂亮的轮廓光效果。轮廓光的布置最好在主光的对面，因为主光对面往往是阴影区域，正好强调轮廓光的勾边效果，起到塑造形体，加大反差，分开主体与背景之间的空间关系的作用。

△ 用轮廓光勾勒石膏像的边缘轮廓，使塑像的立体感更强

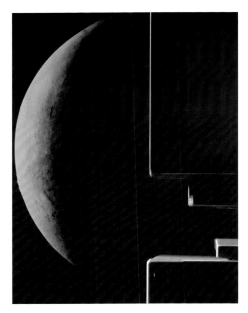

△ 作品采用侧逆光做主光，利用被摄对象的边缘轮廓强调被摄对象的结构形象，展示现代电子科技深不可测的社会包容性

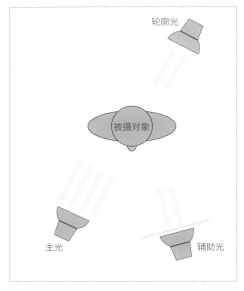

△ 轮廓光灯位示意图

◁ 这幅作品的主光是轮廓光，通过轮廓光的处理，酒瓶、葡萄都显示出清晰的轮廓结构。测光时，必须以轮廓光为主要测光点，但是，曝光却以正面光为基准，让轮廓光的亮度高于正面光一级曝光量以上，画面效果才能符合创作要求

背景光

是用来塑造背景的环境光，它起到营造画面气氛，协助完成主题意境的用光。严格地说，背景光必须单独处理，不能受主光的干扰，更不能影响到主光效果。因此，要求被摄对象与背景必须留有一定的空间距离，才能做到背景光与主光互不干扰。如果距离太近，这种干扰就不可避免。背景的制作方法有以下两种。

（1）反射法：灯光处在背景的前面，根据创作的要求，将光线直接投射到布置好的背景位置上，使作品获得理想的背景光效果，即为反射法。这种反射法在自然光或者人造光下都可以完成。

△ 用反射式背景光拍摄的石膏像

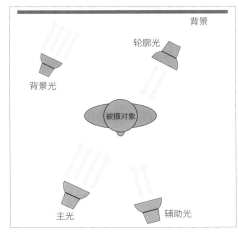

△ 反射式背景光的灯位示意图

△ 这幅作品采用了反射式背景光拍摄。用中国传统蜡染配合中国书法，烘托出形状古怪的酒鬼酒瓶的造型，画面充满了纯朴厚重的气息

▷ 这三个互不相识的小模特，是在自然光形成的反射式背景光下拍摄的。三个毫不相识的人物组合，完全是一种匆匆而过的机缘巧合，这就要求拍摄者必须养成眼到手到的职业习惯

（2）透射法： 将灯光安置在背景的后面，根据创作要求，将光线透过半透明背景板照射，与相机形成逆光光位，这种方法称作透射法背景光，室内和室外摄影都可以实现。

△ 这幅作品的背景采用透射方式制作，画面中的物品在中式窗户的映衬下显示出浓厚的乡土气息，炕席上摆放的食品，散发着北方地区的乡村味道。绿色陶壶、青花大碗、各种民间食物，都体现出中国民风的随意与火热

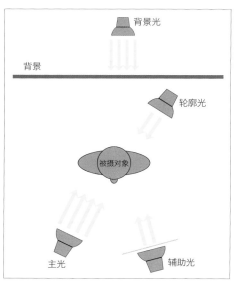

△ 透射式背景光灯位示意图

◁ 这是通过自然光制作的透射式背景效果，古香古色的中式窗格，形成一幅十分精美的传统艺术画面。透过一扇敞开的窗户，将室外的宝塔与整幅画面自然地融合在一起，形成非常协调的装饰艺术效果

修饰光

又称装饰光，是针对重要的局部细节而采用的专用光效。这种光都是小范围的，主要出现在某些局部的特殊环境中。它既独立，又和主体分不开，起到突出画面重点之作用。在实践中，修饰光的主要用途是强调重要的局部效果，虽然照射范围很小，但很重要，既要直达重点部位，又不能影响其他光效，起到画龙点睛之目的。

△ 用修饰光强调头像的局部效果图

△ 拍摄首饰最重要的就是表现它的质感，突出它的奢华。本作品利用局部修饰光突出首饰的精致，达到了强调被摄对象繁而不乱、奢侈繁华之目的

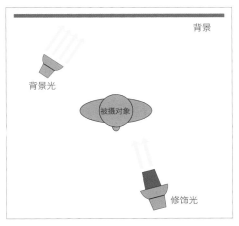

△ 修饰光灯位示意图

▷ 用光绘手法拍摄洋酒，气氛十分融洽。为了突出酒的品牌，采用了局部修饰光来强调商标品牌，主题效果非常醒目

[练习]

　　根据每种光线效果的具体要求，分别拍摄一组静物作品或白色石膏像。要求每组作品光效明确，质感清晰。通过练习加深对各种造型光的理解。

7.14 人造光布光的基本步骤

　　完成一幅摄影作品，用光是最重要的，而布光是完成拍摄任务的主要过程。布光并不是多盏灯的随意堆砌，而是按照作品的创作需要，根据每种灯位的具体功能，按部就班地分步骤进行，决不能盲目打开所有灯光，自乱方寸。初学者更要分步骤进行，认真仔细地安排每一盏灯的光效制作，养成良好的布光习惯。这是从必然王国入手，逐步进入自然王国自由发挥的必经之路！

　　第一步：主光。主光是决定一幅作品的核心，不管是拍摄人物还是其他题材，主光都是作品中最主要的造型光源。主光确定了，其余光位都要围绕主光进行布控。当主光布置好以后，就要进行测光，并记录主光的技术参数。然后再进行辅助光的布置。这种看似无关紧要的工作顺序，对初学者来说是必须掌握的过程。

　　第二步：辅助光。主光确定以后，往往会因光比大、阴影过重，而不符合创作要求，需要辅助光的协助。辅助光要根据主光的技术参数进行合理布置，目的是补

偿被摄对象阴影过重、反差过大的缺陷，使光比达到设计要求即可。辅助光必须以主光的技术参数为准，根据主题需要，严格控制光比大小，完成光线的布控。提示：辅助光的亮度不能超过主光，不然就会出现重影现象。

　　第三步：轮廓光。当被摄对象的主光、辅光布置完成以后，就要对被摄对象的外形轮廓做勾边光处理(有些作品可以不使用轮廓光)。轮廓光必须使用直射光照明，不要使用散射光，因为散射光过于柔和，无法形成清晰的勾边光效果。要注意的是，轮廓光的照射强度要比主光高 1 ～ 2 级的曝光量，才能显现出漂亮的勾边光效果。

　　第四步：背景光。这是烘托作品整体气氛最重要的用光。背景光要在整体布光完成以后，为烘托主题气氛所进行的关键一步。要用测光表控制背景光与主光的光比大小，并通过相机取景器，观察背景光的形状、位置、色彩、虚实关系与主题气氛是否吻合，随时进行调整，直至达到作品的创意要求为止。背景光的强度一定要以主光为基准，根据作品的创意需要控制其亮度，一般不会超过主光。（高调作品除外，高调作品的背景光强度，必须高于被摄对象 1 ～ 2 级的曝光量。）

　　第五步：修饰光。这是整幅作品的点睛之笔，用于强调作品重要细节。修饰光可以是一盏灯，也可以是两盏灯，一般都在最后进行。用测光表控制修饰光与主光的光比，亮度不要超过主光。

　　第六步：最后调整。这是非常关键的一步，如同剧组拍戏，当演员接受各自的角色以后，最先进行的绝对不是集体合练，而是各自先熟悉剧本和台词，体会剧中的角色，甚至去体验生活。然后是根据剧情要求分组练习，直到最后的合练。此时，导演就成了捏合整部戏的关键人物。摄影布光的最后调整，摄影师就相当于剧组中的导演，将分步调整好的灯位全部打开，通过相机取景器或电脑监视器对所有灯光做进一步的细致调整后再进行试拍，直到满意后才能进行正式拍摄。这个过程是最有意义、最长经验的过程。当你有了一定经验以后，整个过程会自然而然地加快速度。在胶片时代，因为不能当场观察拍摄效果，有经验的摄影师在正式拍摄前，都要用一次成像的波拉片（Polaroid）拍摄，用于观察拍摄效果，如果存在问题，还要经过调整后再拍摄一次波拉片，确认没问题了，才能进行正式拍摄。这种严谨的工作态度，很值得摄影爱好者学习。

　　以上是布光的基本步骤，希望初学者能按部就班地进行，切不可急于求成。在布置完成一种光位以后，应该记住技术参数，并把灯关掉，再进行下一种光的布控。一盏灯一盏灯地进行。这可以避免测光时的相互干扰。千万不要一开始就把灯全都打开，这会造成光的混乱，没有经验的初学者，更要注意这一点。在布置每一盏灯的过程中，都要以主光的技术参数为基准控制光比，切不可急于求成。学术来不得半点含糊，更不能偷懒，"台上一分钟，台下十年功"这句话可不是说着玩儿的，更不是讲给别人听的。那种"全凭感觉走"的布光做法绝不提倡，这对初学者没有一点好处，可以休矣！

7.15 人造光的得力助手——附件

　　室内摄影用的光源主要是人造光，而保证摄影作品能达到最佳效果的应该是附件。毫不夸张地讲，一幅优秀作品的成功表现，附件起到关键作用。前面我们谈过，灯的基本功能就是照明，它不可能自动帮你完成光线效果的制作。作品所用的光效，只能通过摄影师自己动手设计布置完成。而符合创作要求的特殊光效，要通过附件处理才能达到设计目的。如果没有附件的支持只有灯具，可以说除了照亮被摄对象，其余的效果什么也做不到。有经验的摄影师，他们花在附件上的经费会远高于灯具。而真正的摄影创作高手，会亲自动手制作或动手改造附件。他们不是为了省钱，而是自己动手设计制作的附件，完全可以按照自己的要求，达到作品所需要的特殊光效。这种光效是用钱买不来的。因为摄影师对每幅作品所需要的特殊光效，极具个性化，要求都很严格。生产厂家不可能为摄影师的每一个创意，都能及时提供理想的附件，何况每生产一种新产品还要有一个研发过程。就是做出来了，也未必能达到摄影师需要的具体效果，而且较高的价格也是个大问题。这样一来，摄影师亲自动手制作就成了最切合实际的选择。更重要的是，自己动手制作或改进的效果，完全可以获得最理想的光效，还具有方便快捷、随做随用、针对性更强的实际意义。这种做法早已成为行业中的常态，更是摄影爱好者学习、摸索、研究、创新的实用训练手段。　多年的实践早已证明，只有自己动手才能丰衣足食。

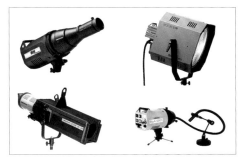
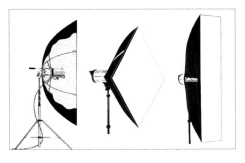

△ 以上这些附件只是冰山一角，专用附件的数量甚至可以达到百种以上，它们各有各的作用。随着数码摄影的不断发展，这个数字还在不断增长之中

△ 这幅作品中的光线效果完全靠附件协助完成。而且这些附件全是自己动手制作的，既省钱还得到了锻炼，又达到创作目的。这正是摄影爱好者"无师自通"的最佳学习方法，真可以说是一举多得

7.16 光比与反差

"光比"是指，被摄对象亮部与暗部的明暗反差之比，光比大，反差就大；光比小，反差就小。光比大小决定被摄对象的立体效果和画面气氛，同时影响摄影作品的立意。光比大，造型坚挺结实；光比小，造型柔和平缓。

曝光差值	1级	1⅓级	1⅔级	2级	2⅓级	2⅔级	3级
光比	1:2	1:2.5	1:3	1:4	1:5	1:6	1:8

△ 光比参数表

△ 利用测光表控制光比达到1:2，石膏像反差柔和

△ 光比控制在1:2的灯位效果图

△ 利用测光表控制光比达到1:4，石膏像反差加大

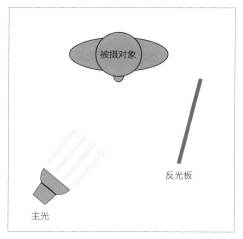

△ 光比控制在1:4的灯位效果图，辅助光可使用灯光也可以使用反光板

△ 利用测光表控制光比达到 1:8 以上，
石膏像反差很大

△ 光比控制在 1:8 的灯位效果图

在摄影实践中，光比大小直接影响摄影作品的效果。光比越小画面越趋于平缓柔和，适合表现抒情浪漫的摄影题材。例如女性人像、光线柔和的静物作品等，光比一般都控制在 1:2 左右。

△ 自然光的阴天效果，几乎没有阴影，
光比很小，胡同里所有房屋和汽车都处
在柔和的散射光下，一切都显得那么舒
适、惬意

△ 用柔和明快的反差表现生活中休闲的
一角，布光时的光比绝不能大于 1:2。
这幅静物作品采用大面积的柔光处理，
使画面中的物品细节都得到了细腻的展
示，强调安静休闲的小姿情调

△ 为了体现自行车的现代设计理念，根据客户要求，采用高调效果拍摄，画面光比控制在1:2。表现出自行车时尚的设计风格

◁ 老人站在阳光下，脸的阴影部分却十分舒展柔和，光比达到了近乎1:2的效果，这种效果是汽车站牌起到了反光板的作用，弥补了阴影下反差较大的损失

　　光比越大，反差越大，画面反差硬朗鲜明，适合表现性格鲜明的男人形象与要求反差大的作品。光比一般都在1：4以上。著名的伦勃朗用光就是采用单灯照明，用最大的光比刻画人物性格，现代很多作品也采用这种著名的用光方法。

△ 利用日落光线反差大的特点，将曝光控制在亮部，利用1:8左右的超大光比，强调优美的曲线美与冷暖对比关系，展示出现代建筑简约而不简单的设计风格

△ 隔着玻璃拍摄车展上的人，日落前阳光水平直射，使被摄人物明暗反差较大，曝光以亮部为准，不做任何补光，控制光比达到1:6左右。在这样的光比控制下，画面中的男人更显坚定和自信

△ 这是伦勃朗的绘画作品，显示出伦勃朗用光的精练与神秘，如果按照光比划分，画面中的光比几乎在1:8左右。这幅《戴头盔的勇士》肖像完全展现出男人的坚定与冷酷

△ 效仿伦勃朗用光拍摄的静物，体现出一种古典深沉的艺术风格，画面反差很大，光比接近1:8，浓郁的色彩、低沉的影调，给人留下深刻的印象

　　"光比"就像一把尺子，通过这把尺子，就可以掌控被摄对象的明暗关系。利用好这把尺子，就等于把握住了摄影作品的影调脉搏。准确的光比控制和精准的曝光，要靠测光表测量完成，尤其在室内人造光源下，测光表是不可或缺的重要工具。摄影创作就怕草率行事，千万不要跟着感觉走。过于草率，不但拍不好作品，更学不到东西。那种只凭感觉乱拍，全凭后期挑选的做法，是极不科学的，更是不负责任的做法。包围曝光的拍摄方法，只适用于极端环境下，由于无法人为控制现场光效而采用的一种快速补偿措施。很多老资格摄影家，虽然有多年的丰富经验，在他们工作时，还是会认真地对待拍摄过程中的每一步，从不偷工减料。这一点，对初学者来说是很值得学习的。事实上，前期准确的布光和精准的测光与曝光，不但拍摄效果更好，而且工作进度反而更快。那种只凭感觉拍摄一堆照片的做法，反而给电脑后期制作增加了负担，还养成了一身的毛病。摄影也应该讲究"工匠精神"，一定要把专业基础夯实。

◁ 能准确地控制好
"光比"这把尺子，
就能控制好作品的影
调关系。这幅作品采
用极小的光比控制画
面，使作品的反差平
缓柔和，通过虚实对
比的处理，突出了草
莓的主体形象

◁ 这幅作品利用大光
比、高反差，通过两
次曝光传达从彩陶到
现代水壶的演变。用
这种手法将几千年从
彩陶到茶壶的演变，
瞬间展现在画面之中，
使观者产生一种追根
溯源的意愿

拍摄实例

◁ 儿童期是人的一
生中最天真烂漫的时
刻，为了表现好女孩
可爱的一刻，既要抓
住孩子童真的一面，
更要利用极小的光
比，体现孩子天真无
邪的表情

△ 作品《热吻》体现了男女之间热恋的瞬间。利用顶逆光效果具体刻画出情人亲吻的瞬间。画面的光比控制在 1:3 左右

△ 作品利用 1:8 的较大光比，表现民间艺术家勤奋劳作的状态。巨大的明暗反差，正体现出民间手工艺者，默默无闻、辛勤劳作的工匠精神

用相机记录被摄对象（尤其是手机的出现），已成为人们生活中必不可少的日常现象。精准的记录物体形象，再现精湛的物体造型与画面情节，是对摄影师提出的更高要求。好的摄影作品不仅要捕捉事态发展的瞬间，更要把被摄景物的形体、

△ 为了体现女人慵懒随性的一面，借用阴天的散射光，使光比达到 1:2 左右。抓住女人梳头的瞬间，将这一效果抓拍下来

色彩、质感精准地再现于画面之中，实现真实、快速、准确的摄影基本特征。

摄影是光的艺术，必须依靠光来塑造形体，表达主题。成功的摄影师，对光都有一种职业的敏感性，面对所有拍摄题材，决不会放弃对光的求索。这也是摄影爱好者必须修炼的基本功。要养成不滥用光线的好习惯，能用一盏灯解决的问题，就不用两盏灯，能用两盏灯解决的问题，就不用三盏灯……需要用光表现的地方一定要给足，给到位。不需要用光的地方，一点儿也不给，或者按照光比的需要布光到位。坚决抵制光的滥用，一定要做到"惜光如金"。

第八章 摄影基础
色彩与数码摄影

8.1 色彩与数码摄影

人能看到色彩，必须具备三个条件：（1）光的存在；（2）物体表面对光的吸收与反射条件；（3）人眼视觉器官的色觉功能。

光的存在

由于有了光，我们才能看到五光十色、变化无穷的自然界。如果失去了光，一切色彩均不复存在。

物体表面对光的吸收与反射

在前面的"光学基础"章节中，我们已经介绍过光的吸收与反射现象。

（1）当光线照射到某一物体时，被照射物体表面将光线中的光谱全部吸收，没有反射现象，人眼看到的一定是黑色。**关键词：全部吸收**

（2）当光线照射到某一物体时，被照射物体表面将光线中的光谱全部反射出来，没有吸收现象，人眼看到的一定是白色。**关键词：全部反射**

（3）当光线照射到某一物体时，被照射物体表面将光线中的光谱成分等比例地吸收一部分，又将另一部分反射出来，人眼看到的一定是灰色。**关键词：等比例地吸收**

（4）当光线照射到某一物体时，被照射物体表面将光线中的光谱有选择性地吸收了一部分，将另一部分光谱反射出来，人眼看到的一定是彩色。**关键词：有选择性地吸收**

人眼视觉器官的色觉技能

人们能看到颜色，是因为人眼的视网膜里有两种特殊细胞。一种是视杆细胞（约一亿个）主要负责昏暗光线下的景物识别，只对黑白单色有感知。另一种是视锥细胞（约700万个）主要负责对色彩和细节的感知处理。每个视锥细胞里都含有感光色素，其中包括感红色素、感绿色素、感蓝色素，通过它们对光的感应，就可以感受到颜色。此时，视觉神经会将这些信号传送给大脑，人就会感觉到物体的存在，同时看到景物色彩的变化。如果某个人眼中的视锥细胞出现了缺陷，此人就会出现色盲的现象。

数码相机的感色功能

数码相机的显色原理和人眼一样，在感光元件（芯片）中也有所谓的感知"细胞"，这个"细胞"就是像素。像素的原始状态就如同人眼视网膜里的视杆细胞，它只能记录黑白的单色影像。经过在每一个像素前添加彩色滤镜，这种彩色滤光镜就如同人眼视网膜里的视锥细胞，使每个像素能分别记录各自的色彩。其中包括：添加了红色滤镜的感红像素，添加了蓝色滤镜的感蓝像素，以及添加了绿色滤镜的感绿像素。通过这三种感色像素对色光的记录作用，就可以如实记录自然界中的所有色彩。对于摄影爱好者来说，在学习摄影的过程中，应该尽量多掌握一些色彩学方面的基本原理和基础知识，在摄影创作中才能做到合理运用并创作出精彩的作品。

8.2 色彩的基本特征

色彩的基本特征是指色彩的三个属性：色相、明度、纯度。它们在摄影创作中能起到不可替代的重要作用，可以说是所有彩色艺术创作中的核心。

8.3 蒙塞尔色立体

谈到色的基本特征，必须谈到蒙塞尔色立体。（阿尔伯特·蒙塞尔，1858～1918，美国色彩学家、美术教育家。）蒙塞尔的色立体由美国光学会（OSA）于1943年重新修订为"修正蒙塞尔色立体系"，是至今为止世界上最全面的色彩模式，并一直沿用到现在。随着科技的不断完善，使这套系统更加精细详尽，而且便于管理，已成为国际上最通用的色彩管理系统。通过色立体，我们可以更直观地了解色彩的基本特征——色相、明度、纯度，以及什么是颜色，什么是消色。

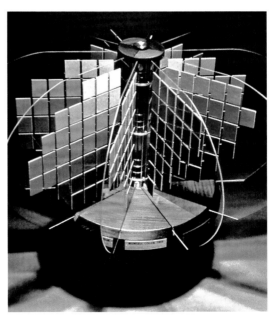

△ 蒙塞尔色立体早期模型

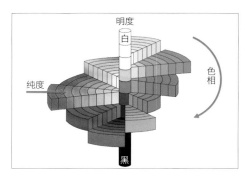 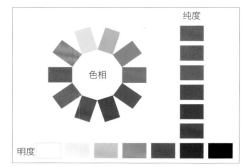

△ 蒙塞尔色立体效果图：中心轴是明度的变化，顶端为白色，中端为灰色，末端为黑色。圆周360°为色相的变化，可显示出所有的颜色。纵向深度为纯度的变化，颜色越向内延伸纯度越低。通过色立体我们可以了解到色彩的三个特征：色相、纯度、明度。通过三者的相互作用，就可以控制自然界所有色彩的变化。左图是色立体的简易效果图，右图是色相、纯度、明度的展开图

色相

　　又称色别或者颜色的名称，比如红色、蓝色、绿色等。　人类在长期的生活积累中对颜色产生了认知，使颜色对人的情绪产生了极大的影响，这种现象早已得到科学的认证，也是学习和探讨摄影艺术最重要的课题。在人类长期的社会实践中，逐渐形成了各种颜色对人的刺激而产生出某种联想。比如，当人类看到绿色，就会联想到草原、春天、生命……绿色象征着和平和安宁，是一路畅通的颜色，绿色也是人类视觉的休息区。当人们看到红色，会联想到血液、革命、喜庆……红色具有一种瞩目性，它会吸引人们的注意力，有一种警示、召唤的意义。当人们看到黄色，由于黄色的明度最高，是光谱中最亮的颜色，自古以来有"至高无上"的象征意义，被称作"天国之光"。人们看到黄色会联想到皇权、丰收。它是大地的本色，所谓"天地玄黄"正是泛指大地之色。由于色相的丰富变化，成就了多姿多彩的梦幻世界，唤起人们去描绘并记录它们的兴趣。色相之间既相互独立又相互依赖，在艺术领域里，人们对色相总要进行对比和评估。艺术家在创作过程中，要考虑冷与暖的对比关系、色与色的平衡关系、明与暗的对比关系等。他们巧妙地，理解性地利用这些关系，描述自然界中的一切，丰富着他们的艺术作品。

△ 电脑中调整色相的窗口

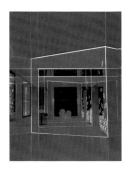

△ 这四幅作品是某商厦的电梯间，完全按照色相的要求 "蓝色、红色、绿色、黄色"
拍摄。色相的视觉表现非常明确，这种大胆的设计，体现出设计人员非常前卫的设
计理念

△ 这幅作品的立意很好，记录的是古代
建筑中的消防设备——水缸。从画面中
锈迹斑斑的水缸和充满历史痕迹的砖墙
与地面，都体现出历史的陈旧感。画面
中的实体并不多，可意境却很深刻。不
足之处，也是最关键的问题就是色相出
现了问题。由于画面中的色相偏绿，严
重破坏了悠久的历史陈旧感，好像一位
上了年纪的世纪老人，非让他穿上时髦
的衣装，有些不伦不类

△ 为了给学员指出问题所在，并告诉他
如何解决，在他的原作基础上直接进行调
整。经过电脑后期修改的作品，脱去了不
协调的表面绿色，还原了经过千百年洗礼
的历史原貌，显露出锈迹斑驳的铁缸与充
满沧桑感的灰砖，又将画面上部的现代围
栏去除掉，使整幅作品更符合作者想要表
达的怀旧风格。两张作品对比，右图的视
觉效果明显好于左图。最后的结论是，色
相运用的正确与否，会直接影响作品的立
意，这种对症下药的教学方式非常奏效

[练习]

　　拍摄五张不同色相的照片（色相可以自定），要求五张照片必须具有明
确的色相区别与鲜明的主题内涵。如果能继续发挥表现意识，能拍摄出更丰
富色相的作品更好，对色相的识别更有帮助。

纯度

纯度又称饱和度或者艳度。对于色彩来说，只有光谱中的色彩才是最纯的，色的纯度越高它的色相越明确。对摄影来说，画面颜色的纯度过高，会因色彩过于饱和而变得夸张，使颜色失真。反之，画面颜色的饱和度过低，其色彩纯度会严重下降而逐渐失去应有的色彩而趋向消色（无彩色）。

如果向纯色里添加其他颜色，纯度也会下降，采用这种添加方法的效果被称为混合色。原因是，在纯色里添加任何一种颜色，都会减弱原色彩的纯度。比如，向红色里添加蓝色，原来的红色就会偏向紫色；如果向红色里添加黄色，原来的红色就会偏向橙色。在绘画艺术创作中，为了达到画家想要表现的色彩关系，必须采用这种添加方法，用于传达作者想要表现的色彩关系和画面意境。在摄影创作里同样存在这种应用手法（比如添加滤色镜的做法），尤其在电脑后期的校色过程中，通过对纯色的合理添加，就可以获得作品应有的色彩关系。

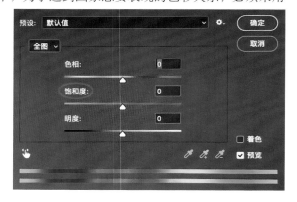

△ Photoshop 中的饱和度（纯度）调整窗口

△ 一幅摄影作品，如果在纯度上发生变化，就会影响作品的视觉效果。从这组作品的效果来看，纯度越低，画面的色彩越淡化，直至过渡到消色（只剩黑白灰）。如果纯度越高，画面的色彩越艳丽，直至过度到色彩完全失真。所以说色彩纯度的控制一定要适度，要符合自然规律与作品的主题需要

△ 这幅作品的作者发现了地面夸张的纹理和色彩，由于这种效果完全符合抽象构成的要素，所以迅速拍摄下来。但是他犯了摄影爱好者最容易出现的毛病——想保留的东西太多。画面中既有抽象的纹理，又有树林、小桥、人物，这就造成画面抽象不抽象，写实不写实的矛盾，画面效果上下脱节、不伦不类，色彩的饱和度也不够，显得不温不火

△ 为了证明这一点，直接给作品进行了大胆的改进。首先剪裁掉画面上部的写实内容，然后再将保留的抽象部分进行色彩纯度上的夸张，使画面产生火山迸发似的激情。彻底改变了不伦不类的画面效果，获得最具视觉冲击力的抽象作品

◁ 这幅作品的立意是想表现欧式路灯的造型。但是，由于作品的色彩饱和度（纯度）不够，而且天空占的比例也太大，直接减弱了想要表现的主体路

◁ 通过电脑后期调整，提高了画面的色彩饱和度（纯度），同时去掉了多余的天空与树枝，使作品的兴趣中心得到了显著的强化。通过有针对性的修

灯的形象。需要经过后期调整使作品的效果得到应有的改善

改对比，使教学的目的性更强，学员得到了切合实际的收获

[**练习**]

任意拍摄彩色照片多张（利用 RAW 存储格式），利用 Photoshop 软件调整画面纯度，观察调整过程中纯度的变化，观察修改后与修改前的画面有什么不同，逐渐掌握调整纯度的表现手段。

明度

明度是指色彩的明暗变化或称作深浅变化。在光谱中，每种颜色都有各自的明度表现。黄色、橙黄色、黄绿色明度最高，而蓝色、青色、紫色明度最低。对一种颜色来说，如果不断向这个颜色里加白，那么这个颜色的明度就会逐渐提高，直到变成纯白色。反之，向这个颜色里不断加黑，这个颜色的明度就会逐渐降低，直到变成纯黑色。

对摄影而言，曝光不足或曝光过度也会影响明度的变化，如同向颜料里加白或加黑一样。比如将红色曝光过度，纯红色的明度就会加强而变成浅红色，直到变成白色；如果曝光不足，纯红色的明度就会减弱而变成深红色，直到变成黑色。这种变化是随着曝光量的增减而变化的。除此之外，还可以通过电脑软件中明度的调整，去改变作品明度的变化。

△ Photoshop 中的明度调整窗口

△ 通过这组作品我们看到了明度的变化，明度越高画面颜色越浅，直到变成白色。明度越低画面颜色越深，直到变成黑色。这种明度变化对摄影作品影响很大，在摄影创作过程中既要控制好曝光，还要在电脑后期做更细致的调整，直到将作品调整到最佳状态

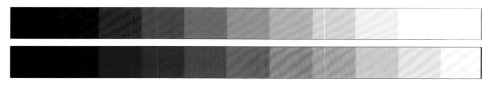

△ 做这样的有彩色和无彩色的明度推移练习，对识别明度变化很有帮助

△ 这幅画面中的主体非常明确，想制造一种"鹤立鸡群"的效果。问题出现在由于曝光过度，使画面明度提高，造成色彩纯度降低，整幅作品色彩轻浮，缺少稳重感。又因为画面天空以及周边环境保留太多，削弱了主体形象的存在。应该进行严格的后期调整

△ 经过电脑后期的调整，提升了色彩饱和度（纯度），将明度降低，同时去掉了部分天空和左下部多余的建筑，使主体内容得到了强化，真正做到了"鹤立鸡群"的视觉效果。和原作相比，无论是色彩纯度和主体形象，都得到了充分的体现

△ 经过电脑后期处理后，色彩纯度得到加强，同时去掉画面中心多余的白雾，使画面更加紧凑。再适当去除一些因多重曝光造成的重叠影像，最后的作品远远好于原作。建议：在使用多重曝光时最好选择平均曝光法拍摄。或者根据所要表现的主题内容，选择保护亮部或保护暗部的方法进行多重曝光拍摄，充分利用数码相机提供的各种方便条件进行创作，你会获得更理想的画面效果

△ 这幅作品采用了多重曝光完成拍摄。作者的立意很好，但是，由于多重曝光使用的是加法手段拍摄，因此造成叠加曝光后曝光过度，直接影响色彩明度。由于画面明度过高，作品的视觉效果过于轻浮，作品中的主体物过于凌乱，造成画面内容不知所云，未能获得应有的主题效果

[练习]

（1）拍摄风光或人像作品各一张，要求按照包围曝光法拍摄一组照片。通过增加曝光和减少曝光量获得一组照片，观察明度的变化。

（2）拍摄风光与人像作品各一张，通过电脑后期明度的调整，观察画面明度的变化情况。

自然界中的色彩都不是孤立存在的，所有颜色在现实中都包含了三大特征的相互作用，一个特征的改变，都会影响到另外两个特征的变化，必须多练习和多观察，才能熟练掌握它的规律，并将其用于摄影创作和后期的调整与制作。掌握色相、明度、纯度的相互关系，才能准确控制并调整作品的色彩。

消色

什么是消色？消色也称无彩色，专指黑、白、灰的物体形象。对摄影来说，是指黑白摄影，又称单色摄影。应该说单色摄影更科学一些。消色中的黑、白、灰，对七色光谱不是有选择性地吸收和反射，而是全部吸收、全部反射或者等比例地吸收和反射。此时，从视觉上看不到颜色，看到的只有黑、白、灰。色彩学中把这种效果定义为消色，属于中性色。它对所有的色彩都能起到很好的协调作用，尤其是对比色的相互关系，更能起到很好的调和作用。我国民间传统艺术早已掌握了这一方法，在民间艺术领域里一直发挥着作用。

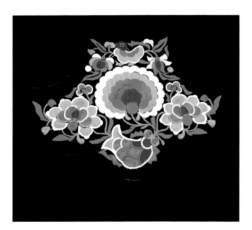

△ 这两个作品是我国传统的生活用品和工艺品。民间艺术家在很早以前就懂得利用消色做衬底，使对比强烈的色彩，在消色的作用中降低了色与色的对抗性，在生活用品以及工艺美术作品中发挥着不可替代的作用，起到了最好的调和作用

单色摄影将丰富多彩的大自然归纳到无色，更显沉稳与单纯。消色与彩色不同，它没有色相与纯度的变化，只有明度的差异，黑、白、灰是展示作品的全部内容。消色在摄影创作中的作用之大，非同一般，以独具魅力、含蓄、硬朗、温和的黑白影像独霸一方，一个多世纪以来经久不衰。

△ 这组图是无彩色（消色）的明度推移。利用这种推移方法，还可以进一步做更细致、更多层次的色阶推移。通过这样的练习，我们可以对消色的深浅层次变化有更深刻的认识。这对单色摄影创作很有帮助

△ 作品《磨难》是一幅消色作品。画面以细腻的质感、丰富的层次，刻画出饱经沧桑的古城遗址。这种意境的表达，是单色摄影独有的，也是彩色摄影无法做到的。作品用这样的表现形式，诉说着冷兵器时代的残酷与血腥，在摄影艺术创作中独树一帜

△ 中国古建筑具有举世闻名的建筑特点，在世界上绝无仅有。用单色处理手法拍摄，更能体现我国古建筑悠久的历史。同时采用夸张的角度，以现代人的思维方式去展现古代匠人的作品，效果更加理想

8.4 单色摄影的色调控制

　　黑白摄影不是只能拍黑白照片，也允许利用改变画面的整体色调来影响作品的立意。拍摄者为了更明确地表达主题内涵，利用改变画面的整体色调去影响观者的情绪。利用作品不同的色调变化，进一步渲染作者对某幅作品的主题内涵，从而引起观者感情上的波动。比如让画面整体趋向棕色，能使人产生对历史的追忆，等等。所以说，黑白摄影应该称作单色摄影更为准确。

△ 数码相机中的色调效果共有五种颜色可以选择: N 无色、S 褐色、B 蓝色、P 紫色、G 绿色。通过这五种选择，可以进一步发挥摄影者对作品内涵更深入的刻画。让单色摄影的创作体系更加丰富多彩

◁ 这幅作品通过改变作品的整体色调，可以挖掘作品更深层次的含义。作品利用夸张的红色来强调吉卜赛女郎狂热的舞姿。红色象征热烈、兴奋，同时还富有一种挑逗性，这正符合作品想要传达的主题思想《疯狂的舞者》

◁ 这是一张描写雾凇的作品，为了强调冬天的寒冷，采用蓝色调处理图像。画面采用逆光拍摄，表现出雪景更丰富的层次，使白色的雪景不显单调

◁ 用消色表现古老的建筑是个很好的处理手法，它可以使观者在内心产生一种沉重的怀旧感

◁ 利用光影关系与单色效果表现一扇紧锁着的门，同时以阴森的冷色烘托整体气氛，更使人产生一种神秘感

[练习]

（1）利用数码相机中的单色模式，拍摄黑白照片两张。要求主题鲜明，有一定情节内容，层次丰富，质感细腻。

（2）利用改变色调的手法拍摄单色照片 5 张。要求色调鲜明，有一定思想性和艺术性，准确体现出作品的色调倾向，画面色调要与主题内容相吻合。

　　有关色彩方面的知识还有很多内容，它是一个色彩学体系，在艺术院校的教学大纲里属于专业必修课程。我们在这里只谈到了一个层面，希望大家对色彩学知识多了解一些，这对今后的各种艺术创作都有帮助。对于摄影爱好者来说，能把色彩学的相关知识弄明白，对以后的摄影创作很有帮助。希望大家在闲暇之余多了解一些色彩学的相关知识，积少成多，在潜移默化中一定有助于你的创作，还能提高你的艺术鉴赏能力。

第九章 摄影基础

景深原理

9.1 景深控制的原理与应用

在摄影创作中，经常会谈到 "突出主体，虚化背景"这样的语言。这种论述听起来很正常，在摄影创作中经常会遇到。可要想做到这一点，就必须通过景深来控制这一效果。景深在摄影创作中是至关重要的。每幅作品都与景深有关联。可以说景深无时无刻不在影响着摄影创作的结果。如今，随着数码相机自动化程度的不断提高，摄影软件的不断渗入，尤其是手机的出现，好像摄影越来越简单了，甚至有人说，"摄影有什么呀，根本不用学"。这种心态对简单记录日常生活的普通百姓来说没有一点问题。生产厂家拼命开发各种自动化程序的目的很简单：（1）为了生意场上的竞争；（2）为了通过方便广大消费者，来扩大市场占有率。世上没有一家企业不是为了追求利润而生存的。可对学习摄影的爱好者来说，自动化程度越高，对学习摄影越不利，出于人的本能反而会使惰性更强，总想抄近路快速达到目的。经验告诫我们，学习无捷径，没有扎实功底的人，就如同水上的浮萍永远漂浮在水面上，经不起风浪的打击。就景深这个问题，看似简单，实际上也很复杂，你如果不踏踏实实地学习，是驾驭不了景深这匹"烈马"的。 那么，景深到底是什么？

9.2 什么是景深

景深是指：摄影镜头的光学系统，在影像平面上，能获得清晰或模糊图像的物体空间纵深范围。这个纵深范围指的就是景深。

当我们用镜头对准某一个被摄对象（称物平面）进行对焦时，相机内部的聚焦平面（称像平面）上，此物体就会结成清晰的影像，被称作"焦点"。而画面中的最佳清晰点，也只有这一个焦点。除此之外，在焦点的前端，靠近镜头方向（前景深）和焦点的后端，靠近无限远方向（后景深），还各有一段相对清晰的范围，这个范围就叫景深范围，简称景深。

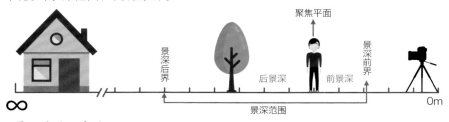

△ 景深范围示意图

　　景深在摄影创作中具有非常重要的作用，是摄影作品表达主题思想的重要技术手段。利用好景深，就可以明确作品所要表达的主题，达到突出作品兴趣中心的作用。景深的控制，绝不能交给相机自动处理，必须以摄影师的创作意图为基准，靠作者的主观意识去控制它。我们学习景深控制理论的目的，就是要在实践中更准确地控制景深，从而达到作品所要表现的创作意图。

拍摄实例

△ 作品采用虚化背景"以虚托实"的手法，重点突出儿童天真的形象。焦点是儿童的脸部，利用长焦距和最大的光圈虚化背景，把儿童天真无邪的形象准确地烘托出来

▷ 这幅作品和上一幅作品正相反，利用突出主体人物虚化前景的方法进行拍摄，焦点是新娘，充分利用超焦距将前景虚化，采用虚实对比的手法，反衬出新娘美丽俊俏的容貌

◁ 作品的前后景深全面合焦，以这种对称式构图和大景深的处理手法，描绘出古建筑物的神秘与沧桑感

▷ 作品焦点是生锈的铁香炉，采用突出主体虚化背景的方法，突出香炉古旧的历史遗风。与远处虚化的城门交相呼应，呼唤保护古代文明的紧迫感

　　以上这几种表现手法，都与景深密切相关，也是摄影创作中经常用到的表现手法，也说明景深的控制必须以创作主题为核心，由摄影师自己去控制景深效果，最终达到创作目的。

9.3 可允许模糊圈（弥散圈）

　　景深大小的确定，是由"可允许模糊圈直径"决定的。可允许模糊圈直径是指，在一定距离内，人眼能清晰分辨的几何点。1866 年英国摄影杂志署名 T.H 发表的一篇文章提出了模糊圈的概念，发现正常视力的人眼，在 25cm 明视距离看一张用 135 相机底片放大成 20cm×30cm 的照片时，人眼可分辨照片上的直径为 0.25mm 的圆点。因此，摄影界认为，人眼对直径小于 0.25mm 的几何圆圈是分辨不出是点还是一个圈，都会认为是清晰点。对大于 0.25mm 的几何圆圈则可分辨出模糊效果，而且直径越大越能显示出模糊的状态。故此，将 0.25mm 的几何圆圈定为可允许模糊圈直径。也是人眼视觉能分辨的最大模糊圈直径的极限，是决定景深前界和景深后界的分界点，也是决定景深大小的起始点。

9.4 可允许模糊圈与景深的关系

在实际生活中，光线的强弱、照片的大小、观察画面的距离远近、人与人之间的视觉差异，都会对观察图像的清晰程度产生影响。因此，景深只是一种相对的概念，没有绝对的景深标准或景深绝对值。当相机对准某一个被摄对象对焦时，画面中的焦点只有一个，同时在焦点的前端（景深前界）和焦点的后端（景深后界），还有一段相对清晰的范围，即称为景深范围。控制景深前界和景深后界这两个起始点的重要条件，就是可允许模糊圈直径。以景深前界和景深后界为基准，离焦点越近的影像越清晰，离焦点越远的影像越模糊。超过景深前界和景深后界的景物，就会出现肉眼能分辨出来的模糊状态，距离越远影像越模糊。

当光圈确定下来以后，光线通过光圈所形成的圆锥夹角的大小，直接影响模糊圈通过圆锥夹角的极限位置。镜头设置的光圈越大，光线的圆锥夹角就大，限制模糊圈通过的界点，离焦点就越近，景深范围也就越小。镜头设置的光圈越小，光线的圆锥夹角就小，限制模糊圈通过的界点，离焦点就越远，景深范围也就越大。前后模糊圈的两个分界点就是前、后景深的界点，两点之间的距离，就是景深范围，简称"景深"。

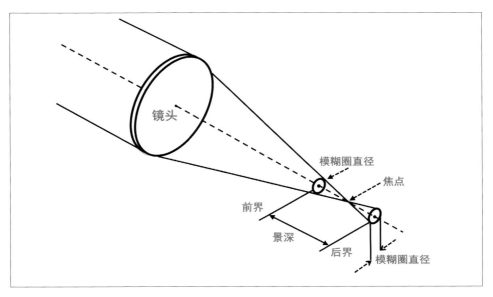

△ 可允许模糊圈的节点位置，就是决定景深大小的极限位置，两个极限节点之间的距离就是景深范围，镜头设定的光圈大小，就是决定景深大小的关键因素

9.5 控制景深的五大要素

　　景深的变化对摄影创作有巨大影响。对摄影创作来说，对景深的影响不单指光圈大小的变化，还有其他一些客观因素也会影响到景深的变化。到底什么因素会导致景深发生变化呢？只要找到问题的起因，就找到了解决问题的办法。这对初学摄影的人来说，是必须掌握的理论常识。控制景深的五大要素如下。

　　（1）镜头光圈大小的变化。

　　（2）镜头焦距长短的变化。

　　（3）拍摄距离远近的变化。

　　（4）后景深与前景深的关系。

　　（5）芯片面积大小。

镜头光圈大小对景深的影响

　　（1）根据光学原理，镜头的光圈越小，成像光束的圆锥夹角就越小，限制可允许模糊圈通过的界点位置，距离焦点就越远，影像的清晰范围就越大，景深也就越大。

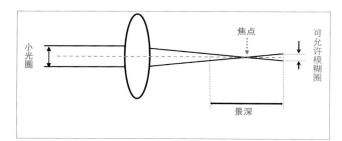

◁ 光圈越小，成像光束的圆锥夹角越小，限制可允许模糊圈通过的界点位置，距离焦点越远，景深就越大

◁ 利用光圈小、景深大的特点，表现旅游景点开阔的景致与轻松自在的游客。作品中，前景的宫灯与远景的树木都获得了最佳清晰度

(2) 根据光学原理，镜头的光圈越大，成像光束的圆锥夹角越大，限制可允许模糊圈通过的界点位置，距离焦点越近，影像的清晰范围越小，景深也就越小。

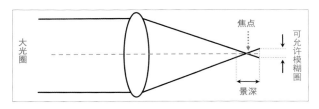

◁ 光圈越大，成像光束的圆锥夹角就大，限制可允许模糊圈通过的界点位置，距离焦点越近，景深也就越小

◁ 利用大光圈小景深的特点突出围墙一角，使其他环境全部虚化，体现民宅的简朴与老旧

测试结果

经过测试可以明显看出景深的实际变化。在实际应用时，这种变化对创作影响极大，如果忽略了这一点，会直接影响作品的创作结果，也是破坏作品"兴趣中心"的直接原因。

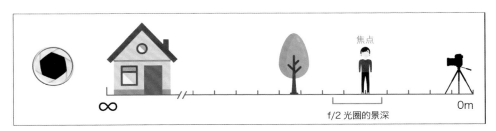

△ 用 f/2 大光圈拍摄，景深很小

◁ 用 f/2 光圈拍摄的效果，只有前面两支彩色铅笔清晰，后面的彩色铅笔会全部被虚化

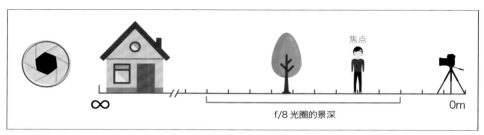

△ 用 f/8 的中挡光圈拍摄，景深适中

◁ 用 f/8 光圈拍摄的效果，彩色铅笔的清晰范围明显增加

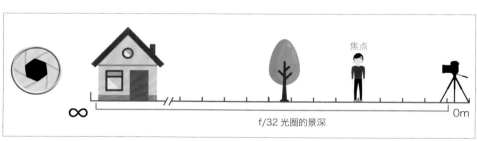

△ 用 f/32 的小光圈拍摄，景深很大，后景深可达到无限远

◁ f/32 光圈拍摄的效果，所有彩色铅笔都在景深范围之内，画面中的彩色铅笔几乎全部清晰

拍摄实例

△ 这幅作品利用大光圈、长焦距拍摄，画面景深很小，只有残荷清晰，背景全部模糊，这种效果对突出被摄对象非常有利

△ 作品《快餐》采用小光圈拍摄，画面景深很大，从前景的面包到背景的酒都十分清晰。小光圈的运用，非常适合整体清晰度要求很高的拍摄题材

△ 作品采用大光圈长焦距拍摄。焦点对准龙头，用虚化的背景衬托汉白玉龙头的形象，体现古代匠人的智慧与苍劲有力的传统工艺造型

[结论]

　　镜头的光圈越大，景深越小；镜头的光圈越小，景深越大（反比例关系）。

[练习]

　　利用同一支镜头，不同光圈值（最大光圈、f/8光圈、最小光圈）在同一场景各拍摄作品一张（建议寻找前后景深丰富的场景）。要求对焦点一致、曝光量一致、画面构图一致。对比三张照片的景深有哪些不同。

镜头焦距的变化对景深的影响

在光圈系数和相机机位固定不变时，用短焦距镜头和长焦距镜头拍摄同一景物的成像效果是，用短焦距镜头拍摄所产生的效果是"物距长，像距短"。因而造成拍摄视角宽，取景范围大。画面景深效果的表现是，镜头焦距越短，景深清晰范围越大。

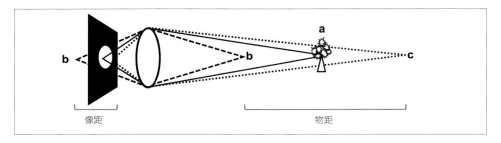

△ 用短焦距镜头拍摄会形成物距长、像距短，使景深清晰范围加大的示意图

拍摄实例

△ 用短焦距镜头拍摄，画面景深很大，夸张的画面使前景、中景、远景都获得十分清晰的效果

△ 用短焦距镜头拍摄，画面景深很大，前景的汉白玉栏杆与后面的太和殿都很清晰

△ 用短焦距镜头拍摄，画面景深很大，前景教师、中景儿童与背景的树木和建筑都获得了清晰的影像

在光圈系数和相机机位固定不变时，用长焦距镜头拍摄，比用短焦距镜头拍摄景深小。成像的效果是，用长焦距镜头拍摄，会造成"物距短，而像距长"，空间压缩严重，使被摄景物的清晰范围大大缩水，只有焦点范围的景物清晰。镜头焦距越延长，物距越短，像距越长，景深清晰范围越小。

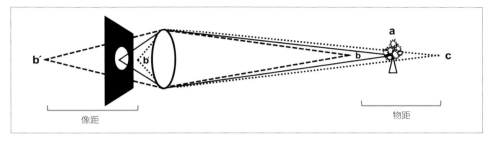

△ 用长焦距镜头拍摄会形成物距短、像距长，使景深清晰范围缩短的示意图

拍摄实例

△ 用长焦距镜头拍摄，画面只有焦点汉白玉栏杆清晰，其余全部虚化，长焦距镜头适合表现焦点清晰，环境背景虚化的作品

▷ 用长焦距镜头拍摄花卉，只有焦点花苞清晰，其余全部虚化，适合表现突出主体形象，虚化背景的作品。这幅作品中的荷花花苞非常清晰，而花苞后面的背景处于完全虚化的状态，达到了突出主体的目的

▷ 长焦距镜头的景深很小，将焦点对准被摄人物，造成人物清晰，背景环境完全模糊的状态。画面中哥哥抱着熟睡的弟弟，模糊的背景更能体现兄弟之间的亲情

[结论]

　　镜头的焦距越长，景深越小；镜头的焦距越短，景深越大（反比例关系）。

[练习]

　　根据镜头焦距与景深的关系，利用短焦距镜头、标准镜头、长焦距镜头，在同一场景（寻找景深丰富的环境）拍摄同一物体或人像作品各一张。要求：移动机位拍摄，确保人物在画面中的大小比例与构图一致，均使用最大光圈拍摄，采用焦点一致、曝光量一致拍摄。对比分析三幅作品的景深变化。

作业样片

△ 短焦距镜头拍摄的效果　　△ 标准镜头拍摄的效果　　△ 长焦距镜头拍摄的效果

拍摄距离远近对景深的影响

　　当镜头的光圈和焦点固定下来后，相机与被摄对象的拍摄距离发生变化，会直接影响景深的变化。

拍摄距离近的效果：以画面中的 a 点作为公共对焦点，如果相机距离 a 点近，距离 b 点远，根据"拍摄距离越近景深越小，拍摄距离越远景深越大"的原理，当相机对准 a 点对焦时，b 点已超出景深后界点，会造成 a 点影像清晰，b 点影像模糊。原因是，相机离被摄对象越近，景深越小。又因为 b 点离相机较远，已超出景深的后界点，因此画面中 b 点范围的所有景物都会成为模糊状态。

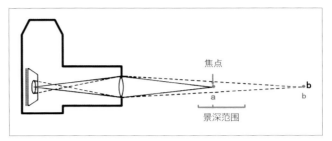

△ 相机距离拍摄点 a 越近，画面景深越小，此时 b 点已远离景深后界点

◁ 相机距离被摄对象 a 点很近，同时焦点也在 a 点上，根据"摄距近景深小，摄距远景深大"的原理，画面景深很小。造成因 b 点已超出景深后界，因此画面中 b 点位置的所有景物均处于完全模糊状态

拍摄实例

△ 由于拍摄距离非常近，焦点对准花心，花朵清晰了，背景的所有景物都形成模糊状态，形成以模糊的绿色为背景，烘托出娇艳的"太阳花"形象

△ 相机距离被摄对象非常近，造成景深范围极小，前后景深已达到 1:1。焦点对准了蜗牛，背景环境完全模糊，达到了强化蜗牛主体形象之目的

▷ 镜头焦点对准近景的树干，使远处的门楼处在景深后界以外，因此造成树干十分清晰，门楼却十分模糊的效果

拍摄距离远的效果：将相机向后移，远离被摄对象，对焦点仍然是 a 点。根据"拍摄距离近，景深小；拍摄距离远，景深大"的原理，景深范围大大延伸。此时 b 点完全处于景深后界范围以内。从图上可以清楚看到，画面上的景深后界已经越过了 b 点范围，造成画面中 a 点与 b 点范围内的全部景物都清晰可辨的效果。

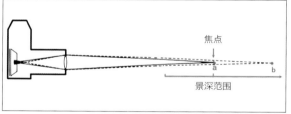

△ 相机离拍摄物体 a 点远，景深也大大延长，b 点已包含在景深后界范围以内的现象

△ 相机距离拍摄物体 a 点远，画面景深加大，使 b 点所在位置处于景深后界范围内，因此 a 点、b 点位置的景物全部清晰

△ 这幅作品的拍摄距离已经远离焦点人物，因而使景深后界的清晰范围一直延伸到无限远，保证了画面的最大清晰范围

△ 相机距离浪花较远，大大延伸了景深范围，使近景的岩石到远景的海天一线，都十分清晰

△ 拍摄距离远，作品景深大。根据这一原理，把对焦点对准主体人物，使婚礼场面的整体都很清晰，体现出喜庆气氛的热烈画面

[结论]

拍摄距离越近景深越小，拍摄距离越远景深越大（正比例关系）。

[练习]

根据拍摄距离对景深的影响，拍摄作品若干幅，要求：在同一场景、同一对焦点，远距离、近距离各拍摄作品一张。（1）拍摄距离近的作品，主体清晰，背景模糊，画面虚实变化明显。（2）拍摄距离远的作品，画面整体清晰明快，内容完整、主题明确。

[提示]

为了获得最小的景深，要充分利用大光圈、长焦距、近距离这三个条件。在实际拍摄时，最少要同时具备两个以上的条件，画面才能做到最小的景深变化。比如，使用大光圈＋长焦距，或大光圈＋近距离，当其中两个条件同时具备时，景深一定会做到最小，画面能达到焦点清晰，其他环境虚化的效果。如果只有大光圈，往往做不到最小的景深效果。比如以下几种情况。

（1）采用了最大的光圈拍摄，可使用的镜头却是短焦距镜头，这样一来，"光圈大景深小"与"镜头焦距短景深大"这两个条件互补，导致作品无法达到最理想的小景深。

（2）采用最大光圈拍摄，可是拍摄距离远，这样一来，"光圈大景深小"与"摄距远景深大"这两个条件互补，会导致作品仍然达不到最理想的小景深。

（3）如果能将大光圈＋长焦距＋近距离，这三个条件同时运用在一个画面中，作品的最终效果一定能做到只有对焦点清晰，前景与背景环境全部模糊到极致的最佳效果。

（4）总之，"大光圈、长焦距、近距离"这三个条件只具备一个条件，其他两个条件都不具备，要想达到最理想的小景深效果是很难实现的。也就是说，要想获得理想的小景深效果，三个条件中必须同时具备两个以上的条件后再拍摄，画面的最终效果才能获得最理想的小景深。

以上这些问题都是影响景深效果的直接原因，在实际创作时一定要仔细斟酌，准确把握。

前景深与后景深的关系

在摄影创作过程中，在正常情况下，后景深永远大于前景深。但是在具备一定条件后，这种情况也会发生变化。

（1）使用大光圈拍摄时，由于光圈大景深小，使景深范围随着光圈的加大而逐渐缩短。光圈越大，前后景深的距离越接近，随着光圈不断加大，再配合使用长焦距镜头或者近距离拍摄，前后景深的距离最终可缩短到 1:1。

△ 为了突出勺子里的丸子，利用最大光圈再加近距离拍摄，可造成最小景深。使前后景深的距离达到 1:1，画面中只有瓷勺和丸子清晰，其他景物全部虚化

（2）使用长焦距镜头拍摄时，由于镜头焦距越长景深越短，前后景深的距离会根据镜头焦距的延长而逐渐缩短。镜头焦距越长，景深越小，随着镜头焦距的延长，再配合使用开大光圈或者近距离拍摄，前后景深的距离最终可缩短到 1:1。

◁ 利用长焦距镜头拍摄，画面的前后景深会很小，再加上最大光圈的运用，最终前后景深的距离可缩短到 1:1。在这幅作品中只有主花头清晰，前后景物完全虚化

（3）相机靠近被摄对象拍摄时，由于拍摄距离越近，景深越小，前后景深的距离会根据拍摄距离的不断拉近而逐渐缩短。拍摄距离越近，景深越小，再加上大光圈或长焦距的配合拍摄，前后景深的距离即可缩小到 1:1。

◁ 用微距镜头拍摄的火柴头，由于拍摄距离非常近，所以画面的景深极小，前后景深可以达到1:1。需要注意：此时光圈的调整更要谨慎小心，由于微距镜头的拍摄距离非常近，景深已经小到用毫米计算了。如果随意开大光圈，会直接影响到被摄对象自身的清晰度。正确的做法是充分利用景深预测装置，提前观察好景深是否达到创作要求后再拍摄。这幅作品采用近距离和适当的光圈，使作品的前后景深达到了1:1

前后景深的问题，在摄影创作中十分重要，要是忽略了它，会对创作产生非常不利的影响。除了上面提到的三种情况以外，在正常情况下，后景深永远大于前景深。

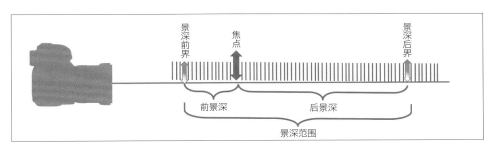

△ 在正常拍摄条件下，后景深大于前景深

拍摄实例

◁ 集体合影对景深的要求非常严格。一旦搞错，后果将不可挽回。为了保证所有被摄人员都清晰，一定要重视后景深大于前景深的问题。拍摄时要根据人数和排位的多少，把对焦点尽量安排在前几排，再适当收小光圈，在确保第一排重要人物清晰的同时，后面人物的清晰度也会得到保证

◁ 为了表现汉白玉栏杆的丰富结构与层次，使用200mm镜头拍摄，既解决了变形问题，同时又控制了画面的视角，也加强了空间压缩感。采用较小的光圈和远距离拍摄，画面整体清晰度得到了保证

△ 静物作品对景深的要求非常严格。这幅作品要求桌面上的所有物品都要清晰，并且所有物品不能变形。因此，中焦距镜头是不二的选择。由于拍摄距离近，景深很小。为了解决这个矛盾，根据测算，使用小光圈加中焦镜头拍摄，使画面景深获得最理想的效果

△ 为了获取最理想的小景深，采用长焦距镜头加大光圈的拍摄技法，体现出"犹抱琵琶半遮面"之含义。通过景深预测装置，精准控制花苞的清晰度与前后景的虚化关系

相机芯片面积大小与景深的关系

  数码相机不同于传统胶片相机。135胶片相机要求胶片的宽窄尺寸与所对应的齿孔间距都有严格的尺寸要求，才能保证各种品牌相机的通用性，所以制定了严格的国际标准的统一尺寸。而现代数码相机的芯片，就不存在通用性问题，每个厂家

都有各自的标准，芯片尺寸十分混乱，无法通过国际标准化来管理。这种混乱现象，会直接影响摄影创作的效果，也给使用者带来应用上的麻烦。如果不认真对待，个人创作一定会受到影响，使很多优秀的创作意图无法实现。

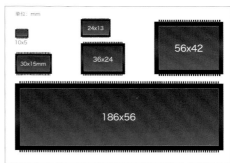

△ 现在市场上流通的芯片面积大小比例

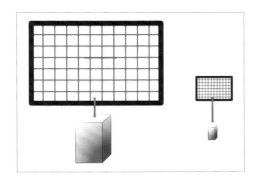

◁ 在像素数量一样多时，芯片面积越大，独立像素的体积就越大。由于大像素比小像素具有更良好的摄影特性，所以，芯片尺寸越大，画面的景深控制力越好，而芯片越小画面景深控制力越差，而且无法解决

　　理由一： 在像素数量一样多的情况下，芯片面积越小，芯片中的像素体积就越小，无法承受大光圈的过大通光量。就像在日常生活中用小水杯在水龙头下接水一样，由于水杯容积太小，所以无法承受大口径水龙头的瞬间水流量。在过大的水流冲击下，小水杯中的水，会瞬间被"砸"出，导致杯中几乎没水。解决的办法是，将水流量调小，让舒缓的小水流慢慢盛满水杯。同样的道理，如果用大口径的镜头，对着小像素全开光圈曝光，同样会出现因瞬间通光量过大，而造成光影信息瞬间溢出的现象。因此，设计人员通过测试，把适合小像素承载量的较小光圈值，设置到小芯片相机的镜头上，成为这款相机的最大有效孔径。由于"光圈小景深大"的景深控制原则，这就出现了小型相机因光圈小而景深大的现实问题。造成芯片面积越小，景深必然大的致命结果，而且此题无解！

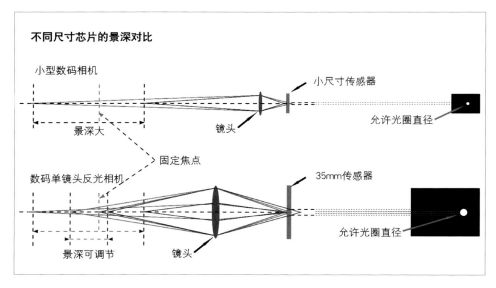

△ 如图所示，小芯片相机由于像素体积小，不能承载大光圈的瞬间通光量，所以，只能使用较小的光圈作为所用相机的最大有效孔径，导致所拍摄的画面景深很大，而且无法调节。大芯片相机的独立像素的体积较大，完全可以适应所用镜头最大有效孔径的光通量，使景深可以随意调整。收小光圈就能获得最大景深，开大光圈就能获得最小景深，调整效果完全可控

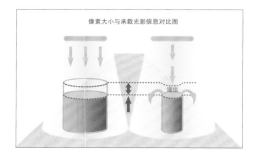

▷ 像素体积越大，可承载的光影信息的数量越多。如图所示，当大像素的光影信息还没装满时，小像素里的光影信息已经溢出。这和现实生活中，用大水杯和小水杯装水的道理是一样的

理由二： 芯片面积越小，镜头成像的转换系数就越大。以 APS-C 型芯片为例。

APS-C 型相机的芯片其镜头转换系数一般在 1:1.6 左右。而芯片面积更小的相机，其转换系数会更大，能达到 1:4 以上。为了得到这台相机的等效焦距值，必须使用更短焦距的镜头乘以转换系数所得到的数值，才是这台相机使用镜头的等效焦距值。比如，镜头转换系数是 4 的小芯片相机，要想获得 28mm 镜头的实际视角，只能选用 7mm 焦距的镜头，作为这台相机的实际应用镜头的焦距。用 7mm×4 ＝28mm，这个 28 mm 就是这台相机的等效焦距。由于 7mm 镜头属于超短焦距镜头，

根据景深控制理论之一："镜头焦距长景深小，镜头焦距短景深大"的原则，安装了 7mm 镜头的小芯片相机，它的景深一定非常大，而且此问题无解。

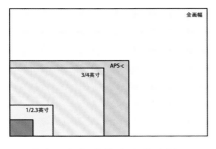 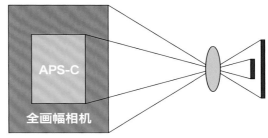

△ 芯片面积与成像大小的比例

综上所述，由于两个影响景深的关键原因，导致小芯片相机几乎失去了对景深的控制力，影响到很多创作结果无法实现。最终得出的结论如下。

芯片面积越大，景深调节范围越大，可轻易获得小景深；而芯片面积越小，则景深无法调节，所以无法获得理想的小景深。

从实际创作效果来看，芯片面积越大，不单单景深控制得好，而且作品的整体艺术表现力都能做到随心所欲，远远超过小芯片相机。芯片面积越小，不但景深无法控制，作品的整体艺术表现力也会受到严重的限制。

拍摄实例

在拍摄条件一致、焦点一致、构图一致的条件下，使用芯片大小不同的相机拍摄，其景深效果明显不一样。随着芯片面积不断缩小，景深也不断延伸，直至景深的清晰范围涵盖到全像场。通过对比实验得出结论，大芯片相机景深大小可做到调整自如；小芯片相机的景深很大而且无法调整。

△ 左图用全画幅芯片在全开光圈下拍摄，景深的虚实控制最好。中图用 APS-C 画幅芯片全开光圈下拍摄，景深虚实控制适中，逊色于全画幅相机。右图用小画幅芯片全开光圈下拍摄，画面景深全部清晰，而且无法调整

△ 大型芯片的创作自由度非常宽泛，需要大景深时，收小光圈就可以达到画面全部清晰。这幅作品就是利用较小光圈做到了最大的景深范围

△ 这幅作品用全画幅相机拍摄，焦点对准前景的汉白玉栏杆，用长焦距镜头和最大光圈处理，以近实远虚的手法表现，达到突出主体，虚化背景的目的。这对全画幅相机来说轻而易举就可以做到

△ 这幅作品用全画幅相机拍摄，镜头靠近土墙，焦点对准远处的门楼，用最大光圈拍摄。利用超焦距制造远实近虚的效果表现古城的风貌，达到这种效果对全画幅相机来说易如反掌

　　摄影创作不是简简单单把画面拍摄清楚就算完成任务，画面清晰不是衡量一幅摄影作品是否成功的唯一标准。艺术作品的衡量标准是多方面的，学习景深控制理论，就是为了能创作出更丰富的艺术作品。画面清晰只是评判一幅作品的标准之一，也可以说是学习摄影最基本的诉求，是初学摄影的学员必须掌握的基本功之一。能自由驾驭画面的景深变化，合理运用在每一幅作品之中，才是摄影创作的最终目的。芯片面积大小，对摄影创作的影响非常大。小芯片的相机（比如手机）拍摄出来的

片子只能做到画面清楚，而无法做到画面的虚实变化和更多样的艺术表现。为了求得画面的虚实变化，只能依靠软件来完成。这对学习摄影，进入主动创作的状态，绝对是个无法回避的障碍，更是培养惰性的温床，对初学摄影者决不提倡采用这种相机或手机学习摄影，它让人感受不到摄影创作的乐趣，是深入学习并掌握摄影创作的巨大障碍，只适合家庭娱乐和简单记录。

9.6 景深预测装置

景深预测装置一般都安装在机身两侧靠近镜头的位置（需要查看说明书寻找景深预测按钮的具体位置）。专业数码相机上都有这种设计，使用起来十分方便。按下这个按钮，就可以观察光圈设定后的景深效果，这个装置对摄影创作非常有必要。

为什么要设置景深预测这个装置呢？原因是，现代的单反相机都采用全开光圈下 TTL 测光。采用这种模式测光，镜头永远处在全开光圈状态下的取景。这是为了让使用者在任何光圈设置下，都能从取景器内观察到清晰明亮的影像，只是在按下快门拍摄时的一瞬间，光圈才收缩到预先设定好的工作状态进行拍摄，拍摄完毕后又瞬间还原到最大光圈值。它的优点是，观察取景时，取景器内永远是清澈明亮的，便于使用者清晰观察取景情况。缺点是，无法看到设置好的工作光圈状态下的景深变化。为解决这个问题，设计人员研发出景深预测装置，拍摄前按下这个按钮，光圈即刻收缩到工作状态，便于摄影师观察实际光圈下的景深状态。问题是按下景深预测按钮后，取景器内的影像会因光圈收小而变暗。

这么好的装置，很多摄影爱好者不会使用，甚至不知道还有这个装置，因此，很有必要加以解释。

使用方法很简单，当光圈值设定以后，在拍摄前，先按下景深预测按钮，镜头的光圈会瞬间收缩到所设定的实际光圈大小，拍摄者可以通过取景器，直接观察工作光圈下景深的实际效果。此时，取景器内会随着光圈收小而变暗。光圈越小，镜头通光量越少，画面越暗。光圈越大，镜头通光量越多，画面越亮。按住景深预测按钮的同时，光圈值还可以继续调整，随着光圈的调整，观察确认景深是否达到创作要求，如果达到了创作要求，即可松开按钮直接拍摄。景深预测既方便又快捷，非常实用，是职业摄影人不可或缺的功能设置。

△ 不同品牌不同档次的相机，景深预测按钮的位置也不同，一般都设在镜头周边位置

　　除了通过景深预测装置观察景深变化外，还可以利用实时取景观察景深变化。现代数码相机，都具有实时取景功能，通过机身上的液晶显示屏，就可以直接观察画面景深的变化。观察起来非常直观，也不存在因收小光圈画面变暗的情况。目前市场上流行的微单无反相机均采用电子取景，通过液晶显示屏观察取景效果，景深的细微变化都能显示在液晶显示屏幕上，因此这种相机取消了景深预测装置，直接通过液晶显示屏观察景深变化即可。（为了适应专业人员的工作习惯，高档专业微单相机上仍旧保留景深预测这个装置。）

△ 数码单反相机液晶显示屏，通过实时取景观察景深效果　　△ 微单数码相机的可翻转液晶显示屏

9.7 超焦距的应用

超焦距的简单解释：当画面焦点确定下来以后，景深前界到镜头之间的距离就是超焦距。

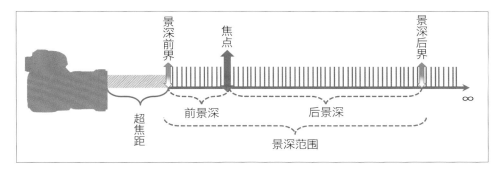

△ 超焦距位置示意图

9.8 超焦距与景深的关系

超焦距与景深成反比例关系，景深越大超焦距越小，景深越小超焦距越大。不要忽视超焦距的作用，在摄影创作中，你有意识无意识地都会牵扯到它。它对摄影创作有极大的影响，一些特殊的画面效果，都是在超焦距的作用下完成的，可很多摄影爱好者却全然不知，这对个人的艺术创作极为不利。有经验的摄影家，都能巧妙地利用超焦距去完成自己的创作。

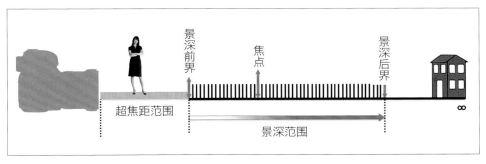

△ 从图上就可以找到超焦距的位置，也就是人物所站的空间位置。如果把选定的物体故意放在超焦距范围内，作品中所选定的物体就会出现模糊的神奇效果

利用超焦距，制作梦幻般的前景

寻找具有一定特点并与创作主题相吻合的物体作为前景，把这个前景安置在超焦距范围内，当镜头对准远处所选好的被摄对象对焦后，此时前景的物体则会呈现出模糊状态。前景物体距离镜头越近，模糊效果越严重。这种技术手段的运用，会使画面产生前景虚、远处主体实的效果。需要注意的是，利用这种手段拍摄，光圈的设置不能太小，如果光圈太小，会导致因光圈太小，景深太大，而直接影响到前景物体模糊的效果，从而失去应有的装饰效果。要通过景深预测或实时取景器，观察前景的模糊状态是否达到创作要求，再决定拍还是不拍摄。

拍摄实例

▷ 将镜头焦点对准远处的亭子，等待灰衣人走进超焦距范围内迅速按动快门，以模糊的人物形象反衬热闹的现场，产生一种空间对比的视觉效果

▽ 将节日的彩灯设置在超焦距范围内，镜头焦点对准远处建筑物，用夸张离奇的视觉效果奏响现代城市的梦幻曲

利用超焦距，强调主观意念

超焦距的巧妙利用，成全了摄影师用主观意念去表达作品主题。当镜头对准被摄对象清晰对焦以后，再将调焦环彻底调虚，整体画面就会出现全面脱焦的现象。这种创作手法，充分展示了"表现主义"的现代意识流风格。

拍摄这种作品，相机必须具备全时手动功能，没有全时手动功能的相机，必须采用全手动对焦模式拍摄。因为有些相机，在焦点不实的情况下，快门是不工作的。全时手动对焦的工作状态是：无论相机设置在自动对焦还是手动对焦模式，镜头处在对焦准确还是对焦不准确的情况下，相机都能正常工作，即为"全时手动对焦"。这种对焦方式不受自动对焦的限制，在相机自动化程度越来越高的时代，保留"全时手动对焦"功能是非常必要的，可以让摄影师尽情发挥自己的创作思路，让艺术创作更符合"百家争鸣"的时代要求。

拍摄实例

△ 这幅作品非常合理地利用了超焦距，将整幅作品全部虚化。这种作品具有超强的个性，带给观者的视觉感受是梦幻和猜测。让有不同生活阅历的人产生不同的理解（摄影：吕恩赐）

◁ 这幅作品表现的是打伞的女孩。逆光下，将对焦点对准女孩儿，当对焦完成后，再将调焦环向超焦距方向旋转，让画面内容全面脱焦后再拍摄。有一点需要提醒，被摄对象一定要处在明亮的逆光背景下拍摄，以避免杂乱的环境破坏主体形象。背景越干净主体形象越鲜明

光圈值不变，可获得更大的景深

在创作过程中，用小光圈获取大景深是很正常的事。可有时光圈收小后，景深仍达不到要求。这时建议你不妨利用超焦距控制景深的办法尝试一下。

其做法是，先将镜头对准无限远对焦，再将镜头返回到景深前界重新对焦后，再重新构图拍摄，即可获得比原景深大 1/2 超焦距的效果。

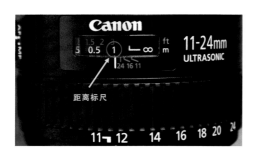 

△ 两幅图片中画红圈处的数值就是这支镜头最远距离的标尺数值，超过这个数值就算是无限远了。镜头焦距越短，远距离的标称值越小。镜头焦距越长，远距离的标称值越大。左图是超广角镜头，它的远距离标称数值仅为 1 米，超过 1 米以外就是这支镜头的无限远距离。右图是长焦距镜头，它的远距离标称数值为 20 米，超过 20 米以外就是这支镜头无限远的距离

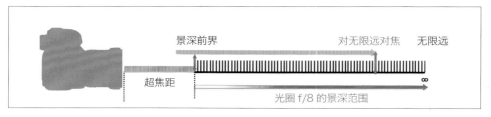

△ 第一步，将镜头对准无限远的物体对焦，得到了最大的景深范围

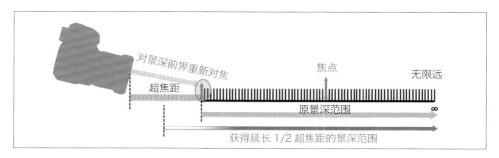

△ 再将镜头回到景深前界的物体重新对焦后拍摄，即可获得比原来的景深延长了 1/2 超焦距的景深范围

拍摄实例

◁ 利用超焦距控制景深的方法拍摄，获得了更大范围的景深，画面中远山近水的清晰度都得到了最好的表现

◁ 由于采用了超焦距控制景深的方法，作品中的景深达到最佳，体现出海阔天空的效果

光圈值不变，可达到收小两级光圈的景深效果

在拍摄过程中，要想加大景深，往往采用收小光圈的办法来解决。如果在光线较暗的环境下拍摄，收小光圈后会造成快门速度变慢，容易因持机不稳导致画面模糊。为了防止因快门速度慢而造成持机不稳的现象，除了使用三脚架以外，还可以利用超焦距的方法拍摄。既做到了光圈值不变，保持原有的快门速度，又获得了收小两级光圈的景深效果。

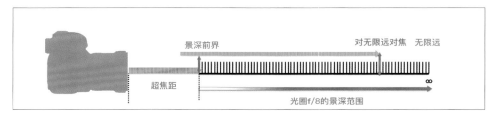

△ 正常情况下，使用 f/8 光圈拍摄的实际景深效果图

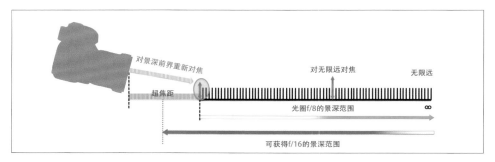

△ 光圈仍然是 f/8，采用超焦距控制景深的方法，对无限远位置的景物对焦后，再将镜头转回到景深前界重新对焦，既可保持 f/8 光圈设置下的快门速度，又得到了 f/16 光圈下的景深范围，相当于延长了 1/2 超焦距的景深

拍摄实例

△ 阴天的光线昏暗，手持拍摄容易因动作不稳使画面虚化。利用超焦距控制景深的方法，用 f/5.6 的光圈拍摄，既保持了 f/5.6 光圈的快门速度，又达到了 f/11 的大景深要求

▷ 清晨光线较暗，为了确保画面的稳定，采用超焦距控制景深的办法拍摄，既保证了 f/8 光圈的快门速度，又获得了 f/16 光圈才能做到的景深范围

　　熟练掌握超焦距的拍摄方法，对丰富作品的创作效果非常有帮助。这是成功的摄影师必须掌握的创作手段。在任何情况下，它都可以协助你更好地完成创作。并且掌握起来也不困难，只要刻意地用心练习，一定能熟练掌握，使其成为你最得力的帮手。

[练习]
　　大胆利用前面所谈到的各种方法，利用超焦距拍摄几组作品，要求画面的视觉效果明显，内容脱俗，在艺术表现方面有明显突破，视觉感染力超强。

　　景深控制问题，是摄影创作不可分割的重要前提条件，也是影响作品效果非常重要的技术手段。运用好它，就是创作优秀作品的有力武器。如果怠慢于它，它会成为影响创作结果的绊脚石。只有熟练掌握景深控制理论，有目的、有意识地进行练习，才能在后续的创作中发挥它的作用。

　　摄影创作具有极为丰富的艺术表现空间。它的变化是多样的，根据创作主题的需要，尽可能多地掌握各种技术手段为创作服务，让自己的作品从多个角度去展现更丰富的主题内容，这是每一位摄影爱好者都应该追求的目标。

第十章 摄影基础
曝光控制

10.1 曝光控制

数码时代，摄影显得那么简单容易，好像不用学就可以掌握。这种现象，让很多喜欢摄影的爱好者走入误区，情绪浮躁，总想走捷径。事实上，做任何事情都有一个学习的过程。摄影与其他艺术门类一样，基础理论的学习与基本功的训练，是必不可少的。没有这个过程，什么事也做不好。

摄影可以分为两种情况，一种是玩儿，另一种是学。如果只是为了玩儿，利用现代相机的高自动化（包括手机），凭自我感觉，随心所欲、玩儿得尽兴就行了。如果为了学习摄影，想在摄影上有所作为，创作出有一定力度的摄影作品来，就应该尽量多地掌握一些摄影理论知识，因为理论是指导实践的依据，而实践反过来又是检验理论是否正确的手段，这是摄影最科学的学习方法。理论知识掌握得越扎实，越全面，对摄影创作越有利。这是所有艺术创作的必经之路。

现代数码相机的自动化程度非常高，在一般情况下，都可以拍出较好的照片。自动曝光也可以做到理论上的准确。这种准确,是靠机内测光表测得的机械测量结果,这种机械测量结果在正常条件下都能拍得不错。但是，在特殊光线下或者在要求非常严格的创意类作品中，自动曝光就显得无能为力了。要想在摄影创作中左右逢源，在任何条件下都能做到百发百中，没有扎实的理论支持和大量的实践经验积累是做不到的。这与做任何工作是同一道理。只有弄明白了曝光控制是怎么回事，并且能熟练掌控手动曝光功能的人，才能用自己的主观意识去控制相机为自己服务。什么时候用手动挡，什么时候用自动挡，什么时候应该增加曝光，什么时候应该减少曝光，什么时候应该进行曝光补偿，

△ 在这种逆光条件下，为了夸张地表现个人的主观意念，必须利用手动控制曝光量。以阳光为测光重点，大量减少曝光，用以控制太阳的造型。用这种曝光方法使城墙因曝光不足成为剪影，而太阳在最小光圈的控制下不但保证了太阳的形状，还凭借光的衍射现象造成太阳发出星芒效果，再经过电脑后期调整，一幅理想的作品就此诞生。这种画面效果自动曝光是不可能做到的

补偿多少等，这一系列问题摄影师都要自行处理。没有曝光控制理论基础和实践经验的人，是没有主动控制曝光意识的。很多基础性问题会越积越多，最后累积成顽症，从刚刚起步的兴致勃勃，到心灰意冷的最终放弃，这种实例在摄影爱好者中太多见了。

为什么专业相机都要保留手动挡（M）？这是因为很多摄影创作，都要按照摄影师本人的创作意愿去完成曝光组合的设置，相机是不可能替代人的思维去完成你想要的作品的，这是最合理的解释。

△ 这幅作品的整体色调接近18%的标准灰，完全符合用自动挡拍摄，再通过后期调整即可达到创作要求。拍摄时，由于有了自动挡控制曝光，就可以全神贯注捕捉车的行踪，把曝光问题交给相机处理。利用高速快门，在关键时刻迅速按动快门即可

△ 这幅作品与上一幅作品正相反，用高调表现中国的茶文化。画面以大面积的白色为主调，体现"茶道"的高雅。在曝光处理上，按照曝光补偿"白加黑减"的四字原则，必须增加曝光量，以确保作品的高雅格调，突出作品简洁斯文的风格

10.2 什么是曝光

摄影曝光是由两部分组成，一是控制，二是曝光。实际上控制比曝光更重要。学习曝光控制理论的目的，就是要通过学习曝光控制的理论，在摄影实践中达到正确控制曝光的目的。真正理解并掌握手动曝光的基本功能，而不是盲目使用自动挡，这是对专业摄影人的基本要求，也是摄影爱好者必须了解并掌握的基本功。总使用自动挡是永远学不会曝光控制的，绝不能把作品的创作权交给相机，造成作品拍成功了不知道因为什么，拍失败了也总结不出原因。这种稀里糊涂的拍摄，根本体会

不到摄影创作的兴奋感和严肃性，更掌握不到摄影的真谛，久而久之还会对创作失去信心。只有懂得了手控曝光的重要性，并且能自由驾驭相机进行创作的人，才能真正享受摄影创作的乐趣。

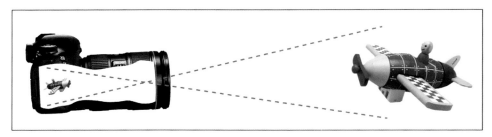

△ 曝光过程示意图

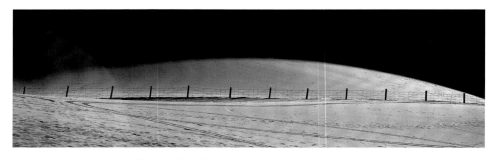

△ 这幅作品完全凭借光和影来塑造主题。在这幅作品中，阳光照射到的沙漠和铁丝拦网是作品的兴趣中心，而阴影是营造作品气氛的必要条件。曝光必须以亮部为准进行测光，保护亮部的质感。让暗部因曝光不足而形成阴影，凭借这种处理手法，显示作品应有的主题意境

▷ 这幅作品的光线环境非常复杂，拍摄时必须选择好测光的重点，再以重点为中心进行曝光组合的认定。这幅作品的重点是石门，也是曝光的侧重点。必须以石门为测光重点，适当兼顾到周边环境进行拍摄。建议初学者先不要使用 HDR 功能拍摄，应该掌握了控制曝光以后，再去理解性使用 HDR 功能，因为在使用 HDR 功能拍摄时，仍然需要"曝光补偿"的协助，才能获得更理想的摄影作品

曝光，就是光的辐射能在感光材料上产生的光学效应。光线通过镜头到达机身内部的感光材料上，使其感光的全过程就是曝光。什么又是准确的曝光呢？事实上准确的曝光是不存在的，没有人能把"曝光"设计成表格的形式供人查询。自古以来，艺术创作就没有标准答案。正如在语文课上，老师安排了一篇作文，作文题目只有一个，每个学生都会根据各自的经历和书写习惯，从各个角度去阐述各自的观点，不可能出现完全一样的文章，如果出现了完全一样的两篇作文，那肯定有一篇是抄袭的。摄影创作同样如此，每一个人对自己的创作，都有各自不同的理解和表达方式。在丰富多样的摄影艺术表现形式里，更是百花齐放、各抒己见。在摄影创作的领域中，曝光起到了非常关键的作用。

对曝光来说，当感光度 ISO 确定以后，使感光材料在适当的时间内，接受到合适的光亮照射就是正确的摄影曝光。这个适当的时间就是曝光时间（T），合适的光亮照射就是光线照度（E），两者结合所获得的结果，就是曝光量（H）。

用公式表示：H（曝光量）= E（光线照度）× T（曝光时间）

对相机而言，E 就是光圈，T 就是快门，H 就是拍摄效果。如果为了保证曝光量（H）不变，我们可以把快门（T）和光圈（E）进行合理搭配，就可以产生出若干组曝光组合。选择其中任何一组曝光组合进行拍摄，都可以获得相同的曝光量。也就是说，当曝光量 H 值确定不变时，曝光时间 T 越长，光线照度 E 就要等比例地减少；曝光时间 T 越短，光线照度 E 就要等比例地增加。同理，当曝光量 H 值确定不变时，光线照度 E 增加，曝光时间 T 就要等比例地缩短；光线照度 E 减少，曝光时间 T 就要等比例地延长。比如，通过测光表对拍摄现场进行测量，测出的曝光组合为光圈 f/22、快门速度 1/8 秒；如果将光圈开大 2 级到 f/11，快门速度也要提高 2 级到 1/30 秒；如果将光圈开大 6 级到 f/2.8，快门速度也要提高 6 级到 1/500 秒。这三组曝光组合好像差别很大，可实际的曝光量却完全一致。最重要的问题是，它们拍摄出来的画面艺术效果却完全不同。这种现象正是本章要讨论的内容。

光圈与快门两者互为倒数关系。在确保曝光量不变的情况下，光圈越大，快门时间就越短，光圈越小，快门时间就越长。反之，在保证曝光量不变的情况下，快门时间越短，光圈就越大；快门时间越长，光圈就越小。这种互易关系是颠覆不破的。

在传统胶片时代，相机控制曝光的只有光圈和快门这两个装置。而数码时代，不但光圈和快门是控制曝光的装置，感光度也参与其中。光圈和快门是控制曝光的主要装置，感光度起到协调和补偿的作用。三者之间是互易关系。初学者必须将三者关系烂熟于心，在摄影创作中才能做到相互补偿、自由切换。

△ 这幅作品是用白衬法表现玻璃器皿，测光的重点是背景的亮部，而且被摄对象的正面严禁有干扰光出现。拍摄时还要在原测光基础上增加曝光量，目的是加强背景的白色，用于烘托玻璃体的黑白轮廓线。拍摄这类作品，必须按照曝光补偿（白加黑减）的原则，增加曝光量2级以上才行

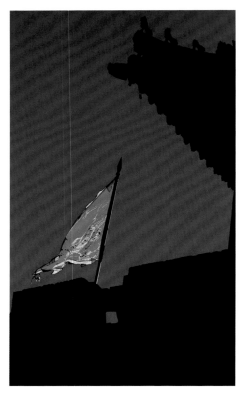

△ 这是一个比较特殊的案例。日落前的光比很大，明暗反差极强。由于旗子面积太小，相机的自动曝无法兼顾到旗子的质感。为了重点保护红旗的质感，必须减少曝光，才能达到目的。解决问题的方法有三种：①光圈不变，只提高快门速度；②快门不变，只收小光圈；③快门与光圈都不变，只降低感光度。这三种做法都要求在全手动挡曝光的情况下进行，同时测光表都会显示曝光不足，这是非常重要的补偿方法，自动挡曝光则无法做到这一点。这一补偿做法的目的是，保护红旗的质感不要曝光过度，让逆光下的建筑物却因曝光不足成为剪影，这正是主题创作必须利用的手段

10.3 光圈、快门、感光度的划分

1	1.4	2	2.8	4	5.6	8
1.1	1.6	2.2	3.2	4.5	6.3	9
1.3	1.8	2.5	3.5	5	7.1	10
11	16	22	32	45	62	
13	18	25	36	50		
14	20	29	40	56		

◁ 光圈的划分示意图。红色数值是光圈的基本值，每级之间是根号 2 倍的关系，级与级之间相差一级曝光量，白色数值是 1/3 级的曝光量

60"	30"	15"圆整	8"	4"	2"	1"	0"5	1/4	1/8
48"	25"	13"	6"	3"	1"6	0"8	0"4	1/5	1/10
38"	20"	10"	5"	2"	1"3	0"6	0"3	1/6	1/13
圆整1/15	1/30	1/60圆整	1/125	1/250	1/500	1/1000	1/2000	1/4000	1/8000
1/20	1/40	1/80	1/160	1/320	1/640	1/1250	1/2500	1/5000	
1/25	1/50	1/100	1/200	1/400	1/800	1/1600	1/3200	1/6400	

◁ 快门划分的示意图。红色数值是快门的基本值，级与级之间是倍数关系，每级之间相差一级曝光量。白色数值是 1/3 级的曝光量

50	100	200	400	800	1600	3200
64	125	250	500	1000	2000	4000
80	160	320	640	1250	2500	5000
6400	12800	25600	51200	102400	204800	409600
8000	16000	31250	64000	128000	256000	
10000	20480	40960	81920	163840	330000	

◁ 感光度划分示意图。红色数值是感光度的基本值，级与级之间是倍数关系，每级之间相差一级曝光量。白色数值是 1/3 级曝光量

△ 光圈、快门、感光度三者是互换关系，通过三者之间的相互补偿，可以解决摄影创作中所有曝光补偿问题，使作品达到摄影师想要表现的艺术效果

通过光圈、快门、感光度的划分可以看出，它们之间有一个共性，红色数值都是基本值，是一级曝光量或者称一个 EV 值（曝光量的值）的关系，每级之间又存在着 1/3 级的曝光差值。因此，三者之间是"等量代换"的关系，相互之间可以互换互易。这一功能在摄影创作中，无时无刻不在发挥着作用。

10.4 什么是数码曝光

传统胶片摄影依靠卤化银记录影像，属于物理感光。经过曝光的胶片，要通过显影液将曝光后形成潜影的胶片转化为金属银盐颗粒。再通过定影液将正在显影中的银盐影像停影并固定在片基上，同时将未曝光的卤化银冲刷掉，即可形成可视影像的底片。这是一个比较麻烦，而且污染严重的工作，现在基本被淘汰了。

而数码摄影属于电子感光，不需要传统摄影那种复杂的冲洗过程，可以通过芯片中的像素直接收纳光影信息。所有光影信息都被安全保存在每一个像素里不会丢失，再通过机身内部的图像处理器，直接转换成可视图像。也可以选择 RAW 文件格式存储光影信息，由于 RAW 文件格式信息量较大，通过机身内部的处理器解码比较困难，因此需要通过专用软件，在电脑中解码生成可视图像。有些新型数码相机也可以通过相机解码 RAW 格式图像，但是由于相机的图像处理器解码能力有限，解码效果不如使用电脑解码效果好，因此建议最好使用电脑进行解码 RAW 文件。数码摄影发展到今天，显示出特有的即拍、即看、即打印的便捷性。这是数码摄影优于胶片摄影的最大特点。

10.5 像素的工作状态

数码相机的工作状态有以下三种情况。

（1）曝光过度；

（2）曝光不足；

（3）曝光正常。

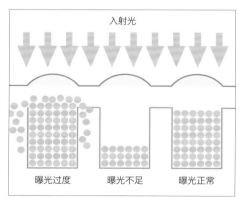

▷ 像素的三种工作状态示意图

曝光过度

在拍摄明暗反差很大的景观时，由于暗部和亮部的光比较大，机内测光表很难兼顾暗部和亮部的均衡。如果此时机内测光表以暗部为准测光，就会出现暗部细节表现较好，而亮部会因曝光过度，造成像素中的高光信息严重溢出的现象。这种现象就叫曝光过度。曝光过度的画面，电脑后期无法将溢出（丢失）的高光信息还原成图像。利用这种溢出现象，最适合拍摄高调作品。

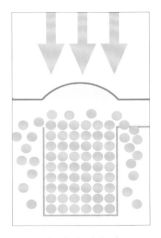

△ 曝光过度的像素显示出过度饱和的状态，使像素中的高光信息严重溢出的示意图

△ 曝光过度的画面，因高光部分的光影信息大量溢出，此时，作品的暗部细节表现好，而高光部分的影像信息损失严重，并且电脑后期无法将溢出的高光信息还原成图像

曝光不足

曝光不足的影像，亮部细节表现好，可暗部会出现因曝光不足而损失严重的情况，暗部效果漆黑一片。此时芯片中的像素会留有相当多的空间。这种现象就叫曝光不足。

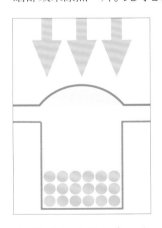

△ 曝光不足的像素，内部会留有多余的空间示意图

△ 曝光不足的画面高光部分表现好，暗部因未得到正常曝光而损失严重，画面中的暗部表现出一片漆黑的效果

曝光正常

曝光正常的图像，芯片中的像素基本饱和，没有多余空间。这种现象就叫曝光正常。这种曝光正常的结果，适合表现光比不大，反差正常的画面。反差很大的画面还是无法得到完美的曝光效果。

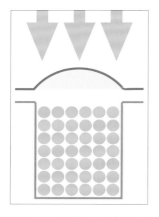

△ 曝光正常的像素，内部空间基本饱和的示意图

△ 曝光正常的像素内部基本饱和，亮部与暗部虽有上佳表现，但是仍然不能获得理想的效果。建议：在曝光正常的基础上保护亮部信息不要溢出，给电脑后期修图留有充分的余地

HDR 拍摄法

HDR 拍摄法，是扩大数码相机动态范围的一种影像合成技术，是对反差很大的被摄景物最好的曝光处理办法。亮部和暗部的细节表现，都会得到最完美的还原。这种拍摄法最适合拍摄明暗反差大的景物。有关这方面的介绍会在 HDR 拍摄法中详细分析。

◁ HDR 拍摄法是表现高反差景物的有效手段，通过对被摄景物明暗细节分别记录的方法，再通过相机处理器进行优化合成，即可获得更宽泛的影像动态范围，这是数码相机独有的表现手段。从这幅作品中可以看出，经过 HDR 手法拍摄的画面，明暗细节都得到了最佳的表现，远远好于曝光正常的影像效果

像素的这种工作状态，在拍摄过程中必须谨慎对待，绝不能满不在乎地随便拍摄，这对学习摄影没有一点儿好处。为什么有些影友拍了很长时间还是原地踏步，这是阻碍他进步的关键因素之一。这对摄影创作的影响非常之大，也可以说是表达作品主题的重要障碍。在教学过程中不难发现，很多摄影爱好者对此模模糊糊，在社会上一些谬论的引导下，错误认为现在的自动挡完全可以解决问题。甚至还有一些"名人"提出："都什么时代了，还使用手动挡"的奇谈怪论。这种论调完全是错误的，是对初学者的误导，是初学摄影者的一道人为障碍。

搞明白曝光控制理论，是学习摄影必须做的事，不然你很难进步。在拍摄过程中，什么时候需要有意识的曝光过度，什么时候需要有意识的曝光不足，这绝不是任凭自动曝光随随便便就可以解决的事，必须以科学的态度来对待。我们都知道"不打无准备之仗，不打无把握之仗"的道理，糊里糊涂、随便了事的态度是很不好的。建议大家认真学习，彻底把它搞清楚，在艺术创作的路上才能步步为营。

△ 像这样的作品，如果完全凭借相机的自动曝光肯定会出现曝光不足的问题，原因就是相机不可能判断出你想要的效果，它只能按相机的机械判断结果做出接近标准灰的曝光值进行曝光，拍出的效果一定是大面积的白色偏灰的结果。可我们想要的是以纯白色为陪衬，烘托出啤酒的造型。这种画面关系只有摄影师本人通过增加曝光补偿量才能解决，机内测光表则无能为力

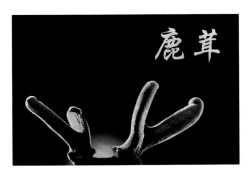

△ 这样的作品，是不能依靠自动挡来完成曝光的。作品的创作目的是通过黑色的背景，展示鹿茸的造型，体现名贵药材的价值。如果使用自动曝光，画面一定会产生曝光过度的效果。因此，必须采用曝光补偿的方法，减少曝光量，让背景黑下来，反衬鹿茸细腻的质感，使作品达到预期的目的

10.6 对亚当斯"区域曝光法"的理解

虽然说数码相机的动态范围远远高于胶片，但是，与自然界 1:10000 以上的巨大反差相比，还是有很大的差距。数码相机的动态范围，是无法通过一次曝光就能将自然界如此之大的明暗范围完整地表现出来的。为了尽可能记录更多的明暗细节，我们可以借助亚当斯"区域曝光法"的理论加以理解和完善。

美国著名摄影家、教育家安塞尔·亚当斯先生，在 20 世纪 30 年代就研究出一种用于摄影教学的曝光方案，这一方案，可使胶片获得最大的宽容度和更丰富的影像细节，这就是"区域曝光法"。它的核心理论是：以被摄对象的暗部为标准曝光，激活影像暗部的卤化银，使其生成金属银粒子，固定在片基上形成影像。再以亮部为标准进行暗房显影冲洗，确保亮部的银粒子不会显影过度，同时，也最大限度地激活了暗部的卤化银，使其生成影像细节。这种做法，既控制住亮部质感没有显影过度，又迫使暗部细节获得了影像。整幅作品的亮部和暗部都能达到最丰富的影像细节表现。他的这一理论，在摄影实践中得到了充分的验证，也为摄影教学提供了最有力的教学与实战标准。

亚当斯的"区域曝光法"为当时的摄影教学带来巨大的影响，成为曝光控制理论重要的组成部分。进入数码时代，亚当斯的"区域曝光法"仍然可以借鉴。我们可以把他的核心理论颠倒过来应用。其方法是，以亮部为准曝光，防止高光的溢出；再以暗部为准进行电脑后期处理，最大限度地发挥相机和电脑的功能与作用。这一做法，既保护了亮部细节不丢失，又使暗部获得最佳的细节表现，起到了扩大数码摄影动态范围的作用。

◁ 安塞尔·亚当斯先生作品

◁ 此作品就是按照亚当斯区域曝光法的理论，以相反手段拍摄的效果。测光以亮部为准，又以暗部为准做后期，既保护了亮部层次，又获得了暗部质感的细节，真是一举两得

10.7 控制曝光的手段

胶片相机控制曝光只有光圈和快门两个装置，感光度只是起选择胶卷，确认感光度标称值的作用。到了数码时代，除了有光圈和快门这两个装置控制曝光以外，感光度也加入其中，使控制曝光的装置增加到三个，这是数码摄影优于传统摄影的一大进步。既扩大了曝光控制的范围，又拓宽了摄影创作的深度。摄影爱好者必须熟练掌握三者之间的互易关系和调整方法，在摄影创作过程中做到随时切换，为摄影创作服务。

一对 0 控制法

意思是只变动一项，另外两项不变。这种补偿方法，在摄影实践中经常被采用。拍摄效果会使画面产生曝光量上的变化。比如：（1）曝光补偿中的"白加黑减"采用的就是一对 0 补偿法；（2）拍摄日出日落时，采用这种方法减少曝光量，控制天空密度；（3）拍摄高调与低调作品时，采用这种方法增加或减少曝光量，获得作品需要的补偿效果等。

使用方法如下。

（1）光圈与感光度不变，只提高或降低快门速度，通过改变曝光时间，达到补偿曝光效果的目的。

（2）快门与感光度不变，只开大或收小光圈，通过改变镜头通光量，达到补偿曝光效果的目的。

　　（3）光圈与快门不变，只提高或降低感光度，利用感光度对光线不同敏感性的特点，达到补偿曝光效果的目的。

　　熟练掌握这种补偿方法，在摄影实践中非常有用，尤其在曝光补偿方面或特殊光线下拍摄时就显得尤为重要。

△ 这组照片，就是采用一对 0 控制法拍摄的，只改变了快门速度，使曝光量发生变化，而光圈及感光度都没改变。左图是 ISO 不变，光圈 f/11、快门 1/250s 的实际拍摄效果；中图是 ISO 不变，光圈 f/11 不变，只把快门速度提高到 1/800s 的拍摄效果；右图是 ISO 不变，光圈 f/11 不变，只把快门速度提高到 1/2000s 的拍摄效果

　　例一：拍摄剪影，利用白天的天光亮度制作剪影效果。采用一对 0 控制法，只改变一项，其他两项不变，通过减少曝光量，达到剪影效果的目的。

▷ 采用一对 0 的控制方法，拍摄剪影效果。需要在机内测光的基础上，减少曝光量。这幅作品采用光圈和感光度不变，只提高快门速度，通过故意缩短曝光时间，使建筑屋脊因曝光不足，达到剪影效果

例二：利用日落的氛围，采用一对 0 控制法，只改变一项，其他两项不变。让画面前景因曝光不足而形成剪影，天空密度加大，再通过电脑后期处理使晚霞气氛更加浓厚。

▷ 采用一对 0 的控制方法，减少曝光量加大画面前景的密度，强化剪影效果，突出日落的气氛。采用光圈与感光度不变，只提高快门速度，利用缩短曝光时间来达到补偿目的。或者采用快门速度与感光度不变，只收小光圈，利用减少通光量来达到补偿目

的。采用这种补偿方法的好处是：（1）强化了前景的剪影效果；（2）让天空密度加大，使晚霞气氛更加浓重。再通过电脑后期做强化处理，即可达到预先设计好的效果

例三：采用一对 0 控制法，只改变一项，其他两项不变，表现高调作品。

[**练习**]

（1）拍摄风光作品若干幅，要求用手动挡曝光，以机内测光表为测光标准，正常拍摄一张；曝光过度（增加曝光）拍摄一张；曝光不足（减少曝光）拍摄一张。分析一对 0 补偿法对三幅作品的影响。

（2）用一对 0 的控制方法，白天逆光下拍摄剪影作品，要求被摄对象轮廓清晰、反差分明，具有一定的艺术表现力。

△ 作品采用一对 0 的控制方法拍摄。布光时，让背景亮度比主体人物亮度高两级以上。拍摄时要以人物为曝光标准。此时机内测光表会受背景亮度的影响显示为曝光过度。具体表现是：（1）如果感光度和光圈不变，快门速度应该降低两级，机内测光表显示为曝光过度；（2）如果感光度和快门速度不变，光圈应该开大两级，机内测光表显示为曝光过度

一对一控制法

意思是只要变动一项，另外两项中的一项也要做出同等量值的改变。这种控制方法的效果是，画面的曝光量不变，而画面的艺术效果却发生了变化。其做法是，如果光圈、快门和感光度的其中一项进行了改变，另外两项中的一项，也要做出同等量的调整，这样既保证了曝光量一致，又使作品的艺术效果发生变化。因此，要改变其中的任何一项，都要从作品的创意出发，更改任何一项都要有明确的目的。这种一对一的控制法，在实际创作中经常使用，很多创作题材都离不开这种方法。

例一：采用一对一控制法，利用光圈与快门速度的相互配合，强化被摄对象之间虚与实的动感变化。既保证了曝光量的正常，又加强了画面的艺术感染力。

▷ 这张照片采用一对一控制法拍摄。为了强调动感效果，收小光圈到f/22，快门速度配合调整到 1/8 秒拍摄，利用合适的慢速快门使运动中的人物虚化，形成明显的动静对比关系。需要注意的是，用慢速快门拍摄时，如果没有三脚架，须寻找稳定的依托物，避免因持机不稳造成画面整体模糊而拍摄失败

例二：采用一对一控制法，利用光圈与快门速度的相互配合，控制景深的变化。既保证了曝光量的正常，又使画面的景深得到有效控制。

△ 这组照片，改变了光圈值，快门速度也对应改变，使曝光量保持一致，可画面艺术效果却出现截然不同的变化。左图光圈收小到 f/32，快门配合降低到 1/60 秒，画面曝光正常，作品追求的是最大的景深范围。右图光圈开大到 f/4，快门配合提高到 1/4000 秒，画面曝光正常，作品追求的是最小的景深范围，强调前景大象的清晰度，促使后面的大象全部虚化

[练习]

根据一对一的控制要求，拍摄两组照片。

（1）在同一场景，改变光圈值，快门速度配合调整，控制景深变化拍摄两张照片。

（2）在同一场景，调整快门速度，光圈配合调整，控制运动物体清晰度拍摄两张照片。要求两组作品的曝光量必须一致，画面艺术效果有明显不同。

一对二控制法

意思是只要变动一项，另外两项也要随之改变。这种控制方法会造成，在确保曝光量一致的前提下，如果光圈、快门和感光度其中之一进行了调整，那么另外两项为达到创作目的，也要分别做出对应调整，使画面达到理想的创作目的。

例一：慢速快门追随拍摄，由于现场光线强，快门调整到理想的慢速度，此时配合调整的光圈值却超过了极限，必须进一步降低感光度加以补偿。在保证曝光量正常的同时，画面艺术效果已经发生了根本的变化。

△ 作品采用一对二的控制法进行拍摄，获得完全不同的两种效果。左图按正常拍摄法，采用较高的快门速度拍摄行进中的汽车，画面整体都很清晰，这种效果过于呆板。右图利用追随拍摄法拍摄，首先将快门速度降到1/8秒，但是由于光线强，所设置光圈已超过最小极限值，必须进一步降低感光度配合小光圈的设置，最终达到了追随拍摄的效果（还可以配合使用中灰密度镜完成拍摄）。右图画面效果明显好于左图

▷ 这幅作品也采用了一对二的控制法拍摄，只是拍摄技法不同。拍摄这幅作品采用固定机位慢速快门拍摄，画面虚实结合，动感强烈。先将快门速度控制在1/8秒，由于现场光线较强，光圈已超过最小极限值，需进一步降低感光度完成曝光组合的设置，最终的画面效果完全符合创作要求

例二：为避免昏暗光线下手持相机拍摄的稳定性，采用一对二控制法，将光圈开到最大，如果快门速度仍达不到要求，可进一步提高感光度，迫使快门速度提高到理想的速度后拍摄。其结果是，曝光量不变，清晰度得到了保证。

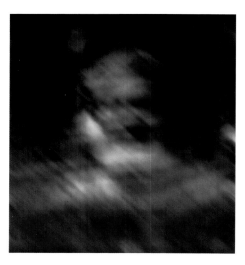

△ 现场光线昏暗，手持拍摄不稳定，只能采用一对二的控制法拍摄。左图因现场光线暗，快门速度相对较慢，手持相机拍摄不稳定，造成画面效果模糊而拍摄失败。右图采用一对二的控制法，先将光圈开到最大，快门速度仍然达不到拍摄要求，再进一步提高感光度，迫使快门速度提高，保证了画面的清晰度

例三：晚间的体育场内，因光线较暗，运动员的速度很快，采用一对二控制法，将光圈开到最大，如果快门速度仍然达不到要求，需进一步提高感光度，换取更高的快门速度，完成拍摄。

◁ 田径运动员的奔跑速度非常快，为了能凝固人物的瞬间动态，采用一对二的控制法，将光圈开到最大，可快门速度仍达不到要求，再将感光度迅速提高到ISO1600，迫使快门速度达到1/2000秒以上，确保高速行进中人物的清晰度

例四：强烈阳光下，想采用突出主体，虚化背景的方式拍摄。首先将光圈开到最大，由于光线过强，光圈开到最大，虽然使景深得到了保证，可快门速度却超过

最高极限。只能采用一对二控制法，再将感光度降低，换取快门速度降到正常值，达到了突出主体、虚化背景的创作目的。

◁ 强光下，利用最大光圈强调小景深拍摄，由于光线过强，光圈开大后快门速度已超过极限，必须采用一对二控制法，进一步降低感光度，使快门速度降到可控范围内拍摄。还可以添加中灰密度镜加大阻光率进行拍摄。这些拍摄方法要在熟练掌握曝光控制理论与实践的基础上快速完成

例五：强烈阳光下，利用小光圈，慢速快门，描写瀑布的雾状效果。首先要将光圈收到最小，快门速度还不够慢，可采用一对二控制法，继续降低感光度，迫使快门降到理想值。还可以利用增加中灰密度镜加以补偿。建议：快门速度要尽量慢，速度越慢，瀑布的雾化效果越强烈。但是必须使用三脚架，如果没有三脚架，就要寻找稳定可靠的物体进行依托拍摄。

▷ 强光下，利用慢速快门，强化瀑布的雾化动感效果。由于现场光线过强，速度降不下来，采用一对二的控制法，先将光圈收到最小，再进一步降低感光度迫使快门速度下降，同时配合使用中灰密度镜，迫使快门速度尽量降到"读秒"阶段。提示：为了体现水的雾化效果，快门要尽量慢，快门越慢，水

的雾化效果越强烈。所以，配合使用中灰密度镜协助拍摄是个很好的办法

[练习]

　　根据一对二控制法进行拍摄练习。
　　（1）在光线较暗的环境下手持相机拍摄跳绳的人物，将光圈开到最大，换取最高的快门速度拍摄一张。再提高感光度，进一步提高快门速度再拍摄一张，熟悉一对二控制法的操作过程，对比两张画面清晰度的差别。

（2）利用一对二控制法，在强烈的阳光下，以慢速快门（1/15 秒、1/8 秒、1/4 秒）追拍行进中的汽车。利用最小光圈＋降低感光度完成拍摄，对比拍摄效果。

（3）在阳光下，拍摄瀑布或小溪流水，强调水的雾化动感效果。利用 1 秒、2 秒、4 秒的慢速快门拍摄，利用最小光圈＋降低感光度完成拍摄（可以配合使用中灰密度镜）。

10.8 测光表的种类

测光表是摄影创作中不可或缺的工具。它可以帮助拍摄者在复杂的光线下测得理想的曝光组合值。了解测光表并熟悉它的使用方法，是摄影人必须掌握的知识点。

测光表有以下两种类型。

（1）亮度表，又称反射式测光表，专门测量物体表面的反射光，这种测光方式受反光率的影响较大。现代相机使用的机内测光表和外用点测光表都属于这种表。这种表受反光率的影响较大，所以必须掌握曝光补偿的方法，必要时进行曝光补偿。

（2）照度表，又称入射式测光表，专门测量被摄对象的入射光线，由于它测量方式非常科学，使用方便，测量准确，不受反光率的影响，是目前被广泛采用的外用测光表。

10.9 独立式外用测光表的作用

数码相机出现后，外用测光表好像被遗忘了。摄影爱好者基本不用它了，好像数码时代把外用测光表给淘汰了。其实这是一种误解。尤其在室内人造光条件下，它的作用更加重要。它能测量被摄画面的曝光参数以及物体之间精准的光比关系，这些技术参数仅凭肉眼是很难精准判断的，靠机内测光表测光，会受到反光率的影响而产生机械性误差。工作严谨的职业摄影师，都会使用外用测光表进行实际测量，把握整体画面的光效变化和作品主题气氛的控制。在自然光下拍摄，外用表也能发挥重要的作用。总之，外用表是非常重要的摄影工具。对创作结果要求很高的摄影人士，决不会放弃外用测光表的使用。

数码时代还有必要使用独立式外用测光表吗？答案是肯定的，必须用！理由如下。

（1）大画幅相机机身内部都没有测光系统，它们在工作时，必须依靠独立式外用测光表帮助测光。或者安装大型相机机背专用测光表，但是价格较高。

（2）由于现代数码相机的芯片是由多个生产厂家制造的，每种品牌的相机测量结果会出现一定的误差，尤其是使用了一段时间的相机，测光结果误差更大。因此，外用测光表就显得更加重要。

（3）在摄影棚内拍摄时，由于独立式外用测光表具有稳定的测光系统和强大的功能设置，早已成为棚内摄影不可或缺的工具。

① 精细的测光能力，可进行 1/10 级甚至 1/20 级的精细测量控制。

② 能准确地把控被摄对象的光比数值。

③ 对弱光的测量更方便精准。

④ 对连续光源和闪光灯都可以进行测量（机内测光表无法进行闪光灯测量）。

⑤ 可以进行有线或无线的闪光测量。

⑥ 在对重要的广告摄影测光时，可存储多组曝光组合值，进行曝光组合参数的对比调整。

⑦ 可以做到迅速变换反射式测光表或入射式测光表的功能置换。

⑧ 有多种标准附件，可进行多种测光功能的选择。安装上分度表头，可进行点测光，最小角度可测量 1°。

综上所述，在数码时代，独立式外用测光表仍然是摄影创作的重要工具。机内测光表的测光系统虽然很先进，但决不能取代独立式外用测光表的作用。

△ 独立式外用测光表

10.10 照度表——入射式

照度表又称入射式测光表（表头装有乳白色透光罩），专门测量入射光源。工作时，表头须朝向光源方向，与相机镜头光轴方向尽量保持一致（特殊情况除外）。使用照度表不受反光率的影响，既方便又科学。需要注意：在室内人造光下测量时，必须遵守光线照度第一定律平方反比定律，要求测光表必须靠近被摄对象测量，距离被摄对象越远测光越不准确。

现代的高端外用测光表都属于综合类型，具有照度表和亮度表双重功能。装上乳白色透光罩，就是照度测光表。取下乳白色透光罩，就是亮度测光表。安装上分度头，就是点测光表。

△ 照度表（入射式）

10.11 亮度表——反射式

亮度表又称反射式测光表，表头没有乳白色透光罩，用于测量被摄对象的反射光。这种表共有三种类型：独立式测光表、独立式点测光表、相机机内测光表。

（1）独立式亮度表： 亮度表在工作时，无论是在自然光下拍摄还是室内人造光下拍摄，表头必须靠近被摄对象，测量被摄对象的表面反光。表头与入射光要形成小于 45°夹角关系后再测量。使用这种表，必须考虑物体表面的反光率对测光结果的影响。比如：测量白色物体与黑色物体时，由于测光表的设计基准是18%的标准灰，

在测光时因白色反光强，黑色反光弱，测光表都会以18%的灰为标准，让黑和白尽量接近18%的灰，造成机械性测量误差，使黑与白都接近灰。这种误差必须通过曝光补偿来修正。曝光补偿四字原则是"白加黑减"。（具体补偿方法在"曝光补偿"一章中讨论。）

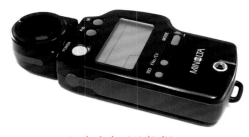

△ 亮度表（反射式）

（2）**独立式点测光表**：又称分度表。由于这种表测量角度可以精确到1°，又称一度表，可以小范围测量局部反光。使用时，不用靠近被摄对象，用眼睛通过表头后面的取景目镜，对准具体测光位置后，按下测光按键即可获得测量数据。用这种表测光，不受测量距离的影响，站在原地就可以测量任何一个点。使用这种表测光，必须根据物体表面反光率大小，进行曝光补偿。

△ 点测光表（反射式）

（3）**机内测光表**：现代数码相机内部都装有非常精准的测光系统，这种测光系统属于亮度表（反射式），测量被摄对象的反射光。由于机内测光表的测光基准也是18%的标准灰，面对自然界反差巨大的物质表面测光时，同样会出现机械性测量误差。因此，使用机内测光表测光，也要注意曝光补偿这个问题。

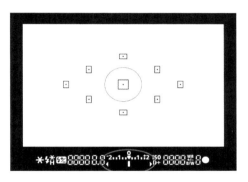

△ 相机取景器内的测光表显示位置

10.12 测光表的测光原理

面对自然界千变万化的光影效果，摄影师总能把理想的测光值控制在自己手中。测光表在这里起到了非常关键的作用。摄影师利用测光表，将各种复杂紊乱的光效，控制在合理的曝光范围内，使摄影作品获得不多也不少的曝光量。测光表已成为摄影师在创作过程中，必不可少的创作利器。

测光表如何将复杂的光线，控制在合理的曝光范围之内呢？原因就是测光表的测光基准——18%的标准灰。无论在任何光线条件下，它就像一位铁面无私的法官，用这个灰度作为测光的评判标准，对所有明暗关系进行公正的研判。当测光表对准景物的某一位置测光时，这个被测量的部分，就成为画面中18%的标准灰。换句话说，要想使被摄景物的某一区域成为曝光标准，或者说要想让被摄景物某个位置的细节得到保护，测光表就要对准那个位置测光，这部分的景物就可以获得相对准确的曝光效果，即成为18%的标准灰。比如，如果以亮部为测光标准，亮部就成为18%的标准灰，亮部质感细节也就得到了最好的保护，而暗部的质感与细节，就会受到曝光不足的损失。反之，如果以暗部为测光标准，暗部就成为了18%的标准灰，暗部的质感细节就得到了准确的保护，而亮部的质感与细节，就会受到曝光过度的损失。

△ 这幅作品以亮部为准测光，亮部细节就得到了保护，细节质感表现正常，而暗部会因曝光不足而受到损失

△ 这幅作品以暗部为准测光，暗部细节就得到了保护，细节质感表现正常，而亮部会因曝光过度而受到损失

10.13　灰阶解释法

当测光表对准某个被摄景物测光时，这个被测量的部分，就成为18%的标准灰。为了说明这一点，下面用标准灰阶加以分析。

△ 当测光表对着灰阶测光时，测光点对准中心位置的18%标准灰，这个位置仍旧表现为18%的标准灰，整体灰阶的黑白关系不变

△ 如果测光点向亮部移动两级测光，那么这个测光位置就变成了18%的标准灰，标准灰阶也会以这个标准灰为基准，整体向亮部移动两级，依此类推

△ 如果测光点向暗部移动两级测光，那么这个测光位置就变成了18%的标准灰，标准灰阶也会以这个标准灰为基准，整体向暗部移动两级，依此类推

　　由此可见，在摄影创作中，以哪为准测光，取决于主题创作的需要与拍摄者的主观愿望。千万不要不负责任地乱测或盲测，把主动权交给相机的自动曝光去处理，这种毫无目的的盲测，是无法达到创作要求的。为解决这一缺陷，使用者一定要熟练掌握曝光控制技巧，把正确的测光掌控在自己的手中。

△ 这幅作品以暗部为准测光（红圈处），暗部就成了标准灰，其结果是：暗部细节表现正常，而亮部会因曝光过度而损失严重

△ 这幅作品以亮部为准测光（红圈处），亮部就成了标准灰，其结果是：亮部细节表现正常，而暗部会因曝光不足而损失严重

△ 这幅作品以亮部为测光标准，适当兼顾到暗部细节，再通过电脑后期的增益处理，即可获得符合创作要求的作品，这就是正确控制曝光的目的和方法

10.14 机内测光表的测光模式

机内测光表一般都设有这四种常规测光模式：◉ 评价测光、◎ 局部测光、⦿ 点测光、▢ 中央重点平均测光。每个生产厂家对名称的叫法会有所不同，但是都大同小异。使用者可以根据个人习惯与创作的需要，选择其中一种进行测光拍摄。

（1）◉ 评价测光

这种测光模式是现代数码相机的通用测光模式，适用于绝大部分的摄影创作，

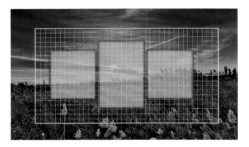

△ 评价测光示意图

是所有全自动相机的通用测光方式。它可以对画面中的明暗关系进行机械评估，得出机械的测光参数。在正常的光线照度下，都能做到比较准确的测光结果。在实际应用中，有经验的摄影师在创作过程中，还会根据拍摄现场的具体情况和个人创作的需求进行适当的补偿修正。

◁ 评价测光是现代数码相机通用的测光模式，由于在机内取景器上进行了合理的分区评估，在一般情况下，都能达到比较理想的测光效果。这幅长城作品的拍摄时间是日出时刻，地面明暗反差较大，经评价测光后，对天空亮部进行了适当保护，再经电脑后期的处理，使暗部细节得到强化，高光部分也得到了保护，画面的整体效果非常令人满意

（2）◎ 局部测光

根据相机的档次不同，局部测光的范围也不同。一般都在取景器中央 3% ~ 10%

△ 局部测光示意图

的面积，不具备分析和评价功能。适合小范围测量明暗反差大的景物，受 18% 标准灰的影响，在测量明暗反差较大的局部画面时，会产生机械性测量误差。所以，不要忽略曝光补偿的作用。

◁ 局部测光适合光比较大、反差特殊的景物和逆光效果的画面。作品《街景》画面反差很大，为保护亮部质感，对小面积亮部进行局部测光，使亮部细节得到保护。经电脑后期修整，亮部与暗部细节都得到了很好的还原。作品的艺术表现力甚至超过了现场的实际效果

（3）⊡点测光

根据相机的档次不同，这种测光模式只覆盖画幅中央1%～5%左右的局部面积。

适用于特殊环境下的局部照明或逆光拍摄。这种测光模式没有分析评估功能。对反光率高或反光率低的画面，会产生机械性测量误差。所以不能忽略曝光补偿的技术处理。

△ 点测光示意图

◁ 顾名思义，点测光是用在非常具体，范围极小的局部测光，适用于极为特殊的光线效果。在这幅作品中，被光线照射到的物体面积很小，利用点测光准确测量出局部受光面的曝光组合，确保亮部细节的质感。此时，暗部虽很暗，但是经过电脑后期增益处理后，画面整体的视觉效果非常理想

（4）⬜中央重点平均测光

这种测光模式以取景器中央为重点，平均到整个像场，不具备自动评价功能。

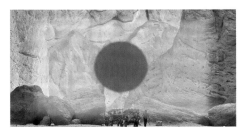

这种测光方式是最早期的测光方式，适合测量反差比较均衡的画面。使用者必须根据被摄现场的反差与反光率的不同，随时注意曝光补偿的配合。

△ 中央重点平均测光示意图

◁ 中央重点平均测光是最早期的测光模式，以画面中心位置为重点，周边位置的测量只取平均值。相机中的微处理器不做任何评价估算，适用于拍摄现场整体反差比较均匀的场景。这种测量方式要求摄影师对曝光控制非常清楚，对曝光补偿运用得非常娴熟。在这幅作品中，画面灰度比较统一，适合中央重点平均测光这种测光方式，经过电脑后期适当调整后效果很好

10.15 机内测光表的使用方法

顾名思义，安装在相机内部的测光系统，称之为机内测光表。这种表属于亮度表，测量被摄景物的反射光。使用者可以通过取景器，或者通过液晶显示屏读取测光参数。机内测光表的显示信息，设置在机内取景器的下方，拍摄时，眼睛不用离开取景器就可以观察到它。初学者一定要养成随时观察测光信息的习惯。不少摄影爱好者，从不看测光表，甚至根本不知道机内测光表在哪儿，这种习惯很不正常。原因是一直使用自动挡曝光养成的不良习惯。

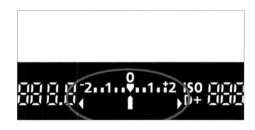

△ 机内测光表中心 "0" 的位置

由于相机在自动曝光模式下，测光表会自动给出机械的测光标准，所以在任何光线条件下，测光表的指针永远处在中间位置不会移动。这就容易养成不用看测光表也能拍摄的不良习惯。这种坏习惯确实挺坑人的，最终你什么也没学到。即使是在特殊光线下，测光表已经做出了测光误差的判断，并且不断闪耀提出警示，警告用户"已经超出测光表测试范围"，需快速做出补偿调整。在这种条件下，测光表的指针仍然处在中间位置不会动，它不可能主动做出应有的补偿。如果还是继续拍摄，就会出现曝光过度或者曝光不足的后果。这种错误很多摄影爱好者根本没有意识到问题的严重性，出现这种情况正是没有扎实的基础理论支持的原因。这种现象会导致，片子拍好了，总结不出经验，片子拍坏了，也找不出问题的原因，日积月累各种问题会越积越多，最后的结果会严重影响你创作的信心。

在手动曝光（M）模式下，测光系统处在等待摄影师发出指令的状态。当摄影师做出曝光组合的指令并做出调整后，曝光组合的数值会固定下来。在这种状态下，用相机半按快门对准亮部和暗部反复移动，你会发现，根据现场的明暗变化，机内测光表的指针会在正极与负极之间来回摆动。但是不管指针怎样移动，设置好的曝光组合值是不会变的。为了证明这一点我们可以做一次实验。（1）将曝光模式设置为纯手动挡（M），同时设置好一组相对正确的曝光组合后，再将镜头对亮部与暗部半按快门反复移动，你会发现测光表的指针会随景物的明暗变化而左右移动。（2）将曝光模式设置为自动挡，同时设置好一组测光表认为正确的曝光组合后，也用相机对准不同的亮部和暗部半按快门反复移动，通过取景器观察，你会发现机内测光表的指针永远停留在中央"0"的位置不动。这足以说明，相机在自动曝光模式下，会根据画面的亮暗自动做出补偿调整。（建议你进行实际观察。）做这种实验只想说明，只有在纯手动挡（M）设置下，机内测光表才能完全脱离相机控制，处在全手动状态，等待摄影师做出调整曝光组合的指令。只要摄影师的指令发出，在任何光线条件下，曝光组合都会按照设置好的曝光组合进行拍摄，不会擅自做出任何改变。在实际拍摄时，机内测光表可能处在曝光不足的状态，也可能处在曝光过度的状态，这两种表现都是正常的。这正是手动曝光的特点。手动曝光是展现摄影师主动控制曝光的能力，更是摄影爱好者学习曝光控制，掌握控制曝光能力的最好平台。

机内测光表的两端有"+""−"两个符号，"+"号表示曝光过度，"−"号表示曝光不足。在纯手动曝光状态下，按照摄影师确定的曝光组合拍摄，测光表头的指针可能处在"−"号，也可能处在"+"号。这种变化都是正常的，是摄影师对这幅作品所要求的正确曝光值，充分体现出摄影师的主观能动性和做相机主人的优越感。

测光的正确方法是：首先对被摄画面进行理性的分析→指导正确测光的同时进行合理的曝光补偿设置→完成理想的曝光组合设定后→确认构图完成拍摄。这是完成机内测光的正确步骤和指导思想。

△ 通过分析，画面中的汽车检测员是这幅作品的主体，必须保证他的形象真实。由于人物的灰色上衣接近18%标准灰，以衣服为测光标准拍摄即可。最后通过电脑后期校正，画面效果非常理想

灰板法

这种方法简便易行，只需随身携带一块18%的标准灰板就可以工作了（标准灰板在摄影器材店有售）。也可以自己动手做。用灰板法测光，不用测量被摄对象，直接测量灰板即可。**具体方法如下**。

（1）将灰板正面朝向需要测光的方向。

（2）为了保证测光的精准度，灰板的正面要和拍摄方向保持一致，如果位置和角度有偏差，会造成测量结果的误差（特殊效果除外）。

（3）在室内人造光条件下测量，根据平方反比定律，灰板必须紧靠被摄对象测量，否则，会严重影响测量结果的准确性。

△ 这幅作品就是采用灰板法测光后拍摄的。根据阳光的照射角度，只要将灰板的正面与拍摄方向保持一致进行测量即可，不必靠近被摄对象，拍摄效果非常正常

[提示]

在自然光下和在人造光下测量是有区别的。人造光下测量，灰板必须紧靠被摄对象。而在自然光下测量，灰板就不需要靠近被摄对象，只要灰板的角度与被摄对象的光照条件保持一致即可。比如：被摄对象处在阳光下，灰板也要在阳光下测量；被摄对象处在阴影处，灰板也要在阴影处测量。只需与相机的拍摄方向保持一致即可。

△ 18% 的标准灰板

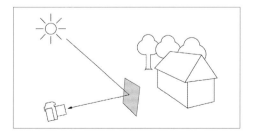

△ 灰板实际测量方法

　　利用灰板法测光，拍摄风光作品和室内人像作品各一组。要求：
　　(1) 注意灰板的角度要正确；
　　(2) 室内人像测光时，灰板要紧靠被摄人物的脸部。

借物测光法

　　这种方法只适用于外景自然光下，是在既没有测光表又没有灰板的情况下，为了获得更准确的曝光而采取的一种测光方法。在无法靠近被摄对象时，可在机

位附近寻找一处光照条件与被摄景物一致，又接近18%标准灰的物体表面，如灰色地面、灰色石头、灰色墙面等物体，对其进行测量后即可拍摄。必须注意的是：所选位置的光线条件与方向，要与被拍摄景物尽量保持一致。比如，被摄对象处在阳光下，借物测光点也要处在阳光下；被摄对象处在阴影下，借物测光点也要处在阴影下，采用这种测光方法基本都能达到拍摄要求。

△ 作品中的被摄对象距离机位很远（红圈处是想要测量的位置），为了得到精准的曝光，采用了借物测光法。在机位附近寻找一处与被摄对象方向一致，光照条件一致，灰度条件接近18%标准灰的物体进行测光后拍摄，拍摄效果正常

[练习]

　　采用借物测光法拍摄风光作品若干幅。要求，严格按照操作规定测量，多拍摄几张，进行分析对比，积累拍摄经验。

包围曝光法

包围曝光法也称括弧曝光法，是在创作过程中遇到比较复杂的光影关系，曝光又没有把握的情况下，为了不丢失精彩瞬间而采用的一种曝光策略。首先利用机内测光表对所要拍摄的景物进行测光或称估计曝光，确定一个相对正确的曝光组合后，以这个曝光组合为基础，逐级增加和逐级减少曝光量拍摄一组照片（一对0补偿法）。即可得到同一个画面、不同曝光量的一组照片。后期可根据创作需要选择使用，还可以通过电脑进行人工 HDR 合成。

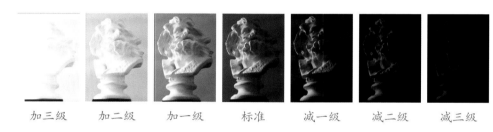

| 加三级 | 加二级 | 加一级 | 标准 | 减一级 | 减二级 | 减三级 |

[练习]

采用包围曝光法拍摄反差较大的作品（使用纯手动 M 挡），以机内测光表为测光依据进行补偿拍摄。分析每幅作品的曝光差异，锻炼自己的判断能力，熟悉操作方法。

10.16　相机通用的五种曝光模式

现代数码相机上有多种曝光模式供使用者选择。其中有五种曝光模式是共有的，它们是：AV 光圈优先自动曝光、TV 快门优先自动曝光、P 程序式自动曝光、M 手动曝光、B、T 门。这五种曝光模式使用者可以根据创作需要和使用习惯，选择其中任何一种进行拍摄。

	光圈	快门
光圈优先AV	手动	自动
TV快门优先	自动	手动
P程序自动	自动	自动
M手动	手动	手动
B门	手动	手动

△ 测光模式示意图

光圈优先自动曝光（AV）

这种模式采用光圈由人工手动控制，快门可根据光圈大小自动配合调整。当光圈设置为某一挡位时，相机会根据所设光圈值的大小和拍摄现场的明暗关系，自动设置合适的快门速度配合拍摄。适用于新闻采访、体育摄影、扫街、居家摄影、旅游摄影等多种摄影创作。在摄影实践中，为了集中精力捕捉瞬间，只需把光圈设置到理想位置，无论你处于什么样的拍摄环境中，相机都会根据所设定光圈大小，配以最高的快门速度进行拍摄。比如，在光线较暗的环境下拍摄，为了获得较高的快门速度，只需将光圈开到最大，相机就会以最大光圈值为基准，提供最高的快门速度进行拍摄，这叫以不变应万变。如果快门速度还不够高，还可以继续提高感光度，迫使快门速度进一步提高（一对二补偿法）。使用（AV）光圈优先自动曝光，仍然需要曝光补偿的协助，这一点非常重要。

在光圈优先状态下，介绍一种最快捷的补偿办法。在实际拍摄中，可直接调整相机的副调节盘改变快门速度进行曝光补偿（有些数码相机没有这项功能）。这种补偿方法使用起来既方便又快捷，没有必要再到菜单中去寻找曝光补偿进行设置了。用这种补偿方式，必须养成随时观察机身内部测光表的习惯，确认补偿值是否调整正确。

[提示]

　　如果选择了用菜单中的曝光补偿功能进行补偿拍摄后，在拍摄下一张照片时，千万不要忘记将原设置的补偿值归零。如果忘记归零，后面的创作还会按照这个补偿值进行补偿，造成后面的作品曝光失误。

▷ 光圈优先自动曝光适合大多数摄影工作。在拍摄高速运动物体时，可以利用开大光圈换取高速快门捕捉运动中的物体。作品《快乐腰鼓》就是采用这种方法拍摄的，人物的动态效果清晰灵动

◁ 为了获得最大的景深，利用光圈优先将光圈收到最小，相机自动配合较慢的快门速度，获得了完整的古代建筑全部清晰的图像

快门优先自动曝光（TV）

　　这种模式采用快门由人为手动控制，光圈可根据快门速度的高低自动配合调整。当快门设置为某一挡位时，光圈会根据所设快门速度的高低和拍摄现场的明暗关系，自动设置合适的光圈值配合拍摄。这种设置最适合拍摄运动中的物体。快门速度设置得越高，越容易抓取清晰的动态形象。快门速度设置得越低，动态形象越容易产生模糊的效果。要根据创作需要来决定快门的速度。快门优先自动曝光，受拍摄现场光线强弱的影响较大，如果现场光线暗，所需要的快门速度又高，光圈设置很容易超过最大极限值。如果遇到这种情况，可以采用提高感光度来补偿，迫使快门速度达到合适的要求（一对二补偿法）。

　　在快门优先状态下，介绍一种最快捷的补偿办法。在实际拍摄中，可直接转动相机的副调节盘改变光圈值进行曝光补偿（有些数码相机没有这项功能）。这一方法使用起来既方便又快捷，没有必要再到菜单中去寻找曝光补偿进行设置了。使用这种补偿方式，必须养成随时观察机身内部测光表的习惯，确认补偿值是否调整正确。

[提示]
　　如果选择了菜单中的曝光补偿功能进行补偿拍摄后，千万不要忘记将这一功能归零。如果忘记归零，后面的拍摄还会按照这个补偿值拍摄，造成后面的作品曝光失误。

△ 这幅作品采用快门优先自动曝光拍摄。快门速度调整到 1/8 秒，感光度配合设置为 ISO3200，光圈自动配合设置为 f/4，画面在慢速快门的作用下，呈现出强烈的动静结合效果

△ 这幅作品采用快门优先自动曝光拍摄。快门速度设定为 1/2000 秒，感光度配合设置为 ISO1600，光圈自动设置为 f/4，捕捉到高速运动中运动员的清晰图像

程序自动曝光（P）

在这种模式下，相机的光圈和快门完全由相机自动调整。为了达到创作目的，摄影师也可以自己调整所需要的光圈值或快门值，此时相机会根据拍摄现场的实际条件，进行光圈与快门的相互补偿配合。在程序式自动曝光模式下，转动机身上的副调节盘，仍然可以随时进行曝光补偿快速调整。

▷ 这幅作品使用 P 挡拍摄，利用最大光圈，既得到了最高的快门速度，捕捉到清晰的图像，又获得了模糊的景深效果，突出了主体人物

手动曝光（M）

越是专业相机越要保留手动曝光模式，这是充分体现个人创作风格的重要设置。使用手动挡拍摄时，相机处于全手动状态，曝光只能由摄影师自行调控，相机不做任何干扰。因此，要求拍摄者必须熟练掌握手动曝光的方法和规律。这也是摄影爱

好者学习摄影，掌握曝光控制的最好渠道。在学习摄影这段时间，要强迫自己有目的地使用手动挡曝光，从中学习手动控制曝光的规律。在练习使用手动曝光的过程中，积累经验，体验创作的灵感。另外，对曝光补偿来说，用手动挡进行曝光补偿，是轻而易举的事，久而久之你一定会离不开它。当初学者逐渐掌握了手动曝光以后，再去选择自动挡曝光时会更有目的性，使用起来会更得心应手。

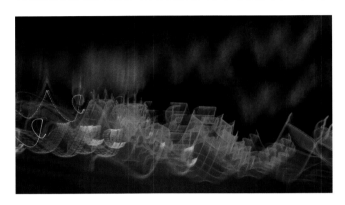

◁ 手动曝光是摄影创作必不可少的曝光模式，它可以在要求极为特殊的创意摄影中，得到精准的曝光结果和独特的艺术效果。本作品《火烧阿房宫》是借用夜晚的建筑灯光完成拍摄的，曝光要严格控制灯光的亮度不能曝光过度，才能获得漂亮的线条和画面效果

◁ 这是一张静物作品，在室内采用人造光经多次曝光完成，每次曝光都要严格控制曝光量，不能出错，如果其中的某一次曝光出了问题，整幅作品则前功尽弃。因此，手动曝光就成为必不可少的实用工具

B门

B门属于纯手动曝光模式，主要用于长时间曝光和特殊技法要求的摄影题材。用B门拍摄，全凭摄影师自己控制光圈、快门以及感光度的设定。拍摄时，按下快门，快门立刻打开开始曝光；松开快门，快门瞬间关闭停止曝光。为了保证相机的稳定，工作时必须使用三脚架稳定相机，同时使用快门线或遥控器锁住快门，不要用手指按着快门控制曝光时间，这样很容易因手的轻微抖动影响画面的清晰度。

机内测光表是一个可以由人操控，也可以由相机自动控制的测量工具。不要把它

△ 夜景的创作中 B 门的作用非常重要，拍摄者可根据创作需要，自行安排曝光时间的长短。这幅夜景作品用 B 门经长时间曝光完成拍摄

当成一把"万能钥匙"。在摄影创作中，这把"钥匙"在特殊条件下，或者在个性极强的摄影创作中，是无法打开"自由创意"这把锁的。在艺术创作这条路上，"人"的主观意念永远是第一位的，任何东西都无法替代它。人是创作的第一要素，没有任何一种工具可以替代人的头脑。自动功能永远代替不了人的思维，只能作为一种智能工具为人类服务。

[提示]

　　有些相机设有 T 门，T 门和 B 门的工作性质是一样的，两者的不同之处是：T 门按下快门，相机立刻开始曝光，按快门的手可以离开快门。再次按下快门时，相机瞬间停止曝光。从保证相机的稳定性来看，T 门优于 B 门。

10.17　特殊条件下的曝光控制

　　这种"特殊"是指特殊的光线、特殊的气候条件、特殊的创意内容等。在这些条件下拍摄，会给测光带来很多不确定性，很大程度上都要根据作品的创作要求和摄影师的实践经验去控制曝光。数码相机的出现，为特殊环境的拍摄提供了很大的便利。数码相机对光的超灵敏性以及超宽的动态范围和灵活的可操控性，都体现出数码相机极佳的实用性。但是性能再强，它也只是一种工具，和人的思维相比还是两码事，不能过分依赖它。这就像开汽车，自动挡的汽车的确给大家带来了方便，但是没有熟练驾驶经验的人，上了马路一定会手忙脚乱，很容易出现事故。摄影也是如此，没有熟练的理论和技术支持，就是给他一台最先进的相机，同样拍不出好作品来。

10.18 晚间摄影的曝光

晚间摄影是一种特殊光线下的创作题材。在黑暗的环境中，要凭借摄影师的判断力，在巨大的明暗对比中，选取最重要的主题和最精彩的画面效果进行拍摄。

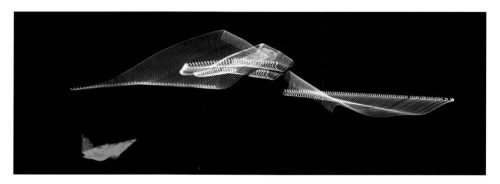

△ 这幅作品在夜晚的人造光源下，采用主动创作法手持相机，在一边移动相机，一边变换镜头焦距的过程中完成拍摄。稳定的光源性质，再加上设计好的移动轨迹，使作品《追捕》顺利完成。作品的曝光一定要准确，不能曝光过度，如果曝光过度，将破坏精彩的线条，猎鹰的形象也将失去灵动威猛的造型

◁ 这幅作品是在室外黄昏的光线下，以被动创作法拍摄的。寂静的小区被晚霞所笼罩，幽静之中带有一种浓厚的生活气息

10.19 夜景人造光源

夜景的创作中，人造光源的照明占了很大比重，由于晚间的所有建筑都以独具特色的照明效果各显神通，装点着整座城市。每个城市都有各自的照明特点，是摄影师重点拍摄的对象。拍摄这类题材，有两种表现手法。

（1）**被动创作法：** 为了保证画面的清晰，使用三脚架，利用较慢的曝光时间拍摄，画面清晰、色彩鲜艳，是一种比较常见的传统创作手法。

（2）**主动创作法：** 放弃三脚架和快门线，用手持相机进行拍摄，按下快门的同时，移动相机，变换镜头焦距，在移动中完成拍摄。画面中的线条优美流畅、抽象离奇（这种创作手法以光赋命名，在后面另有介绍）。被动创作法求"真实"，主动创作法求"变化"。这是两种不同的表现方式，所得到的画面效果也截然不同。充分掌握这两种创作手法，灵活运用在夜景创作中，一定会使作品产生别具一格、丰富多彩的视觉效果。

△ 这幅室外人造光作品《标志》，采用被动创作法拍摄，用三脚架稳定支撑，以虚实对比手法表现上海标志性建筑"东方明珠"，却又将这颗明珠做虚化处理，使观者误以为路灯是主体，可眼睛却被虚化的标志性建筑所吸引。这幅作品的焦点以路灯为准，强调路灯的简易造型，却引导出东方明珠的意境

△ 为了保证作品画面的清晰度，用三脚架稳定相机，以被动创作法拍摄，真实记录了晚间热闹的商业街景

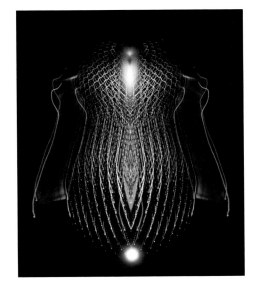

▷ 这幅作品用主动创作法捕捉到一只神奇的"银火虫"。"光赋"营造的这只银火虫，造型饱满、色彩奇特，充满了幻想与时代感。这就是新时代的新手法结合大胆的想象，塑造出来的"新物种"

10.20 夜景自然光

夜景自然光是指，没有人造光源的痕迹，完全依靠纯自然光进行创作。这种创作必须用三脚架，以稳定的拍摄条件、长时间的曝光,记录真实的现场效果。建议选择刚性好、有一定自重的三脚架，以确保相机的稳定性。体积小、重量轻的塑料三脚架不建议使用，它会受到各种客观因素的影响使画面产生模糊。

△ 本作品利用夜间天空的自然光，经长时间曝光拍摄完成。由于数码相机对光非常敏感，微弱的星光也能获得完美的记录，可将漆黑的夜晚绘如白昼。这幅作品就是采用这种方法拍摄，作品效果令人满意

◁ 夜间长时间曝光，使月光也发挥出特有的照明作用，地面的色彩、牌坊的结构、天空的色调与云层的动感，都得到上佳表现。所有这一切说是长时间曝光的功劳，不如说是数码芯片对光的高灵敏性所赐

10.21 室内人造光

这里所指的是生活与工作环境中的人造光，在没有任何自然光干扰下的照明效果。这种光源的特点是光源多、光比大、色温复杂。在这种环境中拍摄，有条件可对重点角落进行局部补光，如果没有条件补光，可采用 HDR 法拍摄，目的是既不破坏现场气氛，又要获得最佳现场效果。

（1）**生活中的人造光效**：这种光效比较稳定，拍摄时可以适当补光。固定好相机，控制好色温。测光时，要以亮部为测光标准，以保护高光的细节。家庭空间一般都比较小，尽量选择短焦距镜头拍摄，同时控制好透视关系，变形不能过分夸张。

▷ 为了体现豪门之家富丽堂皇的氛围，尽量保留黄色的暖色气氛与射灯的局部光效，使视觉效果更加强烈

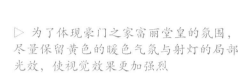

◁ 这间客厅的陈设十分简洁利落，色调以顶光为主调，保持周边的环境光略显暖色，利用这种色调的搭配，让温馨的环境更显亲切

（2）**公共环境中的人造光效**：这种光效比较复杂，光源多、色温乱、光影关系相对复杂，这是公共环境的特点。拍摄前一定要选择好拍摄位置，不但要考虑好光的相互关系，确定画面的主色调，还要选择好建筑结构之间的关系，做到光不乱、色协调、结构美。

▷ 现代新型商场的光线设计都很时尚，很多高科技照明光源运用得都很得体。拍摄前一定要选择好需要表现的主光色彩和与其他光的色彩搭配关系，强化商店时尚华丽的特色

◁ 这间办公室的空间非常狭窄，用超广角镜头拍摄，空间会显开阔一些。色温的控制要适当保持偏暖一点，让现场气氛既严谨又温馨。曝光以中间最亮的办公室为准，尽量避免曝光过度。经电脑后期调整，画面的效果很好

◁ 商场内部每家每户都想突出自己的特点，所以光效布置各显神通，比较复杂。为了保持现场氛围，迎合商场的特色，要物色一个店面作为基准色调，其他店面随遇而安。测光以选好的主店为准，以丰富的色调迎合公共场所的气氛

（3）娱乐场所的光效：拍摄这类题材要利用夸张手法强调它的特殊性，光影关系与色调的变化必须保持娱乐场所的神秘、离奇、独特。保留并夸张现场气氛是创作的核心，还要通过后期调整进一步做夸张处理，强化这一效果。由于这种场合光效特殊，光比较大，曝光时要注意亮部质感的保护，不要曝光过度，给后期处理留有充分的余地。

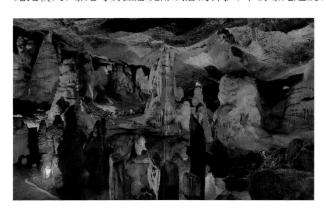

◁ 本作品《地宫》展现了岩洞离奇的空间环境，色彩必须艳丽丰富。拍摄时要把白平衡设置在日光值，让各种颜色得到真实的再现。曝光要以亮部为标准，保护亮部的质感。电脑后期的强化处理是体现地宫神秘色彩的重要一环

△ 作品《幻影》记录了舞台演出的效果，以慢速快门夸张旋转中的魔幻人物。通过后期的强化处理，使色彩对比更强，加强幻影人物的神秘感。由于画面主要人物处在大面积的暗部，因此曝光的准确性就显得十分重要

▷ 作品记录了娱乐场所人物表演的瞬间。光线采用了直射的侧面光，抓住红色烟雾烘托主题气氛，舞台效果非常强烈。为了更好地烘托这种效果，曝光严格控制在亮部，保护亮部质感不受损失，机内测光表应该显示曝光不足才对，为后期调整留有充分余地

（4）酒吧的光效：酒吧是特定的场所。在这个环境中，人们沉浸在昏昏暗暗、色彩迷离的时空中。拍摄这种场合，夸张现场气氛是最重要的。色彩越夸张，气氛越强烈，视觉冲击力越强。

▷ 歌手是酒吧经营的重要核心，他们在斑斓的色彩中，一展歌喉。很多成了名的歌星都来自这个神秘的空间。记录他们并记住他们，是摄影师的天职，让这块边缘的角落永远停留在人们的记忆中

◁ 昏暗的光线、强烈的对比色，是酒吧的特点。保持和夸张这种效果是表现这类题材的重点

10.22 室内自然光效果

室内自然光的特点是光源随窗而定，开窗大，室内明亮；开窗小，室内昏暗。室内自然光的照明方向是固定的，而且室内光比大，方向统一。拍摄这类题材，首先要以作品主题来决定拍摄机位。同时要确保亮部的细节与质感，需要暗部补光时，还要控制好色温与主色调的关系。通过仔细观察和对比，最后再决定是否拍摄，不要急于求成。

▷ 这是云冈石窟内部的效果，完全以自然光为照明条件，不允许使用闪光灯。由于洞内光比很大，拍摄时要尽量控制好亮部的曝光量，不要曝光过度。经过后期处理的画面，完全超过了洞内的实际效果

◁ 这是一个现代商场，有宽大的天窗，具备很好的采光条件，而且光比相对均匀，空间结构也很独特。走廊的色彩变化非常出效果，很适合低角度拍摄，画面效果非常理想

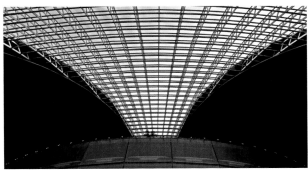

◁ 这幅作品以巨大的明暗反差，将天窗的扇形框架与红色的弧形底座组成宏大的气场。为了强调这一效果，曝光时要注意保护钢架结构的细节关系，控制好亮部的质感不要曝光过度，消除暗部所有细节，以巨大的反差强化作品的形式感

10.23 人工与自然混合光源的室内效果

它的特点是光源复杂，光比大，色温差值大。这种混合光源比较难控制，拍摄时要注意保留室内的环境气氛，有条件可以进行局部补光。机位确定后，尽量避开自然光对镜头的直射，有条件可以用纱帘遮挡以减弱自然光的强度，避免自然光过强，破坏室内环境的气氛。测光要保护亮部质感，可以利用 HDR 拍摄法，以获取更大的动态范围（特殊要求除外）。

◁ 住宅的玻璃门窗很大，自然光照明充分，室内又有丰富的人造光照明条件。为了充分表现室内的整体效果，色温要以室内色调为准，用超广角镜头拍摄，以夸张透视效果和适当的色彩对比，充分显示室内环境的高档次与舒适感

△ 五星级酒店的大堂，人造光与自然光相互交织，冷暖关系明显，宁静高雅的室内环境被行进中的车辆打破。拍摄时尽量保护室内的暖色调，与室外的冷色调形成非常自然的色彩对比关系，这种处理手段更能体现星级酒店的档次。这幅作品的光比较大，曝光时要注意保护亮部细节，不要因曝光过度破坏亮部的质感和整体气氛

10.24 人工与自然混合光源的室外效果

太阳刚刚落山，天空还保留一定的光线密度，此时的光线条件是室外环境摄影最好的时刻。在天还没有完全黑下来的时候，室内会因光线昏暗打开室内照明灯。造成室内和室外的明暗关系比较接近，能较好地营造出黄昏特有的气氛，充分利用这个时段进行创作，可以得到非常理想的作品。

◁ 这是傍晚拍摄的室外作品，天还没有完全黑下来，室外的天空光还残留一定的亮度。为了招揽更多的客人，老板将照明灯光全部打开，这是一个极具特色的室内外混合光。灯光与昏暗的天色形成极大的色彩反差、强烈的冷暖关系，更能体现黄昏的特点。曝光要注意侧重亮部，电脑后期调整是非常必要的处理手段

△ 太阳已经落山，此时天空还保留一定的亮度，可室内已经暗下来，商店为了招揽生意，会打开所有照明光源。此时，室内与室外的亮度基本均衡，这是一个绝好的创作机会。曝光标准要以室外亮度为准，室内灯光亮度顺其自然，经后期调整，画面的整体效果完全达到了拍摄要求

◁ 这是一个典型的室内外混合光源的照明效果。拍摄的重点是保护建筑物整体的色彩关系，因为这是为4S店的形象做广告宣传之用。既要保护室内环境的色调，又要保留黄昏的色调，使作品达到非常完美的效果，从而达到对外宣传的目的

10.25 特殊的气候条件

恶劣天气出奇片，这是风光摄影约定俗成的规律。特殊的气候条件，一定会有很多意想不到的自然现象出现，这是正常天气不可能出现的气候变化。利用这样的气候条件进行创作，会收到意想不到的画面效果。此时，曝光控制要更加谨慎。摄影师也将付出更多的艰辛。

雨天

阴雨天气是出片子的好机会，自然界的一切，都被雨水浸湿，色彩饱和，游人稀少。尤其在山区，会出现云雾缭绕的奇观。空气透视的效果非常强烈，能营造出层次极为丰富的画面效果。

◁ 云雾缭绕的群山，层峦叠嶂，十分壮观。虽美景甚多，但山路十分难行。为了拍到难得的画面，摄影师必须做出外拍的选择。这幅作品就是下雨的收获，烟雨潇潇，诗意正浓

△ 雨天的山区，是摄影创作的绝佳条件。云雾缭绕，气象万千。在山区遇上雨天，那是你的造化，千万别错过。这幅作品就体现出雨天山区多变的景色，创作过程要多加小心，别因兴奋而忘乎所以，危险会随时出现，还是安全第一

△ 雨水打湿自然界的一切，使色彩更加饱和，质感也更细腻。在雨中拍摄的小品魅力无穷

雪天

　　雪将大地渲染成白色，湿润了空气，清洁了环境，也净化了人们的心灵。雪景是摄影人最喜欢拍摄的素材之一。雪景的拍摄要注意几点：①合理利用周边环境组织构图，打破单一的白色；②多利用逆光和侧逆光，丰富雪的质感与层次；③充分利用环境物体自身的色彩与影调反差，丰富作品的内容；④根据曝光补偿"白加黑减"的四字原则，对大面积的白雪要适当增加曝光量。

△ 逆光下的白雪形成了丰富的明暗关系，水面的蒸气显示出天气的寒冷。为了强化太阳的星芒效果，收小了光圈拍摄。经过后期调整，原生态的景致十分突出

△ 城市的雪景也别有风趣，日出的低色温，使环境冷暖分明，层次清晰。本应该是绿色的松树树冠，披上了厚厚的银装，虽是喧闹的街道，在画面中却显得非常安静，好像进入了童话般的冰雪世界

△ 利用侧逆光拍摄雪景，刻画出细腻丰富的雪地质感。低温形成的雾气为严冬增添了一丝寒意。作品的成功，完全归功于侧逆光的利用

雾天

　　雾天是表现空气透视的最佳条件。雾所形成的气候，会产生近实远虚、近暗远亮、近鲜远淡的空气透视效果。这种作品出神入化，充满了神秘色彩，画面产生的视觉效果既简约又富有诗情画意。充分利用这种天气条件，可以创作出很多优秀作品。在曝光方面，要根据雾天的具体情况与拍摄现场的实际效果，适当调整曝光量加以补偿。

淡雾

△ 淡雾使得近处的色彩鲜艳夺目，远处的景物虚拟朦胧，横线条的花卉促使视觉空间更加开阔。灰白色的雾气统一了背景关系，对烘托前景非常有利。近鲜远淡的色彩关系，近实远虚的景深变化，使前景的主体更加醒目，整幅作品的视觉效果非常完美

△ 淡雾中美丽的林中小屋，极具童话色彩，湿润的空气使这种状态更加逼真。生活在这样的环境中，身心一定十分轻松，这正是人们所追求的平静生活。在这种环境中拍摄，用自动挡曝光没有任何问题

△ 淡雾形成的画面效果，丰富了景物的层次，产生出近实远虚、近暗远亮、近鲜远淡的空气透视效果。这种效果可以将作品的前景明显地突出出来。这幅画面的前景人物与背景形成强烈反差，一种时空穿越感瞬间出现。可以说，淡雾是创作这幅作品的必然条件

浓雾

◁ 在浓雾下拍摄，必须选择明确的前景作为兴趣中心，与浓雾笼罩下的背景形成鲜明的对比关系。此作品选择了深秋的红叶作为前景，在朦胧的大雾背景衬托下显得十分醒目。大雾在这幅作品中起到了非常重要的烘托主题的作用

◁ 由于大雾浓厚，使景物只有前景清晰，中远景几乎全部被浓密的大雾所掩盖，这种气候条件最适合拍摄强调前景的作品。这幅作品十分明显地体现出这种效果，如果天气晴朗，画面背景一定非常杂乱，对突出前景人物不利。但是，在浓雾条件下，背景形成一片白色，将主体人物十分明确地显露出来

曝光是摄影创作的关键一步，千万不要轻视它。现代数码相机虽然具有丰富精准的自动化系统，但并不意味着摄影创作就可以交给相机去处理了，摄影爱好者只管按快门就行了。请记住，人的思维能力与电脑计算完全是两码事，人是有感情的，对事物是有分析和处理能力的高级动物，对同一件事，10 个人会有 10 种不同的看法。戏剧家莎士比亚曾经说过："1000 个观者眼中会有 1000 个哈姆雷特"。这也说明人的思维方式不可能是完全一样的，他会受出身、民族、成长经历等条件的影响，形成各自的思维习惯和分析能力。而计算机的所有程序都是由人类输入进去的，如果给1000 台计算机输入同一个信号源，计算出来的结果会完全一致。只能说明计算

△ 浓密的大雾，会使能见度大大降低，远处的物体完全被浓雾掩盖，空气透视效果更加明确。浓雾是拍摄风光小品的最佳气候条件，是任何天气条件都不具有的效果。这幅作品体现出了浓雾条件下的特殊景观

机是人类制造出来，就是为人类服务的工具，这正是人类的大脑与计算机的不同之处。作为艺术创作，就更能体现艺术家之间在艺术创作方面存在着巨大差距的根本原因。摄影创作中的曝光也是一样，忽视了曝光控制的学习，是要吃大亏的。作为教书先生，我奉劝大家不要听信"都什么时代了，还使用手动挡"的坑人言论，这种言论对摄影爱好者学习摄影没有一点好处。有些学员拍摄的作品，永远是一种风格、一种调子，没有变化，一看就是自动曝光拍出来的。实际上，要想让自己的作品具有自己的风格特点，必须掌握摄影理论知识，面对不同的拍摄场面和题材，都会有独立的想法和创意，拍摄出来的作品才会有自己的风格，才能与众不同。如果只想玩摄影，就另当别论了。如果玩摄影的朋友也能掌握一些理论知识，玩的兴趣一定会更加浓厚，拍摄每一幅作品的目的性会更强，表现出的作品主题一定会更加明确，作品的个性表现也会更加鲜明。

第十一章 摄影基础

曝光补偿

11.1 摄影创作与曝光补偿

曝光是完成摄影创作的关键一步。按下快门曝光完毕，一切均告结束。为了避免曝光失误，曝光补偿就成了唯一的补救措施。曝光补偿是为了弥补机内测光表造成的机械测光误差，以及为保证个性化创意要求而采取的曝光补救措施。

早期的相机，都是全机械手动曝光，没有各种自动曝光功能。摄影师只能凭借扎实的基本功和熟练的曝光控制技巧进行创作。到了 20 世纪中叶，自动曝光技术相继出现在相机的功能设置中，给广大摄影工作者以及摄影爱好者带来很大便利。但是，也给曝光结果带来一定的机械测量误差。为了解决曝光误差这个问题，只能依靠摄影师的经验，利用曝光补偿来解决。

这种补偿，必须通过人工设置才能完成，相机的测光表没有分析和自动补偿的功能。毕竟电脑与人脑不是一回事，何况人与人之间也存在着很大的鉴赏差别。每个人对艺术的追求和对个性的表达都不一样。现代的电子设备虽然很先进，可仍然无法替代人类的思维与判断能力。对于曝光补偿来说，最理想的补偿结果，还是要通过摄影师个人的分析和研判，才能做出曝光补偿的决定。

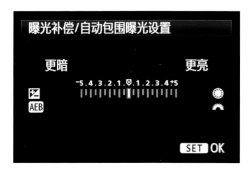

△ 数码相机曝光补偿 /AEB 设置窗口

△ 传统胶片相机曝光补偿调控盘

11.2 自动曝光的种类

进入数码时代，相机的自动化程度达到了巅峰，自动曝光的方法也越来越多，测光结果也越来越精准，一般的拍摄任务都能很好地完成。但是，自动曝光并不是万能的，在光比较大的特殊光线下和极具个性化的摄影创作中，自动曝光就无法胜任了。因为自动曝光只是一种相机内部的测光系统，它的测光基准是通过 18% 标准灰，对被摄景物进行机械评估测量。并以电子信息的方式，输入到机身内部的微处理器进行综合分析，再将测量到的数据，结合事先存储好的相关技术参数，进行综合分析并给出它认为准确的曝光组合并进行设置。这种测量只是机械测定结果，没有人脑个性化分析的能力，并以"概率"的方式推断出来。这种自动曝光只适合常规性摄影工作，对要求较高的个性化创作和极端光线下的测光，就显得力不从心了。为了能达到拍摄目的，必须结合作品的创意，与摄影师个人的偏好做出个性化判断，确定曝光补偿值后，才能进行拍摄。专业相机都要保留纯手动挡曝光（M）的原因就在于此。相机的曝光种类可分成两个大区：创作区和娱乐区。

（1）**创作区**：主要用于摄影创作。在这个区域内，相机的所有功能设置，都可以人为调控。它包括（AV）光圈优先自动曝光、（TV）快门优先自动曝光、（P）程序式自动曝光、（M）手动曝光、（B）B 门。在五种测光模式中，AV、TV、P 属于自动曝光模式，也有人称它为半自动曝光模式。只有 M、B 是纯手动曝光模式。

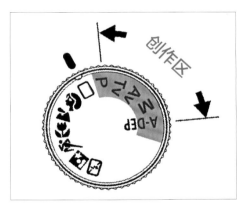

△ 业余型数码相机的创作区域

△ 专业型和高级发烧级相机没有娱乐区，只有创作区的设置

（2）**娱乐区**：主要用于普通摄影爱好者生活娱乐。每种图形都十分形象地泛指一种曝光模式。比如：🏃 这个图形表示运动模式，👤 这个图形表示人像模式、🏔 这个图形表示风光模式，等等。由于这些图形属于全自动曝光模式（俗称傻瓜模式），所以相机上几乎所有的功能设置，都处于自动状态，不能人为手动调整，所以人们戏称它为"傻瓜"模式。这种功能设置，只在业余机型上设置，专业相机以及高级发烧级相机上都没有这种设置。

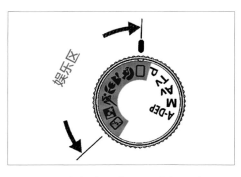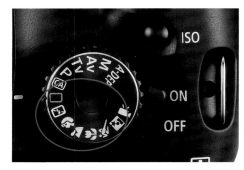

△ 娱乐区的自动曝光图形选择区域

　　无论是创作区还是娱乐区，都要靠相机内部的测光系统测光。由于测光系统的设计基准是 18% 的标准灰，所以，无论物体表面的反光率高还是反光率低，测光表都以 18% 的标准灰为基准进行测评。这就造成受反光率的影响，导致测光结果与实际景物发生曝光量上的误差。再简单一点儿说，相机镜头对准哪一部分测光，被测部分就会成为 18% 的标准灰。为解决这一矛盾，设计人员还在相机中专门设计了高光细部保护模式，只要使用者在菜单中启用这一模式，就可以在有限范围内保护部分高光细节（保护范围一般都在一级曝光量左右）。

11.3 对白色被摄对象的测量

　　当镜头对准白色物体测光时，由于白色反光率高于 18% 标准灰，而测光表则以标准灰为基准进行评估，让被摄对象的曝光结果尽量接近 18% 标准灰，同时做出曝光组合值的确认，这样就造成拍摄结果曝光不足，白色会严重偏灰。为了校正这一误差，必须增加曝光量予以补偿，使拍摄结果接近白色。补偿值要根据实际物体表面反光率的大小决定，一般不超过 + 2 级左右（简称"白加"）。如果要制作高调作品，或者更特殊的题材，补偿值还要进一步增加。

△ 未经补偿的拍摄效果，白色不白

△ 通过补偿，增加曝光后的拍摄效果

11.4 对黑色被摄对象的测量

当镜头对准黑色物体测光时，由于黑色反光率低于18%标准灰，而测光表则以标准灰为基准进行评估，同时设定曝光组合值，让拍摄结果尽量接近18%的标准灰，造成拍摄结果曝光过度，黑色会严重偏灰。为了校正这一误差，必须减少曝光量予以补偿，使拍摄结果更接近黑色。补偿值要根据物体表面反光率大小决定，一般不超过 −2 级左右（简称"黑减"）。如果要制作低调作品，或者更特殊的题材，补偿值会进一步减少。

△ 未经补偿的拍摄效果，黑色不黑　　　　△ 通过补偿，减少曝光量后的拍摄效果，黑色正常

11.5 如何对反差大的景物测量

对反差很大的景物测光时，机内测光表会对亮部与暗部做出平衡计算。如果摄影师以亮部为重点测光，会导致亮部质感得到保护，而暗部则受到曝光不足的损失。如果摄影师以暗部为重点测光，会导致暗部质感得到保护，而亮部因高光溢出而损失严重。面对反差较大的被摄景物到底如何测光，这就要以摄影师的创作意图来决定测光的重点了。根据像素的工作特点，曝光过度的影像，高光信息首先溢出，而溢出后的高光信息电脑后期是无法还原成影像的。而曝光不足的影像，暗部信息依然保存在像素里不会丢失，可以通过电脑后期增益获得影像。根据这个特点，建议在没有特殊要求下，尽量保护亮部细节。采用以亮部为准曝光，以暗部为准做后期的方法，让画面获得最理想的曝光效果。

△ 完全按相机自动挡测光不做补偿拍摄，暗部表现较好，亮部质感损失较多。这种曝光结果，亮部细节损失严重，电脑后期无法恢复到理想效果

△ 采用以亮部为准曝光，以暗部为准做后期的补偿法，减少曝光量。此时，亮部细节得到合理保护，暗部细节有些欠曝，这有利于后期处理（建议使用RAW存储格式拍摄，经过电脑处理后，效果会更好）

◁ 经过补偿后拍摄的作品，通过电脑后期修整，云层质感丰富，城墙细节完整，作品达到了最理想的效果

11.6 曝光补偿的解释及应用

现代数码相机有多种自动曝光模式，并且精准度很高。但是，由于机内测光表属于亮度表，受反光率的影响很大，操作时会出现机械测量误差，非常影响摄影创作的曝光结果。解决这个问题的办法只有"曝光补偿"。曝光补偿的简单解释就是：对机内测光表测光造成的机械测量误差，进行人为的曝光补救措施，即为曝光补偿。曝光补偿有三种补偿方法：**机械补偿法**、**纯手动补偿法**、**综合补偿法**。

机械补偿法

机械补偿是指，在使用自动曝光拍摄时，通过菜单中的曝光补偿/AEB设置，对测光误差进行曝光补偿修正，称为机械补偿。补偿的办法是，打开菜单寻找"曝光补偿/AEB"，首先按SET确认键，再转动副调节盘即可进行曝光补偿值的修正，

补偿值可进行 ±1 ～ ±3 级的补偿（专业和准专业的相机，补偿值可增加到 ±5 级），每级之间还有 ±1/3 级的补偿选择。设置完成后，切记必须再按一次 SET 确认键后才可以拍摄，如果忘记按 SET 确认键，就等于没设置，这一点千万记住！

[提示]

　　使用机械补偿方法拍摄，在拍摄结束后，必须将补偿值归零。如果忘记消除补偿设置，相机还会按照设置好的补偿值继续拍摄，造成后续作品的曝光失误。

△ 菜单中的机械补偿界面（不同品牌的相机显示会有所不同）

△ 对反差很大的画面，如果用自动挡不做补偿拍摄，相机会对亮部与暗部进行均衡分配，此时亮部（天空）细节损失较大，暗部（地面）细节却有所保留，后期很难对天空细节进行补救

△ 采用机械补偿，减少曝光量，保护云层密度，地面虽有些曝光不足，但电脑后期完全可以进行增益补救

▷ 经过电脑后期处理，天空与地面都得到最好的细节再现，画面效果非常理想

纯手动补偿法

纯手动补偿是指，在使用纯手动挡（M）拍摄时，不用通过机内曝光补偿／AEB 设置，就可以直接调整光圈或快门进行补偿校正，这种补偿方式就称为手动补偿。纯手动补偿法的补偿过程非常简便，转动相机的主调节盘就可以调整快门速度完成补偿值的设置。转动副调节盘就可以调整光圈大小完成补偿值的设置。在运作过程中，眼睛要随时观察测光表的变化，通过测光表指针的左右移动，判断补偿值是否达到补偿要求。而且这种补偿方法不受补偿级数和张数的限制，比使用机械补偿法方便快捷得多。

练习使用纯手动补偿方式，对摄影爱好者学习曝光控制，掌握控制曝光的方法很有帮助，也是学员在学习过程中的实践过程，是迈向实际工作的必经之路。

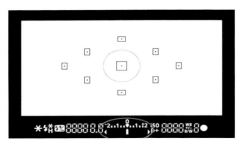

△ 画红圈处是取景器中的内测表位置，要养成随时观察测光表的职业习惯

△ 这幅作品，如果不进行补偿，机内测光表会照顾到城楼的暗部曝光，使城楼的暗部得到较好的细节表现。而天空质感却因曝光过度受到损失，后期也很难加以补救

△ 利用手动曝光直接做减少曝光量的补偿处理，保护了天空的密度和质感，经电脑后期的处理，作品整体的色彩与质感都得到了真实的再现

△ 为了突出作品的主题，利用纯手动曝光，直接对逆光下的工作场面，进行减少曝光的补偿修正，获得了剪影效果，强化了作品气氛

综合补偿法

综合补偿法是指，在使用自动挡拍摄时，可以结合手动补偿方式，对要拍摄的作品进行快速增减曝光量的补偿，这种补偿方式就称为综合补偿法（有些厂家的机型做不到）。这种补偿方法非常实用，但是，必须求摄影师具备手动补偿经验，知道在什么情况下需要增加曝光，什么情况下需要减少曝光。使用这种补偿法，不但能享受自动挡曝光的快速测光，又能做到手动补偿的方便快捷，是一举两得的事。具体做法如下。

（1）在使用光圈优先自动曝光（AV）的同时，调整机身上的副调节盘，通过改变快门速度，就可以进行增加或减少曝光量的补偿。

（2）在使用快门优先自动曝光（TV）的同时，调整机身上的副调节盘，通过改变光圈大小，就可以进行增加或减少曝光量的补偿。

（3）在使用程序自动曝光(P)的同时，仍然可以调整机身上的副调节盘，就可以进行曝光补偿量的加减补偿。

无论采用哪种方式补偿，机内测光表的指针都会根据调整结果做出增加或减少的左右移动，使用者要随时观察测光表的移动情况，把握补偿值是否达到拍摄者所需要的补偿要求。所有补偿的正确与否，都应该建立在熟练掌握 曝光控制理论的基础上。

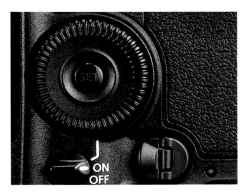

△ 佳能相机的副调节盘（速控转盘）

△ 这幅作品是利用综合补偿法，在光圈优先状态下转动副调节盘，通过提高快门速度达到减少曝光量的需求，云层细节得到保护，虽城墙曝光不足，但可通过后期处理获得正常效果

△ 在高光细节得到保护的前提下，经电脑后期调整，使云层的质感、城墙的细节都得到了最好的还原，画面整体效果非常理想

拍摄实例

白加：在拍摄白色物体时，如果完全按照机内测光表提供的测光标准拍摄，画面的白色会偏灰，必须进行曝光补偿。补偿方法是，根据被摄对象表面的反光率大小，在原曝光基础上增加曝光量后再拍摄（补偿值不超过 2 级左右），拍摄结果白色还原正常。

△ 此画白色占比很大，翻拍时如完全按照机内测光表测出的曝光组合，不做任何补偿直接拍摄的画面效果会严重偏灰（左图）。经过增加曝光补偿值后拍摄，画面效果完全恢复正常的白色（右图）

黑减： 在拍摄黑色物体时，如果完全按照机内测光表提供的测光标准拍摄，画面的黑色会偏灰，必须进行曝光补偿。补偿方法是，根据被摄对象表面的反光率大小，在原曝光基础上适当减少曝光量后拍摄（补偿值一般不超过 2 级），拍摄结果黑色还原正常。

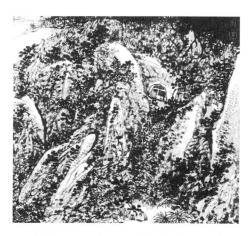

△ 这张国画以大面积的黑色为主，完全按照机内测光表测出的曝光组合，不做任何补偿直接拍摄的画面效果严重偏灰

△ 经过减少曝光补偿值后拍摄，画面效果完全恢复正常的黑色

11.7 包围曝光法

包围曝光适合在较大的光比反差和特殊光效下使用，是为了不丢失精彩的瞬间，不得不采取的一种曝光补救措施。所谓包围曝光是指，在同一地点、同一时间、同一机位，通过等比例地增加和减少曝光量，拍摄同一画面不同曝光量的多张照片，用于后期挑选或进行 HDR 后期合成处理。这种补偿可采用三种方式：机械补偿法、纯手动补偿法、综合补偿法。

机械补偿法

机械补偿法是指，在使用自动挡拍摄时，使用菜单中曝光补偿/AEB 的设置进行补偿拍摄，就叫机械补偿法。补偿方法是：转动主调节盘进行包围曝光补偿，经

过拍摄只能获得同一画面、不同曝光量的三张照片。曝光补偿值可根据摄影师的实际需要自行设定。需要注意，使用机械补偿法切记拍摄完毕，要将补偿值归零，如果忘记归零，会造成后面的创作仍然按照原设定的补偿值进行拍摄，使后面的创作曝光失误。

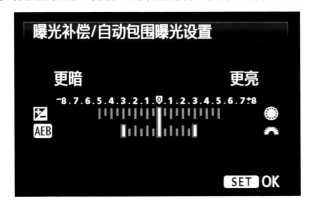

△ 曝光补偿菜单

△ 选择机械式包围曝光拍摄的效果，得到了同一画面不同曝光量的三张照片

纯手动补偿法

纯手动补偿法是指，在使用纯手动挡（M）拍摄时，不用通过机内任何设置，直接调整光圈和快门，就可以进行增减曝光量的补偿。这种补偿方法，可以获得同样画面、不同曝光量的多张照片，不受补偿级数和张数的限制，工作起来简单、方便、快捷。拍摄时，必须养成随时观察测光表变化的习惯，这是非常好的职业习惯。使用纯手动挡补偿法，对初学者来说是个非常值得实习的手段，对熟悉控制曝光很有帮助。

△ 选择全手动曝光的补偿法，操作方便快捷，不受张数限制，是掌握曝光补偿，学习曝光控制最好的实习手段。这五张效果图就是用纯手动补偿法拍摄的，每张照片都相差一级曝光量。曝光量补偿值为多少？一共需要补偿多少张？都由摄影师自己决定，这是纯手动补偿曝光的方便之处

综合补偿法

综合补偿法是指，在使用自动挡拍摄时，不用通过菜单中的曝光补偿／AEB 去设置，直接转动机身上的副调节盘，就可以进行曝光补偿。这种补偿方式简单易行，不受曝光级数与张数的限制，补偿效果和纯手动补偿一样。在使用过程中，必须养成随时观察测光表变化的职业习惯。

△ 综合补偿法，需要熟练掌握曝光控制理论和纯手动补偿法。有了纯手动补偿法的经验，再使用综合补偿法，会更准确、更方便、更快捷

拍摄实例

△ 由于磨砂玻璃酒瓶是白色的半透明体，根据白加黑减的补偿原则，必须增加曝光补偿量。如果不增加补偿拍摄，就会像这张照片一样偏灰

△ 增加了曝光值拍摄后，酒瓶的效果更加真实，明显好于没有经过曝光补偿的作品

△ 这幅作品是中午拍摄的，完全按照机内测光表测出的曝光组合拍摄，由于机内测光表会照顾到祈年殿的暗部层次，所以祈年殿的暗部质感得到适当的保护，可天空与太阳却因曝光过度完全失去层次，而且后期也无法修复到理想效果

△ 为了体现太阳的真实形象，通过曝光补偿，以机内测光表的测光参数为基准，大量减少曝光量，使太阳的形状得到准确的控制，再经过电脑后期处理，画面达到了"珠联璧合"的视觉效果

△ 拍婚纱最易犯的毛病就是，婚纱因曝光过度而失去质感，尤其是自动挡曝光时更加严重。原因是机内测光表要均衡整个画面，导致暗部细节尚好，亮部细节则会因曝光过度而损失很多精彩的细节

△ 经过曝光补偿减少曝光后拍摄，白色婚纱的质感得到保护，细节层次的表现明显好于左图

△ 逆光的作品，完全按照机内测光表的参数，画面暗部质感符合要求，但天空因曝光过度成一片白色，后期无法还原

△ 按机内测光测得的参数，减少曝光的补偿后拍摄，保护了天空的密度，经后期处理，画面完全达到创作所需要的效果

△ 这张低调作品强调羞涩与拘谨，红与黑的色彩搭配让人感到压抑。这种拍摄效果，曝光补偿起到重要作用。如果使用机内测光表进行整体测光，要根据白加黑减的补偿原则，减少曝光量拍摄，拍摄结果才能达到创意要求

△ 这张高调静物作品具有"鸡蛋里挑骨头"的讽刺意义。画面以白色为主调，强化作品的内涵。拍摄这样的高调作品，必须增加曝光量加以补偿，用明快的白色强化作品的讽刺意味

11.8 曝光补偿的练习

（1）自己动手制作 A4 大小的黑、白、灰三块样板：黑（哑光纯黑，可使用黑丝绒装裱在 A4 模板上）；白（哑光纯白，可使用双层纯白复印纸，装裱在 A4 模板上）；灰（18% 的标准灰板，摄影器材商店有售）。利用单反相机的机内测光表，分别对它们进行测光和拍摄。要求：第一组采用自动曝光，以机内测光表为测光标准，不做任何补偿，分别拍摄黑、白、灰样板（提示：为了拍摄效果标准，要求拍摄样板必须充满画面，四周不能留有余地）。第二组采用手动曝光，按机内测光表为测光标准，再根据曝光补偿"白加黑减"的原则，分别进行补偿后拍摄（黑板减少 2 级曝光量，白板增加 2 级曝光量，灰板不补偿）。观察两组图像的拍摄结果，对比两组照片的区别并加以分析。

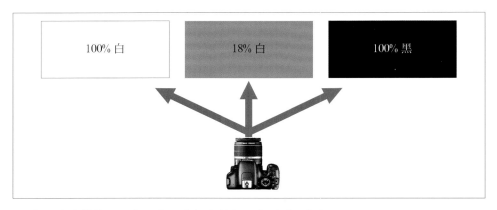

△ 自己动手制作黑、白、灰三块标准模板，分别进行拍摄

（2）利用曝光补偿法拍摄日出和日落，要求选择云层丰富，有精彩的早晚霞光的天气条件拍摄。首先利用自动挡不作任何曝光补偿，拍摄一张带有地面前景的作品。然后保持原机位不变、构图不变，以天空为基准测光，适当减少曝光量补偿拍摄一张作品。对比两张作品有什么不同？再通过电脑后期调整后，分析两组作品之间的差别。

△ 日落的大海，魅力四射。拍摄时，如果完全依赖机内测光表拍摄，画面会呈现明度过高的现象，天空质感与色彩失真较大。就是通过后期修复，画面效果也不会很好

△ 通过曝光补偿，在原曝光组合基础上减少曝光量拍摄，保护了天空云层的色彩与质感。再通过电脑后期处理，画面气氛明显好于左图

(3) 利用曝光补偿法拍摄逆光下的剪影作品。要求：用自动挡不做任何补偿拍摄一张；逐级减少曝光量拍摄 5 张。经过电脑后期处理，选出最符合主题要求的作品。

△ 这幅作品利用逆光表现古建筑的造型，为了得到太阳与建筑物的完美结合，利用曝光补偿的手段减少曝光完成拍摄

△ 经过后期调整，得到比较理想的效果。虽然采用 HDR 拍摄技法完全可以达到近似的效果，但是为了说明曝光补偿在创作过程中的重要作用，用这种方法进行实际操作就更能说明问题了

◁ 采用同一种方法在逆光情况下"照方抓药"，继续拍摄这幅作品，通过电脑后期调整，所有细节都获得了最好的表现

曝光补偿在摄影创作中无处不在，这个问题好像微不足道，却是摄影创作中不可或缺的重要手段，能起到为作品改头换面的作用。它可以协助你准确完成创作任务，还原画面的色彩，抑制高光溢出，把握作品的气氛。如果不重视它的作用，你的创作一定会出现问题。毫不夸张地说，从摄影术发明那天，曝光补偿就存在着。至今为止，摄影创作一直离不开曝光补偿这一功能，而且会永远存在。每一位摄影爱好者都应该认真对待它，这是提高个人技能和艺术修养的重要环节。妨碍你进步的最大敌人是什么？一定是凑合、将就和惰性！

第十二章 摄影基础
摄影构图

12.1 摄影构图

"构图"一词，源于西方美术，是视觉艺术创作中的技术术语和创作手法。为了表现作品的主题思想和视觉美感，艺术家只能在有限的空间范围内，将高、宽、深三维空间的景物，合理安排在只有高和宽的二维空间画面上，把自然界中的景与物合理组合成完美的艺术整体。在中国画中称之为"结构布局"。

构图也是摄影创作重要的表现手段，成功的构图，可使作品布局合理、主题鲜明、让人赏心悦目。失败的构图，则会导致作品内容凌乱、缺少章法、不知所云。

摄影不同于绘画，它的画幅大小是固定不变的。因此，摄影又被称为框架式艺术。是利用四条边框，框出主题、框出风格、框出意境的视觉艺术。如何实现这些要求，让自己的作品为大众所喜爱，需要经过长期认真的学习和实践，锻炼自己的眼睛像鹰一样敏锐。通过机位的选择、角度的调整、后期的处理，采用减法的手段，从纷乱中寻找秩序，在勤奋中积累经验。

对初学者来说，摄影中的构图显得既虚无又现实，既具体又抽象。它就在眼前，可又不知所踪。构图全靠个人的主观意识去支配一切，它的成功与否，取决于个人美学修养的积淀和艺术功底的扎实程度。

构图是一种视觉语言的表达方式，它会随着社会发展不断变换形式，带有强烈的时代气息。因此，接受新生事物，不断更新自己的思维观念，才能与时俱进，被时代所认可。

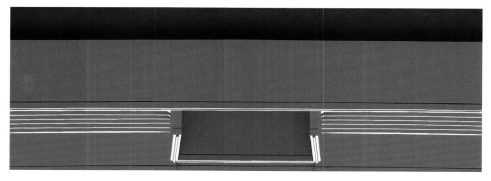

△ 这幅对称式构图的作品，让人产生一种既稳定又热烈的感觉。在现实生活中，只要留心观察，对称式构图的景物随处可见，必须有意识地去观察，收获就隐藏在社会和大自然中

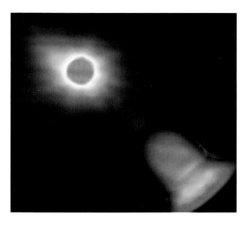

△ 利用阳光塑造出抽象的图案，画面离奇。这也说明在缤纷世界中，任何环境、物体只要敢于想象、合理组织，都可以成为重要的构图元素

△ 这幅作品是皇家园林一角。在皇帝为最高极权的时代，做一切事物都要以帝王为尊，等级制度极其壁垒森严。这幅作品用龙头作为画面构图的兴趣中心，象征封建社会君主统治一切的历史格局

△ 通过上海陆家嘴看东方明珠另有一番景色。利用四周的树木组成框式构图，突出东方明珠的形象。夸张的色彩关系，别致的画面构成，使观者如同步入了卡通王国

12.2 什么是摄影构图

　　"构图"在《辞海》中解释为：造型艺术术语。艺术创作者为了表现作品的主题思想和美感效果，在限定的空间内，安排和处理人与物的关系和位置，把个别或局部的形象组成艺术的整体。在中国传统绘画中被称为"章法"或"布局"。

　　什么是摄影构图呢？摄影与绘画不同，绘画是在做加法，是用笔和颜料在纸或

布上把画家设计好的景物与色彩添加上去，它是一种写意行为。而摄影是做减法，是通过取景器的四条边框，框住精华、舍去糟粕，将美好的景物如实地记录下来，这是一种写实行为。摄影不能像绘画那样，根据画家的意愿，随意改变景物的大小、比例与空间位置，随意取舍多余的障碍物。摄影只能通过改变机位、调整角度去回避障碍，利用光影造型、虚实控制、透视变化达到创作目的。一言而概之，调动摄影所有可利用的技术手段，将作品所需要的人物与景物，合理安排在画面需要的位置关系上，组成最理想的视觉效果。这就是摄影构图（不包括电脑后期"移花接木"似的修图）。摄影构图要求作品必须做到主题鲜明、形象生动、色彩艳丽、富有强烈的艺术感染力和时代特征。

12.3 构图的传统法则

讲到构图，必须谈到"黄金分割"（又称作黄金率或黄金比）。公元前 4 世纪，古希腊数学家——奥多克塞斯研究发现黄金比例关系，并逐渐形成专业理论。黄金分割具有严格的比例和美学价值。如今，在工业、电子、建筑或艺术创作中都有黄金分割的影子。135 相机的全画幅尺寸（24mm 36mm），就是黄金分割比例（2:3）。

经过计算，黄金分割的比值为 1：0.618 ，用最简单的方法可以按照数字来表示：2、3、5、8、13、21、34……，比值为 2:3、3:5、5:8、8:13、13:21、21:34 等的近似值。

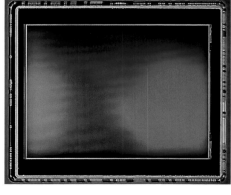

△ 135 全画幅芯片是标准黄金分割比例 2：3　　△ EB：AE = AE：AB，比值为 1：0.618

12.4 黄金分割与视觉中心

　　一幅成功的摄影作品，总要有它的视觉中心点，又称兴趣中心。它与黄金分割密切相关。在二维空间的画面中，视觉中心的最佳位置可以有两种求法：黄金分割法、几何分割法。在几何分割法中又分两种求法：三分法、对角线交叉法。

黄金分割法

　　黄金分割的做法是：在四条边框上分别找出黄金分割点，再将每个点相互连接，得出四个中心交叉点，这四个交叉点就是视觉中心点。此法称为黄金分割法。

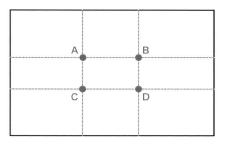

△黄金分割法的视觉中心点示意图

几何分割法之三分法

　　三分法又称九宫格，将四条边等比例分成三等份，再将它们的分割点相互连接，得出四个中心交叉点，这四个中心交叉点就是视觉中心点。此法称为三分法（九宫格）。

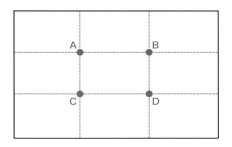

△三分法的视觉中心点示意图

几何分割法之对角线交叉法

　　对角线交叉法是：先将大的矩形一分为二，分成两个同样大小的矩形。再将大小三个矩形分别用对角线进行连接，得出四个中心交叉点，这四个交叉点就是视觉中心点。此法称为对角线交叉法。

　　把三分法和对角线交叉法互相叠加，发现它们的交叉点位置是完全重合的。在摄影创作中，把被摄对象尽量安排在靠近这四个点的位置上，整幅作品的视觉效果一定非

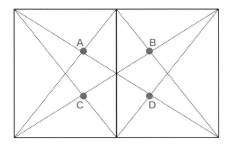

△对角线交叉法的视觉中心点示意图

常舒服。如果将黄金分割法和几何分割法相互叠加，发现它们的交叉位置点是不能重合的。可将没有重合的四个点所涵盖的范围画个圆，那就是视觉中心的最佳区域。

▷ 黄金分割法与几何分割法叠加后所涵盖的范围（绿圈范围），就是最佳视觉中心

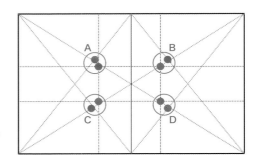

拍摄实例

▷ 这是一幅标准的黄金分割式构图，作品中的人物按照黄金分割比的构图形式，表现出人物内在的喜悦心情。老者手中的摄像机与轻松的心态，说明了此时所发生的事情，既轻松又具有巨大的吸引力

△ 静物作品《银耳羹》，按黄金分割法拍摄，传统的盖碗、鲜艳的色彩、纯中国风格的道具，准确地刻画出中国传统食品银耳羹的形象

△ 作品《大胆求医者》，按照黄金分割法构图，将视觉中心点放在医患之间的关系上。

△ 用黄金分割法完美记录了逐渐退出历史的人与物，时间虽然无情地抹去了时代的痕迹，可图像却能永远留住他们的形象与精神。古老的独轮车、驼背的老人、沧桑的墙壁把观者的意识拉回到了过去

△ 按黄金分割法构图拍摄的石膏像，构图均衡、画面稳定，这种构图方式，最适合拍摄简单道具的作品

黄金分割的理论发展到今天，已有上千年的历史，至今仍然活跃在各个领域中。足以证明它在美学中的地位与实际应用的价值。但是，在艺术创作中没有一成不变的，进入 21 世纪这个思想活跃的年代，构图的老规矩早已被打破，"创新求变"已成为艺术创作的核心。黄金分割早

△ 作品中的金殿正好被安置在视觉中心点上，在乌云与荒野的衬托下，散发出耀眼的《辉煌》

已不是构图的唯一法则，要学会以它为基础，利用黄金分割的规律，在不断变化中求新求变才是取胜的法宝。

▷ 现代构图早已打破了传统的规则，只要创作和设计需要，就可以进行更大胆的分割组合。这幅作品完全打破传统的构图规范，根据创意需要进行了大胆处理，画面更加稳重深沉，把大面积的空间留给使用者去夹叙夹议，激发观者去联想

△ 这幅作品打破了传统构图形式，采用低角度仰拍，以均衡式构图完成拍摄。作品表现的是两个女人不同的心理状态，记录了时代发展中的烙印。黑衣女人被后面红衣女人吸引而回眸，而红衣女人却在专心致志地打电话。在纪实摄影创作中，应该把作品要表现的主题内容放在第一位，其次才是构图的安排，两者是相辅相成的关系。在纪实创作中，两种关系既各不相同又相互影响，缺一不可

12.5 拍什么（确立题材，选择被摄对象）

　　摄影创作和其他艺术形式一样，必须有明确的创作目标——你要拍什么？这称为"题材"的选择。题材是指摄影创作的主题内容，这个目标是由拍摄者根据本人的意愿和个人偏好所决定的。比如新闻摄影、体育摄影、风光摄影、静物摄影、微距摄影等。而画面"主体"是具体的形象，是表现主题内容的具体元素。也是构图中的具体编排对象。它可以是单元的也可以是多元的，可以是微观的也可以是宏观的，可以是抽象的也可以是具象的。"拍什么"是摄影创作的切入点，也是保证创作顺利展开的序曲。有了创作主题，被摄对象也确定了，才能进入具体的创作构图阶段。

拍摄实例

◁ 这是一幅以多元为核心的纪实作品。这幅作品采用散点式构图，让观者阅读此作品时沉浸于多个兴趣点中，回味无穷

◁ 这是一张以独立单元为核心的风光作品。面对这座独立的山峰，由于它的造型奇特，背景的层次又非常丰富，随即产生要拍它的意愿，因此马上进入构图阶段，将山峰安排在视觉中心最佳位置上，调整好曝光组合后按下快门

△ 微距摄影的构图更重要，由于被摄对象很小很具体，当拍摄目标确定下来后，就迅速进入构图阶段。这幅作品的构图以单元的形式出现。为了表现锈迹斑斑的钳子与螺母，将其安置在视觉中心的主要位置，表现螺母的质感

◁ 静物摄影是最具象的拍摄题材，首饰是广大爱美女士最喜欢的装饰品，将丰富多样的首饰安排在构图最佳位置上，象征华丽与富有

△ 宇宙，是宏观的世界，同样需要组织好构图，将最漂亮的星云图，安排在最佳视觉中心位置上拍摄，使画面既丰富又宏伟（图片来自佳能样片）

12.6 怎么拍（如何表现主体与陪体的关系）

　　"拍什么"好决定，怎么拍可就不容易了。如果说拍什么是确定创作的方向，那么"怎么拍"就是具体的创作方法了。它牵扯到具体的理论、创意与实践的结合。不管拍什么题材，总要有被摄对象，被摄对象是整幅作品的核心，是展现作品主题的关键。有了拍摄主体，画面中的其他景物都是陪体。处理好主体与陪体的关系，是初学者必须掌握的。被摄对象是创作核心，陪体是帮助主体解读画面内容与情节的支撑体，起到烘托主体，渲染主题的作用，绝不能喧宾夺主。在整幅作品中，陪体永远是配角。

　　如何组织主体与陪体的关系，是构图的关键，也是初学者必须搞清楚的问题。有些拍摄题材，主、陪体可以事先设计安排，比如静物作品、广告作品、人像作品

等。这些题材在拍摄前，经过创意构思，可以人为地选择道具、安排场景和布光、按创意要求完成构图并拍摄，这种构图形式被称为摆拍。但是，大部分拍摄题材是不能进行人工摆拍的，有些甚至是严格禁止摆拍的，比如风光作品、纪实作品、体育、新闻，这些作品只能通过摄影师的快速反应来确定构图。严格地讲，这种题材就不应该摆拍，也没有时间去摆拍，这是瞬间的创作，靠的是摄影师创作的激情和多年经验的积累，被称为"抓拍"。如果摄影师进行了摆拍，那就是良心的问题了，有些人还为此丢了工作，真是得不偿失。

　　不管拍摄什么题材，采用什么手段，都要把被摄对象安排在最佳视觉中心的位置，被称为兴趣中心（特殊要求除外）。

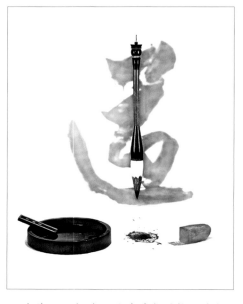

△ 本作品《书道》通过前期的构思安排，将毛笔作为画面的主体，用一块最普通的砚台、一方最简单的印章、一幅雄浑有力的名人书法"道"字作为陪体和背景，组成简洁明快的画面，表现出中国书法的精髓

陪体必须围绕主体做文章，作品才能站得住脚，主题才能成立。一幅作品的构图是否成功，是对摄影人的理论、技能、艺术修养是否扎实的验证。

◁ 这是一幅多元的纪实摄影作品，在众多儿童中，只有前排第一个孩子是主体，其余的儿童都是陪体。这种题材不能进行人为组织，摄影师必须勤观察、速决定、快拍摄，做到"眼到手到"，快速准确的构图是完成这幅作品的关键

△ 作品把焦点放在画面左下，占画面1/8左右，虽然面积小却十分引人注目。其原因是质感清晰，对比鲜明，在昏暗模糊的背景衬托下，体积再小也依然显得突出，这就是对比关系产生的效果。画面在对角线构图的作用下，怒吼龙头直指太和殿，表达出作品的主题核心——《天子之位》

△ 风光摄影作品不能进行人为摆拍，需要做的是，根据现场瞬间气氛，快速寻找机位，决定构图。这幅作品在车辆掀起的烟尘中，快速确定构图后拍摄，在乌云、荒山的衬托下，枯树更显诡异，充满了戏剧性

12.7 选择画面格式

在摄影实践中，用横画幅还是用竖画幅拍摄，这很重要。有些人一直使用横画幅拍摄，甚至有些言论还指出"不能甚至禁止使用竖构图"。这种论调完全是错误的，没有任何道理。无论拍摄什么题材，被摄对象是千变万化的，有的适合用横构图表现，有的适合用竖构图表现。无论运用哪一种构图形式，一定要根据被摄对象的实际情况和作品的主题需要来决定，必须杜绝一概而论。艺术创作就应该"八仙过海各显神通"。建议：在你不好做出决定的时候，横构图与竖构图各拍一张，回去再做决定。

拍摄实例

◁ 这幅作品适合横构图，因为画面中的油画是横向展开的。横构图可以表现画面的整体效果，更重要的是可以配合作品主题，将下面观众的状态如实表现出来。人物动态、穿戴打扮各不相同，充分体现油画内容对观者感官的影响和触动

◁ 这幅作品就适合用竖构图拍摄，因为作品中的油画是以纵向展开的，保证画面的整体效果，尤其是观众的表情与画面主题产生的共鸣，才是本作品想要阐述的核心

△▷ 这两幅作品的构图方式完全不一样，横构图显示出古建筑的霸气与稳重，而竖构图则体现出古建筑的高大与威武。从这两幅同一地点、不同构图的拍摄效果来看，横竖构图各有千秋。在艺术创作上绝不能采取绝对否定的态度处理事情，因为艺术创作本应该做到"百花齐放，百家争鸣"，方能产生丰富多彩的艺术风格，更何况"仁者见仁，智者见智"

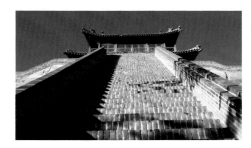

△▷ 这两幅作品拍摄的是同一建筑，只是采用了不同的构图形式拍摄。横构图体现出开阔稳定的态势，而竖构图则有一种挺拔屹立之感。所以说，横构图与竖构图各有千秋，谁也不能替代谁。在实际创作中，只能从作者的创作意图和被摄对象的具体形态去安排横竖构图，而不是千篇一律地使用横构图，那会把自己的创作思路给限制死

[练习]

　　根据拍摄现场的具体情况和作品的创作要求，拍摄横构图与竖构图作品各一幅。要求横、竖画幅必须有各自明确的表现目的，视觉感染力要强，体现出不同画幅的艺术内涵和表现力。

12.8 兴趣中心的安排

一幅好的摄影作品，都有最吸引人的视觉重点。如同一篇好文章，必须有一个核心亮点，被称为中心思想。摄影把这个"中心思想"称为"兴趣中心"。这个兴趣中心一定是作品的核心，通过光线的运用、色彩的搭配、影调的烘托、瞬间的把握，更重要的是通过巧妙的构思、完美的构图来实现"兴趣中心"的确立。

拍摄实例

△ 春光明媚的季节，正是旅游的黄金时刻，游人都想在这一时刻留住自己的影像。这幅作品记录了游人争相拍照的瞬间，在黄金分割点上，一群外国人正在拍照，形成本幅作品的兴趣中心

△ 这是一幅十分生动的纪实作品，可爱的小姑娘给父亲加油的形象，成为作品的兴趣中心。她随着口号奋力扭动着身体，为了达到理想的目标，目空一切，唯我独享

◁ 风光作品也有兴趣中心，在这幅作品中，树木、河流、地面形成了横向透视的汇聚现象，视觉导向直指远端的日出，汇聚的终点即为本幅作品的兴趣中心

▷ 日出时分，山的阴影与阳光形成冷暖两部分。在太阳渐渐升起，阴影随之后退的过程中，小红楼逐渐显露出来，形成本幅作品的兴趣中心。在光

影关系瞬间变化的时刻，必须做到眼疾手快，因为光阴是不等人的

兴趣中心的安排，在摄影构图中非常重要。如同在混乱的人群中寻找一个人，如果此人默不作声，也没有什么特殊反应，是很难被发现的。如果此人在人群中，向你大喊、向你挥手或摆动鲜艳的物体，那么很快就会引起你的注意，迅速找到它，这就是视觉吸引力的作用。在摄影作品中，兴趣中心就起到视觉吸引力的作用。优秀的摄影作品，都会利用各种手段，安排好各自的兴趣中心点，最大限度地强化重点，突出主体，吸引观者的视觉注意力。

[练习]

拍摄各类题材的作品若干幅，要求所拍摄的作品兴趣中心明确，符合作品主题要求，具有较强的视觉吸引力，处理手法新颖独特，时代气息强烈。

12.9 前景与背景的处理

前景与背景是指：在一幅画面中，处在被摄对象最前端的景物为前景，处在被摄对象后面的景物为背景。千万不要小看前景与背景这两层关系，它与被摄对象形成相互呼应、共生共存的依赖关系。如果这两层关系处理不好，会直接影响整幅作品的效果。安排处理得当，会起到烘托主体形象、强化主题思想、吸引观者视线的作用。

前景： 处于画面最前端的景物，即为前景。它起到表达空间关系，增强透视效果，协调主题内容的作用。它具有烘托主体、均衡画面、美化视觉效果的实际意义。

前景可以是人，也可以是物；可以清晰表现，也可以模糊处理；甚至可以有，也可以没有。关键在于你选择的前景，是否符合主题要求，是否起到烘托主题的作用。前景的位置、大小、虚实必须适当，不能喧宾夺主。至于采用什么表现手法，必须因题而异、借题发挥。

拍摄实例

◁ 逆光下，芦苇头顶着银冠，在浓郁的秋色中伴舞相随。作品成功利用了芦苇花作为前景，为荒野增添生机，为深秋的日出增容添色

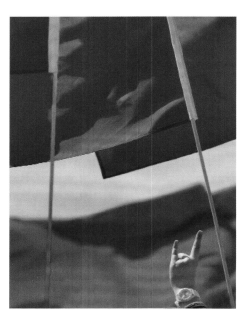

△ 这幅作品的前景运用十分大胆，渺小的手只占画面的一小部分，与背景的红色旗帜形成了巨大的面积反差，这在构成学中称为"变异"效果。由于整幅画面布满了红旗，突然出现的手势打破了原有的秩序，使人的视觉受到突变的刺激，随之产生出强有力的视觉冲击效应

△ 作品以虚化的人头作为前景，烘托远处麻木的、百无聊赖的人文形象，映射出普通百姓平淡的生活

△ 为了描述《香火正旺》的主题，将立柱、栏杆、炉火以较大的面积置于前景位置，强化作品的视觉冲击力，把左边的一角留给主体香客，热浪促使整幅画面的人物及环境产生变形，象征着迷信致使人物心态的扭曲

△ 虚化前景也是很好的处理手法，但是，要选择有说服力的景物作为后面的主体，画面才能成立。这幅作品选择城楼作为被摄对象，将残墙断壁作为前景，安置在镜头超焦距范围内，形成虚化的陪体关系，使清晰的城楼与残墙断壁形成鲜明的对比，产生一种历史的古旧感，画面主题十分明朗

前景可以利用任何物体、采用多种方式进行处理，只要符合主题需要，能协助作品达到创作目的即可。前景的运用千万不能过于随意，很多影友对这个问题很不重视，容易使挺好的作品毁于一旦。这样的例子可不少，在创作过程中必须慎重对待它。它就像一块敲门砖，通过它的成功引导，就能顺利直奔作品主题，配合兴趣中心完成作品的创作。在创作过程中如果没有合适的物体作为前景，宁可不要，也不要强加于画面中。

背景：处于被摄对象后面的景物，即为背景。摄影作品可以没有前景，但是不可能没有背景。背景是一幅作品必不可少的组成部分，它的作用是交代作品所处的时间、环境、地点，烘托主体形象，渲染主题气氛。背景的作用就是"衬托"，它比前景具有更重要的作用。背景可以是人物，也可以是景物；可以是清晰的形象，也可以是模糊的环境；可以用淡彩手法处理，也可以用重彩手法烘托。要做到：①简洁单纯，②以虚托实，　③对比中求统一，④抓特征、求变化。背景的种种表现，全凭摄影师的行为意识和对作品的理解，再通过选择机位、调整镜头的光圈和焦距，使背景产生位置、大小、虚实关系的变化，最终起到烘托作品主体、渲染主题气氛的作用。

拍摄实例

△ 残荷是花卉创作重要的题材，它不像荷花那样千篇一律，而是随时间推移不断变化形态，其外表千奇百怪，无一重复。这幅作品为了更好地突出残荷的形象，采用大光圈、长焦距，虚化背景的做法，尽显残而不朽的《秋痕》

△ 传统的消防栓是历史的见证。由于背景环境距离主体太近，很难虚化，只能采用色彩对比和加大颗粒的方法，削弱背景过于清晰的不足。在万绿之中苦求这一点红色，突出消防栓的形象

◁ 这幅作品以吹芦笙的苗族老人为主体，背景采用清晰的记录手法处理，表述苗族人的文化习惯与生活环境。黑色的衣衫与棕色的木屋反差明显又很协调，体现出苗族特有的民俗民风

◁ 利用慢速快门虚化背景，以虚实对比的处理手法体现市场的繁荣。市场购物的人们，有驻足选物的，有匆忙赶路的，利用人们动态时间的差异，用一秒的曝光时间完成拍摄。画面中主体人物相对清晰，背景环境有实有虚，使作品的纪实效果更加生动

△ 茶是国人生活中必不可少的饮品，自古以来被国人所重视。紫砂茶具是饮茶的重要器具，作品采用唐代茶圣陆羽写的《茶经》为背景，衬托紫砂茶具的造型非常得体。既突出了茶文化的悠久历史，又显示出紫砂茶具的名贵

△ 现代高科技使戏剧舞台的背景发生了巨大的变化，背景可随剧情发展不断变换内容。当剧情发展到哀伤情节时，舞台一定出现阴冷的影调和悲凉的环境去感染观众。摄影背景的处理手法也应该借鉴舞台背景的处理手法，在创作中发挥应有的作用

[练习]

（1）根据主题内容的需要，拍摄带有前景的作品若干幅。要求，前景明确，不影响画面主体，起到美化作品视觉效果的目的。

（2）拍摄带有各种背景的作品若干，要求背景不抢不乱，带有明确主体特征的效果，真正起到烘托主题的作用。

12.10 预留空间

这是一种最简约的构图方式，也是一种精练的创作手段，画面主体鲜明，背景简单利落，对突出被摄对象、强调画面意境非常有帮助。预留空间有留白、单色调和留黑 3 种方式。

（1）留白：以单纯的白色调为背景，没有其他物体与色调的干扰，是最简约的画面背景。实际拍摄时，要注意主体与背景之间要拉开一定的距离，既可以消除阴影，布光时又不破坏被摄对象的结构关系。这种背景处理手法，能给后续工作留有最大的创意空间。是拍摄商业广告经常采用的手法。

拍摄实例

△ 白色是最简约的背景，它可以将所有被摄对象干净利落地衬托出来，很适合商业摄影、人像摄影以及需要强调被摄对象的题材使用。作品中的洋酒在白色背景中显得格外醒目

◁ 这是为广告印刷拍摄的商业用片，干净的背景便于退底制版和设计合成。同时色彩还原也更纯正，不会出现环境色的干扰。需要注意的是，拍摄时，背景一定要远离被摄对象，可减少相互之间的干扰

△ 白色背景的利用，可使黑白灰的盘子更醒目突出，月季花的色彩还原更准确，画面效果更加干净利落

△ 为了配合广告宣传，白色的背景更符合平面设计的要求，也适合制版印刷的需要

（2）**单色调**：单色调是指，画面背景的整体色彩尽量选择同一种色调，这种处理方法，无论被摄对象安排在画面的任何位置，都会非常醒目地显示出来，对构图很有利。采用单色调处理，一定要考虑好被摄对象的固有色与背景色的关系，既要保持画面的协调，又要注意两者之间的对比关系。其目的就是为了强调兴趣中心，突出主体。

拍摄实例

◁ 春意盎然的绿色，象征朝气蓬勃的新生力量。单一的绿色使活泼的儿童形象更加明朗。这是强调主题，突出人物最有效的手段

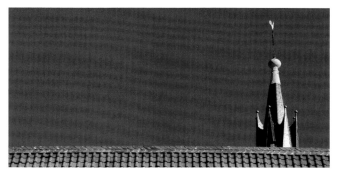

◁ 蓝天也是最好的单色背景，纯净的蓝色，映衬欧式风格的建筑，与前景的红色屋顶形成鲜明的对比，这种色彩关系，会产生一种天堂般的超脱感

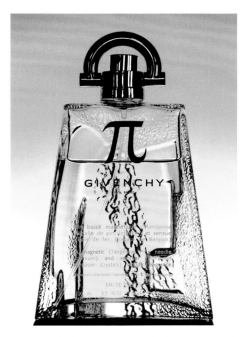

△ 用单色渐变背景衬托香水瓶，既干净又漂亮，更显香水的名贵。由于玻璃是全透明体，因此，用单色表现玻璃物体是最好的选择，可以避免杂乱的背景破坏玻璃体本身的形体和质感

△ 金色的头发、黑色的衣衫、灰色的小单车配以棕色的背景显得十分协调，采用俯视角度拍摄，使背景更加完整、单纯，小男孩儿顽皮可爱的性格表露无遗

（3）留黑：以黑色为背景，画面深沉有力，被摄对象会更加醒目。这是一种很常用的处理手法，由于黑色背景的滞留空间非常大，给拍摄者留有的遐想和设计空间更多，非常适合多种技术手段的制作，对构图也有很好的布局空间。是广告摄影和创意摄影经常采用的方法。

拍摄实例

△ 用黑色背景拍摄静物，可以制作很多特殊的效果。黑色的背景对多次曝光非常有利，有大量的制作空间可以利用，是完成这幅《新龙门客栈》最好的选择

△ 人物摄影采用黑色背景也很常见，这幅作品中的人物，在黑色背景的衬托下非常醒目，画面气氛与作品主题十分融洽。利用一盏聚光灯作为背景环境的处理，使作品的立意更加幽深

△ 这幅作品采用了黑衬法表现玻璃器皿，干净利落的黑色反衬出玻璃与金属的质感，巨大的反差使线条更加清晰硬朗，对画面构图没有任何干扰。是商业广告经常采用的表现手法

◁ 利用夜晚的建筑灯光，拍摄光绘作品，可以获得意想不到的效果。这幅《大鹏金翅》采用光绘的手法移动曝光拍摄，一只展翅的金鹰呼之欲出。为了达到理想的画面效果，形成最佳境界，略带冷色的黑背景使展翅的金鹰更显霸气

以留白、留黑、单色为背景，各拍摄两幅作品，要求背景干净利落，被摄对象醒目突出。建议：充分利用黑背景，进行多种技术手段的创作练习（不包括电脑合成）。

12.11 摄影构图的基本形式

摄影、美术、设计属于近亲，在艺术表现形式上有密切的内在联系。绘画与设计中的很多构图形式都是摄影创作最好的样板。美术是所有视觉艺术的基石，摄影更不例外。

构图就是画面的结构布局，它与美术设计一样，是将被摄景物中的所有元素进行有机的整合，强化作品的可读性和视觉感染力，最终打动每一位观者，使他们能够理解并欣赏你的作品。

构图可以分成多种形式，所有形式都源于艺术家们长期的积累，从丰富的经验中归纳出最经典的构图形式。这些经典范例，为摄影初学者提供了很好的样板，通过学习或者说模仿这些样板，可以少走很多弯路，能更快找到入门的钥匙，快速步入创作阶段。

曲线式构图

曲线式构图是指，利用弯曲线条组成的图形结构，合理安排在画面中，组成优美的构图效果，即为曲线式构图。它包括弧形构图、圆形构图、S形构图等。曲线在画面中的运用，可以产生活泼灵动之感，这是各种曲线的共有特征。合理的安排和运用，就能改变画面僵硬死板的视觉效果。

▷ 曲线式构图，具有灵动的视觉连贯性，通过不同的曲线组合，可以使画面产生强烈的流动感和视觉导向作用。这幅室内建筑作品，充满了各种曲线结构，视觉效果非常灵活，具有一种进入未来世界的感受

（1）**弧形构图**。从几何学角度来说，小于 360° 的圆便称为"弧"。在摄影创作中，画面的主体结构以弧形出现，成为影响作品视觉效果的主要构图形式，即为弧形构图。

拍摄实例

△ 利用鱼眼镜头拍摄，把海岸处理成弧形，既夸张了大海的辽阔，又加强了视觉冲击力。作品中的弧线打破了海岸用直线表现的传统方式，给人一种视觉上的张力和新颖感

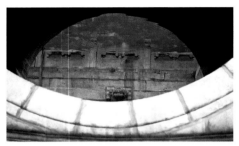

△ 两个半圆反向结合，像元宝一样稳定，使画面中的红墙以及汉白玉栏杆更加引人注目。整幅作品既完美又富有动感。弧形在这里起到了强化主题效果的作用

△ 完美的三层弧线，下大上小形成稳定的塔形结构，画面非常饱满，使祈年殿的造型更加沉稳，气势上更显神圣与稳健

△ 优美的弧线以对角线的形式贯穿整个画面，红色的围墙与蓝色的金属网格形成明确的色彩反差，画面简练醒目，造型抢眼突出。蓝色的网状造型，体现出现代建筑简约的艺术风格与视觉美感

（2）**圆形构图**。这种结构给人一种圆润饱满的视觉效果，有完整封闭的意义。对中国人来说，它象征团圆、和美的含义。在摄影创作中，圆形构图很容易成为独立的个体，合理地运用会使画面更丰满，主题更突出。

拍摄实例

△ 餐桌上的餐具都是圆形的，在这里圆形除了有功能作用以外，还象征美满幸福。画面中大小不同的圆形被纵向的彩色线条打破，使作品的视觉效果更加丰富多彩

△ 红色的织锦缎、黄色的餐巾，衬托出黑色餐盘中整齐摆放的饺子。采用这种构图与红、黄、黑的色彩搭配，既体现出皇家的奢华与气派，又使圆盘中的"宫廷饺子"更加醒目

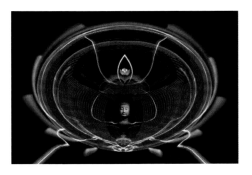

△ 用光绘的手法，饱满的圆形，象征一种人生的圆满与完美。强烈的对比色更加强了这种视觉效果

△ 利用圆周鱼眼镜头拍摄的画面，视觉效果非常奇特，用这种表现手法展现的作品，视觉冲击力很强。正是因为夸张离奇，所以才能引人注目

（3）**S形构图**。S形构图是一种非常浪漫的构图形式，它活泼舒展，有一种明确的延展性和视觉导向作用。选择这种构图，一定要组织好线条与线条之间的关系，控制好线条的走向，调整相机角度使线条产生夸张和延展的规律。在实际创作中，一定要多走走，多看看，多比较，在运动中寻找规律，在杂乱中捋顺线条的关系。

拍摄实例

△ 作品《捕获》是利用光绘的手法，将建筑物上的装饰灯，描绘成排列齐的S形曲线，组成了一幅生动的画面，像一只奋力追捕猎物的苍鹰，俯冲于太空之中。用抽象的线条组成具象的图案，能产生出巨大的潜力，可见S形曲线的合理利用对摄影作品的影响之巨大

△ 作品《边城秋色》，展示出S曲线的正确运用。无论是秋天的色彩，还是空气透视的层次变化，都体现出秋天长城的诱人景色。画面中长城是曲线，湖水是曲线，重叠的山峦都以曲线形式出现。整幅作品充满了活泼浪漫的曲线美，显示出《边城秋色》的自然魅力

△ 沙漠是拍摄S形构图的最好现场。在日落阳光的作用下，沙漠到处都显示着丰富的S形线条。日出与日落是拍摄优美曲线的最佳时刻，在寻觅的过程中，居然有一棵树顽强生长在生命的禁区

△ 树皮上繁乱的曲线，使人感到纠结厌倦、焦躁不安。由于线条的无规律与任意性，让人内心产生不舒适的感觉。因此，寻找有一定秩序的曲线，就成为拍摄者必须遵循的法则

[练习]

利用曲线构图的原则拍摄弧形构图、S 形构图、圆形构图的作品各两幅。
要求：严格按照各类构图的具体要求完成创作，构图形式明确，线条特征优美，画面内涵丰富，视觉效果强烈。

成角式构图

利用物体的结构与光影变化形成的各种角度，将它们有机地组织在画面中，形成作品主要的框架结构，就称为成角式构图。这种构图形式可分为三角形构图、对角线构图、十字形构图等。

（1）三角形构图。利用景物中的三角形结构和造型，合理组织成三角关系，使整个画面产生稳定或不稳定的构图效果，就是三角形构图的特点。正三角形构图的画面稳定舒适。倒三角形和侧三角形构图，会使观者的内心产生不稳定的视觉感受。

拍摄实例

△ 这幅夜景图，用屋顶的三角形造型将整体画面稳定住，虽然地面和室内人员流动性很强，但是在三角形屋顶的控制下，画面仍然显得十分平稳。在这张照片中，三角形结构起到非常重要的抑制作用

△ 四合院是中式院落的特点，利用广角镜头将四合院的屋檐安排在画面的四周，形成独特的成角装饰效果。透过屋檐巨大的三角形结构，让蓝天白云更显深邃，使画面产生明确的方向感

△ 年迈的老者，怀抱着自己的玄孙格外兴奋。手中的蒲扇与整个身躯形成稳定的三角形构图，画面更显稳定舒适，绿色的环境使老人的形象更加健康自然

△ 利用短焦距镜头拍摄云冈石窟内景，通过低角度仰拍产生的透视现象，使巨型佛龛形成稳定的正三角形结构，突出佛文化的庄严与神圣，强调古人精湛的工艺与智慧

三角形构图，可使画面产生明显的方向感和稳定性，生活中很多条件可以通过机位的调整形成强有力的三角形构图。拍摄者要开动脑筋，利用所有条件，去观察、寻找角度结构，将三角形构图合理地安排在画面之中。

（2）对角线构图。被摄景物在画面中不是以水平或垂直形式出现，而是以大约45°出现，即为对角线构图。这种构图形式，在视觉上形成明显的对角线关系，产生一种不稳定的感觉，画面轻松活泼，打破了沉闷死板的构图形式。

拍摄实例

△ 以长城局部作为前景，远处的山峦与敌楼为衬。将前景城墙以对角线形式构图，刻画出长城的走势与细节，又体现出长城所处地势的险峻。对角线与曲线的结合，使观者的内心涌起对历史的追忆，同时激发想亲自去体验的心情

△ 这幅作品用对角线的构图形式拍摄，角度的变化强化了人物的动势，使专心致志的工作态度更鲜活，工匠精神体现得更真实。拍摄前的认真思考，是拍好本作品《陶艺家》之必要功课

△ 荡秋千是一种古老的游戏，已有上千年的历史。作品中的女孩儿悠闲自得的样子，体现出荡秋千给她带来的快乐。对角线构图把女孩儿瞬间的愉快心态展露无遗，又强化了荡秋千的动感效果

△ 一个正在午休的老人，懒散的样子十分滑稽。为了强化老人别扭的姿态，采用对角线构图最合适，既能描绘老人懒散的外表，又能体现老人不修边幅的状态

　　对角线构图好像对画面没多大影响，实际上，这种构图形式，能给作品带来视觉上的不稳定感。大家都知道，水平线带给人的视觉感受是平稳，而斜线带给人的视觉刺激是流动和不稳定，巧妙利用这个不稳定，就能使画面得到既舒适又合理的动感。只要你能根据创作要求，随时调整机位和取景器的角度，画面就会根据你的需要，获得理想的角度变化，直接影响到作品的内在表现。

　　（3）**十字形构图**。十字形构图属于最古老的构图风格，欧洲古典绘画采用这种方式最多。这种构图形式具有对称、稳定、严肃、保守的特点，画面很容易产生呆板肃穆的效果。随着印象派绘画的出现，这种古老的十字形构图逐渐被打破，慢慢形成风格各异的构图形式。十字形构图并不是一无是处，利用好它，仍然可以获得理想的画面效果。

拍摄实例

◁ 十字形构图的最大特点就是稳定。这幅作品采用的就是四平八稳的十字形构图，这也是中国古典建筑的风格。为了打破画面沉闷死板的效果，及时抓住一位游人侧身观察的瞬间，打破了十字形构图比较死板的特点，这一做法的确达到了预期的效果

△ 用双十字形构图拍摄北海公园，效果也很独特。借助立柱与琼岛形成的双十字，把白塔镶嵌在画面中央十分惬意，再加上湛蓝的天空，浓郁的秋色，使北海公园的琼岛更加精致秀美

△ 作品虽然采用了十字构图，但画面并不显呆板。日落前水平光线的照射，强调了传统建筑与现代建筑在结构上的差异。两种风格交织在一起，在蓝天的映衬下，现代建筑硬朗挺拔，传统建筑平稳秀丽

△ 教堂作为婚礼的举办地，浓重的宗教氛围凸显了婚姻的神圣感。十字形构图更强化了庄严肃穆的气氛、梦境般的环境与温情的感觉

在复杂的自然界中，物与物、色与色、光与影之间都会形成丰富的角度变化。这些角度关系多数是无序的。在机位的移动中，这些角度也会发生微妙的变化，需要摄影师开动脑筋，在移动中去观察，从无序中寻求秩序，在对比中归纳出所需要的角度关系，成功的作品就建立在移动和观察之中。

[练习]

[练习]

　　根据成角式构图原则，拍摄三角形构图、对角线构图、十字形构图各两张，要求构图形式符合主题要求，作品内涵丰富，有一定的思想性与可读性。

框式构图

　　选择被摄景物的框架结构并巧妙安排在画面中，再将要表现的被摄对象"框"在其中，形成鲜明的主题，即为框式构图。这种构图的表现形式多种多样，无论采用什么样的框架结构，首先框架内的景物一定要完美、经典、值得拍摄。其次，所选的框架结构，必须有特点，尽可能完整。框式结构既可以是人工制造的，也可以是自然形成的，只要能形成完美的、形式感强的框架结构，都可以用在作品当中。

拍摄实例

△ 透过框架观看室外的景致，这是框式构图的基本形式。在这幅作品中，古典窗户与窗外的建筑十分协调，绿色的植物、星星点点的橘红色果实，与匆匆过往的游客，组成一幅轻松悠闲的图画

△ 门窗虽然将景色分成内外两重天，但地面的反光却将这两重天衔接了起来。室内室外遥相呼应，整幅作品使人得到了视觉上的满足

◁ 现代建筑与古典建筑有本质上的差别，繁复是古典建筑的风格，简约是现代建筑的特点，透过简约的窗口看景色，别有一番风趣。没有复杂的结构，更没有烦琐的雕工，窗口虽小，但更能吸引人们的注意力，这就是简约风格的特点，更是框架式构图的另一种表现形式

△ 这幅作品用门洞作为框式构图的要素，把对面的多角亭框在其中，金色门钉的排列方向，正好形成一种视觉导向力，直接指向兴趣中心的多角亭

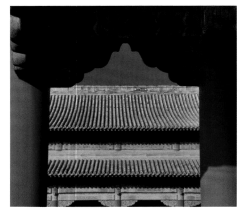

△ 用框式构图表现古代皇家建筑，需要寻觅更有特点的结构展示主体。这幅作品利用走廊的局部结构，汲取了金色屋顶的琉璃色彩更是别具一格。巨大的红柱，裹挟着金色的双层屋顶，呈现出皇家建筑的严谨与烦琐。蓝色的三角形天空，稳居大殿之端，象征着"皇权"的至高无上

使用框式构图的决定权，不在于拍摄现场有没有框式结构，而在于所要框住的被摄景物，是否值得采用这种装饰手法拍摄。如果被框住的画面并不精彩，就是有框架结构，拍摄的意义也不大。换句话说，框式构图的拍摄权取决于框内的画面是否精彩。因此，选择框式构图必须做到"框外独具特色，框内更加精彩"。最终的决定权还是摄影师的眼睛。

[练习]
　　利用框式构图拍摄作品若干幅，要求框式结构新颖，框外景物动人，作品具有极强的视觉感染力。

对称式构图

　　对称式构图在历史上十分盛行，是一种最传统的构图方式。由于画面中的景物，或上或下或左或右，都基本相同或类似，因此画面效果平稳舒展、对称平衡，是摄影创作最容易掌握的构图形式。这种构图在视觉上近乎完美，但运用过多，会显得庸俗过时。因此，运用这种构图一定要有突破，从选择被摄对象上就要寻找新鲜感，再通过拍摄角度、镜头焦距、虚实变化，在表现形式上寻找突破点。

拍摄实例

△ 作品采用超广角镜头拍摄，促成夸张的透视汇聚现象。立柱像利剑一般直刺蓝天，象征着古代君王至上的威严与残酷。以现代人的意识去理解历史，用时代的眼光去表现过去，突破与夸张是最好的创作手段

△ 中国传统建筑大多数是对称式的，因为这种建筑形式稳定庄重，从帝王和宗教角度来说，这种建筑形式会给平民百姓一种威慑力。这幅作品中的寺院就是以这种形式修建的，就是现代人站在它面前，也会产生一种敬畏感。这就是对称式构图的魅力

△ 前门是世人皆知的旅游胜地，五牌楼是前门的重要景点。用对称式构图表现牌楼的全貌，既展示了传统建筑的造型，又显示出前门地区商业的繁华和对历史的追思

△ 以对称式构图拍摄的光赋作品，将丰富的线条汇聚成形，托起一颗明珠，祈求幸福，祝福平安。作品产生出的巨大凝聚力，使欣赏作品的人物内心发生潜在的崇敬与超脱感，由此产生《朝圣》的标题

[练习]

　　拍摄对称式构图作品若干幅，要求画面稳定，内容新颖，具有较强的时代气息。

均衡式构图

　　均衡式构图有别于对称式构图。用这种构图形式拍摄的画面，不是完全对称的，而是大小比例和数量比例不一样，看上去有些失衡，画面总是一边大一边小或者一边多一边少，很容易造成视觉上的不平衡。但是，如果把这种失衡现象处理好，会在人的心理上产生一种均衡的满足感。这种视觉上的均衡，就像生活中的"秤杆"原理。虽然被称重的物体很大，秤砣却很小，看上去似乎大小比例失衡，但是只要合理找到一个支点，小小的秤砣就可以将重物抬起，并做到平衡。正如伟大的哲学家阿基米德曾经说过的话："给我一个支点，我就能撬起地球"。均衡式构图就以这种物理现象做到了视觉艺术上的满足。

拍摄实例

▷ 这是一幅典型的均衡式构图作品。一个摄影师面对几十个人，但是画面并没有失去平衡，其原因就是"秤杆"原理

△ 一根巨大的立柱直插云端，使整幅作品的重心严重向右边倾斜，画面左边用一座稳健的城楼压住阵脚，既稳定了画面又使作品更加庄严肃穆。以现代人的意识形态去表现古代文明，正是摄影作品必须尊崇的一种创作方式，要避免用现代设备进行"老调重弹"式的创作

△ 大茶壶小茶杯，好像比例失衡，但是排列有序的画面，在视觉上产生了均衡感。"静心斋"的牌匾倾向右侧，在视觉上也起到了均衡画面的作用

◁ 画面右侧的高大楼房与红色灯笼使画面明显失衡，但是左下角的人物起到了均衡画面的作用。如果没有这几个人物作配重，画面就会失去平衡，这就是均衡画面的典型做法，这在均衡式构图中的作用非常关键

　　寻找能稳定画面的物体，将其安排在均衡点上，是均衡式构图的关键。只要安排好均衡点，画面就能稳定下来，不至于因失衡而一边倒。这就像做买卖使用的传统杆儿秤，秤砣虽小，却能抬起几倍于它的物体重量。摄影创作的均衡式构图，就是把这个原理作用在观者的视觉心理上。

[练习]
　　拍摄均衡式构图作品若干幅，要求作品均衡稳定，视觉效果舒服，艺术表现生动，时代气息强烈。

满构图

　　满构图的视觉效果是，作品中的被摄对象充满画面，无需背景，不留空间，"满"就是它的特点。运用这种构图时要注意：（1）满中求序；（2）在构图过程中，安排好点、线、面的关系；（3）组织画面要做到"虽满而不紊乱"。

拍摄实例

◁ 体育场的观众席，爆满的场面符合满构图的要素。五彩的衣衫组成饱满的点状构图，丰富了作品的内容。四个旗杆将画面分成五部分，更加剧了满构图的视觉效果

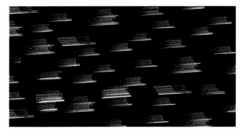

△ 大小不一的金银球体充斥着整幅画面，使人产生丰满和富有之感。作品不但获得了满构图的视觉效果，同时还产生出华丽丰盈的寓意。这种构图永远给人一种漫无边际、无尽无休的视觉感受

△ 相机在运动中拍摄，形成丰富的色彩关系与节奏感，造成行星般的动感效果和空间感。画面很饱满，但视觉效果并没感到拥挤与杂乱

▷ 满塘荷花，满眼绿，逆光下的阴影关系，将饱满的绿色合理地划分出间隔，加剧了画面的空间感。在绿色荷叶的衬托下，粉红色的花苞如点点珍珠散落人间。采用满构图的形式拍

摄，使丰满的荷塘场面更加饱满，意味着又是一个丰收的好年景

◁ "社戏"是农村最受欢迎的娱乐项目，全村百姓像过节一样更换新衣，兴高采烈前去观摩。台上演员认真演出，台下观众聚精会神。用满构图的方法记录这种现状，更能体现社戏对农村业余生活的重要性

　　这种构图形式的核心就是一个"满"字，在构成学中的解释为：由一个相同的元素在作品中重复出现并充满画面，即为满构成。在摄影中运用这一原理，也会产生非常好的视觉效果。需要关注的是，抓住"相同元素、重复出现"这个重要因素并灵活掌握，做到满而不乱，满而不俗。

[练习]
　　利用满构图原则拍摄作品若干幅，要求画面饱满，内容丰富，形式感强烈，具有相当强烈的艺术感染力。

散点式构图

　　散点构图的关键是"散"字。它与满构图的不同点是，不要求充满画面，而是要求疏密有序，在构成学中称作"密集"。这种构图在画面中无论是点，还是线，或是形，都要有一定的数量，在足够的数量基础上产生有疏、有密、有节奏的排列秩序。要求画面中的每一个单元都是独立的形体，并以松散和密集分布的形式出现在画面中，作品结构简洁单纯，尽量避免不必要的景物出现。在组织构图时，单元之间要注意疏密关系和节奏变化，要求散中有序、疏密结合，做到"形虽散而神不乱"，让人久看不厌。

▷ 这是个典型的散点式构图，符合平面构成中的密集构成原则。画面有疏有密、节奏合理，既像浮游生物，又像水中的气泡，具有抽象灵动之感。作品出自于老年人面对墙壁打网球的痕迹

▷ 浓郁的绿色与散点般的白色小花相映成趣，形成梦幻般的空间关系。绿草中的白色野花，犹如天上的星辰令人眼花缭乱。散点式构图在这幅作品中运用得十分恰当，美轮美奂的意境，让人倍感春意盎然

▷ 画面中的元素形成散点式构图的要素。松散的人群与突兀的石头，有序、无序地形成对比关系。黄色的哈达起到了零星点缀的作用，短焦距镜头扩大了作品的视角，在视觉上形成一种紧迫感与空间的延伸

▷ 暮归的羊群，为散点式构图增加了拍摄的条件。羊群混杂着烟尘缓步而来，顶逆光形成的明暗关系，突出了分布在荒原上的羊群个体，形成典型的西北风格

[练习]

　　根据散点式构图原则拍摄作品若干幅，要求散点布局分配合理，画面效果疏密适当，具有一定的艺术表现力和视觉感染力。

放射式构图

　　以被摄对象为核心，周边的所有景物，在客观条件的作用下，向四外发射的图形叫放射式构图。这种构图效果，可以使人产生一种由内向外爆发的动力，所以有些人会把这种构图形式称作"爆炸"效果。这种构图非常适合强调鲜明的主体物，也可以通过超广角镜头的变形特点展现出向四周扩散的效果。利用这种形式拍摄的作品呈放射状，可以形成向心力、扩散力和旋转的扭动力。要根据被摄对象的具体结构和主题创作的需要，再决定拍摄方法。

△ 作品利用变焦镜头拍摄，通过变换焦距营造放射效果，对夸张夜景作品十分奏效。漂亮的放射线条，将古建筑的夜灯促成超越时空的艺术影像。摄影为艺术家增添了发现美的第三只眼睛，依靠这只眼睛再加上纯熟的拍摄技巧，任何景物都能化成超凡脱俗的作品

◁ 建筑结构决定拍摄方法。用超广角镜头强化室内的结构，夸张的放射效果产生的视觉向心力，让观者的眼光直接指向室内中心的滚梯

△ 这幅作品是用电脑制作出来的爆炸效果，这种效果和直接拍摄的效果有较大的区别。从某种意义上讲，缺少直接拍摄的真实感

△ 室内悬挂的红色灯笼具有很好的装饰效果，非常适合利用放射式构图表现一种扩散力，这种夸张的处理手法，使有限的空间显得非常宏大，放射状态的红灯，能对观者产生强烈的视觉吸引力

[练习]

　　拍摄放射式构图作品若干幅，要求：（1）直接用变焦距镜头拍摄三张，要求爆炸效果强烈，兴趣中心明确；（2）寻找线条结构明显的建筑结构，利用超广角镜头表现放射效果。所拍摄的作品要有强烈的放射状，通过放射式构图强化作品要表现的被摄对象，形式感要强。

12.12 决定构图的利器

摄影是视觉艺术，拍摄前要通过相机取景器或液晶显示器去观察画面效果，再决定是否拍摄。因此，取景器就成为观察摄影构图的重要窗口。取景器的四条边框就成了取景标准，因此摄影又被

△ 取景器是摄影构图的眼睛，通过它可以精准地做出构图的决定

称为"框架式艺术"。不要小看这小小的取景器，它可是决定画面构图好坏的关键部件。

为了获得最好构图效果建议你养成按快门前用眼睛快速扫描一下取景器四周的习惯，看看画面构图是否存在问题。如果有问题就要迅速做出调整，然后再拍摄。这对摄影创作非常有帮助，可以通过观察回避掉很多构图上的缺陷，是一种非常好的拍摄习惯。当你经过长时间的磨炼养成习惯后，就会成为按快门前的一种下意识行为，这是非常好的职业习惯。

摄影是做减法，留住精华，弃其糟粕。

摄影构图的表现形式多种多样，通过认真的学习、研究和实践，你会逐渐掌握里面的学问。本文一开始就谈到："摄影中的构图，显得既虚无又现实，既具体又抽象。它就在眼前，可又不知所踪"。只有通过大量的实践和时间的推移，你对这句话才会有深刻的理解，对构图的掌握才会更加熟练。当你拿起相机对准千姿百态的被摄对象时，你的头脑中会迅速出现合适的构图形式进行对位选择。这种迅速的对位，是长时间的经验积累，在你头脑中形成的无形助

△ 用眼睛快速扫描取景器四周（包括液晶显示器），是一种非常好的创作习惯，可以避免构图上的缺陷，久而久之就形成了拍摄前的下意识行为，这对摄影构图非常有帮助

理。这个无形助理，就像计算机一样，快速精准地为你提供信息，协助你完成正确的构图以后迅速拍摄。好的构图不是单凭听几堂课就能解决的事，而是在不断提高自身艺术鉴赏力的同时，配合大量的实践摸索，在理论与实践的修行中磨炼而成的。这也是磨炼"工匠精神"的具体体现。

第十三章 摄影基础
线条与影调

13.1 线条与影调的处理

摄影术的出现，把世上最震撼的瞬间、最美丽的图像、最精彩的人文统统记录下来，填补了只能用文字记录的缺憾。为研究社会发展史提供了非常重要的文史资料，形成无可辩驳的可视佐证。也将大自然的美好景色以图像的形式留存下来。所有这些可视图像都与线条和影调分不开。线条的勾勒，影调的烘托，描绘出自然界所有景物的外轮廓与实体，也激发了摄影师的创作灵感，更是物体造型最基本的视觉语言。

在艺术造型中，有了线条和影调的存在，物体形象才能立得住，摄影师才能捕捉到影像。因此，掌握线条与影调的处理方法，才是学习摄影，掌握造型方法的重要手段。要树立一个明确的理念："用心灵去探索优美的线条，寻觅与主题相关的影调关系，将它们合理安排在作品之中，让作品富有视觉的美感和艺术的渲染力"。

13.2 线条的特征

在视觉艺术创作中，线条的作用是不可替代的。点的延伸轨迹就是线条，如果线条有目的、有意识地延伸，就可以成为形象的轮廓。在构成学中，线的特征就是勾勒和描绘形体轮廓的第一要素，是确立物体形象、界线、方位、距离等效果的重要条件。

拍摄实例

▷ 线条是组成形体结构的第一要素。线条勾勒出轮廓，区分出物与物之间的形象关系，是一切造型艺术不可缺少的基本条件。这幅作品完全依靠线条勾勒出形象，这种做法在国画技法中称作"白描"，在西画技法中一般称作"速写"

△ 作品用超广角镜头拍摄，水平线条产生了纵向汇聚现象，极力夸张大厅的格局，强化了空间纵深感，让室内空间更显宏大。这种借助镜头语言将线条夸张的做法，是表现景物空间的有效手段，是借用摄影手段表达作者对某些现象的视觉表述

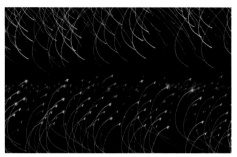

△ 利用光绘的手法将晚间的装饰灯描绘成优美的线条，如同满天飞舞的烟花，让人兴奋，使人陶醉。巧妙利用线条塑造画面主题，表达作者意念，是一种非常好的造型手段

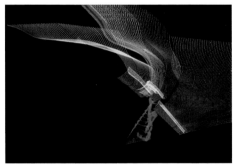

△ 用光绘的手法勾勒出的优美线条，酷似苍鹰捕捉到猎物的一刹那。画面形态精彩逼真，充分利用并发挥了线条的造型作用，描绘出优美动人的"梦幻曲"

◁ 利用超广角镜头控制线条的走向，准确烘托出作品的兴趣中心"样车"，同时也强化了特有的空间关系，使画面效果更加新颖独特。充分利用镜头语言将小空间扩大化，达到理想的视觉效果

13.3 提炼精彩的线条

　　如何在复杂的自然界中，乱中取胜，捕捉特殊的线条组合，促成含义深刻的画面？这需要训练有素的眼光去观察和发现，找到丰富多变的组合线条进行重新整合。通过分析，将这些线条进行组织和归纳，提取干练优美的线条走势，用于完成主题创作的需要。

拍摄实例

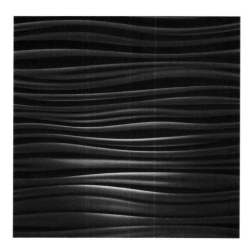

◁ 物质表面的结构在光的作用下会形成不同节奏的线条纹理。设计人员利用这种条件制作出形式多样的展示空间，用在商业宣传与生活环境中，发挥着吸引观者注意力的作用。一般人对此会漠然处之。可摄影人应该用发现美的眼光去观察和梳理，截取有价值的部分为己所用。这幅作品就是例证，优美动人的线条结构在光影的作用下让人倍感舒适

△ 壁垒森严的紫禁城，被横竖交叉的井字型线条封锁，加重了压抑闭塞的情绪。密集的窗格带来的视觉限制，增强了观者内心的约束感

△ 密集排列的线条自上而下放射状散开，佛像稳坐其中庄严肃穆。这位设计者非常聪明，将佛像周围用线条组成围栏，营造了一种虚无缥缈的氛围。设计者用创意制作的视觉效果非常成功

△ 作品《大寒》利用光绘的拍摄技法，将夜晚的装饰灯描绘成错落有致的线条，酷似冰凌一般垂挂于太空之中，在蓝色背景衬托下，银光闪烁，寒气逼人，象征中国传统节气"大寒"之意

13.4 线条的象征性

摄影属于视觉艺术范畴，所有摄影作品都离不开线条的作用。线条不仅能明确形状，确定边界，确定距离……而且具有一定的象征意义。

不同的线条，在人眼中会产生不同的象征意义，同时触动人的心理感受。比如：垂直的线条一般象征挺拔与高耸，水平的线条象征平稳与开阔，倾斜的线条会产生动感与不稳定，弯曲的线条会产生活跃的流动感……总之，不同的线条组合，会使观者产生不同的视觉感受。把各种线条的变化合理安排在摄影作品中，它将成为视觉的艺术、无言的诗。

垂直线条

垂直线条会产生上下纵向的垂直与高耸感，一般用于表现高大挺拔、雄伟壮观之意。运用这种线条要注意画面的整体布局，把握好节奏关系，做到疏密有序。作品的最终效果要创新求变，推陈出新。

拍摄实例

△ 树林具有最丰富的垂直线条制作条件。画面中的树木形成排列有序的相互关系，在视觉上产生一种非常密集的层次效果。一条林间小路笔直地伸向密林的深处，形成一种纵深的透视感，在绿色的草地和树叶的衬托下，让人神清气爽、心旷神怡

△ 这幅作品被笔直的立柱切分，立柱起到了支撑画面的作用，又丰富了作品的立体空间。人物在侧光照射下与立柱形成明显的均衡关系，成为作品的兴趣中心

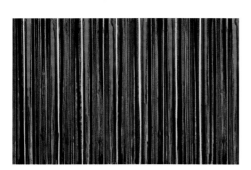

△ 这是一幅由彩色垂直线条组成的抽象作品，画面的构成来源于不锈钢管组成的装饰墙面，在光的反射条件下，随着人流反复地运动，即可产生丰富多变的色彩流动感。这种大胆的装饰风格验证了设计者的聪明智慧，更体现了设计者对材料的熟悉和对光的反射原理的巧妙应用

△ 队列中，人物与旗杆组成了垂直线条结构。画面的效果既鲜明又整齐划一，饱和的色彩，统一的装束，再现了清朝时期的一种礼仪活动

[练习]

拍摄带有垂直线条的作品若干幅。要求垂直线条特征明显，画面立意深刻，具有明确的垂直线条造型要素。

水平线条

水平线条是以横向为基准，向左右延展的线条。水平线条的运用，能使画面显得平稳开阔，具有良好的稳定感，有宏大宽广、平稳开阔之意。适合表现巨大的空间和开阔的场面。

▷ 这幅作品以地平线为基础，为展翅于天空的白鹭形成稳定的依托。阴天的天空一片灰白，正好衬托白鹭的飞行状态。地平线的左右延展让环境更显开阔，原生态的地貌更迎合了作品的主题

▷ 平缓的地平线拓宽了画面的视野，秋后田园的早晨，清新幽静，景色宜人。这是农村独有的景观，早已成为城市居民躲避喧闹的城市，到此度假休闲的避风港

△ 作品《三点一线》是一幅很好的水平线构图。画面中的三组人物一字排开，与地面形成有趣的平行组合，画面绿色盎然，简洁风趣，令人心情舒畅

◁ 商店里人流攒动、热闹非凡，建筑物的横向结构将热烈的场面一分为二，冷暖与疏密之间的对比关系，被有机的整合在一起，组合成繁华城市生活的缩影

[练习]

　　拍摄带有明显水平线条的作品若干幅，要求水平线的形式明显突出，画面稳定，内容新颖时尚。

横竖交叉线条

　　大自然中的线条变化极为丰富，很多线条是相互交叉复杂多变的，这种交叉线条比单一的横线条或竖线条的表现形式更加复杂，效果更丰富。通过选择拍摄角度以及改变镜头焦距的方法，促使交叉线条产生较大的透视畸变或正常的结构关系，形成平稳或夸张的视觉效果，从而获得结构复杂、视觉丰富的画面效果和时代感。

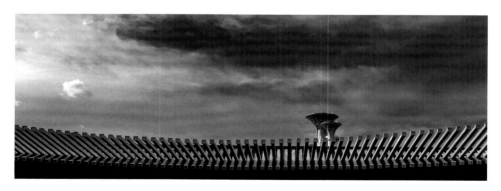

△ 这是典型的现代建筑，但又具有明显的古典建筑风格，是"古为今用"最好的代表作。镜头把弧形的整体房檐夸张地安排在画面的最下方，让交叉的线条组成稳固的底座，托举起明天，展望着未来

△ 为了更全面的展示商品，将展柜的结构设计成均等的方格，所有的书包样品可以全面展示出来。方便顾客挑选商品的同时，也起到了装饰店面的作用，真是一举两得。这种横竖交叉效果也为摄影提供了素材，在平面构成学中被称为重复构成

△ 横竖交叉线条是建筑结构的基础，也是美术设计和摄影创作的基本构成要素。通过作品明显看出，横竖线条的交叉，正是现代建筑最流行的构成方式，代表着时代的潮流与简约的设计风格

△ 宏伟宽敞的大堂，在广角镜头的控制下更显开阔，画面中到处充满了横竖交叉关系。人、车、立柱、屋顶、灯池……所有这些交叉点向四外展开，形成既错综复杂又平稳开阔的视觉效果

[练习]

　　根据垂直与水平交叉线的造型原则，拍摄带有交叉线条效果的作品若干幅。要求作品中交叉线的形式感明显，画面结构舒适，视觉效果新颖，时代感强烈。

倾斜式线条

　　倾斜线条是一种极不稳定的线条，在它的作用下，画面会产生失去平衡的动感，能起到视觉的导向作用。这种倾斜是建立在创作构思的基础上，利用镜头和机位的调整，做出符合主题要求的倾斜线条设计。这种视觉效果可以使线条从多个方向向一个方向汇聚，形成一种汇聚效果，或者让线条向同一个方向倾斜，最终达到拍摄者设计好的作品效果。有别于因拍摄时持机姿势不正确，而造成的画面整体倾斜。

△ 层次分明的斜线结构，在斑驳的阴影下形成丰富的层次。简单的构成，蕴含着丰富的视觉信息，这就是作品所要传达的视觉效果，简约而不简单

△ 纵向倾斜，是超广角镜头造型的特点。高耸入云的建筑群，是现代化城市的特征

△ 僧人、庙宇、绿树、红墙，朦胧之中，带给观者的信息是神秘与猜测。移动曝光，为作品主题的渲染起到了推波助澜的作用。斜线的动感，强化了视觉的刺激，也完成了作品《庙宇印象》的拍摄

△ 采用短焦距镜头仰拍白桦树林，即可产生强烈的向心现象。这是短焦距镜头因视角宽而造成垂直的纵向汇聚现象，利用这种现象，可以形成从四周向中心汇集的凝聚力

[练习]

　　根据倾斜线条的要求，拍摄一组以倾斜线条为主的作品。要求画面线条方向明确，视觉导向强劲，画面内涵丰富，具有生动的视觉动感。

弯曲式线条

　　弯曲的线条又称曲线，在自然界中这种线条最多。它比直线更显活泼灵动，也更能展示大自然美轮美奂的形象。在摄影创作中，巧妙利用好这些弯曲的线条，作品就能显示出流畅的节奏和舒展的韵律。

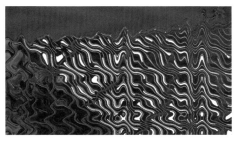

△ 抽象弯曲的线条与冷峻的色彩，组成一幅神秘的画面，给人留下深刻的印象。这种似是而非的图案，每一个人都会产生不同的感受，这就是当代艺术的魅力，不需要语言的解释，更不需要文字说明，"直觉"就能解答一切

△ 这个音乐书店全部采用漂亮的曲线进行装饰，书店显得富丽堂皇、高雅别致。巨大的曲线像五线谱中的 G 谱号贯穿始终。身陷其中如同进入了优美的旋律之中，享受着从天而降的天籁之音。这种曲线之美，只有身临其境才能体会到这种美的旋律

△ 漂亮的曲线加强了作品的视觉动感，犹如激烈角逐的赛艇，劈波斩浪于水面之上。曲线在此起到了推波助澜的作用，既丰富了作品的美感，又强化了作品的视觉冲击力

[练习]

　　在生活中寻找可利用的曲线，拍摄作品若干幅。要求不限题材，曲线灵动，并与作品内容相吻合，能准确体现出作品想要表达的主题思想及内涵。

繁乱的线条

　　繁乱的线条是指没有任何规律，杂乱无章的线条。这种线条在现实生活中非常多见，运用合理也能获得很好的视觉效果。遇到这种情况，要用眼睛在乱中寻求规律，用镜头去取舍和归纳，在无规律中寻找主题。要学会通过光影变化、色彩关系、调整角度去梳理线与线的关系，使线条得到有机的整合，促成线条结构的合理化，以至于组成合理的抽象画面。这是一个非常有意思的创作过程，当捕获到成功的作品以后，心中的喜悦不言而喻。

△ 干枯的荷叶胡乱堆积于岸边，在光影的作用下，显示出极其混乱的线条结构关系，通过仔细分析不难发现，有些线条完全可以归纳成很生动的视觉图案，通过后期处理，一幅不可思议的残缺之美呈现在你的面前

△ 树皮往往也是很好的拍摄题材。越是老树干，越能体现理想的线条纹理。扭曲的纹理和干裂的外表，使这些苍老的痕迹成为构成的基本要素。把这一切通过画面传递给观者，一定能产生心理上的纠葛

△ 玻璃废料，也可以成为被摄对象。胡乱堆放的废弃玻璃，在逆光下体现出很有意思的疏密关系。空间层次和结构的穿插变化，使这些凌乱无序的曲线符号，成为一幅极为难得的画面，根据个人对作品的理解，再通过电脑后期的进一步处理，使画面成为既刺激又理想的抽象作品

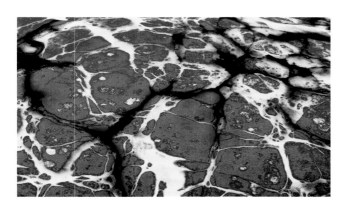

◁ 这幅作品看似火山喷发的岩浆，实际上是酒店大堂的吊灯。它自由奔放的线条和肆意渲染的色彩，促使我拍下了它。这个毫无规律的图案，让人浮想联翩。应该说这种视觉冲击力，要归功于抽象的线条和刺激的色彩，更要属于勤于观察和及时发现的眼睛

[练习]

　　在没有规律的、相对混乱的线条中，根据个人的眼光和对线条的理解，组织并拍摄作品若干幅。要求在无序中寻找规律，在杂乱中理出头绪，配合光影变化、色彩关系，得到乱中取静、乱中求序的视觉效果。

　　日常生活中，线条无处不在，为摄影创作提供了丰富的创作素材。虽然条件丰富、素材很多，可没有一件是现成摆在那随手拈来的。都要靠拍摄者从大量的生活元素中去挖掘，到大自然中去寻觅。根据所掌握的美学知识和眼力，从中去组织、归纳、提取，最终获得自己想要的东西。

13.5　影调的处理

　　"影调"，是摄影创作中的术语，是指自然与生活中因光影变化所形成的气氛。这种由物体结构的变化与光源角度形成的光与影的关系就是影调，又称作品的基调或调子。通过摄影师的观察，再利用各种创作手段将画面处理成高调、低调、冷调、暖调等，把这些明暗层次、虚实关系与色调变化有机地整合起来，一幅层次丰富的摄影作品即可随之诞生。

　　影调在摄影中有两种情况：（1）对黑白摄影而言，只有明暗关系变化、虚实变化和整体色调的倾向；（2）对彩色摄影而言，既有明暗层次与虚实的变化，又有复杂的颜色关系变化。这两种情况在实践中既独立又相互依附，必须将它们之间

的关系变化弄清楚，这对摄影创作非常重要。

影调是摄影作品造型、气氛、情感表达的重要因素。如果没有丰富的影调支持，作品就像白开水一样乏味。因此，掌握影调的处理方法，并能与主题创作准确对位，才是完成一幅优秀作品的先期条件。也是摄影爱好者必须掌握的理论知识和经验的积累。这对丰富每幅作品的内涵能起到关键的作用。

13.6 影调的类型

"调子"这个词汇，源于音乐术语，音乐有各种调式，比如 F 大调、D 大调、E 小调等。摄影创作只是借用了"调子"这个名称而已。为了区分"调子"在各种艺术领域里的含混性，摄影将调子分为"影调"和"色调"，用于研究摄影创作以及对作品主题的分析。

摄影有影调和色调之分。黑白摄影只有影调关系，表现形式为"黑白灰"的微妙变化、光影虚实关系的变化以及画面整体的色调倾向，没有丰富的颜色关系。其中包括：高调、低调、软调、硬调、中间调等。黑白摄影又称"单色摄影"，在实践中，单色摄影不但包含黑白影调关系，还允许出现带有整体色调倾向的作品。比如，为了体现复古情调，采用整体偏棕的色调处理；为了体现阴森恐怖的气氛，采用整体偏蓝的色调处理，等等。利用这些处理手段来表明作品的主题内涵。

而彩色摄影既有影调关系还有色彩关系。而色彩是由色彩的三要素，即色相、饱和度和明度变化组成的。所有色彩在作品中的表现，都与拍摄者的生活个性、艺术修养有直接关系，这是个不能回避的问题。作者个性的介入，会直接影响作品的色彩效果。作者艺术修养的高低，对作品的色彩表现更是影响深刻。所以说，学习一些色彩学知识，在创作过程中，用科学的态度将色彩合理运用到作品中，让观者能正确理解你对作品内涵的表达，这才是摄影爱好者真正要掌握的东西。

"影调"是一个总称，既有明暗、反差、软硬……又有色彩的倾向性。往往以某一种形式为主，形成总基调，再由更多细微的影调和色调变化组合而成。不同的基调会给观者留下不同的视觉感受和情绪上的刺激。影调运用是否准确得体，是摄影师必须具备的鉴赏力，是审核摄影作品是否成功的关键。

拍摄实例

△ 高调作品：用高调手法表现菊花，体现干净文雅的画面。花虽普通，价格虽低，但是顽强的生命力和极简高雅的画面风格，却体现出这束小花的高尚品格

△ 暖调作品：深秋是自然界最美的时段，采用暖色调表现作品主题非常恰当。金色的丛林，低矮的木屋，此时此刻，只有抓紧拍摄和享受的权利，等待和犹豫，都会错过拍摄美景的机会

△ 低调作品：巨大的反差、沉稳的基调，促成了这幅低调作品。布满皱纹的手，瞬间回眸的状态，体现老人饱经沧桑的经历。欲言又止的神态，展示老人面对生活的淡定

△ 冷调作品：蓝色是寒冷的标记，也是冬天的专利。这幅作品，用夸张的蓝色准确表达出冬天的寒意，通过夸张的色调，让观者感受到严冬的冷酷无情与色彩传达的重要性

13.7 影调的种类

　　影调可以归纳出很多种类型，每种类型都会给观者带来不同的心理反应。它包括：高调、低调、中间调、软调、硬调、冷调、暖调等。掌握每种调式的表达方式，是初学者必须练习的基本功，如果对各种影调含混不清，你的创作一定会失去明确的创作方向。

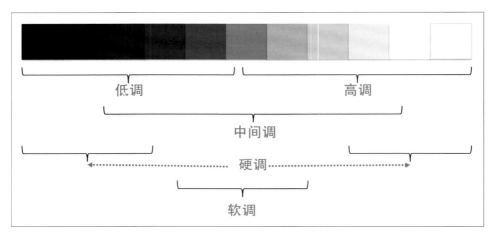

△ 影调分类示意图 1

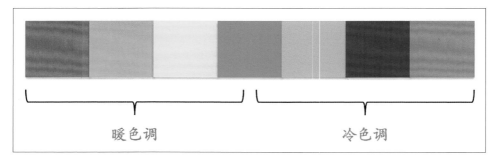

△ 影调分类示意图 2

高调

　　高调也称亮调，它的特点是，单色作品以浅灰色和白色为主，彩色作品要保持明快、亮丽的淡彩。画面高雅却层次丰富细腻，允许有少量的深色调出现。作品带给观者的视觉信息是明快、轻松、高雅的心理感受。

拍摄实例

△ 茶是家喻户晓、必不可少的饮品。茶道是茶文化的最高境界，用高调体现茶文化的意境，是对茶文化的赞许与尊崇。画面中，除了文字为黑色，其余均为明快的淡彩

△ 灰白色的墙壁，暖白色的衣衫，组成《父与子》这幅高调作品。从这幅极为平淡的作品中，体现出一种伟大的父爱。极简的画面使这种父爱更加崇高，明快朴实的基调让这种父爱得以升华

△ 为了体现宝马 4S 店的规模，采用高调突出现代感。通过超广角镜头的运用，夸张建筑的造型，强调时尚简约的建筑风格与时代感

△ 高调作品《晨》，以简约、幽静的气氛展示雾凇之晨。淡淡的冷色与晨阳的暖色，形成谦逊的抗衡。作品虽然是高调却点缀着一点纯红，成为单纯的高调作品的点睛之笔

低调

　　低调也称暗调，它的特点是，作品以深色为主，色彩的运用也要做到对比强烈，浓重饱和。画面虽然低沉，但还要保留一定的层次，同时允许有部分亮色调出现，形成对比关系。让观者产生凝重、退缩、神秘、忧虑的情绪。

△ 低调作品《香客》，抓住日落前的局部光效，表现香客烧香的瞬间。利用香炉四周熏黑的结构，衬托上香人脸部的局部光效。巨大的反差，简约的光效，使作品达到了诡异低沉的视觉效果

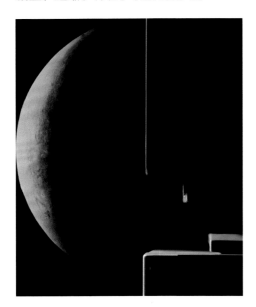

△ 作品《未来的统治者》，采用低调演示计算机从初级状态，到现在如影随形，无处不在的必备工具。预示着它将成为未来世界的统治者。这种惊人的发展速度和无孔不入的渗透力，既让人兴奋又使人感到不可预测的惊恐和不安

△ 山里人家并不富裕，屋内陈设简单得让人咋舌。烟熏火燎的墙壁漆黑一片，只有窗口的一束光就将全部家当交代得一清二楚。采用低调手法描述这户人家再恰当不过了

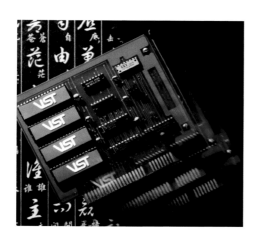

◁ 这幅作品采用低调表现汉字卡的诞生。显示从手写文字到如今的电子输入之飞速发展

[练习]

　　合理利用一切条件，拍摄低调作品若干幅。要求作品沉稳凝重，但并不死板。在低沉的气氛中显示生动的内涵和艺术气息。

中间调

　　"中间调"也称中灰调，它的特点是，以丰富的中度灰为主调，结构层次细腻丰富，明暗反差适中，允许有少量的黑和白介入。中间调效果是最常用的影调形式，给人一种平稳、和谐、亲近之感。

拍摄实例

△ 阴天是营造中间调最好的气候条件。由于没有明显的明暗反差，所有景物都处在柔和的影调关系里，很适合表现建筑摄影。从这幅古建筑作品中可以看出，细节清晰，反差柔和，画面十分舒适

△ 枯树、花草、沙丘，组成一幅简单完整的中间调作品，在黄沙的衬托下，枯树也显得活力十足，摆弄着残枝与百花争宠。黄沙映衬婀娜，有"树欲静而风不止"之寓意

△ 手机不但是通信设备，更是人们娱乐的工具。现实生活中，经常看到人们相互欣赏手机上的内容，发出称心的共鸣。这幅作品采用中间调拍摄，将这种和谐气氛体现得淋漓尽致

△ 用软光源拍摄菜品，效果柔和，质感细节表现丰富。这种光效最适合表现中间调作品。用软光源照射，既没有强烈的反差，又能获得广泛的细节，是商业摄影普遍采用的光线条件

[练习]

发挥中间调的特点，拍摄各类作品若干幅，要求画面细节表现完整，光影柔和，层次丰富，内容充实。

硬调

"硬调"是指对比鲜明、反差极大的影调形式。它的特点是反差大，对比强，缺少中间层次。如果用于彩色摄影，要求色彩饱和，反差要大，颜色对比要强。用光一般以逆光和侧逆光表现较好，景物的大结构清楚，细节较少，给人以坚定、硬朗、沉稳的感觉。

◁ 用硬调表现中国古建筑，突出硬朗简约的艺术风格。利用屋顶的瓦垄条纹以及房顶的结构，采用版画的形式表现其造型最为恰当。黑与白是艺术作品最基本的元素，也是早期摄影术最基础的表现手段，是当代极简艺术风格的具体体现

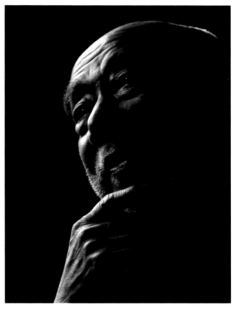

△ 这是中国古代上层社会最常用的一种铜质立体兽面图腾，它象征着权利与威严，是上层社会对底层百姓严酷压榨和统治的象征。用反差极大的硬调表现这类题材最合适，既体现了恐怖残忍的一面，又给观者一种心理上的压抑感

△ 这是一位著名的数学教育家，为教育事业默默无闻、兢兢业业服务了一生，他也是我的老师——赵会民老先生。用低调手法表现赵老的形象，也体现了他低调做人的原则

◁《长城》，古代战争时期的军事防御工事，现已成为旅游胜地。巨大的明暗反差，让古老的长城仍旧保持着原有的威慑力，光影与对比色形成的硬调，显示出古代战争的残酷。视觉上的刺激，也加大了观者的内心压抑感

[练习]

采用硬调风格拍摄各类题材的作品若干幅。要求创作内容丰富，画面反差硬朗，主题鲜明，不拖泥带水。

软调

软调（又称柔和调），是指弱反差，明暗对比柔和、色彩和谐、质感细腻、层次丰富的作品。拍摄软调作品要选择漫散射光，利用柔和的漫散射光源照明，制造柔和的影调关系。这种画面效果可以使观者产生轻松、平和的心理状态。

△ 河岸对面有很多身穿鲜艳服装的游客，在阳光照射下显得十分明显。突发的大风刮起大面积水雾，使对面景物的色彩对比度和锐度明显降低。由于大量水雾的"稀释"，使整幅画面的影调均被弱化统一，起到很好的软化作用，这是抓拍软调作品最好的瞬间

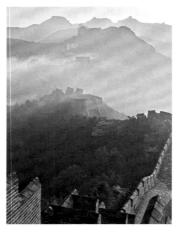

△ 晨雾给摄影带来极好的创作机会。雾气淡化了所有景物的对比反差，使自然界失去了应有的明暗关系，形成朦胧的软调气氛，空气透气效果十分强烈，使景物处在柔和平缓的视野中

△ 大风掀起的尘沙，形成大面积的雾霾，正是这种天气成就了这幅软调作品。由于风沙的存在，造成了空气的污染，却为摄影提供了制作软调效果的机会。画面减弱了明暗对比关系，自然环境均处于柔和平缓的视觉效果之中

△ 软调也可以采用对比的手法。为了突出主体，将周边的环境均处理成朦胧的软调，使需强调的主体清晰的显示出来。这种处理手法可达到很好的宣传目的

[练习]
　　根据软调处理方法拍摄作品若干幅。要求作品反差柔和，层次丰富，影调和色调必须柔和舒适。作品的主题明确，内容含蓄。

暖色调

　　"暖色调"在视觉观感上属于前进的颜色，在情绪的渲染上会产生正面积极的作用。画面以红、橙、黄为主要基调，允许有少量的冷色出现。作品的视觉表现有热烈、欢快、积极向上的含义。

拍摄实例

△ 对于静物摄影来说，色彩倾向是主题创作非常重要的因素，用暖色调表现茶文化是非常恰当的选择。画面中的古老窗格、紫砂茶具、传统油灯配以金黄色的书法字体，一幅传统的茶文化作品拍摄完成

△ 首饰是女人最喜欢佩戴的饰物，它精细小巧非常讨人喜欢。这只保山南红的挂坠非常漂亮。为了体现它的整体效果，采用微距拍摄，同时利用干枯的树干做背景，以暖色调进行烘托，画面效果非常引人注目

△ 夕阳照射下的山林，呈现出漂亮的秋天景色。优雅的林间小屋、温暖的色彩关系，使人情不自禁发出溢美之词，让人流连忘返，看到它的人都得到了视觉上的满足，好像到了异国他乡

△ 用"相濡以沫"形容老年夫妻的和睦生活，不足为过。作品中，老先生为夫人挑选首饰的温情场面，让人十分感动。采用暖色调描绘这种题材非常融洽，连售货员也为之动容

[练习]

　　发挥暖色调的积极作用，拍摄作品若干幅。要求色彩倾向性明确，作品内涵丰富感人，思想性强。

冷色调

　　"冷色调" 在视觉观感上属于后退的颜色。视觉表现以青、蓝、紫为基调，允许有少量的暖色出现。作品的视觉效果体现出遥远、冷峻、严肃的含义。

　　冷色调的运用，取决于作品的需要和作者对主题的理解。由于冷色属于消极的色彩，意味着收缩和后退，会给人一种心旷神怡、离奇神秘之感。

◁ 夕阳西下的暴雨，造成巨大的光比与色彩反差。孤立的汽车，在画面中显得十分凄凉。房屋和倒影形成的夹角，将观者的视线引向殷红的远方，为压抑的情绪带来一线希望

△ 拂晓的海边阴云密布，极高的天光色温造成一片冷灰色。在压抑的环境中，天边的一缕绯红，带来黎明的希望。灯塔的红光虽然渺小，却为航船指明了方向

△ 少数民族地区熏肉的做法非常原始。为了记录这个独特的传统熏肉技法，借助晨雾的阴冷色调，使火焰在这种情调中更显灵动。勤劳的老人遵照"日出而作，日落而息"的习惯，早已进入辛勤劳作的一天

◁ 蓝色是高科技产业常用的宣传色，由于蓝色具有稳定、冷静、后退的效果，更容易突出产品的形象。因此，采用冷色调处理电脑广告，是个非常正确的选择

[练习]

根据处理冷色调的要求，拍摄带有冷色调作品若干幅。要求冷色调明确，层次丰富，立意深远，作品具有较强的思想性和视觉表现力。

调和色调

色环中，相邻的颜色叫调和色。再具体点儿说，在色环中只要小于 90° 的颜色，都属于调和色（又称和谐的色调），色调效果让人感到含蓄、协调、舒适。而超过 90° 的颜色，调和效果逐渐变弱，对比关系越来越明显。

"调和色调"有以下两种表现形式。

（1）明度的调和：是指同一色相

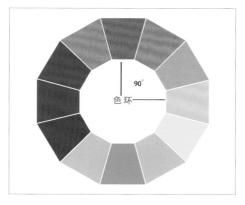

△ 色环中的调和色范围示意图

而明度不同的色调调和，比如在红色中，深红、中红、浅红之间的明度调和。

(2) 同类色的调和：是指相互邻近的两个颜色的调和。比如在色环上 90°以内的颜色相互作用而产生的效果。

在摄影作品中，用调和色完成的作品，画面效果都很舒适和谐。由于摄影作品的纪实性，允许有少量的对比色出现。如果运用的好，画面反而更显生动活泼。

拍摄实例

△ 这幅作品属于调和色中的明度调和。画面以绿色为主色，有丰富的明暗深浅变化。画面的下方还保留少量的补色点缀，效果更加活泼可爱，充满了现实生活中的浪漫

△ 这幅作品属于同类色调和。黄和绿在色环中均在 90°范围内。画面以黄为主色，又有绿色加以衬托，呈现出优雅委婉的乡村小品。菜花环绕下的暖灰色小屋，也为作品增添了浓郁的人文色彩

△ 这幅作品属于调和色中的同类色调和。画面以红色调为主色，橙黄色为辅色，视觉效果非常舒服。大面积的暖红色与边缘一角的蓝色，形成视觉上的节奏变化，更加强了喜庆气氛和温馨的情调，使白色的主题蛋糕更加明显突出

◁ 这是一幅调和色作品，记录了西北地区的农民院落。原生态的土黄色，给世人留下了深刻的印象。那里不但环境纯朴，人更质朴实在，成年累月面朝黄土背朝天，本本分分地劳作，没有过多的奢望。纯粹的小院配以冷色调的小门帘让人倍感亲切

[练习]

　　根据调和色调的要求拍摄各类题材的作品若干。要求作品内容不限，画面色调统一、协调、舒适。作品内容主题鲜明，具有极强的艺术感染力。

对比色调

　　色环中，互为180°的颜色为对比色。更具体点说，在色环中，颜色所对应成180°左右的色彩都属于"对比色"。越接近180°的颜色对比越强烈，越远离180°的颜色对比越弱。

　　对比色调给人一种强烈的视觉刺激，运用得当，会产生艳而不俗之感。在运用过程中，对比色的面积大小、饱和度以及明度的强弱，都会影响对比效果。面积越大，饱和度越高，对比越强烈；面积越小，饱和度越低，对比越弱。在实践中，这种对比关系要根据创作的意图灵活掌握。

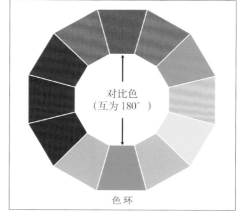

△ 色环中对比色示意图

◁ 这是一幅具有强烈对比色彩的静物摄影作品。被摄对象与环境没有任何过渡色协调，使青蓝色与橙黄色产生了180°的对抗，整幅画面的色彩对比非常强烈。在这种状态下，更能突出"青金石"的形象，达到了商业宣传之目的

△ 画面中，一群身着民族服装的少女相互依偎、气氛热烈。她们的服装体现出浓郁的民族风格与强烈的色彩对比。作品虽然没有拍摄人物的脸部，却通过她们腼腆的身姿，流露出少女特有的青春魅力

△ 摄影师在行进中一边选择机位，一边快速抓拍。非常成功地获取到具有时代感和强烈色彩对比的作品

▷ 大漠中的城垣格外荒凉，没有空间的障碍，没有人文的干扰，一望无垠，倍感无助。作品利用强烈的对比色加强了这种心理感触，黄色强化了平川旷野之地，蓝色凸显高深莫测之巅

[练习]

　　根据对比色调的要求，选择富有对比色效果的画面拍摄，要求色彩对比鲜明而且合理。通过色彩对比，展现作品深刻的内涵与强烈的视觉刺激。

13.8　影调的处理方式

　　作为造型的要素，影调运用得是否合理，会直接影响作品主题的发挥，以及对观者的感染力和观者对作品的认可度。能否准确运用影调关系表达主题，和是否熟练掌握用光、色彩以及相关的理论知识有直接关系。换句话说，影调处理的成功与否，完全是摄影师对作品的理解，是拍摄者释放个人技术潜能，展示个人艺术修养的窗口。

　　影调处理的手段一般有两种形式。（1）主动性处理：要求先有创意，再根据创意去布置影调关系，最后完成拍摄，这种手法一般用于创作类摄影。（2）被动性处理：以现场的实际情况为基准，结合自己的想法，对影调效果做出有选择性的判断，通过选择机位和拍摄角度以后，再做出是否拍摄的决定，这种创作方法运用的最为普遍。能熟练掌握这两种方法，并且能把这两种方法运用得十分娴熟，才算得上摄影创作的高手。

拍摄实例

◁ 主动性处理法：需要先有创意，根据创意再进行布控拍摄。这种创作，要求摄影师具有一定的创作意识和设计能力，拍摄过程必须做到胸有成竹、有的放矢。这是一幅暖色调静物作品，质感细腻，层次丰富

◁ 主动性处理法：由于小孩儿无拘无束，根本无法控制他的行为，必须依靠摄影师预先布置好拍摄环境和影调关系。这幅作品是在事先准备好的环境中拍摄的，将孩子安置其中，再根据她的活动情况，一边逗她玩，一边进行抓拍。作品中儿童的动作很夸张，两眼炯炯有神，好像正在向大家宣布她的重大决定。在柔和的光线下（拍摄低龄儿童禁止使用闪光灯），采用高调手法更适合儿童题材的拍摄

△ 被动性处理法：身处自然环境中，只能在机位移动中确立影调关系。这幅作品选择硬调处理为好，利用长城的起伏变化，选择低沉的单色调作为处理手段，体现长城荒凉寂寞的状态

△ 被动性处理法：这种纪实作品属于被动性处理法，首先确定被摄对象，根据现场的具体情况，迅速确定影调的属性。作品中的人物属于高位逆光条件，比较硬的影调关系与作品主题《男人的处世哲学》相得益彰

△ 被动性处理法：要想拍摄云雾缭绕的长城，只能采用被动性处理法，因为谁也不知道哪天会出现云雾。因此，等待和机遇就是唯一的办法

13.9 主动性影调处理法

　　主动性处理法要求先有创意再进行拍摄，无论在室内还是在室外都可以进行。这种拍摄工作主动性很强，要求摄影师思想活跃，有很强的创作意识。拍摄前要把一切准备工作做好，拍摄过程会得心应手，拍摄效果与创意要求完全可以做到高度统一。

拍摄实例

△ 为了体现食品的级别与卫生，选择了高调方式拍摄。通过设计，采用梦幻高雅的白色气氛，使作品的视觉效果完全符合原创要求，体现一种随意、简洁的表达方式

△ 这幅高调人像作品，表现了人物不修边幅、开心快乐的神态。拍摄前需要和模特沟通，交代拍摄的要求和目的，在沟通中进行抓拍。主动性处理是完成这项拍摄任务的先决条件

◁ 这幅静物作品，属于主动性创作。根据客户要求，先进行创作设计，征得同意后，再进行道具的确定、置景、布光、测光，最后完成拍摄。作品主要表现西餐桌面的一角，强调西式糕点的形式美，刻画色彩与质感的细节

13.10 室内被动性影调处理法

　　室内被动性影调处理法是指，在公共场合的室内环境内，现场条件不容更改，只能快速决定所需要的拍摄角度和影调关系。在客观条件无法更改的情况下，一切均围绕被摄对象进行构思。为了达到作品的创意目的，必须根据现场条件，结合自己的构思，通过机位的调整和曝光的控制，快速完成抓拍。经常做这种基本功的练习，可以使自己迅速达到影调与内涵的高度统一。

△ 车间的光线非常明亮，整个环境非常适合拍摄高调作品，用来描写工人酿制酒糟的火热场面。通过迅速判断，采用小光圈、慢速快门，达到了创作目的

△ 利用4S店现场光和维修专用小型照明灯形成的影调关系进行抓拍。记录维修工人聚精会神修车的场面。虽然现场照明条件有限，但是准确的曝光使画面达到了精准的质感再现。画面中，人物的结构关系非常准确，完全符合中间调作品的要求

△ 这幅作品室内光线非常复杂，无论是色温还是光比都十分混乱。拍摄前，一定要迅速考虑好画面的兴趣中心是什么？这幅作品的兴趣中心是狮子与接受花的人物。因此曝光的重点必须侧重狮子，色温也要以现场光为重点，确保狮子的威猛形象和会场的热烈气氛

△ 这是一幅低调重彩作品，为了营造战争场面，利用展厅的现有光线和现场的战争气氛，以亮部为测光标准完成拍摄。经过电脑后期处理，强化了作品的现场气氛，使画面效果达到了预期的目的

13.11 室外被动性影调控制法

　　室外被动性影调处理法是指，在室外的自然环境中，人是无法控制光线条件的，"环境决定一切"这句话针对摄影创作是有道理的。在大自然面前，摄影师只能通过对环境的分析，结合自身对作品的理解，做出如何处理影调关系的判断，调动自身掌握的一切艺术潜能和技术手段，寻找机位，迅速做出拍摄决定。

△ 作品《夜市》属于暖色调作品。为了强调夜景的盛况，选择好机位采用 HDR 拍摄法拍摄，打破了中规中矩的夜景效果，画面中的景物虚实结合，色彩丰富，尽量消除黑暗死角，很好地营造出喧闹的夜市

△ 这幅作品属于逆光，光比大，色温差值大。此时如果采用自动挡拍摄很容易曝光过度。为了获得理想的画面，须以天空为测光标准减少曝光量，才能保住太阳的形状。再经过电脑后期优化处理，一幅精彩的低调作品《古都唱晚》呈现出来

　　摄影作品的影调关系有很多类型，其主要作用就是配合渲染作品的主题思想，触动观者的情绪。不要轻视影调对画面的影像，它是摄影作品，甚至可以说是一切视觉艺术创作的精神支柱。缺少丰富影调变化的作品，一定很单调。学习影调控制方法，充分发挥影调的作用，充实作品的内容，是摄影创作者抒发情感、表现自我的手段，也是摄影爱好者必须掌握的重要表现技法之一。

△ 作品《一食三女》利用正午的阳光表现三个女子坐在一起共享一种食品的瞬间。这种敞亮的硬调关系，很适合表现新时代的姑娘们思想开放、不拘小节的行为意识。与封建社会"三纲五常"统治下的妇女，形成了鲜明的对比

第十四章 摄影技术

多重曝光

14.1 发挥多重曝光的创作潜能

多重曝光又称多次曝光，是指在同一画面上，进行两次以上的曝光，即为多重曝光（不包括电脑合成作品）。这种创作手法，可以把不同场合、不同物体、不同时空的形象元素，经创作者巧妙的构思编排，拍摄在同一画面中，组成一幅另类的、具有离奇色彩的摄影作品。这种创作方式，在胶片时代已经盛行。进入数码时代，多重曝光更加方便快捷，但是，会受到曝光次数的限制，通常每幅作品最多只能曝光九次。数码相机多重曝光的功能非常强大，使用也更加方便，具有多种艺术处理手段。最值得一提的是，曝过光的画面，还可以在显示器内或液晶显示屏上显示出来，为下一次曝光起到精准对位的作用。这一功能是胶片相机根本做不到的。我们应当充分发挥数码相机的特点，在多重曝光上进行更合理的创作编排，拍摄出更精彩的摄影作品。

多重曝光，和常规的摄影创作不同，要求摄影师必须在拍摄前进行缜密的构思编排，将各种相关元素，按拍摄顺序逐一安排在同一画面中。构图位置和拍摄顺序确定以后，先拍摄什么、再拍摄什么、每次拍摄的曝光标准等，都要事先设计好，不能乱来。这一工作程序，是顺利完成拍摄工作必须做的先行程序。拍摄程序安排越缜密，拍摄顺序越有序，拍摄效果也越好。作品的最终效果要做到内容虽然混搭却不凌乱，画面离奇却主题鲜明。坚决抵制漫无目的地瞎蒙乱拍，这种做法是非常不负责任的，对创作没有一点好处。尤其对初次接触多重曝光的摄影爱好者来说，几乎学不到任何东西。严肃的学习态度必须在拍摄前进行缜密的构思和拍摄步骤的编排；拍摄过程必须严格按照设计好的步骤逐一进行。这两点是初学者必须做到的，逐步养成多重曝光的创作习惯。当你从"必然王国"，步入到"自由王国"以后，创作构思与拍摄的速度会有条不紊地逐渐加快，真正做到得心应手。

多重曝光的拍摄结束后，就可以直接进行电脑的后期处理，这是数码摄影的特点，胶片摄影可没有这种特殊待遇。电脑后期处理是在原作品基础上进行修饰升华的过程，是对原创作品的锦上添花。对初学者来说，我们不建议采用先拍具体元素，再通过电脑后期合成的方法完成作业，这不符合多重曝光的技术要求。电脑制作，只是一种后期处理手段，在专业摄影院校的课程编排里，属于电脑软件制作的专修课程。安排这种课程，是让学员掌握数码摄影的后期处理方法，让学员在实际工作中发挥应有的作用，它和摄影是同一事物的两个工作程序。更准确点说，它不属于摄影，只属于电脑后期图像处理的手段。在社会实践中，二者的收费标准都不一样。现在社会上的摄影工作室内部，都要安置一个数码工作室（Digital Studio），在里面工作的制作人员，对电脑修图软件的操作都非常精通，但是他们不见得会摄影。如果既能完成高质量的拍摄工作，又能熟练掌握电脑后期的制作，这是摄影工作者的最高境界，也是我们极力主张"一竿子扎到底"的工作精神。

▷《油烹大虾》是受饭店厨师的启发，采用多重曝光拍摄完成。清晰的质感刺激人的食欲，浓郁的色彩散发出虾的新鲜味道，火的运用加强了画面的真实感。作品中的每一步都经过了认真的准备与精心的拍摄，绝不能有一点点的马虎。只要其中某一步出现问题，肯定会影响整幅作品的效果，甚至于要重新拍摄。这是锻炼学员基本功和办事态度的原则性问题

14.2 多重曝光的操作

由于数码相机属于电子高科技产品，在操作方面和其他电子产品一样，必须仔细阅读说明书，才能掌握正确的操作方法。因此，使用多重曝光进行拍摄，必须先找到相机菜单中多次曝光的操作程序。根据作品的拍摄需要，确认操作程序后，才能进行正式拍摄。具体的操作方法如图所示（以佳能 EOS 5D Mork III 为例）。

△ 按下功能设置快捷键（没有快捷键的数码相机，必须到相机菜单中去寻找多重曝光的设置）

△ 按下快捷键，液晶显示器会出现此信息，选择绿框中的图形就是多重曝光的标识（第 3、4 步见下页）

△ 按下 SET 确认键，液晶显示器出现此信息窗口，继续转动相机的副调节盘，就可以进行多次曝光的功能设置选择

△ 设置完成，还要按 SET 键才能开始拍摄（如果忘记按确认键，前面一系列的设置将无法保存，还要重新设置）。现在的新型数码相机均采用触屏，操作更方便

14.3 多重曝光的表现形式

多重曝光的操作方式有四种，拍摄者可以根据创作需要，选择和本人创意相吻合的功能设置：平均、加法、明亮、黑暗。这些功能的名称设置，不同品牌的相机上会出现不同的名称设置，一定要通过说明书确认后再使用。

平均

使用这种设置可以在同一个场景下进行多重曝光，相机会自动平衡画面背景的亮度，在被摄对象获得正常影像的多次记录后，仍然可以保证背景获得正常的亮度。比如，在同一环境下，利用多次曝光记录运动物体的运动过程，相机可以自动控制背景的明度，在确保背景曝光正常的情况下，逐一记录运动物体的运行轨迹。

◁ 利用多重曝光中的"平均法"抓拍山地自行车的飞跃过程。这幅作品在拍摄自行车高速飞跃过程中，利用五次曝光，分别记录了骑车人飞跃的过程。画面清晰、层次分明，背景与主体的曝光非常精准，并没出现曝光过度的现象（佳能样图）

加法

顾名思义，这种拍摄技法就是 1+1=2 的关系。相机不会自动评估每一次重叠曝

光后的效果，它只能机械地把不同空间的不同元素与明暗关系，叠加在同一画面中。如果拍摄者事先没有进行周密的设计，而是盲目拍摄，画面不但会出现混乱的叠加乱像，还会因图像的不断叠加而造成曝光过度的现象。因此，拍摄者在每次曝光之前必须认真进行观察，预留出每次曝光明暗之间的空间位置，使下一次曝光与上一次曝光的图像准确地吻合在一起，形成合理的情节关系而不影响画面整体的曝光效果。

△ 作品《忍不住的煎熬》采用多重曝光中的加法完成拍摄。这种创作方式，必须在摄影棚全黑环境下的人造光下进行拍摄。完成这种作品必须先设计，根据设计再去准备道具，同时安排好拍摄步骤。每一步曝光必须精准，才能合成一幅完美的多重曝光作品。建议：由于曝光次数多，为了保证拍摄不出错，在拍摄前应该把曝光步骤提前写下来，每次曝光完成，都要在曝光步骤中做好标记，避免忙乱之中出错。这种良好的创作习惯必须养成。经过谨慎细心的拍摄，将作品展示给大众，就像一次拍摄完成的效果，没有多余的残留痕迹

△ 在自然光下，采用多重曝光中的加法，在大型轿车内，利用车厢内的暗部与车窗外的亮部所形成的反差，将不同的空间关系整合在一起，形成怪异的《矛盾空间》，还不影响整体曝光。从而引起观者的好奇。这是成功运用多重曝光中加法的一种正确表达方式

明亮

这种拍摄模式的作用是：要求在同一个明亮背景下进行多重曝光的拍摄，相机会自动平衡背景的亮度，让背景亮度保持不变，使被合成的主体物曝光正常。这种曝光方法必须在同一个亮部背景下拍摄，相机会准确地平衡背景的亮部关系。如果中途更换了拍摄位置，画面上会留下其他景物的痕迹，使作品出现乱象。

◁ 左图是准备拍摄的道具。作品利用"明亮模式"进行两次曝光：一次曝光，拍摄黑陶和花；二次曝光将大花瓶肩部曲线与花枝的茎部曲线相吻合后拍摄（曝光的前后秩序可以颠倒）。"明亮模式"保护了画面的所有细节，也没有出现因两次曝光造成背景曝光过度的现象，画面的整体效果非常真实（右图）

黑暗

这种拍摄模式的作用是：要求在同一个暗部背景下拍摄。相机在拍摄过程中，可以保证被摄对象每次曝光量的正常，同时平衡暗部背景的曝光效果保持不变。这种曝光形式最好在同一个暗部背景下拍摄，相机会准确平衡背景的暗部关系。如果中途更换了拍摄位置，画面上会留下其他景物的痕迹，使作品的环境出现乱象。

◁ 左图是道具与拍摄位置。这是一个反差较大的拍摄环境，利用"黑暗"模式进行两次曝光。第一次曝光观音与背景曝光正常。进行第二次曝光时，通过镜头焦距的变化将观音像缩小，同时减少曝光量，并改变焦点使影像模糊。通过实际拍摄的效果可以看出，观音像与背景的环境表现都很正常，达到了创作目的（右图）

　　虽然数码相机为多重曝光提供了强大的技术支持，可摄影师在拍摄前，仍然要认真地设计好每一次曝光的技术细节，不要急于求成，更不能养成过分依赖电脑后期合成的习惯。必须搞清楚，摄影是摄影，后期是后期，这是两个分工明确却又不能分开的整体。一个优秀摄影师应该把前期拍摄和后期制作看作同等重要。前期拍摄是作品成功的基础，前期的拍摄技艺扎牢了，电脑后期修图才能起到画龙点睛之作用，达到艺术升华之目的，这是最基本的常识性问题，也是我们学习知识，掌握摄影技巧的目的。请记住，人的思维会越用越灵活，技术到任何时候也不会过时。随着时代的发展，人的思维裹挟着技术会越来越进步。当你的业务能力已经达到了"天马行空"的时候，是采用多重曝光直接拍摄，还是采用电脑合成完成创作，完全由你自己决定。

14.4 多重曝光的创作条件

只要设计合理，多重曝光可以在任何条件下进行。无论自然光还是人造光，室内还是室外都是多重曝光的创作范围。多重曝光的创作原则只有一个，那就是完整的构思设计和缜密的拍摄步骤。只要你充分了解并掌握了操作规律，大胆发挥个人的想象力，就可以不断创作出新颖的作品来。这是现代艺术家面对艺术创作永无休止、不断进取的精神。在创作领域里"只有想不到的，没有做不到的"。

自然光线

由于自然光无法人为控制，拍摄者只能利用被摄对象自身的结构变化与光影形成的明暗关系，安排好具体位置，选择好拍摄方法，控制好曝光量。无论是减少曝光，还是利用遮挡的方法拍摄，关键是要给下一次曝光留出准确的空间。这些问题考虑得越缜密，拍摄效果越好。不然，拍摄结果会一塌糊涂。

▷ 这是中午阳光下通过两次曝光拍摄完成的作品。作品以祈年殿的剪影和佛像为造型元素，强调宗教的神秘感与中国的古韵。拍摄时，将佛头安排在祈年殿的剪影部分，既表现出祈年殿的造型，又强调了佛像的质感

▷ 利用多次曝光中的加法，表现自然环境中的野菊花。用虚实结合的两次曝光，使画面产生梦幻般的效果。拍摄这种题材，先拍哪一步、后拍哪一步都没关系。需要注意：（1）拍摄虚幻影像时，要注意将花卉适当放大并加以虚化，同时减少曝光量，画面只需留下虚幻朦胧的痕迹即可；（2）第二次曝光时，适当缩小花的比例，与第一次曝光的虚幻花型准确对位，同时进行精准的对焦和正确曝光量的调整后，再进行第二次曝光。让合成后的实际效果具有虚影包裹着实体花头的梦境般的意境（学员作品）

人造光线

　　室内人造光是完成多次曝光最理想的用光条件。因为人造光不受自然环境的影响，有多光源、易布控、好调整的特点。在拍摄过程中，可以根据创作需要，进行光效的自由调控，是多重曝光的最好用光条件。 在室内全黑条件下可以敞开思路，大胆地进行创作，完成作者想要表现的任何一种效果。这是自然光环境下无法做到的。因此，熟练的拍摄技巧与布光控制能力，以及每次曝光的精准控制，就成了创作每一幅优秀作品的重要条件。

　　有了人造光这个理想的光源条件，又有了全黑的可以自由遐想的室内空间，优秀的创意就是完成好作品的动力。可以说，没有理想的创作构思，一定产生不出优秀的多重曝光作品。在拍摄前，要仔细研究每次曝光的方法与细节，做到心中有数。有条件的话最好采用画效果图的办法，进行创意对比，挑选最佳方案进行拍摄，这也是和客户沟通的最佳手段。方案确定下来后，如果曝光次数多，建议在拍摄前，最好将每一步的操作步骤写在提示板上，每完成一次拍摄就要在提示板上做个记号，避免出现差错。这种做法非常重要，因为在拍摄过程中，往往会有一些突发事情使拍摄工作不得不停下来进行处理，这种暂停的间隔，会打乱刚才拍摄的思路，很容易产生"刚才拍摄到哪一步了"的迟疑。一旦这种现象出现，很容易打乱拍摄工作的正常程序。如果养成记录拍摄进程的习惯，对拍摄工作的顺利进展会起到很好的协调作用。这种做法就像电影摄制组中的"场记人员"，他的任务就是将每一组镜头的拍摄详情，包括镜头号、演员的动作、服装、化妆、道具、布景等各方面的数据和信息都精准地记录下来，便于后面拍摄的顺利衔接和后期的剪辑。如果没有场记的精确记录，剧组的拍摄工作会出现混乱，无法正常进行下去，也给后期剪辑增加很大的麻烦。

在实际工作中，虽然多重曝光的拍摄和电影摄相比渺小得不值一提，但工作性质是一样的。实践中，摄影爱好者不可能组建完整的摄制组，因此摄影师必须做到，既是导演，又是摄影师，还要兼美工和灯光师。应该说是集导、摄、美于一身的摄影人。为了保证每幅作品的质量，摄影师必须养成良好的工作习惯和认真的工作态度，在这方面多下一些功夫是非常值得的。大多数成了名的摄影师都是一步步走过来的。当积累了一定的经济实力以后，不但拍摄进程会越来越快，组建自己摄影工作室的可能性也会增加，这就叫水到渠成。

△ 利用室内人造光，将史前的彩陶与现代的壶加以合成，表现从陶到壶的进化。利用现代数码相机具有实时取景和网格定位的特点，将彩陶与壶准确安排在正确位置上，成功展示了壶的演变。在胶片时代，只有大画幅相机在大型玻璃取景器上有坐标格，还可以在取景器上画记号。而135相机和120相机是做不到的

△ 利用多重曝光表现的四通电路板，虽然手法有些传统（20世纪90年代拍摄），但说明了多重曝光只要思路对头，正确的拍摄技法就是完成创意的重要手段。加强这方面的技巧训练，在任何时期也不为过。这是提高艺术设计思路，开发创意理念，修炼摄影技术，甚至开发电脑制作技术的最好方法。如果没有大胆丰富的创作意识和高超的拍摄技艺，你永远是为他人工作的"摄影助理"

拍摄实例

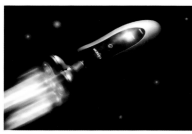

△ 这幅作品受电视广告的启发，将剃须刀用宇宙飞船的形象表现出来。整幅作品采用多重曝光的手法拍摄，正式拍摄前还要进行严格的测光，突出表现剃须刀的整体造型与速度感。画面效果动感强劲，极具挑战性

◁ 酒瓶外包装的纤维质感，激起要拍摄它的欲望。为了表现粗糙的麻制品质感，采用了多重曝光的手法，经过精准的测光以及准确的构图，将麻袋包装带来的细腻质感与朴实的装饰风格记录下来。作品采用多重曝光，利用变焦镜头在完成一次曝光以后，改变镜头焦距后再进行下一次曝光，画面效果完全达到设计要求

△ 长城是中国的脊梁，自秦朝开始大量修建，作为抵御外来侵略的屏障。兵马俑是秦朝军队的化身，强大的军事力量荡平了诸侯，统一了中国。长城与秦俑的结合，体现了秦朝军队之彪悍，象征长城防御之重要。用多重曝光的方法拍摄，准确体现了这一理念

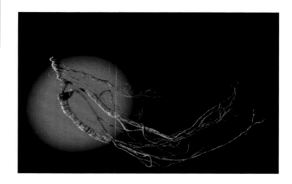

△ 这是同仁堂药店的一棵价值百万的老人参，为了表现好这棵老参的形象，采用多重曝光来处理，达到客户的要求。画面简洁，主题明确，预留出大面积的空间用以添加说明文字

△ 电脑是社会发展的产物，更是高科技带给人类的超级工具，也为数字影像提供了极为方便的后期制作手段。利用多重曝光的手段，将这一技术展现在观者面前

△ 经过认真的设计与精心的处理，以多重曝光的手法完成了咖啡研磨机的拍摄。由于每次曝光量的参数相差较大，因此必须先做好曝光量的测试。（1）用较慢的快门速度，刻画研磨机摇把儿的动感。（2）用较高的快门速度既保留咖啡豆的形状，又让咖啡豆产生一定的模糊动感效果。作品经过多重曝光的手法拍摄达到了创作目的

▷ 我国制陶工艺早已闻名于世，是匠人与火的博弈。"匠人"是完成塑形、上釉的第一步。而"火"是烧制成型、决定色彩纯正的最后一步。二者有机的结合，是控制陶艺最终效果的决定性一搏，也就是说，不管第一步做得再好，如果最后一步的"火候"没控制好，其结果就是失败！为了真实再现神秘的制陶工艺，采用多重曝光的方法拍摄，增强这一过程的神秘感

△ 中国的菜肴讲究色、香、味俱全，每道菜的美味都出自厨师之手。其实，后厨炒菜的过程才更精彩。为了表现炒菜的火爆过程，利用多重曝光将这一瞬间准确地表现出来。所以，前期认真的准备工作与拍摄过程的严谨细致，是决定多重曝光作品成功的关键

△ 大香槟酒开瓶时发出的响声和喷发瞬间，促使人们用它来欢庆胜利，烘托重大活动的气氛，这已成为国际惯例。如何将大香槟开瓶的一瞬间，以图像的形式表现出来，是创作这幅作品的原动力。作品采用多重曝光表现大香槟酒开瓶时迸发的瞬间，是传达给观者的视觉信息

▷ 数码相机的曝光次数是有限的，最多只能曝光九次。这幅《千手观音》就是利用九次曝光拍摄完成的。如果曝光次数能不受限制，就可以顺利完成"千手观音"的全身像，效果一定会更完美

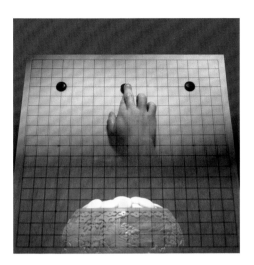

△ 围棋是一种二人棋类游戏，又称"弈"。它蕴含着中华文化的丰富内涵，是中国文明与文化的具体体现。如何利用视觉图像表现围棋厚重的文化内涵，确实有些难度。经过反复的构思决定采用多重曝光表现三连星的开局，画面虽简约，却体现出围棋深邃的道理

△《百年孤独》是这幅作品的核心。世上任何物体，如果孤独百年无人打理，一定会蓬头垢面，满目疮痍。本着这一理念去表现百年孤独酒的形象，颇费了一些功夫。用极细的箩筛出精细的灰尘，用蚕丝制作纤细的蜘蛛网，用破坏性手段制作背景的环境，同时控制好主体与背景的色温差，以多重曝光的手法进行拍摄，作品效果实现了创作的初衷

◁ 明代文学家田汝成在《西湖游览志余》中写道："八月十五谓之中秋，民间以月饼相遗……以月之圆兆人之团圆，以饼之圆兆人之常生，用月饼寄托思念故乡，思念亲人之情……"。具有千年历史的中秋节是弥足珍贵的文化遗产，一直流传至今。用月饼代表月亮是拍摄本幅作品的初衷，用供桌的形式作为画面的前景，用多重曝光的技法完成这幅《中秋》的拍摄

◁ 鼠标是操作电脑的工具。利用黄土、青铜器和动物的骨骼，表现历史的演变与时空的穿越。用光绘的手法渲染人的手印，既强调了鼠标的形象又体现了鼠标手持的功能。好的创意是多重曝光的核心，具体表现了鼠标这个体积虽小，却功能强大的现代电子工具

　　多次曝光并不是曝光次数越多越好，曝光次数的多少取决于作品创意的需要，为了能达到创作目的，两次曝光和九次曝光是一样的，都是为了精准表达作品的立意。如果一味追求曝光次数的多少，而忽略了创作的本意，反而会适得其反。总之，多重曝光是一件既快乐又烦琐的工作，拍摄前需要静下心来，认真思考需要表现的主题意境和表现手法。精心准备道具，安排好要拍摄的每一个细节，简单的内容和复杂的内容要同样对待，做到认真、仔细、耐心，这是拍摄者必须遵守的游戏规则。

[练习]

　　(1) 根据相机提供的设置方法，采用平均、加法、明亮、黑暗的方法练习拍摄多重曝光作品。要求画面干净利落，内容新颖独特，有一定的思想内涵。

　　(2)开动脑筋，寻找被摄对象，在自然光下和人造光下进行多重曝光的练习。要求严格的创作构思在先，实施拍摄在后，画面情节生动，多次曝光手法明确，作品条理清晰，画面内容不乱。

聊聊摄影

李绍杰 著

【下】

人民邮电出版社

北京

目录 CONTENTS

第二十三章　摄影专题——静物摄影与广告摄影

第二十四章　摄影专题——人像摄影

第二十五章 摄影专题——旅游摄影

第二十六章 摄影专题——微距摄影

第二十七章 摄影专题——花卉摄影

第二十八章 摄影专题——美食摄影

第二十九章 摄影专题——光赋

第三十章 摄影专题——形形色色

第三十一章 摄影专题——作品的命名

第三十二章 摄影专题——摄影创新

第十五章　摄影技术

HDR 创作

15.1 用"HDR"进行创作

什么是 HDR

　　"HDR"是高动态范围（High Dynamic Range Imaging）的缩写。在摄影创作上是指曝光合成的一种后期技术。"动态范围"是最高电信号和最低电信号的比例差值。反映在影像作品上就是：亮部与暗部范围内可显示出多少影像细节的能力。动态范围越宽，亮部与暗部的细节表现越丰富。动态范围越窄，亮部与暗部的细节表现越少。HDR 是基于包围曝光的手法，分别记录亮部与暗部的光影信息，再通过电脑系统计算后，将被保护的亮部、中间层次以及暗部层次的所有细节进行重新整合的一种合成技术手段。实际上，这项技术是用来解决数码相机动态范围不够宽泛的问题。在实际创作中，我们经常会遇到大反差的被摄景物，如逆光下的景物、超大光比的画面效果等。在这种条件下拍摄，拍摄结果总会顾此失彼，照顾了暗部细节，亮部细节受损失；照顾了亮部细节，暗部细节受损失。拍摄效果总实现不了从亮部到暗部的细节得到完整记录的目标。有了 HDR 技术，这个难题基本得到了解决。这项技术可以做到在同一拍摄现场，按照不同明暗关系分别进行曝光记录。再通过电脑软件计算，把画面中的亮部、中间层次以及暗部的有效细节合理地加以保留，并进行系统合成为一张画面。使高反差的影像细节得到最完整的记录，这就是 HDR 的做法。

　　由于很多摄影爱好者不会使用电脑软件进行图像合成，尤其是年纪较大的摄影爱好者，对软件的操作更显吃力。因此，相机设计人员就将 HDR 操作功能置入到数码相机中，使其成为数码相机中的一项实用功能。既拓宽了数码相机的动态范围，又提高了摄影爱好者的创作兴趣，让原来一次曝光不可能实现的超宽动态范围的影像，通过相机中的 HDR 功能得以实现。让不熟悉电脑软件的摄影爱好者，也能体会到 HDR 功能的魅力，省去了电脑后期复杂的操作过程。

15.2 HDR 的功能设置（以佳能相机为例）

在相机快捷键或菜单中找到 HDR 功能模式

△ 选择并按下功能快捷按钮

△ 转动相机调节盘，选择并确认 HDR 功能（绿色方框内）

△ 选择并开启 HDR 的具体操作程序是将"关闭 HDR"调整为"自动"

△ 开启 HDR 功能首先看到的是"自动""±1EV""±2EV""±3EV"四个选项。选择"自动"并确认后，相机即可自动选择动态范围进行 HDR 拍摄。±1EV、±2EV、±3EV 是调整动态范围补偿功能

△ 在"连续 HDR"设置里,有"仅限一张"和"每张"两种选项。如果选择"仅限 1 张"，其结果是，拍摄完毕，相机会自动取消 HDR 拍摄程序，恢复正常拍摄模式。如果选择"每张"，相机会连续使用 HDR 拍摄，只要不取消这个程序，相机就永远采用 HDR 模式拍摄，直到取消此模式为止

△ 自动图像对齐模式，使用 HDR 模式只需按一次快门，就可以连续拍摄同一画面的三张照片。为了防止三张照片出现影像错位的情况，开启这个模式，相机会通过机内处理器将三张照片的主体对齐，然后把多余的边缘部分剪裁掉，使画面获得更加完整清晰的效果

△ "保存源图像"模式有两种选择：所有图像、仅限 HDR 图像。选择"仅限 HDR 图像"，相机拍摄后只保留合成图，其余 3 张基础图自动删除。如选择"所有图像"，相机会将四张照片 (3 张基本图和一张合成图) 全部保留，会占较大存储空间。建议：如为创作，最好选择"仅限 HDR 图像"，这样可节省内存空间；如果为了分析或教学，可以选择"所有图像"

△ 设置成功后，必须按下 SET 键确认后才能拍摄，如果没有按下 SET 键就拍摄，相机就无法执行 HDR 拍摄，前面所有设置将自动清零，只能重新设置

拍摄实例

△ 通过 HDR 拍摄的第一张照片效果是，以亮部为准曝光，亮部细节得到保护，中间层次和暗部层次均损失严重

△ 通过 HDR 拍摄的第二张照片效果是，以中间层次为准曝光，中间层次得到保护，亮部曝光过度，暗部曝光不足

△ 通过 HDR 拍摄的第三张照片效果是，以暗部为准曝光，暗部细节得到保护，亮部与中间层次曝光过度

△ 通过机身内处理器合成后的第四张照片效果是，亮部、中间层次、暗部细节都获得最好表现，显示出"HDR"功能的优越性

通过调整动态范围控制效果

（1）自动：相机根据被摄对象亮部与暗部的反差关系，自动设置动态范围进行拍摄，拍摄效果能基本满足创作需要。

△ 相机菜单中，动态范围曝光补偿功能的选择窗口

（2）±1EV、±2EV、±3EV：摄影师根据被摄对象亮部与暗部的反差大小，可以选择动态范围补偿值拍摄。 ±1EV：相机在暗部与亮部各加减一级曝光量予以补偿。±2EV：相机在暗部与亮部各加减两级曝光量予以补偿。±3EV：相机在暗部与亮部各加减三级曝光量予以补偿。

在曝光补偿这个问题上，还可以直接采用手动方法进行补偿。这个方法非常方便快捷。但是这种补偿方式不能双方向补偿，只能靠一个方向补偿，补偿亮部或补偿暗部任选其一。具体方法是：直接转动机身上的副调节盘，增加或减少曝光量即可以完成补偿效果。要求在调整过程中，眼睛必须随时观察取景器中的测光表，通过测光表数值的变化来决定曝光补偿值的多少。

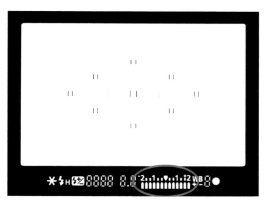

△ 采用手动补偿法进行补偿时，眼睛必须观察测光表数据的变化（画红圈处）

① 为了保护亮部的细节，直接转动副调节盘减少曝光量拍摄，在不影响 HDR 拍摄效果的基础上，使亮部的质感细节进一步得到保护。

② 为了增强暗部的细节，直接转动副调节盘增加曝光量拍摄。在不影响 HDR 拍摄效果的基础上，使暗部的质感细节进一步得到保护。

拍摄实例

△ 第一次曝光是以亮部细节为准曝光，保护高光部分的细节质感。此时，暗部细节损失严重

△ 第二次曝光是以中间层次为准曝光，确保中间层次的细节质感。此时，暗部与亮部细节受到损失

△ 第三次曝光是以暗部细节为准曝光，暗部细节得到保护。此时，亮部细节损失严重

△ 通过机身内部的处理器计算合成后的效果，亮部、中间层次、暗部细节都得到最佳表现

HDR 模式最适合拍摄明暗反差大的景物，对明暗反差不大，对比效果正常的画面，不建议使用 HDR 模式拍摄。实践证明，数码相机中的"HDR"功能，做到了对高光细节的抑制和保护，也增强了对暗部细节的增益刻画，同时对中间层次的记录也没受到丝毫影响。这种高动态范围曝光模式的介入，让数码相机对反差极大的景物，再也没有"为难之处"，可以轻而易举地得到各个层次的细节描述。数码相机能记录影像层次的多与少，就是相机动态范围表现幅度的宽与窄。

现在各种品牌的新型数码相机，一般都增加了"HDR"这个功能，但是每种品牌相机的曝光次数有所不同，有的相机只有两次曝光，这对丰富影像细节，就不如三次曝光好了。再扩大一点儿说，如果你对后期软件制作非常纯熟的话，还可以分出更多层次的分段记录，再通过电脑后期进行手工合成，这会使画面细节的整体表现更丰富细腻。在创作实践中，能用软件手工进行曝光合成的人，才是体现高动态范围技术合成的高手。据了解，国际上有些摄影大师，在用软件进行手动合成照片时，修正照片的步骤可达到上万步，可想而知最终的画面效果有多么精彩。

选择艺术风格

HDR 模式中还有艺术风格的选项，可以让摄影作品在视觉上产生绘画效果，其中包括自然、标准绘画风格、浓艳绘画风格、油画风格、浮雕画风格。

（1）自然风格。 这一模式，完全遵循现场的自然效果，保护高光和暗部的细节，使作品达到最宽泛的动态范围。所拍摄的作品能获得非常丰富的质感和更饱和的色彩表现。

△ 拍摄效果选择界面

▷ 这是日落以后，北京后海的景色。经过 HDR 自然风格合成的作品，既拓宽了数码影像的动态范围，也丰富了画面亮部与暗部的细节与层次，作品的最终影像超出了正常拍摄的视觉效果

（2）标准绘画风格。画面以较低的反差，更平坦的层次，显示出明与暗的边缘效应，使画面接近一般绘画的效果。

◁ 这种风格源于自然效果，又高于自然效果，在自然效果基础上，添加了绘画的基本元素，使作品更具表现力。若想追求更强烈的绘画风格，可以进一步利用电脑做强化处理，让作品效果更接近绘画

（3）浓艳绘画风格。在标准绘画风格的基础上，提高色彩饱和度，强化边缘效应，使画面更接近绘画风格。

◁ 从名称上已经得出结论，这种效果是标准绘画风格的延伸与强化，无论是色彩的纯度和细节的归纳，都更接近绘画效果。再通过电脑后期进一步处理，这种风格还可以得到提升

（4）油画风格。在浓艳绘画风格基础上，色彩更饱和，同时介入油画质感。画面追求一种西方油画的效果。

◁ 这种效果是浓艳绘画风格的延伸，相机微处理器又将这种风格继续强化，使其更接近油画效果。再通过电脑的后期调整，强调油画的肌理质感，让画面更接近油画风格。这幅作品是在清晨拍摄的，采用HDR模式中的油画风格拍摄，画面层次丰富，非常接近油画效果

（5）**浮雕画风格**。拍摄这种风格是将被
摄对象的反差、色彩饱和度、亮度以及层次
关系都降到最低，加强边缘效应，强调光影
关系，画面如同一幅陈旧的、近似浅浮雕的
画面效果。还可以继续通过电脑后期做进一
步调整，使画面效果更接近浮雕。

▷ 浮雕是一种平面立体艺术，靠的是强化
光与影的结构关系，形成浅浮雕的空间结构
效果。因此，在寻找被摄对象方面更应该有
所着重，要挑选结构关系明显的被摄对象，
这对作品的最终效果非常有利。为了使浮雕
效果更明显，再通过电脑后期进一步强化，
让这种视觉效果更接近浮雕

　　由于相机内部的处理器能力有限，画面的艺术效果只能象征性地做到一般效果。
为了获得更理想的艺术表现力，还需要通过电脑后期进行更深入的刻画，发挥作者
的艺术天分和对软件的操控能力，使作品效果更接近理想中的绘画艺术风格。

15.3 巧用 HDR 重新认识世界

　　现代数码相机的实用功能越来越丰富，拍摄质量也越来越好。如果使用者只是
机械地按照使用要求拍摄，在作品的创新和提高上就很难得到发展。应该充分发挥
数码相机功能多、技术先进的特点，打破摄影只是为了"记录"的传统概念，睁开
自己第三只艺术慧眼，重新观察这个世界。在生活环境中去寻找陌生，创作出另类
的创新作品。

　　相机生产厂家为摄影爱好者不断在使用上提供方便，同时也为摄影师不断研发
新技术、新功能。作为摄影师就没有理由不利用这些新功能，不断进行超水平发挥，
推出新的理念和新的作品。能充分利用这些新技术，创作出新作品的摄影人才是智
者。成功的艺术家永远不会墨守成规，原地踏步。一定会不断挖掘现有设备的潜能，
配合个人的主观能动性，连续推出最新的作品。摄影也要学习美术创作在白纸上自
由泼墨的技艺，利用 HDR 功能为摄影作品提供新的思路和创作手法。利用色彩关系，

打乱原有秩序与时空的穿越，把自然界的可视物体重新进行整合，制作出新的视觉图像，让人惊奇，使人兴奋。

　　永远保持兴奋的创作状态，是现代摄影师必须具备的精神境界。打乱 HDR 常规的拍摄方式，进行非正常性拍摄。撇开三脚架，保持相机的灵活性，利用 HDR 按一次快门能曝光三次的特点，在移动中完成拍摄。让作品的效果出现特殊的灵动感。应该强调的是，拍摄不要盲目进行，还是要发扬先有设计，再进行拍摄的主动创作意识。有了明确的拍摄步骤再进行拍摄，做到有的放矢，作品就有了明确的主题。这也是开发创作意识，积累实践经验的过程，久而久之摸索性拍摄就会转为主动进攻型创作。

拍摄实例

△ 作品《精灵》采用 HDR 模式拍摄十分恰当，庙宇门前清静冷漠。一只黑猫由此路过，抓住机会采用 HDR 手法拍摄，使一只猫变成了三只，酷似 "幽灵" 飘然而过，会让人百思不得其解

△ 用 HDR 拍摄法表现城市夜景，展示城市夜晚的喧闹与缤纷。这在人们眼中是那么的熟悉，生活在城市的每一个人，似乎都在其中匆匆走过。用 HDR 拍摄的画面，生动地展示了城市一角

△ "小商贩" 是夜市主角，虽收入微薄，却也风生水起。如按正常方法拍摄，效果过于呆板。采用 HDR 法拍摄，效果好了很多，既保持了小贩做生意的状态，又夸张了生意的兴隆以及热闹的夜市氛围

△ 作品《福冈之夜》表现年轻人下班后的业余生活。用 HDR 拍摄法，非常恰当地表现出年轻人跳街舞的瞬间。漂浮的身影、灵动的环境、斑驳的色彩，烘托出当代社会生活的另一种氛围

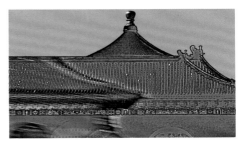

△ 夜市中的人流涌动，热闹非凡，这正是利用 HDR 进行创作的绝佳时刻。拍摄效果超出正常人的视觉习惯与思维逻辑，能带你进入魂魄梦游般的《幽灵》境界

△ 天坛是旧时祭天之地，用 HDR 功能，拍摄我心中的天坛，把恍如梦境般的天坛，通过视觉传达的方式送达观者的眼中，使观者从中获得无限的遐想与奇妙的快感。

△ 发挥 HDR 的功能特点，使拍摄人物产生离奇的效果。画面中的人物好像要挣脱自己的躯壳，来一次《灵魂出窍》的尝试

◁ 酒吧是时代特定的社会符号，年轻人解压放松的场所。用 HDR 拍摄法表现酒吧更是别有洞天，夸张的色彩、奇异的造型是酒吧特有的景观，令人兴奋

　　HDR 本身没有那么神秘，如同家中的钳子、螺丝刀一样，就是为你使用的工具。HDR 也是为摄影师进行创作而设置的一种合成工具。但是，怎么用、运用是否熟练就是另一回事了。能充分发挥 HDR 自身的特点，挖掘新的创意潜能，为创作服务，从新颖的作品中体会创新带给自己的快感与兴奋，这就是我们学习并使用它的目的。

[练习]

　　(1)利用 HDR 正常拍摄法拍摄作品若干幅。要求明暗层次丰富，质感细腻，构图完整，艺术氛围强烈（黑白、彩色不限）。

　　(2)利用 HDR 非正常拍摄方法，进行创作性练习，拍摄题材不限。要求画面完整，内容新颖，具有现代艺术氛围（黑白、彩色不限）。

第十六章　摄影技术
反光体拍摄

16.1 如何拍摄反光体

什么是反光体

物体表面光洁如镜、反光强烈的物体称作反光体。它们包括：经过细致抛光的金属物体、表面电镀的物体、瓷器、亮光漆器、玻璃镜面等。反光体的种类繁多，在所有被摄对象中，属于比较难拍摄的一种。由于物体表面非常光亮，可以将入射光线以及周边环境直接反射出来。所以，在拍摄过程中，物体表面的结构越复杂，表面呈现出的反光越凌乱怪异。实际上这是一种"哈哈镜"效应。反光体对面的一切物体，在复杂结构的作用下，都会反射出变异的视觉效果。如果就这样拍摄，画面效果会很难看。因此，拍摄者必须想办法把这些杂乱的反光消除掉，还要保持反光体光洁如镜的质感和人为制作出来的黑色间隔，更不能破坏被摄对象原有的造型。所以说，反光体是比较难拍摄的一种物体。它的拍摄难点就在于既要消除物体表面的杂乱反光，又要保证精细的物体原型，还要利用黑白间隔线和面，体现反光体的硬朗质感，这种矛盾的布光与置景过程，的确给摄影爱好者带来很大的麻烦。在实践中，为了消除这些讨厌的反光，要先根据被摄对象造型，先制作一个白色无影空间（亮屋），隔绝周围所有杂物的反光干扰，同时还要人为制作能体现反光物体质感的黑白交界面，这是拍摄一幅反光体作品的基础条件。摄影师必须熟练掌握这些技法，表现反光制品特有的高反差关系，保持并强化反光体的物理特性。

16.2 拍摄前的准备

（1）根据被摄对象的造型特点，制作一个完整或局部的白色无影空间，为拍摄这类题材提供最基本的创作条件。将被摄对象置于其中，使反光物体形成没有任何杂乱反光、洁白无瑕的外观效果。

（2）根据被摄对象的外形结构，制作哑光的黑色吸光介质，根据光的反射原理，将这些黑色吸光介质安置在相对应的位置上，与被摄对象形成正确的明暗反射关系，通过相机的取景器，观察被摄对象反射出来的黑色间隔面的位置是否准确，达到理想位置后将黑色介质固定下来，使被摄对象上出现准确的黑白交界面和线，用于展现被摄对象坚挺硬朗的质感效果。

（3）制作干净平整的背景，颜色最好使用消色（黑、白、灰），这种处理方法可以更好地烘托出主体形象。还要拉开背景与被摄对象之间的距离，让被摄对象与背景之间的距离要远一些，避免相互干扰。

（4）为了不让相机和摄影师本人的形象出现在被摄对象上，可以根据具体的情况，调整机位角度和距离，还可以采取在哑光白色板上打洞，将相机和摄影师隐藏在挡板后面，只露出镜头的办法进行拍摄。

（5）以上做法必须耐心细致，因为任何一点瑕疵，都会在被摄对象上留下痕迹，给电脑后期修图带来不必要的麻烦。前期工作做得越仔细，电脑后期修图工作进行得越顺利，画面效果越真实。

（6）很多影友在拍摄过程中不注重这些细节的处理，美其名曰："留给电脑处理"。这句话好像没问题，但是，这种随意的放任会使自己养成不负责任的职业恶习。所有行业都有各自的职业规范，要求每道工序都要尽职尽责，绝不能把本道工序应该完成的工作，推给下一道工序去完成，这是极不负责任的做法。电脑不是掩盖和修正错误的工具，它是让作品精益求精、锦上添花的后期制作程序。合格的摄影师，都应该具有高度的职业道德与专业素养，不然，还配得上"摄影师"这个称号吗？

拍摄实例

日常生活中，很多用品都是反光体。它们大小不同，形状各异，导致物体表面的反光会出现巨大的差异，对拍摄效果的影响也很大。要想获得最精彩的艺术效果，拍摄前，摄影师要对道具进行严格的筛选。选择那些质量好，加工精细，外观无瑕疵的物体做道具。这一点非常重要。对道具的挑选把关越严格，拍摄效果越好。这应该成为静物摄影和广告摄影最重要、最严格的第一项工作。

酒瓶开启器

（1）选择深色作为背景，烘托酒瓶开启器的造型，能更好地衬托出被摄对象的质感。拍摄前还要制作出反光体的黑白交界面的位置，同时一些细小的灰面也要小心保留，促成酒瓶开启器完整的立体形象与高档的品质。拍摄机位采用低角度仰拍，镜头选择较短焦距的镜头，通过适当的夸张，使小巧的开瓶器显示出高贵的视觉形象。

（2）测光（使用独立式外用测光表）以被摄对象为测光标准，既要保护好主体形象，又要控制好边缘轮廓的灰色细节，使酒瓶开启器的整体形象得到完美的再现。如果使用机内测光表，建议使用 18% 标准灰板贴近被摄对象测量。

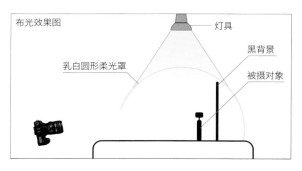

△▷ 利用白色圆形半透明光罩，阻挡并消除周边环境的干扰，使被摄对象呈现出干净利落的质感效果。同时在被摄对象右侧，增加黑色吸光介质，使顶部的手柄与开瓶器右侧产生明显的黑白间隔面，体现出金属硬朗的质感。拍摄前要进行细心的观察调整，尽量避免不必要的缺陷出现，为后期修图创造最有利的条件

水龙头

水龙头也是很好的被摄对象，它和开瓶器一样，既要表现金属材料质感，又要营造出主体与环境之间的黑白交界关系。这幅作品采用白色为背景，强调水龙头的清洁与卫生。鲜明的红色，使水龙头的主体显得更加鲜活，也显示出水龙头的高品质。

由于是白色背景，因此，测光时要求背景的亮度必须高于主体亮度一级以上，使水龙头的立体感更明确。拍摄时要以被摄对象为曝光标准，洁白的背景才能更好地烘托主体形象，也反衬出被摄对象的灰色转折轮廓，使圆柱形的体积感更强。

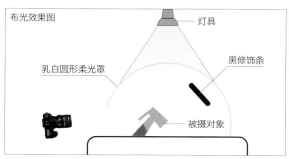

△ 为体现水龙头干净卫生、高档次的特点，画面采用了白色的背景烘托主体形象。为了回避周边环境的干扰，制作白色半透明光罩阻止环境光的干扰，制作干净的周边环境。用黑色介质摆放在水龙头的侧上方位置，营造水龙头的黑色交界面，反衬金属明亮的质感。测光时必须以被摄对象为准，画面背景的亮度要比被摄对象强一级以上的曝光量。如果使用机内测光表，建议使用18%标准灰板紧靠被摄对象测光

首饰

金银首饰体积小、结构复杂，表面反光率高，因此很容易拍摄失败。所以，布光一定要仔细，要采用大于被摄对象面积十几倍的柔光设备形成漫散射照明，使高档的首饰显得更加完整精致。

首饰越多越容易造成杂乱的反光，为了统一作品效果，选择大型柔光板（箱）制作柔光效果尤为重要，可让形状各异的首饰获得完整统一的光效。显示丰富的首饰饱满多样的视觉效果，用粗糙的石头作为铺垫，能更好地反衬首饰的精美与奢华。

测光的重点放在首饰上，背景的光线照度要低于被摄对象，采用这样的处理方法，其目的就是为了反衬首饰的精美。

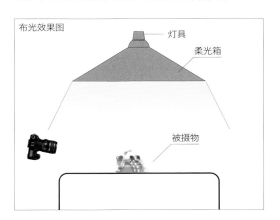

△ 拍摄丰富的首饰，建议使用大于被摄对象十几倍的柔光箱来制作光效，这有利于被摄对象的整体造型。这幅作品的拍摄效果，基本实现了"富有与奢华"的创作目的

16.3 室外的金属反光物体

在自然光下，想控制金属物体的反光是很困难的。因为摄影师无法控制阳光的软硬关系。偏振镜又不能消除金属表面的反光，只能采用控制曝光量的方法来压制金属的耀斑。利用数码相机动态范围大的特点，减少曝光量，最大限度压制高光质感的溢出。拍摄后的画面，虽然画面出现了曝光不足的现象，但是讨厌的耀光斑被压制住了。经过电脑后期调整，完全可以实现被摄对象原有的面貌（建议使用RAW 存储格式拍摄）。

由于数码相机是依靠芯片中的像素，以电子感光的方式记录影像，因此其动态范围远远高于胶片。通过镜头捕捉到的一切光影信息，都被存储到每个像素内不会丢失。经电脑增益处理后，可以将收集到的所有影像信息全部再现出来，这正是数码摄影的特点。

在自然光下，拍摄一座几十米高的巨大观音铜像，由于观音像是新铸造的，所以在阳光的照射下这种反光更加刺眼。如果按照机内测光表的测光方法直接曝光，高光部分会严重溢出。为了抑制住这种反光，必须减少曝光量来压制住反光耀斑的出现。从实际的拍摄效果看，拍摄完的画面显示出曝光不足的情况，但经电脑后期的增益处理，画面得到了还原物体本来面貌的效果（建议使用 RAW 存储格式拍摄）。如果再配合使用 Adobe　RGB 色彩管理系统拍摄，对电脑后期修图和保证色彩还原会更有帮助。

△ 实际拍摄效果曝光不足，但是金属反光被完全抑制住了

△ 经电脑后期的调整，不但观音像的质感与层次得到保证，蓝天的饱和度也更纯正

拍摄实例

△ 这把圆号是典型的全反光体，它结构复杂，反光强烈，必须使用几倍于乐器的超大型柔光板进行整体的柔光控制，消除金属刺眼的耀斑，保持圆号完整的结构造型与美丽的曲线关系

△ 金属纪念硬币是典型的反光体，拍摄这类平面浅浮雕反光体，需要强调硬币明亮的金属质感与黑色的交界面。这是体现金属硬币重要的用光步骤。这幅作品在布光时，要用大面积的柔光系统与黑色的吸光介质，制作硬币亮与暗的质感反差，刻画硬币的造型，在黑色的反衬下，更能体现出黄金的颜色以及质感，突出纪念币的贵重

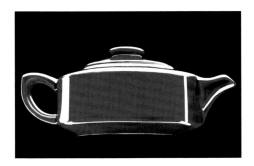

△ 陶瓷也是一种反光体，明亮的釉色，可将周边的杂光反射出来。为了回避周边的反光，体现陶瓷坚硬易碎的特点，需要在全黑的条件下拍摄，避免在壶体上留下其他反光。拍摄时，根据壶的形状制作一圈白色半透明的环形罩，光线从外面向内部照射，目的是勾勒出完整的白色轮廓线。机位选择较低的角度拍摄，夸张壶的造型

△ 琥珀既是透光体，又是反光体，必须使用大面积的柔光设备进行造型处理。既保持了琥珀漂亮的颜色和晶莹剔透的质感，又显示了琥珀的名贵与讨人喜欢的视觉效果

△ 有时被摄对象表面不平整，为了去除因火锅表面不平，而形成无规律的反光耀斑，我们可以采用去除反光的专用柔光液，喷在物体表面，从而达到消除反光的目的。也可以利用透明的哑光喷漆，喷涂在物体表面消弱反光，促使物体表面产生柔和的整体效果。这幅作品中的铜火锅表面就采用了这种办法，使火锅表面更加柔和，消除了杂乱的反光耀斑

△ 大多数的首饰也是反光体，为了体现这枚首饰的贵重与精致，选择微距镜头拍摄。在仔细的布光过程中，注意利用光的反射定理——"入射角等于反射角"，通过角度的调整，回避吊坠平面上的反光，突出完美的造型，刻画精美细致的南红玛瑙吊坠的整体形象

△ 珍珠是一种半反光体。由于它是圆形，因此要制作一种小型亮屋（最好是圆形的），可以隔开周边180°以内的杂乱光线的反光干扰，这一点很重要。由于画面以大面积的白色为主，如果采用机内测光表测光，就要注意适当增加一些曝光量。或者使用18%标准灰板，让灰板靠近被摄对象测光

△ 这支钢笔尖体积虽然很小，却具备反光体的一切特征，同样需要按照金属反光体的拍摄方法进行布光拍摄，突出表现钢笔特有的造型与质感

△ 为了体现瓶盖的金属质感与形状，采用黑背景与恰当的造型光，将金属瓶盖的复杂结构准确地刻画出来

△ 玻璃酒瓶既是透光体又是反光体，为了表现葡萄酒瓶和高脚杯的造型，利用柱形柔光箱刻画酒瓶的造型光与轮廓光。背景光源的色温值要低于酒瓶主光的色温值，让画面背景形成温馨的暖色调，使作品的整体气氛更加浓郁

拍摄反光体，最重要的一点就是消除物体表面杂乱的反光。能巧妙地抑制住反光，还能准确利用黑白反差间隔，刻画出被摄对象固有的外形轮廓，就掌握了拍摄这类题材的核心。大量的练习是作品拍摄成功的保证，希望影友们能特意安排一些反光体进行拍摄练习，并故意给自己设置一些难题，通过实际操作去认识并解决这些问题。这是自学成才最重要的方法之一。

[练习]
　　寻找造型各异的反光体练习拍摄。要求被摄对象表面干净没有杂乱反光，造型准确，质感硬朗。最后再通过电脑后期做进一步的修饰。

第十七章 摄影技术

透光体拍摄

17.1 如何拍摄透光体

透光体在静物摄影与广告摄影中经常出现，由于透光体的材质特殊，因此拍摄需要掌握一定的技术要领。作品的最终效果要求必须体现出透光体晶莹剔透、硬朗挺拔的质感效果，不能出现一点瑕疵，展现被摄对象透明的材质与掷地有声的质感。

▷ 这是一张从网上下载的照片。为了打破这幅作品较为死板的视觉效果，经过后期处理，打破了传统中规中矩的表现方式，把坚挺的玻璃材质，处理成绸缎般柔顺的造型，让玻璃体产生一种舞蹈般的视觉魅力。在渐变蓝色的背景烘托下，更显自然舒展、轻柔优雅

17.2 透光体拍摄的表现手段

生活中的透光体种类丰富，品种繁多，以玻璃体为主，还包括水晶、宝石、玉器、透明塑料制品等。拍摄透光物体常用的手法大致可分为六种：白衬法、黑衬法、底光法、隐藏式透光法、混合法、移动光绘法。只要掌握了这六种最基本的拍摄手段，就可以进行各种透光体的拍摄。如果想要追求更高层次的艺术表现力，还可以根据创作要求和具体情况，将这几种拍摄技法穿插起来用在一幅作品中。如今，市场上出现了很多新型光源，也为透光体的拍摄提供了诸多表现手段，摄影师完全可以开动脑筋，针对不同透光体的造型，自己动手制作照明灯具和附件，创作出更优秀的作品。当今这个时代，所有艺术的表现形式都是开放的，可以相互交流与互通。

拍摄透光体有一件很关键的事情要做，那就是挑选道具。由于透明体都具有透光与反光双重特性，拍摄时，只要物体上有瑕疵，尤其是质量粗劣的产品，拍摄结果一定非常难看。因此，建议大家在选择道具时一定要选质量最好，品相最佳的道具，还要非常仔细地清理，做到精益求精。把好挑选和清理这道关，会给画面效果以至后期修图带来极大好处。这个问题绝对不能轻视。

17.3 白衬法

白衬法是指，利用白色背景衬托透光物体的造型，勾勒出物体的黑色轮廓线。通过白衬法的处理，体现出透光物体的质感与物体本身的透明材质。这种拍摄并不复杂，要求在全黑的环境中进行拍摄，通过白色的背景，反衬透明体的黑色轮廓线。画面中透明体的黑白反差越大，画面效果越好。还可以根据创作要求采用渐变色的背景，使明暗关系产生自然的渐变过渡，视觉效果也很漂亮。

拍摄技法

（1）拍摄空间要求保持全黑，因为透光体具有透光和反光的双重特性，只要在拍摄现场出现一点儿干扰光线，就会在透明体上留下讨厌的反光耀斑，严重破坏拍摄效果，给后期修图带来麻烦。

（2）背景的处理可以采用"透射法"也可以采用"反射法"。① 透射法：利用白色半透明背景板，照明光源从背景板后面向前照射。需要提醒的是，要在照明光源前多增加一层柔光板或柔光纸，利用双层柔光材料加强柔光效果。如果不加，背景上很容易出现照明光源的光心痕迹。② 反射法：利用哑光的纯白色背景（背景纸或背景墙），照明光源从正前方大约45°角向背景照射，利用反射光制作背景进行拍摄。要求背景光效必须均匀柔和。为了不影响被摄对象的造型，最好利用黑色旗板挡在照明光源的一侧，阻挡次光波破坏被摄对象的造型。

（3）要求被摄对象与背景的距离要尽量远一些，避免两者互相影响。为了获得更好的效果，建议利用足够大的纸箱，去掉顶部和底部，只保留四个边框，再将纸箱内部处理成哑黑色，把被摄对象放在箱体内部拍摄。这样的处理办法既简单又能彻底避开周边的杂光，拍摄效果会更完美。

（4）拍摄机位以与被摄对象保持水平角度为最佳，保证被摄对象没有透视变形的现象出现（特殊要求除外），通过取景器观察画面构图和光线效果。

（5）测光要以背景亮部为准，不考虑被摄对象。如果使用机内测光表测光，必须按曝光补偿"白加黑减"的原则，增加 1 ~ 2 级的曝光量，保证背景有足够的亮度去衬托被摄对象的黑色轮廓线。

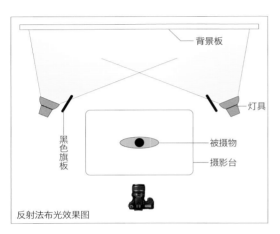

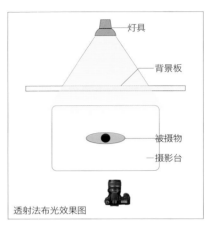

◁△ 洁白的背景衬托出被摄对象优美的黑色线条，描绘出动人的玻璃体造型，白衬法是表现玻璃器皿最常用的布光手法之一

17.4 黑衬法

黑衬法是指，以黑色为背景衬托透光物体的造型，勾勒出它们的白色轮廓线，同时体现出透光体硬朗通透的质感。要求拍摄效果具有明显的反差和干净利落的黑白轮廓关系。这种拍摄法必须在全黑的环境中进行，通过黑色的背景，反衬透光体白色轮廓线。被摄对象的黑白关系反差越大，画面效果越好。

拍摄技法

（1）摄影空间尽量保持全黑。

（2）用纯哑黑色作为背景，避免环境光的干扰，背景越黑反衬出的白色线条越漂亮。

（3）被摄对象要求距离背景尽量远一些，给造型灯光留有布光的空间，同时避免被摄对象与背景之间产生相互干扰的现象。

（4）造型光源要以45°左右的夹角照射被摄对象，为被摄对象的边缘塑造出漂亮的白色轮廓线条。如果没有专用灯柱，可以利用黑卡纸或遮光板将柔光箱两边进行遮挡，只保留中间的透光缝隙，缝隙的大小，决定着透光体边缘轮廓线的宽窄。如果缝隙留得太宽，轮廓线会显得过于笨拙。需要仔细观察轮廓线的宽窄，通过柔光箱预留缝隙的宽窄，改变被摄对象白色边缘线条的效果。

（5）测光以制造轮廓光的入射光为准，拍摄时要适当增加一些曝光量（一级曝光量左右），白色线条与透光体的质感会更漂亮。

（6）拍摄机位和被摄对象保持水平角度为最佳，确保被摄对象没有透视变形（特定效果除外）。通过取景器确认画面构图和布光效果后再确定是否拍摄。

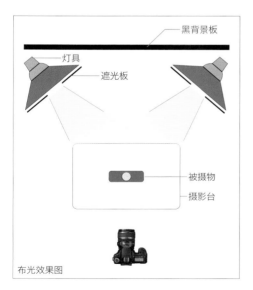

△ 黑衬法布光效果图

△ 用黑背景烘托被摄对象的造型，形成通透的红色瓶体与硬朗的白色线条关系，使被摄对象的立体形象更加漂亮。黑衬法是拍摄透光体最好的衬托法之一

17.5 底光法

底光法是指，利用底光从下向上照射的一种照明效果，刻画透光体的质感。这种方法多用于拍摄半透光体（磨砂玻璃或盛有浑浊液体的全透光体），借助物体半透明的材质和浑浊液体产生的漫散射效应，强调半透光体的造型与质感。

拍摄技法

（1）拍摄空间要求保持全黑。

（2）最好采用深色背景，目的是突出透光主体的质感及形象。

（3）要求被摄对象与背景的距离尽量远一些，保证背景与被摄对象之间不产生相互干扰的现象。

（4）灯光从拍摄台下方向上照射，造成从被摄对象内部向外部发光的效果。根据拍摄题材的不同，可以采用全部底光透射与局部底光透射两种方式进行。全部底光透射是指：拍摄台面不做任何遮挡，光线可以照亮整个台面的做法，这种做法适合拍摄带有其他物体的综合群体。局部底光透射是指：根据被摄对象底座的形状和大小，在拍摄台面的底板上进行局部镂空，使光线只能通过镂空部分照射到半透光体内部，使半透光体产生从内向外发光的半透明效果。

（5）测光要以被摄对象为依据，测光后，为了保证半透光体的质感真实漂亮，要在测光值的基础上适当增加曝光量，目的是让半透光体更显清澈透明。

（6）拍摄机位以被摄对象保持水平角度为最佳，避免被摄对象变形。通过取景器确认画面构图和布光效果后再决定是否拍摄。

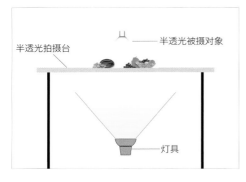

△ 全部底光透射法布光图

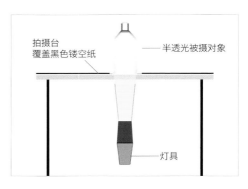

△ 局部底光透射法布光图

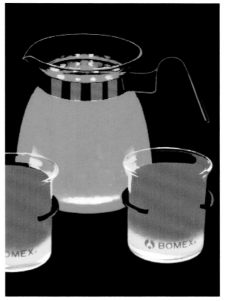

△ 采用局部底光法照明可以形成被摄对象由内向外发光的效果，造成物体如同水晶一般明亮的质感效果。底光法是半透光体最好的用光方法之一。在黑色背景的衬托下使伏特加酒格外醒目

△ 这是加满浑浊液体的全透明玻璃器皿，不加任何造型光只采用局部低光法拍摄的效果。可以看出，盛有浑浊液体的玻璃器皿，在漫散射现象的作用下通透明亮。如果将这种拍摄技法和其他方法混合使用，可以获得更加完美的效果

17.6 隐藏式透光法

当透光体和其他不透光物体一起拍摄时，为了确保整体画面的效果不受影响，同时还要突出透光体的形象，就可以采用隐藏式透光法拍摄，同样可以获得奇效。方法很简单，将一张白纸或带有均匀颗粒的锡箔纸，装裱在一张硬卡纸上，按照透光体的外形进行修剪后隐藏在透光体的后面。要求卡纸大小不要超过实体大小。根据"入射角等于反射角"的原理，调整好光线角度并固定下来。通过相机取景器观察，要求透光效果明显且不能让反光卡纸穿帮。

采用隐藏式透光法进行创作，可以得到整幅画面的实际效果不变，而透光体却能玲珑剔透的效果。这种方法简单易行，非常容易出彩。

拍摄技法

（1）拍摄空间要保持全黑，利用主光为整体画面进行正常照明。

（2）为了既不破坏作品的整体效果，又要让透光体亮丽突出，采用隐藏式透光法拍摄是最简便易行的拍摄方案。方法是用一张平整的白纸或锡箔纸安置在透光体后面，按照"入射角等于反射角"的原理调整角度。从相机取景器观察，通过调整反光片的角度，使透光效果达到最亮，同时观察反光片不能穿帮。

（3）拍摄机位以被摄对象保持水平角度为最佳，避免被摄对象变形。

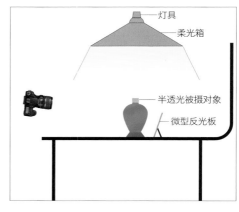

△ 隐藏式透光拍摄法布光图

△ 全透光体也可以使用"隐藏式透光法拍摄，利用被摄对象的圆柱形易变形的特点，把背景卡片制成异形状态，正面看可以产生一种不规则的视觉效果。通过这种不确定的变形，达到特殊的视觉形态。这幅作品就利用了这种简单的做法，打破了高脚杯古板僵化的传统造型，活跃了画面的气氛

△ 这幅作品采用隐藏式透光法拍摄。画面的整体布光效果正常，可酒瓶却显示出玲珑剔透的绿色，这就是隐蔽透光的特点。在这幅作品中，由于酒瓶是磨砂的半透明体，因此，瓶体在反光片的作用下显得格外通透醒目，实现了拍摄这幅作品的初衷

17.7 混合法

把黑衬法与白衬法混合起来使用，就是混合法。在条件允许的情况下，也可以配合其他几种方法一起使用。这种做法更具实战意义，必须细心处理好相互之间的关系。要求黑的地方必须黑下去，衬托出明亮的白色边缘线；白的地方必须亮起来，衬托出黑色的边缘线。这样才能达到创作目的。混合法在实践中经常会遇到，如果运用得巧妙，被摄对象的效果会非常自然地混为一体，塑造出漂亮的造型效果。

拍摄技法

（1）拍摄空间必须保持全黑。

（2）背景可采用透射法和反射法两种布光方法进行拍摄。

透射法

在半透光白色背景板的正面 1/2 处，固定一张不透光的黑色卡纸，将另一半仍旧保留半透明的白色。将照明光源从背景板后面向前面打光，形成非常明确的一半黑一半白的效果。提示：黑卡纸必须挡在背景板的前面，如果挡在后面，会因衍射现象造成边缘不实而影响拍摄效果。

反射法

制作一半黑一半白的背景板，建议白色与黑色背景板必须使用没有反光的哑光材料。照明灯光要遵从光的反射定律"入射角等于反射角"，从白色背景板的正面约 45°角方向照射。而黑色背景前不设光源，尽量保持全黑。

（1）将被摄对象安置在黑白交界处的中心位置（或按设计要求摆放），距离背景远一些，预留出制作白色轮廓线的造型灯位置。

（2）测光以白色背景亮部为准，根据曝光补偿原则适当增加曝光量，强调背景的白色。利用白色背景衬托透光体的黑色轮廓线

（3）用另一盏造型灯照射黑背景前透光体的另一面，勾勒出它的白色轮廓线。要求在柔光箱前用黑卡纸遮挡柔光箱两侧，只留中间的缝隙。经过细心调整，使白色轮廓线显示出清晰明亮的线条关系。

（4）相机机位要与被摄对象成水平角度，避免被摄对象产生透视变形。通过取景器确认画面的构图和布光效果合格后拍摄。

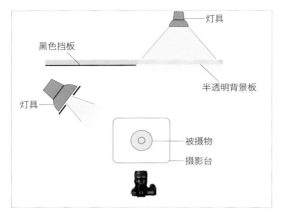

△ 混合法布光效果图

▷ 由于画面背景采用黑白混合效果，根据光的反射原理，处在白背景前的高脚杯会被勾勒出黑色的轮廓线。黑色背景前的高脚杯会被勾

勒出白色的轮廓线。画面形成黑白分明、左右矛盾的状态，塑造出一种奇特的形式美，既突出了玻璃质感，又丰富了视觉效果。利用这一原理，在实践中可以制作出非常漂亮的作品效果。如果再扩展一步，把白背景换成带有色调的背景，画面也很漂亮，观者不妨试试，新的效果往往就出自大胆的尝试

17.8 移动光绘法

运用移动光绘法拍摄，需要有一定的实践经验，拍摄时，灯光必须沿着透光体的结构和外形轮廓进行描绘，不能盲目地乱照（可以试拍几次）。光线在行进过程中，不要慌，要做到稳、准、匀。通过试拍，总结光的轨迹是否到位？停留时间的长短是否合适？面积大小和虚实程度是否恰当？等等。经过这样的练习，慢慢总结经验，画面就能显示出一种难得的梦幻境界。这种方法可以对独立的被摄对象拍摄，也可以在完成综合物体拍摄后，关掉主灯单独为透光体进行补光修饰，制造独特的视觉关系。这种拍摄方法可以用于各种被摄对象，表现效果都十分奇妙。

拍摄技法

（1）拍摄工作必须在全黑的环境中进行。

（2）选用聚光的手电，并调整好色温值，再用一张黑卡纸，挡在手电前并固定好，

同时在卡纸上扎个洞（可多准备几张孔洞大小不一样的黑卡纸），用于控制光柱的大小，通过这束光进行移动光绘处理。在拍摄过程中，要根据需要随时更换光束的大小为实际效果服务。这种土办法在实践中非常奏效，不比专用灯具差，关键是省钱。因为一套光绘专用灯具要在万元以上。

（3）使用这种手法拍摄，需要将相机快门锁定在 B 门或 T 门上，曝光时间完全由摄影师自己控制。

（4）最好使用黑色背景，因为在光线移动时，浅色背景会因灯光移动破坏背景效果。如必须使用浅色背景，为了保持背景干净，可先用黑衬布或黑板把背景遮挡起来，在被摄对象曝光结束后再掀开黑布，关掉造型灯，对背景单独进行照明、曝光处理，千万注意机位不能移动。实际上是利用多重曝光的方法配合移动曝光的实施。

（5）这种光绘移动拍摄法的曝光，要比正常的曝光时间长很多（根据实际效果决定曝光时间的长短），为了保证画面的质量，必须使用三脚架。

拍摄实例

△ 这幅作品是在全黑的条件下，只用了一支手电照明拍摄完成。作品充分体现出摄影镜头的精湛工艺。拍摄过程中用白光和红光分别进行移动光绘，再利用较大的光圈控制小景深效果，突出镜头梦幻般的形象

△ 这幅作品采用光绘手法拍摄，画面有一种朦胧梦幻的效果。这就是移动光绘拍摄法带来的效果，玻璃体也显得格外透彻，体现出似梦非梦、似醉非醉的视觉效果

△ 这幅作品采用了混合手法拍摄，透光体在这幅画面中显得十分醒目。作品采用均衡式构图，强调西方古典绘画风格，通过精心的布光，尤其是利用局部光绘的手法，对透光体进行了精心的修饰，使作品效果得到了很好的体现

△ 作品《可口可乐》采用底光法和移动光绘法进行拍摄。同时利用景深控制整体画面的虚实关系，只强调可口可乐标牌的清晰度。利用这种处理手法，突出作品的主题意识。作品利用冷色调衬托可口可乐火红的专利红色，利用强烈的色彩对比，突出可口可乐的品牌形象并达到广告宣传之目的

△ 香水属于高档消费品，生产厂家在瓶体造型上都下足了功夫，材料选最好的，造型设计尽可能突出精致时尚。为了更好地表现香水瓶的造型，采用白衬法加以处理，作品效果达到了商业宣传的要求

△ 为了体现啤酒杯的质感，采用白衬法拍摄。由于啤酒杯的质量很厚重，因此必须体现出酒杯浑厚的质感。在全黑的拍摄环境中，通过明亮的背景条件，明确了酒杯的黑白关系，塑造出既显厚重，又质量非凡的透光体造型

　　拍摄透明物体好像挺难，实际上，只要认真练习，把握住其中的规律，就可以找到解决问题的办法。根据前面谈到的几种基本方法进行反复练习，就可以掌握透光体的拍摄。但是，在实践中，很多情况是多变的，你必须根据具体情况和透光体的材质及造型仔细分析，结合所掌握的拍摄方法，进行有针对性的设计编排。让你的作品达到最理想的视觉效果。当你可以运用自如时，就可以进一步探索更高难的创新手段。在不断的创新中，一种自由创意的优越感会不断增强，你的思路会随着技术手段的不断提高而愈加丰富，正所谓"艺高人胆大"，也证明了只有付出才会有收获的简单道理。

第十八章 摄影技术

闪光灯

18.1 开发小型闪光灯的多种用途

135 相机配备的小型专用闪光灯，具有体积小、重量轻、不受电源限制、携带方便的特点，很受摄影爱好者的欢迎。但是，很多摄影爱好者认为，这种灯只是为新闻、会议及生活摄影补光使用。很少考虑开发小型闪光灯更多的用途。实际上，小型闪光灯发展到今天，功能已经非常强大了，完全具备现代闪光灯的所有功能，闪光指数也越来越高。还配有自动对焦辅助设置，在黑暗环境中也能准确对焦，很多功能在大型闪光灯中是没有的。小型闪光灯还设有色温调控装置、电子无线引闪装置(这种引闪装置不受方向和角度的制约)、高速频闪、快门全程同步闪光等高端实用功能。所以，开发小型闪光灯的使用功能，为摄影创作服务，是获得各种摄影创作最明智的选择。

△135 相机专用闪光灯品种很多，这只是其中之一

我们可以从两个方面来消除对小型闪光灯的片面认识。

满足业余摄影的需求

适应专业摄影的需求

如果我们能正确掌握小型闪光灯的使用功能和方法，就能充分发挥小型闪光灯的潜能，消除闪光灯使用不当造成的拍摄失误，丰富闪光摄影的创作范围。

18.2 满足业余摄影的需求

由于人们生活水平的不断提高，以及数码相机的普及，大家对记录生活和工作中的精彩瞬间越发频繁。家庭合影、喜庆婚宴、儿童趣闻、旅游风光等，都成了大家的拍摄内容。闪光灯在这里也起到了很重要的作用，已成为不可缺少的摄影辅助工具。从中我们也不难发现，多数爱好者只是将闪光灯安装在机顶热靴上完成曝光而已。当拍摄结果出来后，总感觉画面效果不尽如人意。究其原因是因为闪光灯的瞬间发光强度很大，而且光线很硬所导致的。如果不做有效的控制，是无法获得理想画面的，很多人对此一筹莫展。

实际上，这些问题就出现在用光方法和使用不当上。说是用光方法，不如说是对摄影用光理论的不了解，如果能掌握一些光学知识和摄影用光技巧，对闪光灯的使用和对光线效果的控制就可以做到手到擒来了。

问题 1: 消除被摄对象的阴影

由于闪光灯发光很强，如同阳光直接照射地面一样。受阳光直射的物体，都会在背后留下非常明显的投影。在日常生活中，阳光造成的阴影，我们很难消除掉。可是闪光灯造成的投影，完全可以利用科学的方法将其减弱，甚至彻底消除。

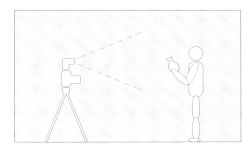

△ 闪光灯直射的示意图

▷ 用闪光灯直接对着被摄对象照射，会在被摄对象的后面留下很生硬的投影。这张照片就是用闪光灯直接对着人物拍摄的，人物背后出现了明显的阴影，而且照明效果极其平淡，缺乏结构层次，画面效果让人无法接受

解决办法

（1）在闪光灯前安装柔光罩，改变光的性质，将直射光转换成漫散射光，淡化甚至消除投影。（2）将闪光灯对着反光板、屋顶、墙面照射，利用光的反射所形成的漫散射光为被摄对象照明，改变了生硬的照明效果，被摄对象得到了十分显著的视觉变化。需要注意的是，要选择白色墙面作为反射条件，避免因色差影响被摄对象的固有色（特殊要求除外）。

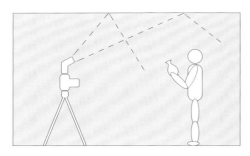

△ 利用屋顶反射形成柔和的漫散射光拍摄的示意图

▷ 利用闪光灯向屋顶照射所形成的漫反射光，使人物在柔和的散射光照射下，彻底消除了生硬的阴影关系，使背景环境和人物都比直接照射舒适得多。需要注意的是，屋顶必须是哑光的白色（特殊需要除外）。还可以利用墙面及白色反光板作为反射条件进行拍摄

问题 2: 消除被摄对象的反光耀斑

在表面光滑的物体面前（人的脸部、背景的玻璃、油漆家具等），用闪光灯正面直射，也会造成明显的反光耀斑，因而破坏被摄对象的形象。造成这种现象的原因是违反了光的反射原理"入射角等于反射角"，因此造成被摄对象与背景环境出

现讨厌的反光耀斑，破坏了作品效果。例如：2020 年出现了一则广告，中心人物是美国著名篮球巨星科比。由于拍摄时用光不当，使科比脸上出现明显的反光，再加上平淡乏味的浅灰色衣服，使这位勇冠三军的巨星形象荡然无存，同时也影响到企业的宣传效果。

△ 错误使用闪光灯的案例。从画面效果分析，闪光灯一定是从正面直接照射的，人脸的反光非常明显。广告中，科比的形象平庸呆板，没能很好地展现出国际巨星和企业的形象

解决办法

利用闪光灯延长手柄或者使用三脚支架支撑闪光灯，改变闪光灯与相机的角度和距离，利用前侧光加柔光罩的方法拍摄，就可以彻底消除物体正面的反光耀斑。如果临时没有三脚架和专用柔光附件，可以找几张无色半透明塑料布蒙在灯头前（为了达到最佳效果，可以多加几层），最好将塑料布用手使劲揉搓，利用塑料布细小的皱纹加强漫散射效应，也能起到柔光的效果。甚至利用餐巾纸蒙在灯头前都能达到柔光的作用。建议你在蒙塑料布和餐巾纸之前，把塑料布和餐巾纸简单处理成半圆的弧形，再将这个弧形"柔光罩"扣在灯头前并固定好，柔光效果会更好。现在的手机利用率非常高，用手机上的闪光灯拍摄，也会出现同样的问题，采用同样的处理手法，在灯头前加自制"柔光罩"同样奏效。办法是人想出来的，也是问题逼出来的，大胆想象、敢于尝试，就没有解决不了的难题。

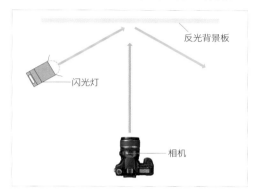

△ 将相机安置在闪光灯的入射光与反射光的夹角处，再加上柔光罩，这是消除反光的正确做法

△ 在闪光灯头前加装柔光罩拍摄，效果比直接照射好很多。这种设备可以在摄影器材商店买到，更提倡自己动手制作，其效果不比买的差，甚至更好

△ 闪光灯运用成功的作品，其拍摄效果像没使用闪光灯一样自然舒适。这幅作品通过调整光的入射角度并利用柔光处理后，画面效果非常自然。光比设置在1:2，这种光比非常适合表现小女孩

△ 通过光线角度的调整，将闪光灯安置在人物的一侧并加用大型柔光板补光，使人物的立体结构更加明确，而且人物面部没有出现反光现象。1:4 的光比设置更适合表现男孩子硬汉的形象

　　业余摄影主要以练习为目的，以能出效果为最佳，通过多动脑、勤动手的练习方法，不断提高自己的技艺。在练习过程中，很多附件是摄影师自己动手制作和琢磨出来的，这比花钱买的更出效果。因为动手做的附件更实用，针对性更强。本着多动脑、勤动手、少花钱多办事的原则，拍出的作品才具有实际意义，也是最锻炼人，最有成就感的办事原则。

问题 3: 晚间用闪光灯拍摄如何平衡背景亮度

　　晚间摄影使用闪光灯是很平常的事，但是很多影友拍摄的片子背景总是漆黑一片。这种现象的出现，主要原因是过于依赖自动挡拍摄。在自动挡下，如果使用闪光灯，相机会自动调整为闪光同步速度。由于现代数码相机的闪光同步速度都比较高，一般都在1/200 秒以上，这种快门速度对晚间背景的表现肯定是严重曝光不足。由于闪光灯亮度远远高于环境光的亮度，因此，就会出现被摄对象在闪光灯的控制下曝光正常，而背景环境则出现严重欠曝的现象。这种现象的出现，是由于闪光灯照射距离有限，照顾不到远处环境的亮度，使背景环境因严重欠曝变暗甚至漆黑一片。

△ 这幅作品使用闪光灯拍摄，为保证室内环境获得最佳表现，快门速度强制设定为 1/20 秒，同时在闪光灯前加装了柔光罩。保证了前景人物的质感没有失真，同时背景环境也得到了充分的曝光

▷ 作品使用了闪光灯和加强型柔光罩，控制人物面部质感。为了保证背景的效果，将快门速度控制在 1/80 秒，画面质感真实自然，背景虚化适度

问题 4：如何消除红眼

用闪光灯拍摄人物，经常会出现"红眼"现象，严重影响了被摄人物的形象。出现这种问题的原因是：由于晚间的光线很暗，为了看清楚环境和物体，人眼的瞳孔会因光线变暗而逐渐扩大。如果在这个时间段用闪光灯拍摄，由于闪光灯都安置在相机的正面，灯头的照射方向正对着人的面部，这就使强烈的光线穿过人眼的瞳孔直达眼底。而由于眼底布满了毛细血管，因此造成眼底反射回来的光线充满了血红色，这就是产生"红眼"现象的原因。

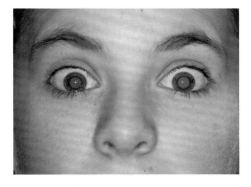

△ 从这张效果图可以明显看出，人物的瞳孔反映出恐怖的红色，这种恐怖的画面直接影响到人物的形象，在摄影创作中必须去除

解决办法

(1) 开启相机防红眼装置，闪光灯会在正式拍摄前，先预闪几下，刺激人眼的瞳孔收缩，这种方法可以消除大部分人的红眼现象，但是还不能彻底消除，因为有些人的视神经反应较慢，不能快速收小（比如年纪较大的人），仍然会出现微弱的红眼现象。(2) 拍摄时，让人的面部不要正对相机，侧向某一个方向，既躲开了闪光灯直射瞳孔，人物又显活泼自然。(3) 让闪光灯的位置离开相机顶部，与人脸形成一定的角度，同时在灯头前加装柔光罩，让光线在大角度下以漫散射光的状态照射，这是彻底消除红眼现象最好的做法。

△ 改变闪光灯位置和距离的方法很多，这种带手柄式的闪光灯就可以改变闪光灯与人脸的角度，使光线不能直接射入人眼的瞳孔，同时在灯头前再加装柔光罩形成漫散射光，这是彻底消除红眼的解决办法。现在市场上有多种让闪光灯离开相机的支撑架，价格不贵，而且能彻底解决问题

△ 拍摄这张人像，首先要让人物身体略转向一侧，使眼睛的瞳孔避开闪光灯的直射光线。另外，改变闪光灯的照射角度，加强闪光灯的柔光效果，用柔和的漫散射光（柔光罩加反光板折射），使人物形成柔和舒缓的造型效果

△ 这幅作品抓住人物交谈的瞬间拍摄。此时，人的脸部偏向一侧，眼睛没有直对闪光灯。同时在闪光灯前安装了加强型柔光罩，因此，正面人物没有出现红眼现象，而且快门采用全手动 1/20 秒曝光，环境背景也没出现曝光不足的情况

18.3 利用多灯照明

　　为了加强作品的艺术效果，丰富画面的层次，可以采用两只以上的闪光灯同时布光，制造更生动的作品效果，产生非常丰富的画面层次。比如：勾勒人物的发髻光、轮廓光、背景光和其他特殊效果光。虽然布光麻烦一些，但是画面效果远远好于一盏灯的效果，也能提高个人的技术手段和创作意识。另外，灯的体积小，不占空间，非常适合在家庭环境中使用。

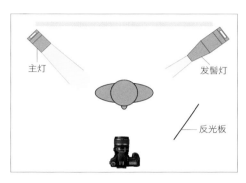

△ 多灯照明布光示意图

▷ 这是利用两只照明灯，一张反光板完成拍摄的人像作品。被摄人物是退休老教授赵志文先生。从画面中就可以看出这是一位和蔼慈祥、任劳任怨的优秀教师形象

18.4 逆光下的补光

　　逆光下拍摄人像，由于背景光线过亮，人物与背景会形成很大反差。相机的机内测光表会受背景亮度的影响，使被摄人物出现严重曝光不足的现象。如果靠近人物面部进行局部测光，背景又会曝光过度，此时人的脸部曝光虽然得到了补偿，但是质感的表现也会出现很大的损失。如果采用闪光灯进行补光，这个问题就可以得到彻底的解决。

△ 逆光条件下拍摄，由于反差过大，机内测光表会受背景亮度的影响，使卡通玩具产生严重曝光不足的现象

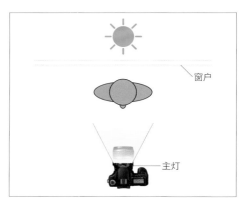

△ 用闪光灯补光拍摄的示意图

▷ 经闪光灯加柔光罩反向折射补光拍摄的效果。卡通玩具整体以及背景环境都得到了最好的展现

　　在业余摄影中，闪光灯的利用率非常高，但多数摄影爱好者只知道用，并不知道怎么才能更好地发挥它的作用。说实话，大家只是利用相机这个工具达到丰富业余生活之目的而已，并没想花时间去研究它。这就需要我们为大家做出解释，告诉大家怎样才能拍出更好的照片，怎样利用最简单的方法达到最佳的效果。当人们进入拍摄状态并能达到一定境界后，也就找到了打开这扇门的钥匙，会不由自主地为拍好每一张照片，自动寻找并开发出更好的办法，让自己的作品达到最理想的效果，那我的目的也就达到了。

18.5 适应专业摄影需求

很多摄影爱好者都会认为，小型闪光灯只是在光线较暗的情况下进行补光之用。由于它的外形设计太专项化，总给人一种错觉，好像这种灯只是用来在较弱光线下拍照时补光用。其实不然，它的作用和大型专用闪光灯的作用是一样的，只要认真开发，它完全可以在摄影创作中起到为各种光效进行造型的作用，比如产品广告、商业人像、创意摄影等题材。因为无论什么类型的闪光灯，基本功能就是 "发光和照亮物体" 。至于各种复杂的光线效果，都是由摄影师根据创作意图，自行设计、认真布光才能实现。再高级的闪光灯，也不会自动为你完成各种光效的制作。要想达到创意所要求的光效，只能由摄影师亲自动手进行布控才能完成，别无他法。因此，在摄影教学中才专门设置了"光学基础"与"摄影用光"的基础课程。教学员正确认识光，练习布光的方法，以及学习光线效果的制作与运用等。学员们只要踏踏实实地学习，认认真真地完成老师安排的作业，同时进行大量的光效制作练习，完全可以在今后的摄影创作中独立完成布光任务，在大量的练习和探讨过程中，最终达到可以自己解决所有布光难题的目标。

用小型闪光灯进行布光拍摄，与专业大型灯没有区别。由于它体积小，不占空间，无需交流电源，便于移动和携带，深受专业摄影人的喜爱，在国际上很多摄影师早已这样做了。只是在实践中，有些附件必须自己动手制作。这种做法也符合学员进一步了解光、掌握光效制作的方法，在不断接触中提高自己控制光效的能力。

18.6 关键问题

（1）认真学习并大胆练习摄影用光的方法与布光技巧。

（2）练习制作各种附件，巧妙完成主题创作的需求。可以肯定地说，不会利用附件等于不会创作，这种说法一点也不过分。成功的摄影师花在附件上的费用和心思，远远大于灯具，并且在研制和动手制作附件上下的工夫非常大。

（3）无论单灯或多灯照明，都需要摄影师根据创作需要，自制和改变光效用于创作，让自己的作品更生动诱人，逐渐形成自己的创作风格。

拍摄实例——静物

△ 闪光灯直接照射效果图

△ 利用闪光灯直接照射，画面中的物体造型僵硬，有明显的高光点和生硬的阴影，画面显得很死板

△ 利用两只小型闪光灯采用间接照明效果图

△ 利用大型反光板折射（或通过屋顶折射）加辅助灯协助照明的方法，调整好光比，使画面整体质感柔和，各种关系更加细腻舒适

18.7 室内环境的拍摄

　　室内环境的拍摄，受天气和窗户大小的影响极大。物体离窗户越近亮度越高，离窗户越远亮度越低，可以说一步一个变化。这种明暗变化非常明显。为了获得比较均匀的拍摄效果，必须用辅助灯光加以补偿，控制好光比。补偿效果必须做到自然舒适，不能过于生硬。

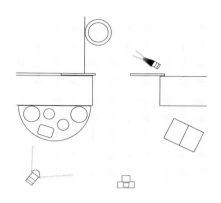

△ 两只小型闪光灯的补光示意图

△ 使用二只闪光灯进行补光，一盏灯加柔光附件放在机位一侧，另一盏灯放在门后加聚光桶对花篮作局部补光。画面效果自然舒适，层次非常丰富

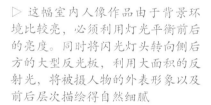

▷ 这幅室内人像作品由于背景环境比较亮，必须利用灯光平衡前后的亮度。同时将闪光灯头转向侧后方的大型反光板，利用大面积的反射光，将被摄人物的外表形象以及前后层次描绘得自然细腻

18.8 小型闪光灯的频闪功能

闪光灯的频闪功能又称为连闪功能，是指根据创作需要先将闪光灯预先设置好频闪次数，然后打开相机的 B 门再进行频闪拍摄。此时相机快门处于全开状态，利用这种拍摄手段，可以在同一个画面中记录运动体连续动作的间隔图像，比如 5 次、15 次甚至更多次数（有些闪光灯的频闪次数是有限制的）。拍摄时，由于相机的快门处在开启状态，因此拍摄环境必须在全黑条件下进行，最好选择吸光性最强的黑体作为背景（如黑丝绒），尽量拉开被摄对象与背景的距离，越远越好，从而尽量避免留下反光痕迹。

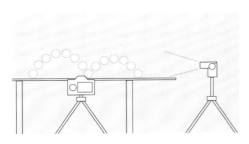

△ 闪光灯频闪使用示意图

△ 此作品将频闪次数设定为 30 次。相机固定在三脚架上，将快门设置为 B 门。拍摄前关闭所有照明设备，让拍摄空间处于全黑状态，此时打开 B 门，让快门处于开启状态，静候闪光灯与乒乓球的同步运动。如果有红外线闪光触发器，拍摄会更有把握

18.9 后帘幕闪光

闪光灯正常工作状态是第一帘幕控制闪光灯闪光，又称为前帘幕闪光。而后帘幕闪光（又称第二帘幕控制闪光）正好与其相反，第一帘幕开启时闪光灯不亮，当第二帘幕关闭时闪光灯被触发并闪光。这种闪光方式，可以获得前帘幕闪光不可能实现的影像效果。采用这种拍摄方法获得的画面效果独特，非常值得一试。

闪光即可获得清晰影像

正常闪光示意图

△ 前帘幕闪光的正常工作示意图，快门开启时闪光灯同步开启　△ 闪光灯正常闪光拍摄的作品

快门开启即闪光

闪光结束后的影像记录轨迹

闪光获得
清晰影像

前帘幕同步闪光的示意图（慢速快门）

◁ 前帘幕闪光配合慢速度快门拍摄行进中的物体示意图。拍摄时，当第一帘幕打开时闪光灯同步闪光，瞬间记录到物体的清晰图像。闪光灯瞬间关闭后，慢速快门还在继续记录行进中物体的运行轨迹，最终记录到"前虚后实"的影像全过程图像

◁ 利用前帘幕同步闪光拍摄行进中的汽车，虚影出现在车头的前面，好像汽车向后倒退的效果。所以，在表现物体向后倒退的动感效果时，就应该采用前帘幕同步闪光拍摄

闪光

快门开启不闪光

闪光获得
清晰影像

还没有闪光时的影像记录轨迹

后帘幕同步闪光的示意图（慢速快门）

◁ 后帘幕闪光配合慢速度快门拍摄行进中的物体示意图。拍摄时，当快门开启时闪光灯并不亮，通过慢速快门记录行进中物体的运行轨迹。当拍摄结束后帘幕关闭时，触发闪光灯闪光，相机瞬间拍摄到行进中物体的清晰影像，最终记录到"前实后虚"的影像全过程的图像

◁ 利用后帘幕同步闪光拍摄行进中的汽车，虚影一定在车的后面，正常表现汽车行进中的效果。所以，在表现物体快速前进的效果时，一定要采用后帘幕同步闪光拍摄

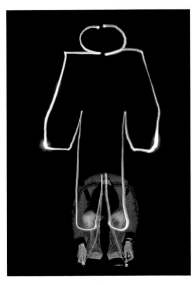

◁ 这幅作品充分发挥了后帘幕同步闪光的特点，在全黑的环境中，用 B 门（或慢速快门）记录所要拍摄的影像。当快门第一帘幕打开时闪光灯不亮，相机通过 B 门记录手电光行进中的轨迹。当操作人员完成手电运行蹲下时，将相机第二帘幕关闭，同时触发闪光灯瞬间发光，最终拍摄完成人物与手电运行轨迹的完整过程

在正常情况下，相机都采用前帘幕同步闪光，目的是利用闪光灯闪光捕捉到想要记录的影像。如果是拍摄静止的物体，前帘幕同步闪光和后帘幕同步闪光的拍摄效果没什么区别。如果拍摄的是运动物体，拍摄效果就会截然不同了。在慢速度快门的配合下，影像会出现完全不同的效果。前帘幕同步闪光拍摄的效果是，在第一帘幕闪光的瞬间，首先记录的是行进中物体的清晰图像，当闪光灯关闭时快门还在工作，继续记录物体行进中模糊轨迹。最后的影像效果是，实体在后，虚影在前。而后帘幕同步闪光拍摄的效果是，快门开启时闪光灯不亮，首先记录的是行进中物体模糊的运行轨迹。当第二帘幕关闭时触发闪光灯闪光，瞬间捕捉到行进中物体的清晰影像。最后的影像效果是，实体在前，虚影在后。这就牵扯到一个如何表现运动物体的行进方向的问题。在表现行进中物体的正常运行方向时，比如行进中的人、车辆和动物等，应该采用后帘幕同步闪光，这样就可以获得物体向前运行的正常效果。如果采用前帘幕同步闪光，模糊的影像轨迹会出现在运动物体的前方，造成物体向后倒退的效果，这会使人感到莫名其妙，因为这种画面效果打乱了人们正常的生活规律，没有极其特殊的情况，谁也不会向后倒退着走。采用前帘幕同步闪光还是采用后帘幕同步闪光，必须根据创作需要来决定，不能随意进行，不然会造成被摄影像与所要表现的主题效果前后矛盾的情况。

18.10 利用色彩互补原理控制背景颜色的变化

利用"两个互补色相加等于白光"这个原理，将两个互为补色的滤光镜，分别安

装在镜头和闪光灯前，就可以得到被摄对象的色彩正常，而背景却因距离远、面积大、闪光灯照顾不到，使背景色彩偏向镜头上的滤光镜颜色。采用这种方法拍摄的作品极具挑战性，可以根据创作的需要随时改变环境色彩，达到渲染主题意境的目的。

拍摄实例

△ 雷登 80A
滤光镜（蓝色）

△ 雷登 85A
滤光镜（琥珀色）

△ 用雷登 85A（琥珀色）、雷登 80A（蓝色）滤光镜各一片进行拍摄。将雷登 80A 安装在镜头前，雷登 85A 安装在闪光灯前进行拍摄。获得的画面效果是，前景主体人物因两种滤镜颜色互补，人物色彩表现基本正常。而背景因距离太远，闪光灯的色光影响不到，所以背景颜色偏向雷登 80A 的蓝色调

△ 用雷登 85A（琥珀色）、雷登 80A（蓝色）滤光镜各一片进行拍摄。将雷登 85A 装在镜头前，雷登 80A 装在闪光灯前进行拍摄。获得的画面效果是，前景主体人物因两种滤镜颜色互补，人物色彩表现基本正常。而背景因距离太远，闪光灯的色光影响不到，所以背景色调偏向雷登 85A 的琥珀色调

  利用颜色互补的原理进行创作，可以非常容易地改变画面背景的色彩关系。利用彩色滤光镜就可以达到这种目的。通过改变镜头前和闪光灯前滤光镜的色彩，就可以做到被摄对象色彩正常，而距离远的背景环境却产生了色调的改变。如果能进一步扩大这种尝试，打破颜色互补的基本原理，利用其他的滤镜色彩进行互换，让画面产生更离奇的色调变化，使自己的作品获得意想不到的效果，就需要进行更多次的实验。通过不断实践获得的效果就是在不断的创新，你的作品就能产生耐人寻味的效果。找到了这种感觉，也就打开了创作的又一条思路，这也是创新的开始。

18.11 微距摄影专用闪光灯

微距摄影是一种特殊的创作题材，所拍摄的物体都很微小，要想将它们放大到一定比例后再拍摄，要使用专用微距镜头或者利用专用微距附件拍摄。由于微距摄影的拍摄距离都很近，因此布光相对困难。为了获得理想的布光效果，最好选用微距专用灯具进行拍摄，还可以根据具体情况自己动手改造一些灯具进行照明。其目的就是为了给被摄对象提供最好的照明条件，让作品获得最理想的光线效果。在实践过程中，要善于自己动手制作一些闪光灯专用附件协助拍摄，作品效果会更理想。

而且在这种练习过程中，还能不断提高自己的实践经验，为今后的创作铺平道路。

◁ 现在的微距专用闪光灯种类比较多，这是佳能生产的一种微距专用闪光灯，可以随意调整角度和光比。在摄影器材销售市场上，还有很多品牌的灯具可供选择。现在市场上的 LED 灯完全可以用作微距摄影照明，由于这种灯普通电池就可以提供电源，因此自己动手改装后使用起来更方便

△ 首饰的拍摄要求比较特殊，由于体积小，反光强烈，光线布控相对困难。这幅作品就是采用微距专用闪光灯拍摄完成的。背景采用对比色加以处理，并利用自制柔光片、反光片、吸光片，精准体现了首饰小巧精致的特点

△ 用专用微距闪光灯拍摄小商品，也是一种很好的选择。需要自制一些柔光片、挡光片来处理光效，经过细心调整后，拍摄效果达到了客户的宣传要求

18.12 小型闪光灯在静物摄影中的作用

静物摄影拍摄空间都不大，画面要求质感细腻，图像清晰，寓意深刻。这种题材对照明条件的要求十分严格，不能出现任何纰漏。用光一般都采用柔和的软光源处理，要照顾到被摄对象的所有细节，同时利用光影关系，丰富画面的可读性。小型闪光灯正是表现这类题材最合适的灯具。由于它具备以下优点：不占用拍摄空间；光线调控方便灵活；不使用交流电源，省去了电源线的盘绕；动手制作相关的附件更容易，应用起来针对性更强。因此对学习摄影用光，掌握用光技巧帮助非常大。

△ 这幅作品使用了小型闪光灯拍摄，自制柔光设施，有意识地增加一些阴影关系，用于丰富作品的生活情趣与视觉信息，使拍摄效果充满了浓郁浪漫的情趣

△ 在静物摄影中，小型闪光灯能发挥更好的作用。尤其是在家中拍摄，由于拍摄空间小，正是发挥小型闪光灯作用的好时机。这幅作品就是用小型闪光灯拍摄的，使用了加强型柔光板，同时加大灯具与柔光板的距离，使光线效果更加柔和。略带暖色的影调体现出一种怀旧的情绪

△ 粗粮营养丰富，已是现代人生活之必需。为了表现"五谷丰登"的饱满画面，采用以小见大的处理手法拍摄，画面效果非常饱满。小型闪光灯在这里起到了非常好的作用。为了加强生活气息，特意制作一些光影效果用于活跃画面气氛

◁ 用小型闪光灯拍摄静物早已成为惯例，主要原因是体积小，便于操作。拍摄出来的效果令人满意，并不亚于大型专业闪光灯。这幅作品就是采用小型闪光灯拍摄的，画面效果十分理想

18.13 小型闪光灯在人像摄影中的作用

　　用小型闪光灯拍摄人像更能发挥它的作用。由于它体积小，携带和运作都很方便，应用范围非常广泛，因此，拍摄人像可以不受任何限制，在任何地方都能发挥它的作用。尤其在室外自然光下进行补光，更能显示出它的威力。

△ 这幅儿童肖像自然舒展，充满了自信，小型闪光灯发挥了极大的作用。拍摄时，控制好光比，同时抓住人物最放松、最专注的瞬间拍摄，画面中的儿童显得十分坚定与自信

△ 这幅老人肖像采用了小型单灯拍摄。拍摄前，在灯头前蒙上了一层半透明塑料布适当柔化光线并控制好光比。没有使用柔光罩，因为柔光罩的柔光效果太强，会影响拍摄效果。经过这样的处理，老人的面部反差适度，质感效果非常到位，深沉的眼神体现出这位教育家——赵惠民先生科学严谨的治学态度

△ 看到这个散发着灿烂笑容的儿童，会让人发自内心的喜欢她。这也是小型闪光灯的功劳，由于室内外的明暗光比很大，为了获得更好的拍摄效果，使用了小型闪光灯补光，同时使用了加强型柔光罩，让补光更加柔和，同时利用闪光灯手柄拉开了照射角度，减弱并柔化发光强度使其产生好像没有使用闪光灯补光的效果

△ 这是一幅商业人像作品，小型闪光灯依然发挥出很好的作用。由于使用了加强型柔光设施，使画面背景干净利落，画面质感非常细腻，人物表情自然舒展，赢得了客户的赞许

[练习]

　　加强型柔光罩是指，为了强化柔光效果，需要在柔光罩前面再增加 1~2 层柔光材料，使闪光灯射出的光线更加柔和。这种光的补光效果更加舒适自然，所拍摄的效果基本看不出有补光痕迹。

　　小型闪光灯还能与大型专用闪光灯一起混合使用，尤其是在拍摄空间狭小，条件十分复杂的情况下，更能体现小型闪光灯见缝插针的优越性。在多灯混合拍摄又没有闪光引闪器的情况下，把小型闪光灯安装在相机的热靴上，还可以替代闪光灯引闪器的作用。新型的 135 相机小型专用闪光灯的功能更丰富，很多实用性功能是大型闪光灯不具备的。如能很好地发挥小型闪光灯灵巧多变，方便携带，不受电源限制的特点，再加上拍摄者个人的智慧与丰富的想象力，今后的摄影创作一定更顺风顺水，创作兴趣也会越来越浓厚。

第十九章　摄影技术

翻拍技术

19.1 翻拍的定义

"翻拍"是指在生活和工作中，对重要的照片资料、文件、图表以及各种风格的绘画、织物等平面物品进行拍摄的一种记录行为。简单地讲就是，对二维的平面物品进行拍摄的工作，就叫翻拍。需要翻拍的主要原因是：（1）重要的历史文献、平面艺术孤品以及珍贵的私人珍藏；（2）因摄影作品的底片或电子文件已丢失，需要重新翻拍整理并保存；（3）对自己喜欢的平面艺术品和绘画作品翻拍存档；（4）需要印刷的平面艺术作品和照片等。具备了这些因素，才值得对其进行认真的翻拍。翻拍首先要修补损坏部分，做到还原准确、细节清晰、色彩饱和。总之，最后的翻拍结果要比原物更加完美。目前有了电脑这个工具，给翻拍工作的后期修复带来极大的帮助。当然了，还可以通过扫描完成图像的记录。但是，这种方法对扫描仪的质量要求很高，如果扫描仪质量不好，还不如用高质量的数码相机翻拍。

翻拍工作看似简单，实际上有很多技术细节需要注意，细节处理到位，翻拍效果才能更精彩，如果忽略这些细节，翻拍效果一定不会好。

19.2 翻拍老照片

谁家都会有珍贵的老照片，很多老照片的底片已经丢失，要想长期保留这些珍贵的影像资料，最好的办法就是把它翻拍下来，保留电子文件。现在每个家庭都有数码相机，最起码每人都有一部手机，充分发挥手中能拍照的设备，将这些珍贵的照片翻拍下来进行保存，可给后代留下珍贵的影像资料。可是很多老照片由于保存不好，会出现断裂、折损、卷曲的情况，直接影响翻拍效果。怎样才能修复损坏部分，尽可能还原老照片的本来面目？让我们先分析一下老照片损坏的原因。

过去的照片绝大部分都是黑白的，由于当时的技术条件很有限，所有的相纸都是用纸基和药膜面（感光涂层）这两种物质组合而成。由于纸基和药膜面的缩水性不同，当照片在制作过程中从显影、定影、水洗后进入烘干阶段时，如果不注意烘干的正确方法，照片就会随着干燥，逐渐向药膜面卷曲，而且放的时间越长，环境越干燥，卷曲现象越严重。当你直接将照片展开时，药膜面就会断裂，造成损坏。

所以，过去的照相馆都会把做好的照片，装裱在一张很厚的硬纸板上，它的好处如下：

（1）可以使照片保存的时间更长。

（2）在装裱板上印上照相馆的名称与标志，可以达到广告宣传之目的。有人会问，为什么现在的照片不会卷曲，原因很简单，现在的相纸都是专用特种纸基，缩水性和延展性更强。

（3）更重要的是，现在的相纸都附有专用塑料涂层，所以无论装裱还是不装裱，放的时间或长或短，照片都不会卷曲。

现在用相纸洗照片的方法已经过时，只有少数摄影爱好者和搞黑白摄影的职业摄影家，还在搞黑白暗房制作。目前的照片都采用电脑照片质量喷墨打印，画面质量好，保存时间长。由于打印相纸不是靠化学原料卤化银感光，所以不存在卷曲和断裂的问题。

△ 这张鲁迅先生的家庭照，已有近百年的历史，因装裱在硬纸板上，所以照片仍然保存良好

△ 没有装裱硬纸板的老照片，由于保存不得法，会出现照片发黄、卷曲和断裂的现象

19.3 翻拍的设备

翻拍架和三脚架

　　翻拍照片如果数量较多或者是专职工作，最好准备一台翻拍架，这种支架有相机支撑杆、专用照明灯具和带有坐标尺的台面，这种台面可以和相机的聚焦平面保持平行与垂直，并且保证相机与翻拍台面的中心相对称，这种设计对大量翻拍照片帮助很大。如果没有翻拍架或者翻拍数量不多，也可以使用三脚架作为支撑，只是调整画面构图和校正垂直透视时麻烦一些。

相机安装位

△ 专用翻拍架的样式与功能有很多种，价格也不同，可根据需要选择，更可以自己动手制作，制作工序并不复杂。还可以利用老式放大机改造

△ 摄影专用三脚架

光源

　　现在的照明灯具种类很多，尤其是既省电又不产生高温的 LED 灯，使翻拍工作更加方便。关键是控制好色温，这是保证色彩还原的关键。重要的是照射角度问题，要保证光源照射方向与画面保持 45°左右最好。这可以避免反光现象的产生。拍摄前一定要通过取景器观察是否还有反光的现象出现，如果有，就要抬头看看室内屋顶有没有其他光源存在，如果有，一定要关掉，不然也会影响翻拍效果。

　　如果在自然光下拍摄，也要注意光线与画面角度的调整，一旦忽略了这个问题，反光的现象很可能会出现。建议：翻拍工作尽量在室内进行，因为室内人造光照明稳定，而自然光会随着时间的推移和云层的改变而发生变化，对翻拍不利。

灯具　　　　　　　　　　　　　　　　　　　灯具

翻拍架底板

◁ 照明灯具与拍摄角度的示意图。光源必须根据反射定律"入射角等于反射角"的原理设置，不能违背这一原则。只要角度设置正确，反光耀斑就不会出现

相机

相机最好选择带有全手动曝光功能（M）的数码相机。因为全手动曝光（M）可以确保预先测量好的曝光组合值不变，使翻拍质量得到保证。如果能用发烧级或专业数码相机拍摄，效果会更好。虽然使用普通相机甚至使用手机也可以达到翻拍的目的，但是翻拍质量和文件大小就无法保证了。

镜头

相机镜头建议使用中焦距镜头为好，因为中焦距镜头变形几乎为零，对翻拍效果有利。

19.4 翻拍过程

（1）老旧照片如果保存不好，就会出现断裂和卷曲的现象。还有，很多老照片使用的都是绒面相纸，因此表面都带有颗粒状的布纹质感，这些密布于照片表面的布纹，在光的照射下会显示出有规律的反光纹理，直接影响翻拍效果。当我们拿到这些残损的老照片时，千万不要急于展平，这会使照片的药膜面断裂。正确的做法是，准备一个平底盘，尺寸不要太小，要求底盘必须是平的，盘边要有一定的垂直高度，最好不低于 5cm。将 50℃ 左右的温水倒入盘中，再将老照片浸泡水中，照片会随浸泡时间的延长自然展开。再用柔软的细海绵或医用棉球将照片修复平整，同时尽量去除表面的污染物。再用清洗干净的薄玻璃板压在照片上，让水没过玻璃面，并去

除夹在中间的气泡。借助水的张力和穿透力，可将老旧照片的绒面颗粒以及断裂痕迹的缺憾消除掉。这种做法虽然麻烦一些，却能提高照片的清晰度、饱和度以及反差，对翻拍非常有帮助。

▷ 深色塑料平底盘是最好的选择，市场可以买到。用它处理照片很合适

（2）在翻拍数量较大的情况下，建议使用翻拍架。因为翻拍架有固定相机的升降立柱，可以保证相机与翻拍台面垂直并正对台面中心。翻拍台面上还有坐标线，可保证画面的中心与相机镜头的光轴中心保持一致。另外翻拍架上的专用照明灯，可以确保照射角度正确，避免画面产生反光。如果翻拍数量很少，也可以用三脚架替代翻拍架进行工作。拍摄的办法和布光的方法必须和翻拍架的用法保持一致。

（3）布光时要严格遵照光的反射定律"入射角等于反射角"，将灯光安置在与照片表面成 45°左右的位置上，建议在灯前加装柔光罩，彻底杜绝反光的形成，尤其是带有纹理的相纸。

（4）测光尽量使用独立式外用测光表，测光表必须紧贴照片表面测光，这样测光才能精准。将测好的数据准确输入到相机内，保持相机处于纯手动（M）曝光状态（此时不能使用自动曝光）。无论拍摄多少张，都要严格按照这组参数拍摄，除非灯光的位置和距离发生了改变。

△ 独立式外用照度测光表，专门测量入射光线。翻拍工作测光时，最好将球形柔光罩换成平面柔光片，这样测出的效果更准确

（5）如果使用机内测光表测光，最好使用 18% 标准灰板测量。将标准灰板紧贴照片表面，使用相机的手动（M）挡测光。将测量好的数据准确输入到相机中，保持相机处于纯手动状态（翻拍不能使用自动曝光）。翻拍的全过程都要严格按照这组参数进行，除非灯光的功率和位置发生了变化。

（6）在没有测光表和标准灰板的情况下，尤其是在拍摄数量很少，而且是临时或即兴翻拍的情况下，为了确保拍摄成功，首先要注意消除反光。然后按机内测光表测出的参数采取包围曝光（又称括弧曝光）的方法多拍几张，再通过电脑进行挑选和修图

△ 专门用于摄影测光的附件——标准灰板

19.5 翻拍平面艺术品

这里所提到的平面艺术品包括绘画作品、漆画作品、平面编织艺术品等，总之，所有平面的艺术品都属于可翻拍的内容。在这些艺术品当中，最困难的翻拍对象应当属于表面反光的物品，如油画、漆画等作品，因为它们表面所使用的颜料都带有油性，翻拍时作品表面会出现强烈的反光。漆画作品由于表面抛光精细，就像钢琴漆面一样明亮，反光会非常强烈。个别作者为了表达个人的理念，还在作品表面添加不同材质的堆砌物，用这些高低不平、不均匀的机理效果，强化作者的创作意图。这些做法会给翻拍工作增加一定难度。为了消除这些反光，必须在灯具前加装超强型柔光板弱化反光，同时还必须保留一些必要的反光去展示作品特殊的肌理效果。

翻拍特殊艺术品的难点是，既要消除反光，还要保留一些关键的反光处，

△ 这是一幅现代漆艺作品，作者利用工具制作出肌理结构非常明确的堆砌效果，体现出作者想要表达的主题意境。这种漆画比油画的反光更强烈，所以更要小心处理。这幅作品翻拍的比较成功，既表现出了漆画特有的色彩与质感，又保留了漆画特有的高光线条，用以表现材料堆砌的肌理效果，非常恰当地表现出作者想要表达的意境

用于表现艺术品特有的艺术风格。不能
让这类作品翻拍后失去了特有的质感，
变成了普通的水粉画效果。如果能把特
殊艺术品翻拍成功，那么其他平面艺术
品的翻拍工作就容易多了。

▷ 这幅油画是罗中立先生的作品《父
亲》。作品体现出老农民饱经沧桑的形
象，深深打动了观者的心灵，使其驻足
观望。可以明显看出因笔触而形成的质
感痕迹，如果处理不当，就会出现杂乱
的耀斑现象。这幅作品翻拍的效果非常
到位，很好地展现出原作的特点与油画
的肌理关系

19.6 翻拍前的准备工作

（1）**场地**。翻拍工作最好在没有自然光干扰的室内进行。在这种环境下使用人
造光照明，既稳定又可以根据艺术品的特点随意进行调整，能保证长时间翻拍工作
光线的稳定性。

（2）**相机的选择**。可以从两个方面考虑：a. 对质量要求不高，简单拍摄，只
为留个纪念，单纯出于这种目的，就不必考虑使用什么相机了，只需考虑消除反光
和保证画面质量就行了。b. 为了存档或出版印刷之用，就要使用专业数码相机，甚
至选择质量更高的中画幅专业数码相机加数码后背拍摄。如果要求十分苛刻，还可
以采用接片的方式，将一幅作品分成几部分拍摄，通过电脑后期进行接片处理。这
种方法既可获得很大的照片文件，又可以获得更细腻丰富的影像细节。

（3）**三脚架、云台与快门线**。要选择自重大、稳定性强、操作又灵活的专业三
脚架。尤其是云台，要选择角度可灵活调整，自锁能力强，不跑偏的金属云台（带
有齿轮传动的云台最佳）。如果翻拍数量大，尺寸又不统一时，建议在三脚架下面
加装带有自锁装置的脚轮（摄影器材城单独有售）。安装上这种脚轮，在移动机位

时会更轻松稳定。拒绝使用塑料结构的三脚架，尤其是塑料云台必须拒绝使用，这会给翻拍工作带来极大麻烦。

快门线也是翻拍工作重要的附件。尤其是带有遥控装置的快门线，工作起来会更加流畅，对控制相机的稳定性和作品的清晰度大有帮助。

△ 这是专门用于固定三脚架的脚轮，可以单独选购。在移动三脚架时方便可靠，通过脚轮锁可以把脚架随时锁死，对翻拍很有帮助。市场上品种较多，价格也不同，可根据需要和经济实力选购

△ 这是齿轮传动的脚架云台，转动稳定可靠，角度固定后能纹丝不动，是专业摄影必备的脚架配件，价格有高有低，可根据使用需要和经济实力选购。在这上面多花一些银子是值得的

△ 有线遥控器（左图），无线遥控器（右图）。翻拍工作有了它的帮助，工作会更轻松，可保证画面的清晰稳定

（4）灯具。为了保证翻拍效果，最好使用功率大的照明灯具（闪光灯或连续光源的灯均可以使用），功率太小的灯具，会因照射范围小，产生照射不均匀的现象。尤其在翻拍较大画幅时，这个问题会更突出。建议：a. 照明灯具的功率宁大勿小；b. 色温的控制不可忽视。在拍摄前，一定要调控好色温，不要养成前期拍摄不管色温，全靠电脑后期调整的坏习惯。

（5）制作翻拍专用板面。如果翻拍工作量大，而且是经常性的，建议做一个面积大一些的，软木材质或包铁皮的翻拍板立于墙面，作为翻拍专用板面。在板面上还要标明定位中心和定位线，最好画出不同颜色的分区线，在更换拍摄画面时方便定位。

　　为什么要用软木板或铁皮板制作呢？原因是：木板可以用专用小钉锤将大头针或专用图钉将画面固定在木板上，尽量不用胶带粘，这会损毁画面。铁皮板可以用吸铁石将画面吸附在金属板上。这两种方法既不破坏作品，工作效率又高。

　　画定位线的好处是，在更换作品时，用作品去找板面的定位中心。这种方法可减少机位的移动，大大提高工作效率，同时也减少了画面透视与构图的反复校正。如果没有定位线，作品的放置会比较随意，只能用移动机位和调整云台的方法去找画面中心，这种做法非常被动。无形之中加大了相机调整的频率，降低了工作效率，重复的工序还会直接影响拍摄者的工作情绪。

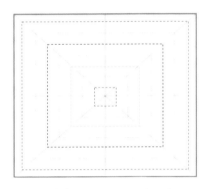 

△ 左图为带有坐标的翻拍专用板面，面积大小可根据需要制作。不要做得太小，以免翻拍大画时不够用。画面的中心要对准翻拍台面的中心，这有利于画面定位，可以避免反复移动机位

起大头针用弹簧头

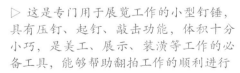

▷ 这是专门用于展览工作的小型钉锤，具有压钉、起钉、敲击功能，体积十分小巧，是美工、展示、装潢等工作的必备工具，能够帮助翻拍工作的顺利进行

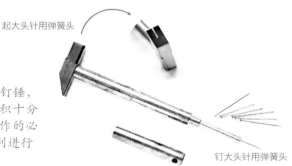

钉大头针用弹簧头

　　（6）**作品分类**。在大量的翻拍工作开始之前，要对所有作品的尺寸大小、横竖画幅进行分类。这种分类工作是必要的，可使翻拍工作进行得更顺利。如若不然，在翻拍的过程中，由于画面大小的不断变化，相机机位会反复移动调整，既耽误时间，又影响工作情绪，得不偿失。

　　（7）**布光**。对于油画和漆画来说，由于它们的绘画原料都带有油性，灯光照到

画面上会产生反光。再加上画面中丰富的笔触造成众多的反光点，会直接影响翻拍效果。为了消除这些反光，布光时首先要根据光的反射原理"入射角等于反射角"来布光。相机应该放置在入射光与反射光的夹角处。同时采用柔和的漫散射光照明，不使用直射光直接照射。

a. 柔光拍摄法。在灯头前增加大型柔光板（建议自制）。这种加柔光板的方法比加柔光箱的方法好，因为柔光箱与灯的距离是固定的，而柔光板可以前后移动，还可以做角度的调整。柔光板距离灯光越远，距离被摄对象越近，光线越柔和，画面反光越弱。柔光板距离灯光越近，距离被摄对象越远，柔光效果越差，光线越硬，画面反光越明显。因此，在拍摄前必须先做好这方面的准备工作。

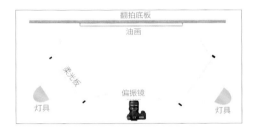

△ 这是柔光拍摄法示意图。光线角度保持45°左右，柔光板最好大一些，便于调整柔光效果

△ 这是大型柔光板（市场有售，建议自制），通过调整柔光板、灯具与被摄对象的距离，就可以控制光线的照明效果

b. 反射光拍摄法。光线不是直接照射被摄对象，根据"入射角等于反射角"的原理，将灯光向另一侧照射（反光板、白色墙面或屋顶），利用柔和的漫散射光可以获得更均匀的光线照射，能更好地消除画面的反光现象。

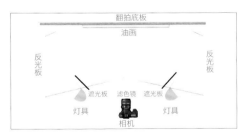

△ 这是反射光拍摄法示意图。光线不是朝向画面照射，而是朝向反光板、屋顶或白色墙面照射，利用反射出来的漫散射光照亮被摄画面，既能获得很好的光效，又能消除画面反光。为了避免灯具边缘的余光影响主体画面，要在灯光旁边安置遮光板消除边缘余光的影响。左图是将灯光射向左右两侧的反光板形成散射光。右图是将灯光射向室内屋顶或墙面形成散射光。还可以将两种光线结合起来用，补充大幅画面照度不足的情况

（8）**偏振片拍摄法**。①在照明灯头前加装偏振片。通过偏振片过滤的光线，可以消除作品中的大部分偏振光。②继续在相机镜头前加装偏振镜，可将剩余的反光，通过相机镜头上的偏振镜消除。这是去除油画和漆画反光的最佳方案。

＊安装在灯具前的偏振片，市场上不太好买，需要通过多家器材城或在网上寻找。

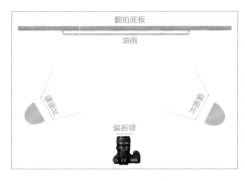

△ 偏振片拍摄法的布光示意图

（9）**开启相机中的网格线**。翻拍工作开始前，打开相机取景器内的网格线，这对校正画面构图能起到很好的辅助作用。如果作品本身不正，可通过电脑后期再进行校正。

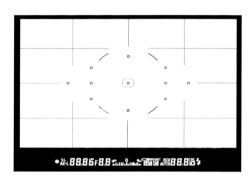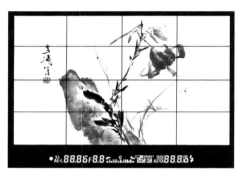

△ 相机取景器中的网格线。通过网格线可以校正画面的透视和构图，为后期修图打好基础

（10）**电脑监视器**。将一台电脑安排在翻拍现场，同时与相机连接，通过监视器观察，对拍摄过程能起到实时监控的作用，出现问题可做出及时的调整。

19.7 正式拍摄

拍摄前要用独立式外用测光表测光，测光的要求是，对作品的边、角以及中心部分分别测光。要求每个部位测出的数据必须一致，如果不一致，必须认真调整光源后再重新测量，直到测光参数完全一致为止。画面越大，测光位置的选择点越要多一些，以确保画面的每个局部测光必须准确。把测量好的曝光组合值输入到相机内，就可以连续进行翻拍工作了。只要灯具的功率不变，灯位不变、作品面积不超过原测量范围，这组曝光参数就可以不变。

对巨幅作品，建议将画面分成几部分，采用分区拍摄最后接片的方法拍摄。拍摄时，要注意每个局部的边缘要留出余地，为电脑后期接片时叠压对位使用，同时也为校正画面变形提供了调整余地。建议在地上画一条和画面平行的直线，用于平行移动机位使用。有了这条线，就确保了横向移动机位的准确性（如果能有路轨进行移动是最佳方案）。

拍摄中，更换的作品必须以翻拍板面的中心点为基准，保持画面中心与相机镜头的视觉中心保持一致。这对翻拍工作的顺利进展会起到非常好的辅助作用。

△ 专业翻拍设备与灯光设备

19.8 没有反光的平面艺术作品

这里指的不反光的平面艺术作品包括：国画、书法、水彩画、水粉画、丙烯画、木刻、年画、绣品、织物等平面艺术品。由于这些作品使用的材料大都是纸制材料、水溶性颜料或编织物等，翻拍时，表面不会出现反光。有了翻拍油画的经验，再去翻拍这类作品不会有一点问题，只能更简单，不会更复杂。再此不做重复介绍。

△ 专业数字化翻拍系统

19.9 翻拍书籍、画册

书籍的翻拍并不复杂，麻烦的是精装厚书的翻页。由于书籍有一定的厚度，在翻页时会在书脊的边缘出现因厚度而产生卷曲的弧面，还会因薄厚不均造成无法保持水平的困难。这对翻拍效果影响较大。为了能完美地翻拍一本书或画册，可以选用专门用于翻拍书籍的翻拍架，有了这种设备的帮助可以很好地完成翻拍任务。工作时要注意以下几点：

（1）相机的聚焦平面要与书籍的平面保持水平和垂直。

（2）布光的角度要与书籍的平面保持45°左右。

（3）使用独立式外用测光表测光，表头要紧靠书籍的平面测量入射光，同时将测光参数输入到相机内，保持手动（M）挡拍摄。如果使用机内测光表，建议使用18%标准灰板测光，将灰板紧靠书的表面用相机的手动挡测光，再将测光参数准确输入到相机内，用手动（M）挡拍摄。这样才能保证整部书的曝光准确一致。

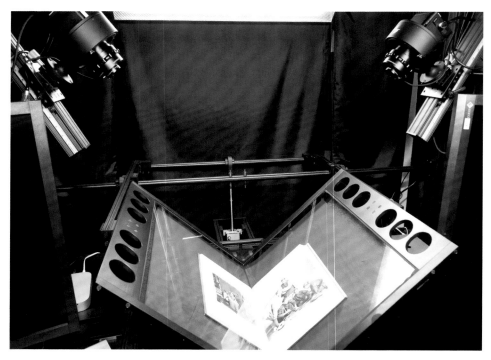

△ 专业数字化翻拍系统

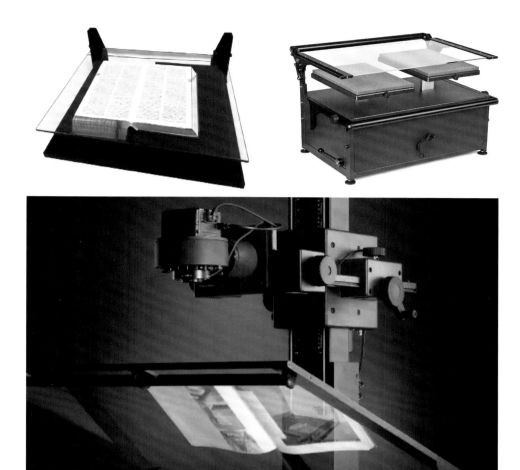

△ 这是专门用于翻拍书籍的翻拍架，使用时，玻璃压板起到压平书籍页面的作用，弹簧板起到填平页面空间厚度的作用。这种翻拍架品种较多，价格不同，请酌情选择。有能力可自己动手制作。从图中可以看到翻拍时的工作状态，这样可以确保书籍的翻拍效果。一般较大的图书馆都会有这种翻拍架

　　翻拍工作并不难，但是工作程序却比较烦琐。如果你小看了这份工作，认为很简单，甚至忽略了准备工作和工作程序，那就大错特错了。"认真"是一切工作的核心态度，有了认真的态度，一切事情都能干好，也叫"顺理成章"。越是看似简单的工作，越要认真。也可以说是"较真儿"。自古以来，"马虎"永远是做一切事情的大敌。

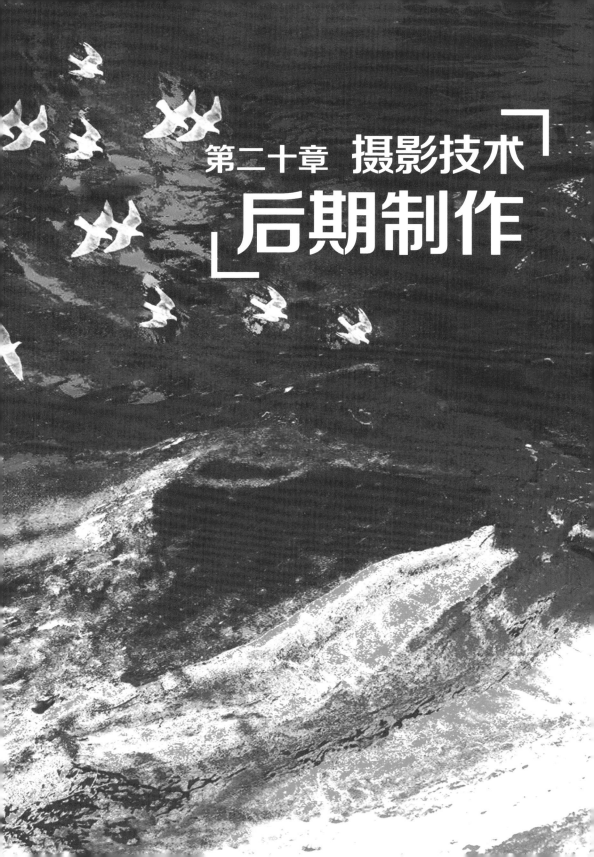

第二十章 摄影技术

后期制作

20.1 数码摄影后期制作的必要性

数码摄影与胶片摄影都存在后期制作的问题，所不同的是，胶片拍摄完成后不能直接看到拍摄效果，必须通过暗房将胶片进行显影、定影后才能看到底片的负像，要想看到照片还要再进行洗印或放大后才能看到实际画面（反转片经暗房冲洗后，就可以直接看到和原物一致的正像）。早期在没有电脑的时代，如果需要修改或调整图像，只能靠技师修底片或通过暗房进行人工技术处理。彩色放大时还要通过做试条进行校色，才能获得理想的色彩还原，工作起来十分不方便，而且修图的局限性也很大。

有了电脑以后，要将胶片进行电分或扫描，把底片或照片转换成电子文件后才能进行电脑修图，这种方法既费时又费力还费钱，而且受胶片宽容度的限制，修图过程还会受到一定的局限性。

数码摄影就不同了，不但可以当场看效果，而且可以直接通过电脑在明室条件下进行修图操作。更重要的是修图过程不受任何限制，颜色、反差、锐度……甚至移花接木无所不能，这是数码摄影与胶片摄影的本质差别。作为一名喜欢摄影的人，如果只完成前期拍摄，而不做后期处理，就像工厂生产出来的半成品，是不能直接推向市场的。必须经过后期的精加工，把该完成的工序全部进行完毕，再经过检验科检验合格通过后才能出厂。我们的数码摄影作品同样存在这个问题，拍摄完毕的图像也是半成品，可以说只完成了摄影的第一步——前期拍摄。还要进行电脑后期修图，这是必须做的，不然你的作品也是个半成品 。

几十年的教学，尤其是成人教育的教学实践就可以看出，大部分学员的摄影热情都十分高涨，可就是不会做后期，有些学员做了后期，其效果也不理想。当然这里包括很多原因，主要原因是自身的美学修养还有待提高，其中包括对色彩基础的掌握、审美意识的提高、对画面表现力的支配能力，更重要的是要有发现问题和解决问题的眼力和能力。因为这些问题不是听一两次课就能解决的，这需要大量的基础学习和训练，以及长时间的实践磨合。这种修养是在日积月累的成功与失败中磨炼出来的，实际上这也就是一种"工匠精神"。把这种精神转化为艺术修养与创作并不为过，没有这种精神，恐怕什么也做不好，就是当一名像样的工人，还需要学徒三年呢。工人讲究"丁是丁，卯是卯"，生产出的产品必须严丝合缝。艺术作品讲究百花齐放，百家争鸣，需要有丰富的想象力和创造力。无论是工人还是艺术家，都需要踏踏实实地学习和捶打才能有所成就，因为事业的成功永远属于苦心钻研和辛勤劳作的耕耘者。

为了让学员能尽快地找到自己作品存在的问题，并且获得解决问题的办法，我在给学员作业指出存在问题的同时，直接在电脑上做有针对性的修改，再通过课堂教学给学员进行图像的对比并加以具体的分析，这种教学方式获得了非常好的教学效果。

▷ 这幅作品的拍摄效果已经很不错了。画面主题明确，色彩简练，体现出人与动物的亲密关系。可作品仍然存在一些缺憾。能找出自己作品的问题所在，并能加以修改，这是成熟的表现，也是摄影人必须具备的个人素质和艺术修养。

这幅作品表现的是农夫收工回家，动物与人亲密接触的感人瞬间。可画面中人物后边的小狗却反其道而行之，给欢快的气氛增添了小小的遗憾。

为了提示学员在处理作品时不要忽略任何一点细节，对出现的问题一定要进行修改：① 将小狗做 180°反向旋转处理，使一家人都能同欢共乐；② 加大画面的反差与色彩饱和度，使和谐的气氛更浓厚；③ 将画面上部的树叶向下降一些，让画面更加紧凑。经修改后，虽然改动不大，但是视觉效果却更饱满，欢快的气氛更加浓郁。

◁ 作者想要表达的主题内容十分明确，就是要透过门洞表现远处回音壁的主体建筑。作者的想法很好，可最终的画面效果却有些欠妥。

通过后期处理既指出了问题所在，又直接进行了画面的修改，使学员在对比中直接受益。从两幅画面可以看出问题：① 画面构图不舒服，上紧下松。通过修改加大了上面的空间，减轻了画面上部过于压抑的感觉；② 裁剪掉作品下方多余的部分，使画面更稳定；③ 加强画面前景的亮度和色彩的纯度，打破过于沉闷的视觉效果，增加作品的喜庆气氛。通过这样的简单处理，作品得到了改头换面的变化

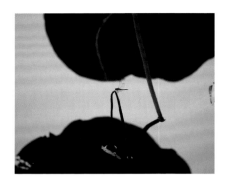

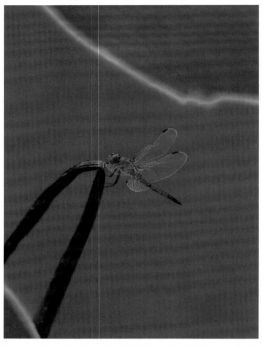

△▷ 这是一幅只关注具体的被摄对象，没注意突出作品兴趣中心的典型范例。作者拍摄时只看到了画面中的蜻蜓，并没注意整体布局的合理性，杂乱的环境太多，破坏了应该表现的创作主体。使画面主体蜻蜓完全被淹没了。为了解决这个问题，采取了大胆的后期处理；① 剪裁掉大部分没用的周边环境，只保留中心的主体蜻蜓；② 对画面的色彩与清晰度做了彻底的修改，使画面的最终效果做到了构图简练、色彩艳丽、主题鲜明

△ 这幅学员作品拍摄完毕根本没进行后期处理。为了说明数码摄影作品做后期的重要性，在他原作基础上进行了电脑后期增益处理，使作品达到了应该表现的效果。① 增益暗部的细节质感，使应该表现出来的内容细节全部展现出来；② 加强暗部色彩的饱和度，增加色彩分布的层次；③ 利用电脑后期压制天空亮部，使亮部尽量获得更多的细节，同时剪裁掉多余的天空。经过修复后的画面与原图相比判若两人，使学员真正体会到电脑后期制作的重要性

▷ 这位学员的创作意
图很好，是想通过装
饰灯去体现现代城市
的简约装饰风格。但
是，他却忽略了背景
交叉的线条给作品带
来的麻烦。为了证明
这一点，采用电脑后
期修图的方法将这些
复杂的线条清理掉，
还作品应有的面貌。
① 去掉背景繁复的线
条，使路灯的形象更

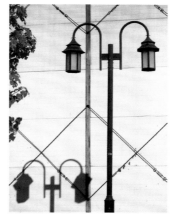 

加明朗；② 丰富绿色植物，添加右下角的绿色植物，与左上角的植物相互呼应；
③ 经过电脑润色，让绿的更绿，白的更白，使装饰灯的形象更加突出。经过修复
的作品，和原作相比更加干净利落，真正体现出现代城市简约的设计风格。

△ 这幅作品的作者想用国画的风格体现《柿柿如意》的主题，可作品的实际效果却
不尽如人意。主要原因是，过多杂乱的枝条给作品增添了很多乱象。作者忽略了中
国画"留白"的创作核心。复杂凌乱的枝杈，干扰了作品的视觉效果，影响了喜鹊
的形象和"柿柿如意"的初衷。必须通过电脑加以修改：① 去掉多余的树枝，尽量
多地留白；② 修掉红柿子上的白雪，显示出火红的柿子形象；③ 文字和印章不要
放在正中央，尽量安排在右下角空白的位置上。经过修改后的作品比原来的作品好
了很多，基本符合中国画"惜墨如金"的原则

△▷ 这幅作品很想表现苍鹰凶猛的一面，但是，作品的最终效果却没有体现出这一效果。主要原因是作品的构图、影调关系、大小比例都出现了问题，必须加以彻底修改。① 对画面进行大胆的剪裁并旋转角度，突出苍鹰的凶猛状态；② 对画面进行加重影调关系的处理，用更浓重的反差强化作品的意境；③ 消除石头基座的断痕，强调岩石的质地，体现石雕的质感。通过处理后的作品效果，大大加强了凶猛的苍鹰形象，达到作品预期的目的

△ 这幅学员作品表现的是晚间湖水的倒影，采用单色表现一种凄凉的景象。由于画面效果过于平静，观者从画面上感觉不到有什么特殊的视觉刺激。为了增强画面的意境，让观者从作品中就能直接感受到一种内在的压力，需要对画面重新进行处理：① 首先将画面进行影调的反向处理；② 把天空的色调加以强化，突出阴冷与恐怖的蓝色；③ 原作的月牙太小，几乎看不见，为了强化作品的夜晚情调，重新制作了一个上弦月强化作品气氛。经过后期的重新调整，最终的效果得到了学员们的认可，也引导学员在这方面加强了创新的意识

△▷ 作品中儿童的瞬间形象抓取得非常准确，画面清晰度也很完美。存在的问题是画面环境太乱，影响了孩子的完整形象。为了更精准地突出儿童形象，采用后期处理的手段进行优化：① 对画面进行大胆剪裁，去掉儿童周边过多的干扰环境，使儿童的形象更加突出，成为整幅作品的主体；② 减少儿童周边干扰主体的高光点；③ 对周边环境进行虚化，减弱画面不必要的反差；④ 加强画面的色彩饱和度。经过后期修图，作品的主题更加明确，突出儿童的形象是这幅作品的第一任务

△ 这幅作品的主题是想表现美丽的秋色。可作者拍摄完后并没有对自己的作品进行认真分析和归纳，使作品的最终效果未能达到预期的效果。为了让学员能真正理解后期制作的重要性，直接采用电脑进行润色处理：① 对画面色彩进行强化处理，使作品的色彩饱和度明显提高，从视觉上就能感到深秋的降临；② 对画面上下进行剪裁，保留兴趣中心最精彩的部分。经过后期处理的作品还原了作者想要表达的意愿

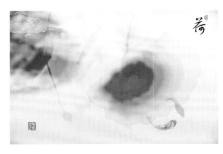

△▷ 作者利用中国画的元素表现荷塘题材，作品的立意很好，可拍摄效果却不尽如人意。原因是画面内容太乱，要保留的东西太多，这正是摄影爱好者最爱犯的毛病。不是内容不能多，而是要多得有道理，多得有秩序。可这幅作品并没有做到这一点，画面中无序的内容太乱，导致画面主体分散，削弱了兴趣中心想要表达的内容。必须通过后期处理改变这些缺陷：① 去掉左上角无序的内容；② 对保留的部分内容进行润色，提高色彩纯度与饱和度，同时强化背景白色的纯度；③ 把字体与印章重新进行调整。经过电脑调整后的画面，基本达到了中国画留白的原则，视觉效果好于原作

◁▽ 学员想利用几朵白花作为画面的前景，烘托出作品的主题《晚情》。这一创作意图毫无问题，只是画面过于沉闷，而且画面下方的干树杈与整体沉闷色调，使作品过于压抑。为了提高作品的视觉效果，首先对画面进行适当的剪裁和色彩饱和度的提高，整幅作品得到了较完美的修复

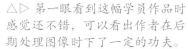

△▷ 第一眼看到这幅学员作品时感觉还不错，可以看出作者在后期处理图像时下了一定的功夫。

但是再进一步深入观察就发现了问题所在。①跃起的两个主要人物与总体画面逆光的照射方向不一致，画面的整体光效是逆光，而两个人物的用光却是侧光，造成了作品整体的光线紊乱，这是摄影创作之大忌；②作品的拍摄时间是日落时刻，整体色调应该体现低色温的暖色调，可是作品的色调却过于正常，使晚霞影响下的整体气氛没有体现出来，直接破坏了作品火热的主题气氛；③从细节的处理上可以明显看出粗糙的修图痕迹，两个跃起的人物边缘没有清除干净，可以明显看到边缘残留的瑕疵。这些存在的问题都需要提醒影友们注意，后期制作可不是简单处理就行了，要从大处着眼，做到整体观察把握全局。从小处着手，注意每一个细节问题都要精心修复不能马虎。尤其是合成的作品，必须做到细致认真、精益求精，"没有最好，只能更好"。

通过后期的再处理，加强了作品日落的整体气氛。把人物没有修复干净的边缘瑕疵进行了重新清理。可跃起的人物与作品整体光线角度的矛盾则无法修复

▷▽ 作者以大面积的绿色衬托野鸭子的形象。本意是好的，但是，作品没有做进一步的后期处理，因此画面显得十分沉闷松散。为了实现作者想要表达的意图，还需要进行一定的技术处理。①剪裁掉画面下方多余的画面，使画面更紧凑；②将色彩饱和度进一步提高；③丰富鸭子的数量，让作品更饱满。经过修改的作品，明显好于原作

△这幅作品采用模糊的背景衬托一枝海棠花，效果极其简单，主题非常鲜明。只是由于没做后期处理，使画面显得很沉闷。为了使作品达到理想的目的，经后期调整，提高了色彩纯度，改变了花枝的角度，画面效果重新焕发了青春。可见数码摄影的后期制作是多么的重要

△▷ 作者非常敏锐地发现并拍摄了这张抽象的画面，可惜的是他只完成了摄影创作的第一步——记录，并没有对画面进行综合分析和后期处理，使作品内涵的升华陷入停滞。如同话语只说了一半，而后面决定性的关键半句话没有了下文，实在遗憾。根据画面分析，作品的上下两部分，有些格格不入，上半部分是写实，下半部分是写意。应该把这幅作品进行分割后重新进行再创作：① 画面的上半部分可以作为一个写实的创作主题，体现云雾缭绕的绿水青山（右上图）；② 画面的下半部分可作为另一个写意的创作主题，以抽象的色彩结构表现奇特的地形地貌；③ 将画面左下角的白色部分进行颜色的调整，将白色与红色的地貌统一起来，使作品的效果更加完整，视觉冲击力更强（右下图）。对分割后的作品进行修改及润色后，两幅作品可以平分秋色

△▷ 首先要肯定作者的创作意识，因为他发现了具象景物中的抽象美，使观者从抽象的色彩关系中产生各自的联想。这一点很值得称赞。但是，不足之处是作品有一种画蛇添足的感觉，原因就出现在后添加的几只飞鸟上，这种混搭既破坏了作品原有的抽象概念，又有强加于人的味道，让人不得不猜想飞鸟下面是沙丘？还是荒漠？还是……这就是不合理混搭带来的后果。为了改变这一现象，让作品更具说服力和视觉吸引力，索性在原图的基础上进行一次大胆的革新：① 添加更多且飞行方向不同的鸟，目的是让更多的鸟，形成画面的兴趣中心；② 彻底改变作品的主色调为蓝色，给人一种寒冷之感；③ 将作品的横构图改为竖构图，制造一种高耸挺立的视觉效果。再加上众多展翅高飞的鸟群，一幅《飞越冰山》的作品改变了原有作品的立意。笔者认为，经过处理后，作品的立意更明确，这种混搭给观者的感觉既舒适又合情合理

△ 这幅作品拍摄的是天坛祈年殿。作者的想法很好，想利用玻璃的倒影，衬托出祈年殿的影像。可是他并没有考虑到，上面的铁栏杆和左右的汉白玉栏杆，给画面带来的干扰是多么的严重，将作者的原意完全破坏了，必须进行修改。① 将画面进行垂直翻转；② 剪裁掉画面多余的部分；③ 提高画面色彩饱和度。经过调整的作品，使祈年殿的影像更加神秘

△ 作者表现的是故宫太和殿。由于作者拍摄完毕后并没有进一步做后期处理，使整幅作品过于沉闷，色彩也不饱和。必须进行修复调整：① 对画面的反差进行调整，提高画面的细节层次；② 加强画面的色彩明度与色彩饱和度。通过调整后的作品，视觉效得到了提升

▷▽ 这幅作品利用单色调表现古老桥梁，作者的想法很好，可是，作品的效果并没有达到理想的目的，需要进行调整。① 将作品彻底改为单色调；② 将画面进行粗颗粒处理；③ 将作品进行做旧处理，使画面更接近老旧印象。经过处理后，作品效果更具历史沧桑感

△▷ 作品《父与子》真实记录了爷儿俩亲切交流的和谐瞬间。画面清晰，神态自然，瞬间的把握非常准确到位，这是作品成功的一面。但由于拍摄采用的是光圈优先自动曝光，并没有注意应该适当减少曝光量加以补偿的问题。这幅作品的拍摄效果曝光略显过度。而且画面的右上角还留有多余的车身和人手与矿泉水瓶。这些都应该在后期处理时解决掉。经过后期处理：① 对画面进行剪裁，去掉画面多余的部分，只保留人物主体形象；② 对画面背景进行虚化和暗化处理；③ 加强画面的色彩饱和度和影调密度，使作品主体更加饱满鲜活。经修改后的作品，人物更突出，主题更明确。显示出电脑后期制作的必要性

◁ 作者采用仰视角度拍摄天坛祈年殿，想要表现两个人物欣赏祈年殿的瞬间，创作本意很好，只是没有回避周边环境的干扰，破坏了原创的本意，必须进行后期的再创作。经过后期处理：① 裁剪掉画面下方多余的部分；② 修掉人物佩戴的口罩；③ 提高画面的色彩饱和度，强化作品的视觉冲击力。经过这样的处理，作品的主题更加明确

△ 这幅作品拍摄的是沙漠中的一棵胡杨树，作品完成得比较好，画面主题鲜明，构图也非常协调，可就是没进行后期处理。作品的最大问题是由于曝光略显过度，整幅作品显得苍白无力。必须进行电脑后期处理挽回因曝光过度带来的"贫血症状"。经过后期校正：① 对画面进行提高色彩饱和度的补偿，使画面的色彩更加浓烈；②加大画面横向尺寸，使沙漠的视觉效果更显开阔。经过调整的作品要比原作更显壮观苍茫

△ 这幅作品的作者发现了这棵枯树很像一条"龙"，就以它作为创作主题进行了拍摄。这一做法应当获得首肯。可是作者拍摄结束后就停滞不前了，这一点非常可惜。他的作品除了有些象形意义之外，再无其他的可读性了。为了进一步挖掘作品更深层的艺术表现力，必须对原作彻底进行电脑后期的再创作：① 改变作品的整体色彩关系，将计就计，以"龙"为核心，深入刻画作品的神话故事情节；② 加大画面的横画幅尺寸，强化"龙"的形象；③ 修剪"龙"身边的枯树枝，使"龙"的形象更加明确。经过后期的处理，一幅具有卡通效果的崭新作品呈现在观者面前。这证明加强自己的创新意识，配合电脑后期制作的必要性

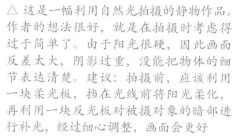

△ 这是一幅利用自然光拍摄的静物作品。作者的想法很好，就是在拍摄时考虑得过于简单了。由于阳光很硬，因此画面反差太大，阴影过重，没能把物体的细节表达清楚。建议：拍摄前，应该利用一块柔光板，挡在光线前将阳光柔化，再利用一块反光板对被摄对象的暗部进行补光，经过细心调整，画面会更好

△ 为了改变作品的效果，在原作品的基础上进行了电脑后期的调整，尽可能使这幅作品得到补救。① 首先对画面进行剪裁，同时调整角度使画面平稳；② 对作品的暗部进行增益，同时压低高光部分的信息，尽量使明暗关系得到均衡；③ 对画面整体进行调整。但由于作者使用的是压缩格式拍摄，因此作品的最终效果不太让人满意

　　通过前面的典型范例可以说明，后期制作是多么的重要，也看出影友们在这方面的欠缺。更重要的是，很多影友拍完片子以后，对自己的作品不做认真的分析，甚至看不出作品出现的问题在哪儿。这是阻碍自己进步的重要一关，必须抓紧解决。可以毫不客气地讲，数码相机拍摄的画面，每幅作品都要经过电脑后期处理才能登上"大雅之堂"。有人提出不会使用软件，尤其是年纪较大的影友，掌握起来确实比较困难。但是，天下无难事，只怕有心人！年龄不应该成为我们干事的障碍，持之以恒，和软件死磕，我就不信这件事会干不好！软件是死的，只要跟它不断磨合，慢慢就会掌握其中的原理，只要迈进熟悉软件这道门槛，后面的路就会慢慢畅通起来。

21.1 单色（黑白）摄影

单色（黑白）摄影是深受摄影人喜爱的创作形式，自 1839 年达盖尔发明摄影术以来，一直兴盛不衰，在摄影领域里占有举足轻重的地位。它表面看似简单，却包容了深刻的内涵与丰富的表现意识。由于没有色彩的掩饰，在创作过程中，就需要更严格的技术支持，更深刻的内涵表达以及丰富细腻的画面质感。可有些人对此却不屑一顾，认为黑白摄影简单，无师便可自通。这种说法是错误的，黑白摄影已将影像简单到无色，完全没有了色彩这块遮羞布的掩饰，只剩下最基础的造型元素"黑白灰"来支撑所描述的一切。无论从情节的叙述、影调的控制、质感的再现、细节的处理，都要比彩色摄影要求更高、更严格，才能抓住观者对它的关注。20 世纪的著名摄影家、教育家安塞尔·亚当斯，为了追求最佳影像效果，还专门研究出一整套教学方案"区域曝光法"，使单色影像获得了最大的宽容度和最细腻的影像细节。

单色摄影这个既单纯又不失风雅的创作体裁，将永远传承下去，吸引着广大摄影人的创作兴趣。

在色彩学中，黑白属于消色，从表面上看好像和色彩没关系了，其实，它与色彩息息相关。在黑白摄影中，"黑白灰"的所有细微变化，都来自感光材料对光谱成分的吸收和反射条件的不同，而形成视觉上的深浅变化。可以说色彩的任何变化，都会影响到黑白灰的细微变化。在胶片时代，要想改变黑白作品中的影调变化与反差，必须利用黑白摄影专用滤光镜去改变画面中的影调关系。数码相机改变黑白灰关系的手段更多，既可以在前期通过更换彩色滤光镜调整影调关系，也可以通过电脑后期对色彩关系进行重新调整，改变黑白影

△ 与现实色彩完全一致的彩色照片

像中各个细节层次的变化以及影调深浅的变化。所有这些创作手段，都与色彩有着极为密切的关系。因此，深入研究、熟练掌握色彩与黑白影像之间的变化规律，才是搞好黑白摄影创作的重要一环。谁在这方面研究得透彻，谁的黑白摄影作品就一定更有声有色。

◁ 左图是与现实的影调关系保持一致的单色照片。右图是经过电脑后期调整获得的效果，明显比左图的细节反差好很多。从这一点就可以证明单色摄影与色彩关系之密切

数码摄影出现以后，黑白摄影的创作更方便了，首先是省去了选择胶片种类与更换胶片的麻烦，其次也没有了烦琐的后期冲洗过程，而且可以在同一台相机中自由切换彩色与黑白。在这个过程中，不但可以选择直接拍摄黑白片，还可以通过先拍摄彩色片，再通过电脑后期转换为黑白片，这种方便的创作手段在胶片时代简直就是"天方夜谭"。

在数码相机黑白模式的使用中，可以直接进行锐度和反差的调整，还可以通过相机内部的滤光镜控制影调的关系，也可以通过调整色调关系，改变作品的整体色调倾向，比如棕色调、红色调、蓝色调、绿色调等。随着数字技术的进步与人们思维观念的改变，现在的"黑白摄影"应该改称为"单色摄影"更为准确。

用数码相机拍摄单色作品，必须熟练掌握各种设置的操控方法与电脑后期软件的处理方式，去强化作品的艺术表现力。通过这些调整方法，使每一幅作品都能体现作者想要表达的创作意图，既省去了在黑白暗房中的烦琐劳动，也避免了化学污染问题，真正做到了方便、快捷、随意、安全，这是摄影发展史上革命性的飞跃。

21.2 用数码相机直接拍摄单色照片

数码相机可以直接拍摄单色照片。首先要在相机的菜单中寻找"照片风格"这一窗口，在"照片风格"一栏中找到"单色"模式的设置，经确认后即可直接拍摄单色照片。

△ 相机菜单中的单色设置的选择窗口

21.3 画面锐度的调整

在直接拍摄单色照片的过程中，可以直接对锐度进行调整。锐度是指影像边缘轮廓的清晰标准。锐度越高，画面越清晰；锐度越低，画面越柔和。以佳能数码单反相机为例，如右图所示，箭头越向数字 0 方向移动，锐度越低，画面越柔和；箭头向数字 7 方向移动，锐度越高，画面越清晰（各种品牌的相机调整方法大同小异）。由于相机内部的处理器调整能力有限，锐度调整力度不够，因此要想达到最理想的锐度表现，还要通过电脑后期继续进行处理，以求得更高的锐度变化。

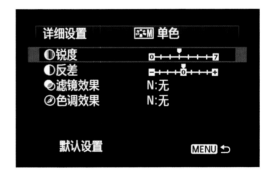

△ 相机菜单中的单色设置的选择窗口

△ 箭头向数字0移动后的拍摄效果，锐
度低，画面柔和

△ 箭头向数字7移动后的拍摄效果，锐
度高，画面更清晰

21.4 画面反差的调整

在直接拍摄单色照片的过程中，可以直接对反差进行调整。反差是指被摄对象在影像上黑白对比关系的差异程度。反差越大，中间层次损失越多，画面效果越生硬；反差越小，中间层次越丰富，画面效果越细腻。以佳能数码单反相机为例，如图所示，箭头越向"－"方向移动，画面反差越弱；箭头越向"＋"方向移动，画面反差越强(各种品牌的相机调整方法大同小异)。

由于相机内部处理器的处理能力有限，对画面反差的调整力度不够，因此若想达到更理想的反差效果，还可以通过电脑后期继续进行处理，以求得更大的反差变化。

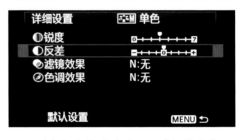

△ 通过相机内部菜单进行反差调整的窗口

△ 箭头向"－"方向移动后的拍摄效果，
反差小，画面细节丰富

△ 箭头向"＋"方向移动后的拍摄效果，
反差大，画面中间层次会受损失

21.5 滤光镜的使用

数码相机在直接记录黑白影像时,由于像素对有些颜色的敏感程度十分接近(比如红色和绿色),使红与绿在形成单色影像后,两者的灰度十分接近,这对作品的主题表现极为不利。为了解决这个问题,可以利用彩色滤光镜阻止其中一种光谱颜色通过,从而加大两种颜色的明暗反差。这是改变单色画面影调变化的重要工作程序。

数码相机菜单中都有黑白专用滤光镜,用于改变黑白之间的影调反差关系。虽然这些滤光镜可以改变作品的反差,但是由于相机内部的影像处理器的控制范围很有限,调整影调变化的范围很窄,达不到实用要求。必须通过电脑后期继续进行再调整,强化作品反差。还可以发挥传统光学玻璃滤光镜的作用,将其安装在镜头前改变影调关系,作品的反差效果会得到明显的提升。

数码相机在单色模式中一共设有五种黑白摄影专用滤光镜:无色、黄色、橙色、红色、绿色。

△ 相机菜单中彩色滤光镜的选择窗口

无色　　黄色　　橙色　　红色　　绿色

(1)**无色**。表示没有滤光镜的拍摄效果,可以正常通过红、橙、黄、绿、青、蓝、紫全部光谱成分。画面显示出正常的黑白灰效果,适合一般性拍摄工作。但是,无法明确区分某些颜色过于接近的灰度,造成画面反差较弱,影调过于均衡。

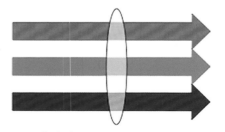

△ 无色滤光镜可以通过全部光谱成分

△ 彩色原图

△ 使用无色滤光镜拍摄的黑白效果，画面反差过于均衡

　　（2）黄色。由于黄色可以阻止紫色光和蓝色光通过，导致被摄景物中的蓝色不能接受正常的曝光量而变暗，对画面的影调反差起到了一定的抑制作用。尤其是蓝天与白云的反差最典型。可是，用机内滤光镜修正的结果有限，要想达到更理想的影调反差效果，可以继续使用传统光学玻璃滤光镜（阻止蓝光的效果更彻底），或者通过电脑后期做进一步处理。

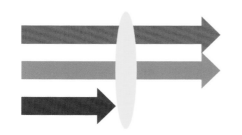

△ 由于黄色是蓝色的对比色，所以只吸收蓝光，允许红光和绿光通过

△ 添加黄色滤光镜拍摄的黑白影像，由于黄色滤光镜只吸收蓝色光，使蓝天没有获得正常的曝光而变暗，因此加大了蓝天与白云的反差，画面反差明显好于上图

　　（3）橙色。由于橙色阻止紫色光、蓝色光、青色光与部分绿色光通过，因此，画面反差的抑制更好，尤其是蓝天和白云的反差比黄色滤光镜更明显。由于机内滤光镜进行修正的效果有限，要想达到更理想的抑制目的，可以继续使用传统光学玻璃滤光镜（吸收效果更彻底），或者通过电脑后期做进一步处理。

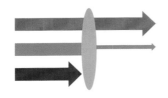

△ 橙色比黄色滤光镜的作用更强烈，它阻止了蓝色光和部分绿色光通过

（4）红色。由于红色对紫色光、蓝色光、绿色光、青色光均有最强的吸收作用，只允许红色光与少量的黄色光通过，导致景物中的蓝色与绿色不能得到正常的曝光而变得更暗，尤其是蓝天压得更黑，使白云更洁白。对红色和绿色的反差抑制极为明显，使红色的景物更亮，绿色的景物更暗。由于用机内滤光镜进行修正的结果有限，要想达到更理想的抑制目的，可以继续使用传统光学玻璃滤光镜（吸收效果更彻底），或者通过电脑后期做进一步处理。

△ 由于红色滤光镜对蓝、绿、青的色光吸收更强，会产生更大的对比反差

△ 添加橙色滤光镜拍摄的黑白效果，它对蓝色光吸收得更彻底，蓝天变得更暗

△ 添加红色滤光镜拍摄的黑白效果，反差更明显，蓝天会更黑暗

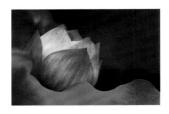

△ 彩色原图

△ 没有滤光镜拍摄的原始黑白效果，红绿反差不明显

△ 加红色滤光镜后，红光可以通过，而绿光被吸收，因此红花更亮，绿叶更暗

（5）**绿色**。由于绿色吸收大量的红色光和蓝色光，只允许绿色光和少量的黄色光通过，导致景物中的红色和蓝色未能得到正常的曝光而变暗，对红色和绿色的反差抑制最明显，使绿色更亮，红色更暗。对人的肤色和嘴唇的反差也会加大，使皮肤略显黝黑健康。由于机内滤光镜进行修正的结果有限，要想进一步达到抑制目的，可以继续使用传统光学玻璃滤光镜（吸收效果更彻底），或者通过电脑后期做进一步校正。

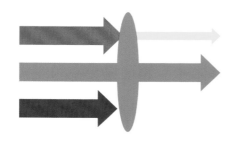

△ 绿色滤光镜透光示意图

△ 加绿色滤光镜拍摄的黑白效果，绿叶更亮，红花更暗

△ 彩色原图

△ 没有加滤光镜拍摄的黑白效果

△ 加绿色滤光镜拍摄的黑白效果，使人的皮肤、嘴唇与衣服变暗

对单色摄影来说，彩色滤光镜是非常重要的辅助工具，是改变黑白影调关系，丰富画面层次的必备附件。很多人忽略了这一点，甚至还有人提出"黑白摄影和色彩已经没有任何关系了"的奇谈怪论。希望广大摄影爱好者千万警惕这种言论，不要"误入歧途"。

[提示]

选择滤光镜改变画面影调关系的简便方法：
(1) 要想让某种颜色变亮（浅），就选用同类色的滤光镜；
(2) 要想让某种颜色变暗（深），就选用对比色的滤光镜。

　　直接使用数码相机拍摄单色片的方法，适合质量要求不高，时效要求高的摄影工作。由于在拍摄过程中，画面中的颜色统统被丢掉了，因此拍摄所获得的文件较小，后期修图时，无法利用色彩通道进行更细致的影调调整，无形之中丢掉了进一步深入刻画主题意境的重要渠道，限制了作品再创作的可能。因此，在拍摄创作类型的单色作品时不建议使用此方法。

21.6 彩色图像通过电脑转为单色影像的处理手法

　　先拍摄彩色图像，再通过电脑后期转换成单色图像的做法是最好的处理手段。首先要求要用 RAW 存储格式拍摄，保证前期拍摄能获得更细致的图像质量、更大的文件，这是转换过程的第一步要求。有了这个作为保证，才能获得更高质量的单色照片。利用后期转换单色片的软件有很多种，这里以软件 Photoshop（以下简称 PS）为例。

　　方法一：通过 PS >图像>模式>灰度，此时对话框会提示你是否丢掉彩色信息，如果你同意丢掉彩色信息，软件会直接将彩色图像转换成单色图像。这种转换方法，得到的是一张彻彻底底的黑白单色图像，等于把图像中的颜色信息统统扔掉了，图像文件会因丢掉了色彩信息而变小。在后期修图时，就不能通过色彩通道进行更细致的图像处理了，调整范围会受到很大局限，这和直接拍摄黑白影像是一样的。因此，对创作类型的作品，不建议采用这种方法处理。

△ 通过 PS >图像>模式>灰度，直接将彩色图像转换成黑白图像

▷ 这是通过 PS ＞图像＞模式＞灰度，直接转换成单色影像的作品。使用这种方法拍摄单色片，在后期修图时，就不能再通过彩色通道进行更细致的调整了，调整的范围很有限

方法二：通过 PS ＞图像＞调整＞色相／饱和度，将彩色图像转换成单色图像。采用这种方法处理单色片，由于将饱和度降到了最低，画面影像就变成了纯黑白单色，实际上等于丢掉了所有颜色。可以说和上一种做法类似，完全失去了通过色彩通道进行更细致调整的能力。

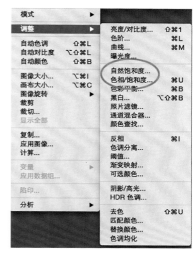

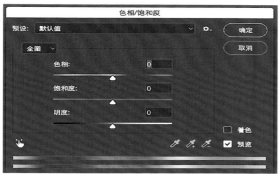

◁△ 将彩色图像通过 PS ＞图像＞调整＞色相／饱和度，转换成黑白图像

◁ 这是通过 PS ＞图像＞调整＞色相／饱和度，转换成单色图像的作品。这种做法不能再通过色彩通道做进一步的细致调整，只能通过锐度、亮度和反差的黑白关系进行调整。对艺术创作类型的摄影不建议使用这种方法

方法三：通过 PS ＞图像＞调整＞黑白，将彩色图像转换成单色图像。用这种手法转换的单色图像，表面看来是一幅黑白单色图像，但是，文件内部仍然保留着所有彩色信息，可以继续通过黑白窗口中的颜色通道，做更细致的调整，是彩色作品转换单色作品最理想的方法。

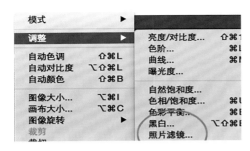

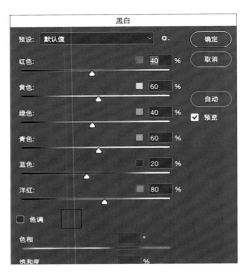

▷ 将彩色图像通过 PS >图像>调整>黑白，转换成黑白图像，能进一步深入调整单色图像的影调细节

△ 彩色原图

△ 通过 PS >图像>调整>黑白进行转换的单色图像效果

△ 利用这种方法转换成单色图像后，还可以根据创作需要，继续通过色彩通道做进一步的细致调整，让建筑物的色调加深，植物色调变浅，拉开了物与物之间的反差，使画面的影调层次发生了变化

△ 利用这种方法转换成单色图像后，还可以根据创作需要，继续通过色彩通道做进一步的细致调整，让建筑物的色调变浅，植物色调加深，拉开了物与物之间的反差，使画面的影调层次产生不同的变化

拍摄者可以通过多种手段对黑白影像进行处理。采用先拍彩色影像再转换成单色，还是利用相机直接拍摄单色，这些都需要拍摄者根据创作需要自己决定。总之，无论采用什么样的做法都要求作者认真考虑。建议：为了获得更精彩的单色作品，还是采用先拍彩色图像，再通过电脑后期转换成单色图像为最佳。因为这种拍摄技法，可以获得更丰富的影调变化，进一步张扬个性，更深入地挖掘作者的创作意图。

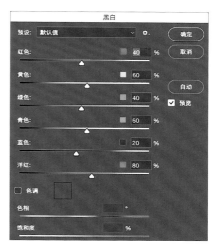

△ PS的图像>调整>黑白的工作窗口

△ 为了更清楚说明问题，选了一张红绿分明的彩色原片

△ 未经任何调整，直接通过图像>调整>黑白转换成黑白影像，可以明显看到红与绿的明暗反差十分接近

△ 通过黑白调整窗口，加大红色密度，让红色区域的影调加深；减少绿色密度，让绿色区域变浅，使层次形成更理想的反差

△ 通过黑白调整窗口，加大绿色密度，让绿色区域的影调加深；减少红色密度，让红色区域变浅，使层次获得更丰富的变化

上页的图像解释了彩色摄影与单色摄影的关系是密不可分的。数码时代使两者关系变得更加紧密，通过电脑改变黑白影调关系更随心所欲。数码时代为我们提供了这么好的制作条件，我们没有理由不充分利用它。

21.7 色调的运用

单色摄影没有色彩，只有黑白灰。如果能把作品的整体色调改变一下，使画面产生偏棕、偏蓝、偏红等不同色彩倾向的视觉效果，既扩大了单色摄影的视觉传达范围，又丰富了单色摄影表达作品主题内涵的境界。

颜色与人们的日常生活密切相关，某种颜色的倾向会直接影响人们的内心情绪。所以，利用色调的变化改变作品对观者视觉的刺激，使观者的内心产生明显的共鸣，这种做法的确是个挺不错的选择。比如用褐色调表现悠久历史的陈旧感与沧桑感；用蓝色调畅想未来、表达理想等。所有这些变化都掌控在摄影师的手中，作者可以根据作品主题需要和本人的意愿，选择某一种色彩倾向去传达作品要表现的主题，从而感染观者的内心情绪。这种决策权完全取决于摄影师对某幅作品的理解和想要传达什么样的视觉信息。

色彩与人的感情是相互作用的，虽然每个人对颜色都有各自的偏爱，但是人类长期的生活积累，对某种颜色的感受都会有一种共性。比如，看到红色，会联想到革命、血液；看到绿色，会联想到生命、春天；看到蓝色，会联想到大海、天空；看到黄色，会联想到丰收、至高无上的皇权等。这种朴实的色彩共性，对单色摄影的色调倾向影响极大，最终导致观者对某幅作品的内心共鸣。这正是选择色调进行创作的目的。为了能创作出更好的单色摄影作品，建议摄影爱好者多掌握一些相关的色彩学知识，这对单色摄影和彩色摄影都有好处。将色彩倾向准确运用在单色摄影中，可以拓宽单色摄影的艺术表达空间，丰富单色摄影的创作范围。

数码相机在单色模式中，一般有五种色调可供选择：无色、褐色、蓝色、紫色、绿色。

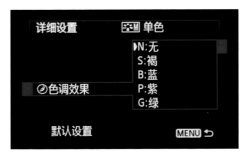

△ 数码相机中单色的色调选择窗口

无色   褐色   蓝色   紫色   绿色

拍摄实例

◁ 无色：正常显示了全色效果。为了更好地表现作品主题，拍摄时要充分利用光线角度与景物自身的反差，去展现影调关系。这幅作品选择了侧光，这是表现雪景较好的用光方式。充分利用侧光形成的明暗变化与景物自身的黑白关系，打破了雪景过于统一的白色，成功塑造出冰天雪地的北国风情

◁ 褐色：是一种调和色，有明显的暖色倾向，具有含蓄、温和与稳重的特点。用褐色表现秋之塞罕坝，视觉效果沉稳而肃穆。开阔的牧场、简朴的木屋，统统沉浸在静静的河水与白桦林中，褐色包容了深秋的草原于画意之中

▷ 蓝色：是典型的冷色，表示冷静、清高、纯洁。蓝色又是消极的颜色，寓意着收缩和后退。用蓝色彰显长城雄伟的气势，更加立异标新。重峦叠嶂，阴冷袭人，再现荒野苍茫之感。深谷为垒，惊现蟠龙卧虎之势。蓝色的渲染体现出古人的智慧与国人之气概

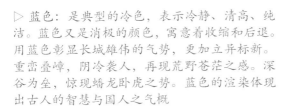

△ 紫色：是高贵优雅的颜色，有一种不甚炫耀的华丽与权贵的寓意。它的出现，使热烈的红色逐渐远去。紫色的花卉，在精雅中带有清高，散发出冷艳的清香

△ 绿色：是中性之色，具有独立的性格与安稳的视觉感受，是人眼感知色彩的休息地带，象征着希望、生命与青春。用绿色表现大自然的植被，使人感到心情舒畅，平静安宁，散发着原生态的自然与清静

由于相机内部的滤光镜受条件的限制，色调调整不会一步到位，还要经过电脑后期进行强化调整，使作品的色调尽可能达到作者的意愿。这种做法很值得一试。

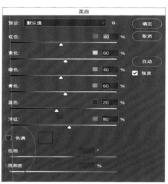

色调的调整，除了可以通过机身内部进行选择外，还可以利用电脑做进一步的强化，处理的手段有多种，最终效果都是为了强化作品的视觉冲击力，希望大家都能尝试一下。为了让大家看的更明显，前面的五幅作品，都是经过了电脑后期的强化处理，色彩才能如此饱和。

△ 彩色原片

△ 通过ＰＳ中的图像＞调整＞黑白＞窗口中的"色相"进行调整

△ 经过ＰＳ中的图像＞调整＞黑白＞色相，转换成单色后。再进行整体色调的调整，强化了古旧感，处理手法非常简便随意

21.8 单色摄影的创作

　　单色摄影的创作空间非常大，可以全方位表达作者的思想情感与创作风格。充分利用黑白影调关系与构成要素，发挥数字影像的艺术处理手段，可使作品达到出神入化的境界。这种创意无需标准，更没有限制，只需作者发挥超前的想象力和创造力，赋予单色作品更丰富的内涵与视觉冲击力。

△ 用色彩表现景物是最真实的，但颜色这件绚丽的外衣，会蒙蔽人的视线，掩盖作品的缺陷，使人在艳丽色彩中失去了鉴别的能力。而黑白摄影与其正相反，它只能依靠黑、白、灰来展示一切，在严肃中带有忠厚，在纯朴中带有稳重，就像一位憨厚老实的农夫，一眼就可以看穿他的内心。左图用色彩表现的作品，真实记录了现场效果，如实展现皇家建筑的同时，却略显空灵。右图用单色表现同一画面，产生了不同的视觉效果，色彩没有了，却给观者带来一种视觉上的敬畏，孤立的建筑结构与刻意强调的天空肌理，将思维引入了另一个时空。朴实的黑白灰，使人的思绪变得冷静，实现了作品想要表达的创作诉求和吸引观者进一步深入观看之目的

△ 左图用色彩记录了雪后现场，视觉效果真实可信。右图改用单色处理后，使内涵更加深刻，漆黑的天空与大雪覆盖的地面形成极大反差，如同白夜一般的寂静，促使观者产生认真观看之意图。单色的成功运用，超过了色彩对作品内容的表述，让同一幅作品产生出不同的视觉感受

拍摄实例

1. 复古作旧

◁ 虽然色彩可以准确记录景物的原貌，却未必能达到更深层表达主题意境之目的，经过后期处理的作品，是作者抒发自我情感，进一步深入挖掘作品内涵的必要手段。为了表现故宫的历史陈旧感，改变用色彩真实记录的方式，利用偏棕色的单色手法改变画面的整体色调，让作品更显陈旧。

色调的变化可以唤起观者对沉沦年代的历史追忆，深色的天空强化了压抑的心情，白色墙壁与天空形成巨大的反差，也加强了视觉的刺激与复杂的心情。古旧的色调、沧桑的肌理，使作品内涵更加丰富

2. 取舍归纳

▷ 中国古建筑最讲究工艺造型，利用简单的黑白影调，最能体现这种关系。明确的结构、硬朗的反差，准确刻画出建筑物的基本形态。黑与白是作品的灵魂，简约是创作的核心，取舍和归纳使作品达到了最强烈的视觉刺激

3. 强化对比

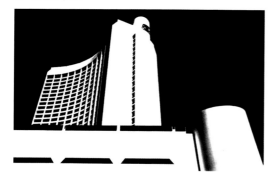

△ 线条与结构是现代建筑的特点，用简练的黑和白刻画光与影的基本结构，抓住了展示现代建筑的核心，使作品达到精准干练的效果。黑色的天空准确勾勒出建筑物的基本轮廓，视觉关系达到了超强的精确位置关系。创作过程需要注意滤光镜的正确使用与电脑后期的精心修复

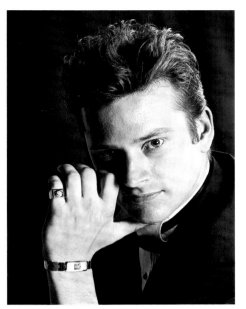

4. 细腻刻画

△ 人像摄影讲究的就是精、气、神。用一句话归纳，就是拍出人物最精彩最健康的一面。因此，充分利用光影关系，抓住人物最佳的精神状态，塑造人物性格，这才是人像摄影创作的核心。单色效果在这方面具有上佳的表现

5. 主体鲜明

△ 花卉是大家喜闻乐见的摄影题材，表现花卉的基本要求就是主体鲜明突出。由于花卉很小，一般都生长在绿叶丛生的复杂环境中，如果不采用专门的技术处理，很容易将花淹没在环境中不能自拔。拍摄单色照片更需要注意这一点。由于色调过于统一，很容易使被摄对象与环境混淆，因此，采用滤光镜加后期调整的手法，最终的画面效果达到了主体鲜明之目的

6. 意境夸张

▷ 长城是我国古代边疆的防御工事，千百年来，虽然历经过无数次残酷战争，长城仍旧傲然挺立。为了表达"黑云压城"的意境，用色彩记录总觉得有些欠佳。不如利用单色去表现"壮志饥餐胡虏肉，笑谈渴饮匈奴血"的浩然正气。果然，利用单色效果，加大反差、增加颗粒的处理手法，使最终的视觉效果达到了预期的目的

7. 肌理抽象

◁ 用单色表现抽象题材，比彩色更难。由于作品既没有具体形象，还缺少了一项重要元素"色彩"，因此只能利用造型的基本元素"点、线、面"去表达主题，这的确有一定难度。在创作过程中，滤光镜的正确选用、光线的正确选择、电脑的后期调整，是完成作品的关键。这幅作品主要依靠树干的机理效果与斑驳的自然痕迹去展现作品的主题

8. 残缺之美

▷ 大多数人对 "残破" 的理解，似乎与"丢弃"成同义词，这似乎有些不公平。在美学理论中的"残破"，早已升华到美学理念之中，被称为"残缺之美"。往往这种美比完美更具魅力，比优美更耐人寻味。单色摄影在这方面具有得天独厚的表现力。通过观察与构思，

使残破废弃的城垣，瞬间转化为厚重、沉稳、富有深度且耐人寻味的视觉图像，传达给观者的是时间的追忆与庄严的残缺之美

9. 景情相宜

△ 在生活中，很多精彩瞬间转眼即逝。所以留心观察就成了最好的工作习惯。在观察中，必须注意光线与被摄对象的瞬间变化。在摄影师的头脑中，随时都要保持准备拍摄的冲动。注意观察自然界的每一种变化，做到人机合一、眼到手到、不容迟疑，就成了摄影师必须遵循的创作精神与技术核心。这幅作品中的两个人物，正好走在光与影的最佳位置，如不快速拍摄，这种关系瞬间就会消失。画面中简练的明暗关系，正好将人物固定在理想的兴趣中心位置

10. 以物抒情
△ 用单色表现静物摄影，是一种很好的表达
方式。再用纯红色强化印章部位，是当代摄
影创作经常采用的手法。这幅作品利用浅棕
色调加红色印章的处理手法，很好地体现出
中国绘画之"气韵生动 应物象形"的境界

11. 民族特色
△ 苗族的节日盛况，鞭炮声、笛箫
齐鸣，男人边吹边舞、女人盛装迎宾。
用单色记录少数民族的迎宾盛况，
单纯质朴中带有一种强烈的异域风
情

  用数码影像表现单色摄影作品，不但方便，而且对各种创作体裁的适应力极强。
艺术效果的延展性与可塑性也更宽泛。画面效果可以根据主题内容，由摄影者自己
把握，精细准确的程度会让创作者感到非常惬意。在表现意识方面可以说奥妙无穷，
它的艺术感染力，比彩色摄影更深邃厚重。它以最基本的造型元素点、线、面、光、
影，最单纯的黑、白、灰，对自然界中的所有景物加以高度概括与提炼，既不奢华
也不炫耀，永远以谦逊稳重、默默无闻著称。在创作者的心目中，它是一棵常青树，
有永远释放不完的潜力。它那超强的艺术魅力让人无法抗拒，久看不厌。

  摄影艺术发展到任何高级阶段，单色摄影也永远不会被淘汰。因为它是摄影创作
不可或缺的表现形式。就像绘画中的素描和速写，是平面艺术的造型基础，永远占据
着重要的位置。在电影剧情的发展过程中，"追忆往事"往往都采用单色处理，其目
的就是利用"墨色"淳朴的效果，把观众从五彩斑斓的现实中扭转到回忆过去的情绪里，
单色的重要性不辩自明。它就像国画中的水墨丹青，绘画发展到任何高级阶段也不会
消失。因为它是绘画造型的基础，是国画的重要表现形式。单色摄影也是如此，从摄
影术发明之日起，到现在数码时代的盛行，单色摄影一直是一颗永不泯灭的恒星。

第二十二章　摄影专题

风光摄影

22.1 风光摄影

　　风光摄影，又称风景摄影，是用相机记录大自然的一种写真行为。在我国 20 世纪初就已盛行，代表人物是郎静山，代表作品有《集锦摄影》。新中国成立以后，风光摄影更加盛行，代表人物有陈长芬，代表作品有《日月》。

△ 陈长芬的风光摄影作品《日月》

△ 郎静山的画意集锦摄影作品之一

　　数码相机的出现，使风光摄影的拍摄更加方便了，不用携带很多胶片，彻底消除了更换胶卷的烦恼，表现手段也更丰富，使更多喜欢风光摄影的爱好者参与其中。摄影是视觉艺术，摄影师是完成这门艺术的具体执行者。在美丽的大自然面前，观察与发现起到决定性作用。在实践中，没有观察就没有发现，没有发现就没有创作。拥有一双训练有素的眼睛，正是摄影师的本能。机智敏锐的洞察力，从"乱花渐欲迷人眼"中冷静发现决定性瞬间，像经验丰富的猎人一样，凭借娴熟的技术与经验，将猎物捕获，从不空手而归。

　　风光摄影并不是游山玩水，它与辛苦和冒险是同义词，是勤奋和毅力的象征。为了得到精彩的画面，要在熟悉的地方寻找陌生，在常人未去过的地方留下脚印，到极其特殊的环境中去体验观察。要求摄影师必须具备较高的审美意识，熟练的拍摄技能，独到的思维方式和刁钻的创作眼光。这是风光摄影师必须具备的个人素质。在摄影群体不断壮大，顶尖高手不断涌现的今天，要想杀出风光摄影的重围，势必要付出更多的代价。机会与条件是均等的，成功永远属于辛勤的耕耘者。

◁ 作品《塞外畅晚》利用淡雾天气，空气透视现象强烈的特点，表现日落的西部长城精彩的瞬间。淡雾正是表现丰富的地面层次最好的气候条件。作品完全表现出了空气透视的三大特点：近暗远亮（影调关系）、近鲜远淡（色彩关系）、近实远虚（质感效果）。在这种天气条件影响下，远山近物都显得非常得体，显现出雄伟壮观、气势磅礴的祖国风貌

22.2 风光摄影的装备

风光摄影需要的装备可大可小，可多可少。这就看你对待创作的态度了。专业风光摄影家会不辞劳苦，所带装备尽可能齐全，就怕忘带某种设备而影响创作。这种职业态度叫"有备无患"。业余爱好者往往为了减轻重量，所携带的设备能少则少，甚至手机就可以完成拍摄，这就是差距。在实际工作中，摄影创作是不能含糊的，严肃认真对待每一次创作、每一幅作品，是风光摄影师的本能。

（1）相机。风光摄影对相机的要求没有严格限制，专业人员对影像质量要求很高，个别摄影师为了追求大画幅胶片的味道，还专门使用大画幅胶片拍摄。随着数码芯片的不断改良，有些摄影师还利用大画幅座机或中画幅相机加一亿像素的数码后背拍摄，追求的是更细腻的画面质量。更多的职业摄影师专门使用全画幅高像素 135 单反数码相机进行创作，主要原因是 135 相机携带方便、附件多、相机镜头群丰富、互换性强，在丰富创意、追求作品内涵方面可以做到游刃有余，这种情况在摄影师中的占有率最高。数码相机发展到 21 世纪的今天，135 单反数码相机也逐渐退出市场，取代它的是体积小巧、功能强大的小型微单数码相机。

而摄影爱好者就不同了，大部分爱好者都是以娱乐为主，根据自己的经济条件和"发烧"程度，可以选择任何一种机型，绝大多数选择 135 单反数码相机。随着数码技术的不断发展，微单相机的质量现已达到超专业水平，很多高科技技术已经加入其中，今后单反数码相机会慢慢退出历史舞台，微单相机逐渐形成一种市场趋势。

（2）**镜头**。风光摄影对镜头的选择是全方位的，从鱼眼镜头到超长焦距镜头都能派上用场。由于135相机的镜头种类丰富、互换性强，因此占尽了先机，普及率最高。

（3）**脚架**。这是必备的常规附件，起到稳定相机的作用。为了便于携带，最好选择重量较轻，刚性又好的碳纤维三脚架，外出携带更方便。

（4）**闪光灯**。这是摄影常规附件，在风光摄影中一般用于补光。为了实际需要，最好选择功率大、功能多的新型闪光灯。

（5）**快门线**。这是必备的常规附件，可以避免手按快门产生震动而使画面虚化，起到手按快门时稳定相机的作用。

（6）**滤光镜**。这是摄影创作常规附件。安装在镜头前，以完成特殊创作效果之用。

（7）**电脑**。这是数码摄影必不可少的后期制作工具，是选图、修图与后期再创作必不可少的重要工具。

（8）**外置硬盘**。这是存储文件的必要备件，是在长时间外出创作时，用于存储大量影像文件，增加备份的重要备件。

（9）**其他**。备用电池、存储卡（选择内存大、读取速度快的卡）、野外生存装备、五金工具、防身用品、食品、药品、防雨设施、沙袋等。

（10）**汽车**。野外创作重要的脚力，在野外进行创作时，如果没有汽车，简直寸步难行。因为它不但是你的脚力，更是承载摄影器材和生活必备物品的载体。

（11）**发电机**。长期野外拍摄，需准备微型发电机，为晚间照明、设备充电之用。

（12）**通讯装备**。在野外，尤其是边远无人区，在没有网络信号的情况下，卫星电话就成了与外界联系的唯一装备。

22.3 风光摄影的分类

风光摄影大体可以分为纯自然类、纯人工类、自然与人工结合类、风光小品等几大类。根据这样的分类进行创作，工作和存储文件会更加顺理成章。

纯自然类

拍摄景物中没有任何人工建造的痕迹，完全以自然景观为主，充分利用气候条件、光影变化以及环境关系，组织画面布局。每幅画面似神工鬼斧，或荒凉粗犷，或雄伟壮观，或田园抒情。作品的成功与否，全部掌握在摄影师自己的手中。

△ 纯自然类作品，没有任何人工痕迹，作品中红色的山峰，与碧绿的植被形成鲜明的色彩反差，显示出纯自然的原生态景观。低矮阴沉的云层，正好迎合了作品所要表达的主题意境

△ 一幅纯自然景观让人大开眼界，因雾气造成的空气透视现象，使画面产生极为丰富的影调关系。密布的乌云，也为作品增添了重要的视觉信息，让观者不得不为太行山的壮观景象而赞叹不已

△ 这是一幅纯自然的风光摄影作品，清晨的雾凇与温暖的阳光组成自然舒适的画面，冷暖对比关系虽然强烈，却并不感到生硬。大自然就是在"对抗与共存"的矛盾中进化着，摄影人就要抓住这个核心，进行全方位的记录

◁ 海是地球主要的组成部分，用摄影手段表现它的方法很多，经常采用狂风巨浪、汹涌澎湃来体现它的威风。而利用风平浪静来表现它，也不乏是一种表达方式。天空、沙滩、浪花组成丰富的层次与颜色的对比变化，体现出大海多彩的一面，平静之中也潜伏着巨大的能量

[练习]

拍摄纯自然风光的作品若干幅，避开人为环境的干扰，突出原生态的质朴美。要求色彩鲜明、层次丰富、构图严谨、立意深远。

纯人工类

画面以人工建造的景观为主，除天空以外，没有其他自然痕迹，用于显示人类改造自然创造奇迹的伟大力量。画面充满理性之美，体现出摄影师对现实社会的观察与理解，利用摄影手段，表现作者心中的世界。

△ 典型的纯人工类型，除了天空以外，全部是纯人工景观。作品中的古城墙近在咫尺、清晰可见，而现代建筑却远在天边、虚无缥缈。俨然一幅古今穿越的真实版

△ "静心斋"是北海公园内的园中之园。是典型的纯人工园林，设计优雅独特，堪称经典。作品采用框架式构图，体现出静心斋的精致与典雅

△ 这幅作品充满了人工制作的理性美。画面中除了天空与江水为天然形成无法回避以外，行进中的游轮、错落有序的高楼、郁郁葱葱的植被，一切均由人工设计建造而成，既庄重又井然有序，体现出现代大城市的规模

◁ 残垣断壁诉说着历史，想当初它也是金碧辉煌的帝王陵寝。经过时光的磨炼，如今虽已老态龙钟、破旧不堪，却仍然盛气凌人不可一世，威风与煞气丝毫未减

[练习]

拍摄纯人工景观作品若干幅。要求虽是人工景观却自然舒展，不显生硬呆板，强调人为理念、巧夺天工的巧妙设计和伟大的工匠精神。作品要求：构图严谨、色彩丰富、质感细腻、主题明确。

自然与人工结合类

人类为了生存和发展，不断扩大自己的栖息地，一座座美丽的城市和村庄涌现出来，形成自然与人工浑然天成的效果。摄影师通过独特的视角将人类的严谨理性和大自然的自由狂野合二而一、巧夺天工。

△ 崇山峻岭之中的小村庄格外引人注目。人与大自然的巧妙组合，犹如一幅精美的织锦，展现于众人面前

△ 这幅作品体现了人工与自然的巧妙结合，人类的居所与自然环境浑然天成。画面中，恶劣险峻的黄土高原之下，一抹绿色之中点缀着人类居住的痕迹，虽然面积很小，却显示出勃勃的生机。千百年来，人类以蚕食的手段发扬顽强的精神与大自然竞争，换取仅有的生存空间。至今为止，这种竞争已经显示出它的缺憾，正遭受到大自然的报复

△ "八月秋高风怒号"杜甫的著名诗句体现在这幅作品中。漫天黄沙遮人耳目,江水、怪石纵横交错, 在黄沙的作用下, 古香古色的小桥时隐时现……刹那间, 一幅难得的古代画卷映入眼帘

◁ 残破的长城隐秘在青山绿水之中, 在历史与时间的研磨下, 长城已成为史迹, 剩下的只有一息尚存的残痕。面对这样的影像, 心中泛起阵阵哀伤

[练习]

拍摄自然景观与人工景观相结合的作品若干幅, 体现纯自然的峻美和纯人工之精湛。要求人工景观和自然环境巧妙结合, 浑然天成。

风光小品

"小品"是风光摄影的重要组成部分, 没有气势恢宏的大场面, 也没有鬼斧神工般的地形地貌, 只凭借细腻完美的局部特写为创作核心, 在风光摄影这个大类中起着不可替代的点缀作用。称得上是风光摄影中的"精灵", 如同纪实摄影中的"花絮", 起到为风光摄影这个大主题拼缝与补白的作用。

△ 这是一幅典型的田园小品, 漂亮的郁金香以曲线形式整齐排列, 缤纷的色彩, 彰显着旺盛的生命力, 画面视角虽小却充满了抒情浪漫的情调

△ 红叶、木屋是这幅作品的主体，也是支撑本幅作品的主题。以小见大展示着浓郁的秋色

△ "门环"是中国特有的大门装饰，更是客人来访敲门用的响器。在封建时期，门环的装饰纹样必须严格按照等级划分。这种怪兽衔环的图腾，只限于官员大户人家使用，意味着驱邪镇宅之意。阴影部分象征门神所驱除的邪恶势力

▷ 《失落的皇权》是本幅作品的主题内涵。历史上的皇权威力无比可以目空一切，以龙的形象威慑天下。如今人民当家作主，皇权已成为历史，他们的宫殿早已成为博物馆，供天下百姓游览参观

[练习]

　　寻找精彩简练的局部场景，拍摄风光小品若干幅。要求画面主体明确，内涵深刻，色彩、质感均达到最佳。

22.4 创作时间的选择

决定拍摄时间，是风光摄影重要的决策，往往要以争分夺秒的速度抢时间、选机位。大自然的变化是无法控制的，一旦机会丧失根本无法补救。虽说一天当中任何一个时间段都可以进行创作，但是，很多机遇是可遇而不可求的。比如一早一晚的时间，是摄影师决不会放过的，因为这段时间的光效、色彩、反差是最富于变化的，很多优秀作品都出自这两个时间段。

日出前

日出前的黎明，是指太阳还没出来之前，这个时间段是拍摄朝霞最佳的创作时段，丰富多变的云层是生成朝霞的客观条件。抓住这段时间进行创作，可以拍摄到气势宏伟的作品。需要提醒的是，不要只固定在日出一个方向拍摄，要随时观察周边环境的变化，很多令人激动的画面并不出自日出方向，而是来自周边环境。

△ 日出之前，是拍摄朝霞的最佳时机。此作品着重对鱼鳞云的描写，霞光把天空渲染成渐变的红色，视觉效果非常理想。需要注意的问题：①以天空为曝光标准,牺牲地面的细节(如果使用自动挡，必须利用曝光补偿减少曝光量)；②构图时天空要多保留一些；③注意选择并保留有特点的物体作为前景

△ 整夜的狂风暴雨，造成云层像海浪一样此起彼伏，尤为壮观。测光时的重点是天空，牺牲地面的细节促成剪影，重点保护云层的肌理与色彩，这是创作的关键

▷ 太阳升起之前，凭借朝霞热烈的色彩，将地面渲染成金红色，一种原生态的景致展现在眼前。这是表现朝霞的最佳时段，必须抓紧拍摄，稍一迟疑就会失去理想的画面气氛

◁ 天空没有云，朝霞无法形成，可以利用晨雾形成的大气透视现象，表现丰富的地面层次，突出近暗远亮，近实远虚的空气透视效果。这幅作品利用晨雾形成的空气透视现象，促成《雄关之晨》的壮观影像

注意周边环境的捕捉

　　日出前的时间段，虽然美丽的霞光很值得拍摄，但是，千万不要放弃对周边景物的观察。通过细心寻找，会有很多值得你去拍摄的画面。不要对日出方向的朝霞过于迷恋，一门心思只拍朝霞，要多环顾一下四周，边观察，边拍摄。在快速搜寻中，一定会有惊喜的场面出现。这一时间段，永远是艺术家为之动情、为之挥毫的时刻。

◁ 这幅作品并没有拍摄日出方向的精彩，而是记录了旁边的景色。借助晨光渲染的红色天空与江面的阴冷雾气，抓拍到挥之不去的"日出印象"。这一现象的出现，与18世纪欧洲印象派大师莫奈先生的名画《日出印象》产生了强烈的思想碰撞，这就是艺术创作的原动力

△ 日出之前，浓雾掩饰着地面景物时隐时现，大地失去了应有的色彩。环顾四周，万籁俱静。身处其中，宛如梦游仙境般的神秘，这种气候条件正是摄影创作的最佳时刻

△ 日出之前，阴冷的海岸乌云密布，天边的一抹绯红和三盏红色的灯标，为作品保留了一丝生气。为了把握好这种气氛，降低了机内色温值，用天光的阴冷色调强化作品的立意。压抑的画面气氛寓意着暴风雨即将来临

△ 绵延起伏的长城在浓密的晨雾笼罩下逐渐远去，晨雾成就了大气的透视现象，促使画面产生丰富的影调关系。低色温使受光面与背光面形成强烈的色差，冷暖变化十分明显。为了保证亮部的质感与细节，曝光要尽量保护亮部，避免曝光过度。作品利用短焦距镜头拍摄，夸张长城的透视关系与延绵不断的气势

[练习]

（1）在天空云层丰富的条件下，拍摄日出前的朝霞作品各两幅。建议强迫自己练习使用手动模式控制曝光，保护天空云层的质感，强调朝霞的气氛。

（2）勤于观察周边环境，拍摄日出前带有夸张氛围的作品两幅。要求作品色彩饱和，质感丰富，冷暖对比明确，作品意境深远。

日出时刻

随着时间的推移，太阳渐渐升起，天空与地面形成更大的明暗反差。在这一时刻，绚丽的霞光会逐渐褪去，而且变化速度非常快，必须抓住瞬间气氛的变化及时拍摄，这是完成主题创作的关键时刻。

▷ 日出的辉煌，宣布了新一天的开始。秋收后的乡村之晨更加开阔，朝阳在一望无际的原野尽头渐渐显露出绚丽的光芒，简朴的瓜棚与现代交通工具形成鲜明的对比，体现出新农村的新面貌

△ 严冬的早晨寒气逼人，日出给冰天雪地带来了一丝暖意。作品以冷色为主调，衬托出太阳即将带来的暖意。构图时故意将太阳隐蔽在灌木丛中，以含蓄的手法表达作品的主题意境

△ 黄山的日出气势宏大、尤为壮观。拍摄时要注意保护天空的质感与色彩，前景山岭的细节可忽略不计，用剪影的效果烘托朝霞的气氛。天空与云海的冷暖对比关系必须强化，是这幅作品成功的关键

▷ 晨光穿透云层，将沉睡的城市唤醒。此时的测光与色温的控制，是拍摄这幅作品的关键因素。曝光一定要保护亮部质感千万不能溢出，目的是保证后期对高光细节的描绘。暗部细节可通过电脑后期增益处理，使亮部的细节

和暗部的细节都得到正常表现，体现出城市之晨的印象

注意周边环境的捕捉

　　日出时刻的辉煌人所共知，借助日出时的总体气氛，快速搜寻、变换机位，利用景物受光面与背光面形成的冷暖关系和巨大反差，及时观察并掌握周围情况，在快速行进中寻找被摄对象，一定有很多精彩的画面让你激动不已，等着你去拍摄。

◁ 日出时的低色温与地面的晨雾促成乡村之晨的印象。以排房作为主体，将收割完的稻谷作为前景，借助阳光穿透晨雾去唤醒熟睡的人们，预示着繁忙一天的开始

△ 太阳刚一露头，阳光与地面成水平照射，形成摄影创作的最佳光效。日出的低色温光线与地面形成巨大的色彩对比与明暗关系，强化了景物的立体效果。这幅作品就是利用这种光影关系，表现长城的局部一角

△ 城市的清晨，建设工地一片繁忙景象，火红的朝霞与建筑物的阴影部分形成强烈的色差，这是城市特有的景象。要养成随时观察周边环境的习惯，对摄影创作会有很大帮助

◁ 晨雾包裹着山脊极速移动，长城如同卫士，在云雾中翘首。晨光斜射，暖意融融，与远山形成冷暖色差，这就是日出回眸的好处，必须迅速抓拍。要随时观察周边的情况，养成在快速移动中寻找佳境的习惯。请大家记住这九字真言："多走走、多看看、勤回头"

[练习]

（1）利用日出时刻，拍摄带有朝霞效果的风光作品若干幅。要求保留太阳的清晰轮廓及周边云层的质感，画面简练，主题明确，意境深远。

（2）利用日出时刻拍摄周边环境的风光作品若干幅。要求画面简练，色彩对比强烈，主题明确，有强烈的艺术感染力。

日落时刻

　　经过一天的社会喧闹，日落时的空气中必然会产生大量的介质干扰，这种干扰远比日出时浓厚得多。利用这一特点，可以获得比日出效果更加强烈的晚霞气氛。为了配合创作，要注意天空云层的变化，同时寻找有特点的景物作为前景，用于烘托日落时富有诗意的经典瞬间。

▷ 日落时刻，城市笼罩在日落时的温暖气氛中。在前景圆形建筑的衬托下，远处城市的微观景象充满科幻般的意境。作品采用短焦距镜头拍摄，将曝光控制在日落的天空，不能曝光过度

▷ 日落前的太和殿更显庄严肃穆，在这一时刻，利用低角度仰拍，更能彰显太和殿的威严，实现了历代皇帝梦想"与天齐"的奢望。拍摄时，曝光一定要控制在天空的亮部，使太阳的形状和晚霞气氛都达到作品预期的效果，象征着没落朝廷的宿命

◁ 雨后落日的恢宏，映衬着古代建筑的群像剪影。护城河水的反光，填补了画面下方大面积的黑暗，既丰富了作品的层次，又加强了画面的上下呼应关系。浓厚的气氛，加深了人们对古老北京城的印象

◁ 日落时，借用空气中大量介质的干扰，引出《残阳如血》的影像效果。测光准确控制在太阳的位置，确保太阳形成清晰的圆形轮廓，地面虽有些曝光不足，但是通过后期的增益调整，画面即可达到最理想效果（建议使用 RAW 存储格式）

注意周边环境的捕捉

日落时不但要拍摄壮观的晚霞，更不要忘记对周边环境的搜寻，往往周边环境会有更多文章可做。由于日落时阳光的色温很低，光线与地面成水平照射，明暗反差也很大，这样的光线效果，是塑造丰富的景物层次，体现浪漫题材的最佳时刻。

▷ 利用日落时阳光与地面形成的水平照射关系，表现丘陵地带的光影结构变化。整幅作品犹如烟波浩渺的血海，波涛汹涌，蔚为壮观

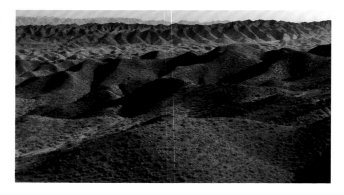

▷ 漫天的雾霾，使夕阳的暖色笼罩了整个山区，作品就出现在回眸一望的瞬间，这种光线效果正是创作的最佳时刻，也是雾霾带来的幸运，更是勤于观察、不断巡视的收获

◁ 日落的余晖将局部山体渲染成红色，形成典型的"夕阳照空山，一抹残阳红"的印象。日落时的山区，这种现象非常普遍，需要拍摄者用心观察，快速拍摄，不然，这种现象会随着日落迅速消失

◁ 雨中夕阳别有洞天。建筑与车辆在日落的氛围中，显现出特有的结构与独特的魅力。房檐与地面的倒影促成明显的夹角，直指夕阳红

[练习]

　　(1) 利用日落时刻，拍摄作品若干幅。要求：选择云层丰富的天空拍摄，强化日落气氛。严格控制曝光，千万不能曝光过度，这是保护天空质感的原则，注意选择极富特点的景物做前景，配合强化主题。

　　(2) 观察日落时刻周边环境的变化，拍摄周边景物若干幅。要求冷暖色彩对比强烈，构图严谨，意境深远。

22.5 恶劣天气往往出奇片

　　很多影友都愿意在晴朗的天气出去创作，其实不然。实践证明，晴朗的天气未必出好片，晴朗的天气拍出的片子往往都很一般，而且容易雷同，有千篇一律的感觉。很多名山大川在晴朗天气下，好看而不好拍，作品总显得干巴巴、缺少灵气。如果改变一下思维习惯，选择恶劣的天气出行创作，虽然身体会受点委屈，可一定会给你带来意想不到的收获与惊喜。用一句话概括此意："恶劣天气出奇片"。

云的作用

　　风光摄影作品大多数都带有天空，而云是天空中最重要的构成元素，也是配合主题创作、渲染作品气氛必不可少的内容。抓住云层的变化，可以加强作品的主题气氛与视觉力度。一幅优秀的风光作品，云层的处理往往决定着作品的主题导向。毫不夸张地说，云在风光作品里的作用是任何环境都无法替代的。

△ 正常天气观看湿地，没有特色，平淡无奇，再普通不过了。可是，在雨中多变云层的烘托下，画面会发生本质的变化，这正是"天时"加"地利"的综合体现。抓住它，也就抓住了作品成功的核心，找到了风光摄影创作的原动力。这幅作品在云层的作用下，准确描绘出湿地渺无人烟的荒芜景象

△ 这幅作品在云的作用下获得成功。可以说如果没有云的衬托，作品会大失水准。这幅作品通过快速寻找机位，用云层的最亮部分，反衬风车的主体形象，画面效果十分理想。问题的关键是机位的快速移动、迅速寻找拍摄角度，因为云层也在快速变化着

△ 残破的古城是历史的遗迹，更是历朝历代残酷战争的遗址。在压抑的黑云烘托下，这种意识得到了进一步的强化，画面并没有用彩色处理，用单色处理更能加深作品主题想要表达的核心。短焦距镜头在这幅作品中起到了非常好的表现作用

△ 作品《龙回头》应该属于风的功劳。长城像一条巨龙盘山而上，忽然，云借风力瞬间散开，呈现出"巨龙回头"的景象。这一变化十分迅速，"眼见手拍"，一气呵成，这就是勤于观察的好处

抓住云层与光线的瞬间变化

在实践中，眼睛不要只盯着地面的景物，要随时观察瞬息万变的天空。云与光的有机结合，才能组成一幅内容丰富、内涵深刻的风光作品。如果忽略了这一点，将会失去很多精彩的瞬间。在自然界中，云会在风力和风向的影响下发生快速变化，而且是悄无声息的，稍不注意就会从眼前溜走。建议初学者养成全方位寻找、整体观察的习惯，眼疾手快，指哪打哪，准确无误。

◁ 云层的变化是瞬息万变的，这两幅作品正是在同一地点同一时刻拍摄的。左上图阳光穿过浓密的云层缝隙照射到地面，只照亮了局部的屋顶。拍摄时必须以亮部为准曝光，画面即形成了十分明确的亮暗关系，促成"黑云压城"的寓意。左下图随着浓密的云层逐渐散开，光线透过云层形成漫散射状态，画面光效呈现出十分柔和的散射光效果，使地面所有物体都清晰可辨。两幅作品在极短的时间内形成了巨大的视觉反差，如不加以关注，丢失的瞬间将无法弥补

▷ 这幅作品表现云与光的瞬间变化。如果拍摄慢了，这一现象就会迅速消失，守株待兔是等不来的，全凭机缘巧合。这又证明了"勤于观察、眼到手到"是良好的工作习惯

◁ 透过云层的缝隙，光束出现了。它丰富了作品的内容，强化了画面气氛。曝光必须以亮部为准，不能曝光过度，如果曝光过度，这种效果就会大大减弱

通过实践，得出结论，云层是风光摄影最重要的组成部分，必须很好地利用它，万万不可忽视它的存在。这也论证了"恶劣天气出奇片"的道理。

[练习]

选择恶劣天气下进行创作，在拍摄过程中，随时观察天地之间发生的瞬间变化，抓住云层的变化，拍摄作品若干幅。要求：掌握云与地面的相互作用，控制曝光，营造震撼人心的画面效果，完成主题创作。

雾天

这种气象条件虽然对旅游不利，但对摄影来说却是表现空气透视的绝佳机会。在风光摄影中，雾是表现空气透视的最好气候条件，是获得丰富景物层次关系的最佳时机。雾可以简化背景，突出主体。拍摄时，还要寻找生动精彩的主体作为前景，让朦胧的背景烘托主体形象，营造丰富的画面层次与鲜明的主题。

表现空气透视的三原则如下。

（1）影响清晰度的具体表现：近实远虚。

（2）影响色彩的具体表现：近鲜远淡。

（3）影响影调的具体表现：近暗远亮。

▷ 通过作品可以看出，由于雾的存在，画面中的景物会产生明显的透视关系。形成近实远虚、近暗远亮的空气透视效果。要充分利用雾天的机会，表现景物之间的空间关系。这幅作品在淡雾的作用下，显现出了空气透视的三大原则，画面景物层次分明，作品的主题十分明确

◁ 在浓重大雾的气候条件下，画面显示出梦幻般的效果。在冷灰色的情调中，一缕晨光镶嵌在山的顶峰，象征着吉祥，寓意着祝福。这种离奇的视觉效果，只有在雾天才会出现，也是机缘巧合成就了这幅作品

▷ 雾天的日落更显柔和，太阳也失去了刺眼的亮度。拍摄时，将曝光的重点控制在太阳的位置，确保太阳清晰的轮廓。同时地面层次也得到了很好的抑制，体现出极其简约的画面效果。经后期调整，作品达到了理想的目的

△ 雾天的一大特点是，能很好地简化和统一画面背景。从这幅作品可以非常明显地看出，背景在淡雾的遮掩下朦胧统一，同时把作品前景也明显烘托出来。这种天气非常适合风光摄影创作

　　雾对摄影创作非常有利，绝不能小视它。如果能巧妙利用雾霾天气进行创作，作品一定会巧夺天工，形成丰富的画面层次与强烈的空气透视关系。这种视觉效果是晴朗天气无法做到的。

利用雾天，拍摄带有明显空气透视效果的风光作品若干幅。要求前景明确生动，背景层次丰富，具有明确的主题表现意识。

俯瞰云雾，惊现奇观

在生活中，站在地面上看到的是大雾，可站在高山上，却是一片云的海洋。古人曾经用："喻知山高，云雾锁其腰。"来形容山的高大。在名山大川之中，往往山下大雾弥漫，而山上却是云海茫茫，景观奇现。这种自然现象非常适合风光摄影创作。

△ 雨天的山区，云雾缭绕，气象万千，十分壮观。此时此刻只有站在高山上才能看到这种壮观的景象。如果有风的存在，云会在风的作用下快速运动，视觉效果更加震撼。这也验证了"恶劣天气出奇片"的道理

△ 山下是大雾弥漫，而到了山顶上却是云海茫茫。云随风速快速移动，像海浪一样撞击着山峰，视觉效果十分壮观

◁ 站在山顶观看四周，云雾缭绕、雾气茫茫。这种现象往往都出现在晨时，能遇到这种现象十分难得，一定要抓住机会进行创作。随着太阳逐渐升高，云雾绕山转的景象一定会逐渐散去

◁ 站在山顶向下观望，大雾变成了云海。摄影人要充分利用这种自然现象，创作出诗情画意般的作品

[练习]

在合适的天气条件下，选择较高的位置拍摄云海作品若干幅。要随时观察云的变化与地面景物的关系，捕捉云雾多变的瞬间效果，明确主题意境。

大风

自然界的风，对摄影创作能起到非常好的辅助作用，利用得当，可以渲染主题气氛，营造动感效果。

△ 用画面证明风的存在，体现出"树欲静而风不止"的含义。左图采用高速快门拍摄，把风吹柳枝的瞬间凝固，体现风的存在。右图采用慢速快门拍摄，将被风吹起的柳枝模糊化，也体现出风的存在，用这种虚化的影像与静止的城墙形成对比关系，视觉效果会更加生动。虽然这两幅作品都说明了风的存在，但后者对主题的影响更强烈。可以说，用什么手法去表达主题，应该认真地进行思考，或者多采用几种手法去表现，筛选其中的最佳效果加以总结

◁ 逆光下，荒草恰如金线丝丝入扣，倒向同一个方向，显示出风的存在。体现了"城外萧萧北风起"之含意。借助茅草被风吹斜的效果，体现风的存在，直接影响观者的情绪，这种借物抒情的方法，在艺术创作中非常多见，用于摄影创作也不足为怪

[练习]

　　利用大风天气拍摄风光作品两张。一张用慢速快门表现模糊的动感，第二张用高速快门凝固动感瞬间。要求作品具有较强的艺术感染力，虚实对比明确，构图完美严谨。

没有雾的阴天

　　阴天，由于受云层的干扰，阳光穿过云层形成了一种柔和的漫散射状态。在这种光线的照射下，一切景物的细节都能完整清晰地显现出来。没有阴影关系，没有方向感，面前的一切都显示出完整清晰的视觉效果。阴天对表现景物的完整面貌非常有利。

△ 这幅作品从近到远都表现得非常清晰，这种效果应该归功于没有雾的阴天天气。风车由近到远显示出正常的透视关系，低矮的云层，河中的游船，都体现出一种平静和谐的气氛

△ 这是一张阴天拍摄的照片，由于阳光被云层遮挡，形成非常柔和的漫散射效果，使地面上的景物呈现出十分清晰的结构关系，物与物之间没有阴影的干扰，相互之间都非常清晰地表露出来。这种光线对展示地面景物的一切细节非常有利

雨天

　　下雨时，很多影友都会停止创作。其实雨天拍照有很多好处：下雨时游人少，画面干净；空气得到净化，画面清晰度好；被雨水浸湿的地面和景物色彩饱和度高，能起到丰富画面层次的作用。

▷ 雨中的景物色彩饱和度高，质感也格外清晰，这是雨水带给摄影师的特殊礼物。雨水将自然界中的一切物体冲刷得干干净净，显露出物体原有的材质。在这幅作品中，风雨桥的结构分明，在绿色植被的簇拥下，更显古朴典雅。作品采用手动曝光，对焦的重点与测光的重点都放在桥身上。色温（白平衡）的设定要略高于日光色温值，平衡阴天造成的色温差

◁△ 若想体现雨水的质感，必须选择深色环境作为背景，用于衬托雨水的质感。还可以根据创作需要，改变快门速度控制雨点的状态。正常情况下，快门速度设定在1/15秒以下，雨水会呈现出线条状（左图）。如果快门速度设定在1/500秒左右，雨水会呈现出清晰的点状（上图）

▷ 阴雨天气是表现南方水乡最好的条件，白色墙面经雨水浸湿后，斑驳的痕迹如同绘画中的笔触，描绘出画意般的水乡美景

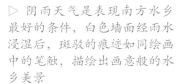

[练习]

拍摄雨天风光作品若干幅：表现清晰的点状效果、表现线段状效果、表现线条状效果各一幅。要求色彩饱和，主题明确，雨水质感清晰。

雪天

　　雪是大自然送给人类的特殊礼物，让自然界的景物都换上洁白的"盛装"，一切景致统统被装点成白色。洁净的白雪清洁了空气，美化了环境，置身于茫茫白雪之中，人的心态会异常平和，仿佛灵魂也得到了净化。摄影师会全身心投入到创作中去。

◁ 在初升阳光的对比下，冰雪倍感阴冷，这是冬日清晨天光的高色温造成的特有气氛，也是摄影绝佳的创作时间。为了保证太阳的质感，测光必须侧重天空，不能曝光过度，尽量保留住太阳原有的形状与天空的色调，这一点十分重要

△ 雪后的清晨，是摄影创作的最好时刻，随着太阳渐渐升高，阴影会逐渐退去，使高处的红色小楼渐渐显露出来。当红色小楼完整展现出来时要迅速按下快门。随着时间的推移，整个大地都会暴露在阳光之下，这种创作机会随之消失

△ 城市中的雪景别有洞天，画面中，密集统一的白色掩盖了城市的喧闹。虽然现实中的噪声依然如故，可雪树银枝的视觉效果传达给观者的信息却是"于无声处"

△ 晨光使雪与车辙形成明显的阴影关系，在视觉上产生了强烈的透视纵深感。用超广角镜头拍摄，进一步强化了光与影的视觉肌理，突出了作品的纵深透视关系，白雪对传达作品的空间深度感极为有利

22.6 风光摄影的训练

谁都想拍出惊人之作，但是风光摄影是与艰苦和冒险画等号的。自然界的客观条件无法控制，它体现在"天时、地利"之中，对每一个人都是公平的，它不会"看人下菜碟儿"。所以，摄影师个人综合素质的高低，才是决定创作风格的因素，它就体现在"人和"之中。为了能拍摄出与众不同的效果与瞬间，天时、地利、人和这三者必须高度统一。其中天时、地利是老天爷决定的，属于客观因素，摄影师无法控制。有人说"风光摄影是靠天吃饭"，这句话一点也不过分。而"人和"属于主观因素，是决定能否拍出好作品的关键，在三个条件中"人和"占第一位。因此，摄影师的个人修养就更显重要。因此，加强"五练"就应当提到议事日程上来：一练机敏的眼睛；二练扎实的理论与纯熟的技艺；三练智慧的大脑；四练博大的胸怀；五练良好的体魄。

△ 平稳舒展的画面展示了荷兰郁金香农场的一角。蒙蒙的晨雾形成简约的背景，衬托出大面积郁金香的秀美景色。整幅作品视角宽广，构图平稳，简单划一

◁ 风光摄影也可以采用简约的手法拍摄，这幅作品是故宫三个时辰作品之一《子夜》，表现的是故宫北门。采用减少曝光量的方法，以逆光下故宫城墙的剪影作为创作主体，一轮弯月的残影，刻画出午夜时分寂静的故宫。画面虽然很简约，可主题十分鲜明，视觉感染力极强

一练：敏锐的眼睛

发现是摄影创作的灵魂，没有发现就没有创作。面对大自然，人们往往被诱人的景色所迷惑，手忙脚乱、顾此失彼、拍时兴奋、归来失望。而一双训练有素的眼睛，面对美丽的景色从不喜形于色，总会在诱人的景色中冷静地发现决定性瞬间，用熟练的技术将其保留，从不空手而归。

——学会用眼睛观察和发现

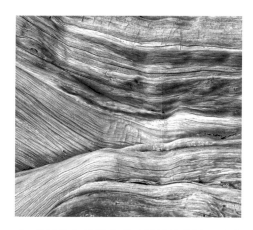

△ 在树林中有很多可以拍摄的素材，无论是局部还是整体，只要用心观察，即可获得有用的素材。这幅作品就藏在万树丛中，摄影师的眼睛要像猎豹一样灵敏，把隐蔽在丛林深处的"猎物"捕获

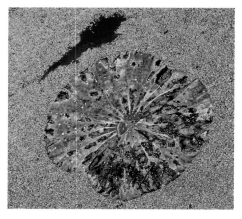

△ 水中残荷多如牛毛，如何从乱中搜寻可利用的画面，这就需要用冷静的眼力去发现，从纷乱中找出头绪，为己所用。这就是眼力的作用，发现是摄影创作的灵魂，没有发现就没有创作

二练: *扎实的理论和纯熟的技巧*

　　任何摄影专题，都需要扎实的理论支持和纯熟的技巧支撑，这是摄影师必须具备的职能特征。先用理论指导实践，再用实践检验理论，这是最正确的学习方法。没有这个作为基础，其他要求都显得苍白无力。

—— **理论与技术的结合才是创作的本钱**

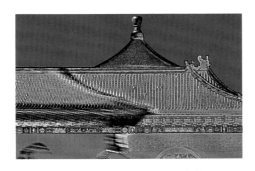

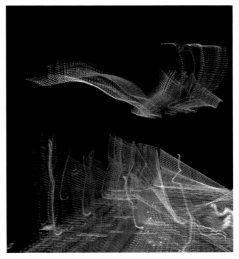

△ 作品《天坛》采用 HDR 方法完成拍摄。作品需要纯熟的技巧和创作理念的支持。只要有了扎实的理论基础，又掌握了熟练的技术手段，再也没有什么困难能阻碍你的创作之路。这幅作品表现了不同空间、不同灵感、神秘莫测的天坛

△ 夜景的拍摄更需要技术的支持。这幅作品没有使用三脚架，运用光绘的手法，手持相机在移动中曝光。借助不同颜色的灯光记录光的轨迹，捕获到一只在巨浪中高傲飞翔的《海燕》

三练: *机敏的大脑*

　　面对大自然的壮美，摄影师必须具有一个思维敏捷、反应迅速的大脑，在瞬间性和突发性的气候与光影面前，毫不迟疑地做出判断，启动第一反应速度，眼到手到、人机合一，将决定性的瞬间变为永恒。

—— **锻炼用头脑思考与判断的能力**

◁ 日落的低色温，给地面涂上了一层浓浓的红色，这种气氛刺激了大脑，由此拍摄出《血染边寨》作品。自然环境每天都在发生着变化，成功的摄影师，总能在日复一日的重复中，找到创作的灵感

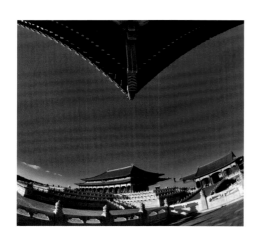

◁ 故宫天天有人在拍，怎么才能创新出奇拍出好作品呢？需要摄影师不断给自己出难题、设置障碍，强迫自己去解决。开动脑筋，采用各种手法进行尝试，这是锻炼大脑思考的最好方法。这幅作品以现代人的眼光观察古代建筑，利用超广角镜头去拍摄，达到了预期的效果

四练：博大的胸怀

　　"人和"是风光摄影师内在功力的综合体现。发挥景中有我、天人合一的艺术境界与忘我的创作精神。要有"方寸之间容天下，色域之中纳百川"的胸怀，在任何条件下都能做到不畏艰险、勇往直前，像猎豹一样，如饥似渴地搜寻猎物。摄影家心里没有辛苦和时间的概念，只有极具表现力的瞬间。

——练习用心胸去容纳并获取

△ 摄影人的胸怀，大可容天下，小可纳寸方。面对大好山河，以独到的眼光，熟练的技艺，将最完美的影像拍摄下来。获取永恒的记忆

▷ 对小型景物，摄影师更要细心全面，准确把握好被摄对象的"质感、形体、色彩"这三大基本要素，用无可挑剔的画面质量，将其展露于世

五练：练就良好的体魄

风光摄影都是在室外自然环境中进行的，摄影师不但要身负重物出没于人烟稀少的地方，还要经受恶劣天气与艰苦环境的磨炼。因此，没有良好的身体素质，是很难坚持并完成理想的摄影创作的。

——练就健康的体魄去忍耐和承受

△ 风光摄影是不能跟随旅游团出行的。为了获得独一无二的好作品，很多摄影师都是"独行侠"，从某种意义上说必须"独断专行"，才能完成独具匠心的作品。良好的身体素质，是外出创作的第一保证。这幅作品以太行山为目标，深入观察，寻觅最佳的角度，表现险峻的地理环境

△ 荒山野岭、穷乡僻壤，是摄影人最喜欢去的地方，也是考验个人身体素质的地方。实事求是地讲，没有一个好身板儿，是坚持不下去的。总想在条件优越、吃得好、睡得舒服的地方去创作，又怎能创作出新颖独特的风光作品呢？这幅作品以陡峭的崖壁和崎岖的小径，说明了这一道理

22.7 拍摄角度的变化

拍摄角度是指，在摄影创作过程中，镜头拍摄方向以水平面为轴心，做上下角度的调整，使作品根据不同主题内容，产生不同的视角变化，最终影响作品效果的一种构图形式。角度变化可以分为水平角度、仰视角度、俯视角度、垂直角度等。

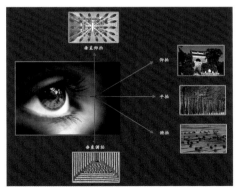

△ 拍摄角度示意图

水平角度

镜头拍摄方向与水平面保持一致的拍摄角度，被称为水平角度，又称平拍。在摄影创作中，这种角度最接近人的生活习惯，画面呈现出平稳祥和的特征，是摄影爱好者采用最多的拍摄角度，画面很容易被人接受。如果频繁使用，会产生观赏性疲劳，造成创作内容平淡乏味，无法实现突破。希望大家打破平拍的习惯，根据作品的主题需要去考虑用什么角度拍摄，在没有把握的情况下，可以多选几个角度拍摄，回去以后再进行对比分析，一定会有更多的认识和体会。

△ 油菜花与小石屋，在这个题材中，面积很小的石屋却成了画面的主体，大面积的油菜花，反而成了陪体。为了更好地表现石屋形象，采用水平拍摄去体现完整的石屋造型

△ 为了表现汉白玉栏杆丰富的层次，采用了水平角度拍摄。这种角度可以使透视的纵深灭点处在画面的中部，能更好地体现汉白玉栏杆的层次关系。如果角度太低或太高，都会造成比例的失调（追求特殊效果除外）

俯视角度

镜头方向以水平面为轴心，向下拍称俯视角度，又称俯拍。这种角度适合展现气势宏大的场面，是表现被摄对象顶部和地面关系的最佳角度。如果利用超广角镜头拍摄，会使画面产生明显的透视效果，适用于夸张画面的纵深感与宏大的场面。这种角度不利于表现天空效果。

△ 十月的黄河岸边秋意正浓，正所谓"乱花渐欲迷人眼"。低角度俯拍是表现宽阔诱人场面的最佳视角，作品中的景色犹如铺开的巨大地毯，浩如红色沧海，一览无余

◁ 俯拍多用于表现地面上的宏大场面。这幅俯拍的作品《苍山如海》，展示了我国宽广的地形地貌，气势恢宏，浩如烟海。作品利用淡雾作为媒介，空气透视明显，地面层次分明，色彩对比强烈，体现出俯拍的特点与气势

仰视角度

镜头方向以水平面为轴心，角度向上拍摄称仰视角度，又称仰拍。这种角度适合对景物进行夸张描写，是强调被摄对象高大形象与天空关系的最佳角度。如果采用超广角镜头近距离拍摄，画面会产生顶天立地、高耸入云的纵向透视感，使用这种角度拍摄，很难表现地面景物。

△ 用短焦距镜头仰拍，非常适合表现现代城市的建筑群体。楼群以纵向透视的汇聚现象出现，如同一把把利剑直刺云端。用这种视角表现高楼林立的现代都市，展示气势如虹、巍峨挺拔的建筑规模，十分得体

△ 这是一个骑兵战士的雕塑。为了体现战士高大的形象，采用短焦距镜头仰拍，将太阳控制在马头的后面，曝光严格控制在天空亮部，不做补偿处理，用剪影效果表现战马与骑士的英姿

垂直角度

以水平面为轴心，镜头向上或向下垂直拍摄，称为垂直角度。这种角度分为两种情况：第一种是垂直向上仰拍；第二种是垂直向下俯拍。

垂直向上仰拍一般是为了表现天空中的景物，或头顶上很值得拍摄的物体，如飞行中的鸟类、飞机或摩天大楼等。

△ 鹰击长空的机群，正是仰拍的最佳角度，借用彩色烟雾烘托画面气氛，表现出了令人震撼的飞行表演

△ 一串串的红灯笼装点着室内空间。采用垂直仰拍的手法，可获得放射式效果。这种效果容易产生强烈向心力，或者说是一种强有力的放射效果，画面虽不复杂，但视觉冲击力很强

垂直俯拍是体现地面景观的做法，展示地面有规律的建筑群、漂亮的地形地貌、成规模的动植物群体为最佳。目前，十分流行的飞行器拍摄，为摄影师开发出了一种新的视角，导致垂直俯拍也能频繁出现在各种新闻、商业和影视作品中。

△ 影友张学农的作品《大地的符号》就是采用飞行器拍摄的。他利用飞行器从高空垂直向下拍摄，一圈圈人工耕作的农田痕迹，在白雪中形成特殊的图案，使人产生奇异的联想，十分引人入胜

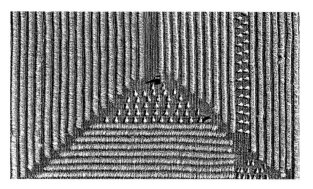

◁ 影友黄旭的作品《稻田韵律》，采用飞行器居高临下拍摄。作品以线条结构取胜，整幅作品如同有规律的线条图案，既美观又整齐。这是高科技带给摄影人的新视角，让不可能变成可能

任何一种摄影题材，都存在拍摄角度的问题。正确的角度选择，必须根据作品主题需要来决定。换句话说，拍摄角度的选择必须服从创作主题。随着科学技术的不断提高，拍摄角度也不断丰富起来。值得一提的是飞行器的出现，使摄影师的眼睛有了真正的"高度"。相机机身上的可翻转液晶显示屏，也为摄影爱好者提供了丰富拍摄角度的要求。

"拍摄角度"这个看似简单的问题，却对艺术创作影响甚大。面对一个拍摄场景，如果不加思索随便拍摄，其结果很难达到创作目的。如果通过仔细观察、认真分析，用刁钻的角度、适当的机位去表现作品主题，等于为作品注入了新鲜血液，一定会擦碰出创意的火花。因此，不断提高个人的艺术修养，勤于观察，仔细分析，大胆启用另类眼光去考虑角度的问题，一定能获取最佳的画面视角，拍摄出优秀的作品。因为任何成功的作品，都是在人的主观意识支配下完成的，那种现成的"拿来主义"是没有出路的。

在实践过程中，很多影友在拍摄角度上存在着概念上的混淆。总把机位的高低理解为角度的变化，这一点必须从理论上加以区分。实际上，无论你站在山上拍摄还是站在地面上拍摄，是站着拍摄还是蹲着拍摄，都存在拍摄角度问题。决定用什么样的拍摄角度，取决于镜头光轴与水平面的关系。这种角度上的变化似乎是小问题，其实是影响主题创作的大问题！

借此机会，给大家讲一个教学过程中发生的事情，希望能给您一点启发。我曾经给学生留过一个作业，要求每一位学员在自己最熟悉的地方画一个范围（比如自己家的居室内或小区内），强迫自己在这个范围内，拍摄 10 张照片。要求拍摄结束后拿给同样熟悉此地的人看，如果对方一眼就看出了这是什么地方，此成绩为不

及格。如果对方看不出这是哪儿，同时发出"呦！这是哪儿啊？"的疑问，此成绩为满分。很多学生拍了几次都不成功，让我帮他找出原因。我对他们说："在家里没人的时候在极为特殊的角落拍摄，比如躺在厕所马桶旁边向上拍摄，你看会有什么效果"。果不其然，第二天，一个学生兴奋地说，"老师，成功了，我妈没看出来"，并问我为什么。我说这个问题很好解释："因为你妈从来没躺在那看过"。这就是既简单又切合实际的回答。联系到摄影创作这个问题，刁钻的拍摄角度，就是解决问题的法宝之一。越是在你熟悉的地方，越要在角度问题上大胆设想，要学会"在自己最熟悉的地方去寻找陌生"，这是解决问题的根本，不信你就试试！

△▷ 这两幅作品说明了角度的变化会给作品效果带来什么样的影响。左图是在正常思维指导下拍摄的效果，由于拍摄空间小，一般情况下都会采用这种角度拍摄，只能说画面效果正常，没有什么突破。为了打破习惯性的观察规律，利用超广角镜头，大胆启用另类角度进行拍摄，其结果既解决了拍摄空间小的问题，又打破了一般的观察规律，画面的视觉效果一定很独特（右图）

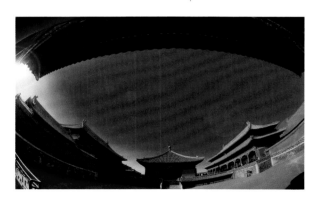

◁ 为了体现古老建筑独有的建筑风格，采用超广角镜头低角度仰拍，用极其夸张的手法展示古代皇家园林的院落，使古老的建筑焕发出时代的特征。故宫是全球文明的古建筑群体，为了更好地表现它的形象，以现代人的视角去观察古老的事物，这样才能给观者一种新鲜感

▷ 为了强调画面气氛，采用广角镜头低角度仰拍，在不大的环境里表现出宏大的场面，又以压抑的云层烘托画面的气氛，使作品达到了理想的夸张效果。拍摄每一幅作品都要认真思考

角度的问题，再做出拍还是不拍的决定，这是最好的创作习惯

[练习]

　　利用各种角度拍摄风光作品若干幅。要求以创作主题为出发点，大胆判断拍摄角度，在一个拍摄点多拍几个角度，通过后期进行比较，从中找出它们之间的区别与不同，逐步培养自己在创作中的鉴赏力与判断力。

22.8　光线的运用

　　自然光是风光摄影的主要光源。人造光在风光摄影中也能派上用场，在关键时刻可以为重要局部进行补光，还可以利用 B 门或慢速快门，通过光绘的手法为夜间景物进行移动照明，达到非常完美的夜景画面。这种移动照明，可以单人进行勾画，也可以多人同步进行勾画。在实践中，如果能抓住光线精彩的瞬间变化，就是在普通的环境中，也能拍出精彩的影像来。反之，在平庸的光线下，就是名山大川，也很难创作出理想的作品，可见光线条件对风光摄影的重要性。

　　自然光与人造光的表现是有区别的。人造光可以根据创作要求，随意进行人为调整，不受任何限制。"摄影用光"是摄影专业院校课程中，学习和认识光效的必修课。通过学习可以利用人造光自己动手制作各种光线效果。这种学习过程，能让学员真正认识到各种光线的效果和名称，为今后的摄影创作打下牢固的基础。更重要的是，通过这种练习，可以提高学员对光的认知度和光线效果的敏锐感。有了这种基础训练，面对任何复杂的自然环境也能泰然自若，绝不会手足无措。

　　自然光与人造光完全不同，它不能进行人为控制，只能根据阳光与气候的变化，进行被动的选择。摄影师只能因地制宜、因光定意，永远处于被动地位。因此，建

议摄影爱好者，多了解一些人造光的布光方法和光线效果，这对自然光的运用有很好的帮助。久而久之，你对自然光的认知度，会有一种全新的敏锐感，在光线的运用和选择上会有更明确的判断，需要光的地方一定要留足，不该给光的地方一丝不留，这叫惜光如金。这是对优秀摄影作品运用光效的要求。

◁ 通过这两幅作品，我们可以看出光线的正确选择对作品效果的直接影响。上图借助沙丘的结构特点选择侧逆光拍摄，画面呈L形构图，在阴影的衬托下，小树被光线勾勒出清晰的轮廓，在阴影中显得格外醒目。下图是顺光拍摄的景物，虽然有蓝天白云做陪衬，画面的构图形式与上图也很相似，但是，由于光线运用不当，作品显得 "缺油少盐"，清淡无味

22.9 正常的日光光效

这种光线是指白天有阳光的效果。这是风光摄影重要的拍摄时间，摄影师可以从容地进行创作。拍摄时，要留心观察阳光、景物、机位三者的照射角度与光影关系的变化，这是影响景物造型、达到作品主题意境的关键。

顺光效果

顺光对风光摄影创作不利。光线平淡，失去了明暗对比关系，也没有了重要的结构变化，很难形成立体空间效果，表面质感也不复存在了。只能通过景物自身的

外轮廓、色彩以及前后景物的虚实变化来表现自我。拍摄前需要仔细观察被摄对象，做出准确的判断后再进行拍摄。

△ 这幅画面就是顺光拍摄的作品。为了打破顺光过于平庸的效果，采用远实近虚的手法，将焦点对准远处的长城主体，把近景的长城安置在超焦距范围内，使其虚化，利用这种拍摄技法达到强调主体的目的

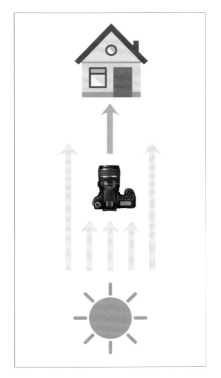

△ 为了打破顺光造成的平淡光效，利用被摄对象自身的结构变化与纯洁的白色，在蓝色的天空和绿色植物衬托下，达到了突出被摄对象的形象，强化作品主题的目的

◁ 风光摄影的顺光是指，太阳—相机光轴—拍摄景物形成同一方向的光线，这种光线对摄影创作不利，要想用这种光线拍摄，必须选择被摄对象自身的色彩关系、背景的反差、物体的结构变化以及虚实对比关系来换取作品的成功。如若不然，作品一定平淡无味

前侧光效果

前侧光能较好地表现出景物的结构关系与立体效果。这种角度的光线，也是天空偏振光相对较多的角度，对压暗蓝天、突出白云十分有利。容易使被摄对象形成比较丰富的层次变化与结构关系。

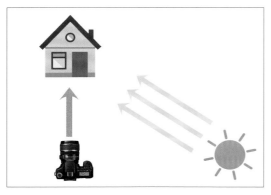

◁ 风光摄影的前侧光是指，太阳——相机光轴——被摄景物形成45°角左右的光效，这种角度可以使被摄景物产生较好的明暗关系和立体效果，是风光摄影作品较常见的光效

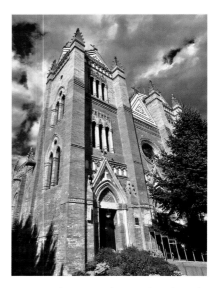

△ 这幅作品采用前侧光拍摄，体现出古城特有的建筑风格。前侧光将建筑的细节刻画得十分清楚，在绿色植物的烘托下，显得既古朴又庄重。整幅作品层次丰富、质感细腻，是前侧光的成功应用范例

△ 这幅作品就是典型的前侧光。在前侧光的作用下，教堂的结构关系交代得非常明确，画面色彩也很艳丽，哥特式建筑的完整细节刻画得十分精准细致

侧光效果

侧光能很好地表现景物的结构和表面质感。这种光线角度，正是天空偏振光最多的角度，是压暗蓝天、突出白云的最好方向，也是表现被摄景物表面质感结构最好的光线。

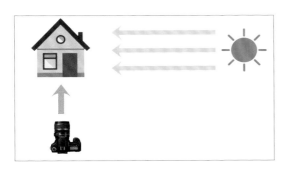

△ 风光摄影的侧光是指，太阳—相机光轴—被摄景物形成90°角的光线效果。这种角度能使被摄对象形成明显的明暗反差，是制造景物肌理效果最好的用光，容易形成丰富的光影节奏变化，是很好的风光摄影用光

△ 这幅作品是典型的侧光光效，画面明暗关系明确，古建筑的屋顶与现代建筑的造型都得到了最好的质感表现，作品的空间节奏也得到了强化。利用好这种光效，可以塑造出非常理想的摄影作品

△ 通过树的投影可以看出，这是利用侧光拍摄的作品。在侧光的作用下，天空的偏振光十分丰富，使蓝天更蓝，草地更绿，画面效果干净利落，展示出原生态的纯自然美

侧逆光效果

侧逆光是很好的勾边光，在风光摄影中也是很好的造型光，可以将景物的轮廓完美地勾画出来，使被摄景物形成漂亮的轮廓光，造成极为丰富的画面层次。

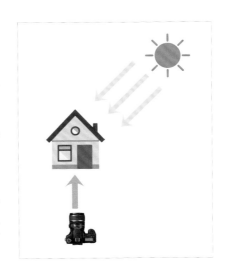

▷ 风光摄影的侧逆光是指，太阳 — 相机光轴 — 被摄景物形成135°角左右的光效范围。这种角度是很好的景物勾边光，是丰富被摄景物层次关系最好的用光光源

△ 在侧逆光的作用下，作品产生出丰富的层次结构，在低色温的阳光作用下，每棵松树都被勾勒出漂亮的金色轮廓，画面层次非常丰富，结构与质感十分清晰

▷ 侧逆光将长城勾勒出清晰的轮廓，在荒野中显得格外醒目。侧逆光塑造出的长城，坚韧挺拔带有傲骨英风之感。光线是有性格的，日出时朝气磅礴，中午时激情四射，黄昏时有气无力。抓住这些特点，就可以创作出富有情感的作品

逆光效果

逆光是制造剪影与轮廓光最好的光线，可使被摄景物获得极简的归纳与完整的形象概括。如果把逆光用在植物上，可以使植物的叶子产生透明的饱和色彩。能充分利用逆光进行创作，就可以获得非常理想的作品效果。

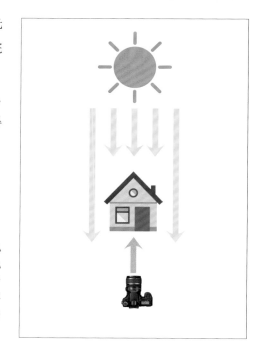

▷ 风光摄影的逆光是指，太阳—相机光轴—被摄景物形成180°对顶角的逆光照明效果。这种角度是制造剪影、透射光与轮廓光的最好用光，可以使景物得到很好的剪影关系。如果用在半透明物体上，这种逆光就是最好的透射光效果

▷ 这是典型的逆光作品，利用室外的自然光，让传统的窗格成为漂亮的几何图案，用开启的一扇窗户将室外的古塔框入其中，作品效果简约得体，显示出中国古代建筑的含蓄与文雅

◁ 把太阳隐藏在灯笼的后面，曝光要以天空的亮部为标准，就形成了典型的剪影效果。追求这种效果，关键在曝光控制上，千万不能曝光过度。这幅作品采用逆光拍摄，同时减少曝光量，促成被摄景物成为剪影的同时，天空的暖色也得到了保护，画面效果非常热烈，给人一种浓郁的民族传统特色

顶光效果

　　顶光对摄影创作有一定的局限性，在多数情况下很少使用顶光进行创作。除非特殊效果的需要。

▷ 风光摄影的顶光是指，太阳光自上而下垂直照射地面的效果，这种光效最适合拍摄峡谷和狭窄缝隙中的景物。对被摄对象的顶部和地面照明最充分，而景物的立面却照顾不到。自然光的顶光，会随着四季变化，发生角度上的变化。越到夏季，阳光与地面的垂直角度越正；到了冬季，阳光角度会发生较大的倾斜。拍摄时要注意这一点

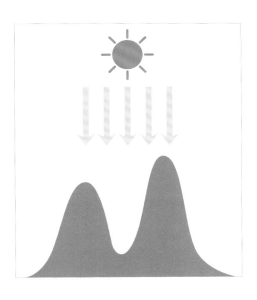

△ 中午的顶光是拍摄峡谷的最好时刻，顶光可以透过峡谷的缝隙照射到沟底，将地面与植被的组织结构和色彩关系刻画得淋漓尽致。可峡谷的立面岩石却得不到光照，正好作为深色背景烘托被摄景物，使画面的立意更加明确。这幅作品体现出中午阳光对峡谷的照明特点

△ 从画面中的香炉投影可以看出，这是顶光下拍摄的作品。景物只有物体顶部和平面被照亮，立面全部处在阴影中。正好烘托出青烟袅袅的香炉。在这种光线下，很难表现理想中的作品

底光效果

这是风光摄影中很特殊的光效。由于自然界中没有底光光源，因此，都是利用地面、水面等物体的反射光，或者利用地面的火光和人工辅助光源形成底光效果。这种光效在实践中运用得不多，而且都是小品级作品。但是，只要运用合理，效果都会不错。

△ 由于自然光没有底光光源。只能依靠阳光照射到地面所形成的反射光制作底光效果。这种反射光可以通过很多反光较强的地面材料形成底光，如水面、冰面、雪面、光滑的石头、地砖等

△ 这是利用冬季中午的斜射阳光照到地面后产生的反射光，形成皇帝宝座的局部光效，这种效果的形成为皇帝宝座增添了一丝神秘的色彩和一种威慑力

▷ 借助中午阳光与地面形成的底光，使兽头更加神秘威严。由此可见，时间段的选择与拍摄角度的控制，是自然光形成底光效果的重要控制手段

水平光效果

　　水平光是指早晚的阳光与地面成水平照射的光线角度，这是风光摄影经常采用的光线，也是风光摄影创作最出彩的时间段。

◁ 日出和日落的光线与地面形成水平照射角度，称水平光。这种照明效果可以造成地面景物很大的光影对比关系，形成丰富的结构层次。此时，太阳光的色温很低，冷暖对比非常明显，对摄影创作极为有利。这幅作品就是利用傍晚水平光线拍摄的《顽强的生命》

◁ 清晨的日光穿透芦苇，使原生态景物出现生机勃勃的景色。控制好曝光不能过度，让地面植物的质感与天空饱和的色彩得到最佳的表现，通过后期调整，使这种原生态的粗犷自然之美优于人工景观人为设计的理性美

△ 寂静的山村炊烟袅袅，阳光穿过山口，勾画了雪乡清晰的轮廓。晨光初上，唤醒了沉睡的人们，宣告新的一天开始了。拍摄这样的作品一定要控制好曝光，不能让炊烟的质感因曝光过度而失真

[练习]

　　寻找恰当的拍摄点，选择理想的光线效果，拍摄各种类型光效的风光作品若干幅。要求光效明确、结构分明、主题内容丰富，有一定的情节性和艺术表现力。

22.10 夜景的光线

　　拍摄夜景所利用的光线一般以月光、星光、火光、灯光等为主要光源。在野外拍摄主要以自然光为主，人造光可以作为局部补光使用。在人员稠密的城市和乡村拍摄，主要以人造光为主，自然光为辅。

人造光

人造光是指以建筑物自身的人造光为照明光源所拍摄的作品。由于晚间的明暗反差非常大，为了更好地表现出夜景的效果，可以采用以下几种拍摄技法进行创作。

（1）慢速快门拍摄法；

（2）多次曝光拍摄法；

（3）HDR 拍摄法等。

充分利用数码相机对光的高灵敏性，将绚丽多彩的夜景记录下来。如果你的拍摄功底深厚，还可以变被动为主动，放弃三脚架，利用光绘手法进行移动曝光，画面效果更为奇特。

△ 通过两次曝光完成拍摄。在日落后彩霞出现时以天空为曝光标准，进行第一次曝光，记录天空的色彩与质感。天黑下来室内外的人造光开启后，再进行第二次曝光，记录人造光的效果。用这种方法进行创作，既可以得到满意的天空晚霞，又保证了室内照明的准确曝光。这种拍摄方法是城市夜景的重要创作手段

△ 这幅作品完全依靠人造光照明，采用光绘手法拍摄。画面色彩明朗，动感十足，像一座神奇的天宫之门，吸纳着空中的能量。这就是主动性创作的优势，它突破了传统的拍摄方法，放弃三脚架，在相机的快速移动和镜头的快速变焦中完成曝光，形成一种全新的抽象作品

自然光

自然光是指以夜景自然光为主要光源所拍摄的作品，完全依靠月光、星光、火光等自然光源完成创作。拍摄方法与人造光基本一样，可以选择慢速快门拍摄法、多次曝光拍摄法、HDR 拍摄法进行创作，记录夜晚美丽的自然景色。

△ 以晚间的月光和星光为照明条件，利用长时间曝光，表现特殊的夜间景色。拍摄前，将白平衡设定到最低（2500K）进行拍摄，利用低色温的设置，使整个画面成为蓝色，一轮明月装点蓝色的夜空，体现了夜深人静、宁静安详的情调

△ 晚间的火光也是自然光的一种。随着天色逐渐变暗，利用农民烧麦秆的火光，即可成为很好的自然光照明。利用较慢的快门速度加稳定的拍摄机位，将这一画面完美地记录下来。虽然说这种烧麦秆的现象不环保，但是用相机记录下这种现象，正好说明"火"也是自然光很好的表现形式

[练习]

利用自然光和人造光以及采用不同的表现手法和要求，拍摄夜景作品若干幅。要求曝光准确，色彩鲜艳，主题明确，具有鲜明的时代特征。

22.11 发挥摄影镜头的作用

为了充分体现作品的主题思想，必须充分发挥镜头焦距的功能特点去表现作品的创作意图，这是风光摄影准确表达作品主题的重要环节。合理利用镜头焦距的成像原理，准确表现每一幅作品的创作理念。

鱼眼镜头

利用鱼眼镜头视角宽、景深大、畸变严重的特点，表现怪异的画面效果十分奏效。由于用它拍摄的视觉效果超乎寻常，所以很容易引起人们的注意，在众多画面中一定会很抢眼。现代的鱼眼镜头有两种类型：圆周鱼眼镜头和对角线鱼眼镜头（又称矩形鱼眼镜头）。

△ 对角线鱼眼镜头拍摄的图像可以充满画面，镜头视角达到 $180°$ 。用它拍摄风光作品，透视变形依然严重，视觉效果非常夸张。这幅作品的构图饱满，内容充实，弯曲的地面，变形的小船，与怪异的天空形成极其怪异的视觉效果

△ 圆周鱼眼镜头的最大视角已超出 $200°$ ，由于它的最大像场小于全画幅相机的聚焦平面，因此，拍摄的画面会呈现出圆形的效果，四角出现未经曝光的黑色区域。用它拍摄的画面，透视变形非常严重，形式感极其夸张，很容易吸引观者的注意力。这幅作品，采用慢速快门拍摄，动感强烈的窗外景观和因夸张造成的圆形车窗，让作品的视觉效果更加引人注目

超广角镜头

　　超广角镜头视角宽、景深大，仅次于鱼眼镜头。但是，镜头畸变却远远好于鱼眼镜头。尤其是新型超广角镜头，大量高科技手段的介入和新型光学材料的使用，镜头畸变得到了非常理想的校正。除了有横向与纵向的正常透视汇聚现象外，镜头的鼓形畸变被彻底消除，这对摄影创作非常有利。用这种镜头拍摄的宏大场面，都很成功。由于镜头焦距很短，景深很大，非常适合手持拍摄。

◁ 新型超广角镜头的纵向汇聚现象非常夸张，并没有出现鼓形畸变的情况。画面质感清晰，色彩饱和，非常好地体现出现代化大城市的宏大规模

◁ 通过这幅作品可以看出，新型超广角镜头只产生正常的透视汇聚效果，并没有出现鼓形畸变。这幅作品气势宏大，造型结构新颖、横向透视畸变正常，展现出了现代建筑简约时尚的特点

普通广角镜头

普通广角镜头视角小于超广角镜头，变形抑制更好，景深很大，是风光摄影较常用的镜头，适合手持相机拍摄。

◁ 这是用普通广角镜头拍摄的太行山。在雾天的气候条件下，被摄景物体现出非常细腻的层次与质感，作品磅礴的气势非同一般，普通广角镜头非常适合拍摄这类题材

◁ 普通广角镜头拍摄的雪景，画面细节表现充分，前后景深控制适当，作品没有透视变形的现象出现，质感与色彩的表现都非常出色

标准镜头

　　标准镜头和人眼的视角十分接近，镜头变形极小，景深较大，适合拍摄的题材很多，这种镜头体积较小，重量较轻，适合手持相机拍摄。

△ 由于标准镜头的视角非常接近人眼的视角，因此，这幅作品的拍摄效果，无论从视角、构图、透视效果都显得非常亲切

△ 作品采用标准镜头拍摄，因此画面的景深很大，长城的所有细节交代得十分清晰，透视变形控制得恰到好处。残破的遗迹体现出古代战争的激烈与残酷

中焦镜头

　　中焦镜头的畸变几乎为零，景深相对较大，镜头体积较小，景物表现真实，适合手持相机拍摄。

▷ 用中焦镜头拍摄金殿，视觉效果非常理想。画面没有任何透视变形，景物层次分明，形象逼真，整幅作品无论是色彩、光效、质感、比例，都相当到位

◁ 中焦镜头也非常适合拍摄小品，由于镜头畸变几乎为零，所以，小品的结构、空间、透视的表现都很正常。这幅作品拍摄的是树干的局部，画面效果完全证明了这一点

长焦镜头

长焦镜头的拍摄视角较窄，空间压缩感较强，能把较远距离的景物拉近拍摄。拍摄时最好使用三脚架，如果没有三脚架最好寻找较稳定的依托物支撑，如果选择手持拍摄，不但要求操作要稳，还要打开镜头上的光学防抖装置。如果使用三脚架，就要关闭光学防抖装置。确保画面的清晰度，这是使用长焦距镜头必须注意的问题。

◁ 这是用长焦镜头拍摄的白鹭，由于鸟类自我保护意识极强，人类不可能接近它们，只能采用长焦距镜头从远处拍摄，这正是发挥长焦距镜头作用的机会。在长焦距镜头压缩空间的作用下，画面中飞起的白鹭与环境都被压缩在一个空间范围内

◁ 长焦距镜头空间压缩感非常强。这幅作品中，其实两山之间的距离很远，可用长焦距镜头，将两山之间的距离压缩得很近。由于天气带有淡淡的雾气，画面中的色彩形成了近鲜远淡的效果，而且在淡雾的作用下，远处的山脉显示出淡淡的冷色

超长焦镜头

超长焦镜头视角更窄，空间压缩更严重。镜头的体积大、重量沉，非常适合拍摄更远处的具体景物。拍摄时这种镜头的图像位移现象非常严重，轻微的震动就会造成影像的模糊。使用时最好配合使用三脚架或独脚架稳定相机。如果用手持拍摄，要打开镜头上的防抖装置。如果使用三脚架，就要关闭镜头上的防抖装置。避免机械误差造成的影像模糊，这是使用超长焦镜头最重要的注意事项。

△ 这幅作品拍摄于武当山，由于距离很远，必须利用超长焦镜头拍摄。通过画面可以看出，画面空间压缩率非常大，房脊之间相互叠加在一起，非常紧凑。通过这种表现方式，将古建筑的结构关系都压缩在同一空间中，画面效果非常理想

△ 俗话说"十五的月亮十六圆"，用超长焦距镜头拍摄的月亮非常漂亮。当月亮刚刚升起的时刻，色彩呈现出橘红色，而且亮度也不高，非常适合拍摄。拍摄时必须使用重型三脚架。因为超长焦距镜头很重，如果不注意这些细节，会因快门开启时的轻微抖动，使画面中月亮的质感产生模糊现象（建议：拍摄时利用自拍装置，不要用手按快门，可以充分保证相机稳定。）

22.12 严谨的构图

风光摄影的构图非常讲究，要求也很严格。由于风光摄影的被摄对象都是自然形成的，摄影师根本无法改动，全凭摄影师的眼力去辨别，靠摄影师个人修养去理解和研判，最终落实到方寸之间。因此说，一幅优秀作品的确立，摄影师自身的功力起决定性作用。概括起来就是：必须做到构图严谨、主题鲜明、色彩艳丽、去繁求简。

由于摄影是框架艺术，相机取景器的四条边框是固定不变的，因此，每拍摄一张照片画面的框架都是一样的，要想获得理想的构图效果，必须经过后期修图这个过程，这是数码摄影重要的后期再创作过程。摄影这种框架式结构，无法摆脱取景器四条边框的限制，只能在固定死的方寸之间做文章。为了获得理想的内容，拍摄时，有些多余的景物不得不留在画面中，需要利用电脑后期进行必要的艺术处理，这个"再创作"过程是必不可少的。下面用曾经在《中国摄影报》上分析过的几幅影友的作品做一下说明。（为了尊重作者的名誉，在此不加作者的姓名，敬请谅解。）

（原图）　　　　　　　　　　　　　　（修改后）

△ 作品《雪山藏寺》，充满了作者对"雪山藏寺"的崇拜。在险峻的雪山面前，金碧辉煌的建筑让人肃然起敬。侧光的运用，使神秘的气氛与宗教的威严更加突出。如此神圣之地，却被几匹马和经幡打乱。虽然说，在实际生活中这是正常的现象，可对艺术创作来说这就是多余的。艺术创作就应该高度归纳和提纯，就像音乐演出过程中，出现了不和谐的杂音一样（比如手机铃声），这会严重破坏乐曲的完整性，让听众产生反感，可又欲罢不能

[建议]

利用剪裁或修图的方法，将画面下方的马匹和右边的经幡去除掉，使画面更完美，主题更鲜明。这就是我们常说的"做减法"。可能有人会说："有了这些马匹和经幡，才真正反映出现场的真实性"。这种说法在新闻纪实摄影中是正确的。可在艺术创作中就显得有些欠妥了。艺术摄影创作讲究的是完美，要求艺术创作要源于生活更要高于生活。"摄影是做减法"这句话谁都会说，可一到现实中，就忘得一干二净了。严谨的构图是用智慧的眼睛去发现，用精湛的手法去完成，毫无疑问，化繁为简，去粗取精，永远是艺术创作的核心。

△ 作品以云海、雪山、人物为主体，展现辽阔的视野和大自然的壮观景色。站在高山之巅的骑车人，远望前方，显示出高瞻远瞩的气魄。作品意境深远，主题明确。不足之处是，作者犯了想要保留的东西太多的毛病，画面主体过于凌乱，削弱了想要表达的主题。地面杂乱的黑色岩石，以及多余的天空，迫使主体人物占画面的比例大大缩水，作品应该表现的主题被淡化了。建议，利用裁切手段将部分天空和多余的岩石去掉，净化周边环境，强化作品主题

△ 作品经过剪裁后，以横构图形式出现，画面干净，人物突出，高瞻远瞩的主题气势更加明朗化。摄影就是要大胆取舍，多余的元素越少越好，真正体现"摄影是做减法"的实际意义。让观者一目了然，读懂作品想要表达的意图

△ 这幅作品表现的是藏传佛教"转经轮"的场面。作者利用短焦距镜头，通过控制景深的手段，让画面产生远实近虚的效果，强化作品的透视纵深感，突出藏传佛教特有的诵经方式。整幅画面气氛古朴，主题鲜明。不足之处是，由于作品采用对称式构图处理画面，使右面的窗户显得苍白无力，减弱了作品的视觉感染力。建议将画面进行大胆剪裁，去掉右边多余的窗户，采用均衡式构图，突出经轮与人物的关系。同时提高色彩饱和度，让画面内容更加饱满充实，体现新西藏的新气象

◁ 经过后期修改，画面的效果明显好于原作，作品的视觉冲击力也得到了强化。这就是后期"再创作"的作用，也是通过后期处理，强化作品主题。摄影爱好者必须加强这方面的锻炼，发挥"眼刁，手准、敢剪裁"的功力，做到"构图严谨、色彩艳丽、主题鲜活"

△ 这是一幅抓拍节日礼花的作品。画面中，一位观者正在用平板电脑拍摄燃放礼花的瞬间，成为整幅作品的兴趣中心。画面焦点是平板电脑，明亮虚幻的背景，衬托出电脑的造型。作品的兴趣中心主要在画面的左侧，可右侧的人头和手机，就显得有些多余，削弱并破坏了作品的完整性，使主题重心有些失衡。建议作者对作品进行大胆的手术，裁掉右侧多余的部分，用方构图形式，取代原有的画面。同时强化礼花的红色烟雾面积

▷ 经过后期处理的作品，主题明确，构图饱满，气氛更加浓厚，远远好于原作。这就是后期再创作的目的，使作品得到进一步的优化

画面的剪裁与取舍问题已是"老生常谈"的话题了，可很多摄影爱好者还总在这方面出问题，还给自己找借口说："好不容易拍到的画面，舍不得裁掉"。如果总用这种想法给自己开脱，你就无

法进步了。摄影在创作过程中，尤其在抓拍过程中，因框式构图的原因，很难把画面取舍得十分精准。为了加强隐蔽性，可能还要采取盲拍或抓拍的手法进行拍摄。这就会遗留下很多不可回避的多余内容。这样一来，后期调整就成了摄影作品再创作的必要手段，也是后期调整的重要过程。这并不是缺点，更不是错误，任何艺术创作都有这个过程。写文章叫润色，绘画叫调整……摄影创作也是如此。都说摄影是在做减法，后期剪裁就是做减法的重要手段，其目的是让画面更完美，作品主题更鲜明。

22.13 用色彩抒发情感

大家喜欢拍摄风光，除了被自然界鬼斧神工般的山河巨变所吸引，它那种充满微妙变数、梦幻离奇般的色彩，更是吸引摄影爱好者去拍摄它的动力。在视觉图像里，色彩是代表活力与生命的象征，色彩的存在，使地球充满了蓬勃的朝气。摄影师就应该利用色彩再现客观的世界，反映地球上一切影响视觉感知的现象。除此之外，还可以通过观察，将色彩按照个人的理解，合理归纳成抽象概括的画面。艺术家一直都在不断摸索如何更好地表达色彩，如何用更丰富、更简约的色彩语言，向观者传达某种情感信息。到了数码时代，对色彩的表达方式更加多样化，通过对色彩的理解和处理，向观者展现多样的视觉信息，为观者提供更丰富的作品，刺激他们情绪上的微妙变化。

作为摄影爱好者，要想利用色彩表现客观世界，甚至利用更抽象的色彩语言去展示自己的作品和个人理念，就要多学习一些色彩学知识，用于提高个人的素养和艺术鉴赏力。电脑技术的后期处理，就是推动这方面的工具，通过对作品的理解和后期的技术处理，让作品紧扣时代的脉搏，不断突破自己的创作理念。

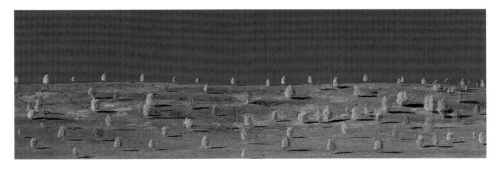

△ 这是一幅利用对比色完成的风光作品，表现秋高气爽的自然气息。作品打破了不能1/2构图的传统理念，有意识地采用1/2构图强化这种色与色的对抗性。充分发挥"摄影是做减法"的意识，将作品简约到极致

◁ 这幅作品以丰富的色彩展现自然之美。逆光的运用，使画面层次更丰富，色彩更艳丽。大地以宽阔的胸怀容纳万紫千红，将五颜六色完美地统一在一起，细心经营着五彩缤纷的世界

◁ 这是一幅以同类色完成创作的纪实风光作品，表现人迹罕见的荒漠。整幅作品以土黄色为主调，描写干枯的大地，干裂的山石。在这种生存环境中，人类显得十分渺小，简直不堪一击

△ "色彩"妆点着具象的世界，摄影师用眼睛搜索每一个角落，寻找可利用的色彩关系并将其记录下来。再通过电脑把这些色彩加以归纳提炼，成为理想中的艺术作品。这是一个非常快乐的艺术享受过程。在艺术家的眼里，具象的风光作品已经乏味，根据作者个人的理解，将具象的色彩演变成抽象的色块和符号，用这种创作理念，将人的思想带入无限的遐想与浪漫的空间中。左图和右图是完全利用色彩绘制成的作品，让观者敞开思路去随意想象

22.14 用单色表现风光

　　单色摄影是指只用一种统一的色调表现影像作品的创作方法，又称黑白摄影。用单色影像表现风光，是摄影又一种表现形式。在创作过程中，数码相机可以在彩色与黑白之间任意切换，随时可以改变画面的反差、影调关系和色调倾向。还可以先拍摄彩色作品，再通过电脑后期将彩色作品转换成单色作品，这是数码摄影具有无穷无尽创作手段的具体体现。

△ 用单色片表现，比彩色片更具吸引力。画面层次丰富，细节清晰，黑白灰的影调变化，是彩色影像望尘莫及的。还可以采用更多的表现效果进行制作。左图是正常的单色片效果，右图是经电脑后期处理的效果。两幅作品各有千秋，每幅作品都带有作者浓厚的感情在里面，用于感染观者的情绪

◁ 单色作品的应用，使皇家陵墓更显霸气。既消除了色彩对观者注意力的分散，又加强了作品内涵的渲染。这幅单色作品的视觉冲击力远比彩色强烈，地面与天空浑然一体，威严、神秘、崇敬之感油然而生

◁ 利用电脑后期制作，在单色作品中保留棕红色的芦苇，这也是一种表达方式，既丰富了黑白作品的视觉吸引力，又强化了作品的主题意境。这种创作手法正好迎合了本幅作品的主题印象，采用这种手法表达作品主题，已经不算新鲜事物了，在现实的影视作品中已屡见不鲜

◁ 黑白摄影又称单色摄影，扩大了单纯黑白图像的艺术表现范围。在黑白摄影的基础上，加强了与主题相吻合的色彩倾向（这种形式在胶片时代就已存在），丰富了作品的思想内涵，使作品的感染力更强。这幅作品加强了棕色调，既强化了历史厚重感，又使残破城垣更显悲壮

[练习]

利用单色拍摄风光作品若干幅。根据自己对画面的理解，采用多种效果表现，要求：作品的题材多样，质感细腻，层次丰富，主题鲜明，色调倾向要符合作品的主题思想。

22.15 利用数码后期进行再创作

数码摄影的前期拍摄，并不是创作的最后结果，真正的乐趣或者说完整的创作过程应该是：前期拍摄、电脑修图、打印出片。这是完整的数码摄影创作的全过程。电脑后期制作是数码摄影再创作的重要手段，更是艺术作品重要的升华过程。在后

期制作中，作者应该自己亲自动手对作品进行后期处理。不建议让别人帮你制作，因为每个人对作品的理解都不一样，很难做到画面意境百分之百的吻合。这种后期修复的可塑性与随意性，是传统胶片很难做到的，这一过程是一种艺术享受，也是艺术品位的升华过程，作者应该通过后期修图尽情地去享受这一过程。

通过后期制作，可以使作品效果更上一层楼，同时享受修图过程的快感。这种修图成功的兴奋与快乐只有作者自己知道。如果只管拍摄，不会做后期是非常遗憾的事，等同于工厂生产出来的半成品，无法投入市场。对每张照片来说，后期制作是必须的，但是要把握住一个标准，即制作效果不能超出主题要求。无论是色彩、反差还是其他效果，都要与主题相吻合，制作不当，反而会使作品失真。

△ 为了使作品获得最好的影像质量，最好选择 RAW 格式和 Adobe RGB 色彩系统进行拍摄，但是用这种存储格式拍摄出来的画面反而会偏灰，色彩并不饱和。必须通过电脑修图才能达到理想的效果。电脑后期处理，必须根据作者的创作意图进行。左图是作品的原片，图像偏灰。右图是经调整后的作品，色彩夸张，层次丰富，引导观者的思绪进入激情燃烧的岁月，因此定名为《边塞烽火》

△ 由于摄影是框架式艺术，拍摄时无法进行必要的取舍。又因为使用 RAW 格式和 Adobe RGB 色彩系统拍摄，画面严重偏灰。经电脑后期调整和剪裁处理，作品的构图、色彩、质感都达到了视觉上的完美与情感上的抒发

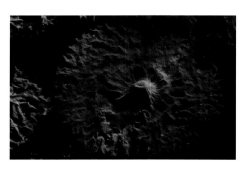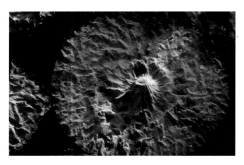

△ 作品《残荷》使用 RAW 格式拍摄，色彩饱和度很低。经过后期调整，色彩、质感、光影效果，完全符合创作要求，体现出后期制作的优越性

△ 这幅作品的原片与修正后的效果简直判若两人。通过后期修图，等于把作品的潜能全部挖掘出来，使最终的效果达到超乎寻常的完美。最后的结论是：电脑后期的再创作，是把摄影师的创作意图忠实再现的必要手段

　　由上面作品可以得出这样的结论，电脑后期处理是数码摄影必须做的事情，如果忽略不做，如同把工厂生产出来的半成品直接推向市场，这是对自己的工作不负责任的表现。我们可以把电脑后期看成胶片时代的暗房制作，所不同的是，电脑后期无需暗房，没有药水污染，没有任何制约条件。明室操作，随心所欲，这是电脑工作的最大特点。

[练习]
　　利用 RAW 存储格式拍摄风光作品若干幅，通过电脑进行后期处理。要求：通过后期调整，找出调整后和调整前有哪些不同。如果作品通过修改得到了升华，并且更加合情合理，练习的目的也就达到了。

22.16 数码芯片对蓝色的感知

很多风光摄影创作总希望蓝天清纯透彻，白云洁白如玉。在胶片时代，由于胶片中的卤化银具有对蓝光敏感的物理特性，导致蓝天和白云的反差过于接近。为了拉开蓝天与白云的反差，拍摄黑白胶片时，必须借助黄色、橙色或红色滤光镜，阻止蓝光通过，加大蓝天和白云的反差。拍摄彩色胶片时，必须使用偏振镜（PL）来压暗蓝天突出白云。这是胶片的物理特性所决定的。

现代数码相机芯片中的像素，对光谱中的蓝光却很迟钝，在表现蓝天时，无需添加任何附加镜，都能正常反映出蓝天和白云的反差。如果在镜头前加上偏振镜，蓝天的饱和度会更高，促使蓝天与白云的反差更大。需要提醒大家注意的是，数码芯片对蓝光迟钝，却对红光十分敏感。在拍摄红色物体时，红色很容易溢出，造成拍摄红色物体时，容易损失很多层次结构与细节。所以，在拍摄红色物体时，一定要注意选择好光线角度，避免使用顺光。在曝光控制上，千万不要曝光过度，抑制住红色的溢出。

△ 由于像素对蓝色迟钝，拍摄时不用偏振镜，只要拍摄角度合适，蓝天的色彩就能得到较好的还原，还可以通过电脑后期适当强化，蓝天的颜色会更饱和。这幅作品没加偏振镜，天空的蓝色仍然很鲜艳

△ 古老的城楼，在清澈的蓝天映衬下更显庄严稳重。布满战争创伤的门楼，激起人们对历史的追思，影像带给人们一种精神上的压抑和沉重的心情

△ 在行车的路上，一个酷似古埃及金字塔的土丘矗立在前面。迅速选好角度拍摄，没有使用偏振镜，蓝天与"金字塔"的色彩反差就很饱满，使简单的画面产生出强烈的视觉刺激

▷ 西北地区的天空清澈无比，数码摄影可以得到更好的发挥，安装偏振镜以后，蓝天的颜色会压得更暗，与白云的对比更强烈

22.17 突破思维僵化

演示《意念》这组作品时，我这样问学员，这是在哪儿拍摄的？学员们回答："沙漠"。也有的说"敦煌"。当我说这是在厦门海边拍摄的，同学们却感到很吃惊。为什么学员们会得出这样的结论呢？原因是人们在日常生活中沉淀了很多习惯性和概念性的烙印，一旦某种外界因素刺激了他的视觉神经，大脑立刻会产生对某些熟悉印象的反馈。正是这种惯性思维习惯，严重束缚了人们的头脑，使思维僵化，

思路变窄，同时也压制了艺术创作的发挥。而经过多年磨炼的艺术家，却能巧妙地突破习惯性思维，用横向思维方式反其道而行之，结合自身的才艺，将其转化为充满个性化的艺术作品，引导观者的思路向作者的思想意识转化。这就是"艺术既要源于生活又要高于生活"的原因之一。摄影人决不能被生活中的经验和感觉牵着鼻子走。要利用生活的积淀，结合所掌握的学识与丰富的想象力，将头脑中的瞬间意念转化为艺术作品。相信在你的周边地区，也许是较远的地方，有很多美丽的景色和辉煌的瞬间等你去拍摄。

◁《意念1》。作品表现的是海边退潮后遗留下的痕迹，痕迹高约1米，长约几十米，利用标准镜头趴在地面上仰拍的效果。光线条件为阴天，光线效果柔和。由于景物的高度较低，拍摄时要趴在地上仰拍，让饱满的构图促成西部特点的假象

◁《意念3》。沿着海边留心观察，岩石每一处的细微变化，都显示出大自然的造化与神奇。"鬼斧"力劈华山之力，"神工"巧夺天工之妙。创作之中，体味到人与自然的亲昵关系，进一步理解"天时、地利、人和"与摄影的重要关系

△《意念2》。借助风浪的侵蚀形成的肌理变化，促成了荒漠的印象。片片沙层就是时间积累的伤痕。利用影像激发学员对联想与猜测的训练，是个非常好的教学方式

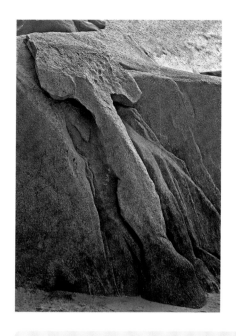

◁《意念4》。是谁制作出如此巨大的路标，日复一日年复一年地为人们指路？大自然的神奇匪夷所思。它为人类付出了那么多，可人类除了破坏，又为它做了些什么呢？通过这种引导，开发学员的创意思路

打破习惯性的僵化思维模式，大胆进行突破性的逆向思维方式进行创作，从不理解到理解，最后达到有意识、有选择性地主动创作，从中找到艺术创作的灵感。为了能快速找到打开思维僵化的大门，大家一定要多看多拍，临摹一些"高手"的创作模式和手法，强迫自己去拍摄，发扬"滴水穿石"的精神，一定能找到打开这扇"僵化之门"的钥匙。

[练习]

通过分析以前拍摄的照片，总结自己的拍摄习惯与思维方式，大胆寻找突破口。通过强制性释放，突破自我约束，重新进行创作。对比前后作品的区别，逐渐找到创新的思路。

22.18 风光摄影应该充分发挥"人和"的潜能

很多影友为了拍摄风光片，不远万里赴云南、奔新疆、走西藏，似乎只有到这些地方拍摄，才叫风光摄影，才能拍出大片来。其实不然。每个地方都有各自的地方特点，都能拍摄出很好的作品来。能在自己最熟悉的地方拍出好作品来，那才叫摄影高手。加强摄影理论的学习与基本功的练习，打破传统的思维方式，改变观察方法和拍摄习惯，提高自身的审美意识和艺术修养，才是解决问题的根本。希望下面的故事能给你一点启示。

深秋的坝上草原分散着几群羊。几位远道而来的南方影友正和牧羊人洽谈拍摄羊群的事。谈好价钱后，牧羊人立刻去集中羊群，往指定地点赶。而这几位南方的影友却跑到平坦的草场上等待羊群的到来。不多时，羊群裹挟着滚滚黄尘，夹杂着

羊倌儿的吆喝声由远而近。此情此景，我深感创作的机会来了。于是迅速选好拍摄点，快速果断拍下了《牧归图》。殊不知，那几位南方影友，站在平坦的草场上，会等来什么好作品？通过这个故事，我只想说明，风光摄影创作不是事先设计出来的，更不是花钱买来的。而是抓住"天时"的骤变，借助"地利"的优势，发挥"人和"的潜能，综合各方面的机遇与人的智慧，随机应变准确抓取得来的。

▷▽ 这两张照片就是故事里提到的情节。创作的关键在于正确思维指导下的应变能力。逆光下，密集的羊群、扬起的沙尘、若隐若现的牧羊人，成就了作品的结果。这个画面就发生在羊群集中的过程中

▷ 这是北京的北海公园，是人们经常去的场所，很容易产生因熟悉而麻木的现象。为了获得比较新颖的画面，必须改变思维方式，彻底更新创作理念，利用多变的角度，以外来者的眼光重新审视熟悉的地方。能在熟悉的地方拍出好作品来，是改变观察方法最好的练习，经常用这种方式锻炼自己的眼力，对摄影创作很有帮助。这幅作品就是以

全新的理念观察的结果，在自己最熟悉的北海公园拍摄出《琼岛秋色》的印象

△ 生活中永远有拍摄不完的东西。水，以无解的符号和狂野的激情展现在创作者面前，促成了抽象的影像作品《红海》。用眼睛去观察，用心灵去感受，永恒的创作机会，就蕴藏在我的心里。这一时刻，世上万物都能在自己的心里产生丰富的色彩与无限的遐想，这就是当代摄影创作者永远表达不完的创意时刻

△ 长城是我国独有的景观，也是摄影人最喜欢拍摄的地方，如何打破多数人拍摄长城的俗套，是考验摄影师智慧的试金石。采用以局部见整体的对比手法拍摄，获得了较好的效果，虽然有些危险，多加点小心还是很值得的

22.19 风光也要创新

风光摄影这个创作主题，在 20 世纪末就引起过激烈的争论，争论的主题是 "风光摄影的创作已经枯竭"。在这方面我也有同感，面对以前的风光摄影作品的确有些厌倦，总想有所突破。思来想去还是对以前的作品进行了修整，让其成为随我心意的画作，让画面产生一种既富有时代感，又接近画意般的视觉新作。

△ 《凌云奇峰1》。这是我心中的《千里江山图》，虽然远不如北宋王希孟的作品，但也是我心目中一幅壮美的画卷

▷ 《凌云奇峰2》。完全改变了山的形式与气势，使其形成现代科幻电影中的景色，给人一种既现实又抽象的视觉感受

▷ 《凌云奇峰3》。以气冲霄汉的视觉效果完成创作，画面打破了正常的气候条件，用超凡脱俗的画面实现了我个人的创作意愿

▷ 《凌云奇峰4》。画面朦胧抽象，似山似云，在漂在动，酷似仙境漂泊不定。这就是梦境中的景色，幻想中的境地，借此描绘出自己心中的世界

摄影创作绝不能思想僵化、墨守成规，必须与时俱进，有所突破才行。很多影友花了大量金钱购置设备，找导师、请模特，到很远的地方扎堆儿拍摄，这种精神既让人感动，又令人惋惜。这种拍摄结果很容易产生千人一面的效果。总结其原因：热情有余，收获不佳。采用这种方法进行创作，会使个人的创作思路陷入局限性，很容易出现有老师指导就能拍摄，离开老师就不知所措的问题。更容易养成"纵向思维"的不好习惯，这种思维习惯，是很多影友最容易犯的毛病，用这种思维方式创作出的作品，最容易简单化、平庸化。正确的做法应该是，采用横向思维的方式进行创作，养成独立思考问题，解决问题的习惯，从多原点、多角度考虑作品的创意。这种思维方法灵活多变，容易产生新颖脱俗的作品，对创作极为有利，是现代艺术创作理念的核心。

优秀作品的产生，仅凭热情是不够的，也是金钱买不来的。创作灵感需要艺术积淀的激发，靠老老实实的理论学习，踏踏实实的实践积累，以及多方面知识的积淀才能获得。这和在学校上课是同一道理，课堂授课是学习理论。课下的作业和毕业实习是理论与实践结合的过程。光有理论没有实践叫纸上谈兵，只重实践没有理论支持那叫蛮干。用理论去指导实践完成创作，再用实践去检验理论是否正确，周而复始，持之以恒，这才是正确的学习方法。

一位伟人曾经说过："在科学的道路上没有平坦的大路可走，只有在崎岖小路的攀登上不畏劳苦的人，才有希望到达光辉的顶点。"这句话同样适合艺术创作，只有通过认认真真的学习，老老实实的实践，在挫折中发现问题，在失败中总结经验，脚踏实地走好每一步，才能最终走向成功。在创作的路上没有近路可超。昙花一现的偶然性也是有的，可最后的结局会是"无奈放弃"。 借用毛主席的一句诗："无限风光在险峰"！ 对风光摄影来说再合适不过了。

风光摄影是一个庞大的摄影课题。美丽迷人的风景就摆在你面前，这会给人一种错觉，好像举起相机就能拍出好作品，让很多人都迷恋于它。可是拍多了，又感觉作品太一般，苦于找不出头绪和解决问题的办法。其原因很简单：所有艺术创作都需要系统的理论支持与艰苦的实践磨炼。国家一直提倡"工匠精神"，难道摄影就不需要工匠精神了吗？所有艺术创作都需要扎实的基本功，有了牢固扎实的功底，再加上正确的理论支持和美学修养，就等于开通了一条通向艺术殿堂之路。

第二十三章　摄影专题
静物摄影与广告摄影

23.1 静物摄影与广告摄影

　　静物摄影在摄影发展过程中一直占有重要的位置，直到今天，静物摄影仍在视觉艺术画廊中悄然发展着。它没有人像摄影、风光摄影那样轰轰烈烈引人注目，永远是默默无闻，悄然绽放。随着人们生活水平的不断提高，静物摄影逐渐成为人们生活中的一部分，一种不可或缺的精神文化。社会上的很多角落，都可以看到静物摄影的踪迹，它装点着人们的生活空间，美化着社会市容与精神世界。随着社会的不断发展，静物摄影早已走进了商业市场，悄悄融入了商品流通领域。除此之外，静物摄影还肩负着一项更重要的职能特征，那就是广告摄影的训练基础。

△ 这幅习作追求西方古典绘画风格。只用了一盏灯、一块反光板，经过合理的光线调整，在极其简陋的室内环境与普通道具下完成拍摄，画面效果基本达到创作要求。这足以说明只要想干的事，就应该努力去做，在信心面前没有干不成的事

△ 这幅高调静物习作并不是在专业摄影棚内拍摄的，而是在普通生活环境中拍摄的，以清爽宜人的情调，展现抒情浪漫的格调。蓝色的天空，洁白的窗纱，衬托着五颜六色的花朵，鲜艳夺目，令人神清气爽

23.2 静物摄影的功能与作用

　　在摄影术发明初期，由于感光材料的感光速度很慢，拍摄静物就成了最好的创作素材。摄影术历经了近180年的历史，现已进入数码时代，静物摄影依然盛行，而且更加精致秀雅，拍摄技巧和难度也不断提高，创作风格和内容也紧跟时代。它对现实生活的积极贡献和对社会的影响力明显提高。

△ 这是最早期的静物摄影作品。左图是摄影发明人达盖尔在 1837 年用自然光经长时间曝光拍摄的静物作品《画室》。右图由英国化学家塔尔博特在 1843 年拍摄的《开着的门》

静物摄影是提高个人艺术品位与摄影技能的台阶

　　加强静物摄影的训练，可以开发和延伸创作者的想象力，同时还能锻炼自己动手动脑的能力。在拍摄过程中，很多艺术表现手段和光线效果，是买现成的照明设备与附件做不出来的，必须凭借摄影师的想象力、创作力和动手能力自己制作出来。在不断的实践中，这种动手能力会越来越娴熟，越来越丰富，逐渐转化为摄影师自身的创作手段与拍摄技巧，直至发展成个人的艺术风格。在静物摄影师的眼里只有拍不完的作品，没有完不成的创作。建议初学者，静物摄影的创作不要过多依赖电脑合成技术。要尽量发挥前期的拍摄手段，靠自己的拍摄技巧完成创作。这对拍摄技术的不断提高是个最好的锻炼机会。当你能自己动手，熟练地控制并完成拍摄任务时，你的创作之路一定越走越宽，这叫艺高人胆大。也为电脑后期进行更深入的刻画与艺术升华，打下最好的影像基础。那种只能借用相机拍摄素材，再通过电脑合成完成创作的做法，事实上已经不属于摄影了。此时的摄影已成为设计制作的附属品——"收集素材的工具"。在国家级摄影大赛中，也为这种摄影作品单独设置了"创意摄影"奖项。因为这类作品的效果，完全颠覆了摄影的基本特性——"写真"，已成为某个人的特殊思维模式，将头脑里的某种意念通过电脑合成技术，突破时空的束缚，产生出超出现实生活的虚拟空间。这种创作完全是某一个人的认知过程，没有普遍性。如果用这种作品和纯摄影作品去评比，根本没有可比性，也是不公平的。现实永远是真实的，而想象是虚幻的，它可以做到突破现实、神通宇宙的梦境。电脑这个"小魔方"可以帮你完成想象中的一切。对摄影创作来说，过于依赖电脑的做法，对初学摄影的学员没有好处，其结果是惰性越来越强，离开电脑就什么也做不成了。能克服惰性，直接通过摄影手段拍摄完成创意的摄影师，才是真正的摄影高手，这也是我们学习静物摄影的目的。再加上能熟练掌控电脑后期制作，将前期拍摄与电脑后期合二为一，起到锦上添花的效果，这才是真正的摄影全才。

△ 这幅作品完全采用前期拍摄完成，并没有通过电脑合成。我相信，有了这个功底，就没有什么困难能阻挡你的创作。作品采用多次曝光，再经过电脑后期适当调整，达到了锦上添花之目的。画面动感十足、真实可信

△ 本作品利用多次曝光拍摄，再通过电脑后期修整后完成。作品中的字是真字，火是真火，这种做法可以保证真实的质感。更是开发自己的思维，提高自己技艺的手段。如果只用相机拍摄素材，再用电脑后期合成，学员不但学不到东西，还把提高摄影技艺的机会交给了电脑，那不叫摄影，应该叫作电脑制作。这是 Digital studio 数码工作室应该干的事，此时摄影已变成拍摄素材的工具了

静物摄影可以丰富人们的日常生活，美化人们的心灵

在日常生活和工作中，随处可见静物摄影的身影。人们可以根据个人爱好，从市场购买，或者从印刷品和画册中收集自己喜欢的画面，经过精心装裱后，布置在办公室和家庭环境中，起到美化空间，调节气氛的作用。

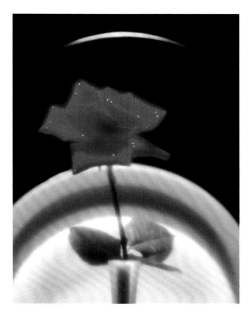 

△ 本作品采用虚幻的手法处理，非常含蓄地表现玫瑰花的美丽。黑色托盘衬托着红色的花朵，十分诱人。用它装点生活空间，可以缓解一天的疲倦，舒缓烦躁的心情

△ 为了加强这幅作品的视觉感染力，在原创基础上采用绘画手段做后期处理，让作品更接近纯绘画，在装饰生活空间方面，得到赏心悦目的效果

静物摄影已进入商品流通领域

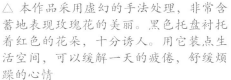

随着社会的进步，人们生活水平和欣赏水平的提高，静物摄影已不知不觉地进入了家庭、单位、社会市容等领域。远远超出了摄影创作的单一功能，变身为商品，为社会大众服务。

◁ 这是专卖图片和画框的商店，店内充满了各种风格的静物作品，顾客可以根据需要挑选自己喜欢的作品，拿回家中布置自己的生活空间，调剂自己的精神世界

静物摄影最适合老年人与行动不便的摄影爱好者

由于静物摄影不受天气影响和时间的限制，在家里就可以拍摄。而且拍摄内容十分随意，只要道具选择合适，光线处理到位，构图形式严谨，色彩搭配适当，就可以进行拍摄。照明光源可以利用自然光也可以利用人造光，只要处理好光效，控制好色温平衡就可以开始工作。这种创作的首要问题是创意构思。有了好的创意，根据画面意境选择合适的道具，并认真处理每一个细节，就一定能拍摄出理想的作品。不怕拍摄失误，就怕受挫停摆！

还可以通过画册寻找自己喜欢的静物图片，按照图上的样子寻找类似的道具进行临摹。主要学习画面上的构图、用光、设色，让自己的作品尽量接近画面上的效果和气氛。认真踏实地练习，一步步地接近画面上的作品效果，只要坚持，时间可以证明一切。

△ 这幅作品用的道具很少，一只玩具熊、一罐可乐、适当的沙土再加上蓝色的背景，经过认真的道具布置和恰当的布光，一幅《悠闲》拍摄完成。像这样的作品，完全可以在家里进行。最重要的是大胆的构思与合理的布局

△ 这幅作品更加简单，一罐可乐、一堆碎玻璃（平时在建筑工地收集的钢化玻璃残渣）、一盏蓝色的底光照明。占用空间很小，拍摄环境非常简单，重要的是想法和准确的定位

通过这两张习作足以说明，静物摄影的创作，关键是要有好想法，有了好的想法，剩下的就是选择道具、布置拍摄环境、布光、确认构图、确认曝光组合，最后拍摄。不需要多大的空间和豪华的设备。决定成功的关键是，敢想、敢干、细心和坚持。

静物摄影是广告摄影的训练基础

静物摄影在摄影这个大行业中，一直占有相当重要的地位。它既能成为一个专题摄影独立存在，还可以作为广告摄影的基础训练。实践证明，大量做静物摄影练习，

对进入广告摄影行业大有好处，通过练习从中积累丰富的经验，还可以对高难度的摄影技巧进行探索性的实验拍摄，为今后的广告摄影工作打下坚实的基础。分析其原因有如下三点。

（1）静物摄影完全是个人的创作行为，没有挑剔的客户，没有他人的干扰，创作目的以"表现我"为核心，是创作者为自己服务的创作行为，是为创意实施进行探讨的实习过程。可以做到想拍什么就拍什么，想怎么拍就怎么拍，任何人没有干涉你的权利。拍摄者以"我"为中心，展示个人的才艺。更重要的是以研制各种拍摄技巧为目的，进行大胆的练习，既满足了个人的爱好，也为了应对今后的广告摄影工作做铺垫。

◁ 家里每天都要做饭，利用这些现成的道具就可以进行静物摄影练习。这幅作品就是在做饭的时候拍摄的。俗话说："有志者，事竟成"。只要在平时多用心观察周边的事物，与静物摄影相互联系，随时保持"想拍要拍"的冲动，这对静物摄影的进步大有帮助。这幅作品就是看到"虾球"这道菜时产生了想拍摄它的欲望。经过细心安排，用柔和的软光源进行照明，再经过精心调整后就进入了实际拍摄。建议：通过变换道具、更换背景、改变照明效果、变换构图形式以后，还可以进行其他不同效果的拍摄练习。这是很好的创作习惯，借助现有条件，尽量开动脑筋改变创意结果，就能得到很多主动练习的机会。只要保持这种坚持不懈的创作习惯，我相信，经过日积月累的积淀，一定会有突飞猛进的进步

▷ 这幅作品完全从个人的理念出发，以夸张的色调表现意念中的情节。借助蜡烛光作为前景，用极低的色温强调神秘的气氛，突出武士的威猛与神秘的环境关系。作品的焦点对准武士的脸部，让烛光的神秘幻影激发灵光突现的效果，强化作品的神秘色彩

（2）广告摄影是一种付费的创作行为，需要有客户才能形成有效的工作程序。它的创作核心是 "我表现"，是我为客户服务、替客户表现的一种商业行为。他完全失去了主动创作的权利，一切创作都需要与客户沟通，所有创作必须了解客户的意图，得到客户认可后，方能进入实际工作，越是正规的大公司这种要求越严格。在拍摄的过程中，还要不断与客户进行画面上的具体交涉，才能做到万无一失，这是广告摄影工作的特点。现在的企业或单位都有完整的企业形象总体设计和产品的整体策划（CI 设计），他们每做一项广告宣传，都要严格按照总体设计来决定。广告摄影作品必须遵循客户的企业形象，符合客户的整体规划方可进行最终的拍摄，绝不能胡来。坚决杜绝那种不经客户同意，就随意拍摄的做法，那将会因盲目拍摄，失去客户对你的信任而丢掉这份合同，还会导致不负责任的坏名声外传，这是非常可怕的事。但是可以在正式拍摄结束后，借用客户的产品，进行个性化的自我创意性的拍摄练习，这种做法很值得提倡。它属于不放过任何创作机会，借花献佛，大胆进行创意性的自我发挥，不断提高自己创作思路的探讨性练习。

△ 这是为京华茶叶总公司拍摄的一幅广告。通过与客户沟通，以突出中国传统风格为创作核心，宣传公司形象为目的进行拍摄。作品以低调为基准，选择中国传统窗格为背景，青花瓷器为主体形象（青花瓷器由客户提供标准样），采用多次曝光完成拍摄

△ 本作品拍摄的虽然只是一碗面条，但是也要和客户做具体的沟通。就连碗的造型与图案，都要经客户同意，才能定型。里面的配料、颜色以及筷子的颜色都需要得到客户的认可。如果随意拍摄，其结果一定是白干，重来一遍。越是大公司，白干的可能性越大。甚至还会丢掉这份业务，原因是，你对工作太没责任心！失去了客户对你的信任

（3）虽然静物与广告在创意方向上存在着巨大的差异，但是，在拍摄技法上却有很大的共性。首先，二者都属于创作类型的题材。其次，两者的拍摄技法也大同小异。静物可以充分发挥摄影师的主观能动性，自由发挥的潜力极大，可以"有的放矢"地进行各种拍摄技巧的练习，是步入广告摄影行业最好的铺路石。

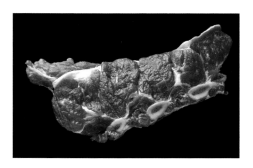

△ 有意识地对肉的色彩与质感进行试拍。在练习中，利用顶逆光强调牛肉的质感，保持相对准确的色温平衡，让机内色温略高于灯光色温，强调牛肉的鲜红色。这种练习对今后的肉类食品拍摄大有帮助

△ 在实际创作中，为了突出烤肉的质感，让画面略偏暖色。利用景深，虚化周边环境，突出烤肉的质感。做这种练习，对今后的广告拍摄大有好处。练习拍摄每一幅静物作品，都应该按照实战要求对待，控制好拍摄过程中的每一个细节，养成良好的工作作风，这是职业摄影师必须具备的专业素质

◁ 在实际工作中，把你平时掌握的拍摄技巧，加上对产品的理解，在得到客户的认可后，再进入实拍阶段。这幅作品表现的是头盔的安全性能，采用多次曝光的方法拍摄，达到了客户要求

　　从示例作品中我们可以看出，静物摄影与广告摄影的拍摄技法都是一样的，只是作品的创作目的有所不同。静物摄影的创作目的是摄影师自己，自由度是无限的。而广告摄影的创作目的是客户，受客户的制约，必须以客户的要求为核心进行创作，在具体表现上有很大的局限性。为了弥补这一缺陷，建议：在拍摄任务完成后，借题发挥，再按照自己的创意想法，继续进行拍摄。既满足了自己创作练习的需要，还能为客户提供新的思路，客户对你的工作态度一定会很满意。最终的结果一定是利大于弊，双方皆大欢喜。

　　有职业精神的广告摄影师，一定会利用他的空余时间大量进行静物和其他题材的创作，其中的好处是：①可以缓解因受客户制约而产生的压抑心情；②利用拍摄静物的机会，开发自己更大胆的创意和拍摄技巧；③可以把优秀的静物作品推向市场，开发新的盈利渠道。除此之外，还要利用外出的机会，进行其他题材的创作。比如拍摄风光、人物、纪实等作品，其目的是丰富自己的创作范围，增强各方面的艺术表现力，为自己的综合实力不断充电。

23.3 静物摄影的设备要求

　　静物摄影对设备的要求分为专业要求和业余要求。

专业要求

　　对拍摄场地和设备要求都很正规（在这里不做过多介绍）。专业与专业之间因拍摄方向不同，也存在着很大的差异，如拍摄汽车的与拍摄产品的，拍摄食品与服装的等，由于他们拍摄的分工不同，所需要的拍摄空间与设备条件都会有较大差别，必须加以区分。由于静物摄影和广告摄影的拍摄质量要求是一致的，因此，对设备要求同样严格，如果设备不到位，有些创意效果就很难实现。

△ 专业设备要求很严格，设备越齐全，对创作越有利

△ 专业摄影棚要有一定的高度、宽度和深度，有了高度的保证顶部就可以安装天花路轨，便于走线和安装灯具……总之，有了面积的保证，工作起来就更方便。各种条件考虑得越细致周全，拍摄工作就会越顺利

△ 专业影棚必须有设备库和道具库，这对拍摄工作的顺利展开非常有利。如果没有这两个库房，工作起来一定很被动。这两个库房无论大小是必须有的，而且分类管理必须井井有条

△ 数码工作室是现代摄影棚必须安排的，它的作用是：① 作品前期的创意设计工作；② 便于随时与客户沟通；③ 进行后期制作修图等相关工作；④ 其他设计工作。这是摄影工作室必须有的硬件

业余要求

对摄影爱好者来说，设备的选择非常宽泛。由于只是出于爱好，所以因陋就简，量体裁衣，能达到练习目的就可以了。随着拍摄水平的提高，拍摄兴趣越来越浓厚，对设备的要求也会越来越严格，应当采取循序渐进，需要什么再添加什么的做法，使自己的装备逐渐丰富起来。

(1) 相机最好以全画幅 135 数码相机为最佳。根据经济条件和拍摄目的，专业机型、业余机型以及微单都可以使用。如果经济条件许可，也可以选择大画幅和中画幅加数码后背的相机。

(2) 镜头最好选择与相机品牌一致的原厂镜头。如果经济条件吃紧，价格较低的副厂镜头也可以选择。

(3) 灯具选择价格较低的国产摄影专用灯具。闪光灯、连续光源的灯都可以使用。建议初学者先选择连续光源的灯，这种光源好控制。当你能熟练掌握布光方法，控制自如以后，再更换闪光灯。实际上，闪光灯与连续光源的灯都应该准备，因为在实际工作中，这两种灯各有各的用处。比如在拍摄视频效果时就必须使用连续光源灯。如果经济条件好，也可以选择专业品牌的灯具。

(4) 其他附件可以逐渐添置，从网上选择价格便宜、品种丰富的附件也是一种不错的做法，很值得考虑。建议：能自己动手制作最好自己做，这是熟悉光线效果，掌握光线控制方法的最好实习手段。

◁ 这是从网上下载的家庭小影棚图片，非常典型，几乎不占空间，拍摄微小静物基本够用（有条件最好面积再扩大一些）。最重要的是，拍摄一定要有自己的想法和设计，再根据构思设计和被摄对象的造型、色彩、质感去构图和布光。从这个小影棚中分析，拍摄条件存在较大的问题。① 拍摄者采用了直射的白炽灯拍摄瓷器，这会使瓷器表面产生讨厌的反光点。建议使用加强型柔光板使光线形成漫散射光。② 利用 "消色" 替换红色背景，避免影响瓷器的固有色，同时又能突出被摄对象的造型。③ 拍摄台过小，造成被摄对象离背景太近，会出现不必要的阴影。应该适当加大拍摄台的面积，拉开被摄对象与背景的距离，消除投影。④ 更重要的问题是注意防火。从图片上看，照明用的是白炽灯，热量很大，易发生火灾。地面上的电线、插线板十分凌乱，存在着很大的安全隐患。一旦发生火灾，后果不堪设想

23.4 静物摄影的训练

静物摄影的拍摄技法与广告摄影基本上是一致的。创作态度必须严肃，工作态度更要认真，这是获得优秀作品质量的基本底线，也是练习静物摄影的工作态度。充分利用拍摄静物不受外界干扰的特点，敞开创意思路，以突破技术难点为目的，让个人的拍摄技术在练习中不断提高。

23.5 被摄对象的选择

静物摄影的被摄对象非常广泛，所有静止的、漂亮精致的物体都可以成为被摄对象。选择被摄对象的方法有如下几种。

主动选择法

这种选择法要求先有创意，再根据创意去选择道具。这种选择方法，是由于拍摄者受到某些物体或信息的刺激，在头脑中产生创作欲望，并将这种欲望通过构思

整理，形成一幅作品的设计雏形（如果有能力就画出效果图），再根据这个设计挑选合适的道具进行拍摄。对于刚接触静物摄影，对拍什么头脑中没有概念的影友，建议你在画册或其他一些信息中搜寻喜欢的静物图片（也可以从绘画静物作品中去筛选），根据图片再去寻找符合条件的道具进行拍摄（道具只要类似即可）。主要学习图片中的拍摄技巧、用光效果、构图形式，我们称这种练习为临摹。在临摹过程中通过拍摄、改进、再拍摄、再改进，获取更多的实战经验。

△ 这幅习作临摹的是国外广告年鉴中的一幅作品。在生活中选择类似的道具进行临摹拍摄，模仿原作的拍摄效果、影调关系及处理方法，使作品尽量接近原作。从中可以练习很多创作手法和技术信息

△ 这幅习作是以画册中的样片为原型，根据原片再到生活中寻找道具模仿拍摄的。学习原作的画面气氛、光效处理、质感表达，使拍摄出的画面效果尽量接近原作。这种练习对静物摄影创作帮助极大

被动选择法

这种选择法是先有道具，受道具的刺激产生了设计雏形，根据设计去寻找与被摄对象相关的道具，最后再进行拍摄。这种选择方式，在工作中也经常出现。比如，在市场购物时，看到一件漂亮的物品，引起你想拍摄它的欲望，围绕这个物体组织道具并安排拍摄，一幅理想的作品即可诞生。又如，逢年过节亲友来家串门，送来一些水果或其他礼品，受这些礼品的刺激，产生想拍它们的意愿，等客人走后，立刻对这些物品进行筛选，经过一系列的构思和准备以后，即可进行实拍。在拍摄—调整—再拍摄—再调整的过程中，摸索成功的经验。

△ 这幅习作临摹的是国外广告年鉴中的一幅作品。在生活中选择类似的道具进行临摹拍摄，模仿原作的拍摄效果、影调关系以及处理方法，使作品尽量接近原作。从中可以练习很多创作手法和技术信息

△ 一次偶然的机会看到这辆玩具自行车，联想到假日出游。经过构思获得《假日》这幅作品的雏形设计。利用马赛克瓷砖作为地面，选一张风景挂历作为背景，采用直射光模仿日光效果，处理好景深关系后拍摄完成

希望影友们逐渐养成这种过目不忘的工作习惯，看见有意思的东西，都要过一下脑子，看看有没有利用价值，多花时间思考一下，采用什么方法能组织成一幅有意思的画面。时间久了就养成了一种职业习惯，这种思维方式对今后的创作大有帮助。

精心挑选、认真处理

静物摄影选择道具必须细致认真，如果忽略了这一点，作品拍摄出来一定会毛病百出，瑕疵毕现。我们主张，选出的道具必须做认真的修饰，就是完美的道具也要认真地进行挑选和处理，选最完美的角度拍摄。就是表现残旧主题的作品，也要挑选和主题相吻合、残旧到位的道具。必须做到"残有残的道理，破有破的规矩"。放到作品中必须达到，物体虽破而不失风雅，外观残旧而不缺本质的效果。这是静物摄影师必须做到的原则问题，不然你的作品一定会失去存在的意义。

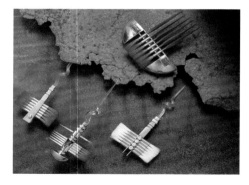

△ 为了表现头饰的精美，选择锈腐的铁板为底衬，利用大面积的柔光照明，使效果达到设计要求。寻找这些铁板，的确费了一些功夫，因为能找到腐蚀到如此程度的铁板实属不易。既然找到了，拍摄结束千万不要扔掉，一定要放到道具库中好好保存，方便以后再用

◁ 为了体现"机不可失，时不再来"珍惜时间的理念，利用老式怀表作为道具，采用对比烘托的表现手法进行创作，强调这种"惜光如金"的行为意识

23.6 静物摄影的创作构思

　　静物摄影的创作与广告摄影的创作同样严格，只是静物摄影的创作空间更广泛、更自主，如同天马行空一样独往独来。创意越独特，准备工作越要仔细认真，拍摄过程越要细心严谨，才能收到最好的画面结果，达到练习的目的。

心态的把握

　　任何艺术创作都需要保持良好的心态，这是对创作者最基本的心理素质要求。由于静物摄影的创作内容都是美好的、积极向上的，心情不好对艺术创作影响极大，甚至无法完成理想的构思。所以说，排除一切干扰，保持稳定良好的心态，以轻松快乐的心情进入创作状态，是最理想、最积极的态度。

▷ 快乐轻松的心情最容易产生理想的创作构思，简单明快的画面效果，正是心情愉快的体现。试想，在心烦意乱的时刻，你哪还有心情坐下来喝茶？更失去了进行艺术创作的耐心

◁ 把静物拍摄当成做游戏是个不错的心态表现，良好的心情会使游戏玩得更有意思。同理，好的心情也会使创作思路更灵动。反之，不好的心情会使思维僵化。因此，保持快乐的心态，是拍摄静物的正确选择。这组可爱的卡通玩偶刺激了拍摄的欲望，通过构思和准备，生活在胡同里的游戏男孩儿凝固于画面中

创作构思

　　静物摄影在拍摄前都要有一个认真的创作过程。无论是主动创作还是被动创作，最好能养成画效果图的习惯，这是保留创作雏形的最好方法。往往头脑里的创作雏形，会因时间的延长和各种事物的干扰而逐渐模糊起来，并且很难复原。随手画效果图是解决这个问题的最好办法，也是在创作过程中相互对比，归纳提高的手段。同时，采用横向思维创作法是最理想的构思行为，目的是从多个原点入手，以多元化的思维方式，在不断整合中完善自己的创意，最后选出一个最恰当、最完美的结果。

△ 这是一幅静物摄影作品，也是一幅广告摄影作品。为了能更准确地表现作品的立意，经过几次效果图的改进，最终决定采用这种画面效果。作品以暖色调为主调，在残旧的气氛中体现《百年孤独》的立意，俗话说："姜是老的辣，酒是陈的香"

小提示：简论"纵向思维"和"横向思维"

纵向思维： 是利用逻辑推理直上直下的单原点思维方式。这种思维方式过于程式化，是人类生活中惯用的思维习惯。它的特点是，合乎逻辑，通俗易懂，很容易被人接受。但是运用多了，就会落入俗套，使人的思维陷入僵化，无法产生新意。

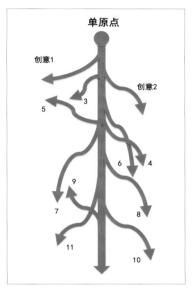

△ 纵向思维示意图：这种思维方式不利于创意出新。不利于初学者掌握创意构思的方法，对创作实践更没有好处。很容易落入俗套后无法自拔，让思维进入僵化

△ 这幅作品就是典型的纵向思维创作法。画面制作得再精细，也不会影响观者产生其他的想法，因为它就是一盘可以直接入口的美味菜肴，可直接用于饭店的菜谱介绍。画面拍得越细腻，印刷质量越好，只能说明饭店的档次越高，通过菜谱介绍就可以很直观地了解菜的外观。用这种纵向思维法拍摄的作品，具有非常直观的表现形式，不具备带有创意要求的广告宣传

▷ 这是一台收款机的商业片，采用的就是纵向思维法进行的创作。虽然画面虚实关系明显，主题表达清楚，但是作品直截了当地表现出商品与收款机的关系。这种表现形式只适合厂家介绍产品之用，无法产生更新颖离奇的视觉心理感受

横向思维：打破逻辑思维局限，将思维向更广阔的领域中拓展，是一种开拓式思考方式。跳出了纵向逻辑思维，以多角度多源点的横向渗透法设计出新颖离奇的创新作品。它的特点是效果新颖、时代感强、总有突破。这种思维方式最适合各种艺术创作，集各方面的智慧，全方位吸收最好的思路，一切为了"创新"。现代设计应该大胆吸收一些当代艺术的创意理念，颠覆一切传统艺术的表现形式，强调个性。把这种理念适当运用到静物和广告摄影当中，一定能突破传统的表现形式，让静物摄影和广告摄影紧跟时代，使作品的表达内容活跃起来。让新颖独特的作品在传播中产生巨大的反响。

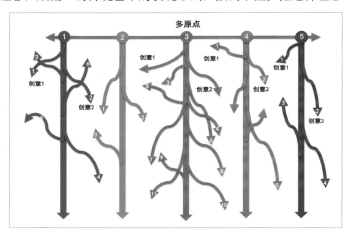

△ 横向思维示意图：这种思维是现代艺术中最科学的思维方式，可以展开不同原点、不同形式的思维渠道。容易创新出奇，能开发初学者的创作思路。要有意识地开展这种思维方法，为今后的创意设计奠定扎实的基本功

◁ 这幅作品表现的是一道名菜"腰果虾仁"。画面并没有展示这道菜完整的色香味造型，而是从厨师的角度出发，表现烹调时颠勺的过程。作品利用多重曝光的手段，体现出热气腾腾的颠勺瞬间，效果逼真，是一幅很好的静物作品，也是一幅成功的商业广告宣传片

◁△ 这四幅拍摄可口可乐的作品，就是横向思维方法的习作。四幅作品中，除了左上图为直接表现可口可乐品牌，其余三幅都加入了作者的奇思妙想，甚至有些不着边际。右上图将可乐与鸟蛋联系在一起，画面效果好像有些过分夸张，但是非常符合横向思维的创作理念。左下图将可乐瓶子用牛皮纸和麻绳捆绑起来，给人一种莫名其妙的束缚感。右下图荒漠之中急需水来补充，从可乐杯中倒出来的却是黄金，说明此时水比金子还贵重。经常用这种方法展开创作练习，对初学者开阔思路非常有帮助

在静物摄影创作中，采用横向思维方式进行构思，从多个角度、多种渠道去考虑问题，是解决创意难题的有效手段。摄影爱好者采用这种思维模式进行创作，是开发思维、拓宽创意手段最活跃、最有效的方式。

结构对比法

利用结构关系组成的画面，使作品产生节奏上的变化。排列整齐有节奏的画面组合，会使人感到相对的平稳有序。而排列混乱没有秩序的画面组合，会使人产生强烈的自由松动感。利用结构的变化去影响观者内心的情绪，能得到非常直观的视觉影响力。加强这方面的设计训练，对作品内涵的诉求，能起到很好的协助作用。

△ 结构是表现物体形态的关键要素，它的组合变化，对人的视觉导向以及内心感受能起到积极的作用。这两幅作品对观者的心理一定会产生不同的影响。左图中的物体排列相对规整有序，人的心理会产生一种相对稳定的节奏感。而右图的物体结构自然无规律，人的内心会产生一种活泼随意之感。所以处理好画面中物与物之间的结构关系，是影响作品主题与内涵的重要因素

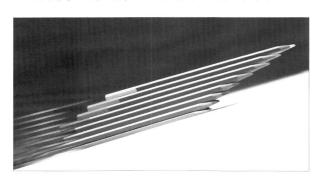

◁ 用铅笔组成的结构以45°角出现，人在视觉上会产生强烈的冲动感。画面用蓝白两色为背景的主色调，象征天与地的关系，强调铅笔的造型与上升的冲击力。采用这种结构形式拍摄，其目的就是要强调动感与视觉冲击力

色彩对比法

　　色彩在静物摄影中占有非常重要的位置。优秀的静物作品，除了有好的创意内容外，还必须具备"色彩、质感、形体"这三个基本要素。在静物作品中如果没有色彩的烘托，就像商品没有外包装一样，完全失去了应有的视觉感染力，如同患上了白血病，无精打采。静物摄影与其他摄影题材不同，由于其他摄影题材含有大量的内容情节与丰富的信息量贯穿其中，没有色彩反而更能突出作品的主题。而静物摄影的内容只有几件具体的物件，全凭色彩、质感、形体打动人，没有色彩的静物作品，就像患了色盲症一样无助。

△▷ 静物摄影中的色彩，是最先刺激人眼的视觉信息。合理的色彩搭配，会直接影响作品的主题发挥。左图以高调淡彩表现日常生活中的线轴与剪刀，给人以轻松明快的感觉。右图低调重彩的处理手法，能使观者产生一种沉稳压抑的心理感受。由此可见色彩对静物摄影之重要，是无法替代的

△ 这两幅习作，证明了色彩对静物摄影的重要。左图餐桌上的饭菜色彩诱人。右图同样的内容用单色表现，虽然形状内容没变，可诱人的色、香、味荡然无存

　　静物摄影的色彩运用，远远高于其他题材的作品，如果忽略了它的存在，会给作品带来灾难性的后果，从而失去了静物作品存在的价值。如果必须用单色表现静物作品，建议拍摄内容尽量做到画面简洁，主体单一。这种做法是利用单纯的黑白关系去表现更单纯的主体内容，确保画面内容不紊乱，使主题更明确。所以说，静物作品必须具备三个重要条件，"色彩""质感""形体"三者缺一不可。

△ 这幅作品采用最简洁的黑白灰，最具体的道具表现洋酒。由于画面内容非常简单，所以，主题效果比较明确，这是采用单色表现静物比较好的做法

△ 这幅单色静物只拍摄了一束鲜花，用被虚化的竖条纹为背景，同时保留一朵红色的小花作为点题之用，画面内容既简约又醒目，使作品的主题更加明确，这是利用单色手段表现静物作品的又一种方式

内涵对比法

内涵指的是作者赋予作品的主题思想，起到引导观者对作品内容进一步理解的作用。如果对同一主题，采用不同的处理手法与不同的道具，它一定会产生不同的主题变化。这种练习方法对今后的创作，尤其对广告摄影会很有帮助。

△ 这两幅作品所用的道具都是一样的，只是盘子上下调了个方向，背景由高调改为低调，作品内涵就产生了根本的变化。左图显得轻松明快，右图就显得稳重低沉

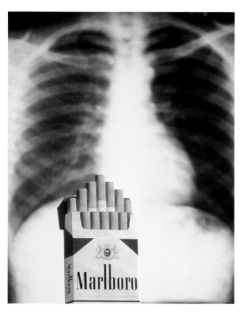 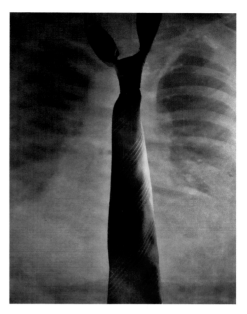

△ 静物摄影是一种拍摄空间小、道具小、表现内容灵活的摄影题材。作品中，无论是道具的变化，色彩倾向的变化还是光影关系的变化，都会影响到作品的内涵。左右两张图的背景都是一张胸透片子，左图的色调为暖色，道具是一包万宝路香烟，作品内涵直接映射"吸烟有害"的主题。右图色调为灰色，主体道具为一条冷灰色领带，画面显得十分压抑，作品主题映射"请关注您的健康"

　　创作构思是静物摄影的核心，虽然所拍摄的东西都很小，但是，它所表现的艺术范围却很宽泛，其影响力也很深刻。由于静物摄影的被摄对象都不大，因此它们之间位置的变动、虚实的变化、环境的处理以及光影关系变化，都是影响主题内涵的因素，真是牵一发而动全局。这就是静物摄影，看似很简单却充满艺术表现力的摄影题材。

23.7 静物摄影的表现技法

　　静物摄影靠具体的道具向观者表达主题，靠漂亮色彩去感染人的情感，凭借清晰的质感去诉说具体的内容。其表现形式都以优美的、进步的、积极向上为主题，通过作品让观者从中领悟到"真、善、美"。作品效果要做到"观其形、解其意、动其情"。静物摄影没有风光摄影那种气势，也没有纪实摄影那种情节，更没有人像摄影那种精气神。它只能平静地述说，无声地炫耀，小范围地、很含蓄地展示它的内涵。在丰富多彩的视觉艺术种类中，只能凭借自身小巧细腻的魅力抢占一席之地。因此，静物摄影必须以强调质感、炫耀色彩、突出形体为目的，做到主题鲜明、质感细腻、破旧立新，去赢得观者的眼球，抢占视觉艺术领域中的位置。一幅静物摄影作品的成功与否，只能凭借摄影师自导、自演、自拍去完成创作。换句话说，成功的静物摄影师是决定作品成功的唯一执行者。他应该是兼顾导演、摄影、美工于一身的全职人才。

写实表达法

这是一种最基础的表达方式，通过对被摄对象、相关道具、背景处理以及合理布光，充分展示被摄对象的形象。不添加作者过多的思想和情绪，以平铺直叙的方式进行描述。这种表现形式在广告摄影中，多用于产品的介绍。

△ 这幅作品以写实的手法拍摄，画面如实再现了物体的形状、色彩以及质感，通过这种真实的表达手法，刺激观者的胃口。这种表现手法，是初学者必须练习的，是进一步提高拍摄技法的必经之路

△ 这瓶葡萄酒以写实的手法完成拍摄。它是一幅静物作品，也是一幅广告作品。由此看来，静物与广告两者的关系十分密切，可以称作姊妹艺术

寓意象征表达法

这种表现方式采用间接含蓄的手法，展示作品的主题思想，引导观者进入回味和联想的隧道。这种创作手法必须采用横向思维方式，利用多角度、多渠道进行夸张描述。更可以借用"当代艺术"的表达理念进行创作。电脑合成技术在这里能起到重要的辅助作用。倡导初学者尽量用直接拍摄＋电脑后期处理的方法进行创作，这可以加强自身的拍摄功力，锻炼自己动手动脑的主动性，把电脑后期作为再创作的手段，为进入广告摄影行业做准备。

◁ 这幅习作是受到工艺品"小木屋"的刺激，引出想要拍摄的欲望。利用沙土、扫帚、作为道具，用烟盒里的锡纸制作月亮，用小镜子反射下弦月的效果。利用多次曝光拍摄完成，表现《新龙门客栈》的故事情节

◁ 为了用静物摄影表现中西文化交流，选择残破的中国彩陶和古希腊的头像作道具，用最少的道具，表达中西文化交流的大主题，正所谓"小题大做"，作品表现出的视觉效果简洁而明确

借题发挥表达法

借题发挥的意思是指，借助某一信息或某一物品为原点，发挥想象力，将其延展出更有意思的另一层含义。当我们受到某件物体或某种信息的刺激时，由此突发奇想，对这一信息进行更深入的、夹叙夹议的处理，使作品产生离奇的甚至超乎想象的效果。如果将这种表现手法运用到广告摄影当中，一定能达到相当成功的宣传目的。

▷ 由画册中的一幅图像，刺激了创作的灵感，导致这幅习作的诞生。画面中，老人头像的局部特写，引起了我的注意，是否可以用真实的烟卷将画中人物的行为继续延伸？有了想法就要实施，经过简单处理，完成了拍摄。美中不足的是，忘了把烟点燃

◁ 一个睡眼蒙眬的小熊，会使人产生很多想法。这种憨态会让人想到酒醉等形象。利用小熊的这种状态，借题发挥描写酒后昏睡的时刻，非常有意思。发挥想象力，对静物摄影与广告摄影非常有帮助

荒诞离奇表达法

为了释放创作者的内心情绪，夸张被摄对象的超常功能，或者说发挥摄影师个人的创作意识，采用横向思维方法，借助摄影手段和电脑修图功能进行处理，使其成为目前十分盛行的当代艺术作品。这种处理手法正是数码摄影的强项。可以充分发挥摄影师的潜意识，尤其对善于表现自我的摄影人，这个领域是他们发挥个人想象力的空间。将这种表达法直接用于广告摄影，一定能获得很好的效果。

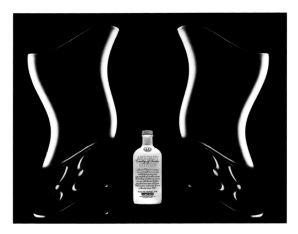

△ 很多人都喜欢喝酒，可酒喝多了就是祸害！社会上每天都有酒驾和因醉酒闹事的事情发生。基于这种原因，创作了《酒与患》

▷ 时代的飞速发展，使很多人感到跟不上形势，心中充满了各种矛盾与迷茫。在他们的心目中，困惑与纠结错综复杂地交织在一起

抽象表达法

　　这种表达方式要求作者必须具有较高的艺术修养和独到的见解。放弃感情及理性思维的约束，用非具象的视觉元素去展现主观情绪与精神世界。以构成的基本元素点、线、面、光、影、色为设计基础，组成似是而非的影像画面，给观者带来视觉上的刺激与莫名其妙的美感。现代广告和静物摄影用这种理念去表现作品，已不算新鲜。

△ 抽象的画面，似水非水，似形非形，到底是什么？还是留给观者去想象吧。这种匪夷所思的视觉感受，就是抽象表达法的魅力所在

△ 用抽象烘托具象，也是一个很好的创作手法。通过抽象背景的烘托，充分展现被摄对象的形象。这幅作品以抽象图案为背景，衬托太湖石完美的造型，其形式和内容相得益彰。由于抽象图案没有具体属性，它的出现，不但没有破坏主体形象，反而能更好地衬托太湖石"瘦、漏、透、怪"的造型特点

23.8 静物摄影的三大要素

静物摄影的创作核心，主要体现在质感、形体、色彩这三个方面。由于静物摄影做不到气吞山河的壮美气魄，只能追求一种精致与神韵。如果失去了细腻的质感、诱人的色彩与完美的形体其中之一，作品即宣布失败。这与广告摄影是一致的，如果广告摄影中的产品质感不清晰，色彩与实际物品不一致，造型也出现了误差，这幅广告一定会被客户"枪毙"。因此，可以得出这样的结论：质感、形体、色彩是静物摄影视觉传达的核心。

质感

"质感"是静物摄影视觉传达的第一道关口。它细腻的外在表现，会让被摄对象展

示出最佳的造型效果，让观者感到真实可信，甚至可以传达物体本身的软硬、冷暖与轻重。清晰的质感表现，相当于把被摄对象的肌理效果"视觉化"，有一种唾手可得之感。可以这样理解，失去质感的作品，等于失去了真实准确的物体外观形象。

△ 这幅作品采用白衬法拍摄，用白色背景勾勒玻璃器皿的黑色轮廓线。这种表现方法，可以将玻璃质感表现得十分准确。由于瓶体的边缘厚、中间薄，在递光下，闪现出中间白，四周渐变成蓝色的效果，十分讨人喜欢

△ 本作品以粗糙的肌理衬托发簪的造型。侧光是表现物体表面肌理效果的最佳用光角度。通过这幅广告作品可以看出，在侧光的作用下，粗糙的背景将金属发簪的造型准确衬托出来，使传统的发簪显示出古朴典雅的外在形象

对静物摄影来说，如果"质感"这道关过不去，会直接破坏色彩和形体的作用。换句话说，质感就是作品外在的真实表现，无论什么作品，只要被摄对象的清晰度

出现了问题，这幅作品的下场只能是被淘汰。

——质感是静物摄影的灵魂

形体

世上的物体千奇百怪、形态各异。静物摄影对所要表现的被摄对象都要进行细致入微的刻画。形体是所有物体的外在形象，通过光影的勾勒、角度的选择，把精湛的外观体态与动人的线条展现在观者面前，这是静物摄影最重要的三大要素之一。

△ 这幅作品表现的是一道菜品——扣肉。道具采用盘中盘的造型，表现这道菜优秀品质的同时又将金字塔的扣肉形象放置其中，显示出这道菜的品级。通过圆与方的形状对比处理，再加上色彩的搭配，使这道菜品成为了餐桌上的主角。这足以说明精致的形体造型在视觉表现上的重要性

△ "圆"是茶文化经典的茶具造型，在这幅作品中，除了瓷砖与茶叶包装是方形外，其余均为圆形。圆形是茶具的基本造型，也是人们日常生活中最常见的餐具形状，代表着和谐、圆满、团聚，是中国传统文化中最常见的造型

"形体"是物体外在表现的重要元素，是区分物体种类之间的符号。清晰的物体形状，是支撑静物摄影重要的框架，如果失去了准确的造型，静物作品就失去了支撑作品的核心。

—— "形体"是静物作品的骨骼

色彩

色彩是所有视觉艺术中最具刺激性、最先打动人、冲击力最强的视觉语言。它的变化直接刺激人的视觉感官，影响人们的内心情绪变化。一幅作品色彩的搭配是否成功，是导致作品成功与失败的直接原因。掌握色彩学知识，合理运用色彩搭配关系，是摄影师必须掌握的基本常识。

△ 这幅作品利用重彩与欧式风格进行创作，视觉效果十分厚重。饱和浓重的色彩关系，正是欧式古典绘画风格的特点，饱满的构图、华丽的装饰，将这一风格运用到了极致

△ 本作品采用中国画的风格进行创作，与欧式风格形成鲜明的对比，作品采用消色处理，简洁单纯，意境突出。中国画讲究"水墨丹青"，以高雅文气为典范

　　自然界的色彩千变万化，既丰富了人的视觉享受，又为艺术创作提供了取之不尽用之不完的创作灵感。艺术家巧妙利用色彩关系创作出丰富多彩的艺术作品，理论家经过长期的分析研究，将复杂的色彩关系，进行科学的分析和研究，形成一门完整的色彩学科，为后人的学习和运用，提供了合理化、系统化的理论根据。色彩是重要的美学特征，自然界的所有可视物体，色彩是最先被看到，最先打动人的视觉符号。

　　　　　　　　　　　　　　——"色彩"是静物作品的外衣

　　"质感、形体、色彩"是静物摄影创作的核心，这三项处理不好，会直接导致作品的失败。你的构思再好，创意再奇特，最终都要落实到这三项上。一旦出了问题，作品一定摆脱不了失败的命运。

　　到了广告摄影阶段，对这三项的要求会更严格，到时候挑毛病的可是"吹毛求疵"的客户。由于摄影师与客户是雇佣关系，摄影师是为客户服务的，客户挑作品的毛病是很正常的事，越是大公司挑剔得越严格。耍大牌的摄影师在这儿都吃不开。不客气地讲，广告摄影师就是一个"摄影商人"，对商人来说，客户就是上帝，商人没有了客户就等于失业，最终的结局一定是被社会所淘汰，这样的例证可太多了。

23.9 结构布局

静物摄影要求画面的结构布局必须严谨，因为静物摄影的表现空间很狭小，所表现的主题内容也很具体，所有道具都可以随意摆放，位置的变换直接影响作品的立意。在这个过程中，摄影师是决策者，所有道具的位置移动，都会影响到整幅作品的效果，可以说"牵一发而动全局"。摄影师在移动道具时必须考虑周全，小心谨慎，道具前后左右的位置移动，移动量的多与少，都要以作品的主题创作为准。

注重道具之间的相互关系

静物摄影从开始构思就必须考虑每件物体相互之间的关系问题。首先考虑的就是创作主题与道具之间的关系。比如：作品表达的是欧式风格的主题，可你选的却是中国传统风格的道具，这就在道具选择上发生了错误，必须加以调整，确保所选道具与主题相吻合。其次是画面中物与物之间的关系。比如：画面中的被摄对象是一瓶茅台酒，可你选择的酒具却是高脚杯，这就出现了道具关系上的差错。如果拍摄的是广告作品，这可就闹笑话了，行话叫"穿帮"。这种张冠李戴的问题在很多初学者的作品中经常会看到，必须克服。保证画面的完整和统一性，是静物和广告摄影布局最重要的原则问题。

△ "火锅"是中国传统食品，响彻大江南北。表现这个题材必须注意：①保持民族传统风格；②保证道具的统一性；③强调火热的气氛。这幅作品利用多重曝光突出了"涮"字，并将铜火锅放在画面的视觉中心，利用中式的窗格与温暖的色调，去营造餐桌上的火热气氛

△ 这幅习作洋溢着小资生活的轻松，画面中的所有道具，都与舒缓休闲相关，同时带有强烈的欧式风格。提琴、乐谱、野花把观者带入了休闲与浪漫的空间。试想，如果在旁边放一个香炉或青花瓷器，效果就不伦不类啦，那样的道具出现在中国古琴的演奏现场比较适合

画面布局要主次分明、合情合理

主题明确了，道具也选好了，在布置场景时一定要慎重，什么作主体、什么作陪体、距离远近、大小比例、疏密关系等都要考虑周全。要做到画面紧凑，兴趣中心明确，主题突出。

△ 八月十五是中秋节，也是吃月饼、庆团圆的日子。为了表现这个传统节日，专门定制了"嫦娥奔月"的巨型月饼象征满月，成为作品的主题形象。丰盛的食品和红色的蜡烛烘托传统节日的气氛。对称式构图和多次曝光的运用，使中秋节的喜庆气息更加浓厚

△ 这是一幅广告摄影作品，根据客户的要求，需要表现一种时空穿越感。作品利用黄土、青铜鼎、动物的牙齿代表流失的时光。通过局部光绘的技术处理，隐喻地交代了鼠标的功能，突出了作品的兴趣中心。毫无疑问，作品的主体是鼠标，其他道具均为陪体。浓重的色彩，明确的对比关系，一种时空穿越感表露无遗

23.10 环境背景的处理

背景处理得好，起到强化主题、烘托画面气氛的重要作用，决定一幅静物作品的成败。它就像戏剧和电影中的布景一样，决定一部戏的年代、时间、地点、气氛以及场面大小。如果不重视它，一定会减弱作品的视觉氛围和对观者的感染力。

选材

　　背景的选材是多方面的，可以购买（比如背景纸、背景布等），也可以根据主题要求动手制作。我们主张采用后者，因为动手制作有利于初学者学习，也符合作品的创意要求，更具挑战性。而通过购买的背景，一般都比较单调死板，多用于写实表达法或新产品的介绍。而动手制作的背景，可以根据作品的主题，有针对性地制作，效果比购买的背景更生动鲜活。如同戏剧和电影中的美工，他必须针对剧情的需要与导演的要求，认真制作每场戏的环境背景，用以配合剧情的发展。静物摄影的置景同样要和创作主题密切吻合，做到合情合理、相互呼应，起到烘托主题气氛的作用。

△ 这幅作品表现的是中国传统乐器古琴，背景营造出传统的中式风格。全部采用人工置景的方法完成，充分体现一种"中国风"的味道，效果十分理想

△ 这幅作品的创作初衷，是要表达电脑已深入人们的生活。采用多重曝光，将众多信息包容在作品的环境与背景之中，象征电脑在现实生活中无处不在的强大渗透力

注意背景与被摄对象的距离

　　在拍摄过程中，背景一定要离被摄对象远一些，这样既可以消除阴影，又避免了布光时主体与背景相互干扰的问题。这个问题看似简单，却是初学者最爱犯的毛病，在实践中，很多学员把被摄对象直接靠在背景上，使布光无法完成。如不改变这个习惯，拍摄就无法进行下去，创意更无法实施，实际拍摄时必须重视这一点。

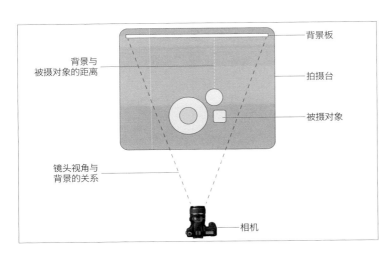

背景板

背景与
被摄对象的距离

拍摄台

被摄对象

镜头视角与
背景的关系

相机

◁ 实际拍摄时的平面效果图。在实践中，有两个问题必须注意：① 被摄对象与背景要保持一定的距离；② 背景的宽度一定要大于所用镜头的视角，避免背景穿帮

背景的处理方法

背景的处理要服从作品的主题需要，注意背景与被摄对象的烘托关系，既要服从主题要求，又不能与被摄对象争夺视线，造成喧宾夺主。

（1）单纯衬托法。这种衬托法多采用背景纸或背景布，以单色、渐变色进行处理。这种处理手法既简单，表现效果又单纯，适合表现平铺直叙的内容。在广告摄影中多用于无需创意，直接介绍产品外观之用。

△ 这幅作品采用单纯衬托法，以黑为底，衬托香水瓶的造型。效果简练硬朗，非常适合商业广告使用

△ 这幅作品采用单纯衬托法，用白色背景处理（也可以根据需要选择其他颜色），介绍葡萄酒的外观形象，效果非常直观。采用这种衬托法的目的，主要用于印刷制版时退底方便，这种衬托法在广告制作方面经常采用。因此对拍摄质量要求更加严格

（2）**置景衬托法**。这种衬托法需要根据作品的主题与画面情节的需要，制作一个既有环境气氛又有空间关系的"微型舞台"。具体一点讲，就像拍电影和演话剧一样，制作一个合乎剧情要求的微型"舞台"。这种效果比用电脑制作的虚拟空间更真实。

重要的是，初学者可以通过这种做法，开拓自身的创作思路，强迫自己动手动脑的能力。还能与电脑后期制作的思路相互连接，这是课堂上学不到的东西。通过长时间的磨炼使自己成为"导、摄、美"于一身的全能摄影师。

△ 利用镜面的反射，体现日常生活中的物品，也是一种商业宣传的手段，使观者产生一种视觉的新颖感。镜面中人物的出现，更能体现出手包的实用性。用这样的处理手法既现实又实用，让人倍感亲切（摄影师：李甦）

△ 围棋在中国有悠久的历史，为了表现好这一题材，采用了置景衬托法。利用实景制作的方法，展现围棋对弈的现场效果

（3）**画面衬托法**。根据创作要求，挑选与主题相关的图案、绘画、照片以及印刷品作为背景。这种衬托法可以达到真实的烘托效果，而且简便易行。但是，所选择的画面，无论是内容还是色彩都必须与主题密切相关。还可以通过外出选景，拍摄更理想的背景画面，根据实际比例打印成合适的尺寸后再进行拍摄。还可以利用高清投影仪，将选好的画面投影在背景上进行拍摄，效果很真实。

画面衬托法是一种非常好的置景办法，需要注意的是，必须严格挑选画面内容，要求背景和拍摄主体要相得益彰、浑然一体。也可以采用电脑合成法制作。但这里为了锻炼实践能力，达到学习的目的，要求学员不采用电脑合成法，必须采用画面制作法锻炼自己的实战能力。

△ 这幅作品采用绘画的方法制作背景。由于拍摄主体是一组卡通人物，所以，画面也采用卡通风格和白描的手法处理，使作品的视觉效果更合乎逻辑

△ 这幅作品的背景是专门外出选景拍摄的，通过打印制成背景后再拍摄。这种方法比用电脑合成麻烦一些，但是更真实。为了得到锻炼，用这种方法练习，对学生开阔思路、提高动手动脑的能力很有帮助，客户也很满意，可以说是一举两得

（4）多次曝光衬托法。 利用多次曝光的手法制作背景，可以将不同时空的景物合成在一起。还可以把相互矛盾的空间物体加以整合，丰富作品内涵，形成更刺激的故事情节，达到超乎想象的创意效果。这种练习对初学者拓宽创作意识是个最好的锻炼，多做这样的练习，不但对静物摄影与广告摄影有帮助，对其他类型的摄影创作也会产生影响。进行这种练习，不建议使用电脑进行合成，目的是锻炼自己的拍摄技能和动手动脑的实操能力。

◁ 本作品《茶文化》利用多次曝光完成拍摄，画面采用唐代茶圣陆羽的茶经作为背景，体现我国茶文化的悠久历史。拍摄效果具有较强的视觉感染力

▷ 用多次曝光拍摄的大香槟酒，是想表现瓶子开启时瞬间喷发的一刻。很多欢庆的场面都愿意借用这一喷发过程烘托现场气氛。多次曝光技术的应用，让葡萄的形象出现在背景中，潜在地告诉观者酒是葡萄香型。采用多次曝光完成拍摄，一定会给观者带来强烈的视觉刺激

（5）虚拟空间衬托法。 这种虚拟空间衬托法是通过电脑制作出来的，这种视觉现象会给人一种离奇梦幻的感觉。画面出现的空间关系，在日常生活中是不存在的。由于它大大超出了一般人的所见所闻，一种打破常规的新鲜感油然而生。既开阔了人的视野，又拓宽了商业运作范围，让人的猎奇心理也得到了满足。这种衬托法，电脑制作是必不可少的一环，视觉效果十分显著，多用于影视制作、商业广告和传播媒介，是当前影视行业普遍采用的一种制作形式。

△ 这幅广告作品就是采用虚拟空间合成的背景，它的好处是，用脱离现实的夸张手段，为商业广告开辟出一条全新的传播途径，也使作品中的物体形象更加突出，宣传力度更强

△ 作品采用虚拟空间衬托法制作，利用从太空中观察的地球效果为背景，象征电脑已成为全人类必不可少的工具，从百姓的日常生活到宇宙太空如影随形、无处不在

当前，虚拟空间的运用已经非常普遍，而且发展速度非常惊人。进入5G时代，虚拟空间的运用更加普遍，从艺术舞台展览展示到人们的娱乐生活，处处都有它的身影。

随着时代的发展，很多新的软件系统不断涌现，使虚拟影像的制作更丰富，几乎覆盖了所有视觉艺术空间，使视觉艺术的展示方向更广阔、更新颖。作为摄影爱好者来说，要想掌握这些技能的确有些难度，尤其是年纪大的摄影爱好者，掌握起来更加困难。这就是当今的数字时代，如果你不及时跟上，很快就会落伍。

23.11 临摹作品

"临摹"是初学者最好的自学途径，最适合在没有老师的情况下进行学习，甚至可以自学成才。在艺术院校的教学中，临摹大师的作品，是学员的必修课（包括摄影专业）。在一些已成名的艺术家当中，他们仍然在不断临摹前人的作品，从中吸取营养，不断改变自己的创作技法与艺术风格。

临摹作品的意义

大量临摹优秀作品，对学员的进步大有益处，可以借鉴大师的创作思想，学习他们的思维方式、拍摄技巧、用光、构图以及设色等方面的长处。学员从中会得到很大的启发。在视觉艺术中，大量的静物绘画和摄影作品为学员提供了丰富的临摹素材，这些素材是无声的老师，有心之人可以借鉴到很多有用的东西。

借鉴在艺术创作中有非常重要的实际意义，要懂得借鉴，善于借鉴。借鉴不是照单全收，而是吸取他人之长，弥补自己之短，扬长避短，不断进步，最终形成自己的创作风格。临摹是非常重要的学习过程，尤其对摄影爱好者来说，更是一种不可或缺、不断进步的途径。

△ 临摹大师的绘画作品早已有之，左图表现的就是 18 世纪的法国卢浮宫画廊的一角，所表现的正是艺术家临摹其他大师的作品，画面中的气氛十分火热。到了今天，临摹已成为艺术院校的教学中必不可少的内容（右图）。静物摄影也属于视觉艺术范围，临摹也应成为摄影爱好者的必修课

临摹的方法

从摄影和美术画册中去寻找自己喜欢的优秀作品，模仿作品的艺术风格和表现技法，不厌其烦地练习，积累经验。临摹的越多，你的收获越大。

△ 选择这幅作品，主要是临摹用光方法。作品只采用两只灯就完成了布光任务，一只主灯自上而下作为主光照明。另一只较小功率的灯从正面作为辅助光为椅子的正面补光，使椅子获得完美的造型效果。这种用光方法很值得大家学习（作品来自中国广告摄影年鉴作者：莫明）

△ 临摹这幅作品的目的是，学习作者的创作意识。作者表现的是办公用品"胶带"，他采用了一根结扎好的绳索表示牢固的连接效果，象征胶带可靠的黏结性。作者采用极其简约的象征手法，很好地体现了胶带可靠的性能，这种创意非常值得大家学习（作品来自中国广告摄影年鉴作者：张黎明）

△ 这是一幅具有古典风格的静物作品，作者选用了一把传统古朴的茶壶，用一条古香古色的彩带将画面贯穿起来，整幅作品显得十分完整。作品道具不多，画面却十分饱满。这正是我们初学者必须掌握的静物处理方法（作品来自中国广告摄影年鉴作者：刘肇胜）

◁ "极简"是临摹这幅作品的目的，通过画面我们可以看到道具只有两件。可画面效果却非常饱满充实，并且显得小红果越发醒目突出。这都是作者通过消色的运用，与交织的金属网塑造出来的空间所得。作者采用简约手法塑造出来的效果，正是初学者必须掌握的创作手法（作品来自中国广告摄影年鉴作者：陈辉州）

　　临摹本身就是学习，很多优秀作品的创作思路、拍摄技巧都很值得我们借鉴。只凭听课和做作业是很难全面快速发展的。借助临摹这种练习机会，相当于"偷学"大师的技艺，还不用交学费。但是必须记住"学有法，而无定法"。我国绘画大师李苦禅先生对临摹有一句非常中肯的话："临摹画，要杀得进去，更要杀得出来。"意思是说，临摹的态度要认真、仔细、深入，但不要一味地模仿。要学得进去，更要走得出来，取长补短，才能发扬光大。国画大师齐白石先生也曾说过："学我者生，似我者死。"两位大师的话非常中肯，告诫大家：我们学的是大师作品的内涵、技艺和精神，做到融会贯通、学为己用。这是临摹作品的精髓。

[练习]
　　在网上或画册中寻找各种风格的静物作品，认真分析作品的创作特点、表现技法、构图、用光等方面的技艺，从生活中寻找类似的道具，进行临摹拍摄。让模仿的习作尽可能接近原作风格，总结并吸取在临摹过程中的各种经验和不足，在不断改进中进步。

23.12 介绍几种拍摄技法

　　拍摄技法是静物摄影师的看家本领。一个技术娴熟的摄影师，面对高难度的拍摄任务会非常从容地应对，决不会不知所措。技术的娴熟，来自扎实的理论基础和刻苦的训练。"发扬工匠精神"可不是一句空话，要落实到行动上，只有脚踏实地，才能大踏步地不断向前迈进。

　　在拍摄技法中，比较特殊的被摄对象，是**"透光性物体和反光性物体"**。由于这两种被摄对象的材料比较特殊，在拍摄过程中，必须处理好光线的布控、环境的烘托以及曝光控制上的补偿关系，才能反映出物体本身的质感。

在曝光控制上，比较特殊的拍摄题材是"白中白"和"黑中黑"。"白中白"的意思是，在白色的背景中拍摄白色的物体。"黑中黑"的意思是，在黑色的背景中拍摄黑色的物体。这两种曝光方法比较特殊，既要保证原有物体的造型，还要确保"白和黑"的饱和度与纯净度。

透光性物体的技术处理

透光性物体分全透光体、半透光体、全透光与半透光混合体。它们各有各的表现特点，拍摄时要根据每种物体的特征，分别对待。

全透光体

全透光体是指玲珑剔透的全透明材料的物体，如透明玻璃、透明水晶、透明塑料等。这些物体具有透光和反光的双重性，在布光上必须慎重仔细。

黑衬法

利用黑背景衬托全透光体的造型，勾勒出全透光体的白色轮廓线，就叫黑衬法。这种衬托方法，必须使用黑背景，在全黑的环境下拍摄。在大面积的黑色环境中，依靠造型光勾勒出全透光体的白色轮廓线。利用硬朗的白色轮廓线，刻画全透光体的造型，环境越黑，黑白反差越大，画面效果越好，越干净。

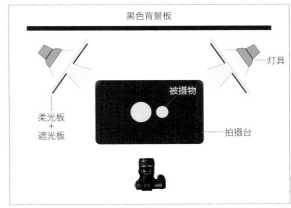

△ 黑衬法是拍摄全透光体的另一种方法。这种方法要求背景保持黑色，利用侧逆光勾勒出全透光体的白色轮廓线条。需要注意的是，造型灯前不但要加柔光板（箱），还要用遮光板制作出较窄的缝隙，缝隙的宽窄直接影响透光体轮廓线的粗细。拍摄空间要尽量保持全黑，避免被摄对象上出现光斑。测光时要以入射光的亮度为准

白衬法

　　利用白背景衬托全透光体的造型，勾勒出全透光体的黑色轮廓线，就叫白衬法。这种衬托方法，需要在全黑的环境下拍摄，环境越黑，黑色线条越漂亮。黑白反差越强烈，画面效果越好，越能显示出全透光体硬朗的质感。

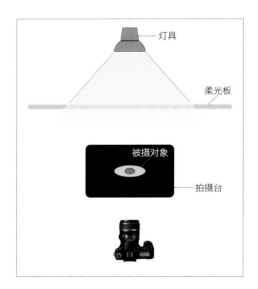

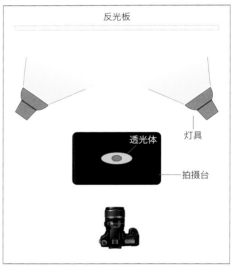

△ 白衬法的布光有两种方式。① 透射法: 利用灯光透过白色半透明背景板逆光照射，利用均匀的透光效果，勾勒出透明体的黑色轮廓线（左图）。② 反光法: 利用灯光直接照射哑光的白色背景板，通过白色背景的反光，勾勒出全透光体的黑色轮廓线（右图）。无论采用哪种方法拍摄，都要注意室内环境尽量保持全黑。如果室内有其他干扰光，都会在玻璃体上反射出讨厌的反光光斑，影响黑色轮廓线的纯度。测光必须以背景亮部为准，同时注意曝光补偿（白加）

混合法

这种表现技法是将白衬法与黑衬法结合起来拍摄，表现出来的效果非常离奇特殊。白背景衬托出透光体的黑色轮廓线，黑背景衬托出透光体的白色轮廓线，营造出的轮廓关系是黑白相反的混合体。

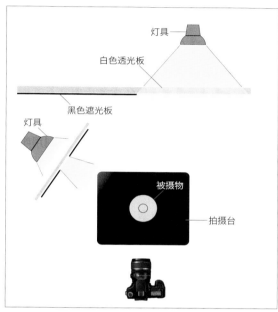

△ 把白衬法与黑衬法结合起来使用就是混合法。从本作品中可以看出，混合法所表现的效果非常有特点。白背景衬托出的是黑色结构线，黑背景衬托出的是白色结构线，拍摄出来的效果是将画面中的被摄对象一分为二，形成黑白相反的两种视觉关系

[练习]

根据全透光体的三种表现技法练习拍摄，要求认真选择道具的质量，质量越好，线条越挺直。严格按照每种技法的布光要求布光，通过实际拍摄，认真分析拍摄效果的成功与不足，不断改进，直到拍摄成功。

半透光体

这种被摄对象是一种有漫散射效果的半透明物体。如磨砂玻璃、半透光塑料、装有浑浊液体的全透光体等。实际拍摄时,充分利用半透光体具有漫散射特性的特点,既要体现透光体的质感,又要利用漫散射效果强调玲珑剔透的质感。

底光法

这种方法适合半透光体的拍摄。灯光不直接照射被摄对象,而是自下而上穿透半透光体的底部,使其产生由内向外发光的效果。首先要在拍摄台面上铺一张不透光的黑卡纸,在半透光体的底部位置开个孔洞,形状要和被摄对象底部形状一样,孔洞的直径要略小于被摄对象底部直径,目的是只允许光线从被摄对象底部向内部发光,避免孔洞的边缘向外滋光。充分利用半透光体的漫散射性质,营造由内向外发光的效果。拍摄空间要保持全黑。如果需要表现被摄对象外部的某些重要信息(如商标),还可以利用局部光源反光进行外部补光,或者采用光绘的手法进行补光,完成被摄对象的整体造型。

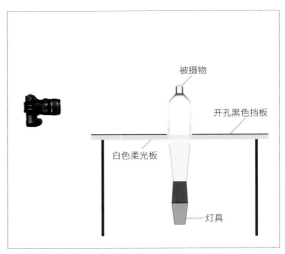

△ 作品拍摄的是一瓶伏特加酒,由于瓶体为磨砂材料,利用底光法照明,很容易形成漂亮的漫散射现象。具体要求是:① 采用深色背景衬托明亮的被摄对象;② 室内尽量保持全黑,拍摄效果会更好;③ 可以利用局部照明,进一步强调被摄对象完整的质感与其他重要信息

反衬法

这种方法适合用在道具多、被摄对象复杂的画面，为了不影响作品的整体气氛，又要保证半透光体的质感所采用的一种办法。此时，半透光体夹杂在其他物体之中，并不突出。为了突出它的形象，就可以使用这种反衬法拍摄，效果非常显著。布光方法是：制作一个大小与被摄对象形状基本相同的高反光片（如白纸、锡纸），侧立于被摄对象后面（以不穿帮为准），利用入射角等于反射角的原理，为半透光体补光，使半透光体的形状质感在复杂的环境中得到加强（如果条件允许，也可以配合使用底光法照明）。现在市场上有很多新型照明光源（比如 LED 灯），由于这种灯可以小型化，而且用电池就可以提供电源，因此将它制作成微型灯柱，隐藏在被摄对象后面或者放置在被摄对象内部，效果会更加显著。

△ 为了不破坏画面的整体气氛，还要突出酒瓶的形象，采用了反衬法拍摄。在酒瓶的后面安置了一片反光强烈的锡纸卡片，借用顶光直接反射到酒瓶的瓶身，形成非常明亮的绿色透明效果，使酒瓶在画面中显得十分突出

全透光与半透光的混合体

这种混合体是指在同一物体上，既有全透光部分，又有半透光部分的物体（如盛有半透明液体的玻璃杯）。由于这种物体具有全透光与半透光体的所有特征，具体的布光方法必须根据被摄对象的具体情况分别对待。可以用底光法，也可以采用底光加反衬法同时进行布光。

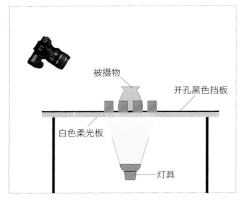

△ 这张习作是盛满浑浊液体的全透光玻璃容器。由于液体是半透明状态，具有良好的漫散射性，采用底光法拍摄，更能体现半透光体的质感与色彩。同时黑背景又清晰地衬托出全透光体明亮的边缘轮廓，使被摄对象形成清晰明亮的造型效果

[练习]

按照半透光物体的拍摄要求和表现效果进行拍摄练习。要求严格仔细地进行布光，一边布光，一边通过取景器观察，达到要求后再拍摄。通过反复练习，修正缺陷，保留优点，不断改进，在达到理想效果的同时，也增长了拍摄经验。

反光性物体的技术处理

反光性物体包括不锈钢制品、电镀制品、瓷器、漆器等。这种被摄对象在所有的被摄对象中属于较难处理的一种，但是，如果布光处理得好，画面效果会非常漂亮。由于它的外表像镜面一样明亮，能将对面的物体映射出来，会使物体表面形成异常杂乱的效果。要想消除这些反光，需要采用一些特殊技法进行处理，既要保留反光物体特有的光亮感，又要合理体现出物体表面特有的黑白间隔，这是表现反光性物体的重要技术手段。

归纳起来应该注意如下几个方面。

（1）根据被摄对象的造型特点，制作一个完整的白色无缝隙的空间，为创作提供最基本的拍摄条件。将被摄对象安置其中。这个白色空间最好根据被摄对象的造型自己动手制作，让光随形走，最终效果才能达到最完美。

▷ 这是一个简易的小型亮室，可以为拍摄全反光体提供最好的环境空间。由于购买的小型亮室形状都是固定的，而被摄对象的造型却千变万化，因此建议摄影师根据被摄对象的外形，自己动手进行制作或改造，在这样的条件下拍摄，画面效果才更理想

（2）根据被摄对象的外形结构，安置黑色吸光体，如黑纸筒、黑卡、黑条等。将这些黑体安放在被摄对象对面的合适位置上，通过相机取景器，观察黑体是否反映到被摄对象的正确位置上。边观察边调整，直至达到理想位置时固定下来，形成被摄对象明显的黑白间隔对比关系。

（3）背景要干净利落，还要离被摄对象远一些，避免被摄对象在背景上留下阴影或产生相互干扰的现象。背景最好选用消色（黑、白、灰），这种处理方法，既不干扰被摄对象的固有色，又可以更好地烘托主体形象。

（4）以上做法必须细心，因为任何一点瑕疵，都会在被摄对象上留下反光痕迹（包括摄影师和相机的反光干扰），给后期制作带来不必要的麻烦。

日常生活中，很多物体都是全反光体。它们的大小不同，形状各异，对拍摄效果影响很大。要想获得最精彩的画面，拍摄前要对道具进行严格筛选，道具质量的好坏直接影响拍摄效果。

红酒开瓶器

用黑色作背景，这是表现金属物体最好的背景颜色。拍摄时要尽量营造出主体与环境之间的黑白间隔关系，一些细小的灰色结构面也要注意保留，形成一个完整的立体造型。拍摄机位选择低角度拍摄，使小巧的物体产生高大的形象。测光以开瓶器为准，体现出开瓶器的高贵品质。（图见下页）

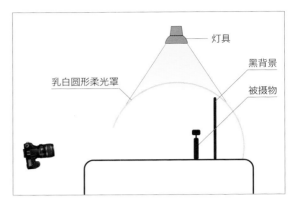

△ 红酒开瓶器的体积并不大，结构却很复杂。为了表现好它的造型与质感，制作了白色小亮室，同时在适当的位置安放小型黑色吸光片，使金属质感获得漂亮的黑白间隔关系，体现出完美的造型。需要注意的是，在安放黑色吸光片时，要通过相机取景器观察黑白间隔的位置，达到满意位置后固定下来即可拍摄

水龙头

造型奇特的水龙头也是很好的被摄对象，它和酒瓶开启器一样，既要表现金属材料的质感，也要注意龙头表面的黑白间隔关系。这幅作品采用白色为背景，体现水龙头的清洁与卫生。鲜艳的红色使水龙头的品质更显高档，采用对角线构图使画面更活泼。测光以水龙头为准，强调龙头细腻的质感。

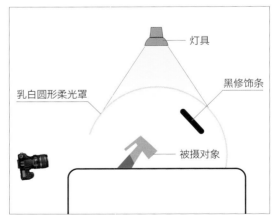

△ 水龙头的拍摄和开瓶器的方法基本一样，也要制作一个小型白色柔光室，所不同的是，背景改成白色。黑色间隔要通过相机取景器观察，确认好位置后，将其固定下来才能拍摄

金银首饰

　　金银首饰体积小、结构复杂，表面反光率高，因此，布光一定要仔细。必须采用大型的柔光板制造漫散射光，通过局部遮挡处理，使高档精致的首饰更加完美。

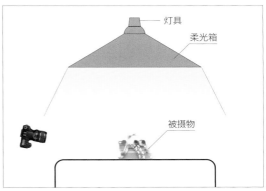

△ 首饰越多越容易造成杂乱的反光，为了保证画面的完整统一，必须用大于被摄对象十几倍的柔光板进行柔光处理，既消除了来自各个方面的杂乱反光，又使形状各异的首饰获得统一的光效。画面采用稳定的三角形构图，体现出首饰品种的丰富多样。选用粗糙的石头作为支撑体，衬托首饰的精美与奢华。利用较暗的背景烘托主体形象，同时测光的重点放在首饰上，确保首饰群体的细腻质感与形象

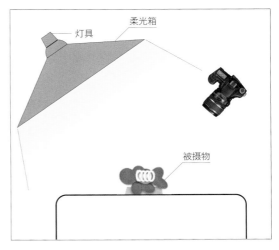

△ 用花衬托戒指的造型，效果也非常好。花的质感与戒指形成软硬、冷暖的视觉差，较好地衬托出戒指螺旋状的造型。大面积的柔光照明必不可少，红色是作品的主调，黄色叶子的穿插，使戒指的主体形象更加明确

瓷器

瓷器的反光率也非常高，拍摄这类物品，同样要保证强烈的亮暗反差，首先要制作一个环绕瓷器一周的白色柔光罩，勾勒出瓷壶近乎完整的边缘轮廓，用明显的边缘轮廓线勾勒出瓷器的质感与造型。

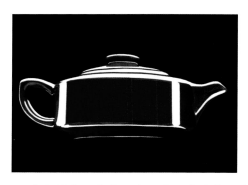
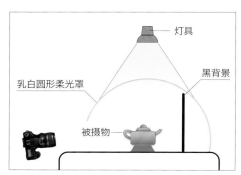

△ 瓷壶的釉面光滑无比，是一种非常强的反光物体。拍摄瓷壶和电镀的金属制品基本一致，要做到 "光随形走"，既要保证瓷壶准确的造型又要体现漂亮的白色轮廓线条，这是体现反光体质感最重要的手段

室外金属物体

在阳光下拍摄金属反光体，偏振镜是起不到任何作用的。为了表现这些反光体的最佳效果，只能采用曝光补偿的办法，用减少曝光量来减弱金属的反光，再通过电脑后期对作品进行增益处理，既压制了金属物体的反光，又使金属物体得到正常色彩与质感的表现。

△ 这尊观音铜像体积巨大，在阳光下发出耀眼的光芒。为了减弱金属的反光，在正常曝光的基础上，减少曝光量。再通过电脑后期进行增益处理，就可以获得最理想的效果。左图为减少曝光后的拍摄效果，曝光不足；右图为经电脑调整后，高光得到抑制，画面效果十分理想（要用 RAW 存储格式拍摄）

[练习]

　　按照反光物体的拍摄要求，选择优质的被摄对象进行拍摄练习。做到精心布置光线，使被摄对象获得漂亮的造型和完美的黑白间隔。做到不厌其烦，反复练习，从中摸索出规律。

"黑中黑""白中白"的技术处理

　　在静物和广告摄影创作中，"黑中黑"与"白中白"的情况经常会出现，它的技术难点在曝光控制和光线布控上。作品要求既要保证被摄对象本身的造型不能失真，还要确保黑色和白色背景的纯度保持不变。能精准地把握好这个技术难点，对以后的广告摄影创作能起到最好的帮助作用。

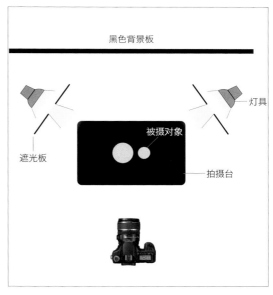

△ "黑中黑"的拍摄效果是，在黑的背景中，勾勒出黑色物体的白色轮廓线。物体的边缘轮廓必须清晰、硬朗、明快，不能含混不清。技术难点是布光手法和曝光控制问题。测光时，必须以亮部为准测光，保证白色轮廓线的质感。构图时，要注意让被摄对象尽量远离黑色背景，目的是避免布光时被摄对象和背景相互干扰。如果使用机内测光表整体测光，要注意曝光补偿"黑减"的原则。

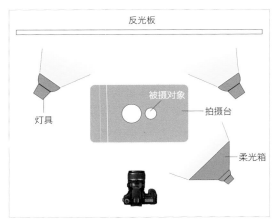

△ "白中白"的拍摄，要求在白色背景中体现出白色物体的整体造型。要求背景必须保持干净的纯白色，衬托出被摄对象的灰色转折面，塑造物体的柱状形态。技术难点是布光的手法和曝光控制问题，拍摄时，被摄对象要远离背景，避免背景光与被摄对象互相影响。测光时要注意背景的光线照度要高于被摄对象1~2级曝光量。拍摄时以被摄对象为曝光标准，如果使用机内测光表整体测光，要注意曝光补偿"白加"的原则

[练习]

　　根据"黑中黑""白中白"的拍摄技法和要求，练习拍摄这两种作品若干幅。要求画面中被摄对象与背景必须做到色调纯正，形体清晰，构图饱满，具有很强的艺术表现力。

拍摄实例

◁ 以人物为陪体做商业广告，也非常普遍，更能体现商品的功能特点与价值关系。这幅作品直接展示出人与厨具的密切联系，同时体现出商品的高档次。(摄影师:李甦)

△ 用麻袋片做包装的商品并不多见，这种装饰效果最适合用多次曝光去表现它的质感。逆光是最好的处理手法，经过合理的布光与测光，采用多重曝光完成拍摄。画面质感清晰，层次分明，视觉效果十分惬意

△ 咖啡豆研磨这一过程很值得表现。用小型研磨机作为被摄对象，把倒咖啡豆的过程合成在一起，将这两个不同时空关系，不同曝光速度的物体拍摄在同一画面中，充分展示"动与静"的有趣场面。通过实际测试，研磨机的曝光时间要长，用于体现摇把的动感；倒咖啡豆的曝光时间要短，控制咖啡豆在相对清晰的状态下略带流动感。经过多重曝光和后期适当处理，作品达到了理想的效果

◁ 在商业摄影中，对色温的要求很严格，拍摄效果必须和原物一致。因此，机内色温尽量保持和现场光的色温值相同，最后的拍摄效果才能与被摄对象的色彩一致。这幅作品确保了机内色温值和现场光线的色温一致，再经过后期细微的修整，画面中的青铜颜色得到了精准的再现

△ 作品利用两次曝光表现祈年殿与佛的关系。首先利用中午的时间找好太阳与祈年殿的空间位置关系，以太阳为准曝光（如果用机内测光表测光，就要大量减少曝光量，用以保证太阳的圆形），再将佛像安排在祈年殿的剪影处进行二次曝光，最终达到了符合创作要求的作品

△ 一则剃须刀的电视广告激起了我拍摄这个题材的欲望。利用多重曝光的手法和色温的控制，使作品达到了预期的目的，笔者认为比电视广告的效果更真实

△ 作品以简单的道具、明确的色彩对比，表现出最热烈的画面效果。在这幅作品中背景环境选择的是稳重的暖色，果实选择的是普通的西红柿，只是托盘选择了青铜器。这种混搭既简约又刺激，奢华中带有平凡，这也是静物摄影的另一种表达方式

△ 这也是一种静物摄影的表现方法。通过实物与绘画作品的呼应关系，产生一种现实与浪漫的结合体，让作品产生超强的魅力（摄影师：李甦）

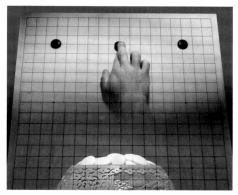

△ 从彩陶演化成茶壶的发展历程，经过了上千年的历史。用摄影手段将这一演化过程表现出来很值得拍摄。经过构思，用多重曝光的方法拍摄，以壶的剪影轮廓烘托彩陶的形象，画面既简练，主题又明确

△ 为了表现围棋这个体育项目，用"三连星"开局的方式，通过多重曝光使作品达到了想要表现的画面效果。对比色与渐变色的应用，将这一想法准确地表现出来

　　静物摄影表现的都是无生命体，看似很简单，但是，进入实际拍摄时才知道这里的复杂程度有多大。它和广告摄影的拍摄要求基本一样，业内人士曾经给广告和静物摄影一个切合实际的美称："摄影的皇冠"。这足以说明这个工作对摄影师的技术要求之高，艺术修养之全面，理论知识之扎实，都是数一数二的，没点儿真本事就端不起这碗饭。摄影家周仰（上海外国语大学新闻学院外聘摄影课女教师）说过一句十分中肯的话："静物本身是一种没有人的肖像"。这句话说得太精辟了。人像摄影的核心是什么？概括起来就是一句话："拍出来的人像要比本人更精神，内心世界的挖掘更深刻精准"。把这个标准放在静物摄影上也非常合适。静物摄影本身没有惊天地泣鬼神的能量，用句俗话说，都是"小打小闹"。这个小打小闹必须闹出个精彩来，从选择道具到正式拍摄，所有过程都要围绕这个小打小闹做大文章，最终的拍摄效果却要体现出"小物体大制作"的效果，展示出小物体的精致、漂亮、高雅的风格。它与广告摄影的拍摄过程完全是一致的，这"两位"都是完美主义者。多年的经验告诉我们，多拍静物，对提高摄影技能帮助极大，对进入广告摄影行业能起到铺路石的作用，对提高个人艺术修养有潜移默化的推动力。长此以往，对摄影师的耐心、精心、信心都是个磨炼。个人的艺术鉴赏力也会随之提高。这种业务能量的储备，对其他题材的摄影创作也能起到相互影响、互相促进的作用。所有这些积极因素归纳起来可以用三个词来概括，那就是思考、勤奋、坚持！

第二十四章 摄影专题

人像摄影

24.1 人像摄影

　　用相机拍摄人文,是一件功德无量的事情。它可以记录时代的发展,见证历史变迁,弘扬社会公德,鞭挞人间丑恶,这是社会赋予摄影人的职责。随着数字科技的不断发展,这一责任得到了弘扬和完善,吸引更多的人拿起数码相机,记录人间的情与怨,是与非。凡是有社会责任心、勤奋、热情的人都可与参与其中。通过深入社会生活,体察身边所发生的事件,就可以准确捕捉到具有时代特征的典型人物和具体事件。充分发挥摄影真实、准确、快速记录的特点,讴歌时代的精神风貌,达到个人艺术创作的目的。至今为止,摄影是最完美、最受群众欢迎的大众传播媒介。

　　"人像摄影"是一个广义的、大众化的摄影题材,包括生活、商业、新闻、纪实、观念等。可以说,有人的地方就有"人像摄影"。虽然拍的都是人,但是在用途、表现手段、技术处理上的差别却很大,每种类型都可以作为一个课题来研究。

生活类

　　人像摄影的基础课程。作品以抓拍为主,摆拍为辅,摆中有抓,抓摆结合。这类作品最贴近生活,易于操作,是所有专业人像课的基础,掌握越熟练,对其他专业课题的研究越有帮助。

△ 演出间隙,一群年轻姑娘休息调整的瞬间。一个姑娘被什么东西所吸引,向上瞭望的一刻,长焦距镜头加上大光圈,造成背景人物全部虚化,非常准确地将主体人物强调出来

△ 子孙满堂是国人的福气,也是高龄老人倍感欣慰的事情。这位老人带着自己的玄孙,显露出发自内心的微笑。为了不破坏人物自然的状态,采用隐蔽拍摄法完成创作

纪实类

纪实摄影属于专业人像课程。这类作品应该严禁摆拍，反对造假，内容包括新闻摄影、体育摄影、扫街抓拍等。需要有一定摄影基础的人，才能深入课题研究。作品主题针对性很强，"记录真实，拒绝造假"是它的创作核心。

◁ 在博物馆内，人们怀着崇敬的心情观看巨幅油画"开国大典"。现实中的人们，虽然服饰不同、年龄各异，可全神贯注观摩的状态和这幅作品产生了共鸣。真实记录画展现场，体现出你中有我、我中有你的画中画效果

▷ 画面中的外国人，骑着单车边走边拍，这一现象引起了我的注意，当他被某种信息所吸引而转身观看的瞬间，我抓住时机按下了快门

商业类

商业摄影属于专业人像课程（广告宣传范畴），具有熟练摄影技术与创作思想的人，才能进入课题研究。要求摄影师必须具有很强的创作设计意识，熟悉各种拍摄技巧和布光意识，还要有与客户沟通和交流的办法。毕竟它是一种为客户服务的工作，没有目的性和针对性的创作是没有实际意义的，也就谈不上商业摄影了。

▷ 为电信公司拍摄的广告作品。根据客户要求，需要表现早期无网时代的忙碌状态。用大量的文件夹和书刊制作环境，组合成忙乱的工作场面。模特在堆放的文件中寻找所需要的信息，面目表情十分无奈。作品得到了客户的认可

◁ 这是一幅商业人像，以表现首饰为主要目的。简约的首饰造型加上模特漂亮帅气的外表，使这一目的得到加强，达到了厂家的要求，得到了认可

创意类

创意人像属于专业人像课程（属当代艺术摄影范畴），具有熟练摄影技艺、有较强个性和创作意识的人，才能深入专题研究。这是发挥个人主观意识，张扬个性的创作题材。

◁ 用全脱焦的方法拍摄。似人？似物？画面呈现出虚幻的剪影效果，令人费解，也引人瞩目，给观者带来遐想空间。这也正是创意摄影所要的效果。创意摄影没有具体规则，完全是意念的表达

△ 作品《彷徨》表现人在遇到棘手的问题时不知所措的行为意识。利用不锈钢表面反射出来的影像，展示一种行为意识。让观者看到作品会产生一种匪夷所思的猜疑，这也是作品想要达到的效果

这里主要讨论生活中的人像摄影，因为它是初学摄影的人，最早接触，最先拍摄的内容，也是人像摄影的基础。当你能准确捕捉到想要获取的所有画面时，也就意味着可以进入更高层次的创作学习了。这种有目的创作，逐级深入的学习方法，正是没机会进入正规学院学习的摄影爱好者，最直接的自学方式，希望大家能理解并及时掌握。

◁ 随着数码相机的出现，摄影热潮已风靡全国，不分年龄大小，不分男女老幼，更不分职务高低，全民摄影的高潮已全面铺开

24.2 人像摄影的演变

摄影术发明之前，记录人像只能在画布或纸张上进行描绘。这种方式无论从技法、着色、形象描绘上，都取决于画家对人物的理解，以及画家本人的创作风格和绘画技法。因此，主观意识非常强烈。就是同一个人物，让不同画家画像，都会出现不同的视觉效果。自从摄影术发明以后，这一现象得到了弥补，从此人像的记录就以快速、真实、准确的特点，占据了所有应用领域。至今无人能替代它的位置。

△ 在没有摄影术的时代，记录人像，只能依靠绘画来完成。左图是西方早期的人像绘画作品。右图是中国早期的人像绘画作品。这两幅作品充分说明，地域的不同、技法与表现手段的不同，直接影响了作品的最终效果

△ 早期摄影作品：左图是摄影术发明人——达盖尔。右图是摄影术发明人——尼尔普斯。这两幅作品充分说明摄影作品快速、真实、准确的记录特点

24.3 人像摄影的解析

　　人像摄影是指，用相机将人的内在性格、外貌特征和人与事物之间所产生的因果关系，如实记录下来的一种写真行为。人像摄影具体可分为"人像摄影"和"人物摄影"两大类，在摄影创作中属于最庞大、最富有生命力的摄影题材。在社会的各个层面都可以寻觅到它的踪迹。它与人们的生活最亲近，时代烙印最明显，它是永恒传世的影像素材。

◁ 这是一幅典型的人物作品。广场上，人物表情各异，整体气氛悠闲，体现出和平年代，人们无忧无虑、悠然自得的生活状态

△ 这是典型的现代年轻人的形象。社会的进步与精神的文明，使人们的生活更加无忧无虑。通过相机镜头，随时可以将这一现象记录下来。这幅作品准确地摄取了姑娘们轻松愉快的度假生活

△ 这是一幅典型的人像作品。通过人物憨厚的笑容、悠闲的姿态，体现出他对现实生活的满足。阴天的散射光以及低角度的仰视，将这一形象体现得淋漓尽致

△ 摄影术的发展，记录了历史，让人们看到了过去历史的痕迹和先人模样。这都应该归功于摄影术的发明。如果没有它的出现，一切都将仅存于文字与叙述之中

△ 这是中国清朝时期的部队，在当时这已经是最精良的装备了。摄影术的发明，让我们看到了当时清军的真实形象

24.4 人像摄影的设备要求

人像摄影对设备的要求要从两方面考虑。

专业装备：要求严格，无论是相机、镜头、场地、灯光、服装、化装等都有严格要求，如果准备不到位，对创作影响很大，本文不做阐述。

业余装备：要求很宽松，能达到练习目的就可以了。在经济条件允许的情况下，也可以向专业标准逐渐转化。

业余主要从爱好出发，针对的是喜欢"人像摄影"的广大摄影爱好者。由于数码摄影的出现，使普通老百姓都能利用照相设备拍摄自己喜欢的内容，人像摄影在这中间占据了相当大的部分。大家都有自己的工作，有自己的生活，摄影只是业余爱好。因此，设备选择就不需要那么严格，能达到练习目的，能自娱自乐就行。如果拍摄技术成熟了，经济条件也没问题，完全可以逐步向专业方面转化。

（1）相机：建议使用 135 数码相机，随着数码科技的不断进步，微单相机体积小、操作更加灵活、成像质量优异，是今后摄影爱好者首先选择的机种。如果没有更严格的特殊要求，采用手机拍摄也是个很不错的选择。数码机种的选择，完全取决于拍摄者的自我需要和个人经济条件的许可。

（2）镜头：为了保证被摄人物的形象不失真，建议人像摄影选用中焦距段的镜头。因为这个焦距段的镜头畸变几乎为零，对人物造型非常有利。如果以纪实人物摄影为主（比如扫街），就应该选择变焦镜头，因为这种镜头使用起来会更方便快捷。

人物摄影不同于人像摄影，为了获取真实的效果，一般不允许摆拍。必须通过观察，抓取生活中的真实瞬间，这是人物摄影最正确的拍摄方式。因此，变焦镜头就成了重点选择的对象，其目的是利用焦距段可以自由变化这一特点，使取景、抓拍、构图更方便迅速。

（3）灯具：闪光灯、白炽灯、专业、非专业均可以使用。拍摄前必须了解灯具的照明特性以及色温情况。

（4）灯光附件：灯具的附件有很多种，比如聚光罩、柔光板、反光板、吸光板等，这些设备可以在摄影器材店购买，也可以自己动手制作。建议自己动手制作，通过亲手制作灯光附件可以逐渐熟悉各种光线效果，掌握用光技法，从而达到练习的目的。

（5）电脑：是后期制作必不可少的重要设备。

△ 这是很专业的摄影棚，左图是影棚的内部，右图是影棚的设备库

24.5 充分利用现有场地

　　很多摄影爱好者非常喜欢拍摄人像，但又苦于没有专业的拍摄条件。其实，拍摄条件都是由摄影师制作出来的，就是在专业摄影棚拍摄，也要根据被摄人物的性别、个性特征、职业特征以及被摄人物的外表，通过观察和了解做出判断后才能进行环境的布置，真正体现出被摄人物的特点。绝不能和照相馆拍照片那样千篇一律。越是名人越应该注意这一点，拍出的每一个人都应该符合这个人的特点。建议在拍摄前详细了解一下这个人的生活习惯与工作特点，这对表现好某个人的具体形象大有帮助。

　　到被摄人物家里去拍是个非常好的选择，更能体现出他本人的特点。而且在他（她）自己家里拍摄，他会更放松，更自然。这种因地制宜的做法对初学者也是个很好的锻炼，通过练习，可以逐渐摸索出一套拍摄方法，这种因势利导，随机应变的自我感觉，是正规学院学不来的。逐渐形成的创作风格，是学习人像摄影必须做的。能在任何环境下都能拍出好的人像作品，才算得上优秀的人像摄影师。这绝不是空穴来风，世界上很多优秀人像摄影家并没有很好的拍摄环境，因为固定的摄影棚和设备是不能随身携带的。又因为很多名人形象都分布在全球各地，你不可能都请到摄影棚里拍摄，你必须亲自走出去，到社会中去拜访，征得对方同意后方可进行拍摄。凭借自己熟练的技术与超凡的眼光创作出优秀的作品。很多著名摄影家的作品早已成为世界公认的大作流芳于世。我国人像摄影大师邓伟就是其中之一。

△ 邓伟 (1959 ～ 2013)，北京人，著名人像摄影家，原清华大学教授、博士生导师，出版有《中国文化人影录》《邓伟眼中的世界名人》等著作

△ 邓伟的摄影作品《诗人——艾青》，利用艾青书房的室内环境拍摄

拍摄空间和用光

利用一切可利用的空间，比如在居住环境或工作环境，通过恰当调整，腾出空间后就可以拍摄。其中最重要的问题是采光、角度和捕捉人物瞬间。

（1）如果没有人造光源，可充分利用门窗的自然光进行拍摄，能处理好这种光效，拍出的照片是非常真实自然的。

（2）既有自然光又有人造光的混合光源，重要的是控制好这两种光源的色温平衡，尽量做到色温一致。如果色温不一致，也可以巧妙利用色温差值强调人物的个性。

（3）遮挡所有光线，完全依靠人造光源拍摄，闪光灯和连续光源灯都可以使用。这种光效能更好地发挥摄影师的想象力。

好多成功的作品，都来自家庭或工作空间。不只是专业摄影棚才能出大片，能拍出好作品的主要原因都来自摄影师本人，通过摄影师的观察，寻找最佳空间位置，通过调整光效和光比大小，即可进行正常拍摄。

△ 作品中的人物是一位成功的女艺术家，充分利用了家庭空间和现场光线拍摄，作品效果非常理想

背景

　　环境背景是重要的拍摄条件，利用家庭的生活空间或办公环境拍摄，可以体现被摄人物的生活习惯、个人爱好以及工作状态，尤其对行动不便的老人、工作繁忙的高层人物，都是个很不错的选择。

　　在实际创作中，要处理好人与背景的关系问题。很多摄影爱好者拍摄的人像作品，不注意背景的安排，人物与环境往往会出现前后矛盾的情况，比如人的头顶上有一棵树、一根柱子等情况，使人的形象受到极大的干扰。要想解决这些问题，摄影师必须逐渐养成拍摄前及时观察、快速分析、迅速调整的意识，使背景永远成为合理的陪衬体在画面中出现。既要表现具体的环境位置，又要体现出人物的精神状态。

服装

　　服装是展现被摄人物的职业、地位、个性的重要因素，可以看作被摄人物的外包装。比如演员张国立，穿上龙袍他就是皇上，换上官服他就是纪晓岚，穿上便服他就是普通百姓，这就是服装的作用。服装是服务于人物特征的"外在包装"。就是在家里拍摄，也应该进行简单的修饰，这对初学者练习人像摄影是非常必要的。

△ 上面两幅图直接说明了服装的重要性。俗话说："人靠衣装马靠鞍"。这是民间百姓对服装的一种见解。左图从衣服上就可以看出这两位是有头有脸的绅士。右图不用说这一定是个贫民，他的着装就说明了一切，但如果给他换上非常好的服装，再加上大腹便便的身材，说他是哪家的大老板也有人信

化妆

　　摄影与戏剧不同，戏剧化妆必须浓妆艳抹，在舞台灯光的作用下才稳得住。而人像摄影一般都是淡妆，追求的是真实。化妆主要是针对脸部与发型的处理，其目的是：将人变得更美，更年轻，更具有特点；让老人更显年轻，让年轻人更显时尚；突出人物面部的优点，掩盖面部的缺陷。化妆的成功与否，直接影响人像摄影的成败。

△ 戏剧中的人物化妆效果（左图），正在化妆中的摄影模特（右图）

道具

　　用不用道具这个问题看似很简单，甚至有些人将其忽略，但其实道具是人像摄影非常重要的辅助条件。为了更准确地表现人物的职业特征，展示人物个性，道具的运用非常关键，运用得合理，对作品的立意能起到推波助澜的作用。专业摄影工作室都不会忽略道具库的建立。在拍摄过程中，随时可以进行道具的提取和更换。

△ 画面中人物的着装与猎鹰已经看出这是一位街头艺人休息的瞬间。摄影是凝固瞬间的艺术，拍摄者只能凭借有说服力的画面去感动观者。因此道具就成了最有力的辅助语言，通过它就可以为画面做出具有说服力解释

△ 这是一位画家。为什么这么肯定？因为他手中的画笔与周边的环境，已确定了他的身份。画家专注的神情与帅气的外表，说明他是一位资深的老艺术家。如果把他手中的画笔换成菜刀，他的身份就可能变成了厨师。这就是道具的作用，别看它不起眼，可对观者能起到视觉信息传达的作用

　　前面提到的所有问题，无论是专业摄影师还是业余爱好者都应该认真对待，如果不重视它，你的创作一定会陷入僵局。做任何事都有规矩，违反了这个规矩，就会原地踏步。

24.6　正确选择文件存储格式

　　人像摄影是一种艺术创作的行为，对图像有很高的质量要求。拍摄前，图像的存储格式最好选择 RAW 格式，这对后期的图像处理能起到最好的质量保证。如果你对电脑软件不太熟悉，建议你尽快加强这方面的学习，不然是很吃亏的。

　　RAW 的意思是"原生"或"原始"，属于未经加工的原始数据。RAW 并不

是图像格式，准确一点说是没有经过压缩处理的原始文件，属于未经压缩的原始数据存储包。这个存储包必须经过电脑后期处理，才能获得高质量的图像。它比用 JPEG 文件格式拍摄的图像质量好很多，通过电脑的后期处理，可以获得最丰富的画面细节与最优秀的影像效果。

对于画面质量要求不高，而对工作时效要求高的摄影工作，以及对电脑软件不熟悉的摄影爱好者，不建议使用 RAW 存储格式。

△ 左图是 RAW 存储格式选择界面，右图是 Adobe RGB 色彩空间选择界面。配合使用 Adobe RGB 记录影像，通过电脑处理后，画面色彩更饱和，色彩过渡更细腻。但是需要配合使用专业级的显示器。如果是对电脑软件不熟悉的摄影爱好者，就不要使用 Adobe RGB 色彩空间了

24.7 人像摄影的分类

人是社会生活的主体，是物质文明与精神文明的缔造者，是各种艺术表现形式的主宰。在摄影创作中，人像摄影占有相当重要的地位。在实际创作中可分为人像摄影和人物摄影两大类。它们虽然都是拍人，却存在着本质的不同，为了准确把握创作的方向，必须认真加以区分。

人像摄影

人像摄影以表现"人"的外貌特征与精神状态为主要目的，作品中，人是第一位的，画面中的其他内容都是为"人"的形象服务的。

◁△ 这两幅作品属于人像作品。左图是单人作品，拍摄的是我院画家王良武先生，通过画面可以看出，他是一位极具个性，对生活充满了自信的油画家。右图是多人作品，母亲、儿子和儿媳的农民家庭照。无论是单人还是多人，都是以记录人物的外貌特征为主要目的

人物摄影

　　人物摄影的拍摄内容不是以人的外貌特征为主，而是围绕"人与事"之间的因果关系为出发点，进行纪实抓拍的创作行为。原则上讲，人物摄影是不允许摆拍的，这会失去人物摄影的实际意义。

△ 这两幅作品属于人物摄影。左图是群体人物作品，从作品中可以看出，画面不以人物的外貌特征为拍摄目的，而是以人和事物之间的因果关系，表现一个家庭婚礼的热闹场面，并没有注重某一个人的外貌形象。右图表现记者正在进行新闻采访的现场，没有具体强调他们的外貌形象。这两幅作品充分体现了人物摄影的特征

24.8 人像摄影

　　人像摄影以表现人物的外貌特征为主，刻画人的精神面貌、职业特点与人物性格。人像摄影一般都没有具体情节。虽然有些人像作品使用了道具，但是这些道具必须有明确的针对性，合乎被摄人物的职业特征，不能乱用。准确把握作品中的人物特点，控制好人物的外貌形象与精神面貌，记录"人"最漂亮最精神的一面，这是人像摄影的核心。

◁ 在这幅作品中，用古筝作为道具，以中国古典风格的环境作为背景，所有这些道具都是为了配合人物形象而设置的，其目的就是为了表明她是一位古筝演奏家

　　人像摄影可以是单人的，也可以是多人的，在室内或室外都可以进行拍摄。根据创作要求可以分为肖像、群像、生活环境人像、工作环境人像、旅游环境人像等多种形式。人像摄影可以采用摆拍，也可以采用抓拍，就是摆拍也要做到摆中有抓，抓摆结合，在语言交流与沟通的过程中"见机行事"。还可以利用扫街的方式，抓拍社会中的人像，这种扫街获得的人像更具有生活中的自然风采。无论采用哪种方法拍摄，在对方不知道的情况下按下快门，效果是最好的。不建议采用"1、2、3"口令式的拍摄方法，这种口令式拍摄法会使被摄人物更加拘谨，拍出的效果会很僵化。

　　这种口令式拍摄法可以在集体合影时使用。在按动快门之前，告诉大家：我在喊一、二时请大家闭上眼睛，当我喊到三时请大家迅速睁开眼睛，随后按下快门。用这种方法拍出的合影，没有一个人闭眼。不信你就试试。

△ 这是在家庭环境中拍摄的人像作品。光线采用自然光，在沟通中抓拍的效果，人物表情自然，画面明快舒适

△ 这是抓拍的人像。为了不引起误会，采用长焦距镜头在对方不知道的情况下，从远处抓拍的。人物的表情十分霸气，有一种玩世不恭的态度

△ 这是在工作环境中拍摄的群体合影，由于要用在公司宣传册上，因此要求人物必须服装整洁，态度严肃认真，体现公司的实力与严谨的工作态度

△ 这幅作品属于旅游人像。这种作品不能像会议合影那样严肃整齐，要体现出旅游生活的浪漫与轻松。每个人的姿态和表情都要表现出轻松愉快的特点，语言的启发和姿态的调整是必不可少的

24.9 人像摄影的基本要求

初次接触摄影的人，最先拍的照片都和人有关系。原因是你每天接触最多的就是人，随处都可以拍摄到。但是，想拍好、拍生动可就没那么简单了。最基本的要求首先要"像"，其次是要比本人更漂亮、更精神、更生动，这才是人像摄影的本质特征。

24.10 正确把握人的精神面貌

"神形兼备"是人像摄影的核心，能把握好这一点，作品就有了成功的把握。东晋画家顾恺之曾经说过"凡画，人最难"。摄影也一样，所谓"难"是指如何将人物的内心世界再现于画面之中，真正做到"神与形"兼而有之。在现实生活中，人类对自己的外观最了解、最熟悉不过了。当摄影作品中的"人"出现某些缺陷或不自然状态时，都能看出好与坏来。因此，大家才不厌其烦地化妆和打扮自己。摄影师也通过观察，尽量回避某些缺陷，利用镜头极力捕捉被摄人物最精彩的一面，做到形真、态美、神活。展现人的性格与时代风貌，克服呆板麻木、只注重外观，不注重内在精神、缺少艺术感染力的作品。

脸部

脸部表情的变化，是人物内心活动的对外流露，是人像摄影表达人物信息的核心。脸部五官的每一点变化，都是被摄人物情绪波动的对外流露。观察并捕捉被摄人物脸部质感的变化、五官的变化、角度的变化，都是表达人物情感的关键因素。

▷ 人脸部的肌肉非常丰富，在外界因素加内在心情的怂恿下，脸部肌肉会随着情绪的变化发生丰富的肌理运动，从而产生丰富的脸部质感变化。本作品中的人物，在蟒蛇放在他脖子上的一刹那，瞬间产生因恐惧而五官挪移的扭曲神态，这种无法自我控制的脸部变化，非常生动地说明了人在恐惧时的真实表情

◁ 人脸的角度变化，是人的情感对外流露的一种形式。这些变化，大部分是受外部因素的影响，导致人脸在角度上发生与事相关的变动。因此在创作中，一定不要把被摄人物孤立起来考虑，要把被摄人物与周边环境联系起来共同考虑，使自己永远处于主动进攻的位置。就是在摄影棚内拍摄，也要注意被摄人物与环境的关系。事实上摄影师与人物的沟通，就是人为制造一种与拍摄相关的"矛盾"，刺激被摄人物产生一种生理反应。摄影师抓的就是这种矛盾变化的结果。画面中的老人，因受外界因素的影响，扭头观望的瞬间被永远凝固下来，吸引观者对画面产生某种猜测

▷ 人的喜怒哀乐都显示在脸上，这是人的情绪向外流露的晴雨表，在生活中，有很多成语都能说明这一点。例如愁眉不展、瞠目结舌、嬉皮笑脸、怒目而视等，都说明脸部的表情是人物情绪对外宣泄的窗口。这幅画面中的人物表情，显示出她对某一事物的强烈反应。有学生问我："人像摄影怎么才能拍好？"我的回答是："当你能有意识地主动观察到这些细节，并能迅速准确地捕捉到位时，就找到了创作的灵感，也就不会再提出这样的问题了。"归根结底一句话，实践出真知

◁ 人在兴奋和高兴的时候，一定会忘乎所以、情不自禁地做出欢快的动作来。画面中的女士，高兴得五官完全展开，同时手舞足蹈，兴奋之情无以言表。创作中，切勿忽略五官的变化，这是人像摄影非常重要的兴趣中心

眼睛

早在一千多年前，孟子在《离娄章句上》对人的眼睛就做过这样的论述。孟子曰："存乎人者，莫良于眸子。眸子不能掩其恶。胸中正，则眸子瞭焉；胸中不正，则眸子眊焉。听其言也，观其眸子，人焉廋哉？"文中强调了观察人的方法，就是看他的眼睛，至今为止，这种观察方法都是最正确的，也说明人的"眼睛是心灵之窗"。

在欧洲文艺复兴时期，意大利的多才艺术家达·芬奇对眼睛也有过精辟的论述，称："眼睛是心灵之窗"。在他的传世大作《蒙娜丽莎》中，就可以看到眼睛的传神魅力。自古以来艺术家对人眼睛的处理都很重视，都认为眼睛是情感对外宣泄的窗口，没有一个艺术家会忽略这一看法。

常言道："观其眸，便知其人"。从古至今，对眼睛的描绘一直是艺术家最重视的方面。传统美学中有四句简而易行之说，概括了眼睛的变化对人物内心情感的影响。

仰视——表现心敬；

俯视——表示心慈；

平视——表示心真；

斜视——表示心快；

当然这4种表达方法只是内心感受的简单归纳，把这种感受用在创作中，会使作品更生动，主题更鲜明。

△ 这个孩子的眼神，充满了自命不凡的挑战性，好像在说："有什么了不起的！"这就是摄影必须捕捉的瞬间，可以赋予观者丰富的联想，为作品的主题增加明确的导向性。摄影师通过观察，把民间的各种眼神精准地捕捉下来，丰富自己的作品，锻炼自己的创作意识和反应能力

◁ 一个卖羊杂的老人，正午过后，精神倦怠疲惫，眼神涣散而失神

△ 这是一位拳击手的眼神，面对他的对手毫不示弱。在他的眼里，没有战胜不了的困难，他用眼神就能把对方的信心剿灭，这就是眼神的力量。摄影师必须抓住眼神的细微变化，转变为人像摄影创作的主导思想

△ 斜视是一种诙谐的眼神、挑逗的眼神，看得出，此人非常热爱生活。在他的意识中，没有跨不过去的门槛，没有解决不了的问题，一切都在掌控之中

嘴

嘴是传达人物感情的又一重要器官，是人物对外表达感情的关键部位。人的喜、怒、哀、乐，都离不开嘴的变化。比如痛快的大笑、含情脉脉的微笑、奸笑、真笑、假笑……摄影师通过观察，准确捕捉人物嘴的细微变化，使作品内涵与人物表情准确对位。

◁ 这位老太太也是抿嘴，但是，这种抿嘴可不是微笑，而是因打牌输了，正在想办法往回捞的面目表情。虽然嘴只有上下两片，可它的细微变化，能代表人物内心情绪的表情流露。摄影师要善于观察这些微妙的变化，及时做出快速反应

△ 人物开心大笑时，嘴是合不拢的，"开怀大笑"这是自身无法控制的。这位先生此时的表情，完全处于毫无掩饰的大笑。画面中的他，此时会忘掉一切烦心事，处于忘乎所以的状态。中医有这样一种说法："快乐，是治疗百病的钥匙"

△ 从画面中可以看出，老人好像被什么事情所吸引，几乎到了目瞪口呆的地步，专注的眼神、微张的嘴巴，食指放在唇边，显得非常执着。当一个人受某些事情的吸引，或受到外界突发事件的刺激时，往往都会做出一种呆若木鸡的样子

◁ 从这位老先生抿嘴微笑的表情可以看出，他正处于信心满满的时刻。说明人物心态轻松，并且非常关心当前的事态。嘴就像消息树，只要人的情绪有所变化，它一定会做出相同的反应，这也是摄影师必须抓住的瞬间

四肢

　　人的四肢是动作的奴隶，是语言表达的延伸，也是传达感情的大师。现代舞剧中，肢体动作就是无声的语言，肢体的每一个变化都代表着感情语言的对外流露。比如哑剧、现代舞……整个演出过程没有一句台词，肢体动作就是全剧的核心。四肢动作的变化，如高低、交叉、扭动、快慢等，都是向外传达情感的动作语言。摄影作品也是如此，对肢体动作的准确捕捉，是彰显人物感情的对外延续。

▷ 从照片中可以看出，专家在作报告时，为了加强语言表达的含义，"手"会情不自禁地做出相对应的动作进行配合。这是人类在没有语言出现的时代，就已形成的行为意识。这种表现会因人而异，有些人动作会大一些，有些人动作会小一些，但是都会有所反应。这种动作还会根据人的情绪、现场气氛的热烈程度而做出不同大小的动作变化

▷ 人们在极其兴奋的时候，会做出各种各样的动作来宣泄自己的情绪，这些都可以成为摄影师拍摄的素材。画面中的孩子，面对镜头所表现出的兴奋状态，就说明了这一点。胆大的孩子敢于直面镜头释放着自己的情绪，胆小的孩子既想表现，可又有些腼腆，做出了似是而非的动作。这就是现实生活中，人对外流露复杂心态时的真实写照

◁ 集体跳跃往往都是兴奋快乐的体现。当1、2、3的口令响起，由于人的身体条件和每个人的体质不同，跳起后的一瞬间，每个人展开四肢的动作也不一样。这就要看摄影师的组织能力和语言感召力了

颈、腰和胯部

　　这三个位置是人物活动的中心轴，是"人"扭动身体的轴心部位。拍摄时，激发被摄人物的情绪，转动身体各个部位的角度，从而焕发出青春的活力。拍摄者必须发挥准确的判断力和快速的抓拍意识，捕捉最精彩的动态瞬间。摄影爱好者必须加强这方面的训练，培养自己的潜意识，逐渐掌握快速捕捉的能力，做到眼到手到。

△ 踢毽子已经有上千年的历史，如今是广大群众最喜爱的健身项目之一。要想把毽子踢好，还真得下一番苦功。这位老人年龄已六旬，经过常年的坚持，毽子在她脚下已踢出了花儿。可以看出这位老者，年龄虽高，但仍旧身轻如燕。她的颈部、腰部都十分灵活，很多动作年轻人也做不好。为了体现老人跳跃的高度，采用躺在地上仰拍，突出老人灵活的弹跳力

△ "广场舞"已是百姓生活中不可或缺的一项健身运动。很多老人从中得到了很好的锻炼，他们身体好了，腿脚也利落了，这都是锻炼带给他们的好处。画面中的老年人，腰腿灵活，体轻如燕，显示出锻炼带给他们的幸福与快乐

抓取人物生动的表情与肢体动作，是表现人物自然健康的手段。我们在前面的学习过程中，之所以一个问题一个问题地讨论，就是为了在实践中全面掌握人的整体动作，使我们的摄影创作更真实，更富有生活的气息。

[练习]

　　根据前面讲过的表现人精神面貌的几个要点，有目的地拍摄人像作品若干幅。要求必须准确抓住人物表情的瞬间，有意识地突出某一种状态，使作品逐渐达到明确的情感所指，渐渐过渡到有的放矢、准确无误。无论从局部到整体，还是从整体到局部，都无懈可击。

24.11 室内摆拍人像

这种人像是指在室内空间拍摄的人像，一般以人造光为主要光源。也可以利用天窗或门窗，以自然光为主要光源进行拍摄。总之，一切可利用的空间，都可以进行创作练习。对人像摄影来说，空间只是一个工作环境，重要的是对光线的把控。其次是服装、化妆、道具也不可轻视。就是拍摄自家的亲人，也应该进行简单的造型处理。

摆拍人像最重要的一项工作是与被摄人物沟通交流。这是打破摄影师与被摄人物之间的僵局、消除被摄人物紧张情绪的有效方法。在沟通过程中，语言是重要的沟通手段，能让对方了解你的拍摄目的，启发被摄人物的表情，消除被摄人物的紧张情绪，在被摄人物最放松、最自然的状态下按下快门拍摄。这种沟通方式是完成一幅好作品的关键步骤。

◁ 作品表现的是 4S 店保养汽车的工作状态。拍摄这种题材，需要向被摄人物交代好拍摄目的和要求，同时布置好光位，既要表现好人物的工作状态，又要交代清楚工作环境

◁ 这是退休老教授王东德先生。为了更好表现他的精神状态，利用他的书房以自然光加反光板的用光方式拍摄。先生虽近90高龄，但仍然精神矍铄，笔耕不辍。拍摄过程中充分利用老同事关系熟的自然条件，采用聊天的方式，尽量使对方的紧张情绪缓和下来，在对方不经意中完成拍摄。作品完全体现出了老教授坚忍的性格，炯炯有神的眼神光，好像又年轻了20岁，拍摄效果非常理想

◁ 用生活中的普通照明光源拍摄的人像，同样能达到较好的效果。实际上，所有光源的作用都是为了照明，光线效果，是摄影师设计布置出来的。所以说，生活中的普通光源，加上其他附件作为辅助，也可以使被摄人物得到非常理想的效果。在拍摄过程中，语言沟通是重要的工作手段，在被摄人物达到理想的瞬间情绪时按下快门。在生活与工作环境中拍摄，熟悉的环境会使被摄人物更放松，拍摄效果会更理想。由于生活环境中的照明条件都很简单，因此，要注意①最好使用三脚架，如果没用三脚架，就要适当提高感光度，换取较高的快门速度，确保画面的清晰；②控制现场光源的色温值与机内色温值尽量保持一致，确保人的肤色还原准确；③测光与对焦要以人物脸部为准；④采用RAW存储格式拍摄，便于后期调整

◁ 充分利用消色环境
和光线效果，使主体人
物更加鲜明突出，在这
种环境中进行人物创
作，时代气氛更强（摄
影师：李甦）

[练习]

　　在没有影棚条件的情况下，在住家的室内空间进行拍摄。依靠人造光源
照明或门窗的自然光照明，利用一切可利用的附件拍摄人像若干幅。要求：
①光线效果明确；②附件利用到位，光比控制合理；③练习与被摄人物沟通
的能力，在人物表情最自然轻松的状态下拍摄，准确把握人物情绪。

24.12　利用现场环境摆拍室内人像

　　很多人像的拍摄是在普通生活与社会环境中进行的。没有专业的灯具，更没有
创作所需要的摄影棚，都是在现有的环境气氛中摆拍的人像。拍摄过程中，由于条
件特殊，需要征得被摄人物的同意，并交代拍摄意图后，才能拍摄。在这种条件下
工作会有一定的困难。但是，只要选择好光效，控制好曝光、对焦精准以及把握好
人物的精神状态，成功的把握是很大的。

▷ 一个非常传统简陋的陶艺作坊，屋顶窗口的一缕阳光是唯一的照明光源，这也是绝佳的反射光效果。由于空间太小，征得对方的同意后，进入拍摄状态。拍摄时，既不能影响对方工作，还要找到最佳机位和拍摄瞬间。在这种条件下，无法使用三脚架，只能发挥数码相机可随时改变感光度的特点，提高感光度换取较高快门速度

后完成拍摄。作品抓住陶艺匠人一丝不苟的严肃表情，以及昏暗简陋的工作环境，刻画出传统手工作坊的气氛和匠人专注的神态。由于室内照度很低，将感光度提高到 ISO500 确保手持拍摄的稳定。曝光选择手动模式，测光与对焦的重点控制在人物的脸部。色温（白平衡）选择日光模式。采用 RAW 存储格式拍摄

◁ 在生活环境中拍摄人像，被摄人物没有在专业影棚拍摄的紧张感，反而会感到放松，沟通起来也更融洽。在沟通过程中，人物无意识地调整领花的动作，为拍摄提供了绝佳机会。画面中，人物头部扭转的方向与手部的动作，都体现出漫不经心、随意而为的状态。因此说，"人机合一、眼到手到"是最重要的基本功

▷ 本作品以黑色为主调，烘托出人物的形象。画面的整体环境与人物的服饰十分协调。在深色的环境中，人物的形象更加明确，时代感更强（摄影师：李甦）

◁ 这是借助室内现场光线摆拍的人像。背景的符号与色调和人物的状态与服饰十分吻合，体现出历史久远的西亚文化色彩（摄影师：李甦）

[练习]

在日常的室内环境中，利用自然光与人造光拍摄人像若干幅，要求：①充分利用自然光塑造人物形象拍摄一组；②完全用人造光塑造人物形象拍摄一组；③光线的造型效果要明确，合理通过光比刻画人物；④练习与被摄人物沟通的能力，做到随机应变，眼到手到。

24.13 室内抓拍人像

这种人像要求在室内，依靠现有光进行拍摄，而且无法进行任何补光。拍摄前预先做好一切准备工作，以便拍摄快速进行。为了不引起误会，有时还必须隐蔽拍摄。在这种条件下，可以采用光圈优先自动曝光（AV）（注意曝光补偿）。由于室内光线都较暗，为了确保画面清晰，最好提高感光度，以换取较高的快门速度后再工作。这样的作品自然生动，富有浓厚的生活气息，是一种非常实用的拍摄方法，适用于多种拍摄工作。

◁ 农贸市场最能反映老百姓的生活状态。摊主热情待客，买主挑挑拣拣，场面非常生动。这就是平民百姓的每日生活，买与卖都是为了生存

◁ 这是一幅室内人造光作品。拍摄时遭到对方的呵斥，为了缓和矛盾，购买了他的商品，使得双方态度得到缓解。作品的测光重点是画面的亮部（可采用借物测光法拍摄），确保高光部分质感不会因曝光过度而溢出

◁ 博物馆里的照明条件非常昏暗，又不允许使用三脚架，只能提高感光度到ISO12800手持相机拍摄。由于现场光线昏暗、反差很大，曝光必须以亮部为曝光重点，保护亮部的所有细节不溢出。文件使用 RAW 存储格式拍摄，经后期调整，画面的亮部和暗部都得到较好的平衡，作品效果非常理想

△ 这幅作品利用室内光线，在火车站候车室拍摄完成，效果非常自然，生活气息浓厚。在这样的环境中拍摄，要注意持机的稳定性，以及曝光和对焦的精准

[练习]
　　在各种室内环境下抓拍多组人像。要求：①利用现场照明条件拍摄，不能使用任何灯具补光；②利用各种手段进行抓拍，抓取最佳人物瞬间；③果断拍摄，眼到手到，不能迟疑；④长期练习，积累经验。

24.14 室外人像

室外人像以自然光为主,有摆拍人像与抓拍人像之分。

摆拍人像是指,根据拍摄要求,摄影师与被摄人物直接进行语言沟通,让被摄人物了解拍摄目的,获得允许后再进行拍摄。拍摄这种人像需要营造一种轻松的气氛,做到摆中有抓,抓摆结合。

抓拍人像(俗称扫街)是指摄影师在被摄人物不知道的情况下获取的人物形象。这种人物形象真实生动,没有摆拍的痕迹。只是环境和背景不能随心所欲,此时,人物的精彩瞬间是第一位的。

24.15 室外摆拍人像

室外摆拍人像也有两种情况。一种是主动性摆拍人像,比如自己的亲人、朋友或者拍摄商业人像等。这种拍摄可以带着被摄人物自由选景或者在事先选好的景观中拍摄。在这种情况下,交流沟通非常方便,没有障碍。另一种属于被动性摆拍人像,被摄人物都是陌生人,为了达到拍摄目的,临时与被摄人物进行沟通交流,取得被摄人物同意后才能拍摄。

主动性摆拍人像

主动性摆拍人像工作起来比较顺利,由于摄影师和被摄人物相互都认识,拍摄的目的都非常明确,因此不会产生任何不愉快。

◁ 活动结束后,通过简单沟通开始拍摄,大家动作一致,拍摄效果非常成功。需要注意的是:①机位要尽量放低,减少地面背景的干扰,夸张跳跃的高度;②由于太阳已落山亮度较低,提高感光度,让快门速度尽量高一些,保证画面清晰

△ 这是一张典型的室外摆拍人像合影。可以看出每个人都神采奕奕，脸上充满了愉快的笑容，足以证明此次活动举办得非常成功

△ 通过和人物沟通，需要表现一种随意与轻松的感觉。抓住人物无意之中做出的动作，使这一目的得到强化（摄影师：李甦）

△ 这是为话剧《黎明即起》拍摄的宣传广告。这是人像摄影又一种表达方式，要求人物形象和画面气氛必须与剧情相吻合（摄影师：李甦）

被动性室外摆拍人像

　　这种室外被动摆拍人像不同于主动性摆拍，主要区别在于被摄对象都是陌生人，相互之间根本不认识。当你要拍摄时，很可能对方不配合，而你又想拍摄。此时必须与对方进行耐心和蔼的语言沟通，有些人是可以配合你完成拍摄的。也有些人根本不理你，只能作罢，千万不要硬来，不然会造成不必要的麻烦。我们可以采用其他方法获取，比如抓拍、盲拍等方法进行，但一定要注意隐蔽性。

△ 经过简单交涉，老人同意配合拍摄。迅速选择背景与角度，利用阴天的散射光，使老人的脸部细节与胡须的质感得到最好的表现。低角度仰拍，更能显示老人健康的风采，银色的胡须、松弛的笑容，让人感到非常和蔼亲切

△ 这幅作品也是通过沟通与协商后得到允许拍摄的。当对方发现我要拍摄她时，转身走开了。我急忙跑过去搀扶着她走过这片泥泞的小路，交流过程中获得了她的允许，迅速拍摄了这张照片。在外创作，摄影师一定要有耐心，态度诚恳，嘴要甜，必要时还要与对方产生帮协关系，获得人家的信任后，一切事情就好办多了。毕竟我们是和人在打交道

△ 拍摄这幅作品颇费了一番功夫。本想拍这个可爱的小女孩儿，可她总是跑开。通过买他们的东西后，得到了母亲的特许，她抱起吉他边弹唱，边抱着女儿让我拍照，最终获得了这幅作品。女孩腼腆的眼神和扭捏的样子更加可爱，这种被动性摆拍还是很值得做的

△ 一个做早餐的打工女孩，在逆光下工作十分认真踏实。为了能拍到这张照片，特意买了她做的食品，坐在一旁边吃边和她聊天，征得本人同意后，拍摄了这张照片。在侧逆光下，女孩儿显得轻松又自信，手上的动作以及升腾起来的烟雾，说明了她的工作性质。通过谈话了解到，她对这份工作没有一点怨言，并且得出"干好任何工作都会有出息"的结论，让人十分敬佩

[练习]

利用室外自然光，摆拍人像若干幅。要求：①根据主题需要，选择背景与人物的关系；②选择阳光的照射方向，确定被摄人物的光效；③练习与被摄人物沟通的能力，通过语言交流，调动对方的情绪达到拍摄要求后果断拍摄；④经常练习，提高拍摄技能。

24.16 室外抓拍人像

很多时候，为了获得更精彩的瞬间，利用抓拍能获得更好的影像效果。这就要求拍摄者必须具备更熟练的拍摄功力，更深厚的艺术修养和反应能力，以及对现实生活的热爱。

△ 公园的早晨已成为退休老年人的世界。这位老者，手持风琴、情绪高昂、引吭高歌，这是他的业余爱好或者说是一种公益行为。正是因为有了这样一群人，使大家的退休生活充满了欢乐，还能结交众多的朋友。镜头就要对准这些普通人，这是一个永远挖掘不完的创作素材

△ 为了抓拍到人物最生动的一瞬间，建议你采用隐蔽快速拍摄法，在被摄人物的表情最自然、最放松的时候按下快门。这幅作品利用长焦距镜头，依托在巨石后面拍摄，既做到了隐蔽又达到了稳定相机的作用。作品中的老人面部质感细腻清晰，也做到了表情自然生动

◁ "夜市"是普通老百姓经常去的地方，也是民众夜生活重要的组成部分。夜市中有很多有意思的情节值得我们关注，拿起手中的相机，记录世间民俗，实属快哉！画面记录了日本福冈的夜市，抓住小店业主向后厨吆喝菜名的瞬间，迅速抓拍下来。事件虽小，却引人入胜

△ 三位退休老人聊天的气氛非常融洽，匆匆路过时抓拍了这一瞬间，画面充满了和谐的生活气息。这就是抓拍的好处，可以获得最自然松弛的人物形象

△ 在外国人眼中，中国一直是个神秘的国家。很多外国人总想来中国一探究竟。他们手持相机到处猎奇。无论是行走还是休息，无时无刻不在拍摄。在数码时代，这种现象更加频繁。他们这种忘我的精神，应该受到国人的尊重和效仿。正是这些外国人利用摄影术，记录了我国早期的历史遗迹，让我们看到了旧中国落后的残影。作品以《各取所需》为名表现这种社会现象

[练习]

　　利用室外自然光，抓拍人像若干幅。要求：①利用各种方法进行抓拍；②根据阳光的照射方向，确定被摄人物的光效；③抓住被摄人物的瞬间表情与动作，果断拍摄，锻炼眼到手到的能力；④经常练习，积累经验。

与被摄人物沟通的必要性

　　拍摄人像，很重要的一点就是要学会与被摄人物沟通。沟通目的之一是让对方了解拍摄目的；第二是拉近摄影师与被摄人物之间的距离，缓解被摄人物的紧张情绪；第三是启发和挑逗对方的心态，营造一种轻松愉快的气氛；第四是在沟通的过程中，观察被摄人物的脸型和整体外观，张扬优点，隐蔽缺陷。让被摄人物在亢奋中不知不觉地完成拍摄，这样的人物形象才是最自然最放松的效果。

　　经过沟通和没经过沟通拍摄的片子有很大区别。当被摄人物面对镜头时，都会出现紧张和拘束感。如果摄影师不用语言和行为加以引导，这种僵化的气氛很难打破。如果摄影师再用 123 口令式拍摄，被摄人物会更加紧张，拍摄结果一定很呆板。怎样才能打破这种尴尬的局面呢？只能利用沟通交流的方式来缓解紧张的气氛。有经验的摄影师，会利用他的拍摄经验和语言天赋，将拍摄场面处理得很轻松，在谈笑风生中就完成了拍摄工作。

▷ 左图是没有采用沟通的方法直接拍摄的，画面人物太正规，显得有些死板。完全失去了自然的生活气氛。为了打破僵化的气氛，右图采用聊天的方式和对方边沟通边漫不经心做调整相机的动作（实际上准备工作早已完成），同时用眼睛的余光

注意她的表情。当有意识地大声说道"今天您是最漂亮的姑娘"时，她立刻做出兴奋的举动"呵！是吗"，"咔嚓"拍摄完毕。在沟通过程中拍摄的效果，比前一张生动了很多。被摄人物在轻松的语言交流中，情绪会迅速放松下来，这对人像摄影创作会起到非常好的协调作用

◁ 这张丘吉尔的肖像是由著名肖像摄影家卡什于 1941 年拍摄的，可以说这是一个典型的利用沟通方式拍摄成功的例证。当时，丘吉尔讲演完毕刚刚步入休息室，见到拍摄的阵势，点上雪茄怒吼道："怎么事先没人告诉我？"此时，卡什请丘吉尔先放下雪茄烟，被拒绝后，便走上前去，趁丘吉尔没注意，将雪茄从嘴边夺下，并说了一声"对不起，阁下"。丘吉尔对这一举动正要发飙，"咔嚓"拍摄结束。丘吉尔这才反应过来，并握住卡什的手说道："你真有办法，让一头发怒的雄狮安静下来，供你拍照！"从此，卡什一举成名。这幅作品也成为唤起同盟国反法西斯的动力。这件事也说明了人像摄影需要沟通的重要性，只是采用的方式各有不同而已

　　生活中的被摄人物毕竟不是演员，面对镜头都会产生不自觉的紧张感，尤其是在相机、灯光、道具面前更不知所措。既想表现出精神靓丽的一面，又不知身体如何摆放，这是一种非常普遍的现象。此时，摄影师就要做打破僵局的斗士，用你丰富的经验、机敏的智慧，引导被摄人物放松心态的同时，快速找出被摄人物最理想的角度，将最精彩的瞬间抓拍完成。

24.17　人物摄影

　　人物摄影和人像摄影有着本质的不同，它的创作内容不以人的鲜明形象作为创作中心，而是围绕着人与事物之间发生的因果关系为拍摄目的。在创作中，事件发展的核心是第一位的，人只是从属于事件发生过程中的被摄对象。

　　人物摄影必须以抓拍为主，决不能摆拍，这是人物摄影创作的核心。它虽然没有新闻摄影那样严格，但也要如实记录人在事件的影响下所做出的真实反应。能熟练掌握这种技法，等于打开了进入其他专题摄影的大门，对开发自己的反应能力，提高自己的业务水平大有好处。

▷ 生活在社会上的人类，相互之间既是独立的个体又是相互利用的群体，他们都有各自独立的生活，又相互依赖共存，有时还会发生矛盾与斗

争。这真是一种既可爱又可怕的高级动物，地球上几乎任何地方都有他们的影子

24.18　人物摄影的类型

　　由于人物摄影主要表现事件与人之间的因果关系，因此，所拍摄的作品并不是为了描写某个人，而是重点描写人在事件中所处的位置，或者说人和事之间的必然联系。

　　为了便于理解，我们将人物摄影大致分为三种类型进行分析：人与人的关系、人与事件的关系、人与环境的关系。

人与人的关系

　　在现实生活中，由人与人之间发生的情感纠葛，在生活中产生激化，导致艺术效果的出现，即为拍摄这类作品的导线。必须抓住人物之间所发生的情感高潮，果断抓拍，使观者站在作品前就能感受到一种人物之间感情碰撞的吸引力，想进一步了解画面中感情冲动的原因。

△ 一个外国人正与一群中国小姑娘进行交流，不知何故突然回头高喊他的同伴寻求援助。这一突发情况引起了我的注意。日常生活中，诸如此类的现象并不多见。看那位姑娘的眼神，似乎在说"你喊破嗓子也没用"。人与人的关系就是这么难以琢磨，不及时观察，快速拍摄，机会就错过了

△ 这幅作品是由做生意引发出来的人物关系。卖方机关算尽、巧舌如簧推销着自家的产品，而买方则小心谨慎布置着自己的心理防线，谨防上当。双方各怀各的心思，做出不同的心理反应与外在表情的流露，这是人在生活中的真实写照。我们捕捉的就是这种瞬间，如果没拍到，不会有再来一次的可能，一旦失手再也无法补救

△ 庙会中打金钱眼，是很多群众非常喜欢的活动，其目的就是祈福平安、祝愿发财。画面中拥挤的人群大把大把地扔钱，可个个还喜笑颜开，图的是什么？不就是祝福平安，寻求一乐儿吗

△ 本作品记录了年轻姑娘戏耍玩笑的瞬间。画面中女孩儿轻松活泼、充满了朝气，古老的服装也掩饰不住时代的风流。观察与发现是人物摄影的核心，"眼到手到"是人物摄影的技能，一旦发现，迅速捕捉，是人物摄影的职能特征

[练习]

　　抓拍生活中人与人之间发生纠葛的精彩瞬间若干幅。培养自己观察事物的意识和迅速捕捉的能力。分析并总结拍摄结果，自查问题存在的原因，继续拍摄加以改正。

人与事件的关系

　　在人物摄影创作中，由事件引发的人物变化，并在视觉上形成主题效果的即为这类作品。这类作品都是由某一件事为起因，导致人和事之间发生明显的因果关系，最终形成画面主题。拍摄者必须围绕事态发展的过程，寻找最具代表性、最典型的瞬间加以记录，使画面产生极具吸引力的结果。

△ 这是发生在国际田径比赛项目结束后，记者采访获奖运动员的瞬间。记者专心致志地拍摄与运动员漠不关心、无所谓的态度形成巨大的反差

△ 节假日的庙里香火总是很旺盛，人们烧香许愿祈祷好运降临。抓取生活中的典型事件，是摄影爱好者必须意识到，并且必须掌握的技术。作品以火焰为前景烘托主题，升腾的热浪使画面中的环境与人发生了扭曲，准确还原了自然界中的热辐射现象

△ 这是一个热爱皮影戏的《小戏迷》，在众目睽睽之下，竟敢独自走到前台进行拍照。虽然有人悄声地赶她走，可她却置若罔闻、无动于衷

△ 生活中的很多小事都值得我们记录。这幅作品记录了走街串巷的小贩生意火热的场面。事件很小、很平常，但体现出改革开放带来的市场繁荣，大企业、小商贩都能发挥各自所能，为美好的未来忙碌着

[练习]

　　深入生活，寻找因事件引发的瞬间信息，捕捉事件发生的精彩一刻。提高自己的预见性和识别能力，培养眼到手到的快速捕捉意识。在后期修图的过程中，分析作品的不足并加强练习，逐渐进入正确的创作状态。

人与环境的关系

　　在摄影创作中，因环境因素引出的人际关系与社会之间的矛盾，最终促成画面结果的即为这类作品。在作品中，环境起到了视觉导向的作用，使画面产生明确的主题倾向性。拍摄这类作品，要考虑环境对"人"产生的影响和最终的画面结果。其目的就是用环境去影响主题内涵。

△ 画面中的环境告诉我们这是国外的跳蚤市场，相当于我国的古玩市场，俗称"摆地摊儿"。摊位上摆着各种古旧物品，人们可以随意选择自己喜欢的物件，和摊主讲好价钱后即可成交。如果你懂行，运气又好，还真能捡到"漏儿"

△ 画面中，环境与人物之间的关系，说明这是社会最底层的"老百姓"。他们没有奢华的居所，没有靓丽的时装，过着简朴平淡的日子。生活虽然不富裕，但精神状态非常健康，对生活充满了自信。"平安是福"这句俗语一直支撑着他们的精神世界。这就是中国的老百姓，一个可亲、可敬、朴实的群体

◁ 人口众多，并不是一件好事，如果肆无忌惮地发展下去其后果是很严重的。无论是居住环境还是活动空间，都明显感到压力巨大。从图片中已感受到，人们的生活空间已达到超饱和状态。车挤人拥，交通经常处于无序的瘫痪状态。用镜头把这个社会痼疾挖掘出来，引起全社会的关注

◁ 这是一幅环境决定一切的作品，热烈的气氛交代了这是在教堂举行婚礼。两个新人相互依偎，说明婚礼正在举行中。现在很多年轻人，都想到教堂去举办婚礼，他们想体验一下教堂婚礼那种崇高神圣的气氛。作品采用日光色温值，夸张热烈的气氛。拍摄前，在镜头的上半部分蒙上了柔光纸（需要按下景深预测键，确定柔光纸的准确位置），使画面产生梦幻般的效果

[练习]
　　走进自然与社会的大环境，记录由环境引发的人际关系与社会矛盾。通过观察，锻炼自己的分析能力和组织画面的能力，既要注意人物的瞬间变化又要留心环境与人的因果关系。并且在后期处理时，分析作品存在的不足，反复拍摄，在不断拍摄中积累经验。

24.19 怎样抓拍

　　抓拍是指用相机记录人在社会中的各种现象和矛盾激化过程中的精彩瞬间，进行快速、准确的记录行为。要求摄影师必须保持兴奋的工作状态，及时把握事态的进展情况，做到人机合一，眼到手到，精准无误。

　　在摄影创作中，大多数作品都需要抓拍来获取。就是摆拍人像，也要把抓拍贯穿始终，这才能使作品达到最理想的效果。由此可见，人像摄影对抓拍的技术要求非常高，在实际工作中属于最重要的工作手段，必须重点练习。

　　要想具有准确抓拍的能力，必须专门进行这方面的训练。首先是勤于观察，通过观察才有发现，发现了目标才能快速拍摄。其次是多拍、勤练、常总结，"熟"才能生"巧"。充分发挥数码相机自动化程度高，对焦速度又快又准的特点，使抓拍工作顺利展开。

[建议]

（1）在实践中，勤观察，多思考，不断拍摄。就是没带相机，也要养成随时观察和思考的职业习惯，久而久之就养成了机敏的反应能力和快速拍摄的意识。经长时间的努力，会产生一种摄影师特有的，对所有事物发展的判断力和预见性。

（2）选择一个主题，强迫自己按照主题要求完成拍摄任务，比如选择"人与人的关系"为题目，刻意去拍摄。就像上学时完成老师安排的作业一样必须特意去完成，回来后，边整理、边总结。这是最好的自学方法和习惯。

（3）设备选择135数码相机，能带反转显示屏的最好，既能便于隐蔽，又能适应多角度的变化。镜头建议选择变焦距镜头，工作起来方便自如，不易丢失精彩的画面。

（4）克服自身腼腆，不好意思的毛病，在摄影师的眼里只有"决定性瞬间"，没有"万一不让拍怎么办"的迟疑。反对"狗仔队"死皮赖脸式的死缠烂打，做事要讲方式方法，心中要有道德与法律的底线，毕竟我们不是专业记者，只是一名摄影爱好者。

24.20 介绍几种拍摄方法

快速抓拍法

这种方法是直接获取影像的有效方法，运用得最普遍。在实践中，很多突发事件是无法预料的，一旦出现，就要迅速捕捉，没有考虑的时间，稍加迟疑，决定性瞬间就会消失。要想做到这一点，只有勤学苦练，才能得心应手。

◁ 这幅作品记录了买早点的瞬间。由于这一过程很快，必须迅速完成拍摄，熟练的抓拍技术就显得非常重要。画面中，街巷简易清幽，人物神态自然，充满了南方小镇的特点

◁ 这是一张快速拍摄的实例。在公园里，远处突然出现外国游客拍纪念照的情况，迅速端起相机记录这难得的精彩。试想，如果稍微有一点迟疑肯定无法弥补。因为对方只跳了两次，第一次没抓到，必须抓住后面的机会。可见，敏锐观察与熟练技术的重要性。这幅作品成功的秘诀就是"眼到手到"。这也是100-400mm长焦距变焦镜头的功劳，由于距离很远，短焦距镜头根本拍不到这么具体

隐蔽拍摄法

  这种拍摄方法多用于街拍。也是为了不让对方发现，获取最真实效果的一种有效创作手法。实际生活中，很多地方是不方便拍照的，处理不好还会引起激烈的冲突。为了获取真实的效果，保护好自身的安全，伪装拍摄、隐蔽拍摄都是最好的创作手段。

总之，利用一切隐蔽手段，不让被摄人物发现，最终获得最精彩的影像。因此，娴熟的技术、果敢的工作作风，才是成功的保证。

◁ 在纪实摄影中，最好使用隐蔽拍摄法，这样可以获得自然生动的影像。这种拍摄方法也是摄影爱好者必须掌握的技术。这幅作品利用长焦距镜头隐蔽拍摄，获得了自然生动的人物形象

△ 时代变了，人也在变。千百年来，封
建闭塞的中国，早已被改革开放的大潮
摧毁，那种男女授受不亲的思想早已荡
然无存。今天的青年人不拘小节，随时
都敢做出亲昵的动作。这种创作，最好
采用快速隐蔽拍摄法完成创作，目的是
尽量获取最自然生动的人物形象

△ 这是一家专卖妇女用品的商店。为了
得到真实的现场气氛，采用隐蔽拍摄法
进行创作，获得了非常真实的现场效果。
这是纪实摄影最好的创作方法，也是纪
实摄影工作者经常采用的手段

声东击西法

这种拍摄方法在实践中非常实用，具有一定的技术含量。所谓声东击西，就是指
东打西之意。拍摄方法是，如果想拍摄甲方，为了消除甲方的警惕性，相机镜头一定
要指向另一方向，两者之间的夹角要小于
90°，利用眼睛的余光观察甲方的动作变
化，当甲方的情绪和举止达到拍摄要求时，
相机迅速转向甲方完成拍摄。这种方法极
具挑战性，可以获得最理想的拍摄结果。

▷ 右侧这位人物的形象非常洒脱，促使我
有想要拍她的欲望。为了不引起对方的注
意，选择长焦距镜头，以声东击西的方法
拍摄，效果非常成功。在特殊环境下，为
了获取最自然的人物形象，这种拍摄技法
非常实用，只是有一定的难度，摄影爱好
者通过练习应当迅速掌握

△ 联欢会上经常出现激动人心的场面，为了抓取这种效果，又不破坏现场气氛，声东击西拍摄法是一种非常实用的创作方式，希望摄影爱好者加强这方面的练习，在适当的创作时机，利用这种方法抓取最生动的画面

△ 这也是一张采用声东击西法拍摄的作品，用这种方法拍摄可以获得真实生动的感人画面。拍摄时，建议使用中焦以上的镜头，目的是便于隐蔽。采用这种方法进行创作，对扫街抓拍非常有利，希望摄影爱好者在这方面加强练习，以熟练的技巧迎接挑战

盲拍法

　　"盲拍"是一种为了获得想要的片子，又无法正常拍摄，迫不得已而为之的拍摄方法。拍摄时眼睛不通过取景器观察，只凭个人的直觉，将相机挎在身上或拿在手中，镜头对准被摄人物方向拍摄。这种方法可以分散对方的注意力，不会被对方误解，具有很强的隐蔽性和实战意义。甚至可以近距离，一边与对方交谈一边拍摄，拍摄效果非常自然。这种方法一定要使用短焦距镜头，工作起来，既能获得较大的景深，又能得到宽泛的视角，便于后期调整和剪裁。建议：有静音功能的相机，最好打开静音功能，这对盲拍非常有帮助。

▷ 在街头拍摄最好采用盲拍法，利用这种拍摄方法获得的效果是最自然真实的。这需要拍摄者不但具有熟练的拍摄技法，还要利用短焦距镜头拍摄，因为短焦距镜头的摄影特性是视角宽、景深大，经得起后期剪裁，同时较大的景深也可以获得清晰的图像

◁ 孩子非常淘气，当你的镜头对准他时，他不是跑开就是伸手抓你的相机。只能采用盲拍法拍摄。手提相机靠近他，一边和他玩儿，一边盲拍，由于取景只能取个大概方位（左图），便于电脑后期剪裁。画面中的小孩儿憨态可掬，非常真实（右图）

▷ 这是一张盲拍的实例，为了获得生动自然的老者形象，一边与被摄人物聊天，一边用相机盲拍。由于对方不知道你在拍他，因此，精神放松，口若悬河。现代数码相机的快速对焦、静音设置与短焦距镜头宽视角的特点起到了关键作用，准确捕捉到生动的人物形象

24.21 拍摄幽默题材

　　幽默是人像摄影中不可或缺的内容，也是摄影创作中难能可贵的素材。日常生活中，很多人会在无意之间做出让人捧腹大笑的事情来。只要留心观察，诙谐的瞬间时有发生。拿起相机记录这些瞬间，用自己的辛苦，换来大家的愉悦，这种积德累善、我欢你也乐的事，做得越多越好。拍摄这种题材，要求摄影师要有意识地观察身边所发生的事情，随时准备着抓拍。因为生活中的诙谐，绝大多数都是在无意之中瞬间发生的。如果没有观察意识和熟练的抓拍技术，很难拍到精彩幽默的镜头。

◁ 僧人拜佛都是向前跪拜，可这位僧人却向后仰拜，是在健身？还是在观察什么？不得而知。这个奇特现象只出现在一瞬间，根本没有考虑的时间，必须迅速拍摄下来，这是摄影人必须养成的习惯，也是平时所说的眼到手到。总之，只要观察生活就会给你带来意想不到的收获。不管发生什么情况，必须随机应变，凝固每一个幽默诙谐的瞬间

△ 这是一个既热爱生活又对生活充满创意的老人，他受年轻人使用 MP3、MP4 的启迪，发挥传统革新改造的精神，用两根鞋带儿，自主研发"MP0"，不花钱也能享受 "MP3"的待遇。老人的创新，又为生活增添了一笔重彩。热爱生活的人才有这份心态，才会享受生活。老人的诙谐为大家树立了榜样，也为我们提供了绝好的创作素材，这也是我下班路上的偶遇

△ 日常生活中，女人最喜爱逛商场，而男人却最烦逛商店。当女人提出逛商店时，男人又不得不陪同，这真是一种精神上的"磨炼"。女人挑得越是起劲，男人越感到无奈。画面中，女人兴致勃勃挑选商品，可男人只好站在一旁打哈欠，这就是生活中充满浪漫的灰色与幽默。外出时随身带着相机，信手拈来的素材，能为生活增添不少乐趣

◁ 自由市场的女掌柜跷着二郎腿，十分自信地与买者砍价。虽然她的货物都是不值钱的旧货，可谈起生意来却信心满满、面面俱到，不亚于大公司的老板。这就是普通百姓对生活的态度，虽然不富裕，但也充满信心。正是这种精神，支撑着他们每一天的生活。在自由市场里，一般人观察的是商品，而我们观察的却是周边所发生的事件。一旦有情况出现，就以迅雷不及掩耳的速度捕捉

　　诙谐与幽默，是人类生活的重要组成部分，每时每刻都在身边发生，只要留心观察总会有收获。记录下来给大家带来快乐，岂不是一件大好事。走到哪儿就拍到哪儿，眼疾手快是关键，稍加犹豫机会就会灰飞烟灭。

[练习]
　　在生活和工作中，留心观察人们在无意间发出的诙谐瞬间，用相机拍摄下来。锻炼自己的观察能力和迅速出手的意识。逐渐过渡到对事物发展的预见性。

24.22　编辑人物小故事

　　世上的一切事件都有因果关系。我们在拍摄过程中，不是拍完就完事了，而是应该把某些事件的头尾进行连续整合，按照自己的主观意识进行分析拍摄，在后期修图的过程中，将画面编辑成一个微型图片故事。这种创作练习对摄影爱好者的进步非常有帮助，可以使自己的眼光更敏锐，头脑更清醒，在拍摄过程中头脑里永远有分析画面的过程，使自己的创作更有目的性。我们不是摄影记者，没必要如实报道。但我们有自己的练习目的，更应该有对某一事物的看法，甚至把看起来不起眼的事，按图片效果编辑成更有意思的图片故事，岂不更好。如能养成这种创作习惯，对以后的摄影创作会起到很好的辅助作用，甚至可以逐渐找到拍摄微电影的窍门。很多创作习惯的养成，都起源于不经意的习惯和偏爱。难得的是保持这种偏爱，形成自己的行为意识，最终促使某项事业的成功。很多成功的艺术家都有过这样的经历。

　　通过后期处理，对故事情节进行整合提炼，取其精华，去其糟粕，绝不是写流水账。要抓住核心，将故事展开。画面不要多，能说明问题就可以了。

　　这样的练习既有意思又能使思维更饱满灵活，这种习惯的养成，能逐步强化对事物的分析能力和预见性。生活中所有事情都有情节和因果关系，锻炼机会非常多，只要在头脑中对事物的发展情节总保持冷静分析的态度，抓住事件发展中的主要节点，其结果一定很有意义，而且目的性更强。再通过电脑后期进行整合编辑，一组组微型小故事就会生动地出现在你的作品之中。

24.23　拍摄角度对人像摄影的影响

　　这里说的拍摄角度，是指在拍摄过程中，镜头拍摄方向与被摄人物产生方向和角度上的差异，使画面中的人物形象产生不同空间的变化，由此影响到作品的主题发生变化。在练习过程中，根据每幅作品要表达的内容，选择最恰当的角度进行拍摄，使你的创作内容更加广泛，作品一定会丰富起来。

平角拍摄

　　相机镜头的水平方向与人物面部保持平行的拍摄角度叫平拍。这种角度最接近人的生活习惯，画面呈现出平稳祥和的特征，是多数摄影爱好者最常用的角度。如果经常使用平拍角度进行拍摄，很容易产生观赏性疲劳，造成创作内容过于呆板，无法实现突破。

◁ 本作品采用水平角度拍摄，记录外国游客在新鲜事物面前表现出莫名其妙的表情。水平角度正面拍摄，准确抓住了人物的内心活动。聚精会神、莫名其妙的神态，流露出对中国百姓晨练的各种行为，深感不解

▷ 高速路上的收费员，每天成百上千次地重复一个动作，确实很枯燥。当你对她们表示问候，向她们道辛苦时，她们会欣然接受，并以同样的礼节，祝你一路平安。用相机将她们灿烂的笑容拍摄下来时，她们会欣然接受，同时向你表示感谢。水平拍摄最适合表现亲切热情的场面

△ 拍摄合影采用水平角度最多。它不仅能将所有人物完美地记录下来，还能清楚地交代周边的环境与背景，使合影更有实际意义

仰角拍摄

相机水平方向以人物为基准，镜头角度由下而上拍摄，称为仰拍。这种角度适合对人物进行夸张描写，是赞美人物高大形象的最佳角度，往往用于正面人物形象的描述。在生活中，"仰视"一般表示"心敬"，比如下级对上级、晚辈对长辈，多用这种角度。这种角度最适合刻画伟人或英雄人物。

▷ 天空晴朗，轻松悠闲的气氛，显示出人们无忧无虑的生活状态。低角度仰拍可以准确地表现出这种平静的社会环境。能正确把握拍摄角度的变化，就可以精准地传达作品主题想要强调的意境。拍摄角度的选择是摄影爱好者必须具有的洞察力

△ 展销会上，人头攒动，如果用水平角度拍摄，画面背景会很杂乱。采用低角度仰拍，既能体现人物完整的形象，又交代了人与相机的关系，同时也减少了背后杂乱的环境

△ 清晨，一个小姑娘走在上学的路上。我用相机对准她，同时吹了一声口哨（这也是沟通的一种方式引起她的注意），小姑娘回过头来见到我用相机对着她，便做出女孩儿特有的腼腆动作。这正是我想要的瞬间，迅速完成拍摄

◁ 低角度仰拍，使女模特显示出坚定倔强的神态。侧逆光的运用，勾勒出女人清晰的线条轮廓，在天空的衬托下，"女汉子"的形象更加明确

俯视拍摄

相机拍摄方向以水平面为准，角度向下称为俯拍。在生活中，"俯视"一般表示"心慈"，比如上级对下级、长辈对晚辈，这种角度运用最多。在艺术作品中，俯拍多用于对反面人物的刻画，而描写正面人物，往往不用这种角度，容易贬低人物形象。如果能合理使用俯拍角度，也能展现人物的风采，更适合表现人物众多的大场面。

◁ 这幅作品表现了乡村群众观看社戏的场面。由于农村文娱活动较少，逢年过节的社戏，就成了乡亲们最热闹的节日。台上锣鼓喧天，台下聚精会神、笑逐颜开。采用俯拍记录这一热闹的场面，是摄影最常用的角度

△ 高角度俯拍，非常适合对集会的描述。画面中"古今穿越"的效果使作品更具吸引力。富态的唐装仕女与现代的学生群体，形成了有趣的画面构成，密集的人群与低饱和度色彩，使艳丽的唐装仕女更加抢眼

△ 用俯视角度表现少女含蓄的青春特写更具魅力。细腻的肌肤、长长的睫毛、端正的五官，都得到了清晰的描写，在这一时刻，俯拍也能散发出特有的浪漫色彩

△ 俯拍更适合表现工匠专心工作的局部特写。硕大的瓷胎与精心勾画的匠人，形成明显的对比关系，将传承了千年的制陶工艺，准确展现在观者眼前

正面与侧面

正面与侧面的角度变化，对人物个性的表现影响很大。正面角度因变化范围有限，拍出的效果往往比较呆板，缺少变化，在实际创作中一定要慎重选择。正面角度多用于工作和证件照。

▷ 由于正面人物像的活动范围有限，无论你笑得多么灿烂，也不会有太多的展示空间。因此，这种角度多用于证件照。如果与摄影师配合默契的话，加上手的动作和一些相关的道具，也能拍出比较理想的作品

而侧面角度拍出的效果则比较活泼多变。拍摄时几乎没有局限性，因此，对突出人物性格、展现人物富有朝气的精神面貌非常有帮助。拍摄时，要充分利用沟通与交流的方式，调动被摄人物的情绪和动态。回避脸部的缺陷，展示人物丰富多彩的精神面貌。

▷ 侧面角度就不一样了，由于侧面角度的变化范围很大，对拍摄者来说表现空间不受限制，可以充分发挥颈部、肩部的扭动，展示被摄人物富有活力的一面。通过摄影师与被摄人物的密切配合，一定能擦碰出艺术的火花。这幅作品与正面角度相比要强很多，全面展现出年轻女人的魅力

正确的角度选择，必须根据作品的实际需要和拍摄目的来决定，比如：是证件照还是生活照，是个人艺术照还是商业广告用片等。而且场面大小、人物的性别与职业、人物的年龄、人物的性格与气质也是决定因素。面对每一个被摄人物，如果不加思索随便拍摄，其结果很难让对方满意。如果通过仔细观察、认真分析，用合适的角度、适当的机位与光效去控制拍摄效果，等于为作品注入了新鲜血液，一定会擦碰出创意的火花。因为所有优秀作品都是在摄影师主观意识的支配下完成的。只有熟悉各种角度的表现形式和最终效果，才能获得理想的影像。

拍摄人像还要做到"双动"。一动（被动）：让被摄人物在摄影师的引导下动起来。二动（主动）：为选择最佳角度，摄影师要动起来，拍摄过程要在"双动"中随机应变确认拍摄角度。

在实践中，"双动"中的第二动是最重要的，也是主动的创作行为。摄影师必须养成主动选择角度的习惯，用主动选择角度拍摄出的作品，去影响被摄人物的满意度。更重要的是在选择角度的同时，要注意光线的选择与被摄人物的表情变化，做到最佳角度 + 精彩瞬间 + 准确的光线布控 = 优秀作品。

拍摄实例

△ 孩子天真无邪，本能地对相机产生了兴趣，兴奋地对相机发起了"攻击"。为了更好地强调小胖孩儿生动的形象，快速地移动相机与孩子成俯视角度拍摄，画面效果非常生动，进一步夸奖孩子活泼可爱的一面

△ 仰视也是对人物形象与行为深入刻画的手段，这位女士看守自家店面的同时，也不忘手中的活计，真是一举两得。为了获取最真实的影像效果，利用相机翻转屏的功能，采用低角度拍摄，准确捕捉到充满民族传统风格与色彩的中国妇女形象

△ 温暖的夕阳照射下，用平视角度拍摄两位老人促膝谈心的温馨场面。在这种气氛下，表现两位老人真切的交谈，恰如其分地体现出"平视"表示"心真"的特点

△ 这幅作品采用俯视角度拍摄，人物在画面中显得十分轻松，这种角度适合表现这类题材。人物侧身回眸，显得十分悠闲，俯视不但强化了这种效果，同时这种角度也容易简化背景，突出人物

摄影师在拍摄时，千万要注意拍摄角度的问题，它是配合作品表达创作主题的重要因素。有经验的摄影师在按快门前，一定会把问题都考虑周到，尽量不给作品留下遗憾。

[练习]
　　选择各种角度，拍摄人像作品若干幅，要求：每幅作品必须有明确的角度变化，并且所选择的角度与所要表达的实际内容相吻合。

24.24 如何拍摄儿童

孩子是家庭幸福的结晶，是幸福生活的天平，每一个家庭都把孩子放在一切问题的首位。留住孩子最可爱的形象，乃是现代家庭之必须。有些家庭还把孩子的成长过程全部记录下来，在他们成家立业之时，交给他们一套最珍贵的成长集锦，见证父母对子女的爱。

现在的数码相机自动化程度都很高，一般情况下，拍摄效果都很好（特殊效果除外）。相机的自动化，只能帮你完成正常条件下的拍摄，很难完成更高要求的作品。必须掌握一定的摄影理论知识和实践经验，在拍摄特殊效果的作品时，才能自主完成拍摄。

"随意记录"是一般家庭的拍摄方法，但又觉得不太满意。主要原因是把这个问题看得过于简单了。从另一个角度来说，就是"玩儿"也要玩出个样儿来。这才是正确对待问题的态度。建议大家还是踏踏实实地学习，掌握一些摄影基础知识还是很有用的。

留心观察　快速抓拍

快速抓拍这种方式，最适合日常生活中对孩子的记录，也是拍摄儿童最主要的方法之一。留心观察，是拍摄孩子的前提，当孩子玩得最开心、最淘气、状态最认真的时候，正是抓拍最好的时机。相反，在孩子闹脾气和生气时，也是抓拍的机会。当他长大以后再看这些照片时，一定会产生愉快的回忆。迅速抓拍最重要的核心有如下几条。

（1）不要让孩子知道你在拍他。如果孩子很小，还没有这个意识，这个问题可以忽略不计。当孩子大了，有这种反应意识了，就要尽可能躲开他的视线，避免孩子产生"做作"的表情。

（2）速度一定要快。拍摄孩子很重要的一点就是"快"。反应要快，对焦要快，构图要快，按快门更要快。拍摄效果不好的作品，很大一部分都源于太慢。尤其是周岁左右的小孩儿，他和拍摄者没有沟通意识，好作品的诞生全靠拍摄者的反应速度。

（3）选择变焦镜头拍摄。利用变焦镜头构图变化快的特点，迅速构图，快速抓拍。

（4）婴幼儿的拍摄，主要着重孩子的形象，由于他们的行动范围有限，记录他们的活动范围相对稳定，拍摄者可以在可控制的范围内，集中精力关注他们的面部与形体的变化。

（5）拍摄婴幼儿切记不能使用闪光灯，由于他们的眼底发育还不健全，过强的光线照射会刺激他们的眼底，频繁使用闪光灯的后果会导致孩子失明，这种现象在医学方面是有据可查的。

△ 孩子打哈欠，是瞬间发生的事，事前没有先兆，摄影者的反应必须快。这幅作品是公园发生的一幕，一个坐在童车里的孩子，突然打哈欠，第一反应就是冲过去拍摄。为了不引起家长的反感，拍摄完毕，要非常客气地与家长沟通，同时把地址要来，把洗好的照片邮寄过去，这是礼貌

△ 婴儿是没有自控能力的，更没有沟通的意识。作为摄影师就要做到"眼不离人，手不离机，出现精彩，快门找齐"。在拍摄前，准备工作一定要做到位。包括角度的选择，焦点的定位，景深的控制等，必须考虑周全。为了强调孩子的形象，采用长焦距、大光圈突出孩子的头像，虚化身体的同时，杂乱的背景环境也得到了虚化

◁ 儿童的行为完全是随意的，没有任何主导意识，所以摄影者必须随时观察他的所作所为。画面中的孩子突然对一个玩具产生了兴趣，旁若无人地玩起来。抓住这个机会，采用低角度仰拍，既强调了手中的玩具，又把孩子认真的表情展露出来

△ 《幼儿摄影家》是在公园抓拍到的。画面中，幼儿专注"审片"的神态与手持相机的"专业动作"，完全够得上是一位称职的摄影大师。这种状态是孩子无意中做出来的，因为他把相机当成了大玩具。这个有意思的瞬间。如果没抓住，只能说对不起啦。孩子就是孩子，他没有成年人的自控能力，更没有模仿能力，时过境迁，无法再来一次

△ 在街上看到可爱的孩子形象会让你欲罢不能，必须马上拍下来

利用环境 实施抓拍

随着孩子年龄的增长，他们的行动也从母亲的怀抱，逐渐进入地面行走，过渡到室外活动，拍摄空间也随之扩大。这种变化改变了拍摄环境，也丰富了拍摄内容，创作范围也逐渐增加，这对拍摄者是一个极好的挑战机会。随着孩子年龄的增长，也增加了拍摄的难度。不过，只要坚持不懈，你的拍摄水平一定会逐渐提高，抓拍成功的刺激，也会促使你的拍摄兴趣越来越高。

△ 男孩儿们在一起最容易相互比试。画面中，一群男孩儿正在比看谁能把球扔过铁栅栏。一个小伙儿没扔过去，扫兴而去。另一个用力一抛，看这阵势也够呛！这就是男孩儿争强好胜的特点，这种性格不分国籍。生活中这些快乐的瞬间，不但具有反映现实生活的意义，更是摄影爱好者锻炼抓拍的最好机会

△ 在儿童游乐场，孩子们玩得很开心，这是拍摄的绝好机会。女孩悠闲地玩着秋千，这时候你用什么好东西她都会不和你换。在这个年龄段，孩子的思维是单纯的，行为是执着的，抓住他们丰富的情绪变化，快速拍摄，难得的机遇随时都会出现

◁ 一个孩子突然翻起跟头，必须果断出击。因为小孩只能翻两三个，不抓紧拍这个瞬间就没了。孩子不是自己的，没法叫他重来。外出创作不要丢掉任何稍纵即逝的机会，要把这些瞬间当作宝贵的练习，时间久了，随机应变、捕捉瞬间的能力必然会加强

▷ 很多家庭逛公园完全是为了哄孩子，大人推着车，背着包，活像一个"累兵"。再看这个孩子，兴致勃勃、无忧无虑地大踏步前进，心里根本没有大人。这就是现实生活的真实写照，摄影师的镜头就要向下，深入生活抓取的就是这些镜头，记录看似平凡的小事，却能反映出百姓生活的大局

通过交流　进行抓拍

　　随着年龄的增长，孩子逐渐有了行为意识，自尊心也增强了，无形之中给拍摄增加了一层障碍。那种幼稚、天真、可爱的状态没有了，却被因成熟造成的腼腆和自尊心所替代。为了获得生动自然的生活形象，"沟通"就成了必要的手段。通过沟通和交流，孩子理解了你的拍摄意图，会配合你完成拍摄。这种沟通与成年人不同，必须用夸奖和鼓励的语言，点拨年轻人特有的兴奋点。当他的情绪迸发出来以后，拍摄就能非常顺利地进行下去。

△ 拍男孩儿比拍女孩儿困难，因为女孩儿有一种追求美的天性。而男孩儿在这方面就逊色多了。面对镜头他们的状态相对刻板，需要进行大量的沟通与交流工作。首先要打破陌生的僵局，以最亲近的语言对他进行称赞和鼓励。边沟通，边寻找人物最佳的拍摄角度。聊天中知道他喜欢打羽毛球，就以这个选题为起点进行拍摄，拍摄效果基本达到了要求

△ 拯救失学儿童是目前的大问题，很多家庭由于生活困难，让孩子辍学帮家里做事。路上巧遇一个孩子正帮家里炒栗子，举起相机正要拍，他却跑掉了。我买了他家二斤栗子并说服家长后才拍到这张片子，看来沟通的方法多种多样，要灵活掌握

▷ 拍摄女孩儿总比男孩儿容易些，简单的沟通就可以达到目的。画面中的女孩儿，没费多少口舌就很自然地做出像模像样的姿态，拍起来很容易出效果。实际上，无论是拍男孩儿还是女孩儿，好拍还是不好拍，全凭摄影师的能力。能力水平高的，拍摄都能进行得很顺利。能力不到位的摄影者，好拍的对象也一样拍砸。所以说，一切责任不要推给对方，要从自己找原因，只有多学、勤练才是解决问题的方法，别无他法

编辑摄影故事

　　孩子总是无忧无虑，我行我素，行动坐卧没有规律。这就为摄影师提供了很好的拍摄条件。在孩子最活跃、最好动甚至闹脾气的时刻进行抓拍，是最好的拍摄时机。要养成有意识地选择情节性抓拍，加强瞬间的连贯性，这种思维习惯的养成，能够提高自身的创作兴趣。在后期处理图像时，可编辑成摄影小故事供大家欣赏。想要单张作品时，更是手到擒来。

（发现）　　　　　（查看）　　　　　（琢磨）　　　　　（了然）

△ 有些孩子特别好动，利用这个条件采用连续拍摄，并在头脑中对画面有意识地进行组织，形成一套完整的故事情节，这是一个非常好的创作习惯。在机场发现一个男孩儿特别活泼，引起了我的注意，即兴拍摄并组成一个个小故事，增强了图片的可读性。练习这种拍摄方法，可以丰富自身的创作意识与快速反应能力，逐渐养成手和脑的联动性与想象力，这一点非常重要

[练习]
　　利用前面讲到的各种拍摄方式，拍摄儿童人像作品若干幅。要求：拍摄方式、方法一定要对症下药，创作主题明确，儿童表情活泼可爱。

24.25 如何拍摄老年人

人像摄影中，老人也是一项非常重要的拍摄内容。拍摄老人比拍摄孩子相对容易一些。因为老人的生活阅历与自控能力远高于孩子，沟通起来方便很多。但是，拍摄老人最大的问题是：思想比较僵化，不好意思放开手脚；年龄大了，身体各个关节不够灵活，行动迟缓，做出的动作比较僵硬。

对老人的拍摄，一定要有耐心。要理解老人的心态，其实，他们是愿意拍照的，但是碍于面子，总会说："都老皮老脸啦，有什么好拍的"。话是这么说，可他们的心里还是非常愿意拍摄的。抓住老人的心理，耐心和他们交流，指出他们精干老练的一面，等他们逐步进入拍摄状态后，边交流、边指导、边拍摄，作品一定越拍越好。

拍摄过程中，如果完全按照老人的习惯动作拍摄，拍出的片子一定会很死板，无论是站着还是坐着都显得很僵硬。一定要告诉他们，把主要关节扭动起来，摄影师必须用语言去指导，甚至做出动作让他们去模仿。告诉他们关节转动起来，会活力十足，更显年轻。可以拍两组照片对比给他看，让他们心里有数，以后再拍片自己就知道如何处理了。

▷ 这两张老人的照片，左图没提出任何要求，由她自己做出动作，人物形态非常僵直，这是老人拍照的普遍现象。右图经过沟通和演示，协助她做出理想的动作，拍出的效果判若两人。将两张照片同时给她

看，对她的触动会很大。对这位老人来说最重要的收获是，以后再拍照片时，就知道如何控制自己的动作了

△ 社会进步了，人们生活水平也提高了，老有所养已成为社会风气。敬老院的退休生活既悠闲又快乐，从他们的行为举止就可以看出，他们的生活非常幸福，而且越活越有味道

◁ 木屋内非常昏暗，手持拍摄有些困难，必须将感光度提高后拍摄。为了能获得回眸一瞬间的形象，故意做出响动吸引他的注意。在他回眸的一瞬间，迅速按下快门。画面中，老者显得十分滑稽，干瘦的体态又显得十分干练。作品经过后期增加粗颗粒的做法，给人一种历史的陈旧感

△ 走街串巷的"修鞋匠"几乎消失了。这位上了年纪的手艺人，干起活来一丝不苟，态度非常认真。他不但干活儿认真，还流露出一种悠闲自得的快乐感。闲聊之中他的言语十分中肯——"我这个活儿以后没人干喽，也就是趁着退休干点儿力所能及的，帮人解决点儿眼巴前儿的事，我也能给自己挣些零花钱"。多朴实的话呀，这样一位生活在社会最底层的匠人，真叫人敬佩！不拍下来都有罪

拍摄实例

　　我院很多老教授、老艺术家现已进入高龄阶段，他（她）们勤勤恳恳耕耘了一辈子，培育出一代又一代的艺术人才，可他们却默默无闻地退出了教育舞台。在近期的《陈征画展》中，看到这些老艺术家，虽已老态龙钟，步履蹒跚，可脸上仍然充满了童真

的笑容，相互问候，互相鼓励，口中仍旧议论着如何提高艺术创作的话题，真让人感动。

　　我作为这个学院的退休摄影教师，和他们一起工作了30年，看到这些耄耋之年的老教授、老艺术家，一种责任感油然而生。必须将他们拍摄下来，为学院留下宝贵的精神财富，让全体师生永远记住他们——学院的开拓者。

△ 画家：王秉复先生

△ 画家：陈征先生

△ 画家：李润生先生

△ 画家：王宝康先生

△ 书法家：卜希旸先生

△ 画家：薛士圻先生

△ 画家：李传缋先生

△ 雕塑家：张云薇女士   △ 画家：邵大地先生

这只是我院老艺术家中的一部分，他（她）们的年龄大多八九十岁了，身体都不方便，只能到各自的家中进行拍摄。这是很好的创作方式，既适应了他们行动不便的情况，又可以获得各自不同的生活状态和特点。从画面上就可以看出，根据每位大师不同的个性与艺术特点，在各自的家庭中，寻找能体现本人特点的局部环境进行拍摄，通过合理的采光表现具有完全不同个性的人物形象，准确体现"人虽老，神还在"的艺术家形象。

24.26 后记

社会人像是个非常广泛的摄影题材，有挖掘不完的潜力。当你的镜头对准平民百姓时，这种潜力更深不可测，并且越挖内容越丰富，越挖味道越浓郁，时间越长越显示出它的价值。只要你拿起相机去面对这一切，就是在记录生活，就是在传承历史，是在做一件既平凡又了不起的事情。不能说拍大片才叫摄影，记录生活中的人们，并且永无休止，这才是最最了不起的"大片"。

第二十五章 摄影专题

旅游摄影

25.1 旅游、创作两不误

　　和平年代，民众的生活富裕了，旅游就成了大多数人休闲度假的首选。对摄影爱好者来说，旅游更是摄影创作的最好机会。把我们以前常喊的一句口号："广阔天地，大有作为"用在摄影上挺合适。"广阔天地"才是摄影人摄取滋养的沃土，是摄影爱好者大有作为的空间。在这个空间里，包容了众多可拍摄的素材，自然界中的所有视觉信息都等你去拍摄，这就是旅游摄影。它可以涉足地球上所有的地方，记录你值得留念的美好影像。

△ 南方的景色既秀丽又壮美，这种傍晚多云的天气，正是表现青山绿水最佳的气候条件。整幅画面的色彩对比十分强烈，层次细节以及质感更显细腻清晰，作品的整体效果充分体现了我国南方独具特色的秀雅景观（摄于安徽）

△ "结婚"是人一生中的大事，每个国家都有它独特的风俗习惯。在日本，结婚的规矩更多，就拿拍结婚照这件事来说，它的规矩就十分烦琐而且非常规范。这幅作品就记录了拍摄结婚照前，新娘梳妆打扮的一刻，新娘的服饰穿戴十分烦琐，每个细节都有专人伺候并随时有摄影师录像，在外旅游能赶上这样的场面的确十分难得

25.2 外出旅游要做到相机不离身

旅游摄影所需要的设备可多可少。如果把旅游放在第一位，以旅游为主要目的，设备就可以简单一些，带个相机加一支变焦镜头，甚至手机都可以。如果把摄影放在第一位，以摄影创作为主要目的，就应该准备得充分一些。机身最好带两台，镜头从广角到长焦都要准备，如果需要的话，特殊镜头也可以带上。摄影附件也是必须准备充分的，比如相机充电器、备用电池、大容量存储卡、三脚架、闪光灯、遥控器、笔记本电脑、移动硬盘、相机清洁工具等，做到有备无患。上面所提到的设备最适合自驾出行，要不然这么多设备，光凭手提肩扛可真不行。

摄影人走到哪儿，一定是"机不离身"。走到任何地方，必须做到"眼观六路，耳听八方"，绝不放过任何"蛛丝马迹"。更不会放过每一起突发事件，获取所有让人动情的景色和幽默诙谐的瞬间。在摄影人头脑里只有"寻觅、发现、捕捉"六字真言，心里几乎没有累和饿的概念，啥时饿了啥时吃，天黑了才想起休息，创作的欲望主导一切。到了居住地点，修图的工作又会占去很多休息时间，面对电脑中的帧帧图片，创作的激情一定会有感而发。

△ 旅游创作过程中，头脑里要保持带有情节性的思维习惯，当相关联的瞬间出现时，相机的快门一定要按下去。一男一女、一昼一夜，虽然不是同一时间段发生的事，但是两者的神态和动作如此雷同，刺激了我的情绪，激情促使我拍摄下来，成就了《哼哈二将》的问世（摄于山西）

△ 没有生意可做，百无聊赖的算卦先生进入了梦乡。他梦见了什么？不得而知，如此懒散的姿势真不多见，很值得拍下来。这也是旅游与摄影相互作用的硕果（摄于山西）

△ 孩子对成年人的一些行为大为不解，在回头观望的同时，心里一定会产生某些疑问 "他们在干什么"？事件发生得突然，拍摄者必须做到手眼同步、眼到手到（摄于山西）

25.3 全方位、多角度入手

旅游是释放生活压力的最好选项，通过旅游可使紧张的情绪得到缓解。高兴之余，摄影人又多了一层任务，就是"创作"。这里所说的创作，不要只拍一种题材，要充分利用接触自然、融入社会的机会，从多种题材入手，不放过能打动你的任何瞬间，运用你掌握的所有理论知识和技法，获取所有精彩的画面。

不要忽视后期处理图像的工作，这是对自己的作品进行再创作、再提高的重要过程。也是总结经验，找出不足，为以后的创作铺平道路的方式方法。我的做法是，白天拍摄，晚上修图，这样做的好处是印象深刻，能迅速找到修图与现场情绪的结合点，有利于再创作的发挥。如果采用回家再统一处理的做法，面对大量的图片，你很可能找不到现场感，很多灵感无形之中会丧失殆尽，这种激情和意识上的损失很难再恢复。

△ 现场的气氛酷似梦中的片段，在后期处理时，利用夸张的手法，尽量还原梦中的效果。旅游的劳累很可能在夜间换来奇妙的梦，当现实的景色与梦中的情绪发生碰撞时，这种擦碰的火花即产生不可预测的艺术之光。作品《昨天的梦》也许和后印象派大师们的创意有同感吧（摄于安徽）

△ 各地的旅游点到处都有求签托福的摊位。旅游者不惜钱财，购买一些吉祥物挂在自认为能实现发财梦的地方，幻想着某一天会出现奇迹。通过这幅画面可以看到，有多少条幅就有多少游客为此破费。也无法得知这些投资者是否得到了回报？依我看，还是成全了那些生意人（摄于北京）

▷ 逆光下非常神秘的墓地更显肃穆，在观察和选择太阳的位置时，头脑中不断闪现出一种奇妙的幻觉，这种感觉让我对创作有了重新制作的意识。这种意识的出现，正是创作作品《信仰》的原动力。这种原动力就是在"联想"的刺激下形成的创作雏形（摄于宁夏）

◁ 利用古建筑的剪影去烘托日落的气氛，是非常理想的日落作品。这需要选择好日落时的准确位置，迅速选定机位，同时调整好曝光组合后等待时机的出现。作品的曝光要以太阳周边的天空为准，尽量保证太阳的形状。让古建筑以剪影形式成为支撑整幅画面的骨架。当日落时的经典气氛出现时迅速按下快门。经过后期适当的调整，得到了这幅精彩的日落作品（摄于山西）

25.4 做到有目的地拍摄

　　旅游摄影杜绝不动脑子盲目按快门的做法，凭借一时的冲动，看见什么拍什么，拍了不少，可好的作品却不多。更不用说主题鲜明，感人至深的作品了。建议大家在按快门之前，一定要问问自己为什么要拍这幅画面，久而久之就养成了有的放矢的创作习惯，这种习惯的养成，对你今后的创作会帮助很大。激情的冲动会逐渐平静下来，大脑会养成不断思考的习惯，逐渐消除创作的盲目性，做到"指哪，打哪"，而不是"打哪，指哪"。

　　一切艺术形式都有构思阶段，难道摄影创作不应该有构思吗？借用小时候父亲平时训斥我的话："以后做事之前多走走脑子"。小时候听这句话，漫不经心，不屑一顾。如今回忆起来，此话满有哲理，把它用在摄影创作上是不是也很合适？

　　大部分旅游者外出的目的很简单，除了玩儿就是购物。可摄影爱好者，在外出之前应该做足功课，上网查资料，了解当地的风土人情、地形地貌、历史典故等，做到有目的地出行，回来一定会收获满满。旅游摄影更应该如此，出发之前，除了检查所带的设备之外，更要了解当地的人文、地理、历史，做足功课，有备无患，才能在创作时胸有成竹、有的放矢，后期修图时信心满满、针对性更强。

△ 飘逸的钟声发自崇山峻岭之中，顺声而寻，一座古刹藏匿于山林翠柏之中。晨光撩起轻纱，显露出寺庙的"倩影"。旅游之中令人有感而发的俊美景色会屡屡出现，不用相机记录下来实在可惜（摄于河南）

△ 旅游免不了购物，城市中的大型商场一个比一个现代化，内部装饰更显时尚。这是北京的一座新商城，它的内部装修非常讲究，体现出了现代商城的华丽与时尚（摄于北京）

△ 每一个人都期盼着幸福的到来，偏偏福在眼前，可谁都视而不见。这就是现实生活，每一个人都自由自在地生活，可有些人仍然不满足。这山望着那山高、人心不足蛇吞象（摄于北京）

◁ 共享单车已风靡全国。行进中，偶然发现一个外国人对共享单车产生浓厚兴趣，正在拍摄。这个机会岂能错过，快速出击，果断拍摄，这就叫"礼尚往来"

"书到用时方恨少，事非经过不知难"，年龄越大，对此话的感触越深。旅游摄影如走马观花，似行云流水。如果平时不在这方面做足功课，拍摄成功的概率会少之又少。但是，只要平时把功夫下足，把心思多偏重于理论学习和实践，获得好作品的可能性会不断增大。拍不到漂亮的风光就拍人物，拍不到精彩的人文就拍小品……功夫不负有心人。我相信，成功一定属于勤奋之人。

拍摄实例

很多摄影爱好者，平时工作很忙，没有机会专门外出创作。我们利用假期旅游，既能和亲人们团聚，又能过一把创作之瘾，何乐而不为。借助融入大自然和深入百姓生活的机会，让自己辛苦一些是值得的。多留心观察周边发生的事，记录身边的风土人情、壮美的山川、抽象的情调、奇异的瞬间……所有这些都能成为摄影创作的素材。

在下面的拍摄实例中，特意选了一些不同类型的作品，提示大家在这个丰富多彩的世界里，可拍的东西太多了。利用旅游的机会，多拍多练习，开阔自己的视野，完善个人的技能，提高自身的修养，在实践中不断进步。

◁ 群众娱乐的场面非常多，拔河这个体育项目可不是随处都能见到的，尤其是家庭与家庭之间的比赛更难见到，这次偶遇岂能放过。为了获胜，每个家庭都毫不掩饰地释放着自己的能量，一切斯文暂且不顾，团结、认真、取胜，统领一切（摄于南宁）

◁ 风车是荷兰特有的景观，雨后的气氛使画面意境更加浓郁。旅游获得了快乐，也不要忘记把这种精彩记录下来。旅游只是一种精神食粮，而影像却是看得见摸得着的固定影像（摄于荷兰）

▷ "早市"是平民百姓几乎每日必去的地方，也是小商小贩最忙碌的时刻。这位面食"专家"正忙着揭开刚出锅的馒头，热气腾腾的场面象征着老百姓火热的一日生活的开始（摄于张家口）

◁ 这幅作品是效果图，还是设计构成练习？让人匪夷所思。这是一个现代商城内的电梯甬道。设计者将现代设计理念用于实际的建筑装饰中，给人一种新颖的时尚感。这种大胆的设计打破了传统理念，超出了常人对公共室内装修的视觉习惯，应该大加赞赏（摄于北京）

▷ 壶口瀑布是游人经常
光顾的地方。声如狮吼、
气势如虹，让人惊悚，
这正是摄影必须记录的
素材。选择光线和角度
是强调主题的重点，瞬
间的抓取是捕捉的关键
（摄于壶口）

▷ 云冈石窟是我国著名
的佛教石窟之一，这幅
作品是云冈石窟内的一
景。经过千年的时间磨
炼，窟内的造像仍然保
存良好，色彩以及造型
结构都比较完整，体现
出古代匠人的精湛技艺。
为了不破坏文物，洞内
拍照不允许使用闪光灯。
拍摄前将感光度提高到
ISO 2500 以上，画面效果
非常完美（摄于大同）

△ 美丽的园林谁都喜欢，能生活在这样的环境中，心情一定特别舒畅。园林工作者
非常合理地设计出如此宁静的绿色小区，更重要的是后期的维护一定要精心，才能
使美丽舒适的环境永远保持下去。我们不但要为其点赞，更要尊重他们的设计与维
护，把自己的家园也建设成出门就见绿的生活环境（摄于欧洲）

△ 黄昏的天边出现了壮观的蘑菇云，云层的变化非常迅速，动作慢了，这种壮观的景象会随着太阳落山而丧失殆尽，必须迅速爬上制高点迅速记录这一景观（摄于河北）

◁ 很多商店为了招揽生意，会做一些明显的标志物吸引顾客。这个珠宝店，用一条绘声绘色的巨龙，为店面增色不少。利用超广角镜头加后期处理，突出龙头的造型，强化龙的凶猛与威严（摄于山西）

▷ 旅游地区很多街头摄影师为游人服务，顺便代销一些小商品，都是为了生活，风吹日晒挺不容易的。工作虽然很辛苦，面对客户还必须笑脸相迎。哎！干什么都不容易呀（摄于中国香港）

△ 超市是百姓方便购物的地方，敞开的大门人来人往，生意兴隆。这种购物场面，却惹恼了挑担的"货郎"。此情此景，无奈的心情可想而知，口中念念有词"都是你们抢了我的生意"！时代在进步，现实更残酷，如果不迅速调整营销策略，只能宣告此路不通（摄于武汉）

△ "社戏"这种民俗形式已演变成了旅游项目，热闹的场面不减当年。在这种环境下拍摄，由于明暗反差大，一定要注意保护亮部的主体信息，测光要以亮部为曝光标准，让前景人物因曝光不足而形成剪影，画面气氛才能得到准确的控制（摄于重庆）

△ 海上冲浪是勇者的游戏，这幅作品利用长焦距镜头抓取浪尖上的勇士（摄于中国香港）

◁ 在天光照射下，清晨的雾凇显现出阴冷的蓝色，与早霞形成鲜明的冷暖对比关系。为了抓住这种惬意的气氛，准确的曝光非常重要。测光要注重太阳的亮部，不要曝光过度，确保太阳的形状与天空的暖色。再通过后期处理，强化这一效果（摄于吉林）

△ 阴雨天是拍摄山区风光的最好时刻，密布的云层、叠嶂的山峰，在蒙蒙细雨中更加壮观。"恶劣天气出奇片"，这是拍摄风光片的绝佳时刻（摄于山西）

△ 人迹罕至的湿地，在正常天气下很难拍出理想的效果。可是，有了密布的乌云，就有了成功创作的机会。这幅作品利用阳光与云层的变化，让荒烟蔓草的湿地更显天愁地惨之效果，体现出"千山鸟飞绝，万径人踪灭"的意境（摄于黑龙江）

△ 古老的长城是旅游者最爱去的地方之一，更是摄影爱好者最喜欢拍摄的题材之一。如何打破常规，拍摄出另类的、不一样的画面效果，这才是每次创作的初衷（摄于北京）

　　能把旅游与摄影兼顾者，是最明智的影友。每次外出，既体验了大好河山之壮美，又将这种绝美的视觉信息记录下来，真是一举两得。在拍摄过程中，一定要保持冷静的头脑，善于分析和梳理所面对的一切视觉信息。不要在美丽的景致面前忘乎所以、盲目按动快门，这种做法会使你的作品趋于表面而苍白无力，时间一长创作的激情和信心会逐渐淡化。必须强迫自己在按动快门前，认真思考一下为什么要拍这幅作品？慢慢养成有目的地创作的习惯。不能做拍时激情万丈，回来遗憾万千的事。经过一定时间的拍摄练习，这一思考过程会越来越短，会逐渐形成"眼观→脑想→手拍"的连贯动作，形成一种职业习惯，达到眼到手到的职业特征。

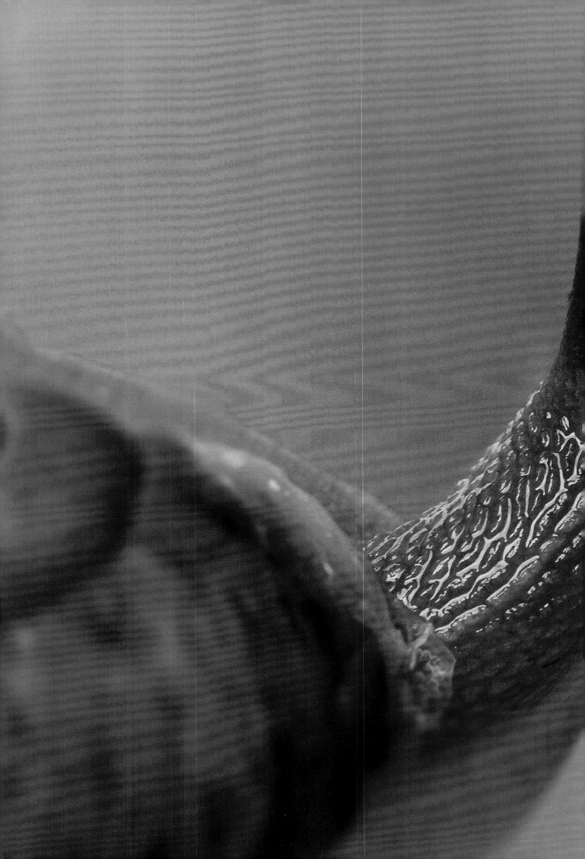

第二十六章　摄影专题

微距摄影

26.1 微距摄影

用数码相机记录影像已经非常普遍，人们用相机或手机看到自己喜欢的东西随手就可以拍摄。在众多可以拍摄的题材中，还有一处鲜为人知的世界，用普通的摄影器材很难把它们准确地记录下来。在这个神奇的世界里，一切都是那么渺小，那么神奇，必须借用专业设备才能将这一奇观展示给所有人，这就是"微距摄影"。由于它所拍摄的内容都是人眼很难清晰看到的，因此，吸引了众多的摄影爱好者置身其中，不断挖掘其中的奥秘，将这个奇异的世界公之于众。

26.2 什么是微距摄影

微距摄影又称"近距离摄影"，是利用特殊摄影器材及手段对精美的微小物体做近距离拍摄的一种拍摄方式。它的职能特征是，深入刻画微型物体的外貌特征，以最佳的视角、最真实的色彩、最锐利的质感、最简约的空间，展示被摄对象的形态和外貌特征。"微距"是近距离之意，用英文"Macro"或"M"字头表示。这种摄影方式，是将微小的物体放大到一定倍数后再进行拍摄的影像记录方式。

26.3 微距摄影的放大倍率

微距的放大倍率又称"绝对放大率"，是指在近距离拍摄微小物体时，画面中的影像大小和实际物体之间的大小比例关系。

放大倍率公式：近摄放大倍率 = 影像大小：实物大小

近摄放大倍率的表示方法：……5:1、4:1、3:1、2:1、1:1、1:2、1:3、1:4、1:5……。

放大倍率中的"1"是不变量，也可以把它看作相机的画幅面积。放大倍率中的"1、2、3、4、5……"是可变量，是指被摄对象的放大倍数。比值的前项大于后项，说明被摄对象的影像大于实物。比如"5:1"，说明拍摄的影像大小是实际物体的5倍。简单的理解就是，微距镜头可将微小的物体放大5倍后，再进行拍摄。

比值的前项小于后项，说明所拍摄的影像小于实物。比如"1:5"，说明所拍摄的影像小于实际物体，是实际物体的 1/5 倍。简单的理解就是，可以把较大的物体缩小 5 倍后，再进行拍摄。

根据这组比值可以得出这样的结论，比值前项数字大于后项，说明被摄对象的放大倍数越大，同时说明镜头的放大能力越强（比如 4:1）。反之，比值后项数字大于前项，说明被摄对象的放大倍数越小，同时说明镜头的放大能力越差（比如 1:4）。

拍摄实例对比图

△ 这是一块常规电脑硬盘，硬盘上部大的红框内是微距 1:1 的实际比例大小，红框内更小的红框，是 5:1 的实际比例大小

△ 这幅画面是用 1:1 倍微距镜头拍摄的实际大小画面。画面中红框内的部分是 2:1 倍的实际比例大小示意图

△ 这幅画面是用 2:1 倍微距镜头拍摄的实际大小画面。画面中红框内的部分是 3:1 倍的实际比例大小示意图

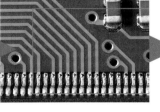

△ 这幅画面是用 3:1 倍微距镜头拍摄的实际大小画面。画面中红框内的部分是 4:1 倍的实际比例大小示意图

△ 这幅画面是用 4:1 倍微距镜头拍摄的实际大小画面。画面中红框内的部分是 5:1 倍的实际比例大小示意图

△ 这幅画面是用 5:1 倍微距镜头拍摄的实际大小画面

通过实际测试，可以清楚了解到，放大倍数是拍摄微距摄影的基本条件。换而言之，要想拍摄微距摄影，拥有一套专用设备是解决问题的关键。除此之外，还要掌握拍摄微距的技巧和相关知识。

26.4 芯片面积与放大倍数的关系

　　135 小型数码相机的芯片种类有全画幅、APS-C 画幅、3/4 画幅以及更小面积的芯片。在众多芯片类型中，以全画幅芯片为最佳。专业机型均采用全画幅芯片，画幅尺寸为 24mm×36mm。其他业余型相机的芯片都小于全画幅，可见芯片面积大小对相机成像质量的要求之重要。芯片面积的差异造成放大倍数、成像质量都存在着较大差异，本节我们只谈芯片面积大小对放大倍数的影响。

　　如果把同一支微距镜头，分别安装在全画幅芯片和 APS-C 画幅芯片的相机机身上，拍摄同一件物体时所呈现出的放大倍数是不一样的，最终的结论似乎是，APS-C 芯片的相机放大倍数"大于"全画幅芯片的影像倍数。其实这只是一种假象，真正原因不是放大倍数大了的问题，而是 APS-C 型相机因芯片面积小，所拍摄的画面内容只相当于截取了全画幅中心的一个局部，周边部分全部丢掉了而已。

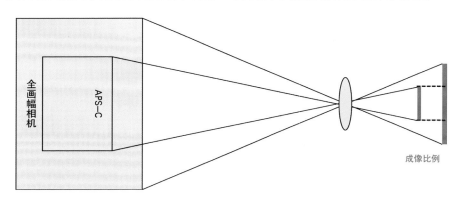

△ 从示意图中可以看出，全画幅芯片与 APS-C 芯片成像的比例关系

△ 左图是全画幅芯片拍摄的效果，中图是 APS-C 芯片拍摄的效果。由于 APS-C 芯片的画幅比全画幅小，如果用同一支微距镜头拍摄同一件物体，APS-C 芯片相当于截取了全画幅中间的一小部分（右图）。所以 APS-C 相机拍摄的画面，只是因芯片面积小，在显示比例上呈现出比全画幅拍摄的画面放大倍数大的假象

26.5 微距摄影的拍摄条件

微距摄影的创作条件可以分为自然条件和室内条件这两种情况。虽然都是拍摄微距，所使用的设备、技术要求、拍摄技巧基本一致，但是二者的拍摄环境和两者所付出的辛苦代价却截然不同。

自然条件下的创作

以自然界中的奇异昆虫、奇花异草和微小物体为主要被摄对象。很多珍贵稀少的品种，只有在人烟稀少的旷野和密林之中才能找到它。由于它们的体积都很小，大部分都带有保护色，没有经验的人很难发现它们的踪迹。为了拍到这些小可爱，风吹日晒、蚊虫叮咬、耗时费力是在所难免的。整个寻找过程非常艰难，一般人承受不了这份煎熬。有些拍摄者，为了达到更好的拍摄效果，将它们收集起来，回到工作室内再进行创意性拍摄。这种拍摄法，能获得更理想的拍摄效果，但是寻找过程同样是辛苦的。

室内条件下的创作

室内创作所拍摄的内容就更广泛了，不但花草昆虫可以拍摄，生活和工作中的所有小巧精美的物体，经过巧妙构思都可以进入拍摄范围。由于拍摄环境稳定，不受气候、光线、环境的影响，有充裕的时间进行创意思考，工作起来随心所欲，作品更能体现出拍摄者的奇思妙想。

26.6 设备的选择

专用的设备支持，是完成微距摄影创作的重要起点，不然无法进行创作。微距摄影必须具有能将微小物体放大，而且不产生任何畸变的专用微距镜头，或者使用能辅助放大的专用附件才行。其中包括相机机身、专用镜头、专用照明灯具、专用附件、三脚架等。

相机机身

微距摄影对机身的要求并不严格，根据自己的工作性质、兴趣爱好和经济实力可以随意选择。大型机、中型机、小型机都可以派上用场。对专业摄影师来说，可以选择大型、中型相机加数码后背进行拍摄，因为这种机型的拍摄效果更理想，而且利用皮腔的延长，放大倍数可以增加到 10 倍。但是购买价格昂贵，操作程序相对复杂，没有扎实的理论基础和工作经验的人不建议使用。而 135 小型数码相机最适合普通摄影爱好者使用，而且它操作方便、微距镜头种类多、互换性强、附件丰富、价格相对较低。尤其在野外工作，135 小型机更方便一些。在本文中只介绍 135 小型相机。

△ 大型相机

△ 中型相机

△ 小型相机

微距镜头

微距镜头是微距摄影的最佳选择。微距镜头的成像原理是"物距短，像距长"，镜头必须尽量靠近实物，才能拍摄到与原物同等大小或放大倍数更大的影像。由于微距摄影镜头的特殊成像原理，在实际拍摄时很容易造成影像的畸变。但在设计人员的潜心研制下，微距镜头在成像质量上都能达到最高的画质要求。

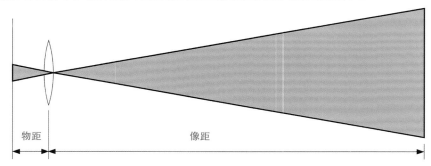

物距　　　　　　　　像距

△ 微距镜头工作原理是"物距短，像距长"

常规镜头与微距镜头正好相反，它的成像原理是"物距长，像距短"。所以，常规镜头根本无法进行微距摄影。为了能拍摄微小物体，可以利用微距摄影专用附件，协助完成微距的拍摄（后面有微距专用附件介绍）。

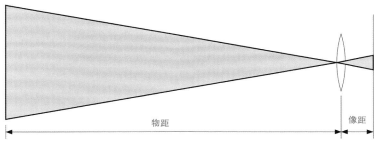

物距

像距

△ 常规镜头工作原理是"物距长，像距短"

"工欲善其事，必先利其器"这句话放在微距摄影上，最合适不过了。由于微距摄影的特殊成像原因，导致没有专用微距镜头，很难达到理想的拍摄效果。就是有了微距镜头，也存在着成像质量上的差别。所以，了解微距镜头的性能与特点，是顺利完成微距摄影创作的第一步。

26.7 微距镜头的性能比较

微距镜头有专业与非专业、短焦微距和长焦微距之分。镜头焦距的长短与成像结果有非常密切的关系，选择和使用时必须了解清楚，这对创作过程和拍摄效果影响非常大。

短焦微距镜头

短焦微距镜头一般都在 50mm 左右，放大倍率在 0.5 ~ 1 倍，这种镜头都能当作常规镜头使用。它的特点是体积小、重量轻、价格便宜，容易普及。但它的弱点如下：

（1）在拍摄过程中，由于拍摄距离太近，布光相对困难。

（2）由于拍摄距离近，很容易惊扰到小昆虫。

（3）焦距短，景深大，视角宽，对突出被摄对象不利。

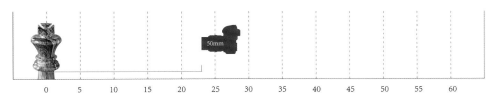

△ 短焦微距镜头拍摄距离示意图。由于镜头焦距短，所以拍摄距离很近，一般在20cm 左右

◁ 短焦微距镜头的特点：
①根据镜头焦距与视角的关系——焦距越短视角越宽，通过所拍摄的图像分析，在放大倍数一样的情况下，50mm 微距镜头的视角宽，涵盖的环境内容较多，对突出主体不利；②根据镜头焦距与景深的关系——焦距越短景深越大，通过所拍摄的图像分析，在放大倍数一样的情况下，50mm 微距镜头景深大，背景清晰度较好，对突出主体不利；③短焦微距的拍摄距离非常短，很容易惊扰小昆虫，而且布光相对困难

中焦微距镜头

　　中焦微距一般在 100mm 左右，放大倍率为 1 倍，可以作为常规镜头使用。中焦微距的特点是体积适中、重量适中、价格适中，易于普及。最近拍摄距离为 35cm 左右，对布光和拍摄小昆虫比较有利。

△ 中焦微距镜头拍摄距离示意图。由于镜头焦距相对较长，拍摄距离超过短焦微距，一般在 35cm 左右

▷ 中焦微距镜头的特点：
①根据镜头焦距与视角的关系——焦距越长视角越窄，通过所拍摄的图像分析，在放大倍数一样的情况下，100mm 微距镜头比 50mm 微距镜头的视角窄，涵盖的环境内容相对较少，对突出主体有利；②根据镜头焦距与景深的关系——焦距越长景深越短，通过所拍摄的图像分析，在放大倍数一样的情况下，100mm 微距镜头的景深比 50mm 微距镜头小，画

面的背景虚化程度较好，对突出主体有利；③中焦微距的拍摄距离比短焦微距长，不易惊扰小昆虫，而且布光比短焦微距方便一些

长焦微距镜头

长焦微距一般在200mm左右，放大倍率为1倍，可作常规镜头使用。长焦微距的特点体积大、重量沉、价格贵，不易普及。拍摄时，距离被摄对象远，一般在50cm左右，对布光和拍摄小昆虫非常奏效。尤其是焦距长，景深小，视角窄的特点，对突出被摄对象极为有利，是微距摄影的最佳选择。

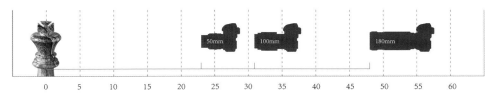

△ 长焦微距镜头拍摄距离示意图。由于镜头焦距长，所以拍摄距离更远，在50mm左右

◁ 长焦微距镜头的特点：
①根据镜头焦距与视角的关系——焦距越长视角越窄，通过所拍摄的图像分析，在放大倍数一样的情况下，长焦微距镜头的视角比短焦微距和中焦微距镜头的视角都窄，涵盖的环境内容少，对突出主体极为有利，非常适合拍摄小昆虫；②根据镜头焦距与景深的关系——焦距越长景深越小，通过所拍摄的图像分析，在放大倍数一样的情况下，长焦微距镜头景深比短焦微距和中焦微距镜头都短，画面背景虚化程度非常理想，对突出主体极为有利；③长焦微距的拍摄距离比短焦微距和中焦微距的拍摄距离更远，对布光更有力，非常适合拍摄小昆虫

根据实际拍摄的效果对比来看，长焦微距镜头远远优于短焦微距和中焦微距镜头，但是市场价格相对贵一些，使用者可根据自己的工作性质和经济情况，酌情考虑选择。

专用微距镜头

专用微距镜头与常规微距镜头最大的不同点是，常规微距镜头不但可以拍摄微距，还可以当普通镜头使用。而专用微距镜头只能用于拍摄微距，不能当常规镜头使用。这种微距镜头的放大倍数可以做到更大，可以达到1 ～ 5倍，也就是说可以将更微小的物体放大后拍摄。由于这种镜头结构非常特殊，在实际应用时，只能手动操作，自动功能基本丧失，使用者更要认真操作。但是，拍摄效果非常好，一般微距镜头无法与之媲美。

△ 左图是佳能 65mm 专用微距镜头，最大放大倍数为 5 倍。右图是佳能 65mm 专用微距镜头整体展开后的效果图

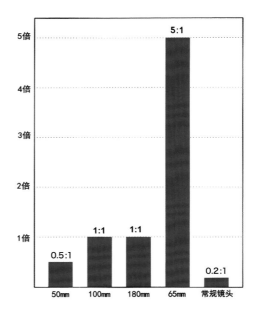

▷ 微距镜头放大率的比例图。对于热爱微距摄影的人来说，要想拍摄到更精细微小的物体，65mm 微距镜头是不二之选。100mm 和 180mm 这两支微距镜头的放大倍数均为 1 倍，同样可以得到最好的微距摄影效果。50mm 微距镜头的放大倍数一般为 0.5 倍，放大倍数虽不如上面三支镜头，但是也能得到比较满意的效果，很适合喜欢微距摄影的业余爱好者使用

[练习]

　　(1) 有条件可以同时利用长、中、短焦三种微距镜头，拍摄同一个微小物体，对比三支镜头的成像效果。要求被摄对象在画面中的空间位置、大小比例必须一致。拍摄完成后，总结三支镜头的成像画面中有哪些不同。

　　(2) 有条件可以试用 65mm 专用微距镜头拍摄更小的物体，体验一下这种镜头的放大威力。

26.8 微距摄影的附件

附件是微距摄影专用的辅助工具。在没有专用微距镜头时可以起到拍摄微距时的辅助作用。

倒装接环

将镜头倒装在机身上拍摄微距，既省钱又能达到创作目的，很值得尝试。

这个原理就像望远镜，正常使用时，它就是放大的望远镜；如果把它反过来观看，它就变成一个"缩小"镜，所展现的景物都是成倍缩小的画面。倒装镜头就是利用了这个原理。

倒装镜头需要有一个附件协助安装到机身上，这就是"倒装接环"。这种接环可以在摄影器材城买到，价格也不贵，一般在几十元左右。倒装接环的一端是卡口，用于连接机身；另一端是螺口，用于连接镜头。这种倒装接环只有标准镜头专用接环，几乎没有其他焦距专用接环。使用这种接环，相机的电子触点完全脱离了机身，因此，镜头的所有自动化功能全部失灵，对焦时只能靠前后移动机位完成对焦。

镜头反装　　　倒装接环　　　机身
　　　　螺口与镜头对接　卡口与机身对接

△ 倒装接环的安装示意图

△ 用倒装接环拍摄的钢笔

胶带固定法

将镜头反向扣在机身卡口处，用胶带粘牢（最好用黑色胶带固定，能有效阻止有害光线侵入），经认真检验安全后再拍摄。这种方法省钱，不用考虑镜头卡口的问题，更不受镜头口径的限制，可使用任何品牌和焦距的镜头（一定要固定结实，以防脱落）。操作时由于相机的电子触点完全脱离了机身，因此，镜头的所有自动化功能全部失效，只能依靠人工全手动操控。

△ 用胶带粘牢镜头后拍摄微距，可以不受倒装接环的限制，各种焦距的镜头都能用此法固定

还可以使用老式传统全机械式镜头倒装在机身上。发挥传统镜头在脱离机身后，光圈仍可以调整的优势控制景深的变化。

增倍镜

"增倍镜"是用来延长镜头焦距的专用附件。以佳能增倍镜为例，有 1.4 倍和 2 倍两种型号。这是一种带有光学系统的高性能增倍镜，安装在镜头与机身之间，起到增加镜头焦距值和放大倍数的作用，并能保持原有镜头的画质。也可以和专业微距镜头对接，达到进一步增加放大倍数的目的。由于增倍镜延长了镜头的焦距值，同时也增加了阻光率，在使用时，1.4× 增倍镜需要增加一级曝光量，2× 增倍镜需要增加二级曝光量，用来补偿曝光量的损失。大部分相机内部的测光表都可以解决这个曝光补偿问题，但是有些副厂镜头由于它的特殊性，会导致机内测光表失去作用，只能依靠摄影师的经验自行补偿，切记这一点。

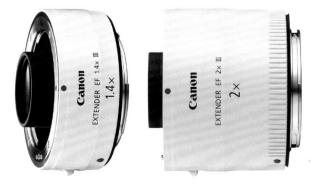

△ 佳能 1.4× 增倍镜和 2× 增倍镜

1.4× 增倍镜

把它安装在镜头与机身之间，镜头焦距数值与放大倍数比原镜头增加了 0.5 倍左右（200mm 镜头 ×1.4 倍 = 280 mm）。提示：安装这款增倍镜，等于损失了一级曝光量，实际应用时要注意增加曝光补偿量。大部分镜头经过对接后，机内测光表就可以解决补偿问题。但是，有些特殊镜头必须依靠摄影者进行手动补偿。

◁ 这是一只准备拍摄的彩釉陶罐

△ 将 1.4× 的增倍镜和 200mm 镜头连接后拍摄

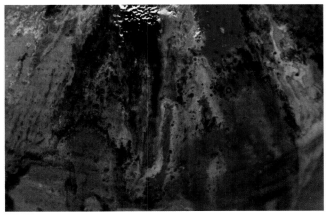

◁ 200mm 镜头加 1.4× 增倍镜后拍摄的效果，放大倍数增加 0.5 倍

2× 增倍镜

将 2× 增倍镜安装在镜头与机身之间，镜头焦距数值与放大倍数比原镜头增加了一倍（200mm 镜头 ×2 = 400mm）。提示：安装这款增倍镜，等于损失了 2 级

曝光量，实际应用时要注意增加曝光补偿值。大部分镜头经过对接后，机内测光表就可以解决补偿问题。但是，有些副厂增倍镜头必须依靠摄影者进行手动补偿。

△ 将 2× 的增倍镜和 200mm 镜头连接后拍摄

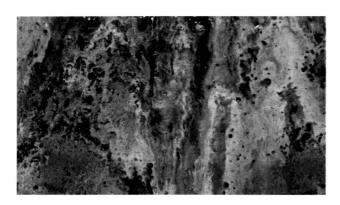

◁ 200mm 镜头加 2× 增倍镜后拍摄的效果，放大倍数增加一倍

进一步测试 1

将 1.4× 增倍镜加 2× 增倍镜加 200mm 镜头三者相互连接使用，放大倍数会进一步提高。

△ 将 1.4× 增倍镜、2× 增倍镜、200mm 镜头相互连接后再拍摄（新型增倍镜互相不能连接）

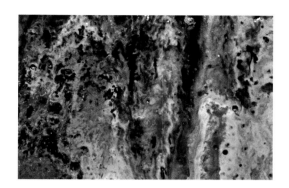

◁ 1.4× 增 倍 镜、2× 增 倍 镜、200mm 镜头相互连接后的拍摄效果，放大倍数进一步加大

进一步测试2

将增倍镜和专用微距镜头连接使用，同样可以获得更大的放大倍数。把 2× 增倍镜与能放大 1 ~ 5 倍的佳能 65 mm 专用微距镜头连接拍摄，放大倍数更加惊人。

△ 能放大到 1 ~ 5 倍的佳能 MP-E 65mm f/2.8 微距镜头

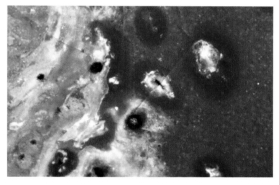

△ 单独用 65mm 微距镜头拍摄，放大 5 倍后的彩釉局部

△ 将 2× 增倍镜连接到 65mm 微距镜头后再拍摄

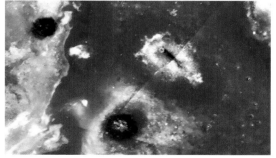

△ 用 65mm 微距镜头连接 2× 增倍镜拍摄，在放大 5 倍的基础上又加大一倍，放大效果更惊人

通过实践证明，增倍镜可以用在所有镜头上，只是有些镜头的自动化功能消失了，但是并不影响拍摄效果。设备就是让你拿来用的，不要受说明书的限制，有些镜头在说明书上会这样介绍——某几款镜头不适合使用增倍镜。这只能说明用上增倍镜时，这几款镜头的自动化功能会消失而已。实际上，只要你大胆尝试，仍然可以使用。

[练习]
(1) 尝试用倒装接环的做法进行微距摄影，体会拍摄成功的喜悦。
(2) 尝试增倍镜与微距镜头连接拍摄微距，观察拍摄效果。

增距延长管

增距延长管内部没有光学系统，完全依靠延长像距达到放大目的，对影像质量几乎没有影响。只是因像距延长，造成了曝光量的损失，但是现代相机的机内测光表，完全可以解决测光的问题。

增距延长管的品种有很多种，但是使用功能基本一样，长度一般设有长、中、短三种，每个厂家的长度都略有区别。延长管可以单个使用，也可以连接在一起使用。延长管连接得越长，像距拉得越大，影像的放大倍数越高。使用时需要安装在镜头与机身之间，放大倍率会根据所选用延长管的长度决定。

△ 延长管

△ 延长管安装效果图

实践 1: 使用佳能 EF 12 Ⅱ 延长管拍摄

◁ 佳能 EF 12 Ⅱ
延长管与 200mm
镜头相互连接的
示意图

◁ 用 200mm 镜
头不加延长管直
接拍摄的效果

◁ 用 佳 能 EF
12 Ⅱ 延 长 管 与
200mm 镜 头 相 互
连接后的拍摄效
果

实践2：使用佳能 EF 25 ‖ 延长管拍摄

◁ 佳能 EF 25 ‖ 延长管与 200mm 镜头相互连接的示意图

◁ 用佳能 EF 25 ‖ 延长管与 200mm 镜头相互连接后的拍摄效果

进一步尝试1：将EF12 ‖延长管 + EF 25 ‖延长管连接使用

◁ 将佳能 EF 12 ‖ + EF 25 ‖ 延长管再连接200mm 镜头的示意图

◁ 用佳能 EF 12 ‖ + EF 25 ‖ 延长管再连接200mm 镜头的拍摄效果，放大倍数进一步提高

进一步尝试 2: 将增距延长管与专用微距镜头混用

△ 将佳能 EF 25 Ⅱ 延长管连接佳能 65mm 微距镜头的示意图

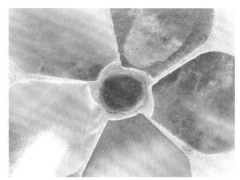

△ 佳能 EF 25 Ⅱ 延长管连接佳能 65mm 微距镜头后再拍摄，放大效果更加惊人

[练习]

　　充分利用手中的附件，进行微距拍摄。要求大胆利用镜头和附件的连接关系，将被摄对象放大到极致后再拍摄，体验微距摄影的乐趣。

近摄放大镜片

　　这是又经济实惠又简单易行的近摄配件，只要将近摄镜片安装在镜头前面就可以使用了，就像安装 UV 镜片那么简单。近摄放大镜片有不同倍数，镜片指数越大放大倍数越高，镜片指数越小放大倍数越低。使用者可根据实际需要随意更换。使用近摄镜片需要注意，为了减少光学畸变，建议尽量使用小光圈拍摄，不然会影响画面质量。

△ 不同倍数的近摄镜片

近摄皮腔

　　近摄皮腔是一种非常专业的微距摄影专用附件。它有点儿像大型座机的皮腔，通过皮腔的延长，就可以改变被摄对象的放大倍数。将它安装在镜头与机身之间就

可以使用。由于皮腔内部没有光学系统，拍摄效果完全可以保持原镜头的影像素质。放大效果非常理想，它的放大倍数可以达到 5 ～ 10 倍，是微距摄影的最佳搭档。需要注意的是，由于皮腔的延长，会衰减进入机身内的通光量，因此，需要增加曝光量加以补偿。现代相机的机内测光都比较精准，基本可以解决这个实际问题。需要提醒的是：如果使用的不是原厂皮腔，会导致相机自动化功能的消失，只能凭借手动功能进行操作。

△ 近摄皮腔

△ 将近摄皮腔与相机和镜头组装后的效果

直角取景器

直角取景器是微距摄影取景的有力助手，把它和相机取景器连接，工作起来倍感轻松。它可以随意改变角度，尤其是超低角度拍摄时，减轻了趴在地上观察的难堪。专业一些的直角取景器还可以调整屈光度，方便视力不好的影友观察取景。数码相机的实时取景也是很好的取景选择，有些相机有 LCD 翻转屏，这对取景观察更加方便。

△ 直角取景器

△ 根据不同品牌的相机，可更换取景器卡口，这种取景器一般都由副厂生产

微距专用云台

　　微距专用云台是配合微距摄影而设计的，品牌多，档次区别也很大。高级别的云台做工细致，调节灵活，有粗调旋钮和微调旋钮的设置，这种设计对微距摄影的构图和对焦能起到非常重要的协助作用。因为拍摄微距时，一点点的移动，都会造成画面的严重位移，凭借普通云台很难控制好正确的构图与对焦位置。有了微调旋钮的设置，就能做到轻松精确的构图与对焦。尤其在手动对焦时，更能发挥它的作用。

△ 微距专用云台，根据品牌与档次的高低，价格差距较大

三脚架与独脚架

　　三脚架是微距摄影稳定相机的重要工具。尤其在野外拍摄，为了等待一个最佳瞬间或选择最佳角度，摄影师要专注景物的变化，耐心等待最佳时机，时间一长手持相机一定会因疲劳而颤抖，非常影响画面质量。这时就体现出三脚架的作用了。在选择三脚架时，不要选择体积太小、自重过轻的脚架，更不能选择塑料云台的三脚架。尤其是使用专业相机、长焦微距拍摄的影友，三脚架更要选择自重较大、刚性好的脚架，确保相机整体的稳定性。在使用皮腔拍摄时，甚至还要使用两个三脚架，一个支撑机身，另一个支撑皮腔，其目的就是为了加强它的稳定性。切不可忽略这些细节，等到拍摄结束后再发现问题，悔之晚矣！

　　在室外拍摄时，为了做到快速稳定的拍摄，独脚架也是个比较好的选择。现在的独脚架质量都很好，还可以安装三脚底座（市场有售，可加装到独脚架底部），起到稳定独脚架、灵活改变拍摄角度的作用。

△ 三脚架的型号很多，要根据使用要求和经济情况选择。右图是带有三脚底座的独脚架，这种三脚底座可以单买，可加装到任意独脚架的底部，起到稳定支撑的作用

相机肩托

相机肩托是为室外拍摄而设计的，对微距摄影有很大帮助。它起到了帮助迅速构图、稳定相机、快速拍摄的作用，同时也减轻了摄影师的工作负担。

△ 相机肩托的应用示意图　　　　　　　△ 经济实惠的简易肩托

26.9 微距摄影的照明

微距摄影的照明比较特殊，由于拍摄距离太近，因此布光会有一定难度，为了解决这个问题，设计人员专门设计出用于微距摄影的专用灯具，基本解决了这个问题。但是，由于这种微距专用灯具还需要花费一定的费用，对于初学者来说，还是有一定的压力，建议自己动手改造照明光源。这里包括一些手电、小型 LED 灯和一些附件，由于微距所需要的照射面积都不大，只要处理得当，其效果不比专用灯具差。

室外自然光

是指白天的阳光，这是室外拍摄微距的主要光源。为了能更好地完成拍摄工作，还要准备一些必要的辅助工具，如小型背景板、柔光板、反光板、镜子、细铁丝、线绳等。在野外拍摄，由于受环境条件影响比较大，"见机行事"是唯一的办法。

室内人造光

是指室内的微距摄影专用人造灯具，如光导纤维灯、带有特殊聚光器的摄影专用灯具。附件有小型拍摄台、微型无影墙、自制附件等。

环形闪光灯属于微距摄影专用灯具，安装在相机镜头的前端，拍摄微小物体时不受相机镜头干扰。这种环形灯可以进行角度调整和明暗反差的调整，对物体造型非常有利。这种设备在室外和室内都可以发挥它们的作用。

△ 专门用于微距摄影的闪光灯

常规闪光灯属于平常使用的外置小型闪光灯，也可以用于微距摄影，尤其在野外拍摄。由于它体积小，使用起来比较方便。还可以同步带动多盏灯照明，便于制作光效。建议动手制作一些闪光灯专用附件，比如灯具支架、小型反光片、柔光片、吸光片、小型背景布（纸）、小镜子、小型支架、卡子等。这些小附件在实际拍摄时能起到很好的协助布光的作用。

△ 拍摄微距最好使用闪光灯专业手柄（左图），可以避开相机镜头产生的阴影，提高照明效果。右图为常规小型外置闪光灯

△ 还可以通过手持闪光灯拍摄，这种使用方法必须配合使用三脚架（左图）。更可以自制各种连接闪光灯的附件，配合微距摄影的布光（右图），使作品达到更理想的效果

光学聚光筒

这种聚光筒和一般的聚光筒不同，它里面有一组可调节的光学系统，可以调节光束大小。将它安装在灯头前面，可以为微小物体进行布光造型，非常适合微距摄影创作。

△ 光学聚光筒

光导纤维灯

这种灯靠光纤引导光源。引导管由光导纤维组成，可以随意弯曲，是微距摄影布光和造型的有力助手。它需要安装在灯具的前端，由灯具提供光源，纤维管起输送光源的作用。每套灯具都带有配套支架、配套色片以及常用备件。缺点是价格较高。

△ 专门用于微距摄影和常规摄影制作特殊效果光的光导纤维灯附件套装

△ 这些附件必须和光源连接起来，由灯光负责光源输出，蛇皮光导纤维管负责传送，形成一组完整的照明设备

微型无影台

这种无影台是缩小的微型摄影棚，专门用于室内小型物体的拍摄。对微距摄影的拍摄可提供很好的条件，拍摄出来的画面效果中，背景没有杂乱的阴影，光线十分柔和。它有不同的造型，可在摄影器材城选购，建议自己动手制作。

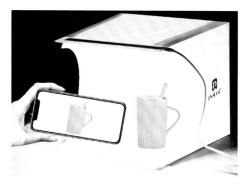

△ 简易无影台，自带 LED 光源，价格很便宜，非常适合摄影爱好者在家里使用，在使用时还要根据具体拍摄的主题需要，进行必要的光效调整

△ 这种微型无影台采用塑料成型，非常实用

小型拍摄台

小型拍摄台是室内微距和静物摄影的重要部件，它可进行底光、背光、透光等效果的处理。虽然工作起来很方便，但是又要花银子了。最好根据需要自己动手制作，更可以利用废桌椅进行改造。拍摄台面尽量做成活动的，需要透光时就换成透明材质，不需要透明时换成板材即可。使用效果不比买的差，能达到练习目的就行。

△ 这种小型拍摄台市场有售，建议自己动手制作

26.10 被摄对象的选择

微距摄影的被摄对象种类很多，有些摄影爱好者错误地认为，只有自然界的小昆虫和奇花异草才叫微距摄影。其实不然，应该说世上所有造型优美、特征突出、色彩艳丽、有生命的、无生命的微小物体，都能成为微距摄影的拍摄素材。在筛选被摄对象方面要精挑细选，不能带有瑕疵。拍摄前，要用放大镜进行筛选。经过拍摄者的仔细观察、认真设计，都能成为精美的微距摄影的道具。

没有生命的被摄对象

这种被摄对象是指静态的没有生命的物体，在我们的生活和工作中比比皆是，数量最多。比如手表、首饰、工艺品、文具、食品等。由于这些物体都是静态的，有足够的准备时间去设计，展示其最独特漂亮的艺术效果。

▷ 用微距手法拍摄的手表效果非常漂亮。表本身就够精致明亮，微距放大后细节更是复杂且不失精致。各种零件的表面质感与细节都表现得淋漓尽致

有生命的被摄对象

自然界中具有生命力并可以自由活动，外形怪异、色彩独特的微小昆虫都属于这一类，比如蜜蜂、甲虫、蚂蚁等。这种物体不但体积小，胆子更小，很容易因受惊而逃脱，给拍摄造成很多麻烦，所以，拍摄过程必须"随机应变"。

这种被摄对象一般要在大自然当中去寻找，还要受到客观条件的制约，拍摄工作的辛苦可想而知。有些摄影师采用科学的方法捕获它们，回到工作室做精心设计后再拍摄，用这种拍摄方法可以获得最理想的视觉效果。

◁ 这是自然环境下拍摄的蜗牛，蜗牛的动态和植物的形态都很理想。可以看出因学员的拍摄条件有限，虽然尽了最大的努力拍摄，但是仍然没能达到最理想的效果，还有进一步提升的空间（学员作品）

笔者只想传达给大家一个信息：世上所有微小的物体都是微距摄影的拍摄素材。问题是如何找到能上镜的美丽物品，经过对它们的细心观察和设计再进行拍摄，从中能悟出很多创作方面的经验，这才是我们练习的目的。

[练习]

练习拍摄有生命的和没有生命的物体若干幅。要求：物体种类不限，尽量多样化，突出物体的造型，视觉效果强烈，具有很强的艺术感染力。

26.11 背景的处理

背景是微距摄影的重要组成部分，它的主要功能就是烘托被摄对象的形态与外貌，其次就是强化作品的艺术氛围。它的特征是"简约单纯"，不能"复杂凌乱"。最好的表现手法是"朦胧虚幻的质感"，只有这种效果才能衬托出清晰完美的主体形象。除此之外，还可以采用色彩对比、肌理对比的方法进行创作，使被摄对象在对比中显示出来。

△ 这幅作品同时采用了肌理和色彩两种对比法拍摄。并没有采用虚实对比法，画面主体仍然很醒目。这是因为粗糙的、无规律的肌理环境与发簪形成了结构上的差异，同时背景的暖色与青铜发簪的冷色也产生了较大的色彩反差，虽然背景清晰可辨，但粗糙的肌理和明显的色差，把发簪非常明确地衬托出来

在微距摄影创作中，背景的处理非常重要，因为这种创作表现，不同于其他题材的摄影创作。由于作品所表现的都是微小的被摄对象，它们是作品中唯一的，也是最主要的被摄对象，如果不能将它清晰完美地表现出来，微距摄影也就失去了存在的实际意义。

[提示]

　　在按快门之前，一定要仔细观察被摄对象与背景之间的相互关系，看看背景是否干净利落，有没有干扰被摄对象的现象。一旦发现，坚决回避掉，然后再拍摄，这是一种很好的也是必须养成的创作习惯。

△ 这幅作品，由于拍摄前没有仔细地观察主体与背景的关系，造成背景的一抹黑斑，干扰了被摄对象的形象，足以证明作者在拍摄前忽略了观察这个问题，毫无疑问此作品失败了（学员作品）

△ 这幅作品的问题也出现在背景上，由于没有安排好背景与主体的关系，使背景的荷叶破坏了蜻蜓完整的形象，导致画面中的蜻蜓与背景发生了表现形式上的冲突（学员作品）

26.12 背景处理要注意以下几个方面

虚化背景

根据景深控制理论"拍摄距离越远景深越大，拍摄距离越近景深越小"，由于微距摄影的拍摄距离都很近，根据微距镜头"摄距近、景深小"的成像原理，微距摄影可以轻而易举地获得小景深。但是，由于小景深的控制不是单靠拍摄距离就能解决的，还会有其他因素影响到背景虚化的问题（大光圈和长焦距），必须同时启用才能使背景得到最完美的虚化。

△ 这幅作品存在几个问题，虽然拍摄距离近，背景虚化得较好。但是问题出现在：①背景与蝴蝶属于同类色，所以减弱了被摄对象的形象；②画面右上角的黑色，破坏了作品的整体效果；③花的形状过于凌乱，影响到被摄对象的视觉吸引力。以上几点都是破坏作品成功的阻力，所以说，微距摄影这个看似简单的拍摄内容，却更容易因小失大（学员作品）

△ 这幅作品就好了很多，无论是色彩关系、背景的处理都比较到位。尤其是冷色的选择，更让人感到冷静舒适。由于背景非常干净利落，使蝴蝶更显清晰明朗（学员作品）

光圈大小

景深控制理论"光圈越大景深越小，光圈越小景深越大"对微距摄影同样起作用。虽然拍摄距离近了，景深会很小，但是如果光圈设置得太小，会因两个条件相互抵消，反而影响到背景的虚化。为了避免这种现象的出现，在按下快门之前，一定要利用景深预测装置或"实时取景"功能观察景深的实际效果，这一点非常关键。很多影友都忽略了它。究其原因是：现代相机都是"TTL"全开光圈测光，在你确认画面构图时，相机正好处在全开光圈测光的状态，取景器所显示的一定是最大光圈下的景深效果，造成大光圈、小景深的视觉假象。此时你误认为背景效果是满意的。但是，在你按下快门拍摄的一刹那，光圈瞬间就收小到工作状态，最终拍摄的背景效果景深一定很大。所以，拍摄前要通过景深预测装置观察景深效果是否达到创作要求，经过确定后再拍摄就没问题了。

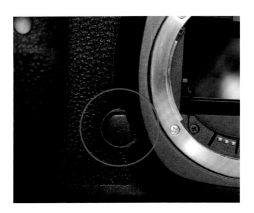

△ 机身上的景深预测按钮。每个相机厂家安置的位置都不一样，要通过阅读说明书了解清楚。习惯使用这一装置，既方便又快捷。在拍摄前预知景深的大小，是微距摄影创作的必要程序

[提示]
在正式拍摄之前，一定要检查光圈值的设定是否达到要求，然后再决定是否拍摄。这是职业摄影人必须遵循的工作程序，一定要养成良好的创作习惯。

镜头焦距

微距镜头的焦距有长焦微距和短焦微距之分，根据景深控制理论"镜头焦距越长景深越短，镜头焦距越短景深越长"，使用长焦微距镜头比短焦微距镜头拍摄的景深效果会好很多。如果拍摄者热衷于微距摄影，建议选择长焦微距镜头为好（长焦微距不但景深小，视角也窄，拍摄距离也远，对微距摄影的创作帮助很大）。虽然价格高一些，但是长焦微距的拍摄效果是短焦微距永远达不到的，这个钱花得值！

主动性背景处理

　　室内拍摄微距就属于主动性处理方法。由于室内不受自然环境的干扰，背景效果可以根据作者的设计进行布置，通过距离的调整、光线的控制、明暗反差的处理以及色彩的安排等手段，准确把握背景与被摄对象的烘托关系。不过，再怎么主动，也不要忘记使用机身上的景深预测装置观察背景的效果，做到有的放矢，确认背景符合拍摄要求后再按下快门拍摄。

△ 拍摄微距使用的摄影棚不用很大。这个拍摄空间就够了

△ 家庭环境拍摄微距，可以因陋就简，但是技术要求是完全一样的。建议遮挡窗户，尽量减少自然光的干扰

被动性背景处理

　　室外自然环境下的拍摄属于被动处理法。背景的处理比室内困难很多，自然环境复杂混乱，拍摄完全处于十分被动的状态，背景无法移动。拍摄无生命的物体还好一些，可以临时做一些处理。可是，拍摄有生命的昆虫时，问题就来了，主要是怕惊扰它。多数情况下背景几乎不敢处理，只能采用长焦微距镜头，配合调整光圈大小和选择机位角度来解决背景的问题。在准备过程中，更不要忘记使用景深预测装置随时观察背景效果。

[练习]

　　根据前面讲过的背景处理方法，利用主动处理法和被动处理法拍摄微距作品若干幅。要求：背景虚化得合情合理，消除一切干扰物，干净利落地突出被摄对象。

26.13 微距摄影的景深控制

前面谈的背景问题，实际上包括景深控制问题。微距摄影对景深的要求不但严格而且苛刻，由于被摄对象自身的体积很小，拍摄距离又很近，景深可以达到用毫米来计算，一点点轻微的晃动，都会使画面的清晰度和焦点受到影响。所以在处理景深这个问题上，一定要小心再小心！谨慎再谨慎！绝不能大大咧咧！粗心大意！

当确定了拍摄物体，构图也完成后，拍摄前必须做的关键一步，就是确定对焦点和景深大小是否准确的问题。当焦点确定下来以后，就要通过景深预测装置观察景深是否达到要求。如果没有达到要求，就要通过调整光圈大小和改变背景与被摄对象的距离来控制景深，越是初学者越要这样做，必须养成良好的创作习惯。

[提示]

　　微距摄影最好使用全手动对焦，因为自动对焦在按快门时，很轻微的晃动就会使焦点产生飘逸。利用全手动对焦就可以避免焦点飘逸的现象。

△ 以手表的标志为对焦点，用 f/2.8 的光圈拍摄，景深只有几毫米，整个表盘只有商标清晰

△ 以手表的标志为对焦点，光圈收小到 f/22，景深加大好几倍，整个表盘几乎全部清晰

　　景深是微距摄影创作的关键，必须慎之又慎。实践中如果忽略了这一点，就会造成作品的完败。在学习过程中，很多学员的作品都输在这点上，非常可惜。希望大家不要图省事，找捷径。要想拍出好作品就不能含糊，该运作的过程必须做，该利用的道具和辅助设备必须用。不要老做"功亏一篑"的事。

[练习]

　　利用景深控制的方法，拍摄一组作品。要求：画面构图一致，焦点一致，利用改变光圈大小来调整景深关系。练习通过景深预测装置观察并控制景深的方法和习惯。画面要求该清晰的地方必须清晰，该虚化的地方必须虚化。可以对同一幅作品进行大小光圈各拍一张的做法，进行对比总结。

26.14 确定对焦点与精准的对焦

　　焦点是决定景深范围的关键，是摄影作品的兴趣中心，是微距摄影的重中之重。因为微距摄影所表现的主体，只有一个精致小巧的物体，其他都是陪体，所以真实、准确地表现被摄对象的质感、形体、色彩，就成了微距摄影唯一的标准。如果焦点选择错误，就等于失去了应该表达的兴趣中心，作品宣布失败。可想而知，精准的对焦设定、稳定的拍摄条件，对微距摄影是多么的重要。

▷ 这幅作品的焦点在蜗牛的头部（红圈部位），是整幅作品的兴趣中心。要求质感、形体、色彩必须达到最佳，作品才能成立。利用蜗牛柔软的躯体，产生"清水出芙蓉 天然去雕饰"之意

26.15 微距摄影的质感表现

质感具有深入刻画物体表面结构及性质特点的意义。细腻的质感效果，通过图片传达到观者的眼中似乎唾手可得。微距摄影就是要通过这种精细的影像，将物体的本质特点和组织结构具体化。甚至通过细腻质感的对外展示，将物体的视觉表面具体化、触觉化，让观者通过图片就能准确识别"这是什么"。

微距摄影对影像的质量要求非常严格，尤其对质感的要求更是精益求精。能保证质感的第一条件就是清晰度，为了确保画面的清晰度，必须做到如下要求。

(1) 使用三脚架以确保相机的稳定。

(2) 使用微距专用云台保证平稳准确的运作过程。

(3) 使用快门线或遥控器避免手按快门产生的细小震动。

(4) 启用反光板预升装置，消除反反光镜抬起产生的震动。

(5) 室外操作时，要避免风的侵扰和来自地面或其他方面的震动。

(6) 选择 RAW 文件格式拍摄，获取最丰富的文件细节。

△ 这是按照要求拍摄的兰花局部，由于拍摄条件非常稳定，镜头光圈设置较小为 f/16，因此画面清晰度极高，兰花花心的整体质感都得到了最完美的表现

26.16 微距摄影的布光

微距摄影被摄对象不但体积小且结构复杂多样，颜色绚丽多彩，有些特殊的物体，还要通过调整光的折射角度，反映出被摄对象斑斓的色彩和繁杂的结构。比如蜻蜓的复眼、甲壳虫的外壳，必须经过调整光线角度，通过光的反射去展现五彩斑

斓的色彩关系，常规的布光方法往往很难达到目的。极端的物体就要用极端的手段来处理。多动脑筋、勤动手，从中积累经验，这是学习微距摄影的必要手段。光线效果尽量采用柔和的散射光，消除较大的光比反差，表现被摄对象的整体细节和局部特征。

微距摄影要求的拍摄空间并不大，笔者认为，作为初学者的学习和操作，没必要花大价钱购买很专业的设备。自然光和普通灯光都可以进行练习，只要把握好色温关系和光线效果，让自己逐渐进入正确创作的状态。在拍摄过程中，尽量自己动手制作所需要的照明附件，敢于改变用光效果，时间一长，你一定能摸索出其中的规律。通过人造光的布光练习，掌握了光的性质和用光方法，从干中学，在失败中摸索经验，就没有干不成的道理。有了这种功夫，在任何条件下都能做到心中有数。

△ 这是蜻蜓的头部，由于它具有丰富的复眼，因此，在光源的照射下会呈现出奇特的色彩关系。这种色彩的变化，在很多昆虫身上都会出现。为了体现这种效果，在拍摄前要通过光线角度的调整，选择最佳的色彩变化来展现某种昆虫的外形

△ 利用光的反射原理和角度的调整，找到光盘最佳的反射角度，表现彩虹般的效果

底光

这种光是从被摄对象的下方向上照射的效果，是很好的造型光和轮廓光。配合其他光线照射还可获得更好的画面效果。底光的合理使用，更适合对半透光物体进行形体和质感上的塑造。

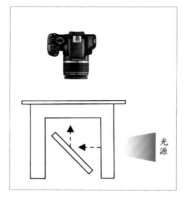

△ 直接底光照明示意图　　△ 间接底光照明示意图

△ 这是在室内条件下，采用底光法拍摄的水晶观音吊坠，经过细心的清理，去掉表面的污垢后拍摄，效果十分理想

侧光

　　这种光效是很好的造型光，尽量使用较柔和的散射光源，避免造成生硬的阴影和强烈的反光。非常适合拍摄表面肌理粗糙和结构非常明确的被摄对象。

△ 侧光非常适合表现肌理粗糙的背景，更适合强调结构明确的被摄对象。这幅作品利用侧光，非常生动地表现了发簪古朴的造型与典雅的态势

△ 侧光照明示意图

制作单向柔光效果

　　这种用光方法非常实用，而且不受空间限制，应用起来非常方便。这种圆形柔光罩摄影器材城有售，还可以到灯具城去选购塑料球形灯罩进行改造，或者用无色

半透明的塑料桶改造。使用时,在镜头的位置打个洞,将镜头对准被摄对象就能拍摄。光源可根据创意需要随意改变方向,柔光效果非常理想。

△ 侧面开孔的半圆形柔光罩

△ 这幅作品采用单向柔光效果拍摄,光线柔和主题突出

制作双向柔光效果

这种光效和单向柔光的制作方法基本一致,只是从所需要的各个方向打光。这种双向柔光效果,几乎消除了全部阴影关系,画面非常干净。利用白色半透明塑料桶制作,既省钱又方便,效果还好,完全可以达到所需要的视觉效果。

△ 正面开孔的半圆形柔光罩示意图

△ 用白色半透明塑料桶制作的柔光罩示意图

△ 这副耳机用双向柔光拍摄,一侧照度强,一侧照度弱。用蓝色作背景,效果非常理想

微距摄影的布光，看似复杂，其实一点都不难，只要你细心一点都可以做得很好。当你掌握了基本布光方法以后，会感觉这种布光很简单，这就叫"难者不会，会者不难"。尤其是你能利用任何灯具布光，凭借自己动手制作的附件，完成布光效果时，那种信心满满的感觉真是太好了，是一种没有任何困难可以阻挡你的自豪感。

26.17 光的性质

对摄影来说，光的性质是指光的软、硬之分。

硬光

又称直射光，是指光线没有受到任何干扰，直接照射到被摄对象，形成明确的方向感和明显的阴影关系的光线效果。

"自然光"是指强烈的阳光直射效果。

"人造光"是指没经过任何柔光附件干扰的直射灯光效果。

这种光线所形成的光效非常硬，可直接产生明显的投影和方向感。遇到反光强烈的物体时能产生明显的反光耀斑。

◁ 这幅画面就是硬光（直射光）光效，画面反差很大、投影生硬，可以看到明显的耀斑和钢笔下方生硬的投影

软光

又称漫散射光，是指光线穿过介质的干扰，形成漫散射状态，间接照射到被摄对象形成柔和的漫散射效果。这种光效没有明显的方向感和阴影关系，对展示完整的物体关系非常有利，非常适合表现微小物体的整体造型。

"自然光"是指阴天的光线效果。阳光透过云层的干扰，发出柔和的漫散射光效果和阴影下的自然光效果。如果利用柔光板对阳光进行遮挡，也可以获得局部漫散射光的效果。

"人造光"是指灯光经过柔光箱或柔光板的干扰，形成非常柔和的漫散射效果，或者将光线照向墙面或反光板所形成的反射光效即为软光。这种光效是微距摄影创作最好的照明用光。

◁ 这幅画面就是软光（漫散射光）光效，画面反差很小，投影几乎没有，钢笔表面没有出现反光耀斑和生硬的阴影关系

光线是表现物体形象、改变被摄对象空间关系的重要表现手段。由于微距摄影的被摄对象都很小，如果用光不当，很容易破坏被摄对象的整体形象。利用软光源并通过相机取景器仔细观察被摄对象各部分的细节关系，边观察边调整，确保被摄对象完美的造型和空间关系。仔细、耐心不能急于求成，要做到三思而后行。

▷ 这是一只卤素灯管的局部，通过软光源处理后，消除了较大的反差与玻璃反光，形成非常理想的抽象图案

[练习]

根据讲过的用光方法和光的性质，拍摄微距作品若干组，练习用光线控制被摄对象造型的能力。要求：利用不同机位与光效，对同一物体进行多种效果的拍摄，对比每幅画面的不同，总结并改进拍摄方法，积累实战经验。

26.18 拍摄角度对构图的影响

当我们选好被摄对象，按照设计方案布置好所有条件准备拍摄时，首先要做的就是按照设计方案调整好画面构图。由于画面中的主体往往只有一个，所以，只要把被摄对象摆放在设计好的兴趣中心位置即可。其余的物体均为陪体，决不能影响被摄对象，无论采用虚实对比手法、色彩对比手法还是肌理对比手法，其目的只有一个，就是烘托主体、强化主题。

在构图的过程中，确定拍摄角度非常重要。正确的角度选择，是确立作品主题，形成物体最佳状态的关键。它包括俯、仰、平、侧等角度变化。拍摄角度的确立，是一幅优秀微距作品，前期拍摄的重要准备工作。前面我们谈过，面对选好的被摄对象，首先要做的就是细心观察，清理瑕疵，找出它最精彩、最能表达主体形象的一面。然后就是根据创意确定角度、调整构图、固定焦点、控制景深以及调整背景等一系列准备工作。

△ 侧面角度打破了正面拍摄呆板的效果，使画面更加生动活泼。用侧面角度拍摄的兰花花心，主体鲜明，结构丰富，视觉效果非常灵动

△ 俯视角度是为了表现漂亮的花心造型。这幅作品用俯视角度拍摄，展示独特的花心造型。冷峻的色调使花心的造型更显富贵俊美

△ 仰视角度主要用于突出被摄对象高傲的形象，刻画物体的主要结构，起到夸张被摄对象造型的作用。这幅月季花采用仰视角度拍摄，用于表现月季花丰富的层次与饱满高傲的形象

△ 根据花的形状采用平视角度拍摄能更好地表现花的造型。卷曲的兰花花心，在平视状态下更显优美舒展，像一朵浪花，又像一只童话中的帆船

[练习]
　　根据不同的物体造型，利用多种角度拍摄，对比不同角度所带来的视觉变化，总结角度的变化对物体形象的影响。

26.19 色彩的运用

　　微距摄影中的色彩是微距摄影重要的视觉表达语言，由于被摄对象很小，鲜艳的色彩就成了表达自身形象的外包装。在拍摄过程中，曝光的准确、色温的控制、布光的正确以及环境光的干扰，都是影响被摄对象和作品整体色调的原因。

曝光的影响

　　正确的曝光是保证被摄对象色彩还原的条件之一，如果曝光过度或曝光不足，都会让色彩明度发生变化，使被摄对象的颜色受到影响。

　　（1）曝光过度，会导致画面整体明度过高而色彩失真，使作品颜色趋于淡化。尤其是高光部分的色彩几乎损失殆尽，电脑后期也无法恢复。

（2）曝光不足，会导致画面整体明度过低而色彩失真，使作品色调趋于暗淡。如果曝光不足过于严重，电脑后期也会无能为力。

（3）只有准确曝光，才可以获得最好的色彩还原。

△ 由于曝光过度，画面的明度过高，色彩会严重失真（学员作品）

△ 曝光正常，画面色彩饱和

△ 由于曝光不足，画面的明度降低，色彩会严重失真

色温的影响

　　色温变化对被摄对象色调的影响很大，如果不认真对待，会导致画面整体的色调严重偏移，这种偏色现象，会造成画面色彩的失真。影响色温的原因是多方面的，比如阴天、阴影下、室内不同种类的人造光等。摄影爱好者必须认真了解并掌握各种光线条件下的色温变化，在实际创作中利用白平衡控制色温的差值，将作品的色调尽量控制在正常状态下，或者达到预先设计好的色调要求，为电脑后期调整打好基础。这是了解并掌握色温最有效的学习方法。

△ 机内色温值与现场色温基本相等，画面色调正常（学员作品）

△ 机内色温值低于现场色温值，画面色调偏蓝

△ 机内色温值高于现场色温值，画面色调偏红

环境色的影响

拍摄微距时，千万要注意周边环境对画面色调的干扰，由于拍摄空间很小，周边的环境色很容易对画面产生干扰，使画面的整体色调发生变化，严重影响被摄对象的固有色。

△ 在没有任何环境色干扰的情况下拍摄，画面中被摄对象的色彩还原正常

△ 在红色环境干扰下，无意之中，被摄对象已受到环境色的干扰，画面中手表暗部偏红，拍摄前必须严加防范，排除环境色的干扰

26.20 正确使用 Adobe RGB 色彩管理空间

启用 Adobe RGB 色彩管理空间拍摄，能获得比 sRGB 更宽泛的色域范围与更真实的色彩还原，它大大超过了 sRGB 和 ISO 国际标准的色域空间。如果能配合使用 RAW 存储格式进行创作，是微距摄影的最佳搭配方案。使用这种搭配方案进行创作，可以获得最细腻的影像细节和最丰富的色彩范围。但是需要注意的是，要配合使用专业的电脑与监视器，同时还要熟练掌握图像处理软件，如果不具备这些条件，建议不要使用。

△ 相机菜单中的色彩空间选择界面

[练习]

（1）在同一环境中拍摄同一题材，利用曝光过度、曝光正常、曝光不足三种方法拍摄，对比色彩效果的差异。

（2）改变机内色温值拍摄同一题材，要求利用最高色温值、正常色温值（与现场色温为参考值）、最低色温值各拍摄一张，对比画面的色调变化。

（3）在有环境色和没有环境色的条件下各拍摄同一作品各一幅，找一找环境色影响作品色调的感觉，对比一下它们的微妙变化。

做这样的练习，就是为了逐渐熟悉并掌握，在复杂环境下对色彩的识别和控制能力。

26.21 电脑的后期处理

电脑修图是微距摄影重要的后期校正工作，将拍摄的不足之处，做进一步调整和修复。这也是再创作的过程。当你能熟练运用软件进行修图以后，一种享受艺术创作的兴奋感会油然而生，随着时间的延续，你的修图技术也会越来越熟练，眼力也更"尖刻"，对作品的要求也会更"严格"，轻易不会放过任何一点瑕疵。

△ 使用 RAW 存储格式和 Adobe RGB 色彩空间拍摄，画面反而偏灰，色彩并不饱和（学员作品）

△ 经过电脑后期调整后，色彩与质感完全达到创作要求，甚至超过实物

26.22 微距摄影的创作类型

微距摄影的创作可以分为三种类型：第一种是纪实类型，第二种是创意类型，第三种是抽象类型。

纪实类型

纪实类型是微距摄影最常用的一种表现类型。这种作品会根据被摄对象的外貌特征如实进行描述，不做过分的艺术夸张，真实再现被摄对象精美细致的一面。强调被摄对象的质感、形状与色彩。这种题材在自然光与人造光下都可以完成拍摄。

△ 用纪实手法拍摄的运动手表

△ 用纪实手法拍摄的兰花

创意类型

用创意手法拍摄微距，不但要保证被摄对象的原型，还要具有一定的创意设计，使作品的内涵更丰富，意境更深远。这种题材多在室内拍摄，通过光线布控与环境的制作，使画面达到超乎寻常的视觉感染力。拍摄者一定要根据被摄对象的品种、造型、功能，进行切合实际的创意设计，通过精心的布置与调整，使作品既要合乎情理又要达到尽善尽美的视觉效果。整个拍摄过程就像拍摄静物和广告那样精准。甚至比拍摄静物和广告更精细，一点点误差就会造成拍摄的失误。

联想是微距摄影创作的源泉，技术是微距摄影创作的手段，只要想到了就去大胆实施，拍摄结果一定越来越精彩。

△ 饰品是微距摄影最好的表现素材，它的精美正是摄影师发挥创作潜能的动力。通过各种表现手法可以赋予它新的生命。这只胸坠，通过技术手段处理使它产生了更强烈的视觉冲击力

△ 拍摄一枚精致完美的珍珠吊坠，创作目的并不是为了表现珠宝的精致，而是要体现一种超现实的精湛与灵动。利用夸张的手法表现如影随形之效果，强调离奇梦幻的时尚感

抽象类型

将微小物体的不同肌理与色彩变化，利用光影角度与虚实关系，从微观角度去捕捉它们的细节，在视觉上促成抽象的艺术效果，即为这类作品。这种素材，可以到生活中去找，到大自然中去寻觅，也可以动手制作，更可以顺其自然。成功的作品似乎让人看不懂，更看不出是什么东西，但是很漂亮。这种似是而非的效果充满了巨大的视觉诱惑力，是微观世界的一匹黑马。

△ 树皮细小的局部特征，通过微距镜头的放大处理，也可以成为一幅十分难得的抽象画面

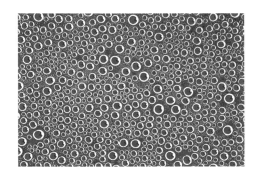

◁ 将盛满液体的容器蒙上塑料薄膜后放进冰箱里，第二天轻轻拿出来。由于冰箱里凉，外面热，拿出来后会在薄膜下面出现一层非常细腻的水珠。在微距镜头里就是一片晶莹剔透的珍珠效果，确实完美极了

寻找和发现是做个微距摄影师重要的先决条件，独具慧眼更是成为摄影师的本能。自然界中，普通人会对隐秘处的细小精美的结构变化漠然处之，而摄影师则会发现它们的美。在摄影者的头脑里，必须装有寻找它们的意识，随时提醒自己搜寻它们的"藏匿处"，一旦发现绝不放过，观察、思考、构图、拍摄，一气呵成。

[练习]

（1）纪实类：用纪实手法拍摄微距作品若干幅。要求主体造型明确、质感清晰、色彩艳丽，有一定的艺术观赏性。

（2）创意类：通过充分的思考，利用被摄对象精美的造型与拍摄技法，展现拍摄者强烈的创作意识和个性。要求作品具有超强的现代感与艺术表现力，努力寻求创意的突破。

（3）抽象类：通过对物体的观察，充分利用物体特殊结构与肌理变化，加上作者自身的想象力，对被摄对象进行有选择的拍摄，经电脑后期处理与作者超水平的发挥，让这个不见经传的微小物体达到一种超乎寻常的视觉再现。

拍摄实例

微距摄影的被摄对象数不胜数，在自然界和生活中所有小巧精美的物体都可以上镜。如果按类划分可以分成：食品类、昆虫类、花卉类、工艺品类、日用品类、电器类等。总之，通过细致地观察，所有微小精湛的物体，都可以作为微距摄影的拍摄素材。不要只拍一类作品，这不利于学习和进步。

食品类

食品是人们生活的必需品，它也可以成为微距摄影的拍摄素材。那些具有漂亮怪异的外观、饱和艳丽的色彩以及清晰完整的质感的食品，都会让你产生想要拍它们的冲动。通过有目的的挑选、有意识的设计，它们就可以成为创作的内容。

△ 两颗普通的含片，在微距镜头下也能赋予它亲昵的生命力。利用蓝色的清水作为背景，不但突出了含片的造型与功能，更象征着一种情与爱

△ 炒熟的芝麻在微距镜头里，显得颗颗饱满，粒粒肥硕

[练习]

　　在日常生活中寻找可拍摄的食品，通过观察再决定拍摄。要求：造型独特，色彩逼真，让观者产生并非食品的美感。

昆虫类

　　这里所指的昆虫，主要是生活在自然界中小巧美丽的昆虫。它们体积很小，为了生存，必须让自己的外表尽可能适应周边环境。因此，它们体态各异，外形古怪，而且色彩也很艳丽，这就给微距摄影提供了最好的拍摄素材，只要拍摄者细心观察和寻找，一定会有巨大的收获。

△ 这只蜗牛在微距镜头下显示出清晰的斑纹与温馨的暖色。由于蜗牛在不断地运动，拍摄要随机应变，焦点对准蜗牛的头部，强调它皮肤的质感与外在的形态

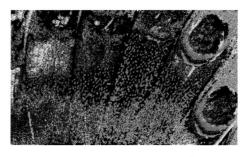

△ 微距镜头下的蝴蝶翅膀，非常漂亮。这种纯自然的效果，只有在微距状态下才能分辨出来。大自然将妖艳降临到蝴蝶的身上，正可谓目迷五色

[练习]

在大自然中寻觅美丽小巧的昆虫拍摄若干幅。要求：真实表现昆虫的外形、质感与色彩，发挥数码摄影技术与技巧，强化作品的视觉感染力。

花卉类

花卉在微距摄影中占了很大的比重。它是世界上最完美的物种，从它破土发芽到枯萎凋零，只要造型独特，都可以进行拍摄，显示出超强的艺术魅力。摄影师就是要寻找这样的目标进行创作。

△ 花的叶子，充满强烈的色彩对比与肌理效果，这种造型具有很强的视觉吸引力。在微距镜头下呈现出抽象的纹理特征，这种效果对观者极具诱惑力

△ 微距镜头下的兰花花蕊，酷似小鸟归巢十分可爱。在微距世界里，很多形象让你意想不到，只要你耐心寻找仔细观察，神奇的造型会让你痴迷

[练习]

拍摄微距花卉若干幅。要求：主体鲜明，造型独特，色彩鲜艳，有一定的想象力和创造力，表现出似花非花之效果。

消费品类

生活中的纯消费品种类繁多，只有造型精巧、品质细腻的品种才能成为微距摄影的被摄对象。比如首饰系列、手表等都是微距摄影的首选，它们造型精美，工艺精良，非常适合在艺术创作上做大胆的构想，成为理想的微距摄影素材。

△ 非常漂亮的南红玛瑙吊坠，通过微距镜头观察，3厘米大小的吊坠显得非常饱满古朴，在朦胧背景的衬托下格外醒目

△ 琥珀是很贵重的有机宝石，这幅作品中的琥珀带有一些天然的填充物，因此不但要表现好物品的质感，还要体现出琥珀浓重而独特的棕红色

[练习]

　　在生活当中挑选美丽精巧的消费品拍摄若干幅。要求：保持原物准确的造型与色彩，突出被摄对象的主体形象，做到干净利落、掷地有声。

日用品类

　　微距摄影所指的日用品，是那些小巧新颖、精细、经得起微距镜头推敲的物品，通过拍摄者的巧妙构思，展现出理想的艺术效果。一些古老废旧的物品也能进行拍摄，这就需要更认真地筛选和把关，通过艺术构思和修饰，体现出真实的残缺之美。

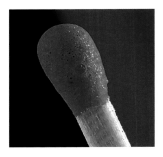 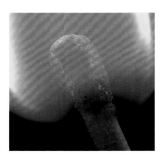 

△ 《火柴三部曲》——原状、燃烧、碳化，表现火柴燃烧的过程。微距摄影把这三个瞬间表现得非常精准到位

◁ 这是一台微型家用计算器，虽然现在基本被淘汰，但是通过微距摄影的处理，仍旧充满了时代的气息。通过光影的处理与角度的变化，这种效果更加明显

[练习]

    在日用品中挑选色彩与造型精致的小物品，通过观察对比以后，再决定拍摄。要求：拍摄内容要有创意和巧妙的构思，包括用光与环境都要有想法。

电器类

    这里的电器是指小巧、精致的电器用品，通过微距镜头观察，能得到最佳影像效果的都可以进行拍摄。通过设计安排，使作品达到不可思议的完美影像，体现出时代的特征与科技的深奥。

△ 这是摄影专用卤素灯的灯丝，通过背景色彩的烘托，让灯丝的造型，在微距镜头的作用下，得到明显的强化，视觉效果更显离奇神秘

△ 这是拆开的 CF 卡，在色光的渲染下，显现出高科技的神秘。一寸见方的卡心，通过微距镜头拍摄，使这小小的空间，大大超出了原物体的视觉能量

[练习]

    寻找具有一定表现力的小型电器进行拍摄。要求：造型别致，色彩醒目，有一定的思想内涵和艺术表现力。

五金类

　　生活中小型金属类的物品很多，只要合乎体积小、质量精、结构美的金属物体都可以拍摄。通过摄影师巧妙的构思、合理的构图、正确的背景安排，以及色彩的精心搭配，一幅漂亮的微距摄影作品即可呈现出来。

△ 生锈的钳子和螺丝母，在微距镜头下，显示出生锈的质感和真实的色彩再现。拍摄这类题材必须做到旧得自然，旧得合情合理

△ 拍摄纪念金币，要突出它的金属质感和结构的层次关系。柔和的软光源和侧面用光起到关键作用。顶部黑色的吸光板强化了金属的亮暗反差，更体现出金币的贵重

自然类

　　细心观察隐藏在大自然当中的微小物体，寻找最具特色的造型与色彩进行拍摄。它们都隐藏在不易被发现的地方，必须仔细搜寻才能发现。一种没有任何规律可言、纯自然的随意性，成就了作品的效果。

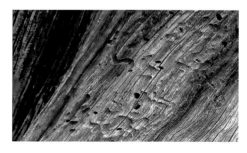

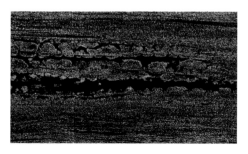

△ 处于阴山背后的苍老树干上，残留着被自然腐蚀的表面与被虫啃食的痕迹，利用微距镜头将这些特殊的自然符号记录下来，以视觉信息传达的方式，诉说着往事，表达着哀伤

△ 这是霉变的朽木局部，通过微距镜头展现出的效果非常离奇，充满了未知。画面带给观者的是意想不到的色彩变化和极其抽象的结构关系

26.23 小结

拍摄微距必须有耐心与细心，不然很难坚持下去。这种"双心"的微距摄影精神一般人很难承受。尤其在自然环境下拍摄，更是如此。由于微距的拍摄非常特殊，而且作品质量的要求又十分苛刻，稍不注意就会造成失败的后果。所以拍摄微距必须注意以下几点。

（1）现代数码相机有先进的内测光系统，可以精准地完成测光任务。避免了因像距延长造成重新计算曝光量的麻烦。但是，在使用近摄皮腔、镜头接环等特殊附件时，会导致内侧光失误。因此还要注意曝光补偿的问题，在实际操作时，还是多加小心为好。

（2）使用手持相机拍摄时，一定检查是否开启镜头防抖装置（IS），尽量保持相机的稳定，确保画面清晰。

（3）拍摄微距作品，要尽量使用三脚架或独脚架稳定相机，同时配合快门线或遥控器释放快门，同时开启反光镜预升装置，避免快门抬起产生的轻微震动。拍摄前还要检查镜头防抖装置（IS）是否关闭。如果忘记关闭（IS），在使用三脚架时因为镜头防抖装置（IS）还在工作，反而会使画面产生虚化，这一点非常重要。

（4）由于拍摄距离太近，所以景深非常浅，聚焦点的一点点偏差，都会使画面主体的清晰度受到影响。建议使用微距专用云台，可以通过微调旋钮进行更精准细致的焦点确认。

（5）由于拍摄距离很近，要随时注意布光的效果，不要让镜头或其他障碍物挡住被摄对象，影响布光效果。尤其在专心拍摄时，往往会忽略这一点。

（6）背景要干净，色彩要以少胜多、去繁求简，以烘托主体为主要任务。

（7）画面构图要饱满，主体要鲜明突出，尽量去掉不必要的环境干扰。

（8）利用景深预测和实时取景装置，观察景深的变化。当画面构图确定以后，再利用光圈的调整控制景深，使画面景深达到最佳要求。

（9）拍摄现场要稳定，避免来自地面和风的干扰以及人为因素造成的震动而影响画面的清晰度。

（10）作品要具有时代特征和明确的主观色彩。

第二十七章 摄影专题
花卉摄影

27.1 如何拍摄花卉

花卉是大自然奉献给人类最美丽、最纯洁的圣物。其婀娜多姿的形态、变化无穷的外表，使人无不为之赞美。历朝历代的文人墨客、落笔成神的艺术家都用最美丽的词汇，最精彩的笔墨去描绘和赞美它。在艺术领域中，"花"永远是美好幸福的象征，具有永恒的艺术生命力。在现实生活中，人们喜欢在家里、院子里栽种它，用手中的画笔描绘它，用相机去拍摄它，让它成为赏心悦目的视觉艺术品。花卉可以修身养性，又能提高个人的艺术鉴赏力，真是一举多得的好事。

"花卉"是摄影爱好者都喜欢拍摄的题材，它可以在自然环境中拍摄，也能在室内环境里精雕细琢。可以采用单色刻画，体现它的质感和造型。也可以用色彩进行渲染，弘扬它的绚丽与精湛。表现手法更是多样，用写实的手法表现花的造型和色彩，用静物摄影的手法阐述更深邃的作品内涵，就是"残花败柳"也能体现出一种另类的残缺美……无论你用什么方法去创作，目的就是为了一个"美"字，它就像一个纯情的少女，吸引你的眼睛想多看两眼，刺激你拍摄它的欲望。

27.2 拍摄花卉需要的设备

从专业角度出发，使用专业设备拍摄当然最好，比如大型和中型相机加数码后背、专业级全画幅 135 数码相机。镜头最好选择全面一些，从短焦距到长焦距都用得着，为了体现更具体细小的内容，微距镜头也是必备的工具。附件要准备三脚架、独脚架、灯具、滤光镜、还要准备一些背景布（纸）、小型支架、镜子、绳子等。这些附件在野外拍摄时最能显示它的重要性。

对摄影爱好者来说，设备的选择可以随便一些，主要以 135 数码相机、微单相机为主，如果只是出于喜欢或一般爱好，业余数码相机、手机都可以用。至于镜头就更随意了，有什么用什么，等拍出门道来，再根据需要逐步添加。总之，以爱好为主，经过不断地学习和拍摄，慢慢提高自己的入门级别。

△ 花卉的魅力，导致很多人都愿意拍摄它，使用的相机更是五花八门，能记录美丽的形象就行，没有任何局限和要求。这也说明数字摄影的出现，推动了群体性摄影的爆发，不分年龄大小，不分男女老幼，随处都能见到拍摄的人群。到了鲜花盛开的季节，这种现象更是目不暇接。如果是为了学习摄影，想在摄影方面有所作为，建议你还是学习点儿基础理论知识为好，拍摄起来就不会盲目了

△ 在表现独立花卉时，尤其是在机位与被摄对象之间因障碍而无法靠近时，长焦距镜头就可以发挥它的作用了。这幅侧光下的荷花，就是通过长焦距镜头（400mm）拍摄的，体现出丰富的结构层次与饱和的色彩，花的造型非常饱满，花的主体形象在虚化的背景下显得更加醒目突出

△ 在丰富漂亮的花园面前，可以使用较短焦距镜头拍摄。由于镜头焦距短、视角宽、景深大，包容的画面内容多，对表现丰富的群体花卉比较方便。这幅作品就采用了短焦距镜头拍摄，展示花园繁茂的美景，说明短焦距镜头也是花卉摄影不能放弃的利器

工具是拿来使用的，不管做什么工作，称手的工具是完成具体工作的基本条件，不要因为设备太沉，携带不便就随便放弃，这是很多摄影爱好者最爱犯的毛病。在外出创作需要使用某个镜头和附件时，如果没带，一定会导致创作无法实现而后悔不已。所以，宁可带着设备没用上，再带回来，也不能做因没带工具耽误了创作而悔恨的事！这对艺术创作来说是莫大的打击！

27.3 拍摄花卉的用光条件

拍摄花卉有两种用光条件：自然光下的拍摄和室内人造光下的拍摄。这两种创作条件完全不同，工作起来有很大区别，拍摄出来的效果也有非常大的差异。前者的拍摄条件无法控制，只能靠天吃饭。而后者的拍摄不受气候条件的限制，可以人为随意控制，摄影师决定一切。

室外自然光下的拍摄

在自然环境下拍摄花卉，是一种简便易行的创作方式，它的拍摄有两个不同的目的。

第一，不强调艺术效果，主要用途是科学研究。强调的是花卉的形状、质感、色彩，必须准确地表现出花的外形与结构，以清晰的记录手法表现花的品种，这种拍摄方式主要用于科学研究。

第二，是为了艺术创作而拍摄。这种拍摄强调的是艺术效果，作品不只是单纯描绘花的形象，更重要的是，强调艺术表现力。发挥摄影师的智慧，利用摄影手段与电脑后期的处理，把自然界的花卉转化为丰富多彩的纯艺术作品。

对摄影创作来说，在自然光下拍摄，会被守恒的光线和环境所限，拍摄条件十分苛刻，在创作过程中会受到诸多条件的制约。比如风的干扰、光线的制约、花卉表面的污染物、杂乱背景的干扰，甚至会受到管理人员的限制，等等。拍摄时，总是被动地选择光线和躲避障碍物。这些客观条件的干扰是无法抗拒的，只能通过摄影师自行解决。自然光下拍摄花卉要注意以下问题。

（1）光线角度要选择侧光、侧逆光或逆光，尽量少用顺光。如果现场光线达不到创作要求，可以利用自带的人造光和附件进行补光。

（2）花的造型要完整、饱满、健康，根据创作需要，该虚就虚、该实就实，做到层次丰富、主题明确。

（3）色彩的搭配要艳而不俗，在变化中求统一。

（4）回避周边环境与地面的干扰物，可以利用长焦距镜头，控制被摄对象处在朦胧干净的背景中。如果无法回避杂乱的背景，可以利用自制的背景进行遮挡处理。

（5）动手制作一些携带方便的背景纸（布）、柔光纸（布）、反光板（布）、小型支架、手电、镜子、甘油、喷壶等附件，利用这些附件协助完成作品的拍摄。

（6）在拍摄过程中，一定要保护好原生态的状况，不能破坏生物环境，这是摄影师应尽的义务。

以上所做的一切都是为了表现好花的形象，突出主题。在创作中，把每一个细节都考虑周全，才能使作品达到最佳效果。

◁ 这是在室外自然光下拍摄的荷花，利用顶逆光体现花的结构层次。通过长焦距和仰视角度拍摄，荷花更显傲骨英风。利用背景环境的阴影部分，既回避了周边复杂凌乱的环境干扰，也使深色的背景更好地衬托出花的造型。这是在自然环境中拍摄花卉的方法之一

◁ 阴天散射光是体现牡丹雍容华贵、丰富饱满形象较好的用光条件。通过机位选择合适的角度，其目的就是为了表现牡丹花饱满的群体形象和虚化的背景关系，确认画面构图符合拍摄要求后再拍摄

自然光下的花卉十分诱人，长焦距镜头加上大光圈，促使背景朦胧虚化。或者使用折返镜头拍摄，由于折返镜头的特殊结构，可以让背景环境产生魔幻圈似的效果，不但主体突出，画面效果也更加奇特。这是拍摄花卉经常采用的手法。用短焦

距镜头拍摄，也是一种创作方式，可以体现更丰富的花卉群体。采用短焦距镜头拍摄要组织好花与花、花与环境的关系，使画面既丰富又不杂乱。微距镜头也是拍摄花卉不可或缺的设备，它可以从局部入手，以微观的视角表现更具体的细节，展示肉眼观察不到的奥秘。

室内人造光下的精雕细琢

利用室内人造光拍摄花卉，是最好的创作条件，其特点如下。

（1）不受自然条件的困扰，光线可以根据创作要求自由摆布。

（2）背景可以根据设计要求任意变化。

（3）机位角度可根据创作要求进行无障碍调整。

（4）没有风和其他环境因素的干扰，安静、踏实是最大特点。

（5）方便进行各种创意的发挥。

建议到花卉市场挑选花卉种类回到工作室内拍摄，买回的花卉，表面干净无杂质，可以根据设计随意改变造型。在拍摄时还可以利用一花多拍法进行多种创意、多种技法的练习，不断开发创作思路，丰富自己的头脑，让自己的作品内容不断丰富起来。

这些做法是室外自然环境下无法实现的。尤其是一花多拍法，买一"种"花，就可以进行有针对性的多种创意练习，经长时间磨炼一定会有超值的收获。

◁ 这是在花卉市场买的葵花，是"一花多拍法"的练习科目之一"同时对比法"。作品通过更换背景色调，观察环境色对被摄对象固有色的影响。这两幅作品中的花没变，机位没变，曝光没变，只是更换了背景颜色。在这种条件下，你会发现，画面中的葵花在背景色调变化的影响下，明度发生了变化，这种做法在色彩学中叫作"同时对比"法。多做这样的练习，对今后的创作很有帮助。一花多拍法的好处就是，利用一种花，改变拍摄角度、调整各种光线效果、变化机位角度、直到将花拍成"残花败柳"为止。这种少花钱多办事，买一枝花就可以进行多种练习的做法，是室内摄影练习的独到之处

要想获得好作品，室内创作是最好的条件，实际上也是静物摄影的做法之一。此时，你可以充分发挥想象力，毫无顾忌地拍摄，没有客观条件的干扰，更没有"同志，请不要踩踏草坪！"的呵斥声音。你可以轻轻松松、踏踏实实地进行全方位的思考与创作。

27.4 单色表达法

"单色"是指整幅作品用同一色调处理，或黑白或其他色调。采用这种表现方式对光线的运用要更加认真，必须充分利用光影变化与明暗关系去展示花卉的层次，用清晰的质感描绘花卉的细节。由于画面已经简单到无色，所以对画面质量的要求就更严格、更讲究。全凭光影关系和细节层次去表现作品内容，朴素的风格、深邃的内涵、强烈的视觉冲击力，画面效果必须达到最佳。

用单色表现花卉看起来很简单，实际上学问很深，必须懂得如何利用滤光镜控制画面的影调和反差，要熟知色彩与光线对影调关系和结构层次的影响。还要注重后期制作的必要性，这是考验作者能否真正体现作品质量、升华作品内涵的重要手段。

△▷ 这是采用单色调表现的作品，左图，抓住光线由中心向四外扩散的气氛，以蓝色为主调，用寓意象征的手法展现莲花宝座的形象，使作品充满禅意。右图作品利用漫散射光，以纯黑白影调刻画作品的质感与细节。这幅作品的主体虽然很繁复，可并没有显示出杂乱无章的效果。整幅作品在柔和的光线照射下，排列齐整，井然有序。两幅作品各有千秋，前者突出的是内涵，后者着重的是物体的细节刻画。用单色拍摄花卉作品，要体现一种单纯质朴的效果，无论画面内容是烦琐还是简练，突出明确的主体是第一位的

用数码相机拍摄单色花卉，最好先拍摄彩色图像，再通过电脑后期进行单色的处理，这样可以获得更丰富的影调层次与更理想的色调变化。这比直接拍摄黑白好很多，后期修图时的手段和渠道也充分，画面效果更能做到随心所欲。

27.5 彩色渲染法

绝大部分拍摄者都喜欢用色彩表现花卉。数码摄影的出现，使花卉的色彩表现更加丰富多彩。为了在实践中更充分地展示花卉的颜色，必须注意以下几点。

（1）充分利用侧光、侧逆光或逆光拍摄，尽量少用甚至不用顺光拍摄。

（2）突出主体花卉的色彩饱和度与质感，减弱环境背景的表现力，使画面在对比中力求统一。

（3）准确的曝光与后期制作，是保证色彩艳度的关键。

（4）正确的色温控制，是后期校正色彩的保证。

真实再现花卉色彩的原貌，甚至可以根据拍摄者的思路去改变或夸张花卉原有的色彩关系，电脑后期的制作手段是至关重要的。优秀的作品，全凭作者对软件的掌控能力与个人艺术潜力的发挥。色彩是大自然赋予植物的本色，在原生态的基础上，升华并提炼它的精华，是艺术家的智慧与才艺的综合体现，更是完成摄影精品的关键。在创作过程中，影响色彩的问题很多，要在理论学习和实践中去寻找答案。

◁ 饱和的红色与清晰的黄色线条，呈现出狂放的视觉刺激。色相明确，气氛火辣，完全冲破了纪实摄影的概念，迫使作品更接近抽象艺术的视觉刺激

色彩是再现花卉真实形象的表达形式，也是摄影师发挥创作力和想象力的空间。利用摄影这个纪实手段，可以如实记录花卉的真实形象，也可以发挥摄影师的创作意识，将它们升华到脱离摄影原作的纯艺术效果。这是电脑带来的另类表现手段，是充分展示当代艺术的表现空间，使其进入一个永无止境、虚拟创作的世界。

◁ 这幅作品在电脑制作的协助下，将绿色转化为淡蓝色，视觉效果的骤变，使原生态形象转化成图案般的冷峻与俊俏。作品清凉明快，质感清晰，层次丰富

27.6 高调与低调的背景处理

高调与低调的背景是指，花卉本身的色彩不受影响，只是将背景处理成"高调"或"低调"的效果，利用这种处理手法可以更好地突出花卉的主体形象。由于这种背景干净利落，没有其他的环境干扰，使画面主体更加清晰明朗。通过课堂讲解，学员们对这种背景的理解逐渐清晰起来，做出的作业也更加准确。下面选了四幅作业和大家共同鉴赏。

高调背景的处理

制作亮调背景可以采用多种方法。（1）自然光：可以利用阴天的天空为背景，使画面获得干净的背景效果，再经过电脑后期做进一步处理，就可以获得高调背景效果。（2）如果被摄对象的位置较低，也可以利用白色墙面或自制白背景纸（布），同样可以获得理想的高调效果。（3）人造光：这种处理法要求在室内完成，可以根据自己的想法做出更丰富的创意。要求使用白色背景（被摄对象必须离背景远一些），利用人造光源制作光效，要求背景亮度必须高于被摄对象，即可获得理想的画面效果，还可以根据自己的想法制作出更丰富的效果。

△ 这幅作品就是在室内完成的高调作品，让人产生了梦幻般的效果。画面中的花不多，品种也不高贵，但是制作出来的高调和放射效果却非同一般（学员作品）

△ 这幅作品只选择了几根竹子作为主体，以雪为陪衬，使作品在白雪的衬托下达到了高调效果，用这种效果处理，无形之中一种禅意油然而生。作者以敏锐的眼光，在繁复的环境中发现了这片净土，让人感到万分的惬意（学员作品）

低调背景的处理

制作低调背景可以采用多种方法。（1）自然光：利用环境的阴影部分，通过准确的曝光控制和后期处理达到低调背景的效果。（2）利用自制的黑色纸（布）作为背景，再通过准确的曝光控制与后期处理，即可获得低调背景效果。（3）人造光：这种处理法最好在较暗的室内环境中完成，利用深色背景（被摄对象要离背景尽量远一些），光线只对被摄对象进行布光，曝光以被摄对象为标准拍摄，即可获得理想的低调效果。还可以通过拍摄者自己的设计，完成更理想的创意作品。

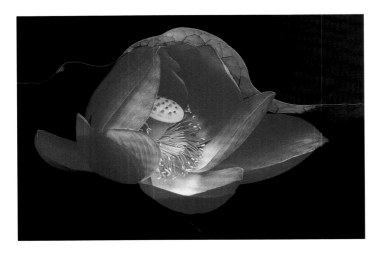

◁ 作者利用了自然环境中的暗背景，准确烘托出荷花饱满的造型，同时一片荷叶轻抚于荷花的顶部，使作品产生出既明确又生动的层次关系。作者利用深色背景的衬托，刻画出花仙子的形象（学员作品）

▷ 这幅作品以深色作为背景突出花蕊美丽的造型。繁复的曲线形成了抽象的圆形结构，在深色背景衬托下更显神奇怪异。作者大胆的想法通过电脑后期创作出独具特色的效果（学员作品）

27.7 静物表达法

　　用静物摄影的手法拍摄，是花卉摄影又一种表现方式。反之，花卉也是静物摄影的重要道具。用静物的手法拍摄，能给花卉增添更多的展示空间，赋予花卉更宽泛的主题内涵。充分利用道具、环境、色彩、气氛这些元素，将单纯的花卉延伸至更富魅力的展示空间，用叙事般的情节讲述画面的故事。根据环境气氛以及道具的介入，作品主题会发生本质的变化。每一位摄影师都会根据自身的拍摄技巧与艺术修养，去展示各自的新作。作品内容的优劣，完全取决于作者实力的具体发挥。

◁ 这幅作品采用饱和的重彩，欧洲古典式绘画风格，精细稳重的光线布控，准确细致的曝光条件，来表述身边的情调。体现自然主义纯画意风格的作品，追求一种文艺复兴时期的艺术品位

通过这两幅作品，说明了花卉摄影表现手段的多样性，只要想法到位，就认真做下去。"熟能生巧"这是事物的发展规律。

身在千山顶上头
深若深缝妙香稠
非无脚下浮云闹
来不相知去不留

▷ 这幅作品以中国画为基本元素，力求古朴典雅的国画风格，将现代数字技术与中国传统艺术相结合，打造出笔墨丹青般的画意摄影作品

27.8 零散花卉拍摄法

零散花卉是指梅花、桃花、杏花、野菊花等成片琐碎的小花。这种花卉拿出单独一朵，视觉效果并不漂亮，造型十分单薄，如果只拍摄少量的几朵花，视觉效果很难表现其美丽的特点，最好以大面积成片的形式，体现出"乱花渐欲迷人眼"的视觉美感。

◁ 这种碎花体积小，造型单薄，经不起少量或单独去表现。要想很好地展现繁花似锦的效果，最好以大面积、成气势的效果拍摄，再配上合适的环境背景，以舒展浪漫的气氛去表现一种自然美。这幅作品采用密度较大的杏花，以黄色的琉璃瓦为背景，体现一种优美庄重的皇家园林的气势

△ 花朵如果比较小而且很碎，建议不要拍摄较少或单一的花朵，最好拍摄成片的画面。这幅作品就是利用花朵成片的气势夺取人的眼球，以气势压倒了一切

27.9 残缺美

残缺之美，也可以称作缺陷美，是表现花卉作品的另类。表现的并不是盛世绽放的花朵，而是衰老残存时的败落景象。抓住重点、简约干练、鲜明突出是表现这类作品的核心，带给观者的是思维上的延续和超脱的遐想。这种表达方式，需要创作者具有成熟的创作意识，深刻的艺术底蕴，犀利的审美眼光。让作品在凋零之中寻求境域，在破败之中提炼纯朴。每一幅成功的作品都具有不朽的艺术生命力。

▷ 残荷是秋天特有的景致，利用秋天浓重的暖色与天空反射在水面上的冷色，赋予残荷一种老练深沉之美，画面虽然很简洁，却充满了丰富的内涵信息。这种画面可以作为摄影作品单独出现，更可以作为书刊的封面和宣传页面使用

◁ 残荷是花卉摄影最富变化的摄影素材，成千上万的残荷让你目不暇接、任你选取。这幅作品以一片硕大的荷叶为背景，衬托一个已经凋零的莲蓬，显示出"风霜岁月催人变，老态龙钟步难行"之感。作品效果败而不俗，形象虽残却不失风雅

27.10 微观之花

微距中的花就隐藏在绚丽的花群之中，它神秘、抽象、诱人，你一旦发现它，一定会被它的魅力所征服。在微观的世界里，一种惊世骇俗的形象会突显在你的面前，促使你拿起相机去拍摄它。

拍摄微距中的花要注意：(1)主题要鲜明；(2)质感要细腻；(3)色彩要饱和；(4)形体要准确；(5)背景要虚化抽象。在微距摄影创作中，要注意造型元素的合理组织，绝不能混乱。微距花卉对拍摄技巧的要求非常严格，稍不注意就会造成拍摄的失误。

微观花卉的创作，需要使用特殊的设备去拍摄，专用微距镜头是首选。利用微距附件也是个不错的选择，如果只是出于爱好和练习的需要，微距附件的利用是很合算方便的。创作中，三脚架、快门线是很重要的附件，它可以起到稳定相机的作用。必要时还要使用专用灯具和其他自制附件，协助你去完成拍摄。有些照明附件必须根据具体情况亲自动手制作，才能达到应有的效果。

◁ 用微距镜头表现兰花花蕊的奇特造型，是这幅作品的兴趣中心，常人很难观察到这样细致清晰的内容

◁ 透过微距镜头，可以看到充满魅力的花卉和蜜蜂的形象。用微距拍摄，就是为了表现精美奇异的花草造型和蜜蜂的形态。在一般情况下，将肉眼很难清晰看到的这种细节，利用微距摄影的手段将它展现在大众面前，一定会让人感到惊叹不已

27.11 多重曝光

　　多重曝光拍摄法也是花卉摄影的创作手法之一。利用这种方法，可创作出超凡脱俗的作品，体现"奇花异草"之神奇。采用这种方法，需要事先做好构思和拍摄步骤，然后再进行拍摄。切不可不加思索就闷着头干，这种不严谨的做法很不值得提倡，更学习不到任何东西。

△ 作品采用两次曝光完成。效果很好。画面虚实结合、过渡自然，使玫瑰花的视觉效果更具魔力

△ 这幅作品是受皇家建筑森严壁垒的刺激而产生出的灵感。高耸的宫墙隔开了内外的联系，外面的人猜疑里面是什么样？墙内的仕女同样渴望着外面的自由世界，总想穿墙而出寻找梦中的自由。利用多重曝光的拍摄技法，完成了灵感带给自己的联想境界，使画面达到了超越现实的效果

花卉创作的手法是多样的，可以说摄影中的所有技法都用得上。它的创作宗旨就是"精细、创新、求奇"。生长在自然界中的"花儿"是美丽的，而摄影创作中的"花儿"是奇特的。大胆开发你的潜能，赋予"花儿"超乎寻常的神秘与妖艳。用你的爱心赋予它灵魂，它将回报你精神上的享受与快乐。富有创造性的发挥，才能焕发出富有魅力的艺术作品。

拍摄实例

通过拍摄实例只想传递给大家一个信息：花卉的创作，要从多角度、多种类去丰富自己的作品创意。要勤于思考、变换手法，敢于尝试，利用前期拍摄，结合后期处理的方法，不断升华作品的视觉感染力。让自己的作品丰富起来，效果更要新颖别致。不要死守着一种类型，一种模式拍摄，这会使作品没有新意，越拍越没有信心。

△ 含蓄之美是最耐人寻味的，人尚且如此，何况花乎？精美的形状，梦幻的颜色，超前的创意，这就是花卉摄影的魅力

△ 残荷往往能产生出非凡的美。在一堆风干的荷叶中，寻找合适的角度与肌理关系，再经过后期的处理，一幅非常诱人的抽象画面展现在面前，这说明只要用"心"就能"成事"的道理

◁ 乱草之中，斑驳的光影散发着生命的气息。单色促使这种气息更清纯，更明朗。逆光下几支郁金香，格外醒目，正可谓"绿草生满地，春来花几支"

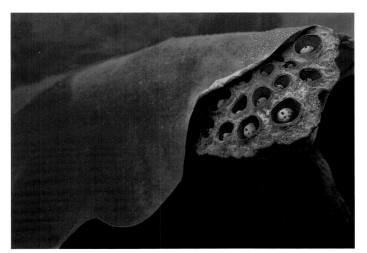

◁ 这幅水中残荷的状态，犹如《琵琶行》中"犹抱琵琶半遮面"的形象，一种借物抒情之感油然而生。难道它也要千呼万唤才能始出来吗

◁ "残"，即废也。但是，在美学之中，"残"却能转化为"美"。这幅作品在日落前的水平光线照射下拍摄，质感非常丰富，色彩也更加鲜明。虽然是一片残叶，却显示出强烈的复苏感。光在这幅作品中起到了关键的作用

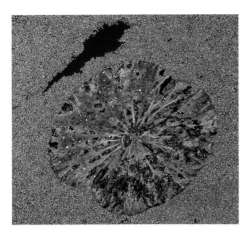

△ 这幅作品取胜的原因在于，大小的比例关系和强烈的色差对比。生活中，诸如此类的形象等我们用心去寻找、去记录。配合后期的处理，一幅理想的作品即可完成。利用外出的时间，边拍摄，边总结，逐渐形成一种行为意识，引导后续的艺术创作不断进取

△ 这幅作品利用长焦距镜头景深小的特点，突出芍药花硕大的造型。虚幻的背景映衬出花的傲慢与富贵。浓艳的颜色、高傲的姿态，证明"我才是花中皇后"。摄影就是充分利用器材特点，将作者想要表现的视觉信息，通过设计编排和正确的后期处理，展现出花的魅力。拍摄者必须认真思考、克服盲目、准确定位再加上适当的手法，才能达到最好的创作状态

△ 仙人球也是花的另一个品种，在逆光之下显得十分可爱。坚硬的利刺在光的作用下，显示出毛茸茸的质感非常诱人。但是可爱的外表之下，却暗藏着可怕的伤人利器

△ 对称式构图组成的残荷画面，既明朗又和谐，画面十分完整。体现出残而不朽，败而不衰之美。自然界的水面就像一面镜子，在合适的角度（入射角等于反射角）作用下，就能将水面上的物体反射出来。这幅作品就是利用这一定律完成的创作

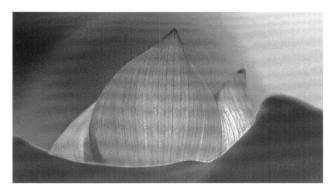

◁ 作品《献寿》以荷叶为盘，荷花为果，组成一幅十分吉祥的"献寿图"，寓意着喜庆与祝福。在众多荷花中，用眼睛搜寻，让兴奋的头脑与物体的形状发生碰撞，一旦眼中的景象与思维擦碰出强烈的火花，就是作品产生的一刻

◁ 花的美丽，来自婀娜的形态与艳丽的色彩。如果使用单色去表现它，最好利用花的简易造型，通过清晰的细节以及简洁的背景烘托，才能将画面主体明显地衬托出来。这幅作品利用一束简单的菊花造型与完整的背景，使简易的花束成为整幅作品的视觉中心

△ 这幅作品是透过铁栏杆拍摄的效果。将镜头靠近铁栏杆，使铁栏杆处在超焦距的范围内，即可出现这种前景模糊的效果。合理利用超焦距，就能拍摄出很多成功的作品

△ 在园丁浇花时，用适当的慢速快门控制水滴连成线段。水线的长短可用快门速度来控制，快门速度高，水滴会是清晰的点；快门速度低，水滴会是较长的线条。这需要通过平时的实践经验，找到控制水滴形状的办法。实践经验的获取是永恒的，谁也偷不走。另外还要注意，必须处在逆光下和深色背景前，水滴才能很好地展现出来

△ 水稻是一种粮食作物，也是很好的人工培育成型的"花卉"，逆光下显示出有节奏的形式美。美到处都存在，但需要人去发现，更需要人去归纳整理。罗丹曾经说过："生活中不是缺少美，而是缺少发现美的眼睛"。纯粹的原生态物体成不了美术馆里的作品，也成不了舞台上的艺术，更成不了电影院里让人牵肠挂肚的影片。只有经过艺术加工以后的原生态景物才能称之为"美的艺术"

27.12 花卉拍摄的创新

花卉摄影也需要创新，绚丽的花朵在创新的推动下会更加奇特。艺术创新存在于世界的任何地方，没有创新的世界是麻木的，没有创新的艺术是死板的，没有创新的生活更是平庸的。

▷ 通过处理的荷花更显婀娜多姿，一贯以稳重著称的荷花，此时也显得玲珑俏皮。这就是创新的意义，只要你去做，就可以达到想象中的目标

◁ 历代古人都把荷花称为"君子者也"。为了更好地体现这层含义，将荷花的造型处理成莲花宝座的造型，让这尊莲花更显富贵高雅

△ 经过创新的花卉新颖离奇，十分引人注目。花的造型平稳跳跃，花的色彩冷峻庄严，经过这样的处理，既达到了创新的目的又满足了个人的欲望

27.13 后记

花卉种类之多，植物学家都难以统计，如此丰富的花卉品种就看你如何寻找了。花的品种越丰富，给摄影创作的机会越多，要对不同种类的花，进行不同表现手法的拍摄。创作手法越多，你的作品越丰富，就怕只拍美丽的花朵，而看不见其他另类的创作，这等于放弃了展现个人能力的机会。在千种万类的花卉世界里，要放开思路去尝试，拍的数量越多思维越开阔，创作手法越大胆，作品内容越新颖，久而久之就形成了自己的创作风格。艺术创作必须解放思想大胆创新，如果失去了联想和创新，艺术创作也就无从谈起了。

第二十八章 摄影专题

美食摄影

28.1 如何拍好菜肴

这里谈的拍摄菜肴是针对饭店或餐厅里作为商业宣传用的图片。这种图片可分为两种用途：（1）菜谱专用图片，这是用量最大的拍摄内容；（2）商业宣传图片，这种图片用量较少。这两种图片的拍摄有很大的不同，前者以纪实为主，一般都用在菜单中的菜品外观与价格的介绍。而后者的拍摄强调创意，突出画面意境和艺术效果，多用于广告宣传或菜单的封面和章前页。这两种图片的拍摄方法和画面效果完全不同，前者易而后者难。

△ 这幅作品专门用于菜谱介绍，都以单元形象出现，注重菜品的外观形象和色彩质感

△ 这种作品一般都用于商业宣传，图片内容都带有较强的创意内涵，用充满剧情的画面效果介绍餐厅的主打菜品

28.2 拍摄器材的准备

从练习角度考虑

对摄影爱好者来说，用 135 数码单反相机或微单相机就可以达到练习目的。镜头最好选中焦镜头，因为这种镜头不会产生影像畸变，完全符合拍摄要求。如果想表现带有创意性质的图片，其他焦距段的镜头甚至特殊镜头都用得上。照明灯具建议初学者最好先使用连续光源，因为连续光源好控制，取景器里看到的效果和实际拍摄的效果完全一致，调整起来会更有把握，对光的理解更直接，有利于初学者掌握。如果使用闪光灯，强烈的瞬间发光，初学者很难控制。经过连续光源的布光练习，

熟练掌握了布光效果以后，再改用闪光灯拍摄，把握性更大。至于其他附件，建议尽量自己动手制作，这种做法对初学者的帮助很大，可以开发自己动手动脑的意识，能利用自己制作的附件完成布光要求者，是真正想迈进这道门槛的智者。

从职业角度考虑

这种拍摄是指正常拍摄商业片。大家都知道，商业广告的拍摄对画面质量的要求是最高的，相机会用到大画幅相机＋数码后背、中画幅相机＋数码后背，最低也要使用 135 全画幅专业数码相机。

使用大画幅相机，能充分发挥前后机身可以移轴的功能特点和数码后背芯片面积大、像素数量多的优势，达到特殊画面的需求，这种画面效果是其他相机无法实现的。这种相机又称技术型相机，它的机身体积较大，价格昂贵，没有经过训练和技术指导的摄影爱好者很难掌握使用方法，因此很难普及。

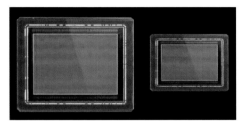

△ 这是大型数码后背使用的芯片和135全画幅单反相机使用的芯片大小比例示意图

△ 大画幅相机加数码后背的机型示意图。红圈内的装置即为数码后背

大画幅相机和中画幅相机可以发挥数码后背芯片面积大、像素数量多的特点，能确保所拍摄的作品达到最佳的画面质量。这种相机的价格比较昂贵，操作相对困难，所以普及率不高。

△ 正在使用中的中画幅数码相机

全画幅 135 专业数码相机，保持了 24mm×36mm 的全画幅尺寸和专业的影像质量。而且相机的体积较小、操作方便、便于携带，价格相对较低。还具有丰富的镜头群和附件，互换性能非常高，能确保理想的画面质量和创作需要，深受专业摄影师的喜爱。随着数字影像的不断进步，没有反光镜、体积更小、重量更轻、科技含量更高的最新型微单相机，已逐渐替代了单反相机，成为数码相机的主流产品，摄影爱好者在选择购买相机时，可以倾向于这方面的选择。

镜头的需求也很全面，除了使用中焦距镜头以外，为了达到特殊效果，长、短焦距镜头、微距和移轴镜头都用得上。

照明光源以及附件的配备要充分，最好选择携带方便的独立式灯头，这种灯不用电源箱，不占空间，便于携带。还可以使用多盏闪光灯进行同步闪光，最适合外出上门拍摄的需要。建议：准备一套连续光源的灯具，可以为拍摄视频做准备。

光源附件的准备更要充分，它是制作各种光效，完成主题创作的关键。它包括：三脚架、拍摄台、快门线、聚光桶、柔光箱（板）、反光板、吸光板、遮光板等。

大部分附件是可以自己动手制作的，建议"自己动手，丰衣足食"。

电脑是重要的监视工具，在拍摄过程中，可以起到监视拍摄效果的作用，也是和客户直接沟通的重要视频工具。

28.3 拍摄前的构思

创意构思是整个拍摄过程的重要步骤，首先要从菜的种类入手，比如：是中餐还是西餐，是粤菜还是川菜……先要从大的方面着眼，根据菜系的特点，把握整体风格。再从小的方面入手，精心细致地局部调整。注重菜肴、餐具以及其他道具的关系，光线的整体布控和色彩的搭配等，都要认真考虑，这是专业摄影师必须做的，更是学员们修炼必须经过的过程。

道具的准备

有些影友对此不屑一顾，这是非常错误的。不要小看那些盘盘罐罐，它对拍摄结果的影响非常大，它的造型式样、图案风格、色彩关系、器型大小等都会直接影响菜肴的视觉品味和艺术效果。比如，拍摄西式菜肴"烤牛排"，你选择了中式风格的青花餐具和筷子，这样的组合完全是错误的，更显不伦不类。又如，一份普通的西红柿炒鸡蛋，你选择了红色的餐具和台面，这种色彩搭配在同时对比的情况下，会直接影响这道菜的颜色纯度，使主次颠倒，让这道菜显得非常乏味。所以，无论是主要道具还是次要道具，在选择上一定要严格把关，必须做到样式、风格、色彩、大小与菜品的风格协调一致。总之，道具必须服从菜系标准，不能破坏菜系的风格和整体效果，要起到烘托菜品质感的目的。厨师讲究菜的"色香味"，而摄影师要通过拍摄，将菜肴的"色香味"以图像的形式展示给餐饮者。

◁ 为表现具有阿拉伯色彩的餐饮风格，作品中的所有道具都要围绕这种风格去寻找。拍摄过程中，画面效果的把控并不困难，困难的是道具的选择。由于符合这种风格的道具不太好找，而且道具还要保持古典格调，整体色调也要保持统一，因此颇费了一番工夫。最终的拍摄效果还算满意

拍摄前的准备

除了道具要在拍摄前准备充分，每道菜品所需要的材料更要精挑细选。其中蔬菜、肉类和配料等，必须保证品相鲜嫩、外形饱满。经过细心清理并按要求切割成需要的形状，将其分类并保护好，防止脱水。调料也不可小视，比如花椒、大料、葱、姜、蒜等，都要精心处理后才能使用。所有道具都要处理得非常精细才行。还要根据菜品的需要，将辅料切成符合要求的造型式样。

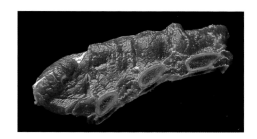

△ 肉要选择最鲜嫩的，最好不使用冻肉，因为冻肉在化冻以后色彩与质感都会下降。利用平时的时间，做一些表现肉的质感与色彩的拍摄练习，这对以后的实战有很大的帮助

菜肴的制作过程

(1) 菜不能做熟，要保证视觉上的饱满与新鲜。要按每一道菜的样式进行切割摆放，请注意是"摆放"，而不能随意倒进盘子里，尤其是青菜，必须保证它体态饱满、色彩鲜嫩的形态。肉的做法要注意外形，不能做得太熟，要保证外形饱满、色彩适度。汤汁要根据菜的要求单独调制，再用汤勺或针管小心注入菜中，不要弄脏餐具和菜的表面。拍摄前必须仔细检查餐具的四周，有没有油渍或汤汁的污点，如果有就要立刻清除。

△ 肉不能烤熟，既要说明它是熟食，还要保证它的鲜嫩感

(2) 摄影师最好和厨师一起操作，告诉厨师必须按照每道菜的样式进行"仿真"制作。这种制作并不是真正意义上的"烹饪"，只是按每道菜的样式进行精心"修饰"。只要求视觉效果的统一，不考虑生熟和味道，实际效果是"形式大于内容"，用漂亮的视觉形象去刺激观者的味觉感官。

◁ 涮羊肉的"主角"是羊肉，其他均为配菜，所以羊肉就应该是这幅作品的兴趣中心。在切羊肉时，要选择冻肉为好，因为冻肉可以达到很好的造型，拍摄出来的视觉效果好。而鲜羊肉虽然口感好，但是肉片无法造型，拍摄出来的视觉效果不好看。如果不是客户提出要求，尽量不使用鲜肉

拍摄过程

(1) 拍摄前的准备工作必须先行，不能等菜做好后再准备。包括拍摄台、照相设备、照明灯具及附件等。

(2) 在拍摄台附近要放置一个工作台，将相关道具都要在工作台面明显的位置码放整齐，便于换取。

(3) 为了保证拍摄效果，需要准备一个油碗和小油刷，必要时可向菜品需要的位置涂抹油脂，让菜品看起来更富有质感，切记油不能涂抹太多，点到为止。同时在取景器中观察涂抹效果。还要准备一个小镊子用于局部调整和修饰时使用。工作

台面上要准备干净的抹布和餐巾纸，用于手和拍摄台面的清洁和应对突发情况。

（4）拍摄菜肴的过程要迅速，如果拍摄过程太慢，菜的外形会因时间太长而破坏鲜艳感。建议在正式上菜拍摄之前，根据设计原型，利用代用品将构图、布光、测光校准到位，等实际的菜品做好后，再拿掉参照物，换上真正的被摄对象，经确认后即可正式拍摄。在拍摄过程中，还要保持与客户沟通，确认拍摄效果。

　　前面简单论述了拍摄菜肴的过程，如果初学者能按照这种工作方式刻意去练习，时间久了你一定能胜任这项工作。做任何事情都讲认真二字，静物摄影更讲认真，广告摄影比静物摄影更有过之。下面用拍摄实例进一步阐述。

拍摄实例

△ 拍摄北京的名菜"酱爆肚丝"（左图）一定要表现出的肚丝的质感，同时用饱和的暖色弘扬这道菜的色、香、味。右图是一道北京的名菜"爆肚"，作品必须体现出肚丝鲜嫩的特点，通过细致刻画肚丝的质感，突出表现这道菜"爽、嫩、脆"的特色口感

◁ 这是"鱼翅"的又一种吃法，一次就可以品尝到八种味道。为了使作品能达到一目了然的效果，使画面更显完整统一，选择了西餐专用的调料杯，将八种调料集中展示出来，既不占空间，又很美观。这一做法获得了客户的认可，并被客户用作今后的实用餐具，真是一举两得

△ 利用虚实对比手法表现主题，是突出菜有重点的最好方法。利用反沙姆定律，通过机身前组移轴处理，控制局部主体清晰，虚化前后景深的方法，大大强化了作品主题，使画面的视觉吸引力更强烈。这种表现手法已经在现代食品拍摄中广泛采用

△ 这幅作品利用对称构图形式表现西点，在结构布局上显得既美观又平稳。简练的画面、单纯的色彩，以竖构图形式展现西餐浪漫的餐饮风格与饮食习惯

△ 配合人物做饭店的宣传页，也十分流行。这种宣传方式不但具有实用性，而且针对性更强（摄影：李甦）

◁ 用多元表达法拍摄西餐。通过精心的布局安排，利用机身前组移轴的方法控制最大的景深，确保每一道菜的清晰度。柔和的顶光照明，使画面的质感更加丰富细腻，展现出西餐的饮食结构，用于刺激人们的食欲

▷ 作为菜品的介绍，也可以采用拼图的
方式出现。作为现代的宣传页面，各种
方式都可以采用，能达到宣传目的是第
一位的

△ 这不是菜肴，但它毕竟是食品，在大
饭店用餐，最后总会送一盘水果表示餐
厅对客户的谢意，看来水果和菜肴是密
不可分的。用画意手法表现水果，用于
菜单的章前页，视觉效果十分惬意

△ 采用实景作为菜品的介绍也是一种很
好的方式。用这种方法做介绍，既介绍了
菜品，又将用餐环境加以推荐，真是一举
两得（摄影：李甦）

　　有些学员向我电话咨询拍菜的方
法，甚至在没有任何实战经验的情况下，
就敢接饭店的活儿，情急之下只好打电
话找我询问，其结果可想而知。既然有这种事情发生，为什么不利用平时多做一些
有针对性的实操练习呢。在干中学习，在练中摸索，经验都是干出来的，就是正规
学院的毕业生，没有大量的实习过程，同样干不好工作。

　　世上从没出现过生下来就已成名的艺术家。只有经过踏踏实实学习、认认真真
工作的人才能达到成功的彼岸。拍好一两个菜不算本事，能把各种地方菜肴的特点、
风格以及特殊创意要求的作品，都能轻松应对、拍摄到位的人，才是真正的胜者。

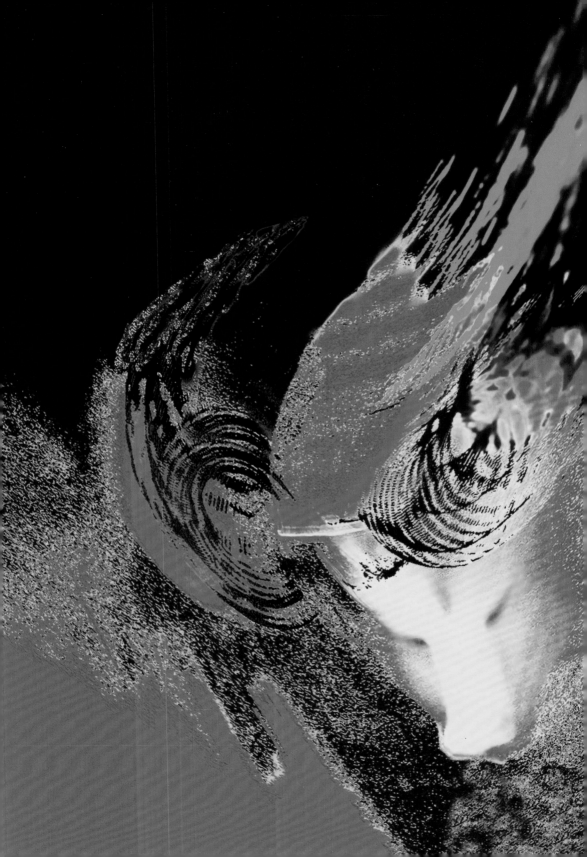

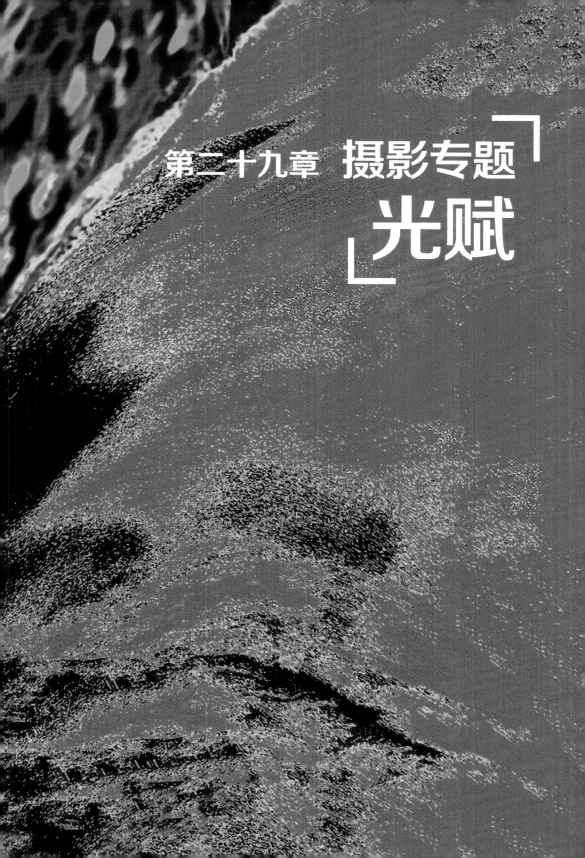

第二十九章 摄影专题

光赋

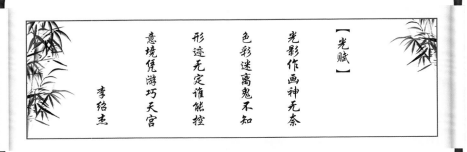

【光赋】

光影作画神无奈
色彩迷离鬼不知
形迹无定谁能控
意境凭游巧天宫

李绍杰

夜景，是很多摄影爱好者最喜欢拍摄的题材之一。人们利用相机记录并保留了灯火通明的城市之夜，静谧之美的山村夜色。这种创作方式为弘扬人类文明起到了重要的作用。对摄影来说，光是灵魂，是摄影创作的核心，没有光，摄影也就不复存在了。所以说拍摄夜景必须有光的支持才能获得影像，为了保持清晰的图像，还要利用三脚架使相机在极其稳定的状态下，经过较长的曝光时间才能获得清晰的画面与准确的影调关系，这是摄影特性所决定的。因此，这种离不开三脚架，追求完美清晰图像的创作方法应该定性为"被动创作法"。多年来，这种形式一直在延续，时间久了，就会形成在表现手法上的雷同性，对此我有些厌倦，总想把摄影与绘画相互融合，在表现技法上有所突破。这种想法的出现，促使我尝试"放弃被动为主动"的创作手法，不用三脚架，手持相机，用移动曝光的方式进行拍摄。晚间的景物是死的，可人是活的，可以不受被摄景物的牵制，让死的景物活起来。经过探索性实验，大量的经验体会和精彩的作品收入囊中，一批光怪陆离、新颖抽象的作品不断涌现，最终换来的是情绪的亢奋和成功的喜悦。

29.1 光赋的创作

▷ 《火凤凰》的原型是国庆节天安门广场上的奥运吉祥物"火娃"。利用移动相机加变换镜头焦距的方法拍摄，捕获了美丽的凤凰图腾，在表现形式上形成

绚丽多姿的色彩和灵动抽象的造型，让观者在视觉感官上无法回避

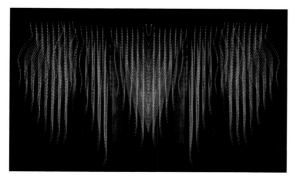

◁ 进入高科技时代，一切都在变，建筑物上的照明光源也呈现出丰富多彩的变化，城市的夜空呈现出更加绚丽的景色。这一变化，也为摄影师提供了多样的创作条件。《神曲》就是在这个时期创作出来的神话，静静地观察它，一种超自然的天籁之音油然而生，让人感触到视觉的满足与心灵的震颤

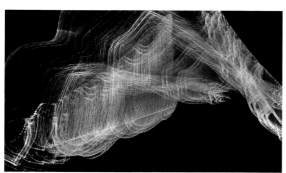

◁ 利用光赋的手法表现夜晚建筑物的装饰灯，可以获得十分理想的画面效果。这幅作品，视觉效果会让人联想起渔民晾晒的渔网。由于画面充满了飘逸灵动的质感，色彩亮丽鲜艳，视觉效果带给观者的一定是新颖与兴奋之感，《金色的渔网》由此得名

　　我把用这种创作手法拍摄的作品命名为光赋。绘画是用笔和颜料作为工具，将个人意念涂抹在纸或布上，被称为绘画作品。而摄影则以相机为笔，以绚烂的灯光为颜料，将个人主观意念烙印在感光材料上，形成摄影作品。摄影师是用光在写诗，用光在作画。　光赋制作出来的作品，解决了多年来一直困扰我的问题——如何将摄影与绘画相结合，打破摄影单纯记录的功能特点与纯粹的纪实性，融入绘画、抽象、写意的手段，达到了两者的融会贯通。

▷ 光赋让我捕捉到一只美丽的彩蛾。由于它具有漂亮的色彩与造型，《彩蛾》之名无愧于它。这就是光赋，一个让你着迷、无法收手的创作手法，一种无章无法、无规无矩，全凭感觉的艺术表现形式

◁ "在苍茫的大海上，狂风卷集着乌云。在乌云和大海之间，海燕像黑色的闪电，在高傲地飞翔。……这是勇敢的海燕，在怒吼的大海上，在闪电中间，高傲地飞翔，这是胜利的预言家在叫喊——让暴风雨来得更猛烈些吧！"——高尔基。这是光赋带给我的感悟，也只有光赋才能使我获得这种冲动。这是任何形式的创作都无法替代的激情

　　光赋是用光写诗，用光作画，用光抒发情感之意。我追求光，崇拜光，它是万物之母，它所在之处都具有强烈的创作吸引力。浩瀚夜空犹如无边的天然摄影棚，让思想漫步于茫茫太空之中，将创意融合于遐想的空间，让人的思绪在漫无边际的激情与遐想之中畅游。

　　光赋的作品充满了抽象美，每一幅作品都没有再重复一次的可能。面对光怪陆离的视觉形象，你会浮想联翩。这种似物非物，似花非花，介乎于似与非似之间的效果令人陶醉。这种创作形式，是我梦寐以求的心得，解除烦恼的良药，开发进取的信心。

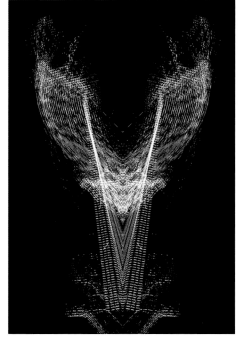

▷ 激情是指强烈的、具有冲动性的情绪，光赋将这种情绪毫无掩饰地展露出来。作品《玉液琼浆》像泼洒的玉酒，像澎湃的浪花，让人亢奋，使人纵情。光赋带来的效果就是这样难以琢磨，总会出现意想不到的收获，让你欲罢不能。手持相机，让光随我动，意念在相机与人的互动中擦碰出创意的火花，描绘出多姿多彩的光影世界

◁ 节日之夜灯火通明，为光赋的创作提供了条件。经过细心的设计和角度的选择，最终完成了《朝圣》这幅作品。画面的视觉效果是崇拜、超脱、是一种无法用语言表达的精神敬仰。光赋用无声的视觉语言传递着艺术感应信息，让所有看到它的人都会为之动容，从而产生不同的心理感应。光赋是一种随心所欲、自由驰骋的摄影创作手段

论其拍摄方法，其实并不难，归纳起来可以有以下几点。

（1）不能使用三脚架，要保证相机处在完全自由移动的空间。

（2）曝光一定要准确，绝对不能曝光过度，不要被漆黑的天空所蒙蔽。

（3）现代建筑的照明光源多种多样，有连续光源也有带频闪的光源。连续光源的灯，经过移动曝光拍摄，所呈现出的效果是漂亮的线条。而带有频闪的灯，经过移动曝光拍摄出的效果是线段状。现在的新型 LED 光源丰富了建筑物的照明效果，也为摄影提供了新的创作条件，要根据不同光源的特性区别对待。

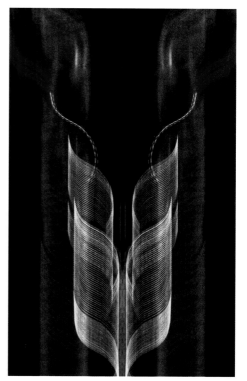

△ 这幅作品是利用连续光源拍摄的，从画面中可以看到所有线条都是连续的，组成的图形似飞行器，又像一个武士的脸谱，十分生动

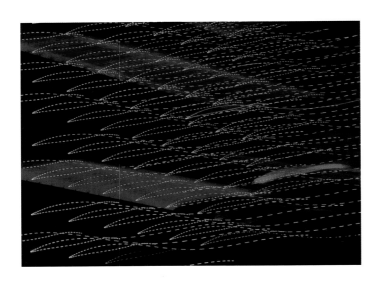

◁ 这幅作品是典型的带有频闪的光源拍摄后的效果，所有绿色的单体形状都因为频闪而形成了线段状，可以看出这两种光源所表现出的效果，具有明显的不同。在拍摄时一定要区别对待，利用两者的特点拍摄出不同的画面效果

（4）相机的移动必须脱离开三脚架，利用手持相机全方位的移动，不能受任何限制，一切方向都以建筑物的灯光种类、性质和排列方式来决定。

（5）拍摄前，要多观察，勤思考，寻找背景尽量干净、周边环境没有干扰光的角度作为拍摄点。

（6）根据光源的种类与性质，再决定相机移动的方式。拍摄时，可以多拍几次，从中找找感觉。

（7）为获得更丰富的画面效果，必须使用变焦镜头拍摄，在移动相机的过程中，镜头焦距也要根据画面线条变化而迅速改变焦距，让相机的移动与镜头焦距的变化同步进行，这样才能达到所要表现的画面效果。

（8）电脑的后期处理，是完成作品效果的最后一步，是决定作品属性，获得作品主题的关键。

（9）经常练习，不怕失败，持之以恒，成功就在眼前。

笔者认为，技术可以练习，熟能生巧。而艺术修养问题是一生的追求，它涉及艺术创作的各个方面，更触及创作的本质。特别是美术和设计方面的修炼更是必不可少的，它是手、脑、心相结合的具体体现，不亲手接触是体会不到的。好的摄影作品是拍摄者对造型、色彩以及设计理念在按动快门前的瞬间体现，更是后期再创作的潜意识和主导思想。因此，艺术修养综合意识的提高，是直接影响光赋作品效果的根本。

29.2 光赋作品

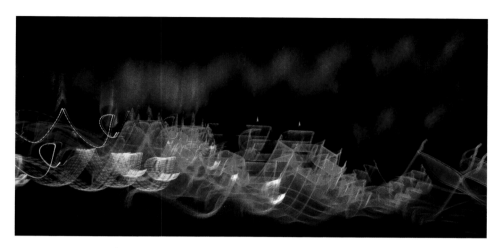

△ 这幅《火烧阿房宫》拍摄的是江边建筑物的装饰灯和江面的倒影。面对火热的现场气氛，如同节日的焰火刺激着自己的情绪，促使我拍下这幅作品。再通过电脑后期处理最终将作品完成。根据考古人员的多年考察，并没有发现项羽火烧阿房宫的痕迹，事实也证明了阿房宫是不存在的，它只是个传说。可光赋助我一臂之力，完成了《火烧阿房宫》这幅作品

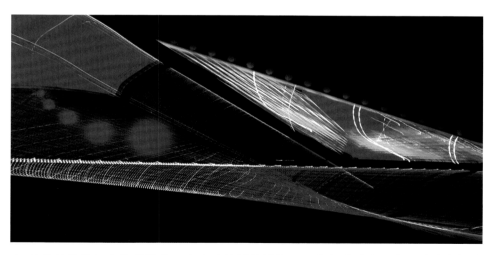

△ 现代的装饰灯光种类繁多，为光赋的创作增添了不少新的创作元素，铸造出超乎想象的《宇宙空间站》。光怪的色彩、陆离的造型，如同一座巨大的飞行器，游历于太空之中。光赋不需要规范，更没有限制，只需要丰富的想象和大胆的创造力。没有什么形式能与其媲美

▷ LED 灯为制作光赋提供了非常丰富的光源条件。采用移动拍摄法，将商店门前的装饰灯，塑造成一架非常漂亮的竖琴。悠扬的乐曲，委婉地荡漾在浩瀚的夜空之中。这种兴奋之感，促使激情涌动，无法自休

▷ 有人说本作品像一只展翅欲飞的苍鹰，又有人说像狒狒的脸，还有人说⋯⋯在抽象作品面前，只有仁者见仁智者见智的争论，不会产生完全相同的意见。作品的结论应该留给每一位观者，这完全取决于观者不同的生活阅历与艺术修养。如果给作品起一个主观性的标题，就限制了观者的思维，也达不到制作抽象作品的初衷了

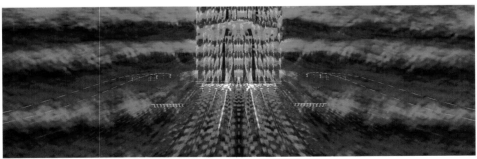

△ 世上有水的瀑布，可谁也没见过光的瀑布，而这里通过光绘的手法留住了《光瀑》的形象。它不但从天而降，并且五光十色，气势恢宏。我画过画，搞过设计，可人的表现手法是无法描绘出如此宏大场面的。如今，数字摄影加上电脑后期，可以说没有实现不了的创意效果

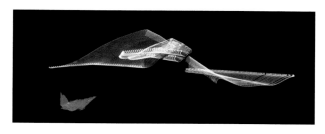

◁ 利用光赋手法捕捉到一只正在《追捕》猎物的苍鹰，优美的转身动作，再现了苍鹰逼真的形象。一只受到惊吓的小鸟，正在仓皇而逃，看来它的命运是在劫难逃了

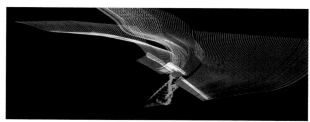

◁ 转眼之间可怜的小鸟被苍鹰《捕获》。这组画面是在同一地点拍摄到的，既生动又形象。用光绘手法捕捉到生动的影像，谁都会为之动容，这正是拍摄光赋作品欲罢不能的原因和动力

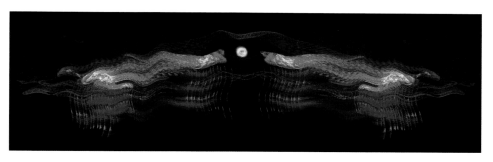

△ "双龙戏珠"寓意着人们期盼丰收，祈福吉祥的含义，千百年来一直是中国民众最喜欢的吉祥图案。光赋助我一臂之力，在黑夜中，捕捉到了《双龙戏珠》之作品。兴奋之余更希望江山永固、百姓平安

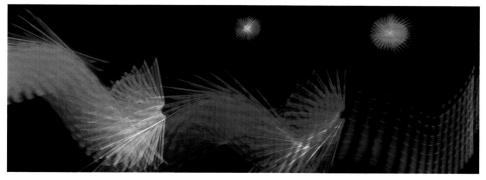

△ 这同样是《二龙戏珠》，上图是以对称式构图出现的传统双龙戏珠图。而这幅图虽然也是两条龙，但是所表现的形式完全不同，这是红蓝两条巨龙正在追逐同一方向的蓝红两颗珠。这幅二龙戏珠图的视觉效果更具有时代特征

▷ 这是光赋塑造的《南天门》，既虚无缥缈又壁垒森严，难怪孙悟空必须通过"打"才能进入南天门。其实这只是一家夜总会的霓虹灯在移动曝光的作用下获得的效果。在观察这幅作品时，头脑中浮想联翩，充满了假设与幻想。假如这是天幕，假如这是地狱之门，假如……太多个假如了。遐想是艺术创作最重要的思维过程，会给你带来无穷无尽的方案，这种思维过程越多、越丰富，对创意的实施越有帮助

▷ 这幅作品和上图是同一个地方拍摄的，由于霓虹灯的色彩在不停变化着，我们必须抓住色彩变化的瞬间，用同样移动的方法进行拍摄，即可获得基本一致的构图形式，可是色彩构成却完全不一样了。由于色彩的变化，作品的题目也应该发生变化，应该叫作《？》

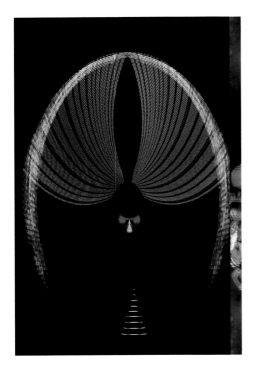

◁ 幻想中的空间往往充满了神奇的色彩，没有规律更没有主观设计，一切全凭个人的想象。在这样的空间中，一切都显得那么神秘抽象，既和现实中的景物完全脱离，又那么美妙。让人捉摸不透、却又让人难忘，这就是光赋摄影的魅力

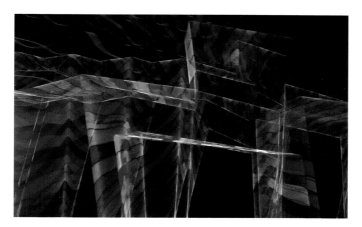

◁ 这是一座光彩夺目的凯旋之门，它为踏实学习、勤奋工作的人永远开放。但愿这座门永不关闭，吸纳无数能人巧匠和成功人士通过此门而欢聚一堂

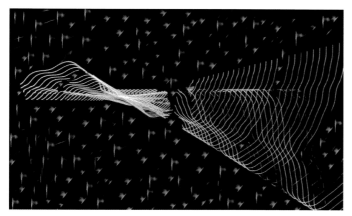

◁ 遨游太空是普通人的梦想，可光赋作品让梦想成为现实。在移动曝光的作用下，我的《太空船》正穿梭在星云之中。虽然是幻想，可快乐的心情早已随船而去，遨游宇宙

◁ 这是一幅利用光绘的手法拍摄出来的人造极光，画面效果与真实的极光极其相似。光赋的创作，为我开辟了更新颖的创意之路，使我得到了精神上的愉悦

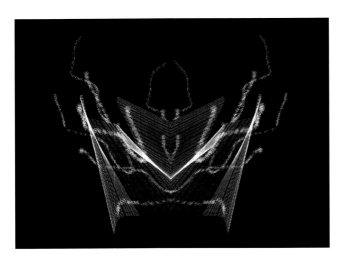

◁ 这是一只漂亮的银色机械蜘蛛。由于蜘蛛的外形很像一个喜字，因此，古人将蜘蛛形象比作吉祥物。蜘蛛沿着丝线自上而下滑落，古人将其看作是"天降好运"，寓意着喜事连连，好运将至。我的这只银蜘蛛，体态饱满、结构硬朗，早已超越了生态蜘蛛的原型，成为我的吉祥物

▷ "蛙纹"初始于我国著名的彩陶纹样，原始先民出于对蛙的崇拜，非常巧妙地将青蛙的图腾以概括的纹样形式，装点在各种生活用品和祭祀活动中，祈求粮食丰收和繁衍后代。用光赋手法捕捉到的蛙纹图案，效果生动，造型酷似彩陶纹样，实在令人赞叹

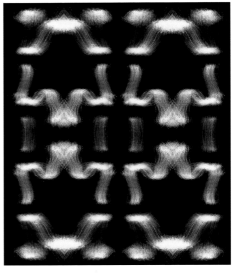

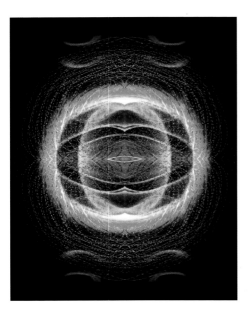

◁ 光赋作品捕捉到了"量子碰撞"的瞬间裂变图形，虽然是想象中的艺术形象，但是视觉效果却十分漂亮壮观，体现出艺术与高科技双向结合的抽象美

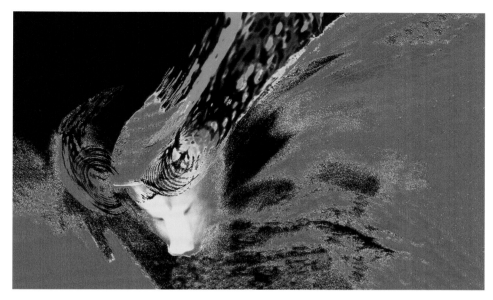

△ 这是一幅非常有气势的作品。一头发怒的公牛裹挟着火焰狂奔而来。光赋塑造出的形象不但形似，更要做到神似，具有神形兼备的视觉形象才能吸引众多观者的眼球。这一作品完全具备了光赋作品应该具备的所有条件

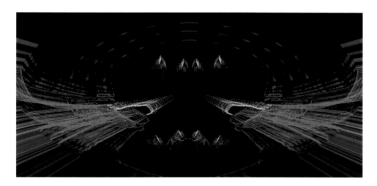

◁ 《梦中的城市》是受现代高科技影视作品的影响，采用光赋手法完成的作品。画面色彩对比强烈，视觉冲击力极强，吸引着观者的注意力，使观者在莫名其妙中产生丰富的联想

▷ 白天是人类活动的场所，夜间是精灵出没的时间。有谁见过它们？又有谁能约束它们呢？光赋做到了，它捕捉到小精灵在夜晚的行踪。小精灵们犹如灵光闪现，悄无声息，必须定心专注，才能感觉到它们的存在

△ 这是 2008 年奥运会的《圣火》吗? 直观的形象不会再产生其他的争议了吧。在这幅作品中, 仰视角度的拍摄, 让火炬更加形象。流动线条的动感十足, 画面生动直观, 很难再产生过于偏激的想法了

△ 本作品的视觉效果让人感到刺骨的寒冷。正如古人云: "旧雪未及消, 新雪又拥户。阶前冻银床, 檐头冰钟乳" (宋绍雍) , 这首诗句非常符合这幅画面的含义。而此诗正是为二十四节气中的大寒而著。大寒又标志着一年之中最寒冷的时刻, 用《大寒》为作品命题恰如其分

◁ 历史小说《说岳全传》中讲到, 岳飞是大鹏金翅鸟转世。通过光赋手段拍摄到这只大鹏金翅鸟的雄姿。用以祭奠这位伟大的民族英雄, 体现"怒发冲冠凭阑处"之浩然正气与伟大的民族气概

▷ 光赋塑造的 "天鹅南迁图"，整齐划一、惟妙惟肖。在蓝天的映衬下，更显得优雅壮观

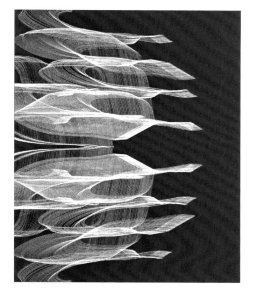

　　光赋创作的成功，应该归功于数字摄影，如果没有现在的数字摄影，是很难生成如此漂亮的色彩与造型的。胶片时代，我也曾经做过这样的实验，由于受到胶片宽容度的影响，所拍摄的效果根本达不到要求。到了数码时代，由于数码芯片对光的高度灵敏性与高动态范围，使这种光赋作品得以实现，再经过与电脑后期的完美结合，使意念中的画面效果得以现实，更是手到擒来。总结其原因有如下几个。

　　（1）数码相机超宽的动态范围，比传统胶片的宽容度大得多。尤其对弱光的灵敏度更加敏锐，这对夜景的创作非常有利，也是光赋摄影创作最重要的决定因素。

　　（2）数码相机的高科技含量与新型镜头极高的成像素质，使操作性能和捕捉影像细节的能力更加强劲，可以说是随心所欲。

　　（3）数码相机拍摄的影像可以和电脑直接连接，处理过程得心应手。这也是胶片相机彻底败北的原因之一。

　　由此可见，数码摄影是光赋创作的基本条件。长期以来光赋的创作，让我上瘾，正是因为它总会带给我意想不到的惊喜，才使我无法收手，越拍越有感觉。记得在一次我的个人影展中，曾有人很严肃地向我提出了一个问题："你想过没有，这种拍摄技法你还能坚持多久？"

　　我反问道："你说呢？"

　　他轻蔑地回答："我看没什么前途"。

　　我的回答是："什么时候人造光消失了，或者我'0'了，我的光赋也就停止了。"

　　我的最终结论是： 光赋的创作永无止境。

第三十章 摄影专题

形形色色

30.1 形形色色

当光照射到物体表面时，会发生吸收和反射效应，此时人眼才能看到颜色。如果光谱中的颜色（红、橙、黄、绿、青、蓝、紫）全部被吸收，没有反射现象，人眼看到的一定是黑色，没有任何颜色出现。只有物体表面反射出来的光谱成分刺激到人眼，对人产生了心理感应，人眼才能看到颜色。

比如：当光线照射到红花时，花吸收了蓝色光和绿色光（光的三基色为：红、绿、蓝），只将红色光反射出来，人眼看到的才是红花。世上的所有物体都是由各种结构组成的，而色彩是所有物体外表所反射出来的光谱含量。当然，光的吸收与反射并不像我们所说的这么简单，它是一个十分微妙的光化过程，还需要我们通过学习光学和色彩学知识，逐渐掌握其中的奥秘，才能真正理解并掌握其中的道理，这对今后的摄影创作能起到非常大的帮助。

色彩本身有两层含义

第一层：

"色"是指刺激到人眼的光谱成分，传输到人的大脑所产生的视觉感知即为"色"。

第二层：

"彩"是指光谱中的所有颜色的全部体现，人对各种色彩表现的认知度即为"彩"。

认知和感知两者的结合，就是我们说的"色彩"。有了色彩，人的眼睛才能感受到大千世界的绚烂。对艺术表现来说，色彩起到了表达作品的感情和传达视觉信息的作用。如果没有了色彩，世界将处于一片消色之中，"黑白灰"将统治一切。没有色彩的社会是冷酷的，人类将失去激情，艺术也丧失了吸引力，所有艺术将进入"无情无义"的冰河期。而"色彩"正是消色世界的填充剂。它是触发人类激情的引信，更是渲染世界的催化剂。"色彩"是把灰姑娘变成美丽公主的"仙女"，地球在她的魔棒挥洒下，鲜花似锦、色彩斑斓，处处生机勃勃。

△ （左图）这幅作品以繁复的色彩关系以及细腻的肌理效果，表现出类似《挂毯》的厚重感。作品没有具体的形状，完全凭借色彩和质感取胜。"色"占据了作品的主导地位，"质"起到协助作品明确主题的作用。没有色彩的作品（右图），将失去应有的活力，变得死气沉沉。这也说明纯粹的表现艺术，如果缺少色彩的支撑，是很难达到创作目的的。它和纪实作品有着本质的区别，纯粹艺术是靠视觉意念的刺激影响人的心理感应，激发观者的情绪，而纪实作品，要靠具体的情节内容打动观者

◁ 全凭颜色构成的风光作品十分抽象，耐人寻味。整幅作品犹如意念中的原野，视觉效果非常刺激。在这幅作品中，色彩起到了关键作用，在色彩的刺激下，任由观者去想象。由于生活阅历的不同，观者对作品的理解也会不同。这幅作品到底是什么？没有固定答案，选择一个中性的名字《瞰》比较合适，因为从高处向下看的视觉效果，就是浓郁的色彩与复杂的地质结构

30.2 作品的出处

完全凭借颜色和形态表现一幅作品，是非常有意思的创作过程。这种创作，可能来自某一幅摄影作品的灵感，甚至可以是正准备淘汰的作品一闪念。通过认真分析和后期处理，从中找到创作的头绪，这真是一种非常愉快的创作享受。在创作过程中，思绪在飞速运转，这种跳跃式的思维过程，更是锻炼和丰富自己头脑的演习过程，长期运用这种创作思维进行构思创作，你的头脑会更加活跃，有利于创作意念的不断延伸。

这种创作方式是人与电脑结合的产物，是艺术表现的发挥与人对电脑操控的结合。二者有机的整合，让视觉艺术几乎达到了无所不能的地步。毫不客气地讲："只有作者想不到的，没有二者结合做不到的"。这个时代是当代艺术发展的最佳机遇。20 世纪西班牙超现实主义艺术家萨尔瓦多·达利，以他超凡的想象力与卓越的绘画技术，创作出令人吃惊的艺术作品。他的成就早已超越了时代的局限，现在看来仍旧是了不起的艺术创作。他的创作风格直接影响着当代艺术的进步，正像达利本人所说："是现代艺术文化的救世主"。也可以说他是"成功"的代名词。随着电脑的出现，超现实主义的艺术创作更加丰富多彩、梦幻离奇。唯一感到不足的一定是创作者想象力的匮乏。

▷ 左图这幅作品十分形象地展示出《蹴鞠》者的形象。画面用色彩构成了抽象的人形，视觉效果非常形象。看来色彩不只是为了装饰，同样可以表现更具体、更深层的含义。通过这种练习，对

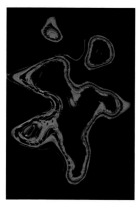 

开发人的大脑会起到很大的帮助，它就像润滑剂，使你的思想活动更加流畅。通过对作品观察，总感觉画面有些突兀，经过认真的构思，采用右图的形式对作品进行了改进，使画面效果更加圆满、充实，作品主题更加鲜明、具体

△ 这幅作品韵律感十足，具有一种飘逸灵动的效果，活像一个随处漂流的《风婆婆》。它来去自如、漂浮不定，高兴时轻风拂面，狂怒时飞沙走石。这幅作品既体现了风的存在，又以拟人的效果表现出风婆婆的形象。这种画面的出现，是人的思想与电脑互动所反映出的结果。人是艺术创作的主导，电脑是实现创作结果的工具

30.3 一专多能、不断创新

　　经常锻炼自己用"色"与"形"进行创作，是增进人对色彩认知度、丰富自己想象力最有效的手段。在艺术创作中，人的头脑越灵活，创作手段越丰富，作品的艺术表现力和处理手段越大胆。我在课堂上经常和学员这样讲："在创作实践中，不要只拍一种题材，要尽量多涉足一些其他题材，以多角度、多手段进行拍摄练习。尽量在其他方面也有所接触和实践，比如绘画、设计、各种构成学、影视制作甚至其他工艺制作手段都有所接触，这对摄影创作会起到无形的、潜移默化的影响。"艺术是相通和互动的，你掌握的技术越多，知识面越宽，你在创作领域中的生命力就越强。概括一点说，这叫"一专多能"，这种多元化、多技能的多产艺术家，在任何时代都是"紧俏"的人才。

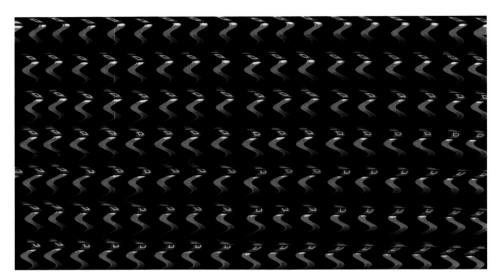

△ 这幅作品来自现代建筑的晚间装饰灯光，画面效果是平面构成中典型的重复构成，作品中的所有单元都整齐排列，形成一种秩序。扭曲的单元，强烈的色彩，会给人一种活泼灵动的整体感。由于同一个造型的重复出现，使画面效果十分协调。可以说作品的成功，来自重复构成的有效利用

◁ 色彩构成是利用色彩的相互作用，从人对色彩的感觉和心理作用出发，用科学分析和艺术鉴赏的方式，把复杂的色彩归纳成最基本的造型要素。利用色彩的可变性和复杂性，按照规律重新整合构成关系，创造出更新颖、更时尚的作品。色彩构成是艺术设计的基础理论，它与平面构成、立体构成的结合，已成为现代艺术院校中重要的基础理论课。色彩绝不能脱离形体、空间、位置而独立存在。这幅《武士》形象，就是利用光赋创作手法，以色彩构成的形式完成的作品。画面色彩渐变丰富、形体饱满、视觉冲击力很强，如同远古的武士，让观者感到十分刺激

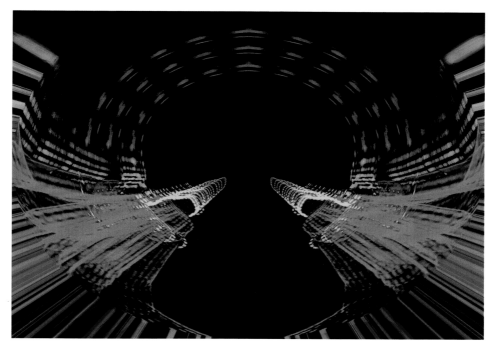

△ 立体构成是将立体单元要素按照一定的规则，组成立体形态的实用学科。立体构成一般用于建筑、产品、工业设计等。有"半"立体构成、"线"立体构成、"平面"立体构成之分。摄影作品也有立体构成要素，属于平面立体构成，这幅作品就属于这一类。通过画面中光与色在结构上的变化，组成了一幅抽象的城市《地标式建筑》，低角度仰视造成纵向透视的汇聚现象，加强了作品的纵深感和高大的立体造型效果

　　体裁多样、风格新颖的艺术家在任何时期都存在。20 世纪西班牙超现实主义画家萨尔瓦多·达利，就是一位具有卓越天才和想象力的艺术家，更是一位接触面广泛、多才多艺的天才艺术家。他与毕加索、马蒂斯一起被认为是 20 世纪最具代表性的三位艺术大师。

　　萨尔瓦多·达利不但在绘画上与众不同，他的创作还延伸至雕塑、摄影、建筑、家具、戏剧文学、珠宝设计等多个领域。他独特神奇的表现形式引起了世人的关注，比其他有成就的艺术家更加声名显赫。他成功的原因之一就是爱好全面，涉猎广泛。这种创作精神，使他的创作越发大胆，表现意识更加疯狂。他这种对艺术的广泛追求，很值得我们借鉴。只要摄影爱好者能吸收其中的一点营养，你的艺术生命就会不断地延续下去。

拍摄实例

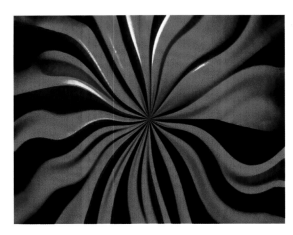

◁ 似花非花，似物非物，一幅红色的花形图案展现出来，视觉效果非常灵动，强烈的流动感使人思绪万千。首先是对美的惊叹，其次是因形态引起的联想，它是什么？这就是作品的视觉效果传达给我们的信息

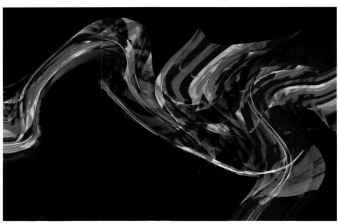

◁ 完全用色彩组成的作品如同飘逸的彩带。如果仔细观察，你会发现这是一个正在跳舞的古人。从他长衣宽袖的服饰与动作来看，它就是一个古代的舞者。甚至可以联想到东汉时期的"说唱俑"。神态之似、动态之活，久观之后真让人浮想联翩

◁ 这两条《金龙鱼》，无论是体态还是形象，都十分逼真。有时作品的确定，就出现在电脑制作过程中。抓住处理图像时的视觉一闪，一个很好的形象就能固定下来。这两条龙鱼就是瞬间"钓"到的，此时此刻，兴奋的心情可想而知

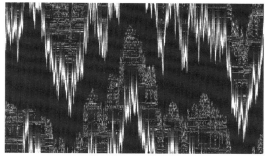

△ 冰雪与寒冷是这幅作品所传达的信息。色彩是有感情的，它传达给世人的信息十分鲜明，一定会刺激人的大脑而做出准确的判断。这幅作品的色彩感受一定是"严冬"而绝非"夏日"。画面中的形象酷似柬埔寨的吴哥。可柬埔寨属于热带气候，怎么会出现如此寒冷的天气呢？这正是联想的作用，谁知道未来的冰河期什么时候出现？那时的吴哥会不会是这个样子？很多艺术形式都来自丰富的想象。我国电影《流浪地球》就是一个很好的例证。这幅《冰雪吴哥》就是联想与色彩和造型相互结合的产物

△ 这是沙漠？还是海滩？任你想象。能得出这样的结论，就是"色"与"形"交织的结果。由于人们长期以来对自然现象的观察和积累，大脑中往往会形成一种固定的模式。当某种类似的色彩和形象刺激到视觉神经后，大脑一定会做出与某种形象相雷同的结论，这是经验带来的正常思维活动，也就是我们常说的"跟着感觉走"。艺术创作很好地利用了这种现象，制作出既合乎自己的创作目的，又能让观者接受的作品。因此，才会产生一种创作论点："艺术源于生活更要高于生活"。违背了这个理论，艺术创作就会失去永久的生命力

▷ 这幅作品酷似精美的手工刺绣工艺品《凤求凰》。鲜明的色彩、抽象的图案，两者结合促成一幅漂亮的，带有中国传统风格的苏绣作品，展现于观者面前。强烈对比色组成的画心，在消色背景的衬托下醒目突出，没有人会说这不是《凤求凰》，更没有人会说这幅作品不够刺激

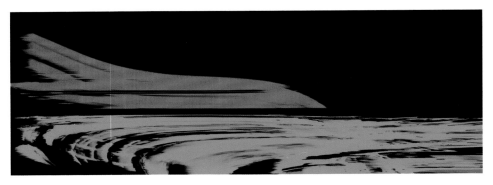

△ 本作品《起降》十分形象地呈现出飞机起降时的瞬间。逼真的形象，对比色的运用，动态效果的控制，使作品更加具体。虽然是意念中的作品。可实际效果却远远超出了预期的目的

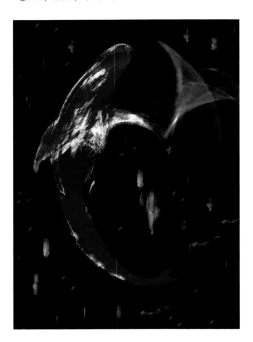

◁ 深海是一处永远探测不完的神秘世界，用光赋完成的作品《海底世界》，既逼真又神奇，以一种科幻般的影像向观者展示。摄影加上电脑制作就可以把人类的潜意识挖掘出来，在艺术创作中实现，形成一幅非常完美的作品

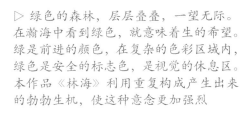

▷ 绿色的森林，层层叠叠，一望无际。在瀚海中看到绿色，就意味着生的希望。绿是前进的颜色，在复杂的色彩区域内，绿色是安全的标志色，是视觉的休息区。本作品《林海》利用重复构成产生出来的勃勃生机，使这种意念更加强烈

▷ 上海的夜景非常辉煌，但是，纪实的美已不能让我满足，受凡·高作品的影响，一种创作的欲望油然而生。这位后印象派大师开辟了用色彩展示情感世界的新路，他的作品达到用颜色描述空间与形象的高度，用火热的激情去灼烤这个世界，释放他对世俗的愤怒。我怀着尊敬的心情去放仿梵高的

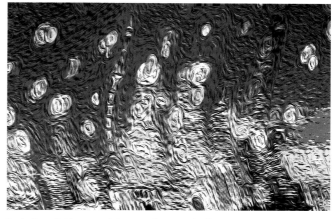

作品，释放我心目中灿烂的世界。本作品《追忆凡·高》是我对他悲惨一生的同情，和对他作品的崇拜与尊重

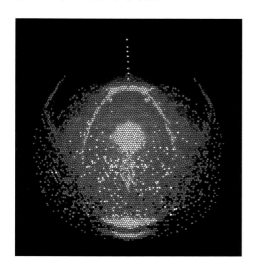

◁ 《宝莲灯》的故事应该是家喻户晓，故事讲述了少年刘沉香，历经磨难，劈山救母的故事。用色彩组合而成的宝莲灯，镜花水月、透彻玲珑，如空中之声，言有尽而意无穷。用色彩与现代技术营造的《宝莲灯》，不失传统的精华，又有当代的容貌，让人过目不忘，回味无穷

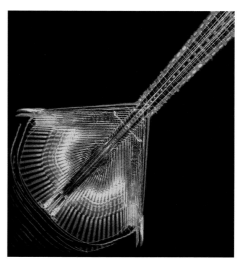

▷ 这是一把完全用色彩铸造的《吉他》。它的造型非常时尚，不用演奏就已释放出完美的音符。这就是颜色的力量，它与形的结合，能释放出极为震撼的视觉能量。这正是摄影创作所需要的动力，只要将这种能量运用到摄影创作中，一种超出想象的效果即可诞生

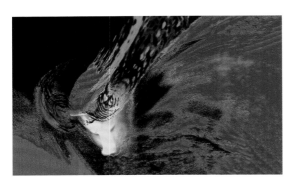

◁ 本作品《斗牛》的视觉冲击力十分强劲，充满了激情与力量的撞击。强烈的色差对比与大面积的流动曲线，迎合了主题氛围，使残害生灵的富人游戏更显得血腥和残忍，应该受到世人的斥责并加以制止

▷ 色与形的有机结合就能产生超乎想象的力量。尤其对色彩的处理，是决定作品内涵的关键。夸张的造型与气氛，配合阴冷的色调，产生了"百年积累，一朝毁之"的夸张效果，将作品主题推向即将毁灭一切的自然现象。作品以压倒一切的气魄，凸现狂怒的《海啸》之力量

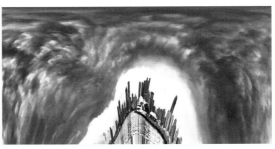

◁ 色彩对画面气氛以及作品的内涵影响力极大，色彩与造型的有机结合，能直接改变作品主题的表述。这幅作品，通过后期处理，使原作的视觉效果发生了巨大的变化，一种强烈的破败感直刺心灵。低沉的色调、变形的建筑，对观者的心态产生了极大的影响，一种压抑感应运而生。作品以《衰败》为题恰如其分，非常恰当

▷ 为了达到更强的视觉效果，用电脑进行了夸张处理。最终能达到什么样的效果？没有具体规定，更没有标准，完全取决于作者的自我感觉和对电脑软件的熟练程度。这幅作品就是在原作品的基础上，为了强化抵御外侵，血染疆场的主题，夸张了边塞环境的险恶。加强红与黑的饱和度，突出"血染"二字的核心，使《血染边塞》的画面意境更加强烈

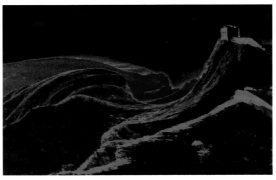

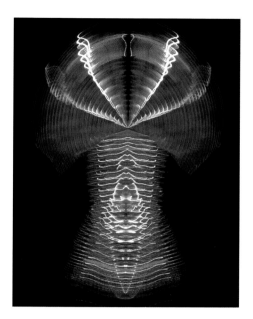

△ 这是一只经过核污染而变异的"千足虫"，这种虫子凶猛无比，可以毁灭世上的一切。虽然这只是想象中的怪物，却映射着如果人类再不注意环保，不久的将来一定会遭到应得的报应

△ 现代建筑不同于传统建筑，强调的是极简、功能与实用性。利用现代构成的原理，突出线条结构和色彩的变化，所有进入这个空间的人都会产生宽阔、亮丽、时尚、轻松的心理感受。每一个角落都充满了现代设计味道，让人一目了然。作品拍摄的是商厦的天井，完全以线条和块面组成，不断变化的色彩刺激着人的视觉神经，再经过后期的适当变形处理，打破了横平竖直的正规建筑格局，使画面的视觉变化更加丰富，增加了作品灵动与奇特的快感

色与形在艺术作品中的重要属性可想而知。作品是否成功，色与形能起到关键的作用。没有哪位艺术家会对二者不屑一顾，都会把它们放到头等重要的位置。举个例子间接说明这个问题。在拍卖市场上，同一个人的国画作品，是墨色还是彩色、画面中用色面积的大小与设色的多少，都会影响到拍卖的价格。更不用说画家用没用颜色作画，形体结构准不准，都能反映出这幅作品是应酬之作，还是专心创作的精品。通过画面中每一道笔触以及色彩运用的强烈程度和设色的多少，都能分析出画家作画时的心态与情绪。形的结构变化与色的转换形式更是区分传统与现代艺术表现的分水岭。

色与形是展露作者本人艺术风格与技巧的窗口，是作品主题思想的对外流露，是打动观者情绪的动力。总之，两者运用的成功与否，不但是作品好坏的评定标准，更是评价一位艺术家是否成熟的准绳。

第三十一章 摄影专题

作品的命名

31.1 摄影作品的命题

标题是摄影作品重要的组成部分，是强化和归纳作品主题，明确作品内容的点睛之笔。好的题目可以增强作品的表现力度，达到吸引观者的目的。标题与作品要做到相得益彰，不能张冠李戴，令人费解。不好的题目会起到相反的作用。

31.2 "题"为冕 "图"为身

古人将帽子称为"冕"也称"冠"。在古代，帽子是不能随便佩戴的。它是身份和地位的象征，"冠"和"冕"只有天子与官吏才能佩戴，因此才有"冠冕堂皇"一说。普通老百姓只能带"巾"。给作品命题，也可以看作冠冕和身份之间的关系，摄影作品的标题就是作品的"冠冕"，而画面内容就是作品的"真身"。古人头戴的"冕"必须与自己的身份相符合，如果乱戴帽子，是会受到严厉制裁的。摄影作品的命题也存在这种关系，如果文不对题，一定会减弱作品的表现力和展示效果。有些摄影爱好者过于轻视作品的命题，当你提出质疑时，他的回答却是很轻蔑的一句："嗨！不就是个标题吗，无所谓！" 这种态度对今后的摄影创作是个阻碍，更是对自己作品不负责任的态度。真正的摄影工作者都会把作品当作自己孩子一样看待，给自己孩子起名一定非常认真，何况作品乎！

▷ 这是学员李茂科的作品，画面主体非常醒目，视觉效果十分鲜明。可他为作品起名《威风凛凛》有些欠妥。从画面的视觉效果来看，皑皑的白雪已将两只威猛的兽头压得"抬不起头来"，反而使观者产生了相反的视觉感受。摄影作品是一种视觉艺术，所表现的作品主题完全取决于画面内容，它的

内容主体、色彩表现、画面气氛是作品主题对外表露的唯一内容。从这幅作品视觉传达出的信息来看，厚厚的白雪在画面中显得非常抢眼，两只兽头被牢牢控制在雪的下方，怎么也看不出威风凛凛的一面，不如更名为《史记》

▷ 作者李茂科以《南海子天鹅》为作品命题，显得有些过于直白，没能体现出天鹅飞翔的动感画面从这幅作品中可以看出，作者对运动物体追随拍摄十分熟练。画面中天鹅与背景动静结合得恰如其分，体现出了大自然的完美与无穷的生命力。这样的作品就定名为《翔》更为恰当

◁ 学员王秀云的作品，表现的是一朵盛开的荷花。画面主题突出，具有强烈的视觉冲击力。作者用《向阳而生》为其命题，显得过于温柔，未能体现出作品的内涵。作品中的荷花端坐在正在喷发的黑灰色背景中，既高傲又醒目，使人联想到周敦颐《爱莲说》"出淤泥而不染，濯清涟而不妖"的名句。这种视觉效果正好体现出莲花清廉耿直的品格。为此，不如就用《出淤泥而不染》为作品命题

31.3 推陈出新 标新立异

　　新的时代要赋予作品新的内涵。摄影作品要创新，题目更要精练，让好的作品配上精彩的冠冕，真正做到"冠冕堂皇"。

▷ 《天堂遗音》，作者冯迎春。利用短焦距镜头，以低角度夸张透视效果，非常准确地表现出古老建筑的沧桑感。密布的乌云在残阳的映衬下，更显苍老与神秘。沼泽般的湿地，映衬出建筑斑驳的倒影，强化了作品神秘的气氛。作者用最精准的意念吟诵着《天堂遗音》

▷《匠心》，作者谭兆斌，以清晰的画面、温和的色彩、恰到好处的光效，记录了传统的铁匠师傅劳作的场面。狭小的空间、凌乱的现场、陈旧的设备，都说明了工作的艰辛。作品似乎在追溯历史，阐明成功的来之不易，这是作者想要表达的核心主题《匠心》。作品题目非常精炼、概括，多一个字啰唆，少一个字不行，非常符合国家提倡的"工匠精神"。做任何事情都要有扎实的基本功，把每一件事都做得精湛、完美，不敷衍了事，更不能急于求成。摄影普遍缺少的正是这种精神

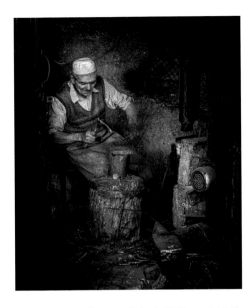

◁《父子同学》，作者朱怡俊。这幅作品画面质感清晰，光效得体，重点突出，直接反映出父与子的真情流露。看来，作者被纪实摄影禁锢住了，把注意力全部放在父子关系上，没有考虑纪实摄影作品还可以从其他角度进行表述。既要保留作品的纪实性，又要挖掘轻松诙谐的内涵，潜移默化地去打动观者的情感。在这幅作品中，作者忽略了一个重要的视觉元素"狗"。别看狗在画面中只占了很小一部分，却给作品增添了快乐诙谐的内容。《父子同学》这个命题只泛指了父亲与儿子共同学习的表面含义。如果去掉"父子"二字，只用《同学》或《伴儿》为题，让小狗狗也参与其中，画面内容会更精彩，生活气息更浓厚。狗虽说不是人类，可是拟人的神态，乖巧的动作实在让人无法割舍。从某种意义上说，它才是作品的兴趣中心——孩子的"伴儿"

31.4 短小精干 言简意赅

　　为摄影作品命题，看似很简单，其实并不容易。这就像给孩子起名字一样，名字起得好与不好，对孩子的一生都会有影响。我们辛辛苦苦拍摄的作品，应该像自己的孩子一样珍爱，如果题目起得不好，就会影响作品的展示效果。这种说法一点儿也不夸张。

　　给作品命题一定要归纳概括，明确精练，不啰唆。每幅作品的题目都要经过反复推敲，细心琢磨，抓住作品的核心，有针对性地做到最大限度的精、准。

◁《闲月》，作者许雅兰。以最精练的"闲月"二字命题，简单得不能再简单了。当观者看到这个题目和这幅作品以后，不得不联想到"羞花"二字。这也是作者巧妙用意之处，真正做到了"言简意赅，短小精干"。题目虽好，但总感觉画面中花的表现有点儿弱。如果牡丹花能再饱满丰富一些，画意一定会更加准确。可这幅作品中的牡丹有点儿过于单薄，达不到闲月之目的。要知道，我们只是"借古喻今"，体现"牡丹，花之富贵者也"的美誉。此作品中的乌云遮日已经够压抑的了，再没有丰富饱满的牡丹加以"掌门"，又何从谈起"闲月"呢

▷《沐浴阳光》，作者张桂荣。这是一幅很成功的作品，生活气息非常浓厚。画面的构图、光线效果、曝光控制都很到位，作者用《沐浴阳光》为作品命题没有问题。但是，如果能更简约一些效果会更耐人寻味。笔者认为标题应该就叫《沐浴》。原因是，作品中的女人与孩子已经处在阳光下，很能说明问题了，如果再过分强调阳光就有些多余了。命题应该去掉

"阳光"就叫《沐浴》不但做到了言简意赅，更有一种非常含蓄深远的寓意在里面。好作品赋予观者的不单单是美丽的画面，还要通过标题赋予观者更深刻的思考。

◁ 《留守儿童和他的奶奶》，作者贺子毅。作者的写实能力很强，构图非常严谨，是一幅很好的摄影作品。用《留守儿童和他的奶奶》命题，感觉在语言描述上有些啰唆，应该更精练一些。如能采用《留守》为作品命题岂不更好？现在很多贫困地区的年轻人都出来打工，只留下老人和孩子在家留守，这已成为一种失衡的社会现象。作者用摄影的手段将这种普遍现象非常明确地展示出来，画面交代得已经非常清楚了，没必要在"留守"二字的后面再加上"儿童和他的奶奶"。何况这只老年人的手根本分不出来是奶奶还是爷爷的手，因此用《留守》为作品命题会更加精准深刻。

31.5 情景交融 相得益彰

摄影作品的题目与画面内容一定要非常融洽，不要啰唆，更不要烦琐。要注意画面背后的故事，挖掘更深层的含义。

▷ 《日子》，作者徐志安。这幅作品采用极简的手法，表现最普通的一户农民家庭。简陋的住宅，两个人物一头牛，再也没有其他可展示的东西了。就像作品的命题《日子》一样，简单得不能再简单了，平淡得不能再平淡了。正如作者自我表述的那样："几千年的农耕生活，培养了农耕文化的一种本质诉求"，这种诉求就是作

品的命题《日子》。这幅作品做到了命题与内容情景交融，相得益彰

▷《小客人》，作者康林益。
描述了两位老人正在迎接
一位"小人物"。作品的
名字虽然精练到只有三个
字，但是总觉得有些牵强。
画面中的两位老者，都是
受封建社会残害的女人，
应该是历史上仅存的也是
最后一代小脚女人。看看
老人的坐姿与小孩儿行走
的姿态，一种灰色幽默的

名字瞬间闪现出来，为什么不叫《比谁的脚小》，或者就叫《比小脚》。这个名字
既讽刺了封建社会残害妇女的现实，又以诙谐的手法达到了引人关注的目的。完全
可以做到"情景交融，相得益彰"的效果

◁ 《梦醒时分》，作者罗艺。以"荷"
为内容，采用画意手法处理，较好地烘
托出作品的主题。笔者认为作者采用《梦
醒时分》为作品命题，主观色彩太强。
用拟人化的手法表现动植物的作品有很
多，使用这种表现手法要做到情与景的
自然融合，不能主观地强加给观者。当
我们看到这幅作品时，第一个感觉就是
朱自清写的散文《荷塘月色》。朱自清
是利用文章寄托对"荷塘月色"的喜爱，
和对当时社会的不满却又无法摆脱的内
心情绪。文字作品与摄影作品虽然在表

现手法上有所不同，但是最终的目的是一样的。对于这幅作品来说，具有冷峻之美
的画面，不如重新命题为《莲之爱》更为恰当，画面意境更强，作品更富有诗意

▷ 本作品采用油画技法表现残
荷，效果也不错，有一种"当
代艺术"的味道。画面中的各
种元素虽说有些凌乱，但是色
彩与肌理的正确处理，使残荷
像神秘的符号在画面中以抽象
的形式映入眼帘。作者只用了
一个字《荷》为作品命题，使
作品在简约与神秘中获得成功

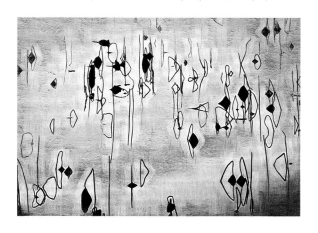

◁ 《夜战》，作者张民生。作品以剪影的形式描写了建筑工人辛勤劳作的场面。画面主体突出，主题鲜明，但是以《夜战》为题有些不妥，宁静的画面，毫不夸张的动作，并没能体现出"夜战"火热的场面。不如换个名称叫作《逆光》更含蓄精准一些，不像夜战那么直截了当，充满火药味。"逆光"只是一个名词，画面传达给观者最刺激的信息就是夕阳与剪影下工人头顶上的那盏灯，与画面的整体十分切合。太阳是逆光，头顶上的灯也是逆光，这是作品表达主题，吸引观者眼球的重中之重。作品的题目应该是配合观者进一步去理解和揣摩作品内涵的。不要把作品的命题不当回事，它可是欣赏艺术作品的助推器

▷ 作者吴广庆。从微观角度展示生态环境中生物之间的紧张对视。本作品中的白猫与变色龙相互僵持，促使观者产生两种不同的心态：弱肉强食？和平共处？作者以《对视》为题，非常准确地抓住了观者的好奇心，这种不常见到的生态现象，很容易让人产生"下一步会发生什么"的猜测

拍摄实例

▷ 借用壁垒森严的城墙一角，比拟"久禁宫墙内，盼知宫外情"的愿望，可想而知，被囚禁了多年，是多么想了解宫外的世界啊！因此产生利用一切机会都要向外偷窥一眼的心态，这也是人之常情。作品利用对角线构图展现"宫墙窥角楼"的景观，这种意念的出现，导致"见景生情，应运而生"的题目《窥》

△ 拆迁已成为现代城市发展的一种普遍现象。这幅作品正好体现出城市建设不断蚕食老式平房的情况。现代城市中的高楼大厦不断竖起，老房子也逐渐被蚕食掉。这幅作品非常准确地表现出农村包围城市的"策略"。所以，用《蚕食》为这幅作品命名恰到好处

△ 作品借用龙龟仰天长啸的动势，以龙的头部作为对焦点，背景环境完全虚化的处理手法，使其成为作品的兴趣中心。表示过去的皇帝以天子之名、诏日天下，妄想让龙子龙孙也为他看门守户，从而获得"万寿无疆"的幻想。可科学证明了一切，青铜龙龟可以千年不朽，可皇帝之肉身，却早已驾鹤西去。只有龙龟仰天长啸宣布科学永远是胜者。而这幅作品以《啸》为题完成了创作

◁ 日常生活中，有很多意想不到的小插曲就闪现在我们的身边，如果都能记录下来，一定能组成一套丰富诙谐的作品集。但是，由于事发突然，摄影师必须眼观六路，耳听八方，练就一手"眼到手到"的绝活，像这样的作品有多少都能拍摄下来。作品《回眸》就是一瞬间的事，"眼到手到"早已成为按动快门的潜意识，她回头，我拍摄，一气呵成

△ 作品以超广角镜头记录了日落前的景色，超广角镜头形成的透视现象，形成了巨大的视觉畸变。优美的日落影像，如同在电影院里观看宽银幕电影，带给观者宽松与豁达的视觉冲击力

▷ 在拍摄这幅作品时，内心产生出一种情感上的冲动。这幅作品没有具体的内容，只有色彩和簇拥向上的雕型群体，由此产生出强烈的、激进向上的冲动。在这种"力"的作用下，一种追忆历史的情绪油然而生。陈胜、吴广……李自成……太平天国……，群情激愤、揭竿而起的场面在脑海里翻滚。随之"手起刀落"按下了快门，《揭竿而起》的命题也确定下来

◁ 《社戏》自古以来都是民间百姓最喜欢的娱乐项目。鲁迅先生于 1922 年专门写了《社戏》这篇散文，以满怀深情的笔墨，回忆童年时代的美好生活，以及对文章涉及的人物和环境的眷恋。这幅作品记录了现代的民众依然对社戏充满了喜爱。虽然现在的娱乐活动丰富多彩，但是没有传统社戏那种纯朴的乡土气息和融洽的亲和力

◁ 本作品《有你没我》体现了社会的进步，逐渐淘汰了陈旧的世俗与行为，社会中的小商小贩也很难维持下去了。这个挑担的小商贩，面对火热的超市显得非常无奈，心中一定念叨着"都是你们抢了我的生意"！这就是纪实摄影必须抓取的社会现象，也是百姓生活诙谐的瞬间

△ 《奠基人》，采用低角度仰视，记录博物馆里观看油画作品《开国大典》的盛况。作品中的观众与油画中的奠基人形成了巨大的时代落差，这种落差，对观看这幅摄影作品的观者，也会带来同样的感受。

　　为摄影作品命题是一件看似简单却劳心费神的事。大部分影友都是拍完就完了，从来不在拍摄过程中，为拍摄中的作品动过命题的心思，这种做法很不应该。要知道艺术创作的第一感觉是最重要的。这种灵感是艺术创作的基础，在此基础上，才能产生更进一步发挥和升华的可能。这种灵感就是艺术创作的雏形。康有为在《大同书》一文中就提到："图画雏形之器，古今事物莫不具备"。看来艺术创作的"雏形"自古以来就有之，而且贯穿于整个创作过程中。作品的命题是所有艺术作品的重要核心，很多优秀作品从创作前到创作过程中，甚至在创作完成以后，仍旧在揣摩其命题的准确性，可见艺术作品命题之重要。

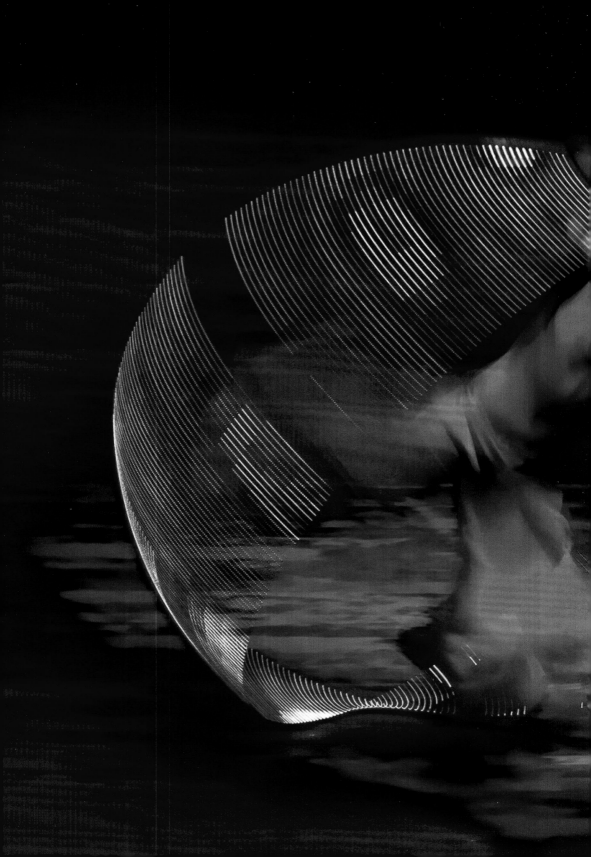

第三十二章 摄影专题

摄影创新

32.1 摄影创新

　　"创新"有"标新立异"之意。在摄影创作的过程中绝不能因循守旧，要经常给自己提出新的问题，并以新的视点、新的手法去处理。随着改革大门的持续开放，科技水平与电子处理手段的不断更新，新的意识形态会不断影响到人的行为。受影响最为显著的就是各种艺术表现形式。摄影创作也在被冲击的范围之内，并且效果十分明显。很多新的摄影思潮不断涌现，尤其是年轻人，更是"创新"的急先锋。在这种艺术浪潮的推动下，传统的创作风格就显得软弱无力了。这就给摄影爱好者提出了更高的要求，如何创新？怎样创新？需要大家认真思考。

　　不敢于创新的艺术家，就意味着个人艺术生命的终结，如不迅速改变这一现状，他将逐步被淘汰，这是非常残酷的现实。早在 20 世纪初，我国摄影大师郎静山先生，就已经在创新方面作出了表率，代表作是以画意摄影为代表的《集锦摄影集》。在飞速发展的今天，这种更新换代的思潮变化更快，更多变。如果不迅速更新自己的技术手段，改变个人的创作风格，等待你的只有落伍和被淘汰的命运。

◁ 这幅作品并没有采用特殊的拍摄技巧，其特点是利用后期制作，将一只肉鸡变成"电子鸡"，这种制作手段是年轻人轻而易举就能做到的。他们思想活跃，接受新生事物的能力强。用这种制作手段进行创作，对他们来说是轻而易举的事。可对中老年人来说，就显得有些吃力了。不过，只要肯下功夫，这个难题是可以解决的。年轻人练习几遍就能解决的问题，我们就练五十遍、一百遍，我就不信掌握不了它

▷ 这幅作品从拍摄技巧上没什么难度，值得赞许的是它的想法，利用后期制作体现出年轻人火热的激情和无拘无束的行为，他们用飞扬的色彩、奔放的行动为作品添加活力。从作品中可以获得时代的气息，读出奔放的激情，体现年轻人用狂热的情绪与色彩共舞

◁ 年轻人接受新生事物快，敢于想象，善于表现，这是他们的特点。只要在美术设计方面加以培训，他们就会做出"标新立异"的作品来。这幅作品就体现出年轻人敢想敢干，思维活跃的特点，竟然敢摘祈年殿的"帽子"。这种大胆的"创新"就很值得中老年人学习，虽然我们的年纪大了，思维不如年轻人敏锐灵活，但这并不是理由。事物都是在变化的，只要你想做，并且不断地学习，不厌其烦地练习，就没有办不到的事。成功就建立在"勤"字上。"只要功夫深，铁杵磨成针"，这句话不只是拿来教育别人的，用在自己身上更合适

▷ 这幅人像作品以超现实的夸张手法，用电脑将一个真人的脸整合出一个"电子人"的形象。说它是"人"不如说它是"芭比娃娃"。拍摄者利用这种手法，体现对美的一种探索。这种做法完全打破了摄影的基本特征，把相机和电脑作为创新的工具，将作品重组，以一种全新的视觉符号推向社会。这种"创新"已成为当代艺术创作的一支生力军，推动摄影艺术不断向前发展

　　这四幅创新作品，标志着摄影艺术发展之必然，打破了传统摄影真实、快速、准确的基本特点，开辟了摄影创作的新路。这种效果完全符合当代艺术特点。从中也体现出数字技术神通广大的手段。"创新"是艺术家进行艺术创作的具体体现，"电脑"是完成创新工作的操作工具，二者的结合是提升画面质量，创造奇迹的最终成果。

32.2 加强艺术修养 提高艺术鉴赏力

　　创新意识不是与生俱来的，是随着人的成长过程和不断的学习与刻意的追求，逐渐积累起来的。这与人的个人爱好和艺术追求紧密相连。有些人是利用业余时间不断探索逐渐积蓄，有些人是通过正规院校的系统学习掌握并发展起来的。不论采用哪一种学习方式，只要努力去做，都能找到创新的途径。多方了解国内外新的思潮和新的流派，加强这方面的学习和借鉴，时间的延续会证明你的付出一定有收获。

△ 胡安·米罗（1893——1983），西班牙画家，超现实主义的代表人物，是20世纪和达利、毕加索齐名的超现实主义绘画大师。他认为，情欲是最自然、最合乎本性和情理的现象，是生命的原动力。他的作品充满了童趣般的梦幻，有一种十分前卫的超自然美。看了米罗的作品，我们应该有所感触，最起码应该放开思想的束缚，用自己多年对社会的感悟，大胆释放自我创新的行为。很多"意识流"就来自外界的刺激与大胆的自我释放

▷ 摄影艺术家姚璐的作品《中国景观》，并不是真正的风景照片，而是以中国山水画的形式为媒介，用摄影手段与拆迁垃圾进行电脑合成而最终完成的作品，这种效果完全属于他自己的风光摄影作品，用以表达他对社会现象的理解和态度。他精彩的作品就是典型的"创新"，在当代艺术风潮中独树一帜。在创新方面，也为摄影爱好者树立了一个实实在在的榜样

▷ 我们应该称赞作者的想象力。猛一看作品表现的是海面上的一座岩石，但是仔细观察，这个岩石却是一个体态丰满的女性人体。作者利用电脑后期，将山水的质感与女人的形体有机地结合在一起，十分生动地组合成一幅虚拟中的风光作品。作者很好地把握住了画面的整体气氛，既表现了人与自然的完美结合，又让观者产生一种内心的郁闷。应该指出的是，一点小小的败笔使作品出现了一个明显的瑕疵。就是水面上的那只小木舟，与作品的整体效果有些不够协调，也可以说是画蛇添足了。这种小木舟应该出现在秀美的漓江山水中，在乌云密布的大海上，还用竹竿平稳地行驶就有点儿过于牵强了，破坏了作品应有的氛围。这属于作者过于主观，考虑不周而出现的小小失误

　　创新没有边界，更没有规矩，它就是一种艺术创作的思想释放。对中老年人来说，必须改变以前生活带给自己的思维习惯，多看、多临摹、多实践，逐渐把自己从封闭的纵向思维方式中撕裂出来，让头脑活跃起来，以横向思维的方式考虑问题，从多方向、多角度进行创意构思，这是摄影爱好者改变思维习惯进行"创新"的方法之一。中老年人受年龄的限制和工作的制约，不可能用大把的时间去系统地学习。只能利用业余时间多看、多学习，勤动脑，勤动手，同时还要尽快掌握电脑软件技术，时间久了一定能从必然王国逐步走向自由王国，因为只有辛勤的耕耘者才能成为胜者。

32.3 表现形式与创作手法要有突破

　　要想让自己的作品有所突破，首先要打破自身的拍摄习惯，不能因循守旧、故步自封。在创作过程中，不敢挑战自己，不敢尝试新的创作手法，是无法进步的。多看"新潮"的作品，敢于接受新潮观念，大胆模仿新潮的创作手法，是一个很好的自学过程，学院派把这种手法叫"临摹"。这种临摹不单单是临摹作品，也包括其中的艺术风格、技法，甚至是精神。包括所有的现代绘画、民间艺术、戏剧、舞蹈、音乐等，一言而概之就是通过看、听、临，开阔自己的视野，扩展自己的思路，丰富自己的创作手段。举个例子，有一位小伙子据说是一名小学老师，它为了把《百

家姓》生动有效地传递给学生，使这个比较难记忆的传统文化让学生们记住，并永久地流传下去，他竟然把《百家姓》编成一首现代歌曲在课堂上传授，收到了很好的效果。这就是一种典型的"创新"，这似乎与摄影关系不大，可这种"创新精神"与摄影创新大同小异。这也证明世上很多事物都是相通的，也说明相互借鉴的重要性。当你慢慢悟出这个道理时，你的思想就开始有了自我创新的欲望，"想象"也随之产生出创意的雏形，可以说"想象"是"创新"的源泉，没有"想象"也就意味着创意的僵化，艺术之衰亡。

△ 我们可以在实践过程中，有意识地加强创新方面的练习。大胆发挥自己的想象力，甚至可以不着边际地去想象，也不管合理不合理，自己觉得好，就动手去做。其目的就是开发自己僵化的头脑，大胆发挥自己的想象，不要在乎别人说什么，让自己的头脑活跃起来是最重要的。比如这三幅作品，左图为了表现演员的动感效果，利用慢速快门拍摄，应该说画面效果已经达到目的了。为了开发自己的构思，通过电脑处理，使画面达到更加灵动的状态。对比起来中图要比左图的视觉效果更刺激。而右图的画面效果比左图和中图的意境更丰富深远，有"路漫漫其修远兮"之意。用这种方法大胆练习，相当于把自己僵化的头脑撬开了一条缝儿，也就逐渐找到了刻意创新的途径

32.4 用心去寻找新鲜与陌生

来到一个你从没到过的陌生地方，你会感到什么都新鲜，一般都能拍出较好的作品来，这都是新鲜感的刺激带给你的收获。如果在自己的家乡，或者是你经常去的地方，你会因过于熟悉而磨灭了这种新鲜感觉。这对一般人来说是很正常的，既不影响工作，也不影响生活。可摄影人就不应该出现这种状态。摄影人只要拿起相机，就应该有一种创作的激情，就是在自己的家乡，也应该拍出好的作品。这确实有些难度，但是又必须这样做。锻炼自己用全新的思维方式去面对一切，以多种角度去观察眼前的事物，千万不要有"凌驾于人"的思想意识，总觉得我是摄影"家"！

这种思想一旦露头儿，就犹如一面墙，堵在你的面前无法进步。要把自己的心态放平和，更要谦逊，把眼光降到小学生的角度去观察一切，总用全新的意识去考虑问题。不断给自己设置一些难题，强迫自己去解决它。

北京大学中文系教授、著名学者钱理群先生，他非常喜欢摄影，30多年来摄影已经成为他业余生活的一部分。他出了一本书叫《钱理群的另一面》。他在这本书里谈到他对摄影的理解和看法，对我们大家有很大的启发和帮助。他没有专业设备，用极普通的相机，甚至手机，走遍了千山万水，凭借自己的感悟，对大自然的所有景物进行记录。他对摄影的理解，很值得大家深思。他把大自然与文学艺术十分融洽地结合在了一起，他认为摄影讲究人与自然的真情交流。

他不讲技术，只讲感悟，他认为，摄影要像孩子看世界一样，总是新鲜的。他这种观察事物的方式，很值得大家学习。他的作品是一种通过图片将文学艺术展现于大家面前的创新之作，这是钱老独有的创作风格。他虽已高龄，却仍然以乐观的态度耕耘不止。他这种活到老，学到老，干到老的精神，正是我们摄影爱好者应该拥有和学习的态度。我非常赞赏钱老对摄影创作的看法，不过我们应该再补上一条，除了具有朴实的感悟以外，还要加上技术理论，就能更精准地达到创作目的。

△ 左图为钱理群先生的近照。右图是钱先生的作品，通过他的作品可以看出，他将自己和大自然融为一体，用自己的灵魂去感悟整个世界

　　送给大家一个字——"刁"，此时的"刁"不是贬义，是指用"刁钻"的视角去观察事物，以"刁钻"的角度去寻找机位，用"刁钻"的眼光去捕捉光线效果，再用"刁钻"的思维方式去处理画面。总之一句话，就是以超乎寻常的思维方式和永不满足的艺术手法，去完成自己的所有创作。建议：在创作过程中一定要多走走、多看看、多回头、多比较，从中寻找机会，机会就出现在寻觅过程中，久而久之，观察事物的眼睛会越来越尖锐，解决问题的办法也会越来越多。世上的一切事物都在变，就是在自己最熟悉的地方，也要用苛求的眼光去发现问题，通过细心的观察，利用刁钻的视角与镜头焦距的巧妙结合，一定能找到最佳的创作角度和内容，拍摄出最新颖的作品来。

　　拍摄完的作品，在后期调整过程中还要继续发挥创新的思路，永远不满足现状是我们追求艺术创新的宗旨。毕竟我们不是记者，没必要遵守新闻所要求的"五个W"。根据所拍作品的具体情况，继续进行艺术创作的再升华，使自己的作品更上一层楼，逐渐形成自己的创作风格与艺术表现力。

△ 祈年殿建于明永乐十八年（1420）原名为"大祈殿"，清乾隆十六年（1751）修缮后，更名为"祈年殿"。光绪十五年（1889）毁于雷电，后按原样重修。如今，皇帝祭天的封建时代已经一去不复返了，可雄伟的建筑依然耸立，现已成为人们休闲娱乐的公园。为了追忆祈年殿的历史，映射朝代更替所带来的残酷史实，说明人民群众才是"真龙天子"，是改变国家命运的基石。经过缜密的思考，采用后期合成的方法，让祈年殿以一种新的形式展现在作品之中

△ 这幅作品，与前面的祈年殿大相径庭。很多作品都是以人物作为前景，强调现代人物的存在感与祈年殿的平民化。而这幅作品完全以最亮的太阳为重点拍摄，采用大量减少曝光量的方法，迫使太阳获得应有的圆形。此时的祈年殿已成为对称式的剪影效果，经过后期进一步处理，将太阳渲染成红色，成为整幅作品的兴趣中心。此时的祈年殿反而更加明确。画面虽然很简约，但浓厚的气氛并没让人感到单调。这就是以大胆的思维和独到的创新手法，导致画面产生截然不同效果的创作手段